一流规划教材

化学

有机化学

ORGANIC CHEMISTRY

上册

许　毓　王细胜　肖　斌　张国颖　编著

中国科学技术大学出版社

内 容 简 介

本书共11章，以官能团为主线，系统介绍有机化学的基本理论、有机物的波谱分析、立体化学基础知识，以及烷烃、环烷烃、烯烃、二烯烃、炔烃、芳香烃、卤代烃、醇酚醚等各类有机化合物的命名、结构、物理性质、化学性质、制备和在反应中的应用，建立结构与性能的关系，讨论重要反应的机理和反应中的立体化学，讨论电子效应、空间效应等因素对化合物的酸碱性、反应速率和选择性的影响等。

本书可作为综合性高校的化学、化工、应化、材料、药学、生物和医学等相关专业的本科生教材，也可作为相关专业研究生入学考试的参考书。

图书在版编目（CIP）数据

有机化学.上册 / 许毓等编著. -- 合肥：中国科学技术大学出版社，2024.9. --（中国科学技术大学一流规划教材）. -- ISBN 978-7-312-06054-0

Ⅰ.O62

中国国家版本馆CIP数据核字第2024G02K15号

有机化学（上册）
YOUJI HUAXUE（SHANGCE）

出版	中国科学技术大学出版社
	安徽省合肥市金寨路96号，230026
	http://press.ustc.edu.cn
	https://zgkxjsdxcbs.tmall.com
印刷	安徽省瑞隆印务有限公司
发行	中国科学技术大学出版社
开本	787 mm×1092 mm　1/16
印张	29.75
字数	724千
版次	2024年9月第1版
印次	2024年9月第1次印刷
定价	90.00元

前　言

　　有机化学是化学学科的一个重要分支,是研究有机化合物的来源、结构、性质、制备和应用,以及相关理论、变化规律和方法学的一门学科,也是生物学、医学、药学和材料科学的基础学科之一。

　　根据2019年教育部《关于一流本科课程建设的实施意见》的文件精神,结合中国科学技术大学的办学定位,我们编写了本书,力求做到内容具有一定的高阶性、创新性和挑战度。有机化学知识点较多,考虑学生使用方便,分为上、下两册进行出版。本书为上册,共11章,以官能团为主线,系统介绍有机化学的基本理论,有机物的波谱分析,立体化学基础知识,以及烷烃、环烷烃、烯烃、二烯烃、炔烃、芳香烃、卤代烃、醇、酚、醚等各类有机化合物的命名、结构、物理性质、化学性质、制备和在反应中的应用,建立结构与性能的关系,讨论重要反应的机理和反应中的立体化学,讨论电子效应、空间效应等因素对化合物的酸碱性、反应速率和选择性的影响;利用分子轨道理论和前线轨道理论解释和预测一类特殊的反应——周环反应。

　　本书特点如下:采用2017年版中国化学会有机化合物命名原则,对化合物进行命名;以官能团为主线,强调有机物的结构决定其物理性质和化学性质的特征;运用分子轨道理论,系统阐述经典反应的机理和选择性;搭建有机化学的逻辑框架,描述重要反应、反应机理和反应中的立体化学;将有机物的波谱分析独立成章,并在各章中增加化合物的波谱分析数据,帮助读者将有机物结构与波谱数据建立关联;有机合成独立成章,梳理总结有机合成的主要手段,介绍逆合成分析原理以及在合成中的应用,进行小分子的合成路线设计;各章后提供难度分层的习题,包括标注*号和未标注*的习题,标注*号的习题通常是知识拓展、难度较大、综合性较高、需要深度思考的习题,读者可根据个人情况进行选择。

　　本书采用双色印刷,框架结构、反应机理、有机物的结构特征和反应位点都更加清晰,希望可以满足读者的学习需求,提升读者的学习兴趣,受到学生的喜爱。

本书作者均是我校多年来主讲"有机化学"课程的教师,他们接纳了我校龚流柱教授、王中夏教授等多位老师的意见,参考了我校伍越寰教授出版的《有机化学》(第2版)、国内外新近出版的有机化学教材和专业期刊报道的相关内容,并结合多年的授课课件编写了本书。本书的编写由许毓老师负责第1、4、7、8章,张国颖老师负责第2、3、5章,肖斌老师负责第6、10章,王细胜老师负责第9、11章。

本书在编写过程中得到了中国科学技术大学有机化学课程组各位老师的支持和帮助,他们提出了许多宝贵的修改意见;还得到了曾洪等多位同学在结构式绘制与习题收集方面的帮助,在此向他们表示衷心的感谢。

感谢安徽省高等学校省级质量工程项目(2022jyxm1834)、中国科学技术大学质量工程项目(2023xkcszkc11)、校级"十四五"规划教材(2023xghjc13)的经费支持。

由于编者水平有限,书中不妥之处在所难免,敬请读者批评指正,我们将在再版时更正。

编　者

2024年5月

目　　录

第1章 绪　　论

1.1　有机化合物和有机化学

1.1.1　有机化合物

当你看到这些文字时,你的眼睛正在使用有机化合物(视觉色素)将可见光转化为神经冲动;当你拿起这本书时,淀粉(多糖)发生的化学反应正在提供肌肉所需的能量;简单的有机分子(血清素)将脑细胞之间的缝隙进行连接,这样神经冲动就可以在你的大脑中传递。而你在做这些事时,无须有意识地思考。在你还不清楚这些过程如何发生时,它们已经在你的大脑和身体里发生了。

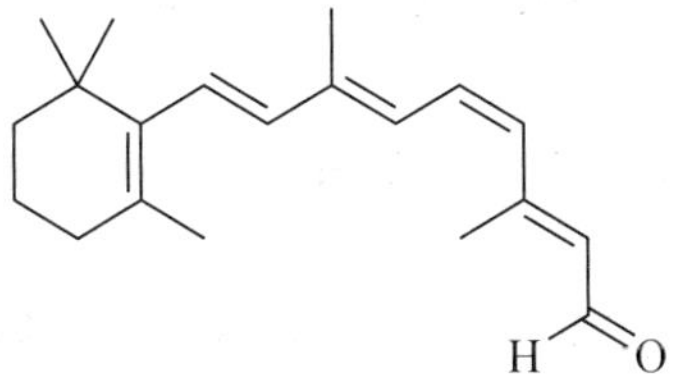

11-顺-视黄醛（视觉色素） 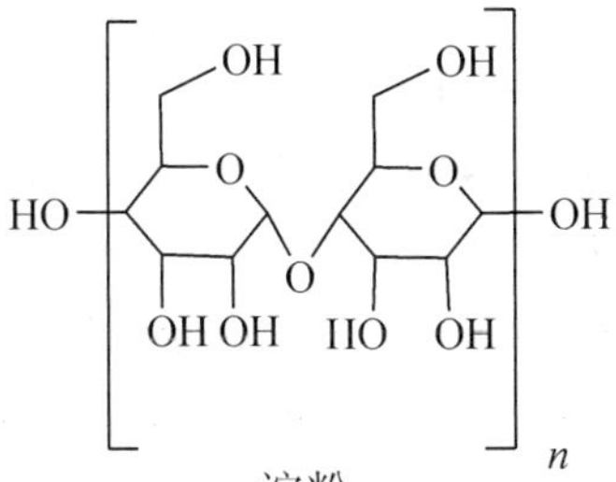　　　　　　淀粉 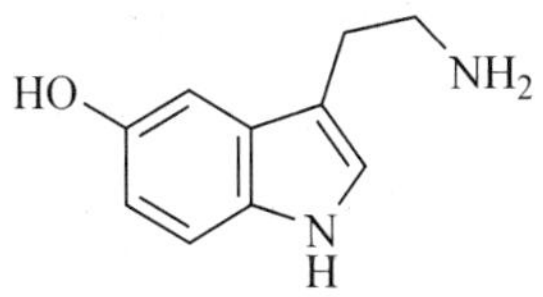　　　　　　血清素(人类神经递质)

视觉色素、淀粉、血清素等都是有机物,有机物对人类的生命、生活、生产有着极其重要的意义。地球上所有的生命体中都含有大量的有机物。早期,有机化合物指由动植物体内提取得到的物质。自1828年Wöhler人工合成尿素后,有机物和无机物之间的界线随之消失,但由于历史和习惯的原因,"有机"这个名词仍沿用至今。现在有机化合物指的是含碳化合物、碳氢化合物及其他们的衍生物。

绝大多数有机化合物分子中含有碳元素和氢元素,有些还含氧、氮、卤素、硫和磷等元素。

目前已知的有机化合物种类已经接近8000万种,大多是人工合成的,而无机物只有几

十万种,与无机物相比,有机物主要具有以下特点:

① 有机物通常分子组成复杂,例如维生素B_{12}的分子式为$C_{63}H_{88}N_{14}O_{14}PCo$。

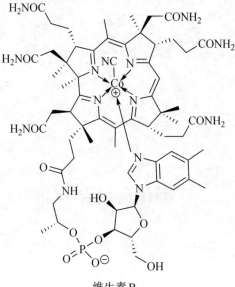

维生素B_{12}

② 大多数有机物具有较低的熔点和沸点,挥发性高,常温下一般是气体、液体或低熔点的固体。

③ 多数有机物易燃烧,但也有少数有机物不易燃烧,如CCl_4,$CHCl_3$等。

④ 多数有机物极性小,难溶于水,易溶于乙醇、乙醚、丙酮、苯、汽油等有机溶剂。溶解是一个复杂的过程,通常遵循相似相溶原理,即极性小的物质易溶于极性小的溶剂,极性大的物质易溶解于极性大的溶剂中。

⑤ 有机物多以分子形式存在,其反应多为分子间反应,反应速度通常较慢,常常需要加热、光照或添加催化剂以加快反应进程。

⑥ 有机反应通常副反应多,产率较低,产物往往是混合物,通常反应结束以后需要通过分离提纯,才能得到纯净的有机产物。

⑦ 有机物普遍存在同分异构现象。分子式相同的不同化合物叫异构体,这种现象叫同分异构现象,包括构造异构、顺反异构、对映异构、构象异构等。

⑧ 有机物具有丰富的颜色,事实上我们可以轻松使用有机物展现整张光谱的颜色,如表1.1所示。

⑨ 有机物的气味非常丰富,有些有机物具有非常难闻的恶臭气味,例如下面两种世界上最臭的化合物:

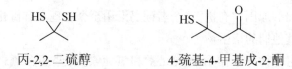

丙-2,2-二硫醇   4-巯基-4-甲基戊-2-酮

难闻的气味也有它们的用途,例如天然气中添加非常微量的含硫化合物叔丁基硫醇$(CH_3)_3CSH$或乙硫醇(CH_3CH_2SH),只要天然气有泄漏,人们立即就可以辨别出来。

表 1.1　有机物的颜色

颜色	描　述	化　合　物	结　构
红色	暗红色六角片状	3-甲氧基-2H-苯并[7]环庚三烯-2-酮	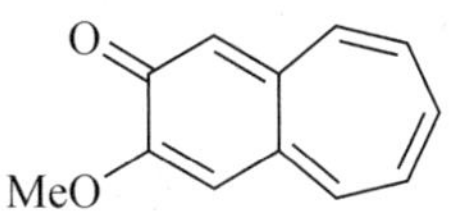
橙色	琥珀色针状	二氯二氰基苯醌(DDQ)	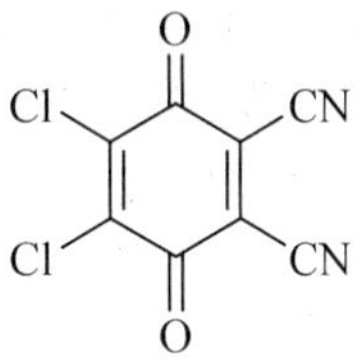
黄色	有毒黄色 爆炸性气体	重氮甲烷	$H_2C = N = N$
绿色	绿色三角柱状 有蓝色光泽	9-亚硝基久洛尼定 (9-nitrosojulolidine)	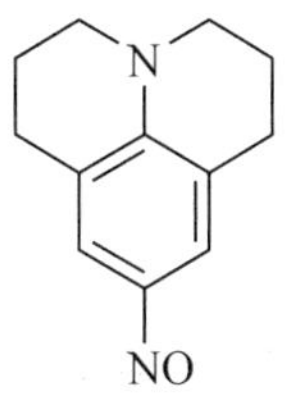
蓝色	深蓝色固体 有胡椒味	薁(azulene)	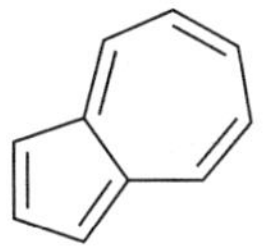
紫色	深蓝色气体 冷凝为紫色固体	三氟亚硝基甲烷	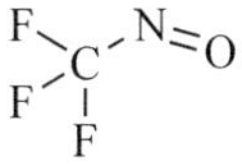

　　而有些化合物却具有令人愉快的气味。例如黑松露具有令人愉悦的香味,猪透过 1 m 厚的泥土就可以闻到。大马酮具有玫瑰花的香味,如果你闻到一滴纯的大马酮(damasce-none),你也许会失望,因为它的气味像松节油或者樟脑,但第二天醒来后,你会发现你所有的衣服都出现玫瑰的清香。很多气味需要稀释后才能闻到。

二(甲硫基)甲烷

(具有黑松露的气味)

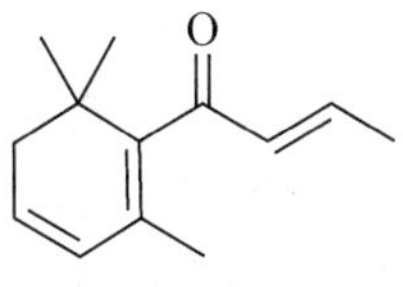

大马酮

(具有玫瑰花的气味)

　　⑩ 有机物的味道也异常丰富,例如蔗糖具有甜味,在食品中添加,会使食品的口感更好。而苦味剂 (bittering agents)会被加进厕所清洁剂中,这些家庭常用的危险物质中加入苦味剂,可以阻止孩子们误食。

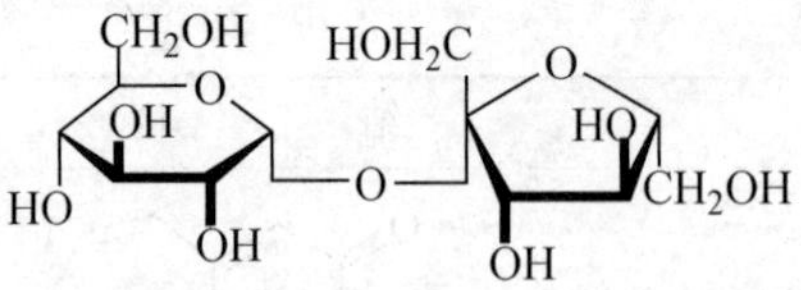

蔗糖 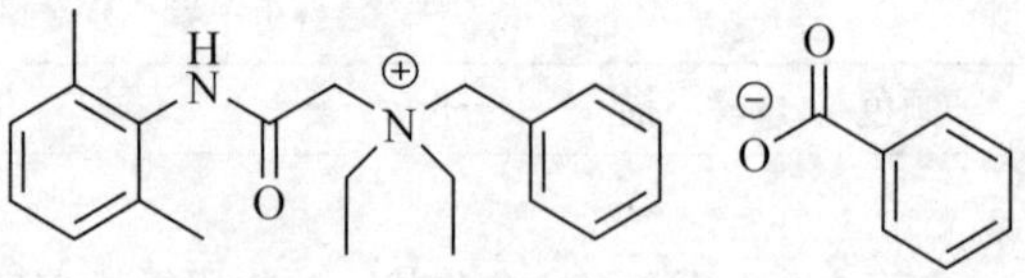　　　　　　　　　　苯甲地那胺(denatonium benzoate，作苦味剂)

⑪ 有机物还具有不同的功能，例如乙醇和可卡因（cocaine）会让人具有短暂的愉悦，但它们的危险是不同的，过量饮酒会让人感到很痛苦，而任何剂量的可卡因都会让人成瘾，沦为它一辈子的奴隶。

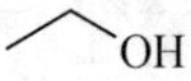

酒精(乙醇) 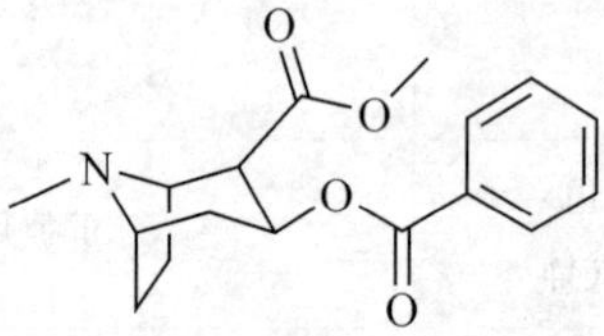　　　　　　可卡因(一种极具成瘾性的有机碱)

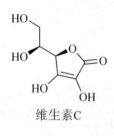

维生素 C

维生素 C 是人类食物中的一种重要物质，在过去的长途航海时，很多水手患坏血病，也叫水手病，这种疾病是由于缺乏维生素 C 造成的。维生素 C 也是一种通用的抗氧化剂，可以用于清理那些可能破坏 DNA 的自由基。还有人认为，摄入维生素 C 可以用于防止普通感冒。维生素 C 具有强还原性，参与机体复杂的代谢过程，能促进生长，增强机体对疾病的抵抗力，可用作营养增补剂、抗氧化剂，但维生素 C 的过量补充对健康无益，反而有害，需要合理使用。

1.1.2　有机化学

有机化学是研究有机化合物来源、制备、结构、性能、应用以及有关理论、变化规律和方法学的一门科学。

1.1.2.1　有机化学发展历史

1806 年，瑞典化学家 Berzelius 首先提出"有机化学"，以区别于矿物质的化学——无机化学。

当时由于科学条件限制，有机物都是从天然动植物体中提取得到的，许多化学家认为，只有生物体内的"生命力"才能产生有机物，无法在实验室里由无机物合成。

直到 1828 年，德国化学家 Wöhler 在实验室里加热氰酸胺得到尿素。氰酸胺是无机物，而尿素是有机化合物，Wöhler 的实验结果给予"生命力"学说巨大的冲击。此后，乙酸、脂肪、糖类等一系列有机物在实验室里成功合成，可以说 Wöhler 开创了有机合成的新时代。

有机化学真正成长为重要的科学分支，则是在一系列的理论发展和技术的进步实现之后：

1857—1858年,德国化学家Kekule提出有机物分子中碳原子为四价,可以互相结合成碳链,为现代结构理论奠定了基础。

1874年,荷兰化学家van't Hoff和法国化学家Le Bel分别提出分子的空间立体结构假说,首创"不对称碳原子"概念,以及碳的正四面体构型假说,即一个碳原子连接四个不同的原子或基团,初步解决了物质的旋光性与结构的关系。

1916年,美国化学家Lewis提出共价键电子理论。

1928—1931年,美国化学家Pauling提出杂化轨道理论。

1965年,美国化学家Woodward和Hofmann合作提出分子轨道对称性守恒原理。

二百多年来,有机化学从开始的经验摸索发展到现在的定量计算,从开始的分离天然来源发现新有机物,发展为现在在理论指导下合成出千百万种自然界不存在的化合物,有机化学实验技术的进步也促使它成为一门系统的学科。

1.1.2.2 有机化学的分支领域

有机化学在发展过程中,逐步形成了有机合成化学、天然有机化学、元素有机化学、金属有机化学、物理有机化学以及有机物分离分析等分支领域。这些领域在各自的成长过程中相互渗透、相互依靠并相互促进,为有机化学学科的繁荣发展做出重要的贡献。20世纪70年代以来,有机化学在理论、研究方法和实验手段等方面都有不少新的突破,有机化学研究正在进入一个富有发展活力的新阶段。

1. 有机合成化学

有机合成的基础是各种基元合成反应,发现新反应或发展新试剂、新技术来提高已有反应的效率和选择性是发展有机合成的主要途径。复杂有机分子的全合成一直是体现合成化学的最高水平,与生物科学相结合,重视分子的生理功能是合成化学界的新热点。

2. 天然有机化学

天然有机化学是研究动植物体内内源性生理活性物质的有机化学。发掘具有生理活性的天然化合物,作为发展新药的先导化合物或者直接用于临床,或者开发新型农药为农业生产服务。

3. 元素有机化学

元素有机化学是当代有机化学研究中较为活跃的领域之一。有机磷化学、有机氟化学、有机硼化学和有机硅化学是当前元素有机化学的四个主要支柱。有机磷化合物在农药、医药、生命科学以及有机合成化学中具有重要的应用;有机氟化学在原子能工业、火箭和宇航技术方面对特种材料的要求一直表现出蓬勃发展的趋势;有机硼化学为有机合成提供许多很有特色的新反应,其中高选择性反应和手性试剂在工业上已获得广泛应用;有机硅化合物不仅可作为航空、尖端技术、军事技术部门的特种材料使用,而且广泛用于国民经济各部门,在有机合成中占有重要地位。

4. 金属有机化学

金属有机化学是近代化学前沿领域之一。金属有机化学的主要研究内容包括金属有机化合物的合成、结构和反应性能的研究,新型基元反应的开发,以有机合成为目标的金属有机化学等。金属有机化学的发展不仅提供了高活性和高选择性的新型催化剂,而且在分子水平上为现代催化理论提供了科学依据。金属有机试剂和催化剂提供了众多的高活性和高选择性的有机合成方法。

5. 物理有机化学

物理有机化学主要通过现代物理实验方法与理论计算方法研究有机分子结构及其物理、化学性能之间的关系,阐明有机化学的反应机理。有机化学反应途径的宏观和微观细节是物理有机化学研究的核心课题之一。20世纪70年代以来,协同–非协同反应、离子–非离子型反应以及基态–激发态是其研究热点。新反应的研究和新物理检测方法的发展推动了活性中间体的研究,其中自由基、自由基离子、碳正离子、碳负离子、叶立德、卡宾和类卡宾等都具有重要的研究价值。

6. 有机物分离和分析

有机物分离和分析的紧密结合是有机分析的一大特点。在生命科学、材料科学和环境科学中都涉及复杂体系痕量或微量的有机物分离分析问题。色谱、紫外光谱、红外光谱、拉曼光谱、核磁共振波谱、质谱、X-晶体衍射等技术的发明和快速发展为有机化学在生命科学、材料科学和环境科学等领域的应用开辟了道路。而这些领域对有机化学提出的要求又正是有机合成、有机分析和物理有机化学最具挑战性的课题,有机化学在这些领域将大有作为。

1.2 有机化合物的结构

1.2.1 原子轨道

原子是由原子核和核外电子组成的,原子核外电子绕核运动会受到原子核的吸引,它们运动能量的差异可用其运动轨道离核的远近表现,动量较大的电子在离核较远的地方运动,而动量较小的电子则在离核较近的地方运动。

电子具有波粒二象性,所以原子中电子的运动服从量子力学的规律。量子力学一个重要原则——海森伯不确定性原理(Heisenberg's Uncertainty Principle)指出,不可能把一个电子的位置和能量同时准确地测定出来,这是由电子同时具有微粒性及波动性双重性质所决定的。人们只能描述电子在某一位置出现的概率,即高概率区域内发现电子的机会比在低概率区域内的机会多。

量子力学认为,原子中每个稳态电子的运动状态可以用单电子的波函数 $\phi(x,y,z)$ 来描述,称为原子轨道。波函数 ϕ 的物理意义是在原子核周围的小体积之内电子出现的概率。ϕ 越大,在小体积之内出现的概率也越大。

例如将氢原子的电子在三维空间上运动出现的概率合并起来,得到如图1.1所示的示意图,图(a)表示1s轨道电子的概率分布,用点的密集程度表示在任何一个点发现电子的概率(概率密度)很不方便,因此更常用的表达方式是用实线圈出三维空间电子出现概率超过95%的位置,如图(b)所示,可以进一步简化为图(c),这种最简单的轨道是以原子核为中心的球体,称为1s轨道。

(a) 1s轨道电子的概率分布　　(b) 1s轨道示意图　　(c) 1s轨道的简单画法

图1.1　1s轨道示意图

　　2s轨道与1s轨道一样,也是球形对称的,但比1s轨道大,离核较远,能量比1s轨道高。如图1.2所示,2s轨道有一个球的节面(节面表示此处电子出现的概率为0),图(a)表示2s轨道电子的概率分布,图(b)为2s轨道示意图,图中虚线表示节面。节面两侧的波函数符号不同,分别用"+"与"-"表示(注意此处"+""-"不表示正电荷或负电荷)。任何轨道被节面分为两部分时,在节面的两侧波函数符号是相反的。图(c)为2s轨道的简单画法(节面可省略)。

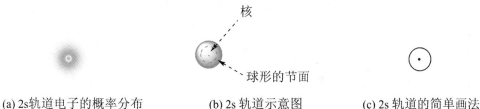

(a) 2s轨道电子的概率分布　　　　(b) 2s轨道示意图　　　　(c) 2s轨道的简单画法

图1.2　2s轨道示意图

　　2p轨道如图1.3所示,2p轨道电子的概率分布如图(a)所示,2p轨道示意图如图(b)所示,呈现哑铃形。哑铃形轨道坐标为零的地方,是原子核的位置。每个轨道都由两瓣组成,两瓣的波函数符号相反,两瓣之间有一个节面。简单画法如图(c)所示。

(a) 2p轨道电子的概率分布　　　　(b) 2p轨道示意图　　　　(c) 2p轨道简单画法

图1.3　2p轨道示意图

　　与1s和2s轨道不同的是,2p轨道具有方向性,它沿轴对称分布。因此沿着三个坐标轴,有三个能量相同的p_x,p_y,p_z轨道,如图1.4所示,彼此互相垂直。2p轨道的能量比2s的高。

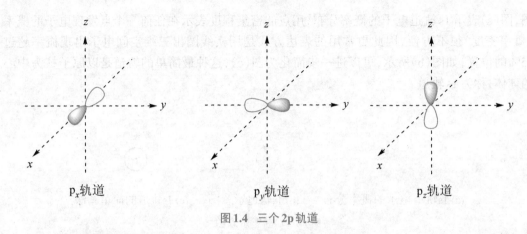

p_x轨道 $\qquad$ p_y轨道 $\qquad$ p_z轨道

图 1.4 三个 2p 轨道

通常轨道离核越远,能量越高,所以各轨道的能量顺序为:1s<2s<2p<3s<3p<3d,如图1.5所示。

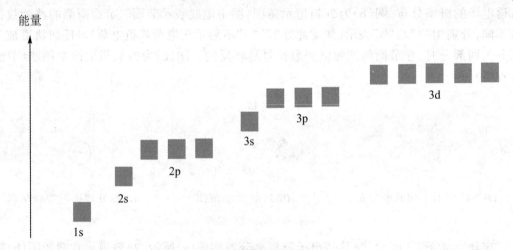

图 1.5 轨道能级示意图

1.2.2 原子轨道的电子排布和八电子规则

电子排布在原子轨道时遵循三个基本规则:能量最低原理、Pauli 不相容原理和 Hund规则。

能量最低原理:核外电子在轨道上排布时,总是优先占据能量更低的轨道,使整个体系处于能量最低的状态。

Pauli 不相容原理:同一轨道上最多容纳两个自旋相反的电子。

Hund 规则:电子在简并轨道(能量相等)上排布时,将尽可能占据所有简并轨道,逐一填充一个自旋平行的电子后,才能容纳第二个电子。

根据原子轨道中电子排布的基本规则,表1.2列出元素周期表中前三周期元素的电子排布,其中H,C,O,N是有机物中最常见的元素。此外,硅、磷、硫、氯、溴和碘等也很常见。

表1.2 前三周期元素的电子排布

元素	电子排布	元素	电子排布
H	$1s^1$	Ne	$1s^22s^22p^6$
He	$1s^2$	Na	$1s^22s^22p^63s^1$
Li	$1s^22s^1$	Mg	$1s^22s^22p^63s^2$
Be	$1s^22s^2$	Al	$1s^22s^22p^63s^23p^1$
B	$1s^22s^22p^1$	Si	$1s^22s^22p^63s^23p^2$
C	$1s^22s^22p^2$	P	$1s^22s^22p^63s^23p^3$
N	$1s^22s^22p^3$	S	$1s^22s^22p^63s^23p^4$
O	$1s^22s^22p^4$	Cl	$1s^22s^22p^63s^23p^5$
F	$1s^22s^22p^5$	Ar	$1s^22s^22p^63s^23p^6$

从表1.2中我们看到,惰性气体Ne和Ar(He除外,He只有1s轨道,只能填充2个电子,已为稳定电子排布)的最外层电子排布为八电子时,最外层轨道完全充满电子,原子是最稳定的,即为八电子规则。

当原子与原子之间相互作用形成分子时,也倾向于使最外层电子满足原子最外层八电子的排布状态。除氢以外,分子中所有原子都满足8e排布状态的结构称为八隅体。

但需要提出的是,八电子规则只对第二周期元素并且拥有足够价电子时才适用,下列几种情况不适用:

(1) 对于含奇电子的分子,这种分配方式无法实现。如NO,氮原子外层电子数为5e,氧原子外层电子数为6e,一氧化氮分子只能满足氧外层电子数为8e,而氮外层电子数只有7e。

(2) BH_3,B的外层电子数为3e,BH_3分子的硼外层电子数只有6e,依然缺电子。

(3) 对于第三周期元素,拥有d轨道可以填充电子,所以最外层电子数可能超过8e。如硫酸中,硫的最外层电子数为12e;磷酸中,磷的最外层电子数为10e。

1.2.3 化学键

使离子或原子相结合的作用力通称为化学键(chemical bond)。典型的化学键有三种:离子键(ion bond)、金属键(metallic bond)和共价键(covalent bond)。

1.2.3.1 离子键

带电的原子或原子团称为离子(ion)。由原子或分子失去电子形成的离子称为正离子(cation,positive ion)。由原子或分子得到电子形成的离子称为负离子(anion,negative ion)。依靠正、负离子间的静电引力形成的化学键称为离子键。例如CH_3COONa的钠和氧之间的化学键即为离子键。钠失去电子,以Na^+形式存在,氧接受电子,以CH_3COO^-形式存在。

通常离子键的成键原子间电负性相差较大,成键原子外层电子结构满足八隅体。通常活泼金属与活泼非金属之间通过离子键作用形成分子。

离子键没有方向性和饱和性。

1.2.3.2 金属键

金属键主要在金属中存在,金属原子最外层的价电子很容易脱离原子核的束缚而自由运动,这些自由运动的电子与金属正离子之间的静电吸引,使原子紧密堆积,形成金属晶体。这种使金属原子结合成金属晶体的化学键称为金属键。金属键无方向性和饱和性。

1.2.3.3 共价键

1. Lewis 结构理论

1916年 G. N. Lewis 首次提出共价键的概念。成键原子的电负性差异不大,难以通过价电子转移达到外层八电子的结构,成键原子间可以通过共享电子对的方式达到外层八电子。这种通过成键原子间各提供一个电子而共用一对电子形成的化学键称为共价键。

甲烷,碳的外层电子排布为 $1s^2 2s^2 2p^2$,最外层电子数为4e,可以与四个氢共享四对电子,碳外层电子数达到8e,形成稳定的甲烷分子。共用一对电子可以用两个点“:”表示,也可以用短横线“-”表示。除了氢原子之外的其他原子符合八电子规则,这样的结构式称为 Lewis 结构式。

$$\cdot \overset{\cdot\cdot}{\underset{\cdot\cdot}{C}} \cdot \ + \ 4H\cdot \ \longrightarrow \ H \overset{\cdot\cdot}{\underset{\cdot\cdot}{:C:}} H \qquad \overset{H}{\underset{H}{H-C-H}}$$
甲烷

乙烷,两个碳之间共用一对电子,每个碳再分别与三个氢共用三对电子,则除了氢,每个碳外层电子数都是8e,满足八隅体结构。

$$H \overset{H \quad H}{\underset{H \quad H}{:C::C:}} H \qquad \overset{H \ H}{\underset{H \ H}{H-C-C-H}}$$
乙烷

乙烯,两个碳之间共用两对电子,每个碳再分别与两个氢共用两对电子,则除了氢,每个碳外层电子数都是8e,满足八隅体结构。共用两对电子可以用四个点“::”表示,也可以用双短横线“=”表示。

$$H \overset{H \quad H}{:C::C:} H \qquad \overset{H \quad H}{H-C=C-H}$$
乙烯

乙炔,两个碳之间共用三对电子,每个碳再分别与一个氢共用一对电子,则除了氢,每个碳外层都是8e,满足八隅体结构。共用三对电子可以用六个点“:::”表示,也可以用三条短横线“≡”表示。

$$H:C:::C:H \qquad H-C\equiv C-H$$
乙炔

共价键具有方向性和饱和性。

配位键是一种特殊的共价键,形成键的共用电了对在成键之前是属于一个原子的。例如,NH_3 与 H^+ 结合前,氮提供孤对电子,H^+ 提供空轨道,提供电子对的原子叫给予体,接受电子对的原子叫接受体,生成铵离子后,四个 N—H 键完全相同,彼此之间没有差别。

$$
\text{H:N:} \quad + \quad \text{H}^{\oplus} \quad \longrightarrow \quad \left[\text{H:N:H} \right]^{\oplus}
$$

Lewis 结构理论的优点是比较合理地解释了离子键与共价键的区别,解释了形成共价键的原子之间可以根据共用电子对的数目形成单键、双键或三键;其不足之处在于没有解释为什么共享一对电子可以促使两个原子结合在一起? 也没有解释单键、双键和三键的差别和分子的形状。

2. 价键理论

量子力学于 20 世纪末建立,1925 年 Pauli 提出了 Pauli 不相容原理;1926 年 Schrödinger 提出了描述微观体系运动规律的薛定谔方程,人们有了原子轨道(s,p,d,f,⋯)和波函数的概念。随着量子力学的发展,1927 年 Heitler 和 London 首次完成了氢气分子形成的相关研究,他们认为,在两个氢原子各带着一个电子从无穷远的距离彼此靠近达到一定距离时,一个氢原子核开始吸引另一氢原子核外电子,发生交换作用,这种交换作用并非由原来的一个原子核和另一个原子核完全交换一个电子,而只是量子力学在运算时采用的一种假设,这种关系可表示为:① $H_A \cdot 1 \quad 2 \cdot H_B$;② $H_A \cdot 2 \quad 1 \cdot H_B$。

一个极端如式①所示,电子 1 完全属于 H_A,电子 2 完全属于 H_B;交换后的另一极端如式②所示,电子 2 完全属于 H_A,电子 1 完全属于 H_B。这两个极端情况实际都不存在,真实情况是这两个极端的叠加。

通过这一模型计算的结果说明当两个氢原子核达到一定距离时,由于电子交换,总能量要比两个分开的氢原子能量低,从而形成一个稳定的共价键。这个键具有一定的距离(键长,bond length)和一定的能量(键能,bond energy),其计算结果和实验结果非常接近,因此这成为处理共价键第一个成功的方法,称为价键法(valence-bond method)。这种方法认为两个原子各提供一个电子成键,所以又称为电子配对法。

如图 1.6 所示,当两个氢原子互相靠近时,如果它们核外的两个电子自旋相反(E_1),那么两个原子接近的过程中会互相吸引,能量降低,此时吸引力大于排斥力,直到两个氢原子核间的距离缩小到一定距离,即吸引力等于排斥力时,电子在两个核中间受核吸引,体系能量降到最低,上述吸引力使两个原子结合形成共价键,这就是共价键的一种近似处理方法。

若两个氢原子的电子自旋方向相同(E_2),两个原子靠近时会互相排斥,能量升高,排斥力大于吸引力,

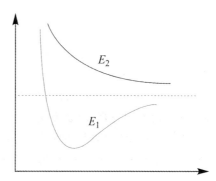

图1.6　氢气分子形成的示意图

则体系能量没有最小值,无法形成稳定的氢分子。

将量子力学对氢分子共价键的讨论定性地推广到其他双原子或多原子分子的共价键,通过近似方法计算,也可以得到与实验接近的结果,就是价键理论(Valence Bond Theory,VBT)。价键理论的主要内容如下:

(1) 如果两个原子各有一个未成对电子且自旋相反,即可配对形成一个共价键,即单键;如果原子各有两个或三个未成对电子,可以形成双键或三键。

(2) 如果一个原子的未成对电子已经配对,就不能再与其他原子的未成对电子配对,这就是共价键的饱和性。所以,一个具有 n 个未成对电子的原子 A 可以和 n 个只有一个未成对电子的原子 B 结合形成 AB_n 分子。

(3) 电子云重叠愈多,形成的键愈强,即共价键的键能与原子轨道重叠程度成正比。因此要尽可能在电子云密度最大的地方重叠,这就是共价键的方向性。

例如,氢气与氯气反应得到 HCl,1s 轨道与 $3p_x$ 轨道在 x 轴方向有最大重叠,可以成键,如图 1.7 所示。

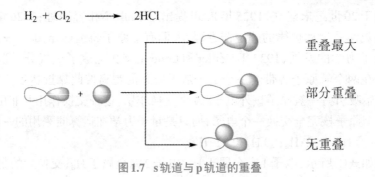

图 1.7　s 轨道与 p 轨道的重叠

沿键轴方向以"头碰头"方式重叠,成键电子云围绕键轴呈轴对称分布,生成的键称为 σ键(σ bond),如 s-s,s-p,p-p 等沿键轴方向重叠,均形成 σ 键,如图 1.8 所示。

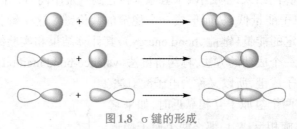

图 1.8　σ 键的形成

两个 p 轨道以"肩并肩"方式重叠,成键电子云沿键轴呈平面对称分布,生成的键称为 π键(π bond),如图 1.9 所示。

(4) 能量相近的原子轨道可进行杂化,组成能量相等的杂化轨道(hybridized orbital),这样可使成键能力更强,体系能量降低,成键后可达到最稳定的分子状态。

例如,碳原子最外层四个电子 $2s^2 2p_x^1 2p_y^1$,其中 2s 的一个电子跃迁到 $2p_z$ 轨道,然后一个 s 轨道和三个 p 轨道杂化,形成四个能量相等的 sp^3 杂化轨道,如图 1.10 所示。

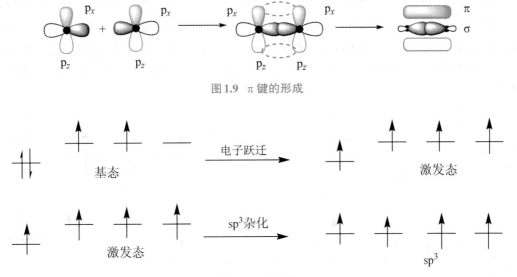

图 1.9 π 键的形成

图 1.10 sp³杂化

2p轨道有两个波瓣,波函数符号不同,2s轨道有一个波瓣,2p轨道与2s轨道杂化后,波函数符号相同的一瓣增大,波函数符号相反的一瓣缩小,如图1.11所示,此时轨道的方向性加强,成键能力也增强,可以与另一个轨道形成一个更强的键。

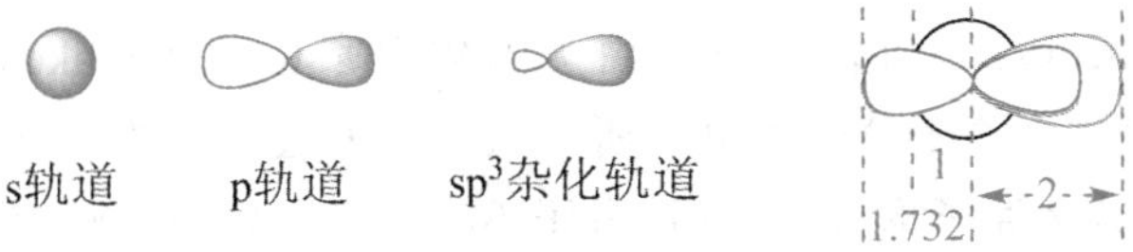

s轨道 p轨道 sp³杂化轨道

图 1.11 sp³杂化轨道

四个杂化轨道空间伸展方向不同,最大程度减弱成键电子对和成键原子间的相互排斥,使得整个分子体系更趋稳定,四个sp³杂化轨道在三维空间尽可能远离,形成以碳原子为中心,四个轨道分别指向正四面体的四个顶点,杂化轨道的空间组合刚好符合甲烷分子的正四面体形状,如图1.12所示。

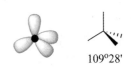

109°28'

图 1.12 四个 sp³杂化轨道

此外,有机物中碳常用的杂化类型还有sp²杂化和sp杂化。

碳原子2s的一个电子跃迁到2p$_z$轨道,由一个s轨道和两个p轨道参与的杂化称为sp²杂化,所形成的三个杂化轨道称为sp²杂化轨道。各含有1/3的s成分和2/3的p成分,例如烯烃的碳和苯环的碳是sp²杂化。

碳原子2s的一个电子跃迁到2p$_z$轨道,由一个s轨道和一个p轨道参与的杂化称为sp杂化,所形成的两个杂化轨道称为sp杂化轨道。每个sp杂化轨道含有1/2的s成分和1/2的p成分,如图1.13所示。例如炔烃的碳是sp杂化。

价键理论是在总结大量化合物的性质,同时又运用量子力学研究原子及分子基础上发展起来的,在认识化合物的结构与性能关系上起指导作用,对问题的说明比较形象,易于理解和接受,因此价键理论虽发展较早,现在仍在使用。但此理论的局限性在于,它只能用来表示两个原子相互作用形成共价键,即分子中的价电子是被定域在共价键的两个原子核区域内运动,因此对单键、双键交替出现的多原子分子形成的共价键(如共轭双键)无法形象表示,出现的现象也无法解释。后来发展起来的分子轨道理论,则对这些问题有了比较满意的解释。

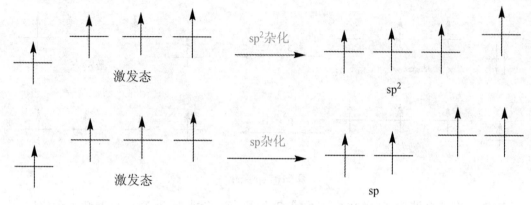

图1.13   sp²杂化和sp杂化

3. 分子轨道理论

量子力学处理氢分子共价键的方法,推广到多原子分子的另一种理论是分子轨道理论(Molecular Orbital Theory, MOT),1932 年由美国化学家 R. S. Mulliken 及德国物理学家 F. Hund 提出,是一种描述多原子分子中电子所处状态的方法。它的要点是:从分子的整体性来讨论分子的结构,认为原子形成分子后,电子不再属于个别原子轨道,而是属于整个分子的分子轨道。分子轨道用波函数 ψ 表示。

分子轨道理论中目前应用最广泛的是原子轨道线性组合法(Linear Combination of Atomic Orbitals, LCAO),组合时轨道数目保持不变,有几个原子轨道就可以组合成几个分子轨道,原子轨道数目等于分子轨道数目;分子轨道的能量改变,分子轨道的能量低于、高于或等于原子轨道能量。

其中有一部分分子轨道由对称性匹配的两个原子轨道叠加而成,两核间电子的概率密度增大,其能量比原来的原子轨道能量低,有利于成键,称为成键分子轨道(bonding molecular orbital),如 σ 轨道、π 轨道(轴对称轨道);同时这些对称性匹配的两个原子轨道也会相减形成另一种分子轨道,结果是两核间电子的概率密度很小,其能量比原来的原子轨道能量高,不利于成键,称为反键分子轨道(antibonding molecular orbital),如 σ* 轨道、π* 轨道(镜面对称轨道,反键轨道的符号上常加*,与成键轨道区别)。还有一种情况是由于组成分子轨道的原子轨道空间对称性不匹配,原子轨道没有有效重叠,组合得到的分子轨道能量跟组合前的原子轨道能量没有明显差别,所得的分子轨道叫作非键分子轨道(nonbonding molecular orbital)。

例如两个原子轨道组成两个分子轨道,其中一个分子轨道是由两个原子轨道的波函数相加组成,另一个分子轨道是由两个原子轨道的波函数相减组成:

$$\psi_{成键}=c_1\phi_1+c_2\phi_2$$
$$\psi_{反键}=c_1\phi_1-c_2\phi_2$$

式中，ψ表示分子轨道的波函数，ϕ表示原子轨道的波函数，c是系数。

在分子轨道$\psi_{成键}$中，两个原子轨道波函数符号相同，即波相相同，相互重叠，如图1.14所示。

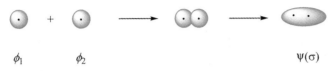

$$\phi_1 \qquad \phi_2 \qquad\qquad\qquad \psi(\sigma)$$

图1.14　σ成键轨道

在分子轨道$\psi_{反键}$中，两个原子轨道波函数符号相反，即波相相反，相互排斥。在两核之间出现节面，如图1.15所示。

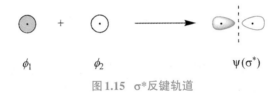

$$\phi_1 \qquad \phi_2 \qquad\qquad \psi(\sigma^*)$$

图1.15　σ^*反键轨道

两个分子轨道波函数的平方，即为分子轨道电子云密度分布，如图1.16所示。

$$\psi_1^2=(\phi_1+\phi_2)^2 \qquad\qquad \psi_2^2=(\phi_1-\phi_2)^2$$

图1.16　分子轨道电子云密度分布

成键分子轨道在两原子核间的电子云密度大，而反键分子轨道在两核间的电子云密度小。

成键轨道与反键轨道都是以头碰头的方式重叠，电子云关于键轴呈圆柱形对称分布，故它们形成的键是σ键，成键轨道用σ表示，反键轨道用σ^*表示。

根据理论计算，成键轨道的能量比两个原子轨道的能量低，反键轨道的能量比两个原子轨道的能量高。可以这样理解：成键轨道电子云在两个核的中间密度大，对核有吸引力，使两个核靠近而降低能量；而反键轨道的电子云在两个核中间密度小，在核的外侧对核吸引，使两核远离，同时核与核之间有排斥作用，因而能量增加。

电子在分子轨道中排布时，同样遵循能量最低，Pauli不相容和Hund规则，电子优先占据能量较低的分子轨道，例如氢分子中两个1s电子，先占据成键轨道且自旋相反，反键轨道是空的，如图1.17所示是氢气的分子轨道示意图。

因此，分子轨道理论认为，电子从原子轨道进入成键分子轨道，形成化学键，体系的整体能量降低,形成稳定的分子,能量降低愈多,形成的分子愈稳定。

此外,原子轨道组成分子轨道时,还必须具备对称性匹配、轨道能量相近和电子云最大重叠三个原则。

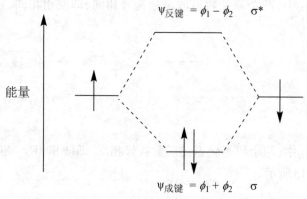

图 1.17　氢气分子轨道示意图

（1）对称性匹配

只有对称性匹配的原子轨道才能组合成分子轨道,这称为对称性匹配原则。原子轨道有 s,p,d,f等各种类型,它们有着不同的空间对称性。对称性是否匹配,可根据两个原子轨道的角度分布图中波瓣的正、负号对于键轴或对于含键轴的某一平面的对称性决定。例如,s 与 $2p_x$ 的对称性是匹配的,对通过键轴（x轴）的旋转操作是对称的,对x-y平面的反射也是对称的。

p_y轨道与p_y轨道沿键轴（x轴）有相同的节面,也是对称性匹配的,如图 1.18 所示。

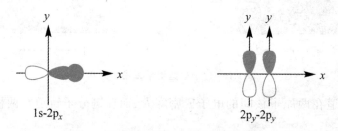

图 1.18　轨道对称性匹配

（2）轨道能量相近

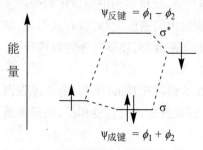

图 1.19　能量相差较大的原子轨道

在对称性匹配的原子轨道中,只有能量相近的原子轨道才能组合成有效的分子轨道,而且能量越相近越好,这称为能量近似原则。为什么两个原子轨道必须能量相近才能成键呢？因为根据量子力学计算两个能量相差很大的原子轨道组成分子轨道时,成键轨道与原子轨道的能量接近,成键过程中体系能量降低得少,不能形成稳定的分子轨道。

（3）电子云最大重叠

两个原子轨道在重叠时必须遵循一定的方向,使重叠最有效,形成的键才最强。例如,一个原子的 1s 轨道与另一个原子的 $2p_x$ 轨道,在 x 键轴方向有最大的重叠而成键,而在其他方向不能有效成键。

在上述三条原则中,对称性匹配原则是首要的,它决定原子轨道有无组合成分子轨道的可能性。能量近似原则和轨道最大重叠原则是在符合对称性匹配原则的前提下,决定分子轨道的组合效率。

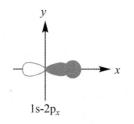

图 1.20 电子云最大重叠

如图 1.21 所示,下面列举成键轨道与反键轨道电子云特征:

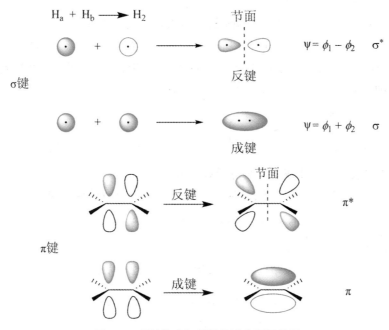

图 1.21 成键轨道与反键轨道电子云特征

s 轨道和 s 轨道,头碰头,波相相同,相互重叠,形成 σ 成键分子轨道;波相相反,相互排斥,形成 σ* 反键分子轨道。

p 轨道和 p 轨道,肩并肩,波相相同,相互重叠,形成 π 成键分子轨道;波相相反,相互排斥,形成 π* 反键分子轨道。

分子轨道理论解释了氧分子的顺磁性问题,O_2 分子轨道中电子的排布为

$$(\sigma_{1s})^2 (\sigma_{1s}^*)^2 (\sigma_{2s})^2 (\sigma_{2s}^*)^2 (\sigma_{2p_x})^2 (\pi_{2p_y})^2 (\pi_{2p_z})^2 (\pi_{2p_y}^*)^1 (\pi_{2p_z}^*)^1$$

含有未成对电子的物质具有顺磁性,$\pi_{2p_y}^*$ 及 $\pi_{2p_z}^*$ 轨道有两个自旋平行的单电子,故氧分子具有顺磁性。

分子轨道理论以量子化学为基础,有较充足的理论基础,有定量计算作依据,理论较完善,但表达不太直观。

4. 共振论

1931—1933 年,Pauling 为了解决多原子分子的薛定谔方程求解问题,其数学处理比较抽象,为了解释它的实际意义,Pauling 提出了共振论(Resonance Theory,RT)。

共振论的基本观点:许多不能用经典 Lewis 结构描述的分子,可以用几个经典 Lewis 结构式的组合来描述,物质的真实结构可以认为是这些经典 Lewis 结构式的杂化体(这些共振结构式的叠加),每个参与描述真实结构的结构式称为共振式。这些共振式本身是不存在的,共振论是用假想的共振结构式去近似地描绘真实物质结构的理论。

(1)书写共振式的规则

① 所有的共振式都必须符合 Lewis 结构式。

因为共振论是基于 Lewis 结构为基础,所以所有共振式都必须符合 Lewis 结构式。共振结构式之间用符号"$\longleftrightarrow$"表示。

② 共振式中所有原子的排列完全相同,不同的只是电子排列。

例如苯的 Kekule 式,两个结构式中所有原子的位置都相同,只有双键的位置不同,真实的苯是两个 Kekule 式的叠加,碳碳键无单键和双键的区别,六个碳碳键长都相同。羧酸根负离子也类似,两个碳氧键的键长相同,无单双键的区别。

③ 共振式中成对电子数或未成对电子数相等。

烯丙基自由基只有一个单电子,其他已配对,π 键不能拆分为两个单电子。

$$H_2C{=}CH{-}\dot{C}H_2 \longleftrightarrow H_2\dot{C}{-}CH{=}CH_2 \;\;\xcancel{\longleftrightarrow}\;\; H_2\dot{C}{-}\dot{C}H{-}\dot{C}H_2$$

(2)共振结构对杂化体的影响

① 具有相同稳定性的共振结构参与形成的共振杂化体特别稳定。

$$H_2C{=}CH{-}\overset{\oplus}{C}H_2 \longleftrightarrow H_2\overset{\oplus}{C}{-}CH{=}CH_2$$

② 参与共振的极限结构多,共振杂化体稳定。

$$\underset{4}{H_2C}{=}\underset{3}{CH}{-}\underset{2}{CH}{=}\underset{1}{CH_2} \xrightarrow{\;H^{\oplus}\;} H_2C{=}CH{-}\overset{\oplus}{C}H{-}CH_3 \longleftrightarrow H_2\overset{\oplus}{C}{-}CH{=}CH{-}CH_3$$
更稳定

$$\underset{4}{H_2C}{=}\underset{3}{CH}{-}\underset{2}{CH}{=}\underset{1}{CH_2} \xrightarrow{\;H^{\oplus}\;} H_2C{=}CH{-}CH_2{-}\overset{\oplus}{C}H_2$$

丁-1,3-二烯与 H^+ 加成时,有两种可能性,H^+ 可以与 C-1 或 C-2 结合,当与 C-1 结合时,得到 C-2 的烯丙基 C^+,通过 π 键位移可以形成另一个稳定的烯丙基 C^+,真实结构是这两个结构的叠加,即正电荷可以分散在两个碳 C-2 和 C-4 上;而当 H^+ 与 C-2 结合时,得到 C-1 的 C^+,此时 C^+ 的邻位没有 π 键或孤对电子,只能写出一个较稳定的 C^+。故可写出两个较稳定共振结构式的 C^+ 更稳定。

③ 越稳定的共振结构式,对杂化体贡献越大。

（3）共振结构式稳定性的判断方法

① 满足八隅体的共振结构式比未满足的稳定。

$$H_2C = \overset{\oplus}{\overset{..}{O}}H \quad \longleftrightarrow \quad H_2\overset{\oplus}{C} - \overset{..}{\overset{..}{O}}H \qquad H_3C - \overset{..}{C}H - \overset{..}{\underset{..}{Cl}}: \quad \longleftrightarrow \quad H_3C - CH = \overset{..}{\underset{..}{Cl}}\overset{\oplus}{}$$

　　　贡献较大　　　　　　　贡献较小　　　　　　　　贡献较小　　　　　　　贡献较大
　　　更稳定　　　　　　　　　　　　　　　　　　　　　　　　　　　　　更稳定
　　　　1A　　　　　　　　　　1B　　　　　　　　　　　2A　　　　　　　　　　2B

共振结构式 1A，除了氢，碳和氧的外层都满足 8e，是八隅体，比 1B 稳定。

共振结构式 2B，碳和氯外层都满足 8e，是八隅体，比 2A 稳定。

② 如果两个共振结构式都满足八隅体，则在带有电荷的共振结构式中，电负性大的原子带负电荷，电负性小的原子带正电荷的共振结构式更稳定。

氧的电负性大于碳，所以 3B 比 3A 稳定。

$$H_2\overset{\ominus}{C} - \overset{\overset{\textstyle O}{\|}}{C}H_3 \quad \longleftrightarrow \quad H_2C = \overset{\overset{\textstyle O^{\ominus}}{|}}{C}H_3$$

　　　　　　　　　　　　　　　　　　　　　　　　　　　更稳定
　　　　　　3A　　　　　　　　　　　　　　　3B

③ 没有正负电荷分离的共振式比有电荷分离的稳定；当有电荷分离时，两个异号电荷相隔较近或两个同号电荷相隔较远的共振结构式更稳定。4A 比 4B 稳定。

$$H_2C = CH - \overset{..}{\underset{..}{Cl}} \quad \longleftrightarrow \quad H_2\overset{\ominus}{C} - CH = \overset{\oplus}{Cl}$$

　　　　更稳定
　　　　4A　　　　　　　　　　　　4B

$$H_2C = CH - CH = CH_2 \longleftrightarrow \overset{\oplus}{H_2C} - CH - \overset{\ominus}{CH} = CH_2 \longleftrightarrow H_2C = CH - \overset{\oplus}{CH} - \overset{\ominus}{CH_2} \longleftrightarrow$$
　　　　　5A　　　　　　　　　　　　　5B　　　　　　　　　　　　5C

$$\overset{\ominus}{CH_2} - \overset{\oplus}{CH} - CH = CH_2 \longleftrightarrow H_2C = CH - \overset{\ominus}{CH} - \overset{\oplus}{CH_2} \longleftrightarrow \overset{\ominus}{CH_2} - CH = CH - \overset{\ominus}{CH_2} \longleftrightarrow$$
　　　　5D　　　　　　　　　　　　5E　　　　　　　　　　　　5F

$$\overset{\ominus}{CH_2} - CH = CH - \overset{\oplus}{CH_2}$$
　　　　5G

稳定性：5A＞5B～5E＞5F～5G。

④ 共价键数目多的共振结构更稳定。

$$H_2C = CH - CH = CH_2 \quad \longleftrightarrow \quad \overset{\oplus}{CH_2} - \overset{\ominus}{CH} - CH = CH_2$$
　　　　　　　　　　　更稳定

任何一个共振结构式都不能代表共振杂化体，共振杂化体（真实的结构）的能量比参与共振的任何一个共振结构式的能量都低；共振降低的能量，称为共振能。共振能越大，体系越稳定。

共振论是经典价键理论的补充和发展,表达比较简单、直观,在许多方面与实验事实相符,但也有局限性,例如它无法解释氧气分子的顺磁性问题。

共振论和分子轨道理论在研究反应机理、解释实验现象上都发挥了重要作用,但在实际应用中,应根据不同问题,采用不同理论,扬长避短、互相补充。随着有机结构理论的发展,相信将来会有一个更加完善和科学的统一理论。

5. 共价键的属性

（1）键长

键长指成键的两个原子核之间的平衡距离,对于由A和B两个原子组成的化学键,一般键长越短,键越强;键的数目越多,键长越短。表1.3列出了一些常见共价键的键长。

表1.3 一些常见共价键的键长

键	键长(pm)	键	键长(pm)	键	键长(pm)
C–H	109	C–O	143	C=C	134
N–H	103	C–F	141	C=N	130
O–H	97	C–Cl	176	C=O	122
C–C	154	C–Br	194	C≡C	120
C–N	147	C–I	214	C≡N	116

在实际分子中,由于受杂化方式、共轭效应、空间位阻效应和相邻基团电负性等各种因素的影响,同一种化学键键长会有一定差异。

$$H_3C-CH_3 \quad 153\ pm \qquad H_3C-C\equiv CH \quad 146\ pm$$

$$H_3C-CH=CH_2 \quad 150\ pm \qquad H_2C=CH-C\equiv CH \quad 143\ pm$$

思考:为什么不同化合物中C–C键长不同?

对于较复杂的分子,键长往往采取分子光谱或衍射等实验方法进行测定。

（2）键角

键角指两个共价键的夹角。甲烷是正四面体结构,键角为109°28′。

（3）键能

键解离能(Bond Dissociation Energy,BDE)指断裂或形成分子中某一个共价键所吸收或释放的能量。标准状态下,双原子分子的键解离能就是它的键能,它是该共价键强度的一种量度。对于多原子分子,由于每一根键的键解离能不等,其键能是指这类键的键解离能的平均值。

例如:甲烷分子中四个C–H键的键解离能有差异。

键离解能 E (kJ/mol)

$$CH_4 \longrightarrow \cdot CH_3 + H \cdot \qquad 435$$

$$\cdot CH_3 \longrightarrow \cdot \overset{\cdot}{C}H_2 + H \cdot \qquad 444$$

$$\overset{\cdot}{\cdot} CH_2 \longrightarrow \cdot \overset{\cdot}{C}H + H \cdot \qquad 444$$

$$\cdot \overset{\cdot}{C}H \longrightarrow \cdot \overset{\cdot}{\underset{\cdot}{C}} \cdot + H \cdot \qquad 339$$

所以,C–H键的键能=(435+444+444+339)/4=415.5(kJ/mol),显然,用键解离能比用平均键能更精确一些。一些常见共价键的键解离能如表1.4所示。

表1.4 一些常见共价键的键解离能

(单位:kJ/mol)

	H	F	Cl	Br	I	OH	NH$_2$	Me	CN
甲基	439.3	460.2	355.6	297.1	238.5	389.1	355.6	376.6	510.5
乙基	410.0	451.9	334.7	284.5	221.8	383.8	343.1	359.8	493.7
正丙基	410.0	447.7	338.9	284.5	221.8	384.9	343.1	361.9	489.5
异丙基	397.5	445.6	338.9	284.5	223.8	389.1	343.1	359.8	485.3
仲丁基	389.1	460.2	338.9	280.3	217.6	389.1	343.1	354.5	
苯基	464.4	527.2	401.7	336.8	272.0	464.4	426.8	426.8	548.1
苯甲基	368.2		301.2	242.7	200.8	338.9	297.1	318.0	
烯丙基	359.8		284.5	225.9	171.5	326.4		309.6	
乙酰基	359.8	497.9	338.9	276.1	205.0	447.7		338.9	
乙氧基	435.1					184.1		347.3	
乙烯基	460.2		326.4	326.4				418.4	543.9
氢	436.0	568.2	366.1	366.1	298.3	498.0	447.7	419.3	523.0

(4) 共价键的极性

键的极性是指成键原子由于电负性的差异使得共用电子对向某一侧偏移的现象。电负性指原子吸引电子的能力,原子的电负性越大,表示其吸引电子的能力越强。

当成键的两个原子相同时,两个原子吸引电子的能力(即电负性)相同,共用电子对均匀出现在两个原子之间,由于两个原子的正电荷重心和负电荷重心重合,这种键是没有极性的,叫作非极性共价键。例如,H_2中的H–H键,H_3C–CH_3中的C–C键。

当成键的两个原子不同时,电子对靠近电负性较强的原子一方,正、负电荷重心不重合,这种键叫极性共价键,如氯甲烷CH_3Cl中的C–Cl键。

元素周期表中,对于主族元素,随着原子序数的递增,元素的电负性会呈现周期性变化。同一周期,从左往右,元素电负性递增,同一主族,从上往下,元素电负性递减。因此,电负性大的元素集中在元素周期表的右上角,电负性小的元素集中在左下角。

共价键的极性可以用偶极矩(μ)来表示：

$$\mu=qd$$

式中，q 为正负电荷中心所带的电荷；d 为正负电荷中心之间的距离。

偶极矩的国际单位是 C·m（库仑·米），传统上用于度量化学键偶极矩的单位是德拜（Debye），符号 D，$1\ D=3.33564\times10^{-30}\ C\cdot m$

偶极矩具有方向性，用 $\longmapsto$ 表示，箭头由正端指向负端，偶极矩的大小表示共价键极性的强弱。多原子分子的偶极矩，是各个共价键偶极矩的向量和。

例如：CCl_4 的偶极矩为 0，是非极性分子。2,3-二溴-丁-2-烯和乙醚的偶极矩不为 0，是极性分子。

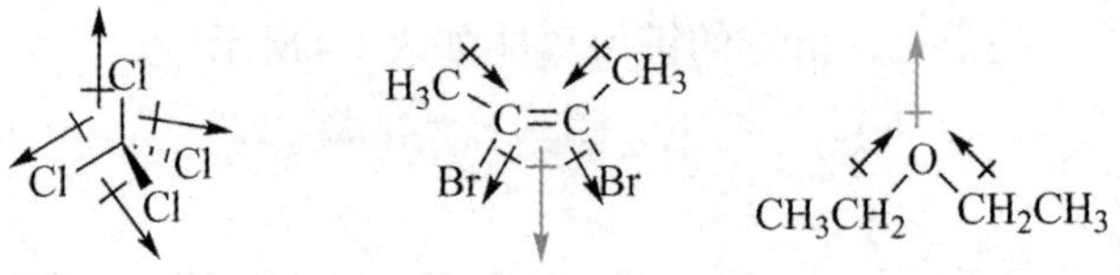

非极性分子　　　　　　极性分子　　　　　　极性分子

1.3 分子间作用力

1.3.1 偶极-偶极作用力

偶极-偶极作用力是一种发生在极性分子之间的相互作用力。它是由极性分子的永久偶极与另一极性分子的永久偶极之间的静电引力引起的。当两个极性分子相互接近时，它们会发生同极相斥、异极相吸的现象，导致分子发生相对转动，以形成异极相吸的状态排列，从而产生一种稳定的力，就是偶极-偶极作用力。

偶极-偶极作用力的本质是静电引力，它的强度与极性分子的偶极矩成正比，与热力学温度成反比，同时与分子间距离的立方成反比。随着分子偶极矩的增加，偶极-偶极作用力也会相应增强。但温度的升高会导致偶极-偶极作用力减弱，这是因为高温下分子的热运动加剧，分子间的有序排列减少，进而偶极-偶极作用力减小。

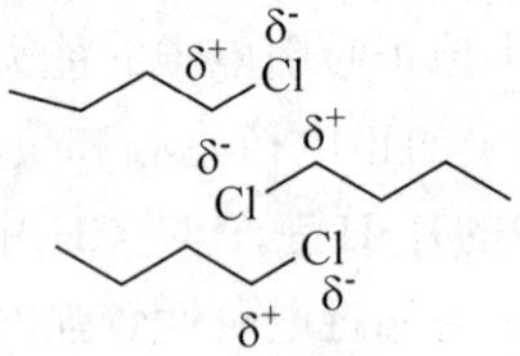

1.3.2 诱导力

诱导力是存在于极性分子和非极性分子之间的作用力，或者两个极性分子之间的作用力。当极性分子与非极性分子接近时,极性分子的永久偶极相当于一个外电场,可使非极性分子极化而产生诱导偶极,于是诱导偶极与永久偶极相互吸引,由极性分子的永久偶极与非极性分子所产生的诱导偶极之间的相互作用力称为诱导力。

1.3.3 色散力

由于非极性分子内部的电子在不断运动,原子核在不断振动,分子的正、负电荷重心不断发生瞬间相对位移,从而产生瞬间偶极。瞬间偶极又可以诱使邻近的分子极化,故非极性分子之间由于瞬间偶极相互吸引而产生分子间作用力称为色散力。

虽然瞬间偶极存在的时间很短,但是不断重复发生,又不断相互诱导和吸引,因此色散力始终存在。

任何分子都有不断运动的电子和不停振动的原子核,都会不断产生瞬间偶极,所以色散力存在于各种分子之间。

1.3.4 氢键

当氢原子同时和两个电负性很大、原子半径较小并具有未共用电子对的原子结合时,产生氢键。氢键用虚线表示:X–H⋯Y。

氢键的键能与元素的电负性及原子半径有关,原子的电负性越大、半径越小,形成的氢键越强。

氢键	F–H⋯F	O–H⋯O	N–H⋯N	N–H⋯F
键能(kJ/mol)	28.0	18.8	5.4	20.9

氢键具有方向性和饱和性。

四种分子间作用力大小顺序如下:

$$氢键 \gg 偶极-偶极作用力 > 诱导力 > 色散力$$

思考:下列物质的沸点为何不同?

$$CH_3CH_2OH \qquad CH_3CH_2F \qquad CH_3CH_2CH_3$$

$$78\ ℃ \qquad\qquad 46\ ℃ \qquad\qquad -42\ ℃$$

1.4　有机化合物的分类

1.4.1　按照碳骨架分类

1.4.1.1　链状化合物

这类化合物的碳骨架呈链状,包括饱和化合物(如烷烃)和不饱和化合物(如烯烃、炔烃)两种。

$$CH_3CH_2CH_2CH_2CH_3 \qquad CH_3CH=CHCH_3 \qquad HC\equiv CCH_3$$

戊烷　　　　　　　丁-2-烯　　　　丙炔

$$\underset{\underset{CH_3}{|}}{CH_3CH_2CH\,CH_3} \qquad \underset{\underset{OH}{|}}{CH_3CH_2CHCH_2CH_3}$$

2-甲基丁烷　　　　　戊-3-醇

1.4.1.2　环状化合物

环状化合物可分为脂环化合物、芳香化合物和芳香杂环化合物。
脂环化合物如:

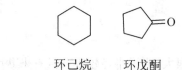

环己烷　　环戊酮

芳香化合物如:

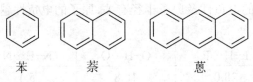

苯　　　萘　　　　蒽

芳香杂环化合物如:

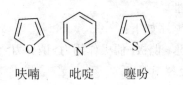

呋喃　　吡啶　　噻吩

1.4.2　按照官能团分类

官能团是决定有机物化学特性的原子或原子团,不一定含有杂原子。特性基团是加在母体氢化物上的杂原子或含有杂原子的基团,出现在2017版命名原则中,它是命名有机物时使用的专用术语,必须含有杂原子。

特性基团与官能团的含义非常相似,许多原子或基团,如-X,-NH$_2$,-OH,-COOH,-CHO,-CN等,既是官能团,又是特性基团。但两者的含义又不完全相同,官能团不一定含有杂原子,而特性基团必须含有杂原子。例如,烯烃和炔烃中的C=C,C≡C是官能团,它们的存在使得烯烃和炔烃易发生加成、氧化反应,但它们不是特性基团,因为它们不含杂原子。酮分子中的羰基(C=O)包含一个sp^{2}杂化碳以双键与氧原子相连,是官能团。但用取代法命名酮时,虽然以“酮(-one)”作为后缀,但“酮”字的含义并不包含碳,仅指结构中的“=O”是特性基团。这是因为CH$_3$COCH$_2$CH$_3$的取代名为丁(烷)-2-酮(butan-2-one),其母体氢化物是butane,羰基中的碳原子已经被包含在母体氢化物中,就不能再被包含在羰基中重复描述。表1.5和表1.6分别列出了常见的官能团和特性基。

表1.5 一些常见有机物和官能团

化合物类别	官能团结构	官能团名称	化合物类别	官能团	官能团名称
烯烃	C=C	烯键	硫醇	R-SH	巯基
炔烃	C≡C	炔键	硫酚	Ar-SH	巯基
卤代烃	-X(F,Cl,Br,I)	碳卤键	羧酸	-COOH	羧基
醇	R-OH	羟基	酰卤	-COX	卤代甲酰基
酚	ArOH	羟基	酯	-COOR	酯基
醚	-O-	醚键	酰胺	-CONH$_2$	酰胺基
腈	-CN	氰基	酸酐	-CO-O-CO	酸酐
醛	-CHO	醛基	胺	-NH$_2$	氨基
酮	-C=O	羰基	硝基化合物	-NO$_2$	硝基
磺酸	-SO$_3$H	磺酸基	亚硝基化合物	-NO	亚硝基

表1.6 一些常见有机物和特性基

序号	化合物类别	特性基	作前缀时名称	作后缀时名称	序号	化合物类别	特性基	作前缀时名称	作后缀时名称
1	羧酸	-COOH	羧基	酸	10	醇	R-OH	羟基	醇
2	磺酸	-SO$_3$H	磺酸基	磺酸	11	酚	Ar-OH	羟基	酚
3	酸酐	-CO-O-CO-	—	酸酐	12	硫醇	R-SH	巯基	硫醇
4	酯	-COOR	(烃)氧羰基	酯	13	硫酚	Ar-SH	巯基	硫酚
5	酰卤	-COX	卤羰基	酰卤	14	胺	-NH$_2$	氨基	胺
6	酰胺	-CONH$_2$	胺基羰基	酰胺	15	醚	-OR	烃氧基	醚
7	腈	-CN	氰基	腈	16	硫醚	-SR	烃硫基	硫醚
8	醛	-CHO	甲酰基	醛	17	卤代烃	-X	卤	
9	酮	-C=O	氧亚基	酮	18	硝基化合物	-NO$_2$	硝基	

表1.6是按照常见特性基团的优先次序排列的,排在前面的特性基团优先作为主特性基团(后缀),排在后面的特性基团作为取代基(前缀)。以NH_2CH_2COOH为例:在特性基团优先次序规则中-COOH排在$-NH_2$的前面,作为主特性基团(后缀),$-NH_2$作为取代基(前缀),称为氨基乙酸。

在特性基团优先次序规则中,排在最后的-OR,-Cl,$-NO_2$,只能作为前缀,不能作为后缀,如甲氧基苯、硝基甲烷、硝基苯、1-溴丁烷、对氯甲苯、对硝基氯苯等。对于那些既能作为后缀又能作为前缀的特性基团,在命名具体化合物时按照其在特性基团优先次序规则中的位置选择主特性基团。

1.5　共价键的断裂和有机反应类型

有机化合物中的键大多数都是共价键,有机反应的发生包含共价键的断裂和新键的生成。共价键的断裂可分为两种:一种是均裂,一种是异裂。共价键断裂的本质可归结为电子转移。电子转移有两种方式:一种是单电子转移,发生均裂;一种是电子对转移,发生异裂。有机反应总体可以分为自由基反应(free radical reaction)、离子型反应(ionic reaction)和协同反应(concerted reaction)。共价键均裂,产生自由基,发生自由基反应;共价键异裂,产生离子,发生离子型反应。还有一类特殊的反应,共价键的断裂和新键的生成同时发生,无自由基或离子生成,发生协同反应。

1.5.1　均裂:自由基反应

成键的一对电子平均分给两个成键原子或基团。

$$R:L \xrightarrow{\text{均裂}} R\cdot + \cdot L \quad \text{自由基（游离基）}$$

均裂时生成的原子或基团带有一个单电子,称为自由基(free radical),是电中性的。自由基多数只有瞬间寿命,是活性中间体的一种。这种分子经过均裂而发生的反应称为自由基反应(free radical reaction),一般在光、热和自由基引发剂的作用下进行。

1.5.2　异裂:离子型反应

成键的一对电子完全被成键原子中的一个原子或基团所拥有,形成正离子(cation)或负离子(anion)。

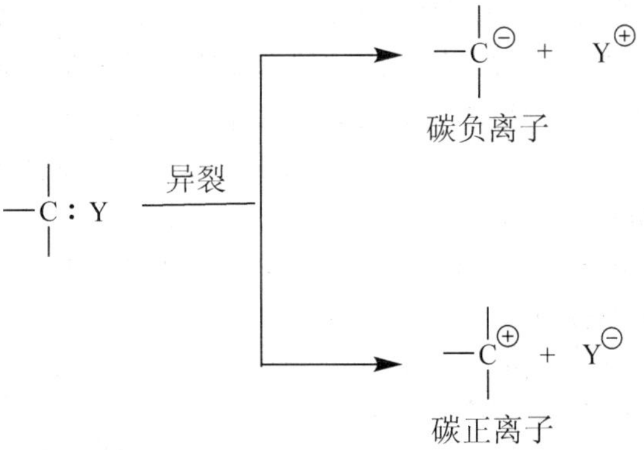

分子经过异裂而发生的反应称为离子型反应(ionic reaction),一般在酸性或碱性催化下进行。一般离子只有瞬间寿命,是活性中间体的一种。

离子型反应根据反应试剂的类型不同,分为亲电反应与亲核反应两类。

亲电加成反应:H^+自身缺电子,容易与能提供电子的烯烃发生反应,H^+称为亲电试剂,与亲电试剂发生的加成反应称为亲电加成反应。

$$HBr + RHC{=}CH_2 \longrightarrow RH\overset{\oplus}{C}-CH_3 \xrightarrow{Br^{\ominus}} R\underset{\displaystyle Br}{\underset{|}{C}}HCH_3 \quad \text{亲电加成反应}$$

亲核取代反应:CN^-提供电子,容易与RCH_2Cl中缺电子的部位发生反应,这类能提供电子的试剂称为亲核试剂,类似这样由亲核试剂进攻而取代Cl基团的反应称为亲核取代反应。

$$^{\ominus}CN + RCH_2Cl \longrightarrow RCH_2CN + Cl^{\ominus} \quad \text{亲核取代反应}$$

1.5.3 协同反应

在反应过程中,旧键断裂和新键生成同时发生,没有自由基或离子等活性中间体生成,而通过环状过渡态进行,这种反应称为协同反应。协同反应是一步反应,可在光照或加热条件下进行。

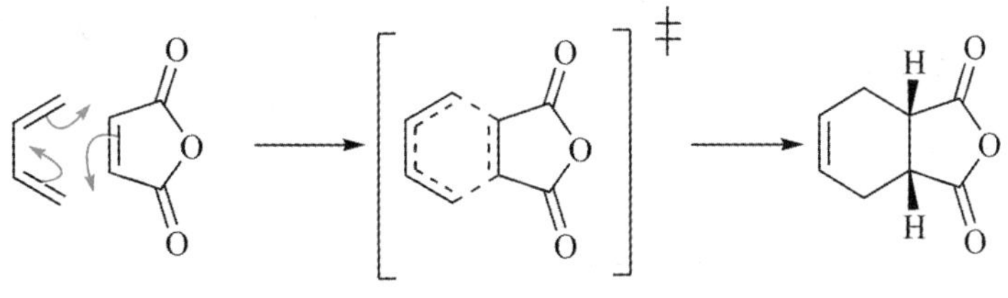

六元环过渡态

1.5.4 有机化学中箭头的使用

描述有机反应通常用直线箭头“⟶”,箭头的方向代表由原料(Starting Material,SM)到产物(Target Molecule,TM)的转变,箭头左边代表底物或原料,右边代表产物,实现转化所需试剂常写在直线箭头的上方,实现转化所用的反应条件常写在直线箭头的下方。

如果有机反应具有可逆的性质,通常采用平衡箭头"$\rightleftharpoons$",表示箭头左右的两个有机分子或物质在某一条件下能达到平衡(equilibrium),改变平衡的条件可以改变平衡的方向;互变异构也采用平衡箭头"$\rightleftharpoons$"。

描述共振结构式,通常采用双向箭头"$\longleftrightarrow$",此过程不涉及原子的重新分布,即原子核的位置不变,电子会重新分布。

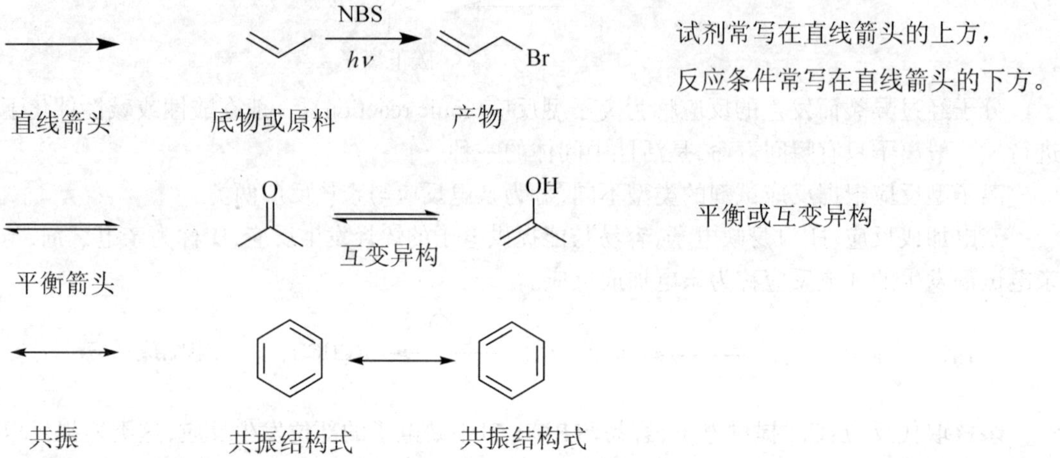

直线箭头　　　　底物或原料　　　　产物

试剂常写在直线箭头的上方,
反应条件常写在直线箭头的下方。

平衡箭头

平衡或互变异构

共振　　　　共振结构式　　　　共振结构式

在描述有机反应机理时,常用弯箭头"$\frown$"表示双电子的转移,用鱼钩箭头"$\frown$"表示单电子的转移。

例如,烯烃与HBr的亲电加成反应,烯烃的一对电子转移到缺电子的H+上,得到C+,溴带着一对电子(Br-)进攻C+,得到亲电加成产物。图中的弯箭头代表一对电子的转移,箭头的方向代表电子对流动的方向,电子从富电子中心流向缺电子中心。

鱼钩箭头代表单电子转移,例如,过氧化物ROOR加热后,RO-OR键发生均裂,一个电子转移到左边的氧上,一个电子转移到右边氧上,产生两个烷氧自由基,作为自由基引发剂,引发自由基反应。

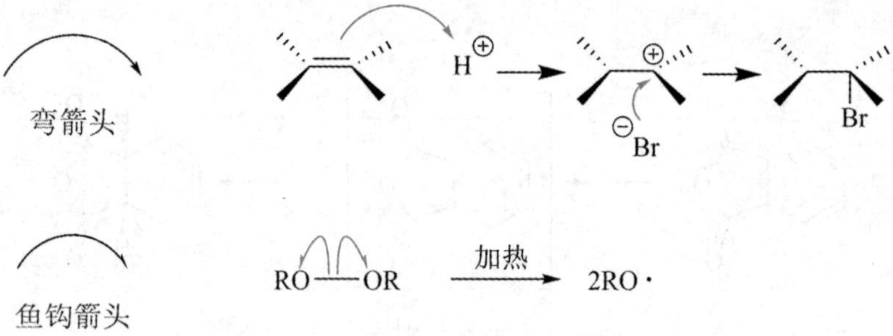

弯箭头

鱼钩箭头

$RO-OR \xrightarrow{\text{加热}} 2RO\cdot$

1.6　酸　碱　理　论

近代酸碱理论的提出是从 19 世纪后期开始的,科学家们先后提出了酸碱电离理论、酸碱质子理论、酸碱溶剂理论、Lewis 酸碱电子理论和软硬酸碱理论等。有机化学中使用较多的是酸碱质子理论、Lewis 酸碱电子理论和软硬酸碱理论,现对这三种酸碱理论进行简单介绍。

1.6.1　酸碱质子理论

布朗斯特(Brönsted)和劳莱(Lowry)在 1923 年提出酸碱质子理论,认为凡是给出质子(H$^+$)的物质(分子或离子)都是酸;凡是接受质子(H$^+$)的物质都是碱。简单来说,酸是质子的给予体,而碱是质子的接受体。

酸和碱之间的关系表示如下:

$$酸=质子(H^+)+碱$$

酸放出质子后变成碱,碱接受质子后变成酸。为了表示它们之间的联系,常把酸碱之间的这种关系叫作共轭酸碱对。酸放出质子后形成的碱,叫作该酸的共轭碱;碱接受质子后形成的酸,叫作该碱的共轭酸。我们把相差一个质子的对应的酸碱,叫作共轭酸碱对。

根据酸碱质子理论,酸碱在溶液中所表现出来的强度,不仅与酸碱的本性有关,也与溶剂的本性有关。我们所能测定的只是酸碱在一定溶剂中表现出来的相对强度。同一种酸或碱,如果溶于不同的溶剂,它们所表现的相对强度不同。

对于酸 HA,它在水(或者其他溶剂)中会发生一定程度的解离(也可以理解为酸碱反应):

$$HA \ + \ H_2O \ \rightleftharpoons \ A^\ominus \ + \ H_3O^\oplus$$

它的解离常数为

$$K_a \ = \ \frac{[H_3O^\oplus][A^\ominus]}{[HA]}$$

由于 K_a 的值可以非常小(10^{-50})或者非常大(10^{12}),范围跨度大,使用不方便。为了方便起见,人们定义 pK_a 来表示酸的酸性强度:

$$pK_a = -\log_{10} K_a$$

pK_a 越小,酸性越强;pK_a 越大,酸性越弱。pK_a 的大小和化合物本身的结构有关,也和溶剂有关,例如在水中测的 pK_a 和在 DMSO 中测得不一样。

表 1.7 和表 1.8 分别列出一些常见无机酸和有机物在水溶液中的 pK_a。

表 1.7　一些常见无机酸的 pK_a

分子式	pK_a	分子式	pK_a	分子式	pK_a
HI	−5.2	$HONO_2$	−1.3	H_2O	15.74
HBr	−4.7	HONO	3.23	HCN	9.22
HCl	−2.2	$(HO)_3PO$	2.15(pK_{a2}=7.2, pK_{a3}=12.38)	NH_3(液)	34
HF	3.18	$(HO)_2SO_2$	≈−5.2(pK_{a2}=1.99)	NH_4^+	9.24
HOBr	8.6	$(HO)_2SO$	1.8(pK_{a2}=7.2)	$CO_2(H_2O)$	6.35(pK_{a2}=10.4)
HOCl	7.53				

表 1.8　一些常见有机物的 pK_a

分子式	pK_a	分子式	pK_a	分子式	pK_a
CH_3SO_3H	≈−1.2	$(CH_3CO)_2CH_2$	9	CH_3COCH_3	20
CF_3COOH	0.2	$(CH_3)_3NH^+$	9.79	(茚 indene 结构)	20
(2,4,6-三硝基苯酚 结构，O_2N-、NO_2、NO_2、OH)	0.25	C_6H_5OH	10.00	(芴 fluorene 结构)	23
$(C_6H_5)_2NH_2^+$	0.8	CH_3NO_2	10.21	$CH_3SO_2CH_3$	23
(O_2N—C_6H_4—NH_3^+)	1.00	$CH_3NH_3^+$	10.62	$CH_3COOC_2H_5$	24.5
(O_2N—C_6H_4—$COOH$)	3.42	$(CH_3)_2NH_2^+$	10.73	$HC{\equiv}CH$	≈25
$CH_2(NO_2)_2$	3.57	$CH_3COCH_2COOC_2H_5$	11	CH_3CN	≈25
(2,4-二硝基苯酚 结构，O_2N-、NO_2、OH)	4.09	$CH_2(CN)_2$	11.2	$(C_6H_5)_3CH$	31.5
$C_6H_5NH_3^+$	4.60	CF_3CH_2OH	12.4	$(C_6H_5)_2CH_2$	34
CH_3COOH	4.74	$CH_2(COOC_2H_5)_2$	13.3	$C_2H_5NH_2$	≈35
$(CH_3CO)_3CH$	5.85	$(CH_3SO_2)_2CH_2$	14	$C_6H_5CH_3$	41
(O_2N—C_6H_4—OH)	7.15	CH_3OH	15.5	(苯 benzene 结构，H)	43

分子式	pK_a	分子式	pK_a	分子式	pK_a
C_6H_5SH	7.8	$(CH_3)_2CHCHO$	15.5	$H_2C{=}CH_2$	44
		C_2H_5OH	15.9	CH_4	≈49
			16.0		≈52
		$C_6H_5COCH_3$	16		
		$(CH_3)_3COH$	18		

碱性化合物的电离常数为 K_b，也有用 K_b 的负对数 pK_b 表示碱性强度。由于 K_b 与其共轭酸的电离常数 K_a 的乘积为常数，如下式：

$$pK_a + pK_b = 14$$

因此，一般用它们共轭酸的 pK_a 表示其酸碱性，其共轭酸的 pK_a 越大，碱性越强；反之碱性越弱。

1.6.2 Lewis酸碱电子理论

Lewis酸碱理论（Lewis acids and bases），又称酸碱电子理论，也称广义酸碱理论，由美国物理化学家 G. N. Lewis 于1923年提出。

酸碱电子理论认为：凡是能接受电子对的物质（分子、离子或原子团）都称为酸，凡是能给出电子对的物质（分子、离子或原子团）都称为碱。酸是电子对的受体，碱是电子对的给体，它们也称为 Lewis 酸和 Lewis 碱。酸碱反应的实质是碱提供电子对与酸形成配位键，反应产物称为酸碱配合物。

常见的 Lewis 酸有：

正离子：金属正离子、烷基正离子、酰基正离子、硝基正离子、H^+ 等；

可以接受电子的化合物：BF_3，$AlCl_3$，SO_3，$FeCl_3$，$ZnCl_2$ 等。

常见的 Lewis 碱有：

负离子：X^-，OH^-，RO^- 等；含 π 键的化合物：烯烃、芳香化合物等；

含孤对电子的化合物：氨、氰、胺、醇、醚、硫醇、二氧化碳等。

1.6.3 软硬酸碱理论

1963年，皮尔孙（R. G. Pearson）提出软硬酸碱理论（Hard-Soft-Acid-Base，HSAB），将酸和碱根据性质不同各分为软硬两类。体积小，正电荷数高，可极化性低的中心原子称作硬酸。体积大，正电荷数低，可极化性高的中心原子称作软酸。电负性高，极化性低，难被氧化的配位原子称为硬碱；反之则为软碱。

硬酸和硬碱以库仑力作为主要的作用力;软酸和软碱以共价键(共价化合物原子间作用力)作为主要的相互作用力。

在软硬酸碱反应过程中,有一个重要的经验规律,即软硬酸碱原则,它认为:在其他因素相同时,软酸与软碱反应较快,形成较强的键;硬酸与硬碱反应较快,形成较强的键。简单来说,即"软亲软,硬亲硬"生成的化合物较稳定。

常见的软硬酸碱有:

(1) 硬酸:H^+,Li^+,Na^+,K^+,Mg^{2+},Ca^{2+},Mn^{2+},Al^{3+},Cr^{3+},Fe^{3+},Co^{3+},Sc^{3+},Si^{4+},BF_3,$AlMe_3$,SO_3,CO_2等。

(2) 硬碱:F^-,OH^-,H_2O,NH_3,RO^-,CH_3COO^-,PO_4^{3-},SO_4^{2-},CO_3^{2-},ClO_4^-,NO_3^-,ROH等。

(3) 软酸:Cu^+,Ag^+,Hg^{2+},Pt^{2+},Au^+,Cd^{2+},Pd^{2+},Br_2,I_2等。

(4) 软碱:I^-,SCN^-,CN^-,CO,H^-,$S_2O_3^{2-}$,C_2H_4,RS^-,S^{2-},R_3P,R^-等。

练习题

1. 写出下列分子或离子可能的 Lewis 结构式,若有孤对电子,请用黑点标明。

(1) $SOCl_2$　　　　(2) CH_3CH_3　　　　(3) $^+CH_3$　　　　(4) $H_2C=CH^-$

(5) N_2H_2　　　　(6) $\overset{\overset{O}{\|}}{H}CNH_2$　　　　(7) H_2NCH_2COOH　　　　(8) HN_3

2. 标注下列结构中可能的电荷,写出正确的 Lewis 结构,所有成键与未成键电子已显示。

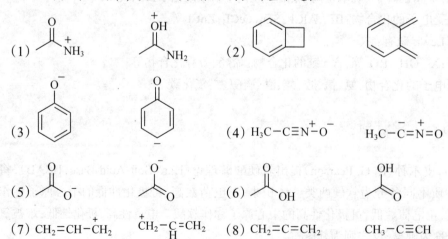

3. 下列各对结构中,哪些互为共振结构?哪些不是?

(9) 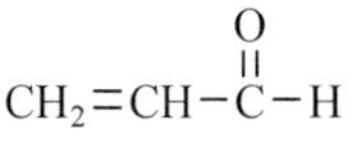 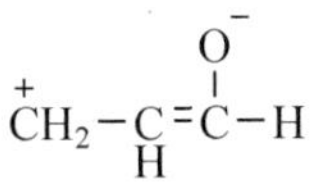 CH_2=CH—$\overset{\overset{\displaystyle O}{\|}}{C}$—H　　$\overset{+}{C}H_2$—$\overset{\overset{\displaystyle O^-}{|}}{\underset{\underset{\displaystyle H}{|}}{C}}$=C—H　(10) CH_3N=C=O　　　CH_3O—C≡N

4. 画出下列结构的共振式,并分析哪个结构贡献更大。

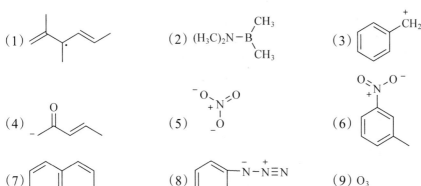

(1)　　　　　　　　　(2) $(H_3C)_2N$—B$\overset{CH_3}{\underset{CH_3}{}}$　　　　(3)

(4)　　　　　　　　　(5)　　　　　　　　　(6)

(7) 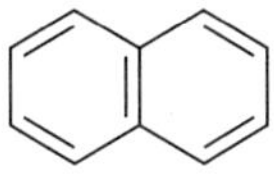　　　　　　　　　(8)　　　　　　　　　(9) O_3

(10) CH_2N_2

5. 下列化合物是否有偶极矩? 如果有,用箭头标出偶极矩的方向。

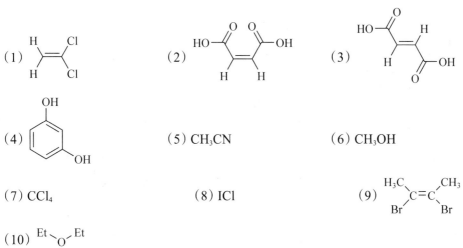

(1)　　　　　　　　　(2)　　　　　　　　　(3)

(4)　　　　　　　　　(5) CH_3CN　　　　　(6) CH_3OH

(7) CCl_4　　　　　　(8) ICl　　　　　　　(9)

(10) Et—O—Et

6. 请判断下列反应中,哪个反应物是酸,哪个反应物是碱?

(1)  　　COOH　+　　O^-　⟶　　COO^-　+　　OH

(2) 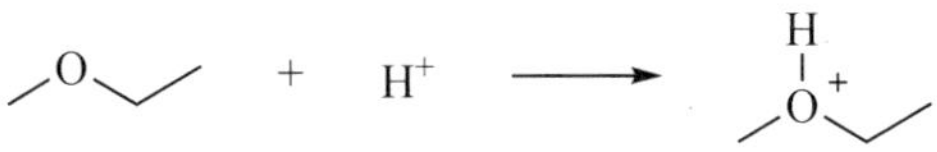 　/O\　+　H^+　⟶　　$\overset{H}{O^+}$

(3) 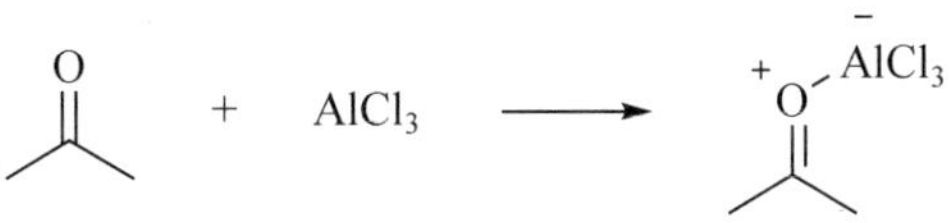 　O　+　$AlCl_3$　⟶　　$\overset{O^-AlCl_3}{+}$

(4) 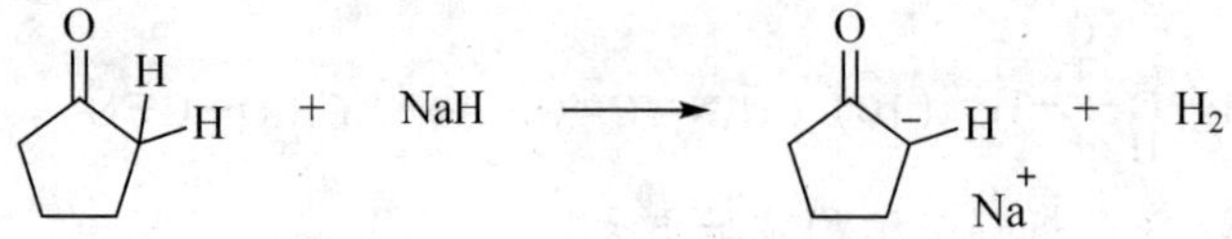 + NaH ⟶ + H₂

(5) 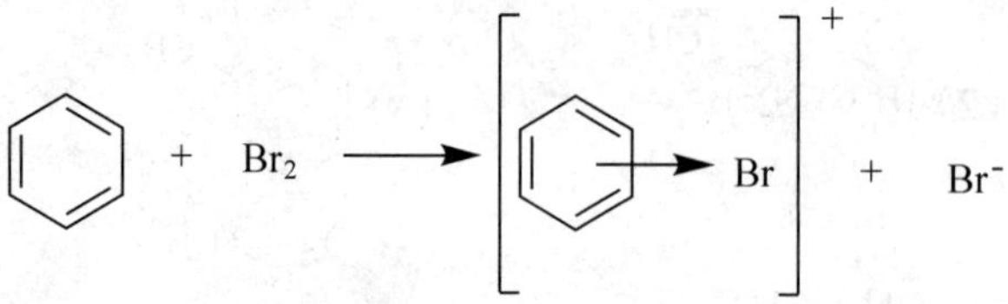 + Br₂ ⟶ + Br⁻

(6) ⁻NH₂ + H₂O ⟶ NH₃ + HO⁻

(7) 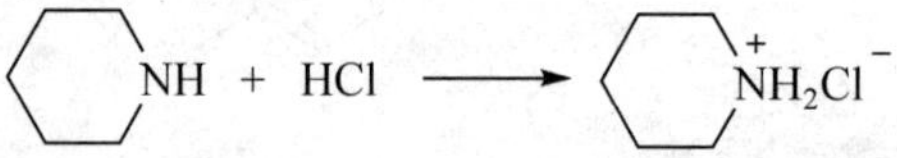 + HCl ⟶

(8) 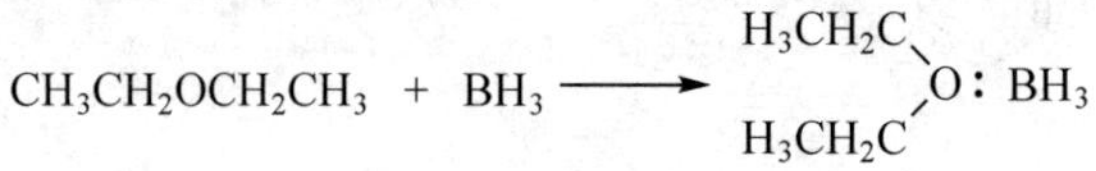 CH₃CH₂OCH₂CH₃ + BH₃ ⟶

7. 指出下列化合物所含官能团的名称和所属类别：

(1)

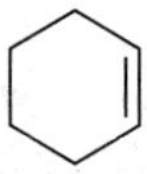

(2)

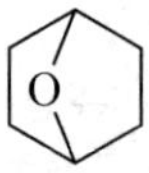

(3)

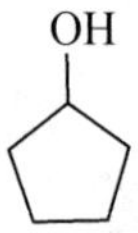

(4) 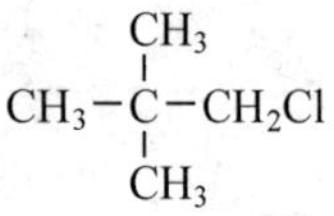 CH₃-C(CH₃)(CH₃)-CH₂Cl

(5) 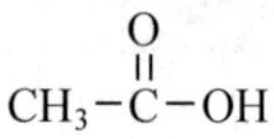 CH₃-C(=O)-OH

(6)

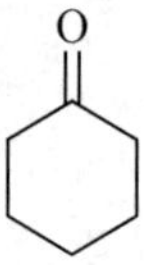

(7)

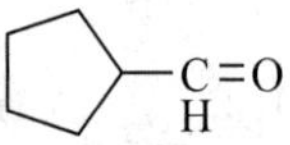

(8) CH₃CN

(9)

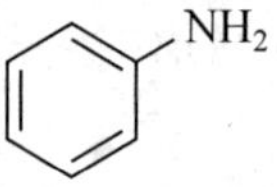

(10)

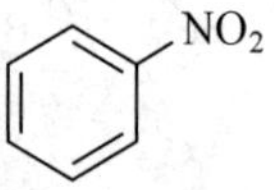

(11) 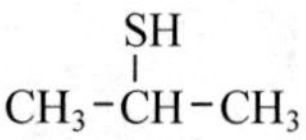 CH₃-CH(SH)-CH₃

(12) PhSO₃H

第2章 烷 烃

分子结构中只含有碳和氢两种元素的有机化合物叫作碳氢化合物,简称为烃(hydrocarbon)。"烃"字取"碳"字中的"火"和"氢"字中的"圣"合并而成。在本书中,我们首先讨论烃类化合物,不仅是因为烃类化合物的结构最为简单,更主要的是因为烃是各种有机物的母体,其他各类有机物都可以看作是烃分子中的氢原子被其他原子或基团取代后得到的衍生物。

烃的种类很多,根据其结构和性质不同,烃可以分为两大类:脂肪烃(aliphatic hydrocarbons)和芳香烃(aromatic hydrocarbons)。

1. 脂肪烃

"脂肪"二字源自最初从动物脂肪中获得的化合物,这类化合物在分子结构上的特点是由碳原子彼此相互连接成链状。具有类似链状结构的烃类化合物就称为开链脂肪烃,简称开链烃。根据分子中碳和氢的比例,开链烃又可分为饱和烃(saturated hydrocarbons)和不饱和烃(unsaturated hydrocarbons)。分子中与碳原子结合的氢原子数已达到饱和程度的烃称为饱和烃,开链的饱和烃即为烷烃(alkanes)。分子中所含的氢原子数比相应的烷烃少的开链烃称为不饱和烃,如烯烃(alkenes)、炔烃(alkynes)等。

除了链状结构,烃分子中的碳原子还可连接成闭合的环状结构,即环状烃。环状烃中性质与开链烃相似的称为脂肪族环状烃,简称脂环烃(alicyclic hydrocarbon),包括环烷烃、环烯烃和环炔烃等。

2. 芳香烃

芳香烃是一类特殊的不饱和环状烃,其分子结构中大多含有由六个碳原子形成的苯环,具有特殊的性质,即芳香性(aromaticity)。

最简单的烷烃——甲烷,是天然气的主要成分。由石油原油分馏得到的可用作燃料、润滑油等的馏分,则为烷烃、环烷烃和芳香烃的混合物(如表2.1所示)。煤的主要成分是芳香烃和杂环化合物。

本章主要介绍饱和的开链脂肪烃——烷烃。不饱和脂肪烃、脂环烃和芳香烃将在以后的章节中讨论。

表 2.1　石油各馏分的组成和用途

名称	主要成分	沸点范围	用途	备注
石油气	C1～C4	<常温	燃料	
石油醚	C5～C6 C7～C8	30～60 ℃ 70～120 ℃	溶剂	
汽油	C6～C12	70～200 ℃	飞机、汽车燃料	
煤油	C12～C16	200～270 ℃	灯火燃料	总称"轻油"
柴油	C15～C18	270～340 ℃	发动机燃料	
润滑油	C16～C20	>300 ℃	机器润滑、防锈	"重油"
液体石蜡	C18～C24		缓泻剂	
凡士林		半固体	软膏基础	凡士林为液体和固 体石蜡的混合物
固体石蜡	C25～C34	固体	制造蜡烛	
沥青	C30～C40	残渣	铺马路、屋顶	

2.1　烷烃的同系列、通式和同分异构现象

2.1.1　烷烃的同系列和通式

烷烃中结构最简单是甲烷(CH_4),其次是乙烷(C_2H_6)、丙烷(C_3H_8)、丁烷(C_4H_{10})……每个烷烃分子中的 H 原子数是 C 原子数的两倍多两个,所以烷烃的分子通式是 C_nH_{2n+2}。比较烷烃的分子式可以看出,任何两个相邻的烷烃在组成上都相差 CH_2;这样的一系列化合物叫作同系列(homologous series),同系列中的化合物互称为同系物(homologs),相邻的同系物在组成上相差的 CH_2,叫同系差。

同系列是有机化学的普遍现象,各同系列中同系物的性质(特别是高级系物)很相似。因此在每一个系列里,只要研究几个化合物的性质就可以推论出同系物中其他成员的性质,这为学习和研究有机化合物带来很多的方便。当然,在注意同系列化合物的共性的同时,也要注意它们的个性。

2.1.2　烷烃的同分异构现象

2.1.2.1　同分异构现象

同分异构指的是化合物具有相同的分子式,而具有不同结构的现象。在烷烃的同系列中,从丁烷起就有同分异构现象。丁烷有两个同分异构体,它们的构造式如下:

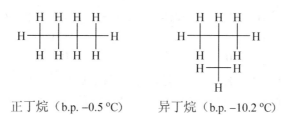

正丁烷（b.p. −0.5 ℃） 异丁烷（b.p. −10.2 ℃）

很明显,正丁烷和异丁烷是由于分子中碳原子排列方式不同而产生的。我们把分子式相同而构造式不同的异构体叫作构造异构体(constitutional isomers)。烷烃的构造异构体实质上是因为分子中碳架结构不同而产生的,所以又叫碳架异构体。其中,像正丁烷这样 C 原子之间彼此连接成链状的为直链烷烃(straight-chain alkanes),像异丁烷这样带有 C 链支链的为支链烷烃(branched-chain alkanes)。

戊烷有三个同分异构体,它们的构造式如下:

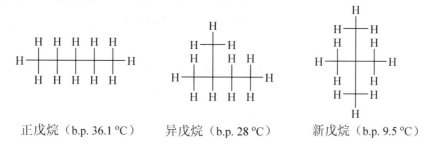

正戊烷（b.p. 36.1 ℃） 异戊烷（b.p. 28 ℃） 新戊烷（b.p. 9.5 ℃）

上述三种戊烷名称中,"正"表示直链,"异"表示链端第二个碳原子上有一个甲基侧链的结构,"新"表示链端第二个碳原子上连有两个甲基侧链的结构:

$$\text{"异"} \quad \overset{\displaystyle C}{\underset{\displaystyle C-C}{|}}{-} \qquad \text{"新"} \quad \overset{\displaystyle C}{\underset{\displaystyle C-\overset{|}{C}}{|}}{-}$$

显然,烷烃分子中 C 原子数目越多,C 原子间的连接方式也就越多。因此,随着 C 原子数目的增加,异构体的数目也增加得很快。一个烷烃分子式究竟有多少个异构体?虽然尚没有计算烷烃异构体数目的通式,但 H. R. Henze 和 C. M. Blair 于 1931 年提出了甲烷同系列碳链异构体数目的推算方法(J. Am. Chem. Soc., 1931, 53, 3077-3085),推算出己烷有五个同分异构体,庚烷有九个,而癸烷有 75 个,二十碳烷有 336319 个……目前,含十个碳原子以上的高级烷烃的异构体尚未被全部合成出来。

2.1.2.2 同分异构体的书写方法

书写烷烃的同分异构体有一定的基本步骤,以己烷为例:

(1) 先写出这个烷烃的最长直链式,己烷 C_6H_{14} 的最长直链式为

$$CH_3-CH_2-CH_2-CH_2-CH_2-CH_3 \quad \text{(i)}$$

(2) 写出少一个 C 原子的直链式,把余下的一个 C 原子(即甲基)当作支链加在主链上,并依次改变其连在主链上的位置。己烷少一个 C 原子的直链接上一个甲基的可能性有两种:

$$H_3C-CH-CH_2-CH_2-CH_3 \qquad H_3C-CH_2-CH-CH_2-CH_3$$
$$| \qquad\qquad\qquad\qquad\qquad\qquad |$$
$$CH_3 \qquad\qquad\qquad\qquad\qquad CH_3$$

(ii)   (iii)

（3）再写出少两个 C 原子的直链式，把剩余的两个 C 原子当作一个支链（即乙基）或两个支链（即两个甲基）加在主链的不同位置上。己烷按此方法可写出以下三种结构式：

$$H_3C-CH-CH-CH_3 \qquad CH_3 \qquad\qquad H_3C-CH-CH_2-CH_3$$
$$| \quad | \qquad\qquad\qquad | \qquad\qquad\qquad\qquad | $$
$$CH_3 \ CH_3 \qquad\quad H_3C-C-CH_2-CH_3 \qquad\quad CH_2$$
$$| \qquad\qquad\qquad\qquad\qquad |$$
$$CH_3 \qquad\qquad\qquad\qquad\quad CH_3$$

(iv)   (v)   (vi)

其中(vi)和(iii)相同，扣除一个相同的构造式，故己烷的同分异构体只有五个，即(i)～(v)。

由以上的介绍可知，构造式不仅能代表化合物分子的组成，而且还能表明分子中各原子的结合次序。为了方便起见，构造式也可以用简式表示，如直链己烷的构造式可以简化为

$CH_3CH_2CH_2CH_2CH_2CH_3$ 或 $CH_3(CH_2)_4CH_3$

带有一个甲基支链的异构体(ii)的构造式可以简写为

$CH_3CH(CH_3)CH_2CH_2CH_3$ 或 $CH_3CHCH_2CH_2CH_3$
$$|$$
$$CH_3$$

2.1.2.3　C 原子和 H 原子的类型

根据烷烃分子链上 C 原子和 H 原子的连接情况，可以将它们分为几种不同的类型。例如对于下面的烷烃分子：

$$\overset{1^\circ}{CH_3}$$
$$H_3C \overset{\quad}{-} \overset{3^\circ}{C} - \overset{2^\circ}{CH} - CH_2 - \overset{1^\circ}{CH_3}$$
$$\underset{4^\circ|}{\ } \quad |$$
$$CH_3 \ CH_3$$

其中只与一个 C 原子相连的叫作一级碳原子，或叫第一（伯）碳原子（primary carbon），用 1°C 表示；直接与两个 C 原子相连的，叫作二级碳原子或第二（仲）碳原子（secondary carbon），用 2°C 表示；直接与三个 C 原子相连的，叫作三级碳原子或第三（叔）碳原子（tertiary carbon），用 3°C 表示。直接与四个 C 原子相连的，叫作四级碳原子或第四（季）碳原子（quaternary car-bon），用 4°C 表示。

H 原子则按与其结合的一级、二级或三级碳原子而分别称为第一、第二、第三氢原子，即一级（1°H）、二级（2°H）、三级（3°H）氢原子，或伯氢、仲氢、叔氢原子。在研究烷烃分子中各部位的相对反应活性时，将经常用到这些名称；不同类型的 H 原子的活泼性不同。

2.1.3　烷基

烷烃分子去掉一个 H 原子形成的一价基叫烷基，通式为 C_nH_{2n+1}，通常用 R 表示，因此烷烃也可用 RH 表示。简单的烷基根据相应的烷烃命名，而对于 C 原子数较多、结构复杂的烷基在命名时则和烷烃一样采用系统命名法。表 2.2 仅列出了一些常见烷基的名称。

表 2.2　一些常见烷基的结构及名称

烷基	中文俗名	中文系统名	英文俗名	英文系统名	常用符号
H_3C-	甲基	甲基	methyl	methyl	Me
CH_3CH_2-	乙基	乙基	ethyl	ethyl	Et
$CH_3CH_2CH_2-$	正丙基	丙基,丙-1-基	*n*-propyl	prop-1-yl	*n*-Pr
$\begin{array}{c}CH_3CH-\\ \mid\\ CH_3\end{array}$	异丙基	1-甲基乙基,丙-2-基	isopropyl	prop-2-yl	*i*-Pr
$CH_3(CH_2)_2CH_2-$	正丁基	丁-1-基	*n*-butyl	but-1-yl	*n*-Bu
$\begin{array}{c}CH_3CHCH_2-\\ \mid\\ CH_3\end{array}$	异丁基	2-甲基丙基	isobutyl	2-methylprop-1-yl	*i*-Bu
$\begin{array}{c}CH_3CH_2CHCH_3\\ \mid\end{array}$	仲丁基	丁-2-基,1-甲基丙基	*sec*-butyl	but-2-yl,1-methylprop-1-yl	*s*-Bu
$\begin{array}{c}CH_3\\ \mid\\ CH_3C-\\ \mid\\ CH_3\end{array}$	叔丁基	2-甲基丙-2-基,1,1-二甲基乙基	*tert*-butyl	1,1-dimethylethyl,2-methylprop-2-yl	*t*-Bu
$CH_3(CH_2)_3CH_2-$	正戊基	戊-1-基	*n*-pentyl	pent-1-yl	
$\begin{array}{c}CH_3CHCH_2CH_2-\\ \mid\\ CH_3\end{array}$	异戊基	3-甲基丁-1-基	isopentyl	3-methylbut-1-yl	
$\begin{array}{c}CH_3\\ \mid\\ CH_3CCH_2-\\ \mid\\ CH_3\end{array}$	新戊基	2,2-二甲基丙-1-基	neopentyl	2,2-dimethylprop-1-yl	

2.2　烷烃的命名

有机化合物的数目很多,结构复杂,所以必须有一个合理的命名法来识别它们,使我们看到一个有机物的名称就能够写出它的结构式;反之亦然。因此每一类化合物的命名法是有机化学的一项重要内容,而烷烃的命名法又是有机化合物命名法的基础。

烷烃常用的命名法有两种:普通命名法和系统命名法。

2.2.1　烷烃的普通命名法

结构简单的烷烃可以根据分子中所含有的 C 原子的数目用天干字命名(甲、乙、丙、丁、戊、己、庚、辛、壬、癸)。十个 C 原子以上的,则用数字表示。例如,CH_4 称为甲烷;$CH_3CH_2CH_3$ 称为丙烷;$C_{11}H_{24}$ 称为十一烷。结构简单的同分异构体可用正、异、新等字区别,例如前面出现的正丁烷、异丁烷,以及戊烷的三个异构体:正戊烷、异戊烷和新戊烷。这种命名方法称为烷烃的普通命名法,也称为习惯命名法。

显然,普通命名法对于 C 原子数较多、构造较复杂的烷烃不能适用,例如己烷的五个异构体。因此,对于比较复杂的烷烃必须使用系统命名法进行命名。

2.2.2 烷烃的系统命名法

为了解决有机化合物的命名问题,1892 年在日内瓦召开了国际化学会议,拟定了一种系统的有机化合物命名法,叫作日内瓦命名法,其基本精神是体现化合物的系列和结构的特点。后来国际理论和应用化学联合会(International Union of Pure and Applied Chemistry, IUPAC)对化合物的命名法进行了几次修改,于 2014 年发布了最新的有机化合物命名法。长久以来,IUPAC 命名法的原则普遍为各国所采用,中国化学会(Chinese Chemical Sociery, CCS)则根据 IUPAC 系统的命名原则,并结合我国文字的特点制定了系统命名法,最新一次修订在 2017 年完成并出版。

在 CCS 的命名法中,直链烷烃的系统命名法命名和普通命名法基本相同,区别仅仅在于不写"正"字。例如正戊烷的命名(为了便于对比学习,同时给出了 IUPAC 命名):

$$H_3C-CH_2-CH_2-CH_2-CH_3$$

普通命名法: 正戊烷

系统命名法: 戊烷

IUPAC 命名法: pentane

对于支链烷烃,命名时选择最长的直链烷烃作为母体,支链则作为取代基。其命名步骤如下:

(1) 选择最长的碳链作主链,按主链所含 C 原子数称为某烷,并以它作母体;与主链相连的支链作为取代基。例如:

$$H_3C-CH_2-CH-CH_2-CH_2-CH_3 \longrightarrow 母体:己烷$$
$$\overset{|}{CH_3}$$
$$\longrightarrow 取代基:甲基$$

(2) 为了表明取代基在主链上的位置,须对主链 C 原子编号。从靠近取代基一端开始,依次用 1,2,3…对主链 C 原子进行编号,使取代基所连 C 原子的位次尽可能最小。将取代基的位置(用阿拉伯数字表示)和名称放在母体名称的前面,取代基位次和名称之间加一连接符"−"。例如:

$$\overset{3}{H_3C}-\overset{4}{CH}-\overset{5}{CH_2}-\overset{6}{CH_2}-CH_3$$
$$\overset{|}{H_2C}\,2$$
$$\overset{|}{CH_3}\,1$$

3-甲基己烷
3-methylhexane

（3）如果含有几个相同的取代基,则将它们合并起来,用二、三、四……表示取代基的数目,写在取代基名称的前面,并用阿拉伯数字逐个标明其在主链上的位次,位次之间用逗号隔开。

$$\overset{1}{H_3C} - \overset{2}{\underset{\underset{CH_3}{\overset{CH_3}{|}}}{C}} - \overset{3}{\underset{CH_3}{\overset{|}{CH}}} - \overset{4}{CH_2} - \overset{5}{CH_3}$$

2,2,3-三甲基戊烷
2,2,3-trimethylpentane

（4）若分别从主链两侧编号,取代基起始位次相同,则应注意依次使每个取代基的位次都尽可能小。

$$\overset{6}{H_3C} - \overset{5}{\underset{CH_3}{\overset{|}{CH}}} - \overset{4}{CH_2} - \overset{3}{\underset{CH_3}{\overset{|}{CH}}} - \overset{2}{\underset{CH_3}{\overset{|}{CH}}} - \overset{1}{CH_3}$$

2,3,5-三甲基己烷(不是：2,4,5-三甲基己烷)
2,3,5-trimethylhexane

（5）如果含有几个不同的取代基,则参照 IUPAC 推荐的命名法,在化合物名称中按取代基英文名称首字母的次序列出取代基的位次和名称(表示相同取代基数量的二、三、四等词头不参与排序)。例如：

$$\overset{9}{CH_3}\overset{8}{CH_2}\overset{7}{CH}\overset{6}{CH_2}\overset{5}{\underset{CH_3}{C}}\overset{4}{CH_2}\overset{3}{\underset{CH_2CH_3}{CH}}\overset{2}{CH_2}\overset{1}{CH_3}$$
(上有 $\overset{5}{\overset{4}{CH_2CH_2CH_3}}$, 下有 $\overset{7}{CH_3}$, $\overset{5}{CH_3}$, $\overset{3}{CH_2CH_3}$)

3-乙基-5,7-二甲基-5-丙基壬烷
(不是：7-乙基-3,5-二甲基-5-丙基壬烷)
3-ethyl-5,7-dimethyl-5-propylnonane

在上述烷烃分子中,分别从分子主链两侧对碳原子进行编号时,四个取代基具有相同的位次编号(3,5,5,7),但在英文字母顺序中,乙基(ethyl)的首字母(E)在甲基(methyl)的首字母(M)之前,因此命名时从靠近乙基一侧对主链碳原子进行编号。

此外,在列出取代基名称时,正(*n-*)、仲(*sec-*)、叔(*tert-*或 *t-*)等词头也不参加排序；但异(*iso-*)、新(*neo-*)参加排序。

$$\overset{9}{CH_3}\overset{8}{CH_2}\overset{7}{CH}\overset{6}{CH_2}\overset{5}{CH}\overset{4}{CH_2}\overset{3}{CH}\overset{2}{CH}\overset{1}{CH_3}$$
(上有 $\overset{CH_3}{\overset{|}{CH}}-CH_3$ 及 CH_3, 下有 CH_3, CH_2CH_3)

3-乙基-5-异丙基-2,7-二甲基壬烷
3-ethyl-5-isopropyl-2,7-dimethylnonane

（6）如果分子结构中有其他等长的碳链也可作为主链时,应选择取代基最多的碳链为主链。例如：

$$\overset{1}{CH_3} - \overset{2}{CH_2} - \overset{3}{\underset{CH_3}{\overset{|}{CH}}} - \overset{4}{\underset{\overset{5}{CH}-CH_3}{\overset{|}{CH}}} - CH_2 - CH_2 - CH_3$$
$$\underset{7}{\overset{6}{CH_2}} \atop CH_3$$

3,5-二甲基-4-丙基庚烷
3,5-dimethyl-4-propylheptane

（7）对于复杂取代基,需要对其碳链中的 C 原子单独进行编号：可以将(带游离价键的)连接点编为 1 号位；推荐按取代基的主链进行编号,使连接点的位次尽可能低：

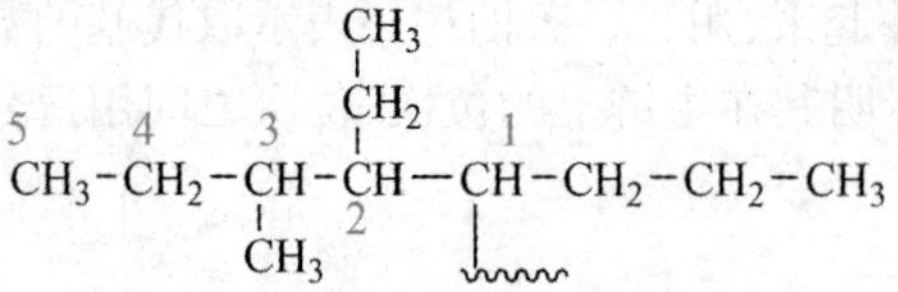

$$CH_3$$
$$|$$
$$CH_2$$
$$|$$
$$\overset{5}{CH_3}-\overset{4}{CH_2}-\overset{3}{CH}-\overset{}{\underset{2}{C}}-\overset{1}{CH_2}-CH_2-CH_2-CH_3$$
$$|$$
$$CH_3$$

2-乙基-3-甲基-1-丙基戊基
2-ethyl-3-methyl-1-propylpentyl

或

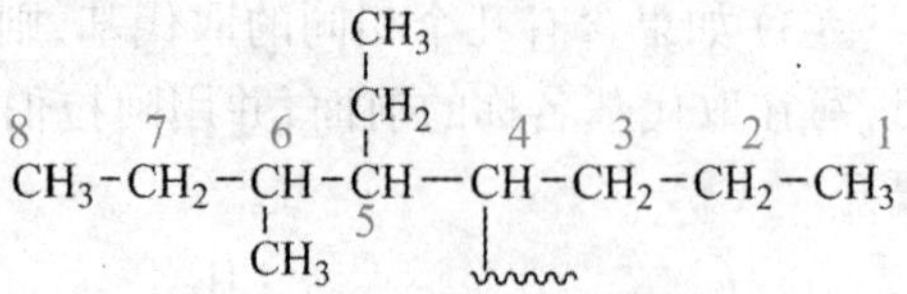

$$CH_3$$
$$|$$
$$CH_2$$
$$|$$
$$\overset{8}{CH_3}-\overset{7}{CH_2}-\overset{6}{CH}-\overset{}{\underset{5}{C}}-\overset{4}{CH}-\overset{3}{CH_2}-\overset{2}{CH_2}-\overset{1}{CH_3}$$
$$|$$
$$CH_3$$

5-乙基-6-甲基辛-4-基
5-ethyl-6-methyloctan-4-yl

因此,下列化合物的命名为

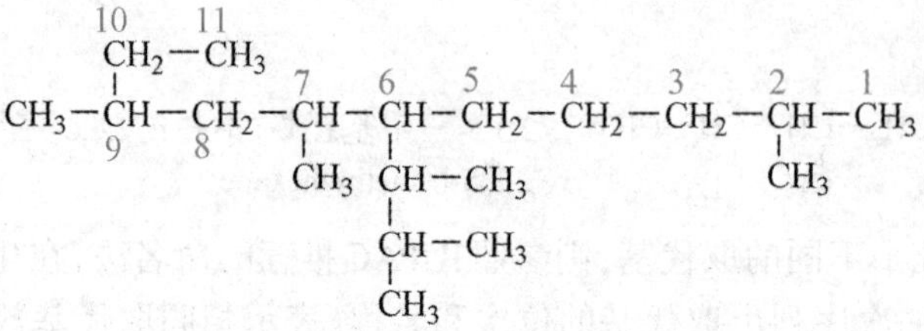

$$\overset{10}{CH_2}-\overset{11}{CH_3}$$
$$|$$
$$\overset{}{\underset{9}{CH_3}}-\overset{}{CH}-\overset{}{\underset{8}{CH_2}}-\overset{7}{CH_2}-\overset{6}{CH}-\overset{5}{CH_2}-\overset{4}{CH_2}-\overset{3}{CH_2}-\overset{2}{CH}-\overset{1}{CH_3}$$
$$|\qquad\qquad|$$
$$CH_3\ CH-CH_3\qquad CH_3$$
$$|$$
$$CH-CH_3$$
$$|$$
$$CH_3$$

2,7,9-三甲基-6-(3-甲基丁-2-基)十一烷
2,7,9-trimethyl-6-(3-methylbutan-2-yl)undecane

2.3 烷烃的结构

2.3.1 碳原子的正四面体构型和sp³杂化

前面所写的化合物的构造式只能告诉我们分子中原子之间的连接方式或次序,例如甲烷的构造式只能说明分子中有四个H原子与C原子直接相连,而没有表示出H原子与C原子在空间的排列方式和分子的立体形状。1874年范托夫(van't Hoff)根据大量的实验事实,提出了饱和碳原子的正四面体的概念。他认为与饱和碳原子相连的四个原子或原子团在正四面体的四个顶点上,由中心C原子向四个顶点所作的连线就是C原子的四个价键的分布方向;因此甲烷分子的构型是正四面体。现代物理方法(如电子衍射等)也证明了这一点,甲烷分子中的四个C—H键完全相同,键长是109 pm,键角为109°28′。

具有一定构造的有机化合物分子中,各原子在空间的排列状况即所谓的构型(configuration),可以用克库勒(Kekule)模型(又称为"球棒模型")和斯陶特(Stuart)模型(又称为比例模型)来表示,如图2.1所示。克库勒模型是用不同颜色的小球代表各种原子,用短棒表示化学键。克库勒分子模型有立体形象,易于观察,使用方便,但是不能准确地表示出原子体积的大小和键的长短。斯陶特模型是根据分子中各原子的大小和键长的真实比例(2亿∶1)放大制成的分子模型,它比较符合分子的真实形状。

如前所述,甲烷中C原子是四价的,而且四个C—H键完全等同,甲烷分子是正四面体构型,那么应如何来解释这些事实呢?

Kekule模型　　　　Stuart模型

图 2.1　甲烷的分子模型

C原子在基态的电子构型是 $1s^2, 2s^2, 2p_x^1, 2p_y^1$，有两个未成对的电子。所以C原子应该表现为二价,然而实际上C原子在几乎所有的有机化合物中都是四价而不是二价。这说明在C原子与其他原子结合时必然有一个2s电子获得一定能量"提升"到2p轨道上去,即C原子从基态跃迁到激发态,这样处于激发(或活化)状态的C原子就变为四价,可形成四个共价键:

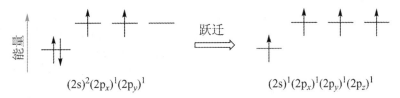

$$(2s)^2(2p_x)^1(2p_y)^1 \qquad (2s)^1(2p_x)^1(2p_y)^1(2p_z)^1$$

键的形成是一个释放能量的过程,激发后的C原子可以多形成两个化学键,所释放出来的能量足以补偿激发一个电子所需的能量且有余。所以碳原子以4价成键时形成的分子更为稳定。

然而现在存在另外一个问题:激发后的四个单电子分别处于一个s轨道和三个p轨道,它们不仅在空间伸展方向不同,而且能量也有差别,与四个氢原子的1s轨道所形成的共价键应该是不等同的。但是各种实验事实证明,甲烷分子中四个C—H键是完全等同的,而且CH_3Cl也没有异构体存在。这又该如何理解呢?

为了解释以上事实,鲍林(L. Pauling)和斯莱脱(J. C. Slater)于1931年根据量子力学原理提出了杂化轨道理论。所谓"杂化"(hybridization),就是把四个激发状态的轨道(一个s轨道和三个p轨道)"混杂在一起"重新组合成能量相等的四个新轨道的过程。形成的新轨道叫作sp^3杂化轨道,而这种杂化方式叫sp^3杂化:

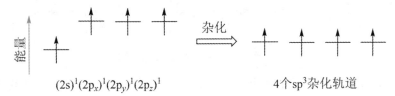

$$(2s)^1(2p_x)^1(2p_y)^1(2p_z)^1 \qquad 4个sp^3杂化轨道$$

每一个sp^3轨道相当于含有1/4 s轨道成分和3/4 p轨道成分,其形状不同于s轨道(球形)和p轨道(对称的哑铃形),而是葫芦形状:

$$1/4 \; 1s + 3/4 \; 2p \longrightarrow sp^3$$

杂化轨道之所以为葫芦形,是因为2p轨道的两瓣位相不同。当与2s轨道杂化时,位相与2s轨道相同的一瓣会有所增大,而位相与2s轨道不同的一瓣则会缩小,因此形成一头大一头小的葫芦形,使得每一个sp³杂化轨道在对称轴的一个方向上更加集中,即轨道的方向性相对于s和p轨道变得更强。这样饱和碳原子在与其他原子(如H原子或另一饱和碳原子)成键时,可以sp³轨道大的一瓣与另一原子的轨道(H原子的1s轨道或另一饱和碳原子的sp³轨道)轴向重叠,形成更稳定的化学键。据计算,如果s轨道的成键能力为1,则p轨道的成键能力为1.732,而sp³轨道的成键能力则为2。

饱和碳原子的四个sp³杂化轨道由一个1s轨道和三个在空间互相垂直的2p轨道杂化而成,在空间的取向是分别指向一个正四面体的四个顶点,各sp³轨道的对称轴之间互成109°28′。这样形成的四个sp³轨道彼此尽可能地远离,斥力最小;在甲烷分子中,C原子的四个sp³轨道分别以大的一瓣与四个H原子的1s轨道轴向重叠,形成强的C-H化学键。所以甲烷分子也很稳定,如图2.2所示。

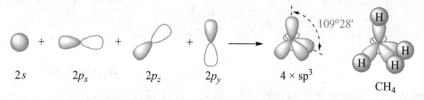

$2s$ + $2p_x$ + $2p_z$ + $2p_y$ → $4 \times sp^3$ 109°28′ CH₄

图2.2 饱和碳原子的四个sp³轨道及甲烷分子的形成

光电子能谱的实验结果指出,甲烷分子中的电子能级具有高低不同的两个能级。一个是较高的三重简并的能级(-12.7~-16 eV),另一个是较低的非简并的能级(-23 eV)。由此可见,碳原子的原子轨道实际上并未真正杂化,CH₄分子中的价电子并不是真正地定域在C和H原子之间形成四个能量均等的C-H键。

乙烷分子中的C原子也是以sp³杂化轨道成键的。两个C原子各以一个sp³轨道轴向头对头重叠形成C-C键,又各以另三个sp³杂化轨道分别与三个H原子的1s轨道轴向重叠,形成六个完全等同的C-H键,如图2.3所示。

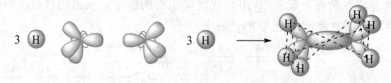

3 H + 3 H →

图2.3 乙烷分子的形成示意图

可见乙烷分子的形状是由两个四面体共用一个顶角组成的。丙烷、丁烷等分子的形状类似。

在烷烃分子中,碳原子都是采取sp³方式进行杂化、以sp³杂化轨道重叠成键的。C-C键为sp³-sp³,C-H键为sp³-s,成键原子的电子云沿键轴近似于圆柱形对称分布,因此成键的两个原子通常可以围绕着键轴自由旋转,我们把这样的共价键称为σ键。

碳原子的价键分布呈正四面体型,键角为109°28′,再加上C-C σ键可以自由旋转,因此烷烃分子中的碳键/链并不是直线型的,可以形成多种曲折形式:

但是在固态时,烷烃分子中的碳链呈锯齿状整齐排列:

正因为如此,为方便起见,有机化合物的分子结构可以折线式表示,以正戊烷为例:

构造式:

$$H-\overset{\overset{\displaystyle H}{|}}{\underset{\underset{\displaystyle H}{|}}{C}}-\overset{\overset{\displaystyle H}{|}}{\underset{\underset{\displaystyle H}{|}}{C}}-\overset{\overset{\displaystyle H}{|}}{\underset{\underset{\displaystyle H}{|}}{C}}-\overset{\overset{\displaystyle H}{|}}{\underset{\underset{\displaystyle H}{|}}{C}}-\overset{\overset{\displaystyle H}{|}}{\underset{\underset{\displaystyle H}{|}}{C}}-H$$

简式:　　　$CH_3CH_2CH_2CH_2CH_3$　或　$CH_3(CH_2)_3CH_3$　　　　或

2.3.2　烷烃的构象

如前所述,烷烃分子中的碳原子可以绕 C—C 键进行自由旋转,这就使得一个 C 原子上的三个 H 原子与相邻的 C 原子上的 H 原子在空间的相对位置不断发生变化。

2.3.2.1　乙烷的构象

乙烷分子的形状可以看成是一个"双三脚架",两个三脚架之间以 C—C 键相连,六个 H 原子是两个三脚架的六个支脚。由于 C—C 单键可以自由旋转,所以这三个支脚可以像电风扇一样绕 C—C 单键在空间自由转动。为了便于观察,使一个甲基固定不动,另一个甲基绕 C—C 键轴旋转,则分子中的 H 原子在空间的排列形式将不断改变,得到无数种分子形象。这种由于原子或原子团绕单键旋转而产生的分子中各原子或原子团的不同的空间排布,叫作构象(conformation)。

乙烷分子最典型的两种构象是交叉式(staggered)和重叠式(eclipsed),可用三种最常使用的投影式表示如下:

(i)交叉式构象　　伞形式（或楔形式）　　　　锯架式　　　　　Newman投影

(ii)重叠式构象　　伞形式（或楔形式）　　　　锯架式　　　　　Newman投影

锯架式非常直观地表明了分子的立体结构;伞形式(或称楔形式)中,实线表示位于纸面上的化学键,实心的楔形为伸向纸面前方的化学键,而虚的楔形或虚线则表示伸向纸面后方的化学键,以此表示有机分子的立体结构。

纽曼(Newman)投影式在讨论有机化合物的构象时非常有用。以乙烷分子为例,Newman 投影的画法是:把乙烷分子平放,把眼睛对准 C-C 键轴的延长线,以圆圈表示远离眼睛的 C 原子,其上连接的三个 H 原子连接在圆上;而圆心及其所连接的三个 H 原子表示离眼睛较近的甲基。

从上面的投影式可以看出:(i)式中相邻两个 C 原子上的两组 H 原子处于交错的位置,这种构象叫作交叉式。在交叉式构象中,两个 C 原子上的非键合 H 原子相距最远,相互间的排斥力最小,因而分子的内能最低,是最稳定的构象,即"优势构象"。(ii)式中两组 H 原子相互重叠,这种构象叫作重叠式。在重叠式构象中,两个 C 原子上的 H 原子两两相对,距离最近,相互之间的斥力最大,使分子的内能最高,因此也就是最不稳定的构象。

交叉式构象与重叠式构象是乙烷的两种极端构象。介于这两者之间,通过 C-C 单键的旋转,还可以有无数种构象,称为扭曲式(skewed)构象。

图 2.4 所示的势能曲线为乙烷分子随着 C-C 单键旋转所得到的各种构象的能量,曲线上任何一点即代表一种构象及其能量,能量最低的谷底代表的是最为稳定的交叉式构象。只要稍离开谷底一点,就意味着能量的升高,分子的构象就变得不稳定一些,使分子中产生一种"张力",这种张力是由于键的扭转使分子偏离最稳定的交叉式构象而引起的,因此通常叫作扭转张力(torsional strain)。与交叉式构象的任何偏差都会引起扭转张力。

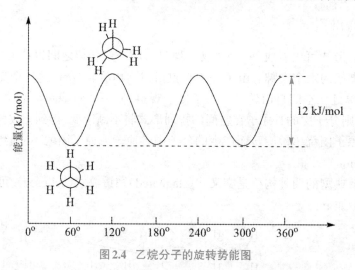

图 2.4 乙烷分子的旋转势能图

交叉式与重叠式构象的能量虽然不同,但能量差不大,推测只有 12 kJ/mol。也就是说,由交叉式构象通过 C-C 键的旋转转变为重叠式构象只需吸收 12 kJ/mol 的能量即可完成。而室温时分子的热运动可产生 83.6 kJ/mol 的能量,因此在常温下乙烷分子的各种构象之间可迅速互变,分子在某一构象停留的时间(即构象的寿命)很短($<10^{-6}$ s),不能把某一构象"分离"出来。当然,由于交叉式构象具有相对较低的能量,从统计的观点来看,在某一瞬间,乙烷分子中交叉式构象比重叠式构象所占的比例要大得多。例如在 25 ℃下,乙烷分子中,

处于交叉式的分子与处于重叠式的分子数量比约为160∶1。

此外,从乙烷分子构象的分析中知道,由于不同构象的内能不同,要想彼此互变,必须越过一定的能垒才能完成。因此,C—C单键的"自由"旋转实际上并不是完全自由的。

2.3.2.2 丙烷的构象

将丙烷看成乙烷分子中的一个H原子被甲基取代后的衍生物,就很容易画出丙烷的两种极端构象,交叉式和重叠式:

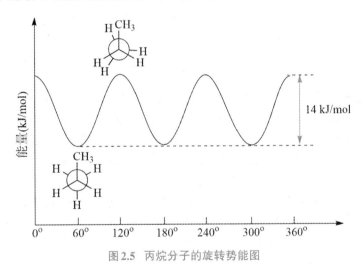

交叉式构象 重叠式构象

两种构象之间的能量差约为14 kJ/mol;其中交叉式为优势构象,能量相对较低,而重叠式构象中由于H原子和相邻C原子上所带甲基之间的互相排斥而产生扭转张力,具有相对较高的能量。丙烷分子的旋转势能图如图2.5所示。

图 2.5 丙烷分子的旋转势能图

2.3.2.3 丁烷的构象

丁烷分子可以看作是乙烷的二甲基取代衍生物,当绕C2—C3键轴旋转时,分子构象转换情况较乙烷和丙烷要复杂。根据分别连在C2、C3上的两个大基团(甲基)在空间的相对位置,丁烷分子有对位交叉式(或称反交叉式)、邻位交叉式、部分重叠式、全重叠式四个典型构象,随着分子中两个甲基绕C2—C3键的旋转,这四种构象之间的变化过程如下:

$\xrightarrow[\text{旋转}60°]{\text{绕C2—C3轴}}$	$\xrightarrow[\text{旋转}120°]{\text{绕C2—C3轴}}$	$\xrightarrow[\text{旋转}180°]{\text{绕C2—C3轴}}$	

(Ⅰ)全重叠式   (Ⅱ)邻位交叉式   (Ⅲ)部分重叠式

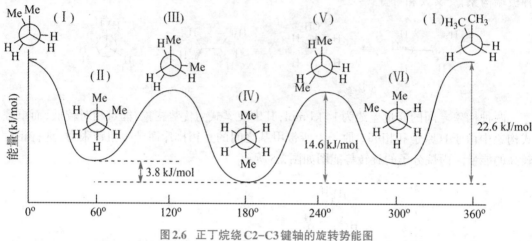

(Ⅳ) 反交叉式　　　　　（Ⅴ) 部分重叠式　　　　　（Ⅵ) 邻位交叉式　　　　　（Ⅰ) 全重叠式

相应的势能曲线如图 2.6 所示。

图 2.6　正丁烷绕 C2-C3 键轴的旋转势能图

从旋转势能曲线中可以看出,全重叠式(Ⅰ)能量最高,反交叉式构象(Ⅳ)能量最低;两个邻位交叉式(Ⅱ)和(Ⅵ)的能量相同,两个部分重叠式(Ⅲ)和(Ⅴ)能量相同;四种典型构象的能量高低顺序为:反交叉式<邻位交叉<部分重叠式<全重叠式。就稳定性而言,在势能曲线中处于谷底的反交叉式(Ⅳ)最为稳定,其次为邻位交叉式(Ⅱ)和(Ⅵ);部分重叠式(Ⅲ)和(Ⅴ)较不稳定,稳定性最差的是全重叠式(Ⅰ)。一般说来,相应于势能曲线上能量谷底的各构象被称为构象异构体,正丁烷有三种构象异构体:反交叉式和两种邻位交叉式,其中能量最低的反交叉式为优势构象;两个邻位交叉式构象异构体,(Ⅱ)和(Ⅵ),互为镜影和实物的关系,因此又称为(构象)对映体。

正丁烷实际上是各种构象异构体的平衡混合物,混合物的组成取决于不同构象异构体之间的能量差别。在室温下,丁烷分子中约 68% 为反交叉式,约 32% 为邻位交叉式,部分重叠式和全重叠式构象极少。由于正丁烷各构象之间能量差(能垒)最大不超过 22.6 kJ/mol,分子的热运动就可使各种构象迅速互变,所以这些异构体也不能分离出来(但是,低温 NMR,X-ray 衍射都已证实构象异构体的存在)。易于相互转换几乎是构象异构体的特性(当然也有一些构象异构体是不易互换的),这也是构象异构体与我们今后要学习的其他立体异构体之间最大的差别。

脂肪族开链烃的构象都与正丁烷的构象相似,占优势的构象通常是反交叉式,即分子中相邻两个 C 原子上的两个最大的基团处于对位成 180° 角的排布,分子碳链呈现为反式锯齿型,这也是我们常用折线来表示分子结构的原因。

2.4　烷烃的物理性质

有机化合物的物理性质通常包括化合物的状态、熔点、沸点、比重、溶解度、折光率等。纯物质的物理性质在一定条件下都有固定的数值,故这些数值常被称作物理常数。通过物理常数的测定,可以鉴定物质的纯度。

2.4.1　烷烃的状态

在室温和一个大气压下,C1～C4的烷烃为气体,C5～C16是液体,C17以上是固体。

2.4.2　烷烃的熔点和沸点

一般说来,烷烃的熔点(melting point,m.p.)和沸点(boiling point,b.p.)都很低,例如甲烷的熔点为-185 ℃,沸点为-161.5 ℃。这是因为烷烃分子中只含有C,H原子,是非极性分子,分子之间的作用力主要是范德瓦耳斯力中的色散力。这种作用力很弱,容易被热能克服,所以烷烃的熔点和沸点都很低。由于范德瓦耳斯力的加和性,烷烃分子中C原子数越多,分子量越大,分子间作用力越强,熔点和沸点也就越高。

从不同C原子数的烷烃分子的熔点来看,有两点值得注意:

(1) 对于相同C原子数的烷烃,分子结构对称性越高,熔点也就越高。例如对于戊烷:

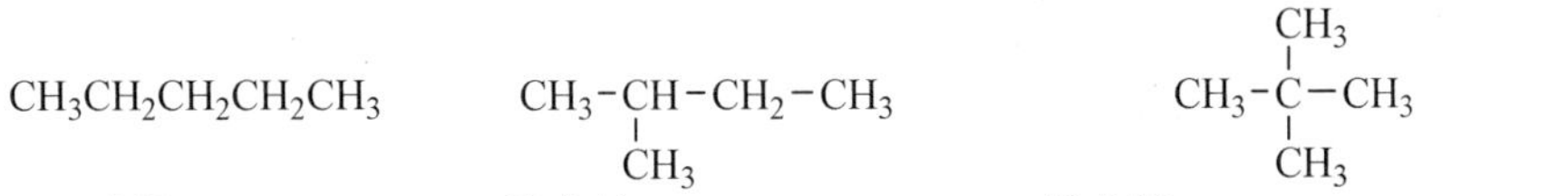

$$CH_3CH_2CH_2CH_2CH_3$$

正戊烷 (pentane)
m.p. -129.8 ℃

$$CH_3-CH-CH_2-CH_3$$
$$\quad\quad |$$
$$\quad\quad CH_3$$

异戊烷 (2-methylbutane)
m.p. -159.9 ℃

$$CH_3-\overset{\displaystyle CH_3}{\underset{\displaystyle CH_3}{\overset{|}{\underset{|}{C}}}}-CH_3$$

新戊烷 (2,2-dimethylpropane)
m.p. -16.8 ℃

又如辛烷:

$$CH_3(CH_2)_6CH_3$$

正辛烷 (octane)
m.p. -56.8 ℃

$$CH_3-\overset{\displaystyle CH_3}{\underset{\displaystyle CH_3}{\overset{|}{\underset{|}{C}}}}-\overset{\displaystyle CH_3}{\underset{\displaystyle CH_3}{\overset{|}{\underset{|}{C}}}}-CH_3$$

异辛烷 或 2,2,3,3-四甲基丁烷
(2,2,3,3-tetramethylbutane)
m.p. 100.6 ℃

这是因为结构对称的烷烃分子在结晶时更容易在晶格中进行规整排列、紧密堆积,分子间的作用力也就大些,使晶体熔融也就必须提供较多的能量,所以熔点较高。

(2) 含偶数C原子的正烷烃比含奇数C原子的正烷烃具有更高的熔点,如图2.7所示。

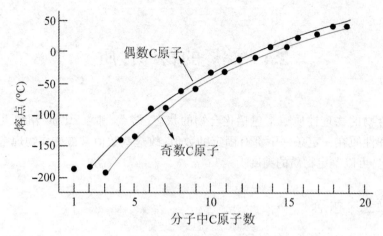

图 2.7　不同 C 原子数的烷烃的熔点

从图 2.7 中可以看出,分子量较小的乙烷的熔点(−183.3 ℃)反而比分子量大的丙烷(−189.7 ℃)高。这是因为在晶体中分子间的作用力不仅取决于分子的大小,而且取决于晶体中碳链的空间排布情况。X 光结构分析证明,在固体晶体中,正烷烃碳链上相邻两个 C 原子上的原子/基团为反交叉式,碳链伸长为反式锯齿形。这样在奇数 C 原子烷烃的链中,两端的甲基处在碳链的同一侧;而在偶数 C 原子烷烃的链中,两端的甲基处于相反的两侧;相比之下,结晶时偶数碳链的烷烃分子比奇数碳链的烷烃分子可以彼此更为靠近,分子之间的作用力也就大些,因此导致含偶数碳的正烷烃相比于奇数碳的正烷烃具有更高的熔点。

烷烃的沸点随碳原子数的变化比较有规则,每增加一个 CH_2 基,烷烃的沸点上升 $20\sim30$ ℃,而 C 原子数增加到高级系列烷烃,沸点上升减慢,如图 2.8 所示。这一规律不仅适用于烷烃,同样也适用于以后要讨论的其他各种同系列化合物。

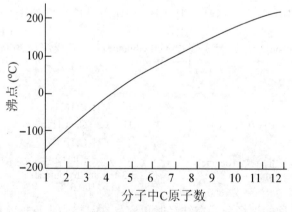

图 2.8　正烷烃的沸点曲线

对于碳原子数相同的烷烃异构体,直链烷烃的沸点比带支链结构的烷烃要高,例如正戊烷的沸点为 36 ℃,而异戊烷的沸点为 28 ℃,新戊烷的沸点为 9.5 ℃。这是因为在液态下直链型烷烃分子易于互相接近,而支链结构的烷烃分子由于侧基的空间阻碍较大,使得分子之间不易相互靠近,分子间相距较远。因此直链分子间有着更强的分子间作用力,沸点也相对较高。

2.4.3　烷烃的比重、溶解性

有机化合物的比重大小也与分子间的作用力有关,分子量越大,分子间作用力也越大,故比重也有所增加。烷烃的比重随分子量的增大而增高,最后接近于 0.79。

烷烃不溶于水,能溶于有机溶剂中,这是因为烷烃是非极性分子,难以破坏极性的水分子之间的氢键相互作用,但是与有机溶剂分子间的作用力相似,故而能很好地溶解于其中。这是"相似相溶"经验规律的实例之一。烷烃等非极性分子与水分子之间的排斥作用被称为"疏水效应"(hydrophobic effect)。

表 2.3 总结了系列正烷烃的熔点、沸点和比重等数据,从中可以看出,正烷烃的物理性质随着分子量的增加而显示出一定的递变规律。

表 2.3　正烷烃的物理性质

相态	名称	英文名称	熔点(°C)	沸点(°C)	比重 d_4^{20}
气体	甲烷	methane	−182.6	−161.7	0.4660(−164 °C)
	乙烷	ethane	−172.0	−88.6	0.5720(−103 °C)
	丙烷	propane	−187.1	−42.2	0.5005
	丁烷	butane	−135.0	−0.5	0.6012
液体	戊烷	pentane	−129.7	36.1	0.6262
	己烷	hexane	−94.0	68.7	0.6603
	庚烷	heptane	−90.5	98.4	0.6838
	辛烷	octane	−56.8	125.6	0.7025
	壬烷	nonane	−53.7	150.7	0.7176
	癸烷	decane	−29.7	174.0	0.7298
	十一烷	undecane	−25.6	195.8	0.7402
	十二烷	dodecanc	−9.6	216.3	0.7487
	十三烷	tridecane	−6.0	235.4	0.7564
	十四烷	tetradecane	5.5	251	0.7628
	十五烷	pentadecane	10.0	260	0.7685
	十六烷	hexadecane	18.1	280	0.7733
固体	十七烷	heptadecane	22.0	303	0.7780
	十八烷	octadecane	28	308	0.7768
	十九烷	nondecane	32	330	0.7774
	二十烷	eicosane	36.4	—	0.7886
	三十烷	triacontane	66	—	—
	四十烷	tetracontane	81	—	—

2.5 烷烃的反应

烷烃分子中C原子的化合价完全被H原子所饱和,饱和的C—C键(308~435 kJ/mol)和C—H键(347 kJ/mol)具有较高的键能,不易断裂。此外,C原子(电负性为2.5)和H原子(电负性为2.1)的电负性差别很小,C—C键和C—H键极性较弱,分子中没有明显的正负电荷中心,对亲核或亲电试剂都没有特殊的亲合力。

因此,烷烃的化学性质很不活泼,在常温常压下,与强酸、强碱、强氧化剂、强还原剂等都不易起反应,故而在有机反应中常用来作溶剂。也正因为如此,烷烃又被称为"石蜡烃"(paraffin hydrocarbons),"paraffin"(石蜡)一词源自拉丁语 parum affinis,意为"几乎没有亲和力"。

然而,烷烃的化学稳定性也是相对的,在一定条件下,如在适当的温度、压力或催化剂存在的条件下,烷烃也可以与一些试剂发生反应。

2.5.1 卤代反应

在紫外光、热或催化剂(碘、铁粉等)的作用下,烷烃分子中的氢原子可以被卤素原子取代生成卤代烷烃,这种反应叫卤代反应(chlorination)。

卤代反应往往释放出大量的热,例如甲烷在光照或高温条件下发生氯代生成氯甲烷的反应放热为 103.2 kJ/mol:

$$CH_4 + Cl_2 \xrightarrow[\text{或} h\nu]{\triangle} CH_3Cl + HCl \qquad \Delta H = -103.2 \text{ kJ/mol}$$

甲烷的氯代反应是制备氯甲烷的重要反应,但反应难以停留在一氯代阶段,因为反应体系中浓度不断增加的 CH_3Cl 可以继续发生氯代反应:

$$CH_4 + Cl_2 \xrightarrow[\text{或} h\nu]{\triangle} CH_3Cl + HCl$$
$$\xrightarrow{Cl_2} CH_2Cl_2 + HCl$$
$$\xrightarrow{Cl_2} CHCl_3 + HCl$$
$$\xrightarrow{Cl_2} CCl_4$$

因此,CH_4 和 Cl_2 反应的实际产物是氯甲烷 CH_3Cl、二氯甲烷 CH_2Cl_2、三氯甲烷 CH_3Cl(氯仿)和四氯化碳 CCl_4 的混合物,混合物的组成取决于反应原料的配料比和反应条件。如果反应时使甲烷大大过量,则反应几乎可以完全控制在一氯代反应,主要得到 CH_3Cl;如果在 400 ℃左右,控制原料比为 $CH_4:Cl_2=0.2631:1$,则反应产物主要是 CCl_4。工业上利用甲烷的氯代制备 CH_3Cl 时,最后往往采用精馏的方法对产物混合物进行分离。

2.5.1.1 烷烃的卤代反应机理

所谓反应机理(reaction mechanism),就是反应所经历的过程,因此也叫反应历程。如果人们对某一反应机理有了认识,就可以进一步了解各种因素(试剂、温度、压力、催化剂等)对反应的影响,掌握反应规律,从而能更好地达到控制和利用反应的目的。

对于甲烷的氯代反应,实验事实证明:① 甲烷与氯在室温和暗处不发生反应。② 在光照或温度高于 250 ℃ 时,反应立即发生;而能够被氯气强烈吸收的蓝光最有利于反应的进行。③ 光照条件下,反应具有很高的量子产率;体系每吸收一个光子,可以产生许多(几千个)氯甲烷分子。④ 氧气对反应有抑制作用,少量氧气的存在会使反应推迟一段时间,这段时间过后,反应又正常进行。

根据上述实验事实可以判断,甲烷的氯代反应为自由基型的链式反应(free radical chain reaction),反应分为引发、增长和终止三个步骤。

链引发(chain initiation step):氯分子吸收一个光子,均裂成具有高能量的氯原子自由基 Cl·(chlorine radical):

$$:\overset{..}{\underset{..}{Cl}} \!\!\! \overset{..}{\underset{..}{Cl}}: \xrightarrow[\text{或} h\nu]{\triangle} 2\,Cl· \tag{i}$$

链增长(chain propagation step):Cl·自由基非常活泼,有强烈的获得一个电子而成为完整的八隅体的倾向,因此 Cl·和甲烷分子碰撞,使甲烷分子中的一个 C-H 键均裂而与 H·结合生成 HCl,同时生成一个新的甲基自由基 $CH_3·$:

$$CH_3\text{—}H \;+\; ·Cl \longrightarrow ·CH_3 \;+\; HCl \tag{ii}$$

活泼的甲基自由基 $CH_3·$ 与氯原子自由基 Cl·一样,为了满足 C 原子周围的八隅体结构,会很快地与另一个氯分子作用,在生成氯甲烷的同时又产生一个新的氯原子自由基 Cl·:

$$CH_3· \;+\; Cl\text{—}Cl \longrightarrow CH_3Cl \;+\; Cl· \tag{iii}$$

Cl 原子自由基 Cl·再继续重复反应(ii)、(iii),再(ii)、(iii)……这个过程即为链式反应的链增长步骤(chain propagation step)。

烷烃氯代的链式反应始自氯分子在光照下的均裂反应,因此能够被氯气强烈吸收的蓝光非常有利于反应的进行(实验事实 2)。而一个光子的能量可分解一个氯分子为两个氯原子自由基 Cl·,一个引发产生的氯原子自由基 Cl·大约可以使上述链增长反应平均进行 5000 次循环,因此一个光子可使链增长循环进行 10000 次,反应具有很高的量子产率(实验事实 3)。

链终止(chain termination step):反应进行到一定程度,当反应物之一完全消耗或自由基相互结合而失去活性时,链增长将不能再继续进行,反应终止:

$$Cl· \;+\; Cl· \longrightarrow Cl_2 \tag{iv}$$

$$CH_3· \;+\; CH_3· \longrightarrow CH_3CH_3 \tag{v}$$

$$CH_3· \;+\; Cl· \longrightarrow CH_3Cl \tag{vi}$$

氧气的存在之所以对反应有抑制作用,是因为反应中生成的甲基自由基$CH_3\cdot$可与O_2分子反应生成较为稳定的甲基过氧化自由基(methyl peroxyl radical):

$$CH_3\cdot + O_2 \longrightarrow CH_3-O-O\cdot$$

$CH_3OO\cdot$的活性远小于$CH_3\cdot$,几乎不能使链式反应继续下去;只要发生一个这样的反应,就会中断一条链反应,使氯代反应速率大大减慢。只有待反应体系内O_2完全消耗完之后,反应才又能继续以正常速度进行,因此使反应出现一个诱导期(实验事实4)。

像氧这样即使只有少量存在也能使反应减慢或停止的物质称为抑制剂(inhibitor)。少量抑制剂对反应的抑制作用可以说是各类链式反应的一个重要特征,可用于判定反应是否为链式反应历程。常用的自由基链式反应抑制剂有对苯二酚、硝基甲烷等,结构式如下:

$$HO-\!\!\!\!\bigcirc\!\!\!\!-OH \qquad\qquad H_3C-NO_2$$

对苯二酚 硝基甲烷
hydroquinone nitromethane

当然,目前人们还可方便地用电子顺磁共振(ESR)谱仪来检测自由基的存在并确定其反应历程。

需要指出的是,在甲烷的氯代反应中,氯原子自由基除了可与甲烷作用外,还可以与反应中生成的CH_3Cl作用生成CH_2Cl_2:

$$CH_3Cl + Cl\cdot \longrightarrow \cdot CH_2Cl + HCl$$
$$\cdot CH_2Cl + Cl_2 \longrightarrow CH_2Cl_2 + Cl\cdot$$

反应继续进行下去可生成CH_3Cl、CCl_4,最后得到几种不同取代程度的氯代甲烷的混合物。

2.5.1.2 甲烷氯代反应中的能量变化

根据键的离解能数值,我们可以计算甲烷氯代反应过程中的能量变化。

$$H_3C-H + Cl-Cl \longrightarrow H_3C-Cl + H-Cl$$
$$434.7 \quad 242.4 \qquad\quad 351.1 \quad 430.5 \quad kJ/mol$$

结果表明甲烷的氯代反应为放热反应,反应热$\Delta H = (434.7+242.4)-(351.1+430.5)= -104.5\ kJ/mol$。

链引发和链增长各步反应的ΔH也可以计算得到:

(i) $\quad Cl-Cl \xrightarrow[或\ h\nu]{\triangle} 2\ Cl\cdot \qquad\qquad\qquad \Delta H = +242.4\ kJ/mol$
$\qquad 242.4$

(ii) $\quad CH_3-H + \cdot Cl \longrightarrow \cdot CH_3 + H-Cl \qquad \Delta H = +4.2\ kJ/mol$
$\qquad\quad 434.7 \qquad\qquad\qquad\qquad\quad 430.5$

(iii) $\quad CH_3\cdot + Cl-Cl \longrightarrow CH_3-Cl + Cl\cdot \qquad \Delta H = -108.7\ kJ/mol$
$\qquad\qquad\qquad 242.4 \qquad\qquad 351.1$

从上述数据可以看出,$Cl-Cl$键均裂生成$Cl\cdot$自由基的引发反应需要吸收大量的热,而链增长反应的第一步也是吸热反应,这也就说明了为什么甲烷的氯代虽然是放热反应,但反应也只有在光照或高温条件下才能发生(实验事实1)。

图2.8所示为甲烷氯代反应中链增长反应的势能图。

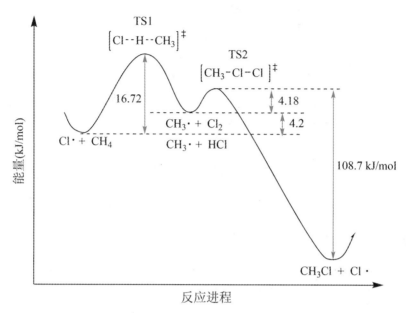

图2.8 甲烷氯代反应势能图

由图中可以看出,链增长反应的第一步,即Cl·自由基和甲烷作用生成甲基自由基CH₃·中间体的反应,虽然只需要吸收4.2 kJ/mol的热量,但反应须经过一个高能量的过渡态(transition state),即过渡态1(TS1),[Cl...H...CH₃]‡,反应的活化能 E_{a1}=16.72 kJ/mol。而第二步增长反应,即CH₃·自由基和Cl₂生成氯甲烷CH₃Cl和新的Cl·自由基的反应,为放热反应,所经历的过渡态2(TS2),[CH₃...Cl...Cl]‡,具有较低的能量,相应的反应活化能较小,E_{a2}=4.18 kJ/mol。从动力学的角度,反应活化能越高,反应越难以发生。因此,甲烷与Cl·生成甲基自由基CH₃·中间体的反应相对较慢,是决定反应速度的一步反应,即速决步骤(rate-determing step)。

应该指出的是,所谓"过渡态",就是由反应物过渡到产物的中间状态,它不是一个独立存在的化合物,极不稳定,目前还不能分离出来加以研究。一般认为过渡态的结构是处于反应物和产物之间的某种中间状态,形成了类似络合物的结构,所以,过渡态又称为活化络合物(activation complex)。与过渡态不同,两步反应中的中间产物,也就是处于两个过渡态之间的中间体,能量相对较低,是实际存在的,可以采用合适的方法进行"捕捉"而确定其结构,借此可推知反应机理。

另外,需要提醒的是,在化学反应中,活化能 E_a 和反应热(ΔH)之间没有直接联系,我们不能从 ΔH 预测形成过渡态的活化能 E_a 的大小。反应热是产物(中间产物)与反应物的热焓差,在一般情况下,近似等于内能差,所以可以根据反应前后键能的改变近似地计算出来。而活化能则是过渡态与反应物的内能差,一般只能根据温度和反应速度的关系通过实验测得。决定反应速度的是活化能 E_a 的大小(即能垒的高度),而不是反应物和产物的能量差

ΔH。即使反应是放热的,反应仍需爬越过渡态的能垒(即有一定的活化能)。只有在特殊情况下,例如两个Cl·自由基的结合,因为反应时没有键的断裂,不需要爬越能垒,因此E_a=0,反应很容易发生,如图2.9所示。

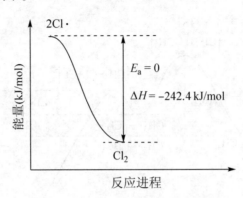

图2.9 $2Cl \rightarrow Cl_2$反应进程中的势能变化

2.5.1.3 卤素的相对反应活性

氟、氯、溴、碘在与甲烷发生反应时具有不同的反应活性,这从各种卤素与甲烷发生取代时每一步反应的反应热和活化能数据可以看出:

$$X = \quad F \quad\quad Cl \quad\quad Br \quad\quad I$$

(i) $X_2 \longrightarrow 2X\cdot$　　　$\Delta H_1 = +155 \quad +242 \quad +190 \quad +150$

(ii) $CH_4 + X\cdot \longrightarrow CH_3\cdot + HX$　　$\Delta H_2 = -129 \quad +4.2 \quad +69 \quad +130$
　　　　　　　　　　　　　　　　　$(E_a = 4.2 \quad 15.9 \quad 77.7 \quad 140)$

(iii) $CH_3\cdot + X_2 \longrightarrow CH_3Cl + X\cdot$　　$\Delta H_3 = -293 \quad -109 \quad -105 \quad -84$

(单位:kJ/mol)

在卤代反应的链引发一步,氟和碘均裂成自由基的反应热相对较小,表明F·和I·自由基比较容易生成。在接下来的链增长速决反应步骤中,F·自由基在与甲烷反应时即放出大量的热量(-129 kJ/mol),且对应的反应活化能(4.2 kJ/mol)最小,这表明F·自由基具有高度的反应活性。而I·自由基虽然易生成,但反应活性最弱,所以增长反应的活化能(140 kJ/mol)最高,且需要吸收大量的能量($+130$ kJ/mol),使反应难以继续进行。这也是在链式自由基反应中可以加入碘作为抑制剂的原因。

综上,卤素在甲烷卤代反应中的反应活性顺序为:$F_2>Cl_2>Br_2>I_2$(此反应活性顺序也适用于卤素对其他大多数有机物的反应)。氟代反应非常剧烈,难以控制,须在低温、惰性气体稀释条件下进行;而碘代反应又很难发生,因此实验室中烷烃的卤代反应一般指的是氯代和溴代。据计算,在甲烷的卤代反应中,在300 ℃时Cl·与CH_4在1亿次碰撞中有350万次的能量超过活化能,Br·在同样条件下只有8次能量超过活化能;而I·与CH_4分子在1万亿次碰撞中仅有2次能量是超过活化能的,所以甲烷的碘代无实际意义。

2.5.1.4　烷烃卤代反应的选择性

1. H 原子的反应活性

甲烷和丙烷在发生氯代反应时只能生成一种一氯代物,而丙烷及 C3 以上的烷烃,由于在分子结构中含有两种或两种以上不同的 H 原子,氯代产物相对比较复杂,如:

$$CH_3-CH_2-CH_3 \xrightarrow[hv,\ 25\ ^\circ C]{Cl_2} CH_3-CH_2-CH_2Cl \quad + \quad CH_3-\underset{\underset{Cl}{|}}{C}H-CH_3$$

1-氯丙烷, 45%　　　　　　　2-氯丙烷, 55%
1-chloropropane　　　　　　2-chloropropane

$$CH_3-\underset{\underset{CH_3}{|}}{C}H-CH_3 \xrightarrow[hv,\ 25\ ^\circ C]{Cl_2} CH_3-\underset{\underset{CH_3}{|}}{C}H-CH_2Cl \quad + \quad CH_3-\underset{\underset{CH_3}{|}}{\overset{\overset{Cl}{|}}{C}}-CH_3$$

1-氯-2-甲基丙烷, 64%　　　2-氯-2-甲基丙烷, 36%
1-chloro-2-methylpropane　　2-chloro-2-methylpropane

丙烷分子中有两种 H 原子,6 个 1°H,2 个 2°H,扣除由 H 原子个数不同所造成的反应几率因素,根据 1-氯丙烷和 2-氯丙烷两种产物的相对产率,可以计算得到两种 H 原子的相对反应活性为

$$\frac{2^\circ H活性}{1^\circ H活性} = \frac{55\%/2}{45\%/6} = 3.67$$

类似地,根据 2-甲基丙烷氯代时得到的两种一氯代产物的产率,在扣除反应几率因素后,可计算得到 1°H 和 3°H 两种 H 原子的相对反应活性为:

$$\frac{3^\circ H活性}{1^\circ H活性} = \frac{36\%/1}{64\%/9} \approx 5$$

因此,烷烃的卤代反应中,不同类型 H 原子被取代的相对反应活性大致为:3°H:2°H:1°H =5:4:1。

上述各类 H 原子在卤代反应中的反应活性问题,也可以从不同类型的 C—H 键的离解能数据得到解释:

$$CH_3-\underset{\underset{CH_3}{|}}{\overset{\overset{CH_3}{|}}{C}}-H \qquad CH_3-\underset{\underset{CH_3}{|}}{C}H-H \qquad CH_3-CH_2-CH_2-H \qquad CH_3-H$$

键离解能（kJ/mol）: 389.1　　　　397.5　　　　　　410.0　　　　　　434.7

即各种 H 原子与 C 原子形成的 C—H 键在均裂时所需的能量为:3°H<2°H<1°H<CH₃—H;甲烷分子中的 H 原子最难被卤代。因此,当甲烷和乙烷一起进行氯代反应时,氯乙烷的产率要远高于氯甲烷:

$$CH_4 + C_2H_6 \xrightarrow[hv,\ 25\ ^\circ C]{Cl_2} CH_3Cl + C_2H_5Cl$$

$$1 \quad : \quad 400$$

在有机化学反应中,自由基等中间体的稳定性往往支配着反应发生的方向和化合物的反应活性,越是稳定的自由基,在反应中越容易生成。根据以上各种不同类型H原子的反应活性分析,可知烷基自由基的稳定性顺序为:$3°C· > 2°C· > 1°C· \gg CH_3·$,这是由其结构所决定的。

研究结果表明,饱和的C·自由基中,带有单电子的C·为sp^2杂化,即由一个2s轨道和两个2p($2p_x$、$2p_y$)轨道杂化形成三个sp^2杂化轨道,这三个杂化轨道在同一个平面上,彼此之间的夹角为$120°$。因此,在甲基自由基$CH_3·$中,C原子以三个sp^2杂化轨道分别与三个H原子的1s轨道重叠成键,三个C—H σ键在同一个平面上,而剩下一个未参与杂化的$2p_z$轨道垂直于该平面,其两瓣分别位于平面的上下方:

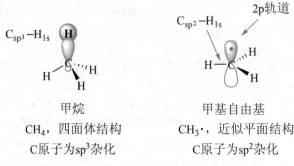

甲烷   甲基自由基

CH_4,四面体结构 $CH_3·$,近似平面结构

C原子为sp^3杂化   C原子为sp^2杂化

而在乙基自由基这样一个 1 °C 自由基中,除了两个C_{sp^2}—H σ键外,中心C原子还通过一个sp^2杂化轨道与甲基C原子的sp^3轨道形成一个C_{sp^2}—C_{sp^3} σ单键:

·CH_2CH_3

乙基自由基

由于C—C单键可以绕键轴旋转,当甲基旋转至某一个C—H与中心C原子的p轨道处于同一平面内时,两者的电子云会因在空间上同一平面内的近似平行而发生重叠,使电子发生离域,从而增加了自由基的稳定性。这种由σ键参与的电子离域称为超共轭效应(hyperconjugation effect),乙基自由基的超共轭发生在σ键和p轨道之间,因此又称为σ-p超共轭。

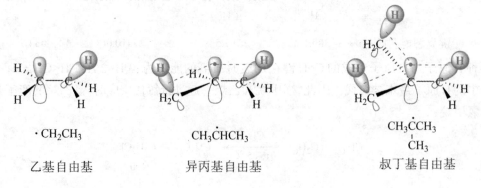

·CH_2CH_3 $CH_3\dot{C}HCH_3$ $CH_3\dot{C}CH_3$

                      CH_3

乙基自由基   异丙基自由基   叔丁基自由基

异丙基自由基为 2°C·自由基,与中心 C 原子相连的两个甲基中,共有 6 个 C–H 键可以与 p 轨道发生 σ-p 超共轭,电子离域范围更大,因此比 1°C 的乙基自由基更为稳定。而相比之下,3°C 自由基,例如叔丁基自由基,参与 σ-p 超共轭的 C–H σ 键最多,所以 3°C·最为稳定。

超共轭的概念由 Robert S. Mulliken 于 1939 年在研究共轭分子的紫外光谱时提出,用以解释取代烯烃吸收光谱的红移现象。近年来,随着有机化学与理论化学的发展,超共轭效应被广泛用于分析分子的构象与反应性,并被用以诠释经典构象分析理论所无法解释的异头碳效应(anomeric effect)、旁式效应(gauche effect)、β-硅基效应(beta-silicon effect)等。超共轭效应在分析不同类型的烷基自由基、C 正离子和烯烃分子等的稳定性时有着重要的应用。

2. 卤素原子对 H 原子的选择性

如前所述,烷烃的卤代一般指的是氯代和溴代,但是在发生溴代时,一溴代产物的相对产率却有所不同:

$$CH_3-CH_2-CH_3 \xrightarrow[hv,\ 127\ ^{\circ}C]{Br_2} CH_3-CH_2-CH_2Br \quad + \quad CH_3-\underset{|}{\overset{}{C}}H-CH_3$$
$$\qquad\qquad\qquad\qquad\qquad\qquad\qquad\qquad\qquad\qquad\qquad Br$$

1-溴丙烷,3% 　　　　　2-溴丙烷,97%
1-bromopropane 　　　　2-bromopropane

$$CH_3-\underset{\underset{CH_3}{|}}{CH}-CH_3 \xrightarrow[hv,\ 127\ ^{\circ}C]{Br_2} CH_3-\underset{\underset{CH_3}{|}}{CH}-CH_2Br \quad + \quad CH_3-\underset{\underset{CH_3}{|}}{\overset{\overset{Br}{|}}{C}}-CH_3$$

1-溴-2-甲基丙烷,痕量　　2-溴-2-甲基丙烷,>99%
1-bromo-2-methylpropane 　2-bromo-2-methylpropane

从反应结果可知,溴代反应中,H 原子被取代的难易程度顺序依然是 3°H>2°H>1°H,但显然溴原子对不同类型的 H 原子有着更高的选择性,这是因为溴的反应活性相对较低,因此对 H 原子的活泼性要求更高。从表 2.4 中关于不同类型的 H 原子在与卤素发生取代反应时的相对反应活性数据也可以看出,因为具有高反应活性,氟在发生反应时对不同种 H 原子几乎没有什么选择性。

表 2.4　烷烃卤代增长反应中不同 H 原子和卤素的相对反应活性

C-H	F·(25 °C,气相)	Cl·(25 °C,气相)	Br·(150 °C,气相)
CH_3–H	0.5	0.004	0.002
RCH_2–H	1	1	1
$\underset{R}{\overset{}{RCH}}$–H	1.2	4	80
$\underset{R}{\overset{R}{RC}}$–H	1.4	5	1700

2.5.2 烷烃的氧化

2.5.2.1 烷烃的燃烧

1. 完全燃烧

有机化学中的氧化(oxidation)一般是指在分子中加入氧或从分子中去掉氢的反应。烷烃的燃烧就是烷烃和空气中的氧所发生的剧烈氧化反应,在生成 CO_2 和 H_2O 的同时,放出大量的热。

$$C_nH_{2n+2} + \left(\frac{3n+1}{2}\right)O_2 \longrightarrow n\,CO_2 + (n+1)\,H_2O + Q(热能)$$

而这也就是内燃机中的主要反应,但气体烷烃与空气或氧气混合,会形成爆炸性混合物,尤其是甲烷和氧气的比例接近下面反应式中的比例时,遇火花即发生剧烈的爆炸,矿井瓦斯爆炸的原因即是如此:

$$CH_4 + 2O_2 \longrightarrow CO_2 + 2H_2O + 889.8\ kJ/mol$$

不同烷烃的燃烧效果不同。汽油在汽缸中燃烧发生的"爆震",就是烷烃在汽车汽缸内燃烧时发生爆炸性反应而出现声响。一般支链烷烃倾向于抑制爆震,燃烧最好、抗爆震效果最好的烷烃为异辛烷(2,2,4-三甲基戊烷),抗爆震效果最差的烷烃为正庚烷。因此人们用"辛烷值"来定量地表示汽油的爆震性质,即将异辛烷的辛烷值指定为100,将正庚烷的辛烷值指定为0。某汽油的辛烷值为80,表示它相当于含80%异辛烷和20%正庚烷的混合燃料的燃烧效果或抗爆震程度。

2. 燃烧热

标准状态下1 mol物质完全燃烧时所放出的热量称为燃烧热,为燃烧反应中的热焓变化:

$$\Delta H^0 = \Delta H^0_{products} - \Delta H^0_{reactants}$$

表2.5为一些烷烃的燃烧热数据。

表2.5 一些烷烃的燃烧热

化合物		分子式	$-\Delta H^0$	
			kJ/mol	kcal/mol
直链烷烃	己烷	$CH_3(CH_2)_4CH_3$	4163	995.0
	庚烷	$CH_3(CH_2)_5CH_3$	4817	1151.3
	辛烷	$CH_3(CH_2)_6CH_3$	5471	1305.7
	壬烷	$CH_3(CH_2)_7CH_3$	6125	1463.9
	癸烷	$CH_3(CH_2)_8CH_3$	6778	1620.1
	十一烷	$CH_3(CH_2)_9CH_3$	7431	1776.1
	十二烷	$CH_3(CH_2)_{10}CH_3$	8086	1932.7
	十六烷	$CH_3(CH_2)_{14}CH_3$	10701	2557.6

续表

化合物		分子式	$-\Delta H^0$	
			kJ/mol	kcal/mol
2-甲基支链烷烃	2-甲基戊烷	$(CH_3)_2CHCH_2)_2CH_3$	4157	993.6
	2-甲基己烷	$(CH_3)_2CHCH_2)_3CH_3$	4812	1150.0
	2-甲基庚烷	$(CH_3)_2CHCH_2)_4CH_3$	5466	1306.3

由于完全燃烧后的产物均为 CO_2 和 H_2O, 因此 C 原子数相同的各烷烃异构体的燃烧热可以用来比较其相对稳定性, 例如对于 C_8H_{18} (图2.10):

$$C_8H_{18} + \frac{25}{2}O_2 \longrightarrow 8\,CO_2 + 9\,H_2O$$

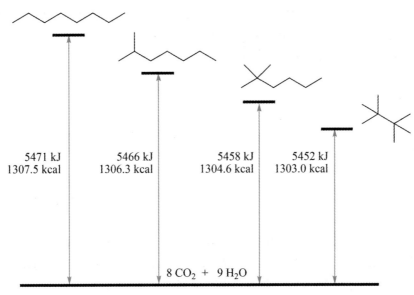

图 2.10 C_8H_{18} 异构体的燃烧热对比

由图 2.10 中 C_8H_{18} 各异构体的燃烧热数据可以看出, 支化程度高的分子比支化程度低的异构体更为稳定, 例如 2,2,3,3-四甲基丁烷内能最低, 稳定性最高, 而无支链的正辛烷稳定性最低。

支链烷烃和直链烷烃在稳定性方面的微小差异, 源自分子内的引力(如电子-原子核之间的引力)和斥力(如电子-电子、原子核-原子核之间的斥力)等相互作用以及分子间的范德瓦耳斯力。根据量子力学的计算结果, 随着分子结构变得更加紧凑, 吸引力的增加要大于排斥力, 因此使分子内能增高, 稳定性降低。

3. 烷烃的不完全燃烧

在氧气不足的条件下, 烷烃的燃烧为不完全燃烧, 产生有毒的 CO 和黑烟(C):

$$2CH_4 + 3O_2 \longrightarrow 2CO + 4H_2O$$

$$CH_4 + O_2 \longrightarrow C(黑烟) + 2H_2O$$

汽油在汽车的发动机中常常是不完全燃烧的,这样就造成空气污染,也是在相对封闭的环境中开汽车时把全部车窗关闭起来可能发生危险的道理。

2.5.2.2 烷烃的控制氧化

在适当的条件下,烷烃可以与氧发生部分氧化,生成各种含氧化合物,如醇、醛、酮和羧酸:

$$CH_3-CH_2-CH_3 \xrightarrow[\triangle]{O_2,\text{氧化剂}} HCOOH + CH_3COOH + CH_3-\overset{\overset{\text{O}}{\|}}{C}-CH_3$$

甲酸   乙酸   丙酮

这个过程比较复杂,氧化位置可能在碳链中部,也可能在碳链末端,因此氧化产物通常为混合物。

在 110~120 ℃时用少量 $KMnO_4$、MnO_2 或脂肪酸锰盐作催化剂,高级烷烃(如石蜡 C20~C30)可被空气氧化生成多种脂肪酸(和醇、醛、酮等)。其中,C12~C18 的脂肪酸产物可代替天然油脂用来制肥皂,从而可节省大量的食用油脂。

$$R-CH_2-CH_2-R' \xrightarrow[\triangle]{O_2,\text{氧化剂}} RCOOH + R'COOH \quad (C12{\sim}C18 \text{脂肪酸})$$

(C20~C30 高级烷烃)   ↓ NaOH

肥皂

2.5.3 烷烃的热解

无氧条件下,烷烃被加热至400 ℃以上的温度时会发生 C–C 键和 C–H 键的断裂,生成更小的烷烃或烯烃分子,此即为烷烃的热解(pyrolysis),或称热裂、裂解。例如,丙烷热解后可得到甲烷、乙烷和乙烯等,反应过程为自由基机理:

$$CH_3-CH_2-CH_3 \longrightarrow CH_3\cdot + \cdot CH_2CH_3$$

$$CH_3\cdot + \cdot CH_3 \longrightarrow CH_3-CH_3$$

$$CH_3\cdot + \overset{\text{H}}{CH_2-CH_2} \cdot \longrightarrow CH_4 + CH_2{=}CH_2$$

由于 C–C 键键能(346.9 kJ/mol)小于 C–H 键键能(413.8 kJ/mol),一般情况下 C–C 键较 C–H 键易断裂。较高级烷烃热解的趋势是在碳链的一端发生断裂,短的碎片成为烷烃,而较长的碎片成为烯烃;增加压力则有利于在分子碳链中间断裂。

烷烃的裂解主要是由较长碳链的烷烃分解为较短碳链的烷烃、烯烃和 H_2,但同时也会发生异构化(isomerization,由直链烷烃变为带支链的烷烃)、环化(cyclization,转变为脂环烃)、芳构化(aromatization,转变为芳香烃)、聚合(polymerization,由较小分子转变为较大分子的烃)等反应。

裂解是石油工业中的重要反应,石油经裂解后可得到大量的有用燃料(如汽油等)和重要的化工原料(如乙烯、丙烯、丁烯等)。实际上,石油工业中的热解往往使用各种催化剂(如铂、硅酸铝、三氧化二铝等)来促使裂解反应在较低的温度和压力下进行,这种过程叫"催化重整"(catalytic reforming)。其中铂是使用较多的催化剂,因此又称为"铂重整"。催化重整可提高产物中芳烃和高度支化烷烃的含量,从而进一步提高汽油、柴油等的产量和质量。而在更高温度下(>700 ℃)的深度催化裂解,则是为了获得更多的乙烯、丙烯、丁二烯、乙炔等可用于合成高分子材料的化工原料。

练习题

1. 写出下列化合物的结构:

(1) 4-乙基-2,2-二甲基己烷

(2) 4-乙基-3,4-二甲基辛烷

(3) 2,4,4-三甲基庚烷

(4) 3,3-二乙基-2,5-二甲基壬烷

(5) 4-异丙基-3-甲基庚烷

(6) 6-(3-甲基丁基)十一烷

2. 用系统命名法为下列化合物命名。

(1)
$$\text{CH}_3\text{CHCH}_2\text{CH}_2\text{CH}_3$$
$$\overset{|}{\text{CH}_3}$$

(2)
$$\overset{\text{CH}_3}{\underset{|}{\text{CH}_3\text{CH}_2\text{CCH}_3}}$$
$$\overset{|}{\text{CH}_3}$$

(3)
$$\overset{\text{H}_3\text{C}\quad\text{CH}_3}{\text{CH}_3\text{CHCHCH}_2\text{CH}_2\text{CH}_3}$$
$$\overset{|}{\text{CH}_3}$$

(4)
$$\overset{\text{CH}_2\text{CH}_3\quad\quad\text{CH}_3}{\text{CH}_3\text{CH}_2\text{CHCH}_2\text{CH}_2\text{CHCH}_3}$$

(5)
$$\overset{\text{CH}_3}{\text{CH}_3\text{CH}_2\text{C}-\text{CHCH}_2\text{CH}_3}$$
$$\overset{|}{\text{CH}_3}\quad\overset{|}{\text{CH}_2\text{CH}_3}$$

(6)
$$\overset{\text{CH}_3\quad\quad\text{CH}_3}{\text{CH}_3\text{CHCHCH}_2\text{CH}_2\text{CCH}_2\text{CH}_3}$$
$$\overset{|}{\text{CH}_2\text{CH}_3}\quad\overset{|}{\text{CH}_2\text{CH}_3}$$

3. 画出一个同时满足以下条件的含碳数最少的烷烃,并用系统命名法对该化合物进行法命名:(1) 含有异丙基;(2) 含有二级、三级和四级碳原子。

4. 将下列化合物按沸点由高到低的顺序排列(不要查表)。

(1) 3,3-二甲基戊烷　　　　(2) 正庚烷　　　　　　(3) 2-甲基庚烷

(4) 正戊烷　　　　　　　　(5) 2-甲基己烷

5. 下列每组化合物中,分别指出燃烧热最大和最小的化合物。

(1) 己烷,庚烷,辛烷

(2) 2-甲基丙烷,戊烷,2-甲基丁烷

(3) 2-甲基丁烷,2-甲基戊烷,2,2-二甲基丙烷

(4) 戊烷,3-甲基戊烷,3,3-二甲基戊烷

6. 化合物 2-甲基丁烷:

(1) 画出分子沿 C2—C3 键旋转的最稳定构象和最不稳定构象,分别以楔形式、锯架式和 Newman 投影表示其结构。

(2) 已知 $\text{CH}_3 \leftrightarrow \text{CH}_3$ 重叠时产生的转动能垒为 11 kJ/mol(2.5 kcal/mol),而 $\text{CH}_3 \leftrightarrow \text{CH}_3$ 交叉时产生的转动能垒为 3.8 kJ/mol(0.9 kcal/mol),试根据以上数据画出分子沿 C2—C3 旋转的

势能图。

7. 烷烃可以与叔丁基次氯酸发生自由基氯代反应：

$$t\text{-BuOCl} \ + \ RH \ \longrightarrow \ RCl \ + \ t\text{-BuOH}$$

已知链引发反应如下：

$$t\text{-BuOCl} \ \longrightarrow \ t\text{-BuO} \cdot \ + \ Cl\cdot$$

试写出链增长反应。

8. 分子量相差28的两种烷烃的混合气体在纯氧中完全燃烧,得到的两种产物物质的量之比为4:7,请通过计算确定此两种烷烃。

第3章 脂　环　烃

脂环烃(licyclic hydrocarbons)是指碳架具有环状结构而性质和开链脂肪烃(烷、烯)相似的烃类。它们在自然界中广泛存在,例如在石油中含有环己烷、环戊烷、甲基环戊烷等;植物香精油如松节油、樟脑等也是复杂的脂环化合物,它们大都具有生理活性。而环丙烷本身早在1929年就用作一般的吸入性麻醉剂。

3.1　脂环烃的分类、同分异构和命名

3.1.1　脂环烃的分类

根据分子中C原子的饱和程度,脂环烃可以分为饱和脂环烃和不饱和脂环烃两类。饱和脂环烃即环烷烃(cycloalkane),不饱和脂环烃有环烯烃(cycloalkene)和环炔烃(cycloalkyne)。

根据分子中环的数目,脂环烃又可分为单环脂环烃和多环脂环烃。单环环烷烃按环的大小又可分为小环(3、4元环)、普通环(5～7元环)、中环(8～14元环)和大环(14元环以上)。

分子中环的数目≥2的多环环烷烃又可分为集合环烷烃(cycloalkane ring assembly)、桥环烷烃(bridged cycloalkanes)和螺环烷烃(spirocyclic alkanes)。其中,集合环烷烃分子中环与环之间各通过一个环C原子以单键相连,桥环烷烃分子中环之间共用两个或两个以上的环C原子,而螺环烷烃的各环之间共用一个环C原子。

集合环烷烃　　　　　桥环烷烃　　　　　螺环烷烃

3.1.2 脂环烃的同分异构

单环环烷烃的分子通式为C_nH_{2n},与相同C原子数的开链单烯烃为同分异构体。依此类推,带有一个双键的单环环烯烃与相同C原子数的开链单炔烃和二烯烃互为同分异构体(C_nH_{2n-2})。

脂环烃的异构现象比开链脂肪烃复杂,除了由于成环C原子数不同而产生的碳架异构和烷基取代基位置不同而产生的异构之外,还有因环中C–C单键不能自由旋转造成的顺反异构,以及环中有手性中心的情况下所产生的旋光异构(见"立体化学"一章)。

以含有五个C原子的单环烷烃为例:

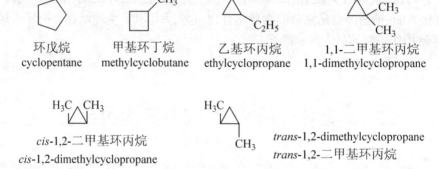

环戊烷 甲基环丁烷 乙基环丙烷 1,1-二甲基环丙烷
cyclopentane methylcyclobutane ethylcyclopropane 1,1-dimethylcyclopropane

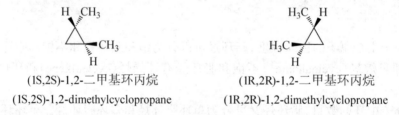

cis-1,2-二甲基环丙烷 trans-1,2-dimethylcyclopropane
cis-1,2-dimethylcyclopropane trans-1,2-二甲基环丙烷

而 trans-1,2-二甲基环丙烷又具有两个旋光异构体:

(1S,2S)-1,2-二甲基环丙烷 (1R,2R)-1,2-二甲基环丙烷
(1S,2S)-1,2-dimethylcyclopropane (1R,2R)-1,2-dimethylcyclopropane

3.1.3 脂环烃的命名

3.1.3.1 单环烃的命名

单环脂环烃的命名与开链烃类似,只要在相应的开链烃名称前面加一个"环"字即可。环上有不饱和键或带有取代基时,需要对环C原子进行编号。编号时,在满足环中不饱和键(双键、叁键)位次最小的前提下,再使取代基的位次尽可能小;有选择的情况下,参考IUPAC法,按取代基英文名称的首字母顺序进行编号;最后在化合物名称中将取代基名称按其英文单词首字母顺序列出。例如:

1-乙基-4-异丙基-2-甲基环己烷
1-ethyl-4-isopropyl-2-methylcyclohexane

2,5-二甲基环己-1,3-二烯
2,5-dimethylcyclohexa-1,3-diene

1,3-二乙基-5-甲基环己烷
1,3-diethyl-5-methylcyclohexane

3-乙基-5-甲基环戊烯
3-ethyl-5-methylcyclopentene

有时也可以把环作为开链烃的环烷基取代基来命名：

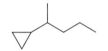

戊-2-基环丙烷
pentan-2-ylcyclopropane
或：2-环丙基戊烷
2-cyclopropylpentane

2-甲基丙基环丁烷
(2-methyl)propylcyclobutane
或：1-环丁基-2-甲基丙烷
1-cyclobutyl-2-methylpropane
或：异丁基环丁烷
isobutylcyclobutane

3.1.3.2　桥环烃的命名

两个环之间共用 2 个或 2 个以上 C 原子的多环烃称为桥环烃(bridged clyelic hydrocarbous)，共用的 C 原子中，位于两端的 C 原子称为"桥头碳"，两个桥头碳之间的碳链(也可以是一个化学键)称为"桥"。

命名时根据成环的 C 原子数将母体烃命名为"某烷"(或"某-x-烯"，x 为环中双键 C 原子的位次编号)；以"二环""三环"等作词头(环数等于把桥环烃变为开链烃时需要断裂的 C 链数)；从一个桥头 C 开始，按桥由长渐短的顺序对环 C 原子进行编号，即先沿最长的桥到另一个桥头 C，再沿次长的桥回到第一个桥头 C……最短的桥上的 C 原子最后编号，尽量使(双键或)取代基的位次最小。最后写出的化合物名称中，取代基的位次、个数和名称放在"二环""三环"等词头之前，按英文名称首字母顺序列出。在词头和母体烃名称之间的方括号内按照由多到少的顺序依次写上编号时经过的各桥的 C 原子数(不包括桥头 C)，数字之间以小圆点"·"隔开；不经过桥头 C 的碳链，要在 C 原子数的右上方用数字表明其在环中的位置，即链端 C 原子的编号。

2,7,7-三甲基二环[2.2.1]庚烷
2,7,7-trimethylbicyclo[2.2.1]heptane

三环[3.2.1.0^{2,4}]辛烷
tricyclo[3.2.1.0^{2,4}]octane

2-甲基二环[3.2.2]壬-6-烯
2-methylbicyclo[3.2.2]non-6-ene

一些桥环化合物,包括一些结构复杂的桥环化合物,常用俗名,如:

十氢(化)萘
decahydronaphthalene (或decalin)
（普通命名法）

二环[4.4.0]癸烷
bicyclo[4.4.0]decane
（系统命名法）

金刚烷 (adamantane)
三环[3.3.1.1^{3,7}]癸烷
tricyclo[3.3.1.1^{3,7}]decane

立方烷 (cubane)
五环[4.2.0.0^{2,5}.0^{3,8}.0^{4,7}]辛烷
pentacyclo[4.2.0.0^{2,5}.0^{3,8}.0^{4,7}]octane

3.1.3.3 螺环烃的命名

两环之间仅共用一个碳原子的多环脂环烃叫螺环烃(spiro hydrocarbons)。共用的碳原子叫螺原子。与桥环烃的命名类似,命名时根据成环的C原子数将螺环母体烃命名为"某烷"(或"某-x-烯",x为环中双键C原子的位次编号),根据螺原子个数以"螺""二螺"等做词头。对环C原子进行编号时从较小的环中与螺原子相连的第一个环C原子开始,由小环经螺原子编到大环,使环上的(不饱和碳原子或)取代基的位次尽可能最小。在化合物名称中,取代基的位次、个数和名称放在"二螺""三螺"等词头之前,按英文名称首字母顺序列出;在词头和母体烃名称之间的方括号内按编号顺序标明各个环上除螺原子之外的环C原子数,数字之间以小圆点"·"隔开。

6-乙基-4-甲基螺[2.4]庚烷
6-ethyl-4-methylspiro[2.4]heptane

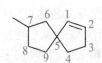

7-甲基螺[4.4]壬-1-烯
7-methylspiro[4.4]non-1-ene

对于含有两个或两个以上螺原子的螺环化合物,在对环C原子进行编号时,从一个较小的端基环开始,沿着多环的边从环上与螺原子相连的C原子开始,按照使所有螺原子的位次都尽可能小的路径依次对各个环进行编号,依次顺序通过每一个螺原子和螺原子间较短的

连接链至另一端基环,再经过其他连接链回到第一个螺原子;每当一个螺原子被再次涉及时,将该螺原子的位次编号以上标的形式标注在与其再次相连的链原子数目上。

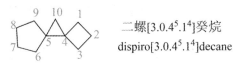

二螺[3.0.4^5.1^4]癸烷

dispiro[3.0.4^5.1^4]decane

3.2　环烷烃的结构

1880年以前人们只知道五元环和六元环的碳环化合物,当时认为小于五个C原子或大于六个C原子的环不可能存在或极不稳定。1883年Perkin合成了三元环和四元环的碳环化合物,发现含三元环的化合物的反应性小于含烯键的化合物,而大于含四元环的化合物。为了说明这些实验事实,1885年拜尔(A. von Baeyer)提出了张力学说(strain theory)。该学说假定饱和的脂环化合物为正多边形,所有sp³杂化的成环C原子都在同一平面上。为了满足这样的平面结构,正多边形的内角将会偏离正常的C-C-C键角(109.5°),从而使分子中产生张力,导致成环化学键发生弯曲变形:

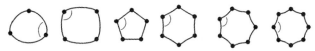

这种由于平面型结构的几何内角偏离正常键角而产生的张力又称为角张力(angle strain)。Baeyer张力学说认为,脂环烃的不稳定性即源于角张力,环烷烃分子的几何内角偏离109.5°越多,角张力越大,分子越不稳定。

表3.1中为相应的各平面环的几何内角大小及其与正常键角(109.5°)的偏离程度数据(负号表示化学键向内屈挠)。

表3.1　平面型C环的几何内角及偏离程度

成环C原子数	平面环的几何内角大小	几何内角偏离109.5°的程度
3	60°	49.5°
4	90°	19.5°
5	108°	1.5°
6	120°	−10.5°
7	128.5°	−19°
8	135°	−25.5°

根据表3.1中的数据,三元环的角张力最大,四元环的角张力有所减小,五元环的角张力最小,之后随环C原子数的增加,角张力又逐渐增大。

然而,Baeyer的张力学说仅能解释3~5元环的相对稳定性,不能解释"环己烷的角张力比环戊烷大而化合物性质却更稳定"的事实。而且，随着越来越多的中、大环化合物的成功合成，人们发现脂环化合物的稳定性与其角张力大小并不完全一致。因此需要一种能够真实反映脂环化合物分子张力和稳定性的方法，而不是简单地比较平面型结构几何内角的偏离程度。

表3.2为不同C原子数的直链烷烃的燃烧热数据，所谓燃烧热是指标准状态下1 mol烷烃完全燃烧时所放出的热量，由于产物均为CO_2和H_2O，燃烧热的大小即反映了烷烃分子内能的高低。根据表中的数据可以看出，直链烷烃分子中平均每一个亚甲基-CH_2-对燃烧热的贡献约为658 kJ/mol。开链的烷烃分子可以认为并不存在角张力，而环烷烃$(CH_2)_n$可以简单地看成是由-CH_2-相互连接构成，因此根据不同环烷烃分子平均每一个-CH_2-的燃烧热数据就可以比较其相对稳定性大小。

表3.2 一些直链烷烃的燃烧热数据

直链烷烃	$CH_3(CH_2)_nCH_3$, $n=$	$-\Delta H$(kJ/mol) 燃烧热	燃烧热差值 (kJ/mol)
乙烷	0	1560	
丙烷	1	2220	660
丁烷	2	2877	657
戊烷	3	3536	659
己烷	4	4194	658
庚烷	5	4853	659
辛烷	6	5511	658
壬烷	7	6171	660
癸烷	8	6829	658
十一烷	9	7487	658
十二烷	10	8148	661

表3.3列出了不同环烷烃平均每个-CH_2-的燃烧热数据，同时也给出了环张力大小（量子力学的计算结果）。与表3.1中根据正多边形几何内角偏离正常键角的计算结果一致，燃烧热数据也表明环丙烷的张力最大，最不稳定；而后环烷烃的燃烧热随成环C原子数的增大而急剧减小，至环己烷时燃烧热和环张力达到最小值，这表明最为稳定的是环己烷，而不是平面几何内角偏离正常键角最小的环戊烷。之后，环烷烃分子的燃烧热和环张力随环的增大而缓慢增大，至环C原子数为9时达到一个新的最大值；而后逐渐减小，至环C原子数≥14之后基本上保持不变，平均每个-CH_2-的燃烧热和环己烷一样趋近于无张力开链烷烃的数据：659 kJ/mol。

综上所述，Baeyer张力学说与事实并不完全相符，角张力的概念对环己烷以上的普通环、中环和大环化合物不完全适用。之所以出现这样的问题，是因为Baeyer张力学说中假定"环烷烃为平面型结构"。事实上，除三元环外，四元环及以上的脂环化合物的环碳原子并不在同一个平面上。

表 3.3　环烷烃平均每个–CH₂–的燃烧热和环张力

名称	英文名称	环大小	每个 CH₂ 的燃烧热（kJ/mol）	环张力（kJ/mol）
环丙烷	cyclopropane	3	697.5	115
环丁烷	cyclobutane	4	686.2	110
环戊烷	cyclopentane	5	664.0	27
环己烷	cyclohexane	6	658.6	0
环庚烷	cycloheptane	7	662.3	27
环辛烷	cyclooctane	8	663.6	42
环壬烷	cyclononane	9	664.4	54
环癸烷	cyclodecane	10	663.6	50
环十四烷	cyclotetradecane	14	658.6	0
环十五烷	cyclopentadecane	15	659.0	6
正烷烃			658.6	

3.2.1　环丙烷的结构和构象

环丙烷分子中,碳环 C–C–C 键角为 105.5°,H–C–H 键角为 114°,C 原子之间是形如"香蕉"的弯曲键,如图 3.1 所示。这种弯曲键的概念,已经被 X 射线分析得出的电子密度图所证实。由于相邻两个 C 原子间弯曲成键,C 原子杂化轨道电子云之间的重叠程度较小。而且,环丙烷的 C–C–C 键角偏离正常键角,因此产生一定的角张力。另一方面,由环丙烷的 Newman 投影可以看出,环丙烷分子中相邻两个 C 原子上的 H 原子为重叠式,因而存在因 H 原子之间相距较近而产生的键扭转张力(torsion strain)。以上原因都使得环丙烷分子很不稳定,在反应中容易断裂而开环。

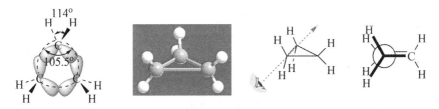

图 3.1　环丙烷的结构及构象

3.2.2　环丁烷的结构和构象

环丁烷的结构与环丙烷类似,分子中的 C 原子轨道也是弯曲重叠成键,但弯曲程度不及环丙烷,其 C–C–C 键角约为 111.5°,这样平面型构象的环丁烷的角张力比环丙烷稍小些。然而,电子衍射实验证明,环丁烷的四个 C 原子并不总是在同一平面上,而是主要以"折叠式"

构象存在,如图3.2所示。一个C原子稍稍翘离其他三个C原子所在的平面(约与平面成30°角,距离约为50 pm);Newman投影中相邻两个C原子上的C–H键也不再是重叠式,键扭转张力相应减小,因此,环丁烷比环丙烷稍稳定些。

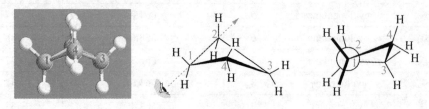

图3.2 环丁烷的结构和构象

环丁烷的折叠式构象有两个,如图3.3所示,相互之间可以通过环的翻转而转变,与平面式构象之间的能垒约为6.3 kJ/mol,相差并不是很大,因此室温下平面式构象也占有一定的比例。

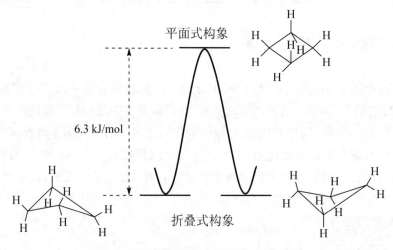

图3.3 环丁烷两种折叠式构象之间的转变

3.2.3 环戊烷的结构和构象

环戊烷采取平面式构象时虽具有较小的角张力,但是因相邻C原子上的C–H键为重叠式而导致具有较大的键扭转张力。两者协调的结果,室温下环戊烷主要以"信封式"构象(envelope conformation)存在,如图3.4所示。分子中有四个环C原子基本上在同一个平面上,另一个C原子在平面外,与平面间的距离约为50 pm。由Newman投影也可以看出,信封式构象中相邻C原子上的H原子处于交叉式。环戊烷的另外一个典型构象是"半椅式"(half-chair confirmation),在该构象中,有三个环C原子在一个平面上,另两个C原子分别在该平面的上方和下方。"信封式"构象比"半椅式"构象稳定,两种构象之间通过分子热运动不断发生转化。

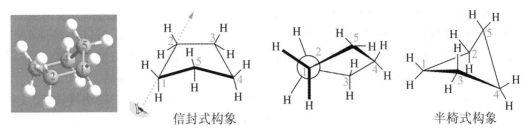

信封式构象　　　　　　　半椅式构象

图3.4　环戊烷的结构和构象

3.2.4　环己烷及其衍生物的构象

根据燃烧热的测定结果,在C14以下的单环烷烃中,六元环最为稳定。正因为如此,六元环结构在自然界中最为常见,因此对环己烷及其衍生物的构象研究也较为深入。

环己烷的典型构象有椅式、船式、扭船式三种。在这些构象中,六个sp^3杂化的C原子并不在同一平面内,C—C—C键之间的夹角可以保持109°28′,不存在角张力。环中C—C键虽不像烷烃中的C—C单键那样可在360°的空间范围内"自由"旋转,但可在保持环不被破坏的前提下在一定范围内旋转,因此不同的构象之间也可以互相转换。

3.2.4.1　环己烷的构象

1. 椅式构象

环己烷的椅式构象(chair confirmation)中,有四个环C原子,例如C2,C3,C5,C6,在同一平面内,两侧的C1,C4分别在这一平面的上面和下面。整个分子像一把椅子,所以叫作椅式(chair form)构象,如图3.5所示。而从另一个角度,6个环C原子分别处于两个平行的平面上,C1,C3,C5所在的平面和C2,C4,C6所在的平面相距约为50 pm;穿过分子中心有一个三阶对称轴,该C_3对称轴垂直于这两个平面。

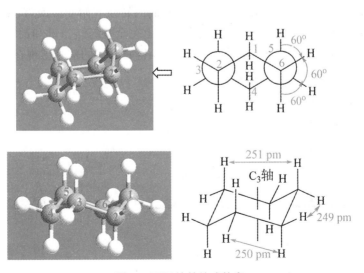

图3.5　环己烷的椅式构象

因此,椅式构象中,与6个环C原子相连的12个H原子和C-H键也可以分成两组。其中,有6个C-H键与分子的C_3对称轴平行,称为"直立键"或"a键"(axial bonds);另外6个与直立键成109°28′夹角,称为"平伏键"或"e键"(equatorial bonds)。每个C原子上都连有一个直立键和一个平伏键,如果直立键是向上的,则平伏键指向下方;反之亦然。

环己烷椅式构象中C-C键的键长和键角与开链烷烃sp^3杂化的C-C键相符,因此,这种构象无键角张力。而从Newman投影可以看出,环己烷椅式构象中相邻C原子上的H原子均为邻位交叉式,因此键扭转张力较小。而且,构象中各种H原子间的距离均大于两个H原子的范德瓦耳斯半径之和(240 pm),因此分子中H原子间没有排斥力,不存在非键空间张力(steric strain,或称范德瓦耳斯张力),不会使体系的内能升高。正是因为上述原因,椅式构象是环己烷分子最稳定的构象。

环己烷的椅式构象有两个,相互之间可以通过C-C键的旋转而转变,这一对椅式构象互称为构象转换体,如图3.6所示。这个转变过程相当于用两只手握住C1和C4,分别同时向上、下用力,使整个构象发生翻转,每个C原子上的a键和e键也随之发生转换,例如,C1上原来向上的直立键在另一个椅式构象中变为向上的平伏键,而向下的平伏键变为向下的直立键。在两个椅式构象的转换过程中经历了半椅式构象、扭船式构象和船式构象。

图3.6 环己烷的椅式构象及构象转换

环己烷椅式构象的转换可以通过核磁氢谱(^{1}H NMR)中两类H原子的信号随温度的变化来加以证实。室温下环己烷的构象转换容易进行,6个a键H原子和6个e键H原子不断转换,12个H原子在NMR谱中只给出一个信号(δ=1.44 ppm),如图3.7所示。而当温度降低至-66.7 ℃时,构象转换受到限制,两类H原子之间的转换开始变得困难,NMR信号出现分裂;如果继续降低温度至-110 ℃,则构象转换基本上完全被冻结,a键和e键H原子难以相互转换,因此12个H原子给出两个不同信号,六个a键H原子的信号出现在δ=1.1 ppm处,而六个e键H原子的信号在δ=1.6 ppm处。

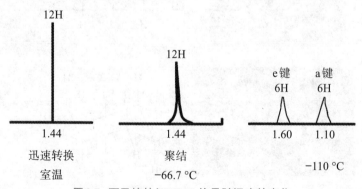

图3.7 环己烷的^{1}HNMR信号随温度的变化

2. 半椅式构象

半椅式构象(half-chair conformation)是用分子力学计算过渡态的几何形象时提出的,是环己烷分子势能最高、最不稳定的构象,与椅式构象之间的势能差约为46 kJ/mol。如图3.8所示,半椅式构象可以看作是将椅式构象中的C2,C3分别按照图中箭头所示的方向用力使C–C键发生旋转所形成的。半椅式构象中,C1,C2,C3和C4四个C原子在同一个平面上,C5,C6两个C原子分别位于该平面的上方和下方。

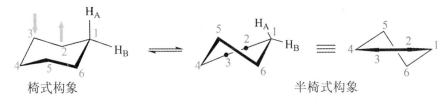

图3.8 椅式构象和半椅式构象之间的转换

3. 扭船式构象

扭船式构象(twist-boat confirmation)是环己烷的另一个典型构象,由椅式构象转变为扭船式构象,中间需要经过半椅式构象。在半椅式构象的基础上,双手继续在C2,C3上用力使构象发生转变,即可得到扭船式构象,如图3.9所示。在这个构象中,所有的对边都是交叉式,相邻C原子上的C–H键也不是全重叠式,因此分子内的扭转张力也相应地减少。扭船式构象和椅式构象之间的能量差约为23.5 kJ/mol。

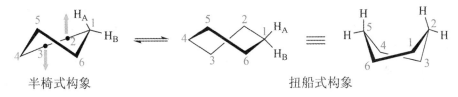

图3.9 环己烷的扭船式构象

4. 船式构象

环己烷的船式构象(boat confirmation)可以看作是扭船式构型中的C1,C3按图中所示方向移动使构象发生转变所得到的。在船式构象中,C1,C3,C4,C6四个C原子在同一平面内,C2,C5两个碳原子在这一平面的上方,整个分子像一条小船,所以称为船式构象,如图3.10所示。

从Newman投影可以看出,船式构象中C1和C6、C3和C4上的C–H分别为全重叠式,而C1和C2、C2和C3、C4和C5、C5和C6的C–H分别为邻位交叉,因此分子中的键扭转张力比扭船式构象要大。另一方面,船式构象中C2和C5上的两个"旗杆"氢原子之间的距离只有183 pm,比它们的范德瓦耳斯半径之和(240 pm)小得多,因互相排斥而产生非键空间张力(即范德瓦耳斯张力)。而在扭船式中,两个"旗杆"氢原子相距较远,相互之间的范德瓦耳斯张力相对较小。因此船式构象不如扭船式构象稳定,两者之间的能量差约为5.4 kJ/mol。

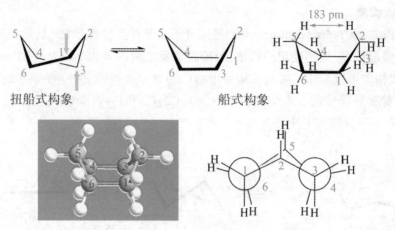

图3.10 环己烷的船式构象

船式构象向另一个扭船式构象的转变,通过将船式构象的C5,C6按图3.11中所示分别向下、上方向移动使环中的化学键发生旋转,可以得到另一个扭船式构象,然后再经另一个半椅式构象,转变为另一个椅式构象,完成椅式构象的翻转过程。

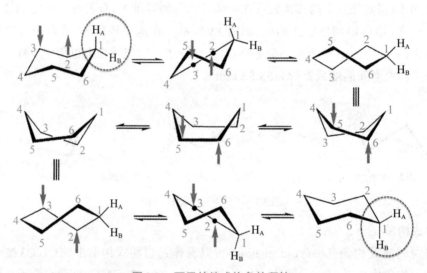

图3.11 环己烷椅式构象的翻转

图3.12为环己烷构象翻转的势能图,图中给出了各种构象之间的能量关系。环己烷的椅式构象最为稳定,其次是扭船式构象,两者之间的能量差约为23.5 kJ/mol;船式构象与扭船式之间的能量差约为5.4 kJ/mol;最不稳定的构象是半椅式,其能量比椅式大46 kJ/mol。所以,在一般情况下,环己烷主要以椅式构象存在;室温下椅式和扭船式构象的比例约为10000:1,环己烷的衍生物也几乎均以椅式构象存在。

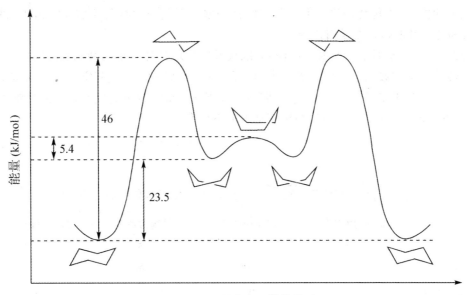

图 3.12 环己烷构象翻转势能图

3.2.4.2 取代环己烷的构象

1. 一取代环己烷的构象——甲基环己烷

甲基环己烷可以有两个椅式构象,一个是甲基在 a 键上,另一个在 e 键上,相互之间可以通过构象翻转而转变,如图 3.13 所示。

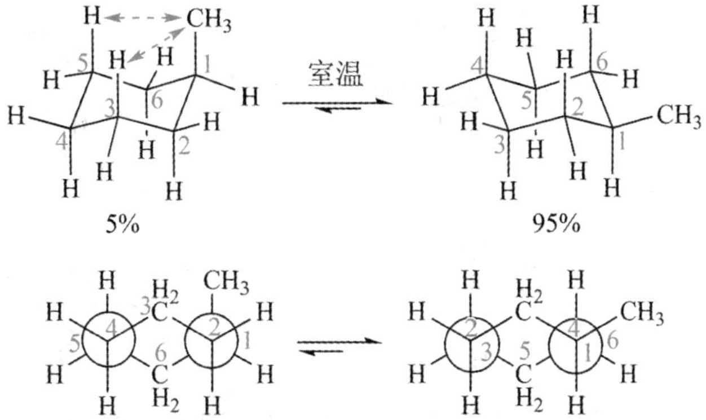

图 3.13 甲基环己烷的两个椅式构象

当甲基处于 a 键上时,C1 上的甲基与 C3,C5 上同样处于 a 键的 H 原子之间的距离小于范德瓦耳斯半径之和,存在强烈的非键空间张力(即范德瓦耳斯张力);而甲基处于 e 键时,与邻近 C 原子上的 H 原子相距较远,不存在非键空间张力。另外,从 Newman 投影可以看出,C1 上的甲基处于 a 键时,与相邻 C2 碳原子上的取代基(C3 的亚甲基)为邻位交叉式,处于 e 键时与相邻 C6 上的取代基(C5 的亚甲基)为反交叉式。

综上所述,对于甲基环己烷,从范德瓦耳斯张力与扭转张力看,都是甲基处于 e 键的椅式构象更为稳定。因此室温下甲基环己烷各种构象的平衡混合物中,e-甲基构象占 95%,

占有很大的优势,为优势构象。但由于这两种构象的能差一般不大(约7.3 kJ/mol),两者之间很容易通过环的扭转而相互转变。

表3.4给出了室温下(298 K)带有不同取代基的单取代环己烷两种构象之间的能量差、构象翻转的平衡常数以及两种构象所占的比例,从中可以看出取代基空间位阻对构象的影响。例如对于叔丁基环己烷,由于大位阻的叔丁基处于a键时所造成的较大的非键空间张力,室温下由e-键构象到a-键构象的转变基本上不会发生。

表3.4　几种单取代环己烷衍生物发生构象反转的难易程度对比

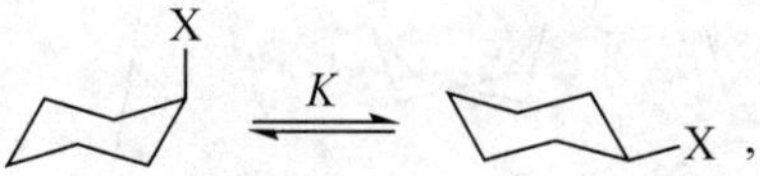

K = [e-键构象] / [a-键构象]

取代基	a-键构象比例	e-键构象比例	平衡常数 K	ΔG°_{298} (kJ/mol)
−F	40	60	1.5	−1.0
−CH₃	5	95	19	−7.3
−CH(CH₃)₂	3	97	32.3	−8.6
−C(CH₃)₃	<0.01	>99.99	>9999	−22.8

2. 1,2-二取代环己烷的构象

首先我们来看一下 *trans*-1,2-二甲基环己烷的构象。*trans*-1,2-二甲基环己烷有两种构象:一是两个−CH₃都在e键上,即反-ee型;另一个是两个−CH₃都在a键上,即反-aa型,两者之间可以通过构象翻转而相互转变:

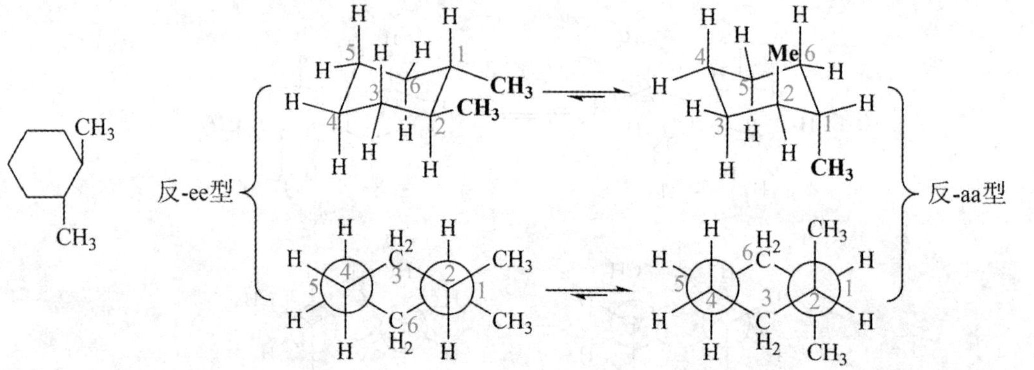

反-aa型构象中,处于a键上的两个甲基分别与环上同方向的a键上的氢原子相距较近,因拥挤程度大而造成非键空间张力,内能较高。而当两个甲基处于e键上时,则不存在这种情况。从纽曼投影式看,反-ee型构象中两个甲基虽然为邻位交叉,但C1上的甲基与C3亚甲基、C2上的甲基与C6亚甲基为对位交叉式;而在反-aa型构象中,C1,C2上的甲基虽然分别与C3,C6亚甲基为邻位交叉式,但两个甲基之间为对位交叉。因此,这两种构象中的键扭转张力差别不大。综合考虑非键空间张力和键扭转张力,总的结果是反-ee型构象比反-aa型稳定。

cis-1,2-二甲基环己烷也可以有两种构象,均为顺-ae型,分别含有一个a键和e键甲基,具有相当的非键空间张力和键扭转张力:

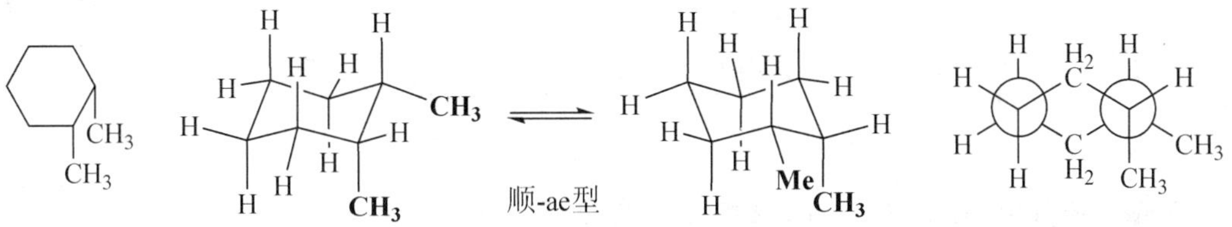

由于只有一个甲基处于 a 键，*cis*-1,2-二甲基环己烷顺-ae 型构象的非键空间张力比 *trans*-1,2-二甲基环己烷的反-aa 型要小。因此，1,2-二甲基环己烷椅式构象的稳定性顺序为：反-ee>顺-ae>反-aa。

3. 1,3-二取代环己烷的构象

cis-1,3-二取代环己烷有顺-ee 型和顺-aa 型两种构象。由于两个取代基都处于 a 键上，顺-aa 型构象具有较高的非键空间张力，因此相对较不稳定；非键空间张力较小的顺-ee 型为优势构象。

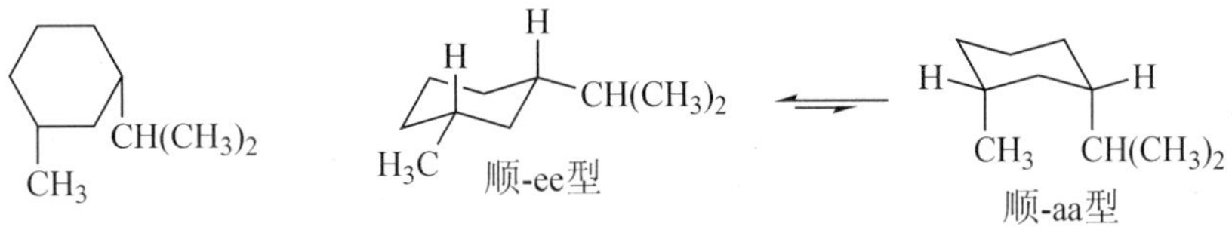

而对于 *trans*-1,3-二取代环己烷，两个椅式构象均为反-ae 型，相比之下，较大的取代基位于 e 键的构象具有较小的非键空间张力，因此为优势构象。

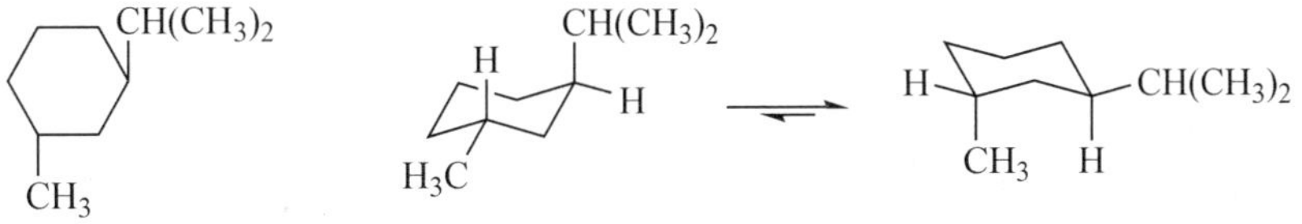

4. 1,4-二取代环己烷的构象

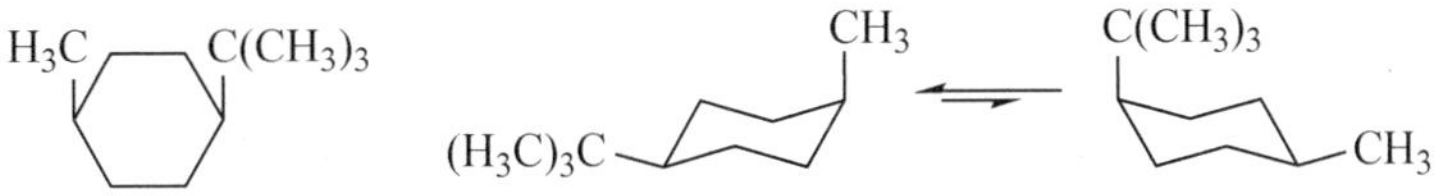

cis-1,4-二取代环己烷的两个椅式构象均为顺-ae 型，相比之下，较小的取代基处于 a 键的构象所具有的非键空间张力较小，因而为优势构象。而 *cis*-1,4-二叔丁基环己烷是一个特例，其优势构象为两个叔丁基均处于 e 键的扭船式构象，这样可以最大程度避免因叔丁基处于 a 键所导致的非键空间张力。

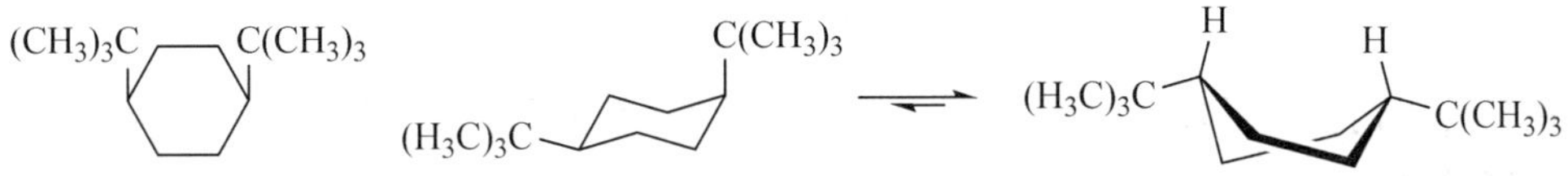

trans-1,4-二取代环己烷的椅式构象有两个，反-aa 型和反-ee 型，其中两个取代基都处于 e 键的反-ee 型构象具有相对较小的非键空间张力，因此为优势构象。

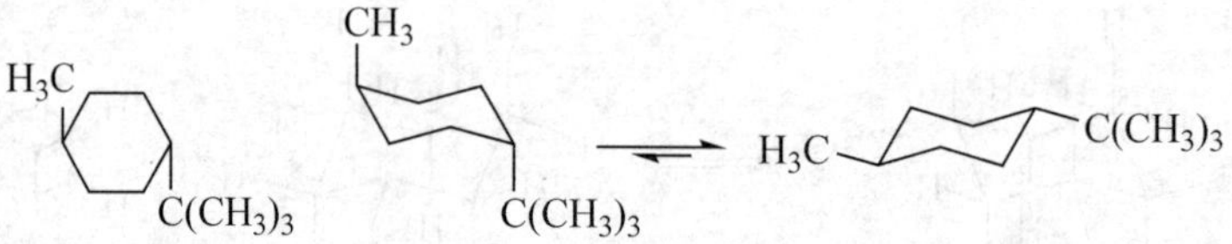

根据上述分析,对于取代环己烷的构象,可总结出以下的规律:

(1) 一般情况下,取代环己烷的优势构象均为椅式构象。

(2) 尽可能多的取代基处于 e 键的椅式构象较为稳定。

(3) 环上有不同取代基时,较大的取代基在 e 键上的椅式构象较为稳定。

例如,杀虫剂六六六(1,2,3,4,5,6-六氯环己烷)有八种异构体,杀虫效能最强的是 γ-异构体。但当苯与氯在紫外光作用下加成而产生六六六时,γ-异构体产量较少(8%～15%),而杀虫效能差的 β-异构体产量则较多(50%～80%)。这是因为 γ-异构体中有三个氯原子处于 a 键,能量较高,不易生成,而 β-异构体中六个氯原子都在 e 键上,能量较低,故而易于生成。

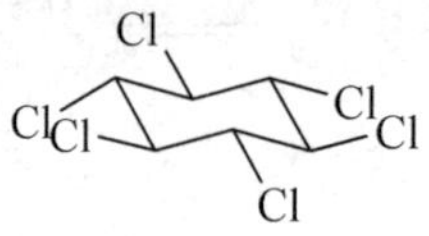

β-异构体 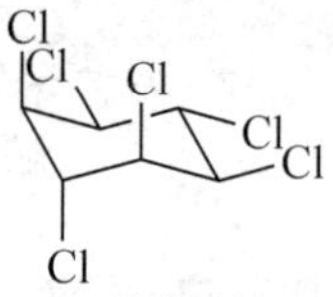   γ-异构体

3.2.5 中大环化合物的构象

根据以上关于环己烷及其衍生物的构象介绍可知,通常所讲的环张力实际上包括三种力:① 环键角偏离 109°28′产生的角张力;② 相邻成环 C 原子上的取代基互相重叠/交叉时产生的键扭转张力;③ 非相邻成环 C 原子上处于同一侧的取代基相距较近产生的非键空间张力,即范德瓦耳斯张力。因此,在脂环化合物的构象研究中,要综合全面考虑上述三个因素。

环碳原子数为 7～11 的中环化合物,三种因素共同作用、相互协调的结果,化合物可以形成一个或几个较为适宜的构象,例如环癸烷的一个可能构象如下所示:

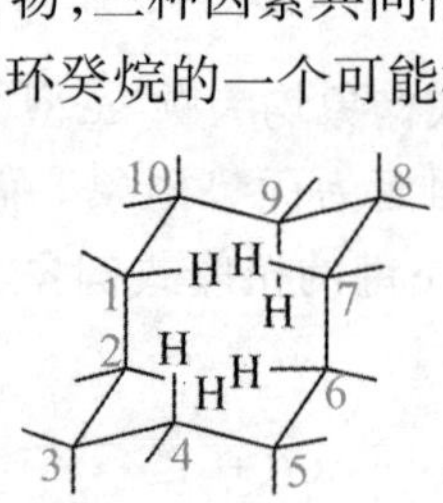

由于分子内氢原子较为拥挤,彼此间斥力较大,体系能量较高,使环张力增大,稳定性也就差一些,因而合成这类化合物也就相当困难。

对于大环化合物,根据 X 射线分析结果,许多大环化合物的分子呈皱折形,碳原子不在同一平面上,碳原子之间的键角接近正常键角(109°28′)。例如环二十二碳烷的结构就是由两条平行碳链组成的无张力环:

大环化合物虽然比中环化合物更为稳定,但也比较难于合成。这是因为开链化合物闭合成环要求链的两端彼此接近而成键。环越大,链越长,链两端的基团碰撞在一起而成环的几率就越小,反而是分子间的反应更容易发生。因此,大环化合物的合成往往在高度稀释的溶液中进行,这样可以大大降低分子间成键的几率。

3.2.6 多脂环化合物的构象

多脂环化合物是指分子中含两个以上碳环的脂环化合物。含多脂环结构的化合物广泛存在于自然界中,如樟脑、冰片及甾醇等。这里只简单介绍这类化合物的母体烃。

3.2.6.1 十氢萘的构象

十氢萘有顺、反两种异构体,在其平面式结构中,通常用实线的楔形键或者黑点表示伸向纸面前方的化学键,用虚线的楔形键表示伸向纸面后方的键。

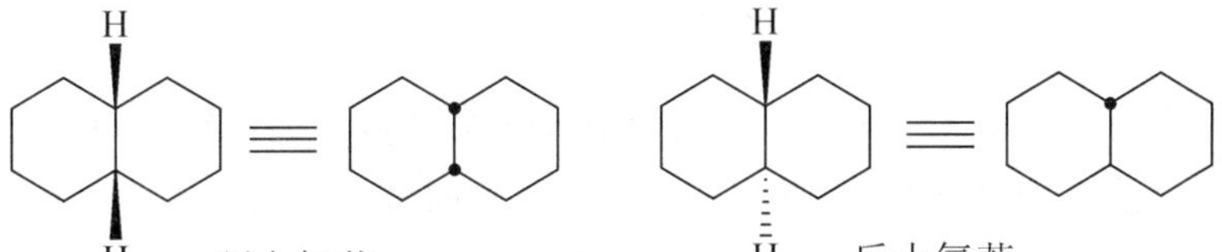

电子衍射研究结果证明,这两个异构体的经典构象由两个椅式构象的环己烷通过不同的方式稠合而成,其中一个环可以看作是另一个环上的两个取代基。

如下图所示,顺十氢萘由两个椅式构象的环己烷经角式稠合而形成,两个稠合 C 原子(C9,C10)上的 H 原子位于同一侧,两个"取代基"分别在 a 键(C10—C5 键)和 e 键(C9—C8 键),为"顺-ae 型"1,2-二取代,经构象翻转后得到另一个顺-ae 型构象,a 键和 e 键相互转换:C10—C5 键由 a 键变为 e 键,而 C9—C8 键则由 e 键变为 a 键。

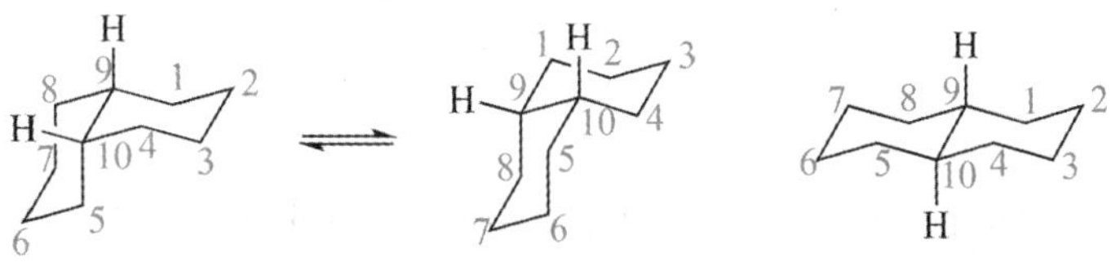

反十氢萘由两个椅式构象的环己烷经直线稠合而形成,C9,C10 两个稠合 C 原子上的 H 原子在环的两侧,两个取代基(C10—C5 键、C9—C8 键)均在 e 键,为"反-ee 型"1,2-二取代,比顺十氢萘稳定(顺十氢萘的燃烧热比反十氢萘高 8.8 kJ/mol)。反十氢萘不能进行构象翻转,a 键和 e 键是相对固定的,不存在构象异构体。

十氢萘的两个异构体之间不能通过 C—C 键的旋转而转变,但是可以在一定的条件下通过化学反应而发生异构化。例如,顺十氢萘用 AlCl₃ 处理时可以定量地异构化为反十氢萘:

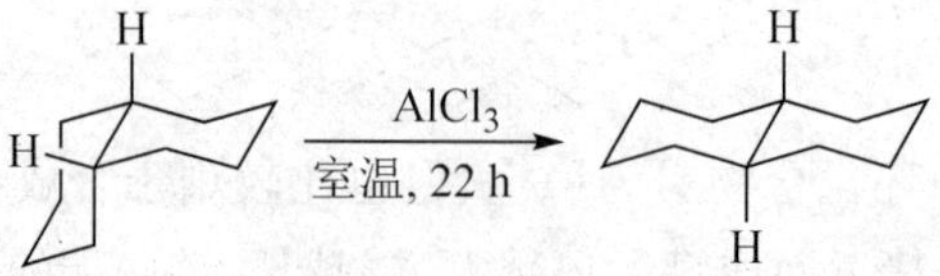

与十氢萘的情况相似,在多环化合物中,椅式环数目最多的构象通常也是最稳定的。根据"椅式构象比船式构象稳定""e键取代基最多的构象最稳定"这两个规律,可以推测多环化合物的稳定性。如在很多天然产物中可以找到高氢化菲体系。全氢化菲的反,反,反(trans, anti, trans)-异构体和顺,反,反(cis, anti, trans)-异构体的构象如下所示:

反,反,反-异构体

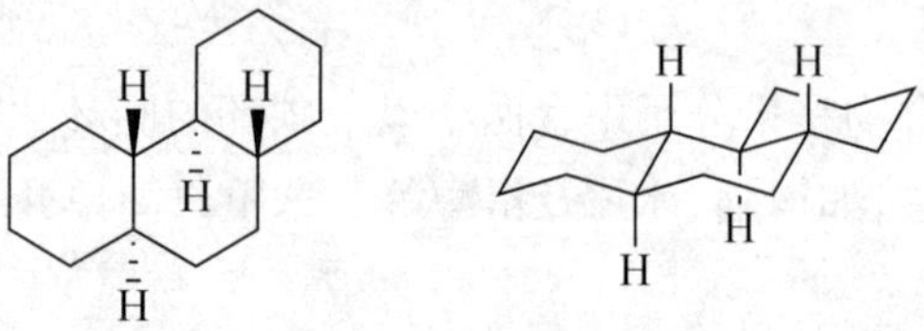

顺,反,反-异构体

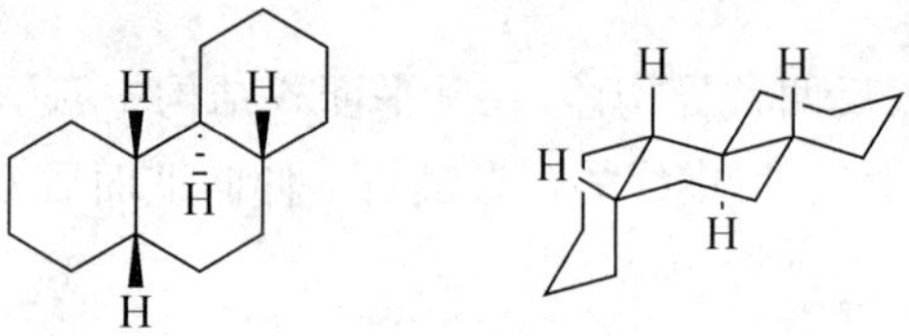

一般情况下,在多环化合物的构象中,含椅式结构最多的构象较为稳定,但也不是绝对的,如二环[2.2.1]庚烷,其中的六元环以船式构象存在时较为稳定:

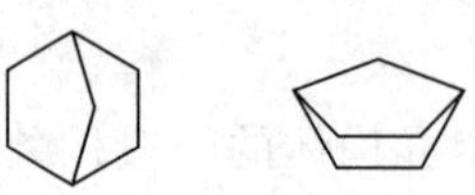

又如,由三个六元环稠并形成的菲烷分子有多种异构体,其中一种异构体由于几何的原因,其稳定构象中有一个六元环为船式构象:

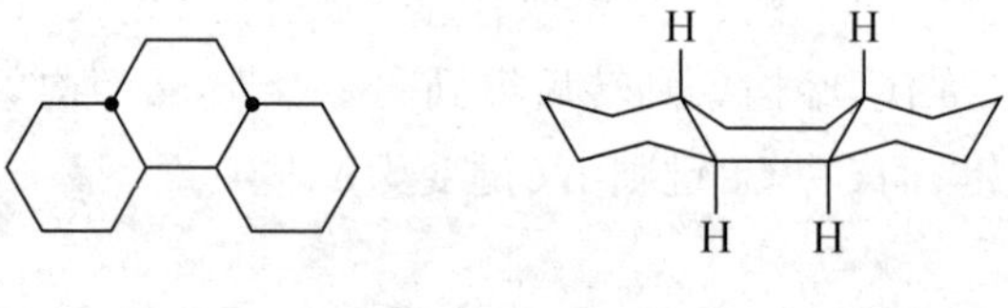

3.2.6.2 金刚烷

金刚烷于1932年被Landa等人在石油馏分中发现,因其碳架结构相当于金刚石晶格网络中的一个晶胞,故得名金刚烷。1957年P. Schleyer发现以环戊二烯二聚体为原料经两步反应即可制得金刚烷:

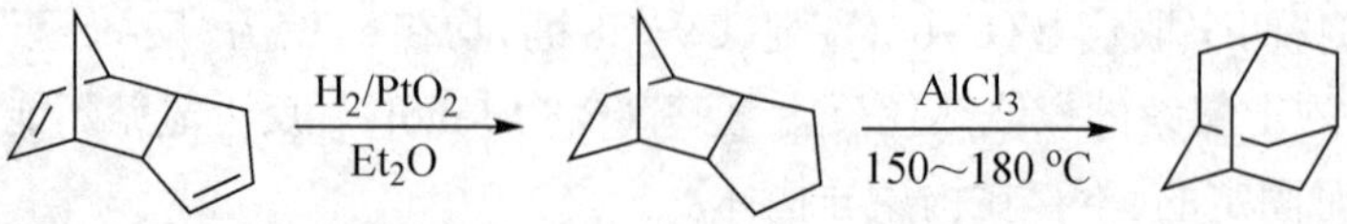

金刚烷是由四个椅式六元环形成的一个立体笼形结构,碳原子以sp³杂化状态互相连接,是一个特别稳定的分子。由于结构高度对称,分子接近球形,因此容易结晶,分子在晶格

中能紧密堆积。自从金刚烷的氨基衍生物(金刚烷胺)的抗病毒性能被发现后,对它的研究迅速开展起来,几乎成为一个独立的科学分支——金刚烷化学。

3.3　脂环烃的性质

3.3.1　脂环烃的物理性质

物理性质方面,环烷烃比相同 C 原子数的开链正烷烃具有更高的熔点、沸点和密度(表 3.5),这表明环烷烃分子间的作用力要比开链烃更强。

表 3.5　环烷烃与相同 C 原子数的开链正烷烃熔点、沸点和密度比较

化合物	m.p.（℃）	b.p.（℃）	密度（d^{20}）
环戊烷	−93.9	49.3	0.7457
正戊烷	−129.8	36.1	0.5572
环己烷	6.6	80.7	0.7786
正己烷	−95.3	68.7	0.6603

3.3.2　脂环烃的化学性质

3.3.2.1　与开链烃相似的反应

脂环烃的化学性质与开链烃类似,例如,环烷烃与开链烃一样,在光照或者高温条件下可以发生自由基取代反应:

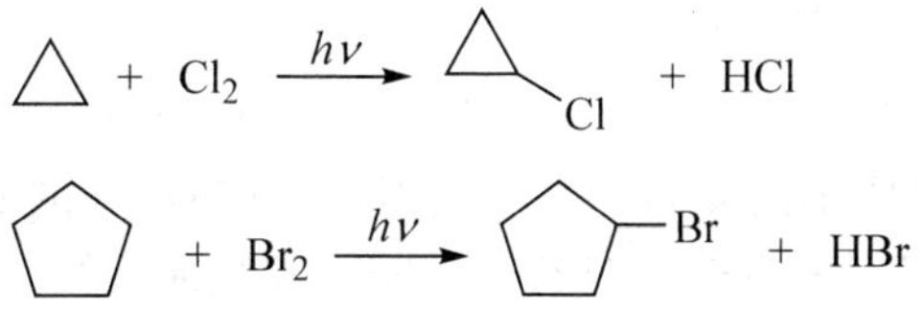

环烯烃与开链烯烃一样,主要发生亲电加成反应:

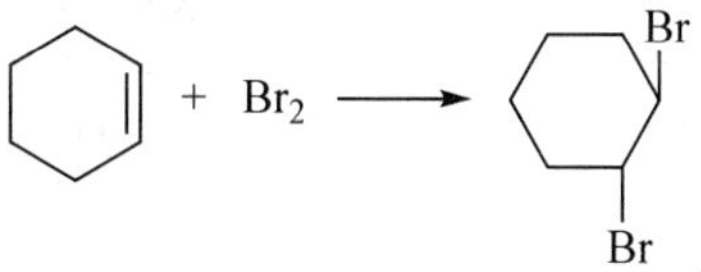

经臭氧氧化-还原水解后也得到醛或者酮:

$$\text{(环戊烯衍生物)} \xrightarrow{O_3} \xrightarrow{Zn/H_2O} \text{2,4-二甲基戊二醛} \quad \text{2,4-dimethylpentanedial}$$

由此可见,脂环烃和开链脂肪族烃类化合物在化学性质上没有什么本质的区别。但是小环烷烃、环丙烷及环丁烷,由于存在较大的张力,分子很不稳定,容易开环发生加成反应。

3.3.2.2　小环烷烃的开环反应

环烷烃在金属 Pd,Pt,Ni 等的催化作用下可以发生催化加氢,生成开链的烷烃:

$$\triangle + H_2 \xrightarrow[80\ ℃]{Ni} CH_3CH_2CH_3$$

$$\square + H_2 \xrightarrow[120\ ℃]{Ni} CH_3CH_2CH_2CH_3$$

$$\pentagon + H_2 \xrightarrow[300\ ℃]{Pt} CH_3CH_2CH_2CH_2CH_3$$

从反应条件可以看出反应的难易程度不同,说明环的稳定性为:五元环＞四元环＞三元环。取代的环丙烷在加氢开环时,倾向于形成带支链的烷烃:

$$\triangleright\!-\!CH_2CH_3 \xrightarrow[\text{或 Ni, 80 ℃}]{H_2 \atop Pt/C, 50\ ℃} CH_3CH_2CH_2CH_3 \ (\overset{CH_3}{|})$$

环丙烷及其衍生物还可以与卤素及卤化氢发生开环加成(因此不能用溴水鉴别环丙烷与烯烃):

$$\triangle + Br_2 \xrightarrow[CCl_4]{\text{室温}} BrCH_2CH_2CH_2Br$$
$$\text{1,3-二溴丙烷}$$
$$\text{1,3-dibromopropane}$$

$$\triangle + HBr \xrightarrow{\text{室温}} CH_3CH_2CH_2Br$$
$$\text{1-溴丙烷}$$
$$\text{1-bromopropane}$$

环 C 原子上有烷基取代基的环丙烷在与氢卤酸加成时,环的断裂一般发生在带有 H 原子最多与最少的两个环 C 原子之间,而且符合马氏加成规则。如:

$$\triangleright\!-\!CH_2CH_3 + HI \longrightarrow CH_3\overset{I}{\underset{|}{C}}HCH_2CH_3$$
$$\text{2-碘丁烷}$$
$$\text{2-iodobutane}$$

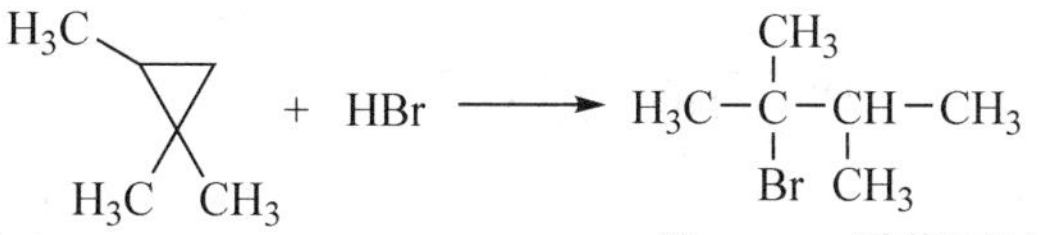

2-溴-2,3-二甲基丁烷
2-bromo-2,3-dimethylbutane

环丁烷及更大的环在常温下很难与 X_2 或 HX 发生开环加成反应。

综上,环丙烷在化学性质上既像烷烃(发生自由基取代反应),又像烯烃(发生加成反应),但也有不同于烯烃的性质。例如,环丙烷不易被氧化,不与 $KMnO_4$ 稀溶液或臭氧等作用,因此可用 $KMnO_4$ 溶液来区别环烷烃和烯烃,还可用来除去环丙烷中混有的微量丙烯。

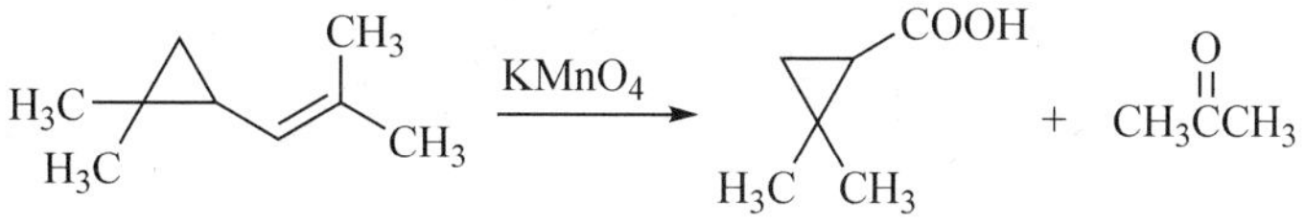

1,1-二甲基-2-(2-甲基丙-1-烯基)环丙烷
1,1-dimethyl-2-(2-methylprop-1-enyl)cyclopropane

2,2-二甲基环丙烷羧酸
2,2-dimethylcyclopropanecarboxylic acid

尽管三元环、四元环不稳定,但它们在自然界中也较为常见,例如用来治疗精神病的环孕甾醇酮(cyclopregrol),以及用来合成菊酯类除虫剂的菊酸分子中都含有环丙烷结构,而环丁烷作为重要的结构单元也广泛存在于萜类、黄酮、甾体和生物碱等天然产物中,例如 piper-arborenine 系列的生物碱。

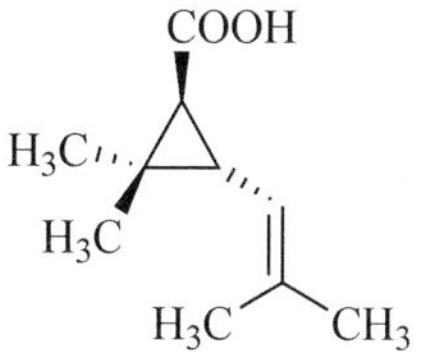

菊酸
chrysanthemic acid

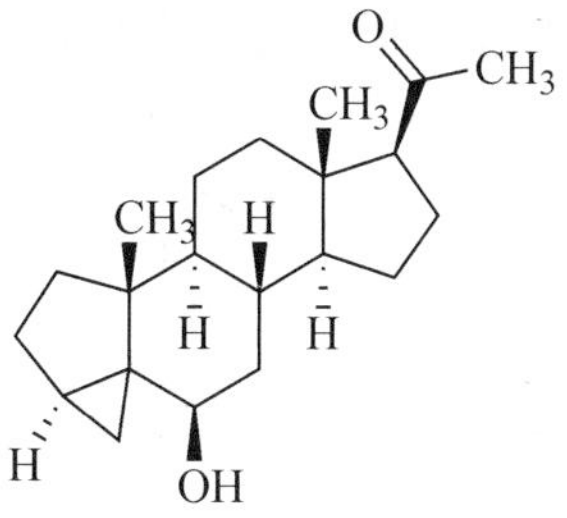

环孕甾醇酮
cyclopregrol

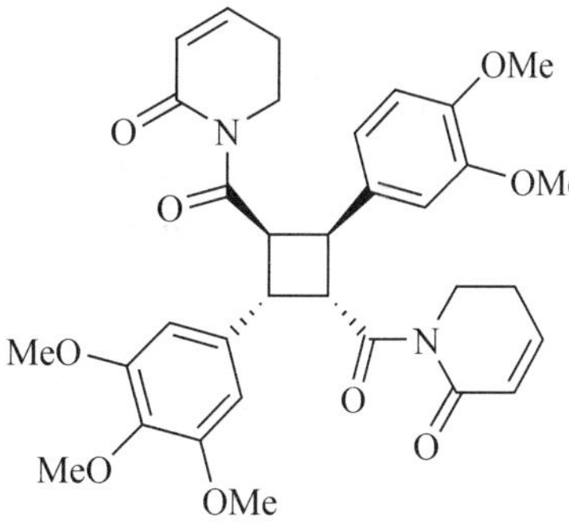

pipcrarborcninc B

3.4　脂环烃的来源和制备

3.4.1　五元环和六元环脂环烃的制备

五元、六元环的脂环烃及其衍生物可从石油中获得,六元的脂环烃及其衍生物还可通过芳香族化合物的催化加氢制备:

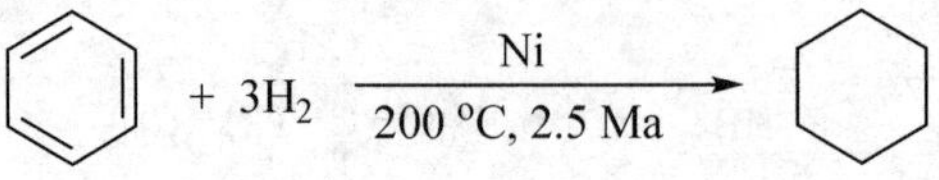

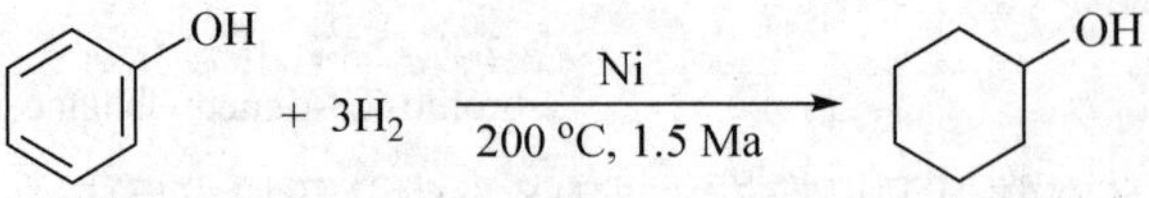

苯酚
phenol

环己醇
cyclohexanol

[4+2]环加成反应也是制备六元环脂环烃及其衍生物的一条途径(具体见"周环反应"一节):

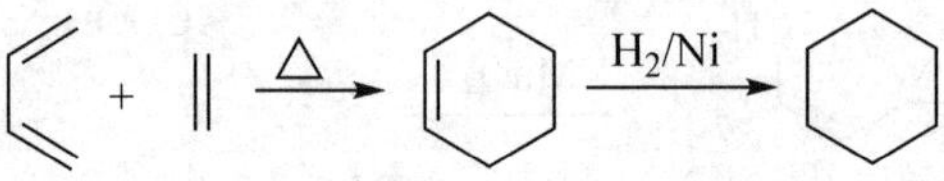

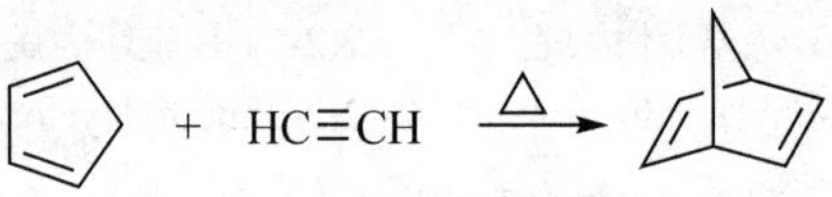

二环[2,2,1]庚-2,5-二烯
bicyclo[2.2.1]hepta-2,5-diene

3.4.2　三元环和四元环的合成

通过卡宾和烯烃化合物及其衍生物的加成反应可以在化合物分子中引入环丙烷结构:

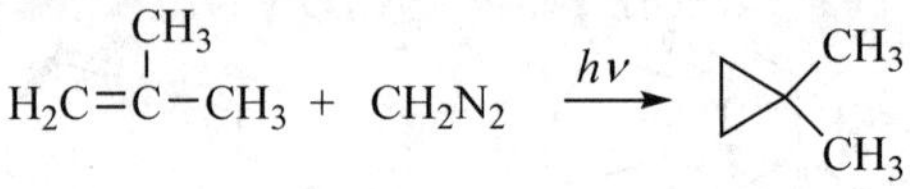

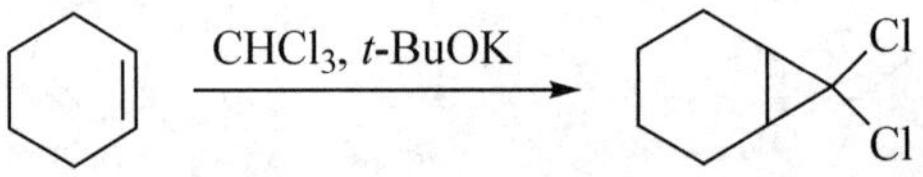

7,7-二氯二环[4.1.0]庚烷
7,7-dichlorobicyclo[4.1.0]heptane

烯烃双键和二卤甲烷在 Zn/Cu 存在下的加成,即 Simmons-Smith 反应,迄今为止仍然是构筑环丙烷结构的一条有效途径:

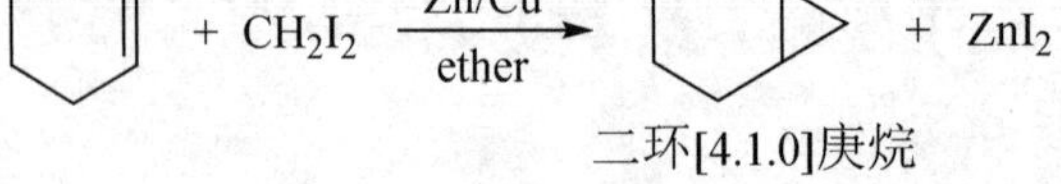

二环[4.1.0]庚烷
bicyclo[4.1.0]heptane

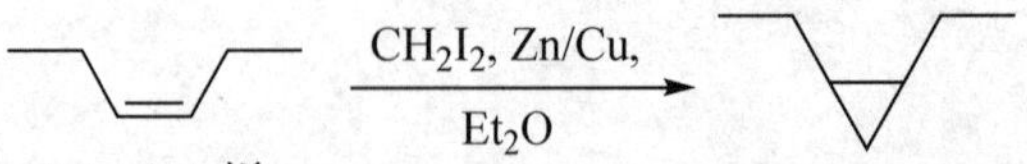

(Z)-己-3-烯
(Z)-hex-3-ene

cis-1,2-二乙基环丙烷
1,2-diethylcyclopropane

通过 1,3-二卤代物在金属 Zn 或 Na 作用下的分子内反应也可合成得到环丙烷衍生物:

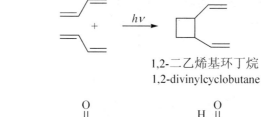

二环[1.1.0]丁烷
bicyclo[1.1.0]butane

含四元环结构的环丁烷衍生物则可用环加成方法制备(见"周环反应"一章):

1,2-二乙烯基环丁烷
1,2-divinylcyclobutane

(1S,6S)-7,7-二甲基二环[4.2.0]辛-2-酮
(1S,6S)-7,7-dimethylbicyclo[4.2.0]octan-2-one

3.5 构 象 分 析

根据构象来分析化合物的物理性质和化学性质(稳定性、反应速度、历程等)的方法叫作构象分析。下面举例简单介绍化合物的某些理化性质与构象之间的关系。

3.5.1 偶极矩

偶极矩是一个矢量,一个分子的偶极矩是分子中各个共价键的偶极矩的矢量和,与分子结构的对称性有关。例如:对位交叉式构象的 1,2-二溴乙烷有对称中心,其偶极矩为零,而邻位交叉式构象则具有一定的偶极矩。实际测得 1,2-二溴乙烷的偶极矩为 1.14 D(25 °C),这表明室温下该分子并非完全以对位交叉式构象存在。1,2-二溴乙烷的对位交叉和邻位交叉式构象的能量差仅为 2.7~2.9 kJ/mol,因此在室温下它们很容易通过 C—C 单键的旋转而互相转变:

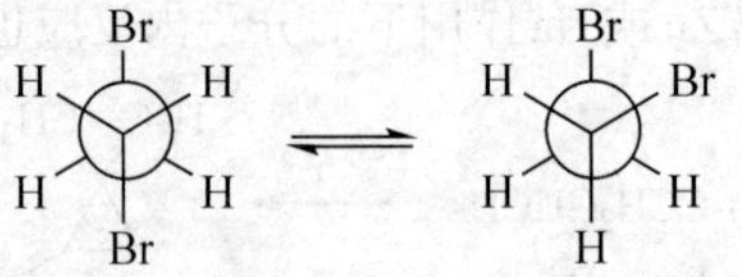

对位交叉式　　　　　　邻位交叉式

此外,研究发现,化合物的偶极矩与温度有关,温度越高,偶极矩越大。如1,2-二氯乙烷(气体)在30 ℃时的偶极矩为1.13 D,270 ℃时则为1.55 D。这是因为温度升高导致分子热运动加剧,由反交叉式构象到邻位交叉式构象的转变更容易进行,因此,分子中邻位交叉式构象比例增加,导致分子偶极矩增大。

分子内氢键的存在往往会影响一种特殊构象的比例。例如,实际测得乙二醇在环氧乙烷中的偶极矩为2.30 D(30 ℃),这说明对位交叉式也不是唯一最稳定的构象。这是因为乙二醇分子以邻位交叉式构象存在时,相邻两个C原子上的-OH之间可以形成分子内氢键相互作用,使构象较为稳定:

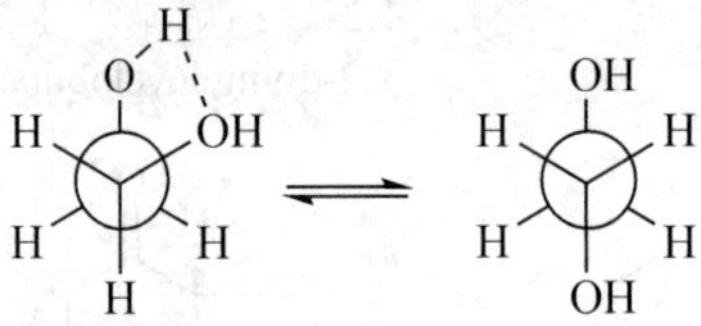

邻位交叉式　　　　　　对位交叉式

综上所述,我们可看出影响构象稳定性的因素除了前面讨论的角张力、键扭转张力、非键空间张力(范德瓦耳斯张力)等之外,还有非键合的原子(或基团)之间的氢键相互作用等。

3.5.2　电离度

影响羧酸电离度的因素较多,如温度、电子效应、溶剂化作用、空间效应等。这些因素往往是相互影响的,要孤立地讨论较为困难,但对同一类型的化合物在同一条件下进行比较,也可对某一因素所起的作用加以分析。

例如,十氢萘-9-羧酸有顺、反两种异构体,顺式异构体(pK_a=8.17)比反式异构体(pK_a=8.58)的酸性略强一些。这是因为在反式异构体中有更多的处于同一侧的a键H原子的影响,使羧基所受的空间位阻较大,与水分子之间相互作用的阻力也较大,因此电离度小,酸性相对稍弱一些:

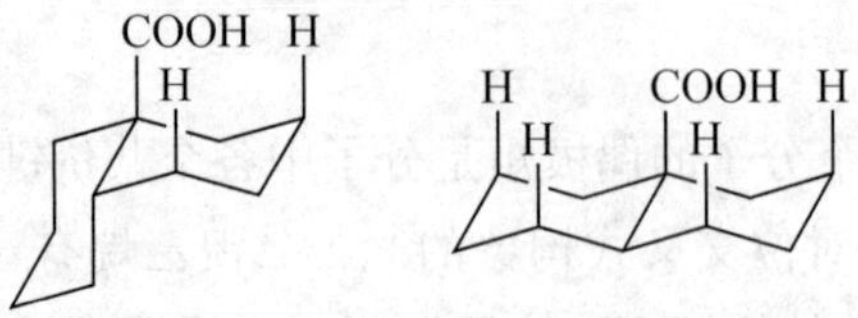

顺式异构体　　　　　　反式异构体
pK_a=8.17　　　　　　pK_a=8.58

3.5.3 反应速度

反应物分子的构象与反应速度之间的关系相当密切,不同构象的反应速度可能有很大差别。例如,卤代烃在碱性条件下发生双分子消除(E2)反应生成烯烃时,当α-C原子上的卤素原子(离去基团)与β-C原子上的H原子处于反式共平面的位置时,反应才更容易进行:

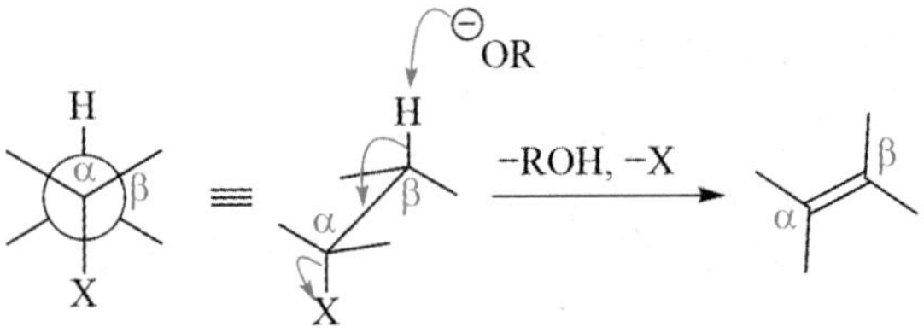

因此,反式和顺式的1-溴-1,2-二甲基环己烷在氢氧化钠的乙醇(98%)溶液中发生消除的速度是不同的,反式异构体比顺式的快12倍。这是因为反式异构体的优势构象中,C-2上处于a键的H原子刚好与C-1上处于a键的溴原子为反式共平面,有利于消除反应的进行,而顺式异构体则不具备上述条件。

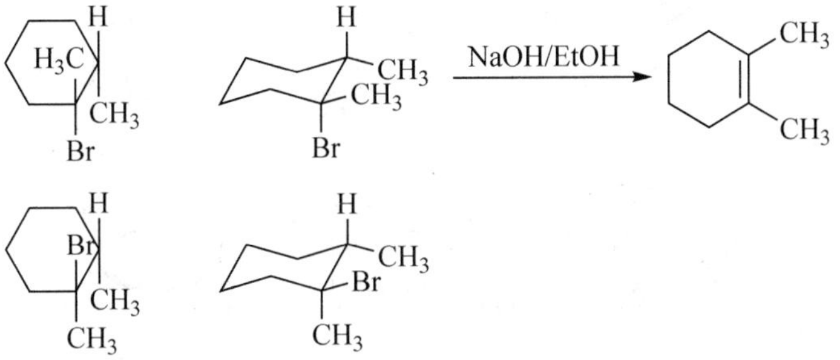

此外,如果环己烷衍生物的反应部位是在a键上,则对空间位阻敏感的反应就会变慢,如3,4,4-三甲基环己烷羧酸酯的水解反应:

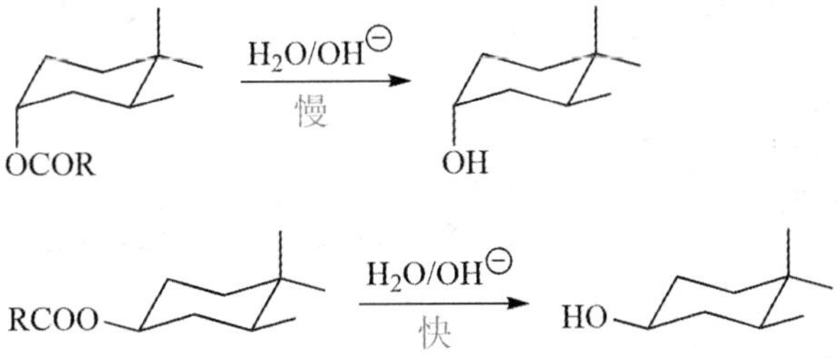

练习题

1.用系统命名法对下列化合物进行命名:

（1） 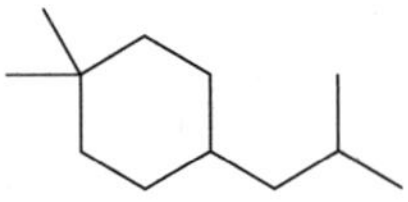　（2） 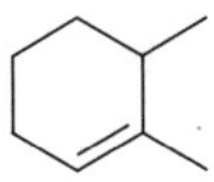　（3）

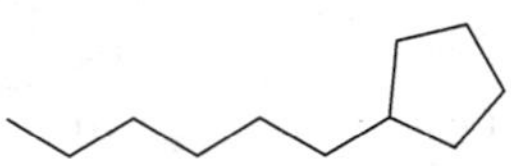

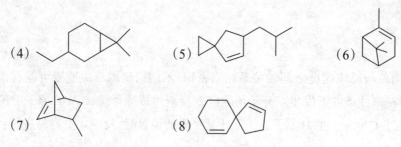

(4)　　　　　　　(5)　　　　　　　(6)

(7)　　　　　　　(8)

2. 试分析下列化合物是否能稳定存在：

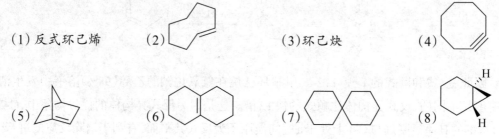

(1) 反式环己烯　　(2)　　　　　(3)环己炔　　　(4)

(5)　　　　　(6)　　　　　(7)　　　　　(8)

3. 判断下列每组中的化合物是否为同一化合物、构造异构体，或立体异构体：

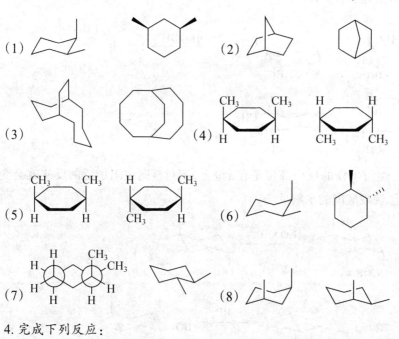

(1)　　　　　　　　　　　(2)

(3)　　　　　　　　　　　(4)

(5)　　　　　　　　　　　(6)

(7)　　　　　　　　(8)

4. 完成下列反应：

(1) 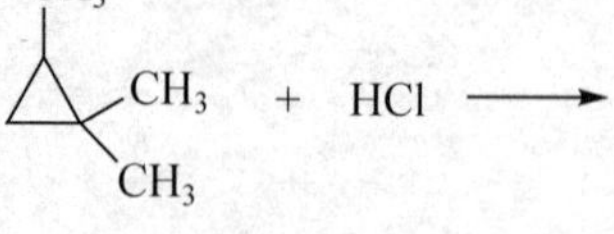
 CH₃
 CH₃ + HCl ⟶
 CH₃

(2) 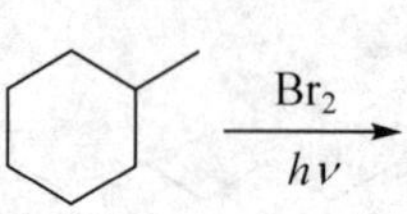 ⟶ Br₂/hν

(3)

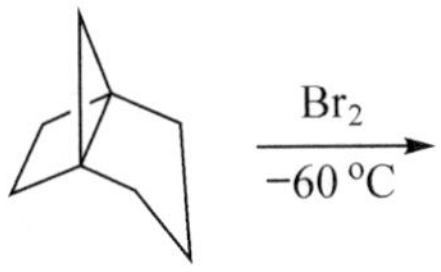

5. 画出下列化合物的稳定构象:

(1) *cis*-1-叔丁基-4-甲基环己烷　　　　(2) *cis*-环己-1,3,-二醇

(3) 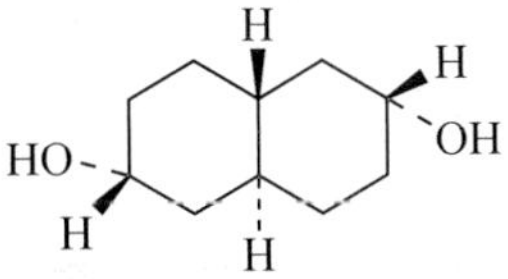 　　(4) 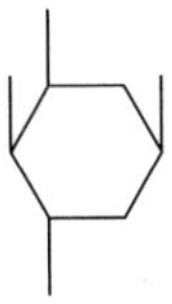 　　(5)

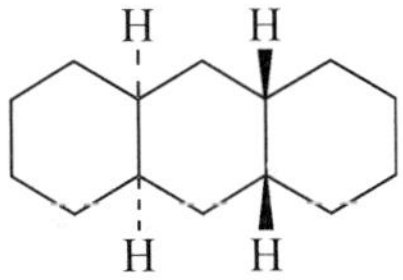

6. 7-氧代二环[2,2,1]庚烷在光照下可与Cl_2发生如下的取代反应:

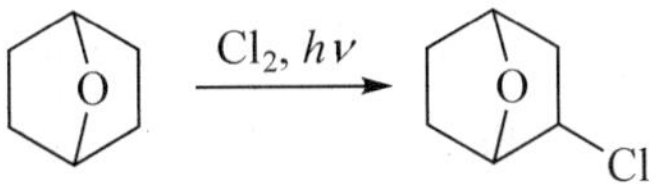

试解释:(1) 氯代为什么不会发生在桥头C原子上?

(2) 反应产物为两种异构体所组成的混合物,其中一种化合物的 $\mu=1.07$ D,而另一种化合物的 $\mu=3.06$ D,为什么?

7. 溴代环己烷,溴原子在a键比其在e键的能量高 2.1 kJ/mol,但常温下 *trans*-1,2-二溴环己烷以等量的反-aa和反-ee构象存在,且反-aa型构象含量随溶剂极性的增加而减少,试解释以上现象。

8. 设计合成反应:

(1) 以环戊烷为原料合成:

(2) 以乙炔为原料合成:

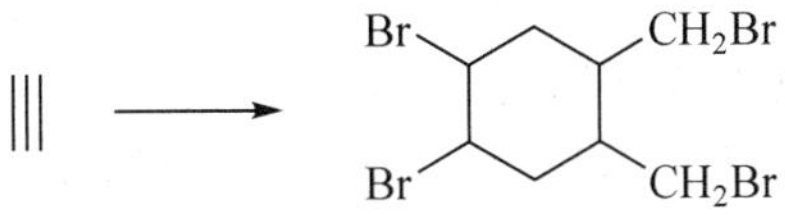

9. 化合物 $A(C_7H_{12})$ 与 $KMnO_4$ 溶液回流后只得到环己酮,A经酸处理可以得到化合物B,B经氧化可得到6-羰基庚酸,还可使溴褪色生成化合物C,C与 NaOH/EtOH 溶液反应生成化合物D,D氧化后得到丁二酸和丙酮酸,试推测化合物A~D的结构,并写出推测过程。

10. 丁二烯聚合生成高分子化合物聚丁二烯时,还会发生二聚生成一种环形结构的小分子副产物。该化合物经加氢还原后生成乙基环己烷,与溴加成得到四溴代产物,而在氧化后则得到β-羧基己二酸。试根据以上实验事实推测该二聚体的结构。

第4章 立体化学

立体化学是从三维空间研究分子的结构和性质的科学。许多分子具有三维空间结构，研究分子的立体结构及其立体结构对其物理性质及化学性质的影响叫作立体化学。

立体化学创立于19世纪初期，1815年，法国科学家Biot观察到糖、樟脑和酒石酸等有机物的旋光现象。1848年，法国科学家Pasteur分离得到两种酒石酸结晶，一种使平面偏振光向左旋转，另一种使平面偏振光向右旋转，角度相同，方向相反。1874年，荷兰科学家van't Hoff和法国科学家Le Bel分别提出关于C原子的四面体学说，他们认为分子是三维结构，碳的4个键分别指向正四面体的4个顶点，C原子位于正四面体的中心，当C原子与4个不同的原子或基团连接时，就产生一对异构体，它们互为实物和镜像，这个碳原子称为不对称碳原子，这一对化合物互为旋光异构体，van't Hoff和Le Bel的学说奠定了立体化学的基础。

19世纪末，德国化学家Fischer发现了糖的异构现象(isomerism)和差向异构化(epimerization)，提出Fischer投影式(Fischer's project)作为糖立体结构的描述方式。20世纪中期，挪威化学家Hassel和英国化学家Barton提出分子构象和构象分析理论；英国科学家Ingold和Hughes系统研究了亲核取代反应的立体化学；美国化学家Woodward和他的学生Hoffmann深入研究了周环反应的立体化学，提出有机化学中的重要理论–分子轨道对称守恒原理。这些研究都对立体化学的发展作出重要贡献。

立体化学主要分为静态立体化学和动态立体化学两部分。静态立体化学研究分子中各原子或原子团在空间位置的相互关系，也就是研究分子结构的立体化学——构型和构象，以及由于构型异构和构象异构导致分子的性质不同等问题，主要通过不对称合成获得某一旋光异构体为目的。动态立体化学研究构型异构体的制备及其在化学反应中的行为等问题，除了构象分析外，还对各个经典反应类型，如加成反应、取代反应中的立体化学现象进行研究。本章主要讨论静态立体化学，动态立体化学将在各章相关反应中进行讨论。

4.1 异构体的分类

有机化学中将分子式相同、结构不同的化合物互称同分异构体。将具有相同分子式而结构不同的现象称为同分异构现象。

异构体主要分为两大类:构造异构和立体异构,如图4.1所示。

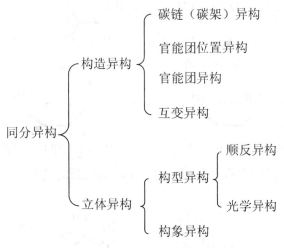

图4.1 异构体的分类

构造异构指因分子中原子或基团的连接次序不同引起的异构,可分为碳架异构体、位置异构体、官能团异构体和互变异构体4种类型。

(1)碳架异构体:因碳链骨架不同产生的异构体。例如:

C_5H_{12} 正戊烷   异戊烷   新戊烷

(2)位置异构体:官能团在碳链或碳环上的位置不同产生的异构体。例如:

C_3H_8O 正丙醇   异丙醇

(3)官能团异构体:因分子中所含官能团的种类不同所产生的异构体。例如:

C_2H_6O 乙醇   二甲醚

(4)互变异构:因分子中某一原子在两个位置迅速移动而产生的官能团异构体。例如:

C_3H_6O 丙酮   丙-1-烯-2-醇

立体异构指分子中原子或基团的连接次序相同,但它们的空间指向不同的异构体,包括构型异构和构象异构,构型异构又包含顺反异构和光学异构(或旋光异构)。

构型异构体:因分子内有双键或有环等原因引起的异构体。构型异构体包括顺反异构体(几何异构体)和旋光异构体(光学异构体)。

顺反异构体:因双键或成环碳原子的单键不能自由旋转而引起的异构体。例如:

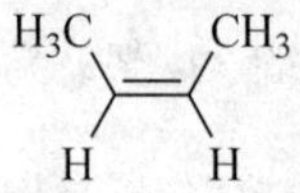

顺-丁-2-烯 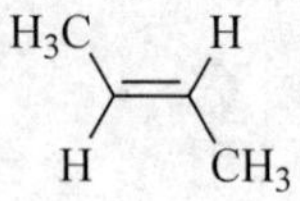　　　　　　　反-丁-2-烯

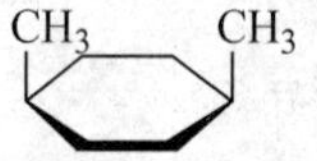

顺-1,4-二甲基环己烷 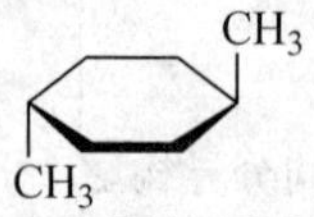　　　　反-1,4-二甲基环己烷

旋光异构体:因分子中没有对称面和对称中心而引起的具有不同旋光性能的立体异构体。例如:

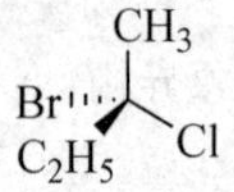

(S)-2-溴-2-氯丁烷 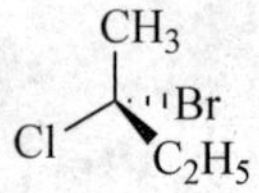　　　　　(R)-2-溴-2-氯丁烷

构象异构体:仅由单键的旋转而引起的立体异构体。

本章主要讨论光学异构体(或旋光异构体)。

此外,我们需要注意区分4个词:结构(structure)、构造(construction)、构型(configuration)和构象(conformation)。

结构是泛指,包含构造、构型和构象。分子式相同,分子中原子或基团的连接顺序不同,产生构造异构体,构造是在二维平面上描述分子结构;当分子中原子或基团的连接顺序相同,但在空间的位置不同,则产生构型和构象异构体,构型和构象是在三维立体空间描述分子结构。

构造异构和构型异构,异构体间的转变必须经过化学键的断裂和重新生成才能实现。构象异构可以通过单键的旋转而转换。单键旋转,分子构象改变,原子排列次序没变,构型和构造都没变。

4.2　手性和手性分子

手性(chirality)广泛存在于自然界中,如果某物体与其镜像不能重合,例如我们的左手和右手互为镜像而无法重合,就被称为“手性的(chiral)”,手性的物体和其镜像被称为对映异构体,简称为对映体(enantiomer);对映异构体都有旋光性,其中一个是左旋的,一个是右旋的,所以对映异构体又称为旋光异构体或光学异构体(optical isomer)。

具有手性的分子称为手性分子(chiral molecule)。例如

$$\begin{array}{ccc}
\overset{\underset{\centerdot}{}}{C_2H_5} & & \overset{\underset{\centerdot}{}}{C_2H_5} \\
H\blacktriangleright \overset{\centerdot}{C}\blacktriangleleft OH & & HO\blacktriangleright \overset{\centerdot}{C}\blacktriangleleft H \\
\overset{\underset{\centerdot}{}}{CH_3} & & \overset{\underset{\centerdot}{}}{CH_3}
\end{array}$$

$$[\alpha]_D^{25}= +13.52 \qquad [\alpha]_D^{25}= -13.52$$

丁-2-醇

任何化合物都有镜像,但是大多数实物和镜像都能重合。如果实物和镜像能重合,则实物和镜像为同一物质,它是非手性的(achiral),无对映体。例如

$$\begin{array}{ccc}
\overset{\underset{\centerdot}{}}{CH_3} & & \overset{\underset{\centerdot}{}}{CH_3} \\
H\blacktriangleright \overset{\centerdot}{C}\blacktriangleleft Cl & & Cl\blacktriangleright \overset{\centerdot}{C}\blacktriangleleft H \\
\overset{\underset{\centerdot}{}}{CH_3} & & \overset{\underset{\centerdot}{}}{CH_3}
\end{array}$$

2-氯丙烷

总之,实物与镜像不重合,物质具有手性,有对映异构现象,具有光学活性。实物和镜像重合,物质是非手性的,无对映体,无旋光活性。镜像的不重合性是产生对映异构现象的充分必要条件。

4.3 平面偏振光和比旋光度

4.3.1 平面偏振光

普通光在各个不同平面上的振动,如图4.2所示。

 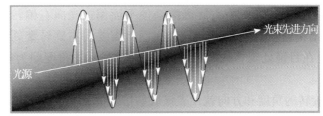

(a)普通光　　　　　　(b)光波振动方向与光束前进方向关系示意图

图4.2 普通光在各个不同单面上的振动

假如让光线通过一个Nicol棱镜,一部分光会被阻挡不能通过,只有和棱镜晶轴平行振动的光才能通过。假若这个棱镜的晶轴是直立的,那么只有在这个直立平面上振动的光才可以通过,这种通过棱镜后产生的,只能在一个平面振动的光叫作平面偏振光(plane polarized light)。图4.3表示通过Nicol棱镜的光线是仅含有在箭头所示平面上振动的平面偏振光。

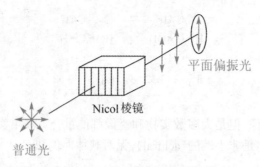

图 4.3　平面偏振光的产生示意图

4.3.2　旋光仪、旋光度和比旋光度

1. 旋光仪

测量手性分子旋光度的仪器叫作旋光仪(polarimeter),如图4.4所示。旋光仪主要包括单色光源、起偏镜、盛液管、带刻度盘的检偏镜和观察目镜。光源通常使用钠光灯,起偏镜是一个固定的Nicol棱镜,检偏镜是可以旋转的Nicol棱镜,与一个刻有角度的圆盘相连。

图 4.4　旋光仪示意图

当开始测量时,起偏镜与检偏镜的棱轴是平行的,此时圆盘的刻度指向零度,目镜处可以观察到光线通过。将盛液管中放入非手性物质,因为非手性物质不会使平面偏振光发生偏转,所以光依然可以通过检偏镜,目镜处观察到光线通过。如果将盛液管中放入手性物质,例如右旋乳酸,因为右旋乳酸会使平面偏振光向右偏转,所以此时平面偏振光将无法通过检偏镜,目镜处观察不到光,我们就需要向右旋转带刻度的圆盘,将其旋转到一定角度,直至在目镜处观察到光通过,此时圆盘显示的角度即为右旋乳酸让平面偏振光偏转的角度。

圆盘旋转的角度和方向就代表该乳酸溶液的旋光度,从观察者的方向看,检偏镜向左旋的称为左旋光性,向右旋的称为右旋光性。

2. 旋光度

旋光度(optical rotation)是手性分子使偏振光的平面旋转的角度,用符号 α 表示。

这种能使平面偏振光旋转一定角度的物质称为旋光物质。旋光性即为手性分子使偏振光的偏振面旋转的能力。

3. 比旋光度

旋光性是由手性分子引起的,与分子的多少有关,旋光度 α 的大小与盛液管的长度、溶液的浓度有关,为排除其他因素的影响,我们采用比旋光度(specific rotation)表示旋光物质的特性,是手性分子的物理常数。

比旋光度的表达公式为

$$[\alpha]_{\lambda}^{t} = \frac{\alpha}{c(\text{g/mL}) \cdot l(\text{dm})}$$

式中,α 为旋光度;l 为盛液管的长度,单位为分米(dm);c 为溶液浓度,单位为克/毫升(g/mL);t 为温度;λ 为光源的波长。

比旋光度表示 1 mL 含 1 g 旋光物质的溶液(溶剂的性质会影响旋光度)放在 1 dm 长的盛液管中,利用一定波长的入射光(常用钠单色光,用 D 表示)测得的旋光度。

例如:葡萄糖水溶液,20 ℃,用钠光作光源,其比旋光度为 +52.5°,其比旋光度表示为:$[\alpha]_{D}^{20} = +52.5°(\text{水})$。

为什么当一束平面偏振光通过手性物质的溶液时,可使偏振面发生旋转,而平面偏振光通过非手性物质的溶液时,则不能使偏振面发生旋转呢?

从理论上来说,当一束平面偏振光通过所有手性和非手性的单个分子时,由于光与这个分子的带电粒子(电子)的相互作用,偏振光的平面都能够发生极微小的偏转,旋转方向和程度的大小则随着这个分子在光束中的取向而定。

在大量非手性分子存在下,由于分子任意分布,取向也不同,平面偏振光会碰到等量的实物分子和其镜像分子。实物分子和其镜像分子会使偏振光平面偏转的角度相等,方向相反,相互抵消,所以从统计角度看,待测分子是无旋光的,即无旋光不是单个分子的性质,而是一些任意分布的能够互为镜像分子的性质。

当一束平面偏振光通过手性化合物的单一对映体(例如(+)-乳酸或(−)-乳酸的溶液)时,情况如何呢?

平面偏振光通过单一手性分子时,偏振光的平面发生极微小的偏转,因为溶液中只有单一的手性分子,没有其对映体,所以偏振光的平面总是向一个方向偏转,不断累加,从统计角度看,就会呈现偏振光的平面发生一定角度的偏转。

从酸牛奶中得到的乳酸是无旋光的,因为当平面偏振光碰到一分子(+)-乳酸使偏振光向右旋,同时也会碰到其镜像(−)-乳酸使平面偏振光向左旋,这两种旋转程度相同,方向相反,所以酸牛奶中的乳酸无旋光,它是等摩尔的(+)-乳酸和(−)-乳酸的混合物,我们把它们叫作**外消旋体**。

如果不是等摩尔的左旋体和右旋体组成的样品,则 $\alpha \neq 0$。

4.4 分子的对称因素和判断手性分子的依据

实物与镜像不重合是手性分子的充分必要条件,但是对于复杂分子,利用实物与镜像不重合来判断分子是否具有手性很不方便。由于分子手性是分子内缺少对称因素(symmetry factor)引起的,因此比较方便的办法是通过判断分子的对称因素来判断其是否具有手性。

分子的手性与对称因素之间的关系如下:

1. 对称面

如果一个平面可以把分子分割成两部分,一部分正好是另一部分的镜像,此平面就是分子的对称面(symmetric plane),对称面通常用"σ"表示。

具有对称面的分子是对称分子,也是非手性分子。

例如:下列4个分子都有对称面(图中蓝色标注的平面),是非手性分子。

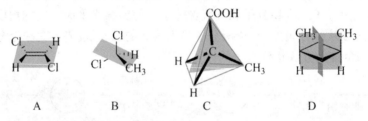

A:分子本身所在的平面即为分子的对称面。

B:氢–碳–甲基所在的平面为分子的对称面。

C:羧基–碳–甲基所在的平面为分子的对称面。

D:分子有两个对称面,一个是甲基–碳–氢和甲基–碳–氢组成的平面,另一个是两个亚甲基组成的平面。

2. 对称中心

分子中有一点,通过此点画任何直线,如果在离此点等距离的直线两端有相同的原子,则此点为分子的对称中心(symmetric center),对称中心通常用"I"表示。

具有对称中心的分子是对称分子,非手性分子。例如:下列4个分子都有对称中心,是非手性分子。

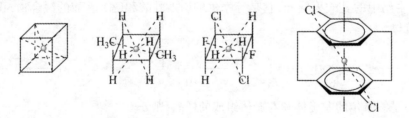

3. 对称轴

当分子环绕通过该分子中心的轴旋转一定角度后得到的构型与原来的分子重合,则该分子就有对称轴(symmetric axis)存在。对称轴用符号C表示,当旋转$\left(\dfrac{360}{n}\right)^{\circ}$以后,构型与原来的分子重合,此轴即称为$n$重对称轴,表示为$C_n$。

例如,下列3个分子都具有对称轴。

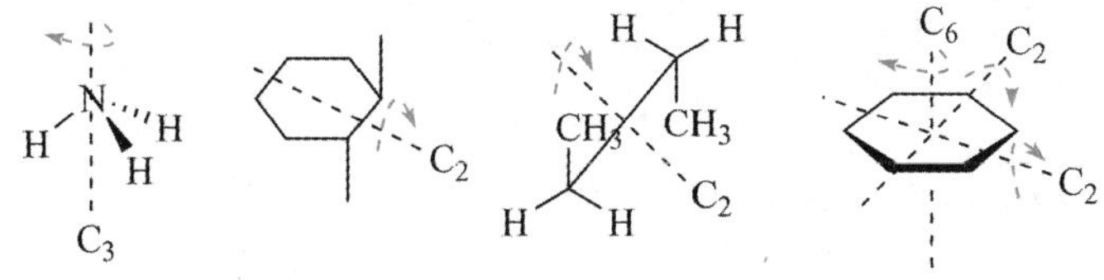

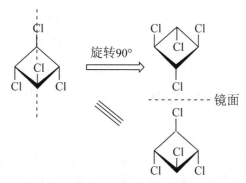

A   B   C   D

A:旋转120°,构型与原来的分子重合,有C_3对称轴。A同时具有对称面(纸平面),分子无手性。

B:具有C_2对称轴,B无对称面和对称中心,B有手性。

C:具有C_2对称轴,C具有对称中心和对称面(碳链所在的平面),C无手性。

D:苯具有一个C_6对称轴,六个C_2对称轴,C_6轴为通过分子中心垂直于苯环平面的轴,C_2轴垂直于C_6轴。苯同时具有对称面和对称中心,无手性。

交替对称轴(S_n):如果一个分子绕四重对称轴旋转90°,再用一面垂直该轴的镜子将分子反射,所得镜像如能与原物重合,该轴即为分子的四重交替对称轴,用S_4表示。具有四重交替对称轴的分子是对称分子,也是非手性分子。

只含C_n对称轴,无对称面和对称中心的分子是非对称分子,也是手性分子。

一般具有对称面、对称中心或四重交替对称轴的分子,其实物与镜像重叠,该分子为对称分子,无手性。若分子无对称面、对称中心或四重交替对称轴,其实物与镜像不能重叠,该分子有手性,为不对称分子。一般四重交替对称轴常常与对称面及对称中心共存,具有四重交替对称轴的化合物比较少见,因此如果分子没有对称面和对称中心,就可判断分子具有手性。

4.5 含手性中心的手性分子

4.5.1 含手性碳原子链状分子的立体化学

4.5.1.1 含一个手性碳原子的分子

1. 手性碳原子和手性中心

手性碳原子:与4个不同原子或基团相连的C原子,常用"*"标注。

手性中心:基团围绕某点的不对称排列,该点就是手性中心。

手性碳或手性其他原子(如N,S,P等)都是手性中心。例如:

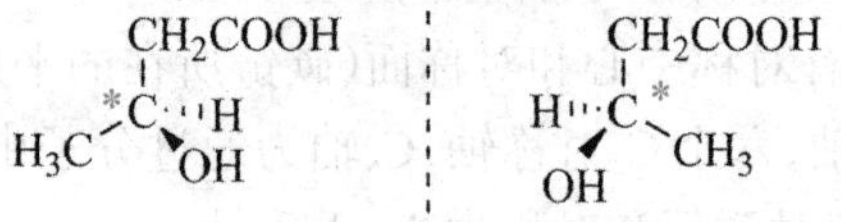

$$CH_2COOH \quad\quad CH_2COOH$$

2. 对映体、左旋体、右旋体和外消旋体

含一个手性碳的分子是手性分子,具有一对对映体。例如:

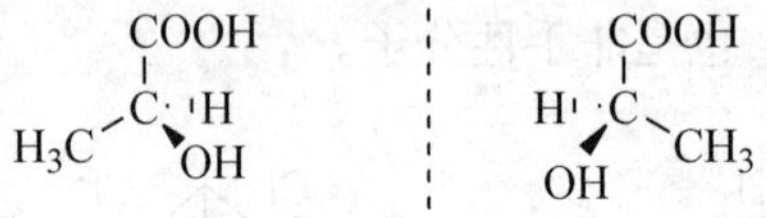

$$COOH \quad\quad COOH$$

S-(+)-乳酸   R-(−)-乳酸

$$[\alpha]_D^{20} = +3.8^\circ(水) \quad\quad [\alpha]_D^{20} = -3.8^\circ(水)$$

(+)-乳酸和(−)-乳酸互为一对对映体,对映体是互为实物与镜影关系,不能相互重叠的两个立体异构体。

在一对对映体中,使平面偏振光向左旋的为左旋体,用"(−)"表示。使平面偏振光向右旋的为右旋体,用"(+)"表示。左旋体与右旋体,旋光角度相同、旋光方向相反。

外消旋体是等量左旋体与右旋体的混合物,无旋光性,外消旋体用(±)表示。

$$(+)\text{-}CH_3CHCOOH \quad (-)\text{-}CH_3CHCOOH \quad (\pm)\text{-}CH_3CHCOOH$$
$$OH \quad\quad\quad OH \quad\quad\quad OH$$

右旋体   左旋体   外消旋体

外消旋体可分离成左旋体与右旋体。外消旋体无旋光性,是由于一个异构体分子引起的旋光被其对映体分子所引起等量相反的旋光所抵消。

3. Fischer投影式

对于含手性碳原子的有机物,德国化学家Fischer为了书写方便,于1891年提出一种链形化合物的立体表达方式,即Fischer投影式,如下所示:

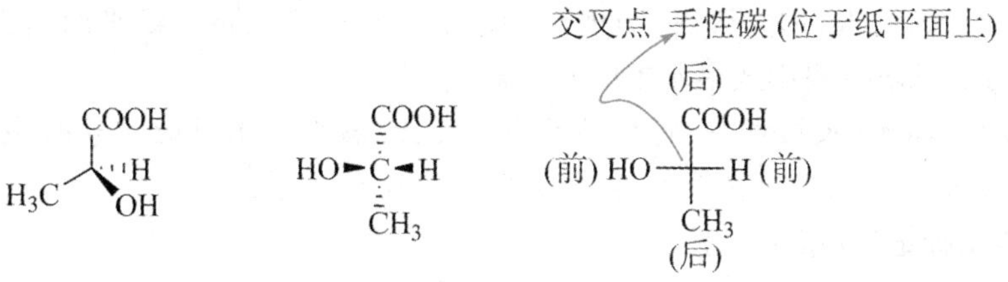

交叉点 手性碳(位于纸平面上)

(后)

COOH

(前) HO——H (前)

CH₃

(后)

A   B   C

手性的乳酸分子,其楔形式如图A所示,此时甲基、手性碳和羧基处于纸平面上,羟基指向纸面前方,氢指向纸面后方,我们将此分子按照顺时针方向向左旋转一定角度,得到图B,此时只有手性碳处于纸平面上,羟基和氢都指向纸面前方,甲基和羧基都指向纸面后方,我们将图B的分子向纸平面做投影,得到图C,即为Fischer投影式,将图B与图C进行对比,发现横键与竖键的交叉点为手性碳的位置,处于纸平面上,竖键所连的两个基团(羧基和甲基)指向纸面后方,横键所连的两个基团(羟基和氢)都指向纸面前方。

Fischer投影式严格表示各个原子或基团在空间上与平面的关系,竖键所连的基团都指向纸面后方,横键所连的基团都指向纸面前方,所以在使用时应注意以下事项:

(1) 将投影式在纸平面上旋转90°,得到它的对映体。

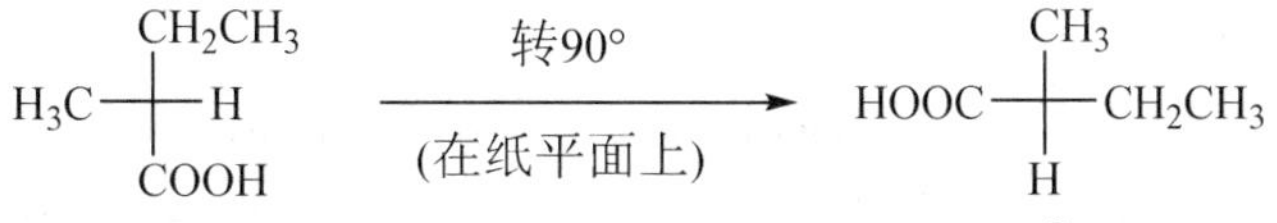

(2) 将投影式在纸平面上旋转180°,则投影式构型不变。

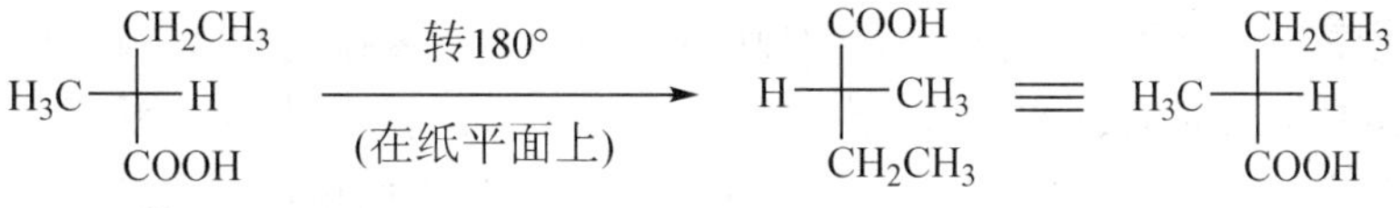

(3) 将投影式中与同一手性碳相连的任意两个基团对调,对调一次(或奇数次)则变成它的对映体;对调两次(或偶数次)则为原化合物。

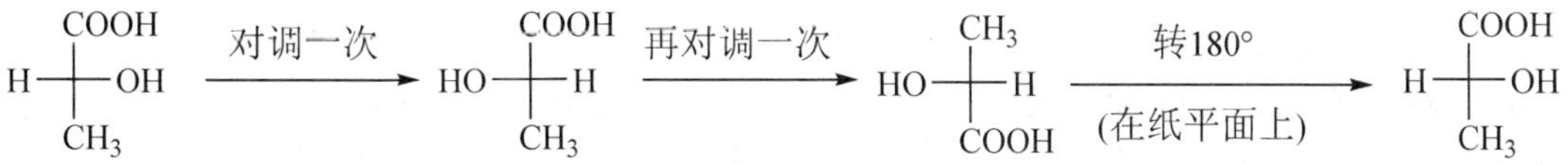

(4) 如果固定某一个原子或基团,而其他的三个原子或基团按任意方向旋转,得到的化合物与原化合物相同。

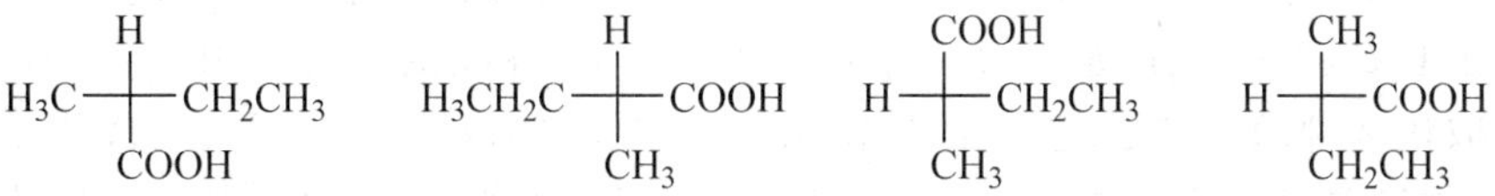

为了写出分子统一的Fischer投影式,注意以下投影规则:

投影式中,手性碳原子位于横线与竖线的交叉处,且处于纸平面上,与竖键相连的原子或基团指向纸平面后方,远离读者;与横键相连的原子或基团指向纸平面前方,指向读者。横前竖后规则是Fischer投影式最基本的硬性规定。

注意:书写Fischer投影式时,将碳链放在竖键上,按照命名时的编号顺序,从上往下书写碳链,编号最小的碳原子放在最上端,氢和取代基放在横键上。

4. D/L构型标记法(相对构型)

立体化学发展初期,人们一直未能用实验或其他合适的方法来测定手性分子的绝对构型(即分子中各原子在空间的真实排列情况),为了表示各种对映体构型之间的关系,人们以甘油醛为标准,其Fischer投影式表示如下,人为规定羟基处于手性碳原子的右侧,为D-型,羟基处于手性碳原子的左侧,为L-型。

$$
\begin{array}{cc}
\text{CHO} & \text{CHO} \\
\text{H}\!-\!\!\!-\!\!\!\!-\text{OH} & \text{HO}\!-\!\!\!-\!\!\!\!-\text{H} \\
\text{CH}_2\text{OH} & \text{CH}_2\text{OH} \\
\text{D-(+)-甘油醛} & \text{L-(−)-甘油醛}
\end{array}
$$

其他可以由D-(+)-甘油醛通过化学反应衍生得到的化合物,或者通过化学反应可以转变为D-(+)-甘油醛的化合物,只要在变化过程中与手性碳原子相连的4个键没有断,则它们与D-(+)甘油醛都具有相同的构型,都属于D-型;反之,与L-(−)-甘油醛具有相同构型的化合物,就属于L-型。例如:

$$
\begin{array}{ccccccc}
\text{CHO} & & \text{COOH} & & \text{COOH} & & \text{COOH} \\
\text{H}\!-\!\!\!-\text{OH} & \xrightarrow{\text{Br}_2/\text{H}_2\text{O}} & \text{H}\!-\!\!\!-\text{OH} & \xrightarrow{\text{PBr}_3} & \text{H}\!-\!\!\!-\text{OH} & \xrightarrow{\text{Zn/H}^\oplus} & \text{H}\!-\!\!\!-\text{OH} \\
\text{CH}_2\text{OH} & & \text{CH}_2\text{OH} & & \text{CH}_2\text{Br} & & \text{CH}_3 \\
\text{D-(+)-甘油醛} & & \text{D-(+)-甘油酸} & & \text{D-(−)-3-溴-2-羟基丙酸} & & \text{D-(−)-乳酸}
\end{array}
$$

从上述化学转变过程中,我们看到,对映体构型和其对偏振光旋转方向之间无明显对应关系。例如D-甘油醛是右旋的,而D-乳酸是左旋的。D/L构型的标记方法是人为规定,通过与甘油醛的构型比较得到,称为相对构型。而手性分子让平面偏振光偏转的方向(右旋或左旋)是由旋光仪检测得到的。

1951年,荷兰化学家Bijvoet首次使用X-射线测定了(+)-酒石酸铷钠的绝对构型,幸运的是人为规定的D-(+)-甘油醛的构型与真实的构型一致。

注意:在我们判断Fischer投影式的D/L构型时,务必按照上节讨论的投影规则书写Fischer投影式,需要将碳链放在竖键上,把命名时编号最小(主链中第一号)的碳原子C$_1$放在最上端,按照命名的编号顺序,从上往下书写碳链,氢和取代基放在横键上。

当体系中有多个手性碳时,D/L构型按照碳链最尾端的手性碳(编号最大的手性碳)进行判断,取代基在右边的为D构型,取代基在左边的为L构型。

D/L构型命名法具有局限性,它只适用于Fischer投影式中手性碳的横键一边连有氢,另一边连有取代基的化合物(如结构A所示)的标记;如果Fischer投影式中,手性碳的横键上两边都是取代基时,如2,3-二羟基-2-甲基丙醛(如结构B所示)则无法标记,这种标记法本身不完善,目前只在糖类、氨基酸等化合物中还继续使用,近年来已被R/S标记法所代替。

$$\underset{A}{\overset{R}{\underset{R'}{H\rule{2em}{0.4pt}Y}}}\text{,适宜用D/L标记}\qquad\underset{B}{\overset{CHO}{\underset{CH_2OH}{H_3C\rule{2em}{0.4pt}OH}}}\text{,无法用D/L标记}$$

5. R/S构型标记法(绝对构型)

(1) 顺序规则

顺序规则(sequence rule)最早由英国科学家 R. S. Cahn 和 C. K. Ingold,瑞士科学家 V. Prelog 共同提出,目的是解决手性异构体的命名问题,此后经过修改和完善,于1970年被国际纯粹和应用化学联合会(IUPAC)正式采用,成为有机物命名中烯烃 Z/E 结构判断和手性化合物 R/S 构型判断的基本依据。

① 单原子取代基,按原子序数大小排列。原子序数大,顺序大;原子次序小,顺序小;同位素中质量高的,顺序大;杂原子上的孤对电子当作最小的取代基,氢优于孤对电子。

$$I > Br > Cl > F > O > N > C > D > H > \text{孤对电子}$$

② 多原子基团第一个原子相同,则依次比较与中心原子相连原子的序数大小,相连原子也按照优先顺序排列;如仍相同,再依次逐轮外推,直至比较出较优基团为止。

$$\underset{C(C,\ H,\ H)}{-CH_2CH_2CH_3}\ <\ \underset{C(C,\ C,\ H)}{-\overset{\displaystyle}{\underset{CH_3}{CHCH_3}}}\qquad\qquad\underset{C(Cl,\ H,\ H)}{-CH_2Cl}\ >\ \underset{C(F,\ F,\ H)}{-CHF_2}$$

例如,丙基与异丙基比较,第一个原子都是碳,则依次比较与C相连的原子,正丙基的C与C,H,H相连(按照优先顺序排列),异丙基的C与C,C,H相连(按照优先顺序排列),因为与碳相连的第一个原子都是C,第二个原子分别是H和C,而C>H,所以异丙基>正丙基。

$-CH_2Cl$ 与 $-CHF_2$ 比较,第一个原子都是碳,则依次比较与C相连的原子,$-CH_2Cl$ 的C(Cl,H,H),$-CHF_2$ 的C(F,F,H),因为Cl>F,故 $-CH_2Cl$>$-CHF_2$

③ 含双键或叁键的基团,则作为连有两个或三个相同的原子。乙炔基与叔丁基比较时,乙炔的第一个C(C,C,C),沿链相连的第二个C(C,C,H),而叔丁基的第一个C(C,C,C),沿链的第二个C(H,H,H),所以乙炔基优于叔丁基,同理,叔丁基与乙烯基比较,C(C,C,C)>C(C,C,H),所以叔丁基优于乙烯基。

$$-C\equiv CH\ >\ -C(CH_3)_3\ >\ -HC=CH_2$$

$$\underset{(C)\ (C)}{\overset{(C)\ (C)}{-C-C-H}}\qquad\underset{CH_3}{\overset{CH_3}{-C-CH_3}}\qquad\underset{H\ \ H}{\overset{(C)\ (C)}{-C-C-H}}$$

④ 若与双键碳原子相连的基团互为顺反异构时,Z型优于E型;如果所连基团相同,但具有不同构型时,R构型优于S构型。

（2）R/S标记法

R/S标记法分为两步，第一步将与手性碳原子相连的四个原子或基团根据顺序规则排列，较优的基团排在前，如 a>b>c>d。

第二步把最不优的基团 d 放在离观察者眼睛最远的地方，其余 3 个基团指向观察者，其余三个基团按由大到小的方向旋转（由 a 到 b，再到 c），若旋转方向是顺时针，则手性碳为 R 构型（来自拉丁文 rectus，右的意思）；若为逆时针，则手性碳为 S 构型（来自拉丁文 sinister，左的意思）。

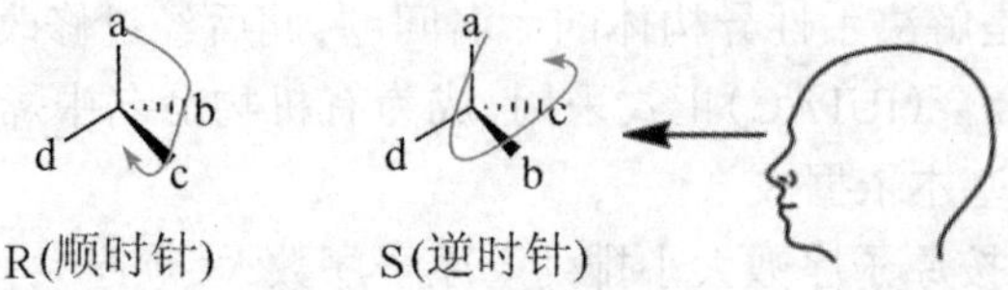

R（顺时针）　　　S（逆时针）

依据 R/S 标记法，判断下列化合物的构型，首先将与手性碳相连的 4 个基团排序，-OH>-COOH>-CH$_3$>H，将氢放在远离眼睛的位置观察，化合物 A 和 B，3 个较优基团的旋转方向是逆时针，手性碳的构型为 S；化合物 C 和 D，3 个较优基团的旋转方向是顺时针，手性碳的构型为 R。

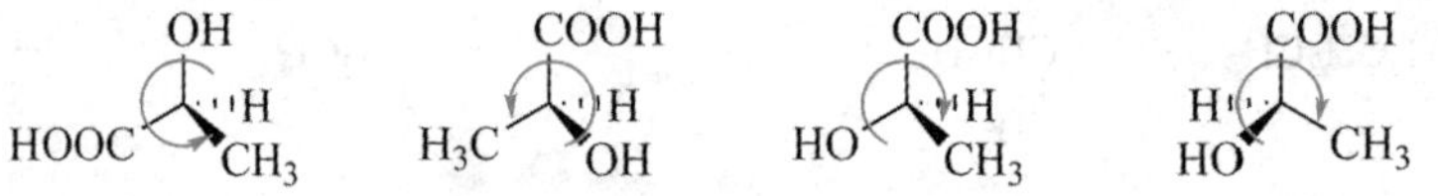

A: S　　　　　B: S　　　　　C: R　　　　　D: R

同理，将与手性碳相连的 4 个基团排序，-OH>-C$_2$H$_5$>-CH$_3$>H，分别判断它们的构型为：化合物 E 的构型为 S，化合物 F 的构型为 R，化合物 G 的构型为 R。

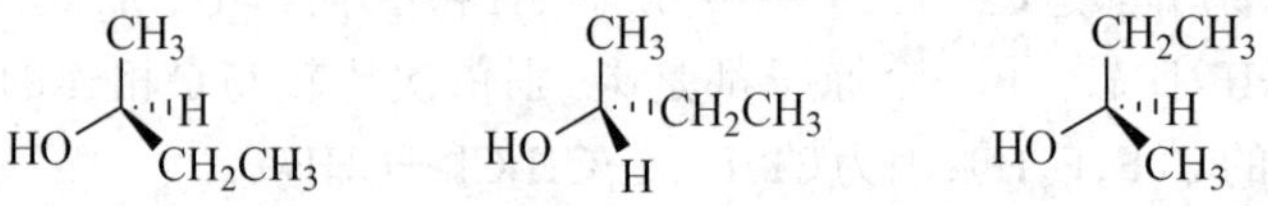

E: S　　　　　　　F: R　　　　　　　G: R

对于 Fischer 投影式，判断手性碳的构型时须注意 Fischer 投影式的规则。

① 顺序最小的原子（或基团）在竖键（指向纸平面后方）上，其余 3 个基团按大中小顺序，顺时针排列为 R 构型，逆时针排列为 S 构型。

② 顺序最小的原子（或基团）在横键（指向纸平面前方）上，其余 3 个基团按大中小顺序，顺时针排列为 S 构型，逆时针排列为 R 构型。

例如

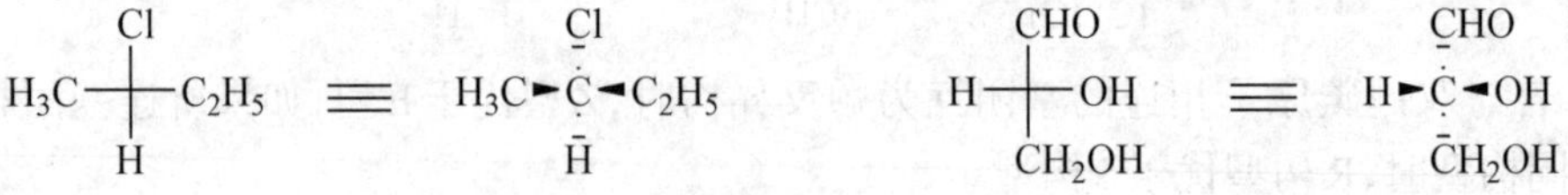

注意：化合物 R/S 构型或 D/L 构型和旋光方向(+)或(−)无直接联系，旋光方向是化合物的固有性质，由实验测得，而化合物构型是人为规定的。

R/S 构型命名法用来表示手性碳原子的构型比较明确，符合系统命名的要求，但也有局限性,它不能反映异构体之间的联系,有时即使保持与手性碳相连的4个键不断,进行反应所得产物的R和S名称也可能改变。

例如

$$\begin{array}{c} CH_2Br \\ H\!-\!\!\!-\!\!\!-\!OH \\ CH_2CH_3 \end{array} \xrightarrow[\text{Zn/H}^{\oplus}]{} \begin{array}{c} CH_3 \\ H\!-\!\!\!-\!\!\!-\!OH \\ CH_2CH_3 \end{array} + ZnBr_2$$

R-1-溴-丁-2-醇　　　　　　　S-丁-2-醇

6. 潜不对称性和潜不对称碳原子

如果一个对称分子被一个基团取代后失去对称性,变成一个不对称分子,那么原来的对称分子称为"潜不对称分子"或"原手性分子"。分子所具有的这种性质称为"潜不对称性"或"原手性",发生变化的碳原子称为"潜不对称碳原子"或"原手性碳原子"

例如

$$\begin{array}{c} COOH \\ H\!-\!\!\!-\!\!\!-\!H \\ CH_3 \end{array} \xrightarrow[\text{H被OH取代}]{} \begin{array}{c} COOH \\ HO\!-\!\!\!-\!\!\!-\!H \\ CH_3 \end{array} \ \text{or} \ \begin{array}{c} COOH \\ H\!-\!\!\!-\!\!\!-\!OH \\ CH_3 \end{array}$$

潜不对称分子　　　　　　　S-(+)-乳酸　　　R-(−)-乳酸
(原手性分子)　潜不对称碳原子
　　　　　　(原手性碳原子)

丙酸是一个对称分子,如果将丙酸C-2的一个氢原子用羟基取代,则丙酸分子就转变成不对称分子乳酸。在丙酸的 Fischer 投影式中,左边的氢被羟基取代得到S-(+)-乳酸,而右边的氢被羟基取代得到R-(−)-乳酸。

4.5.1.2　含两个或多个手性碳原子的分子

1. 含两个或多个不同手性碳原子的分子

(1) 旋光异构体的数目

当分子中的手性碳原子数目增加时,旋光异构体的数目会增多。如果分子中只有一个手性碳原子,则会有R构型和S构型两种旋光异构体;如果分子中有两个不同的手性碳原子,则可以产生RR,RS,SR,SS 4种旋光异构体,如表4.1所示。依此类推,当分子中含有 n 个不同的手性碳原子时,旋光异构体的数目可按下式计算:

旋光异构体数目 $=2^n$(n为分子中不同的手性碳原子数目)

外消旋体数目 $=2^{n-1}$

表 4.1　旋光异构体数目

手性碳原子个数	手性碳构型	旋光异构体数目
1	R,S	2
2	RR,RS,SR,SS	4
…	…	…
n		2^n

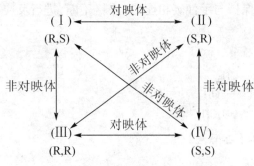

图 4.5 含两个不同手性碳原子的
旋光异构体之间的关系

（2）非对映体

如果分子中有两个不同的手性碳原子，则可以产生如图 4.5 所示的 RS（Ⅰ）、SR（Ⅱ）、RR（Ⅲ）、SS（Ⅳ）四种旋光异构体，在这四种旋光异构体中，（Ⅰ）与（Ⅱ）、（Ⅲ）与（Ⅳ）互为对映体；而（Ⅰ）与（Ⅲ）、（Ⅰ）与（Ⅳ）、（Ⅱ）与（Ⅲ）、（Ⅱ）与（Ⅳ）都不呈实物与镜像关系，它们是非对映异构体。非对映体具有不同的旋光能力，其旋光性、熔点、沸点、溶解度、密度、折射率等物理性质都不同，其化学性质相似，但也不完全相同。

（3）赤式和苏式

含两个手性碳的分子，在 Fischer 投影式中，如果两个氢在同侧，称为赤式，两个氢在异侧，称为苏式。例如，四碳糖的 Fischer 投影式：

CHO	CHO	CHO	CHO
R H—OH	HO—H S	S HO—H	H—OH R
R H—OH	HO—H S	R H—OH	HO—H S
CH₂OH	CH₂OH	CH₂OH	CH₂OH
（Ⅰ）	（Ⅱ）	（Ⅲ）	（Ⅳ）
(2R,3R)-(−)-赤藓糖	(2S,3S)-(+)-赤藓糖	(2S,3R)-(+)-苏阿糖	(2R,3S)-(−)-苏阿糖

（Ⅰ）（Ⅱ）是赤式，（Ⅲ）（Ⅳ）是苏式。

（Ⅰ）和（Ⅱ）、（Ⅲ）和（Ⅳ），互为对映体。

（Ⅰ）和（Ⅲ）、（Ⅰ）和（Ⅳ）、（Ⅱ）和（Ⅲ）、（Ⅱ）和（Ⅳ）互为非对映体。

（4）差向异构体

含多个手性碳原子的两个异构体，如果只有一个手性碳原子的构型不同，其他手性碳原子的构型都相同，则这两个旋光异构体互为差向异构体。根据构型不同手性碳原子的位置编号称为 C_n 差向异构体。

例如：

CHO	CHO	CHO	CHO
H—OH	HO—H	HO—H	H—OH
H—OH	HO—H	H—OH	H—OH
H—OH	HO—H	H—OH	HO—H
CH₂OH	CH₂OH	CH₂OH	CH₂OH
（Ⅰ）	（Ⅱ）	（Ⅲ）	（Ⅳ）

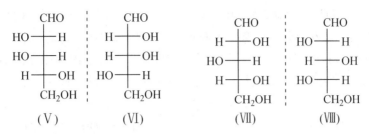

（Ⅰ）和（Ⅲ），（Ⅱ）和（Ⅳ），是 C_2 差向异构体。

（Ⅰ）和（Ⅶ），（Ⅱ）和（Ⅷ），是 C_3 差向异构体。

（Ⅰ）和（Ⅵ），（Ⅱ）和（Ⅴ），是 C_4 差向异构体。

如果构型不同的手性碳原子在链端，称为端基差向异构体。端基差向异构一般存在于糖类中，是差向异构的一种，两个非对映异构体分子（异头物）的差异在于糖的环形结构半缩醛碳原子 C-1 的构型不同。C-1 的-OH 若与 C-5 的-CH$_2$OH 处于 Haworth 透视式（在"糖"章节进行深入学习）环形平面的两侧，则定义为 α-异构体，反之则称为 β-异构体。吡喃葡萄糖的两种端基差向异构体可分别称为"α-D-吡喃葡萄糖"和"β-D-吡喃葡萄糖"。例如，葡萄糖的 Haworth 透视式：

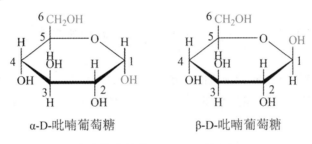

α-D-吡喃葡萄糖　　　　β-D-吡喃葡萄糖

吡喃葡萄糖的 Haworth 透视式

2. 含两个或多个相同手性碳原子的分子

（1）内消旋体

分子内含有两个及其以上的手性碳原子，但分子内部因具有对称因素而形成无旋光性的化合物，称为内消旋体。

例如酒石酸分子内含有两个手性碳原子 C*，手性碳 C_2 和 C_3 都连有四个基团，其优先顺序为

$$酒石酸\quad HOOC-\overset{*}{\underset{OH}{C}}-\overset{H}{\underset{OH}{\overset{H}{C}}}-COOH$$

$$*C_2 \ *C_3:\quad -OH > -COOH > -\underset{OH}{CH-COOH} > H$$

我们首先可以写出下列四种 Fischer 投影式：（Ⅰ），（Ⅱ），（Ⅲ），（Ⅳ），其中（Ⅰ）和（Ⅱ）互为对映体。（Ⅰ）和（Ⅱ）横线上的两个氢处于异侧，所以（Ⅰ）和（Ⅱ）都是苏式。（Ⅲ）和（Ⅳ）横线上的两个氢处于同侧，（Ⅲ）和（Ⅳ）都是赤式。

（Ⅲ）在纸平面上旋转180°，就得到（Ⅳ），根据 Fischer 投影式的规则，Fischer 投影式在纸

平面上旋转180°,得到相同的旋光异构体,所以(Ⅲ)和(Ⅳ)是同一分子。观察Fischer投影式(Ⅲ)或(Ⅳ),我们可以发现分子中有一个对称面,如图中虚线所示,是一个垂直于纸平面的对称面,一半分子的右旋作用被另一半分子的左旋作用在分子内部相互抵消,因此(Ⅲ)或(Ⅳ)是一个无旋光的化合物。我们称(Ⅲ)或(Ⅳ)为内消旋体,用meso-表示。

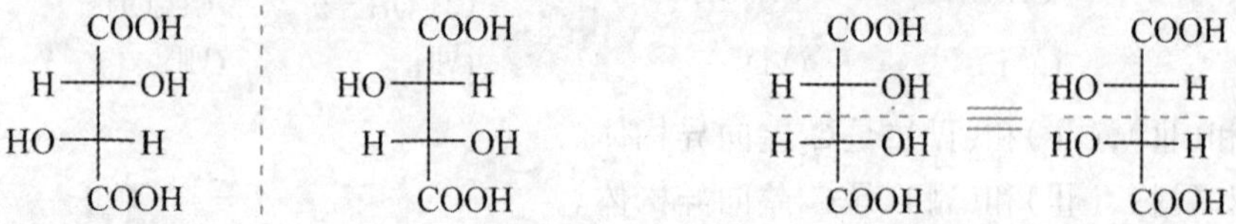

$$
\begin{array}{cccc}
\text{COOH} & \text{COOH} & \text{COOH} & \text{COOH} \\
\text{H}\!-\!\!-\text{OH} & \text{HO}\!-\!\!-\text{H} & \text{H}\!-\!\!-\text{OH} & \text{HO}\!-\!\!-\text{H} \\
\text{HO}\!-\!\!-\text{H} & \text{H}\!-\!\!-\text{OH} & \text{H}\!-\!\!-\text{OH} & \text{HO}\!-\!\!-\text{H} \\
\text{COOH} & \text{COOH} & \text{COOH} & \text{COOH} \\
(\text{Ⅰ}) & (\text{Ⅱ}) & (\text{Ⅲ}) & (\text{Ⅳ}) \\
(2R,3R) & (2S,3S) & (2S,3R) & \text{meso-} \\
\text{苏式} & & \text{赤式} &
\end{array}
$$

内消旋体的特点为:分子内有一对称面,对称面两边的部分呈实物和镜像的对映关系,两部分的旋光度数相等,旋光方向相反,旋光性彼此抵消。

具有两个手性中心的内消旋体,一个手性碳为R构型,另一手性碳为S构型。

内消旋体没有旋光性,分子中含有两个相同取代、构型相反的手性碳原子,是一个纯净物。

外消旋体也没有旋光性,但外消旋体是一个混合物,由等摩尔的对映体组成,可以将其分为左旋体和右旋体。

外消旋体也不同于任意两种物质的混合物,它具有固定的熔点,且熔点范围很窄。

我们将酒石酸外消旋体、内消旋体、左旋体、右旋体的性质进行比较,如表4.2所示。

表4.2 酒石酸外消旋体、内消旋体、左旋体、右旋体性质的比较

化合物	熔点 (℃)	$[a]_D^{25}$(20%水溶液)	溶解度 (g/100g H_2O)	pK_{a1}	pK_{a2}
(+)-酒石酸	170	+12°	139	2.96	4.16
(−)-酒石酸	170	−12°	139	2.96	4.16
(±)-酒石酸	206	—	20.6	2.96	4.16
meso-酒石酸	140	—	125	3.11	4.80

从构象的角度分析,内消旋酒石酸是由一个有对称面的重叠型构象(内消旋构象),一个有对称中心的交叉型构象(内消旋构象),以及无数对等量的互为实物和镜像的对映体(外消旋构象)组成的,所以旋光度为0。

(2) 假不对称碳原子

一个碳原子A如果和两个相同取代的手性碳原子相连而且当这两个取代基构型相同时,该碳原子为对称碳原子。如果这两个取代基构型不同,则该碳原子为不对称碳原子,则A为假不对称碳原子(pseudoasymmetric carbon)。

假不对称碳原子的构型用r,s表示。判断假不对称碳原子构型时,优先顺序为:R>S,顺>反。

例如,2,3,4-三羟基戊二酸,可以写出四种立体异构体:

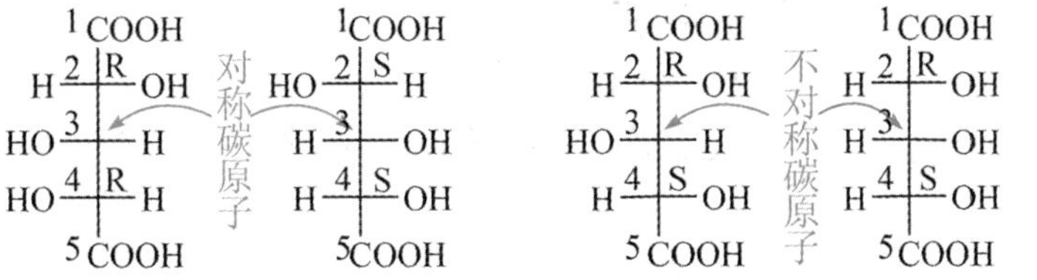

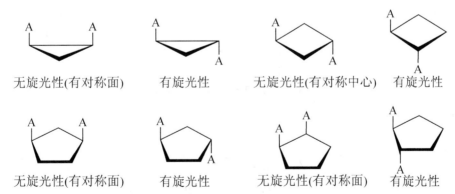

(2R, 4R)　　　(2S, 4S)　　　(2R, 3s, 4S)　　　(2R, 3r, 4S)

（Ⅰ）　　　　　（Ⅱ）　　　　　（Ⅲ）　　　　　（Ⅳ）

在 Fischer 投影式（Ⅰ）和（Ⅱ）中,C-2 和 C-4 构型相同,C-3 是对称碳原子,是非手性碳原子;而在 Fischer 投影式（Ⅲ）和（Ⅳ）中,C-2 和 C-4 的构型不同,C-3 是不对称的,是手性碳原子。C-3 这种碳原子称为假不对称碳原子。

（Ⅰ）和（Ⅱ）互为实物和镜像的关系,分子内无对称因素,有旋光性,互为一对对映体;（Ⅲ）和（Ⅳ）分子中都有一个对称面,两者都是非光活性的内消旋体。

假不对称碳原子 C-3 的构型可以用 r 或 s 表示,根据顺序规则,R 优于 S,Ⅲ 中的 C-3 为 s 构型,Ⅳ 中的 C-3 为 r 构型。

C-3 虽然和四个不同的基团(-H,-OH,R-和 S-CHOHCOOH)相连,但有两种不同的空间排列方式,即两种构型,所以有两个不同的内消旋体。

4.5.2　含手性碳原子的单环分子

单环化合物是否有旋光性,可以通过其平面式(成环碳原子画在同一平面上)的对称性来进行判断。如果单环化合物的平面式有对称面、对称中心或四重交替对称轴 S_4,则单环化合物没有旋光性,反之则有旋光性。

例如:图中 A 表示取代基

无旋光性(有对称面)　　　有旋光性　　　无旋光性(有对称中心)　　　有旋光性

无旋光性(有对称面)　　　有旋光性　　　无旋光性(有对称面)　　　有旋光性

三元环是平面型的,从四元环开始,环状化合物就是非平面型的,那么,仅根据单环化合物的平面式结构来判断它们的旋光性是否合理呢?

下面通过对 1,2-二甲基环己烷旋光性的分析来阐明这个问题。先来看顺-1,2-二甲基环己烷,从它的平面式来看,分子有一个对称面,所以它是无旋光的化合物。

平面式:

有对称面,分子无手性

构象式:

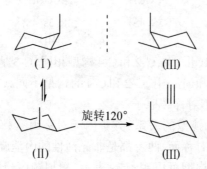

从构象式(仅讨论稳定构象)考虑,顺-1,2-二甲基环己烷有一对彼此不能重合的对映体(Ⅰ)和(Ⅲ)。将(Ⅰ)进行椅式构象翻转得到(Ⅱ),(Ⅱ)绕垂直于环己烷平面中心的轴旋转120°得到其对映体(Ⅲ),所以,(Ⅰ)和(Ⅲ)既是构象对映体,又是构象转换体,并且(Ⅰ)和(Ⅲ)的能量相等,故在构象分布中,两者的含量相等。所以从构象分析考虑,顺-1,2-二甲基环己烷是一对外消旋体,旋光度为零。

就旋光性而言,用平面式分析和用构象式分析是一致的,旋光度都为零。但究其旋光度为零的原因,两者是不同的。用平面式分析时,顺-1,2-二甲基环己烷是内消旋体,旋光度为零;用构象式分析时,顺-1,2-二甲基环己烷是一对外消旋体,旋光度为零。

下面分析反-1,2-二甲基环己烷,从它的平面式来看,分子无对称因素,所以它是有旋光的化合物。

平面式:

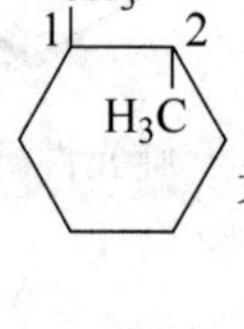

无对称因素,有旋光

构象式:

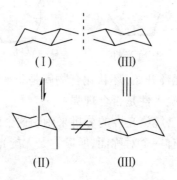

从构象式分析(仅分析稳定构象),反-1,2-二甲基环己烷有一对彼此不能重合的稳定构象对映体(Ⅰ)和(Ⅲ)。(Ⅰ)进行椅式构象翻转得到(Ⅱ),(Ⅱ)无法通过任何操作与(Ⅲ)重合,因此(Ⅰ)无法通过环的翻转转变为其对映体(Ⅲ),(Ⅰ)无任何对称因素,所以其有旋光。

所以,对于反-1,2-二甲基环己烷,就旋光性而言,用平面式分析和用构象式分析结果是一致的,都具有旋光性。

用平面式和构象式讨论取代环己烷的手性时,结果一致,所以常常将取代环状化合物用平面结构来考虑,更加简便。

4.5.3 含其他手性原子(除碳以外)的分子

其他原子如N,S,P等,当它们和4个不同的基团或原子相连时,均有手性,例如:

$$CH_3 \quad \ominus \qquad \ominus \quad CH_3$$
$$H_3CH_2C\overset{\oplus}{\cdots}N\cdots Ph \quad OH \quad \vdots \quad OH \quad Ph\cdots\overset{\oplus}{N}\cdots CH_2CH_3$$
$$CH_2Ph \qquad \qquad CH_2Ph$$

三级胺的氮原子也是四面体构型,氮的一对未共用电子对占据四面体的一个顶点,当氮上所连3个基团不同时,由于氮的不对称性,也应有对映体存在,但到目前为止,还没有分离出这类对映体。因为两个对映体之间会以$10^3 \sim 10^5$次/秒的速度翻转。异构体翻转时,可能经过一个平面的过渡态:

$$R_3\cdots\overset{\bullet\bullet}{N}\!\!\underset{R_2}{\overset{}{\diagup}}R_1 \quad \rightleftharpoons \quad \left[\,R_3\cdots\underset{R_2}{\overset{\bullet\bullet}{N}}\!-R_1\,\right]^{\ddagger} \quad \rightleftharpoons \quad R_3\cdots\underset{R_2}{\overset{}{\diagup}}\overset{}{N}\!-R_1$$

如果把氮的3个不同基团固定在环上,环阻止了它的构型翻转,这样就可以拆分成单一有光学活性的异构体。例如:

Troger碱,1944年拆分

分子中的两个氮被一个亚甲基的桥固定,不能来回翻转,我们就可以将其拆分为室温下稳定的有光学活性的异构体。

其他原子如P,S等也类似胺,但它们的构型转化要慢得多,在室温下常保留它们的构型。

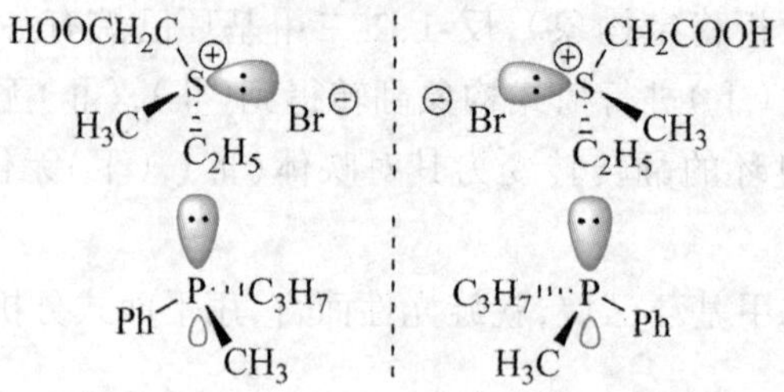

4.6　含手性轴的手性分子

大部分旋光性物质含有手性碳原子,但有些含有手性碳的分子无旋光性,而有些旋光性物质并不具有手性碳,所以分子中是否具有手性碳并不是分子具有手性的充分必要条件。

判断一个化合物是否具有手性,最可靠的办法是判断分子和它的镜像是否重合。另一种简单办法是判断分子是否具有对称面和对称中心。

一般情况下,有机分子的手性是由于手性中心产生的,但在轴手性的情况下,分子内没有手性中心而是有一根手性轴。多个基团围绕轴排布,其排布方式使得分子无法与其镜像重合而具有手性。

4.6.1　丙二烯型分子

中心碳原子是 sp 杂化,两端碳原子 sp^2 杂化,两个 π 键平面相互垂直,两端碳原子上的四个基团,两两处于相互垂直的平面上。

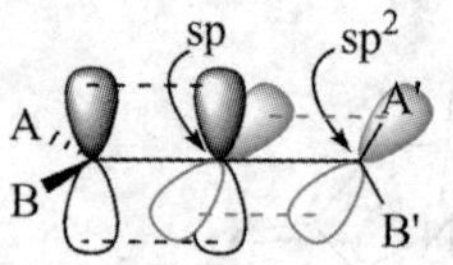

当两端的碳上所连取代基 A 和 B 不同时,分子无对称面和对称中心,分子有手性。

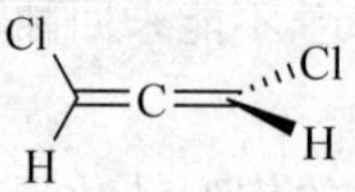

如果端头的两个碳任意一个连有两个相同的取代基,则化合物有对称面,无旋光性。例如,下列化合物中,甲基-碳-氢所在的平面(即纸平面)是分子的对称面。

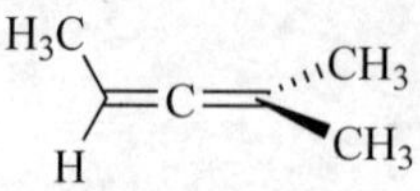

类似物:

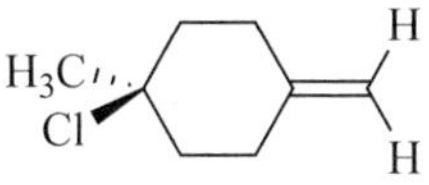

分子有对称面(甲基-碳-氯所在的平面),分子无手性

分子无对称面和对称中心,分子有手性

4.6.2 联苯型分子和联萘型分子

联苯分子中两个苯环以单键相连,联苯的单键可以旋转,分子在连接键中心有对称面和对称中心。当联苯分子中两个邻位(2-,6-,2'-,6'-)的 H 被体积较大的原子或基团(如 $-NO_2$,$-COOH$,$-Br$ 等)取代时,由于空间位阻,两个苯环围绕中心单键的旋转受到阻碍,两个苯环不能共平面,两个苯环所在平面有一定的角度,当同一苯环上两个邻位(2-,6-)所连基团不同时(取代基或原子体积较大),整个分子既无对称面也无对称中心,分子有手性。例如

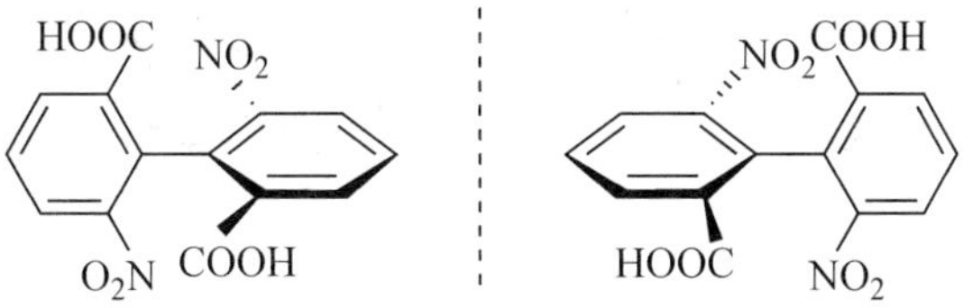

当同一个苯环两个邻位所连的两个取代基相同时,整个分子有对称面,分子无手性,无对映体。

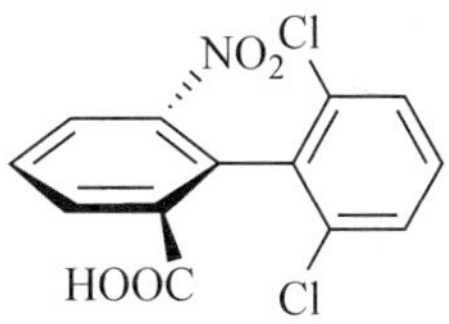

有对称面,无手性

少数情况下,在联苯邻位上各有一个大的取代基,也可以使单键旋转受阻而成为手性分子。

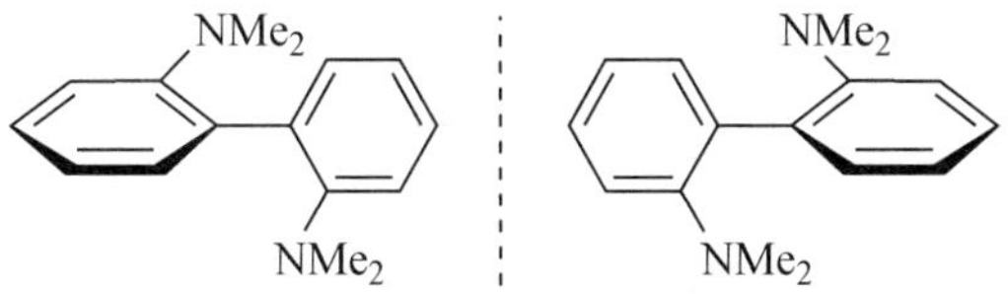

一般来说,当碳原子和 X_1(或 X_3)的中心距离与碳原子和 X_2(或 X_4)的中心距离之和超过 290 pm 时,在室温(25 ℃)下,这个化合物就有可能拆分出旋光异构体。

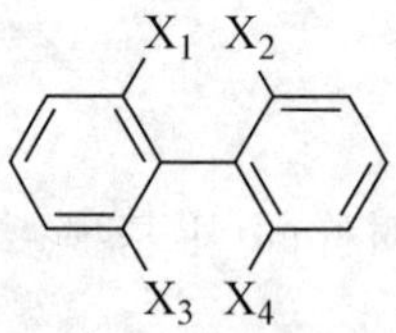

芳环碳和一些原子或基团的中心距离如表4.3所示。

表4.3 联苯中芳环碳和一些原子或基团的中心距离

C−X(pm)	C−H	C−F	C−OH	C−CH	C−COOH
中心距离	104	139	145	150	156
C−X(pm)	C−NH$_2$	C−Cl	C−Br	C−NO$_2$	C−I
中心距离	156	163	183	192	200

1,1′-联萘和联萘-2,2′-二酚也有手性,存在对映体。

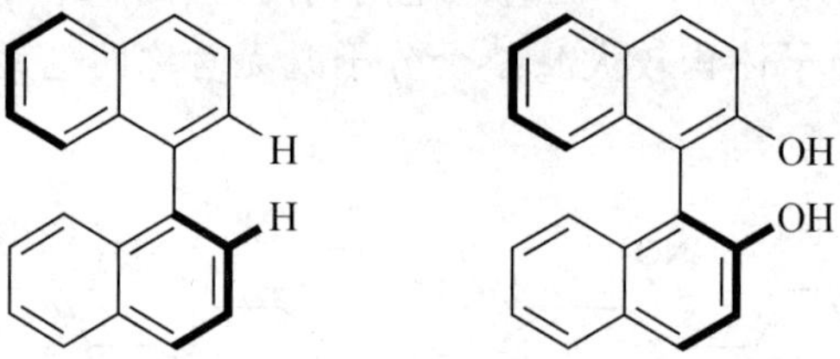

4.6.3　把手型旋光异构体

下列分子有一个苯环和长的碳链,苯环像篮子,长碳链像篮子的把手,因其形状称为把手型分子。羧基的存在阻碍了苯环的旋转,产生手性。

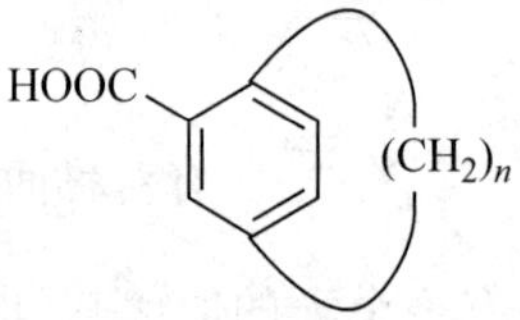

n=8时,可拆分,光学活性体稳定;n=9时,可拆分,95.5 ℃时,半衰期为444分;n=10时,不可拆分。

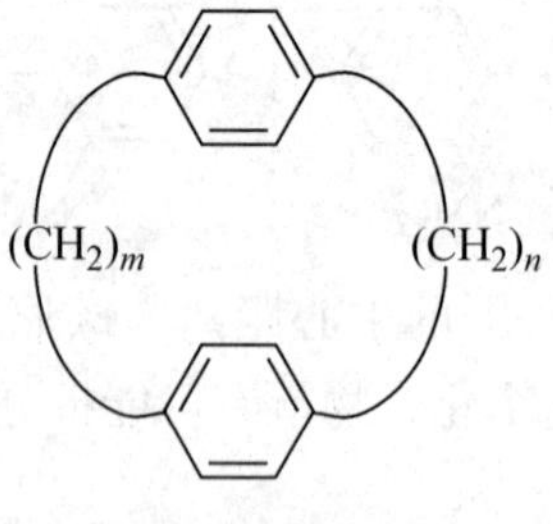

n=4,m=4,可拆分。

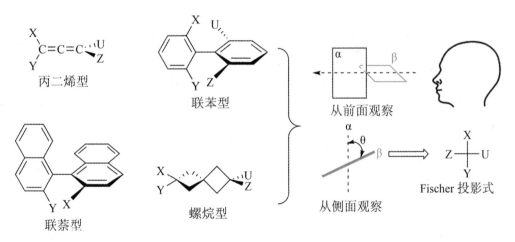

43 ℃,n=8,半衰期170分。

4.6.4 简单轴手性分子的R/S构型判定

典型的轴手性分子有丙二烯型、螺烷型、联苯型和联萘型等,它们的立体结构可简化为相交的两个平面,如图4.6所示,从侧视图看,α和β的二面角为θ,呈十字交叉状,这与Fischer投影式十分相似。因此,针对轴手性分子的R/S构型判定,我们可以将其转化为Fischer投影式的形式来辅助判断,依据Fischer投影式的定义,即沿着观察方向,将位于前部且水平的取代基放于横键上,而位于后部且竖直的取代基放于竖键上。此外在给取代基确定次序时,还需先将前部和后部分开,**前部优于后部**,然后再分别对前部或后部的取代基按照优先次序排序,即:首先(U,Z)>(X,Y),再(U>Z)>(X>Y)。

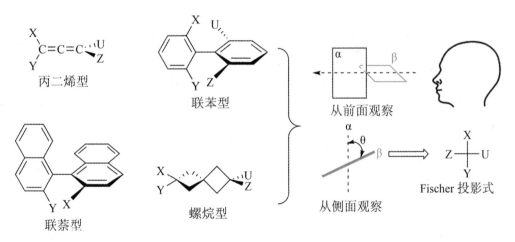

图4.6 轴手性分子的立体结构可简化为两个相交的平面

以下列化合物1~4的R/S构型判断为例进行说明。首先,将它们转变为Fischer投影式,眼睛沿着中心轴进行观察,1和2都是从右往左看,3是从下往上看,4是从左往右看,竖键画成虚线,随后将其转变成Fischer投影式,并进行排序,化合物1(-Et>-CH₃)>(-Et>-CH₃),化合物2(-NH₂>-COOH)>(-Cl>-H),化合物3(-NO₂>-C)>(-NO₂>-C),化合物4(-OH>-NH₂)>(-NH₂>-CH₃);4个Fischer投影式中最不优的取代基均朝后,化合物1~4的A→B→C分别为顺时针、顺时针、逆时针、逆时针,则1~4分别是R构型、R构型、S构型、S构型。

4.7 含手性面的手性分子

　　有些分子内存在一个扭曲的面,从而使分子呈现一种螺旋状的结构,由于螺旋有左手螺旋和右手螺旋,互为对映体,所以该类分子也表现出旋光性。这种因分子内存在扭曲的面而产生的旋光异构体就称为含手性面(chiral plane)的旋光异构体。

　　螺旋烃(helicene)就是这样一类不具有手性原子的手性分子,它是由苯环彼此稠合形成类似螺旋的结构,这类化合物最简单的代表是由6个苯环稠合形成的化合物,叫作六螺苯。六螺苯分子末端的2个苯环不在同一平面上,即2个苯环上的4个碳原子及其相连的4个氢原子不能同时保持在同一平面上,它不呈环形而呈螺旋形,这种分子没有对称面和对称中心,也没有S_4对称轴。因此,形成一对左手和右手的对映体。螺旋烃的旋光能力是惊人的,六螺苯的$[\alpha]$值在氯仿中为3700°,充分说明旋光性和分子结构的密切关系。

六螺苯(一对对映体)　　　　　　　　　　蔻(无手性)

　　当六个苯环稠合,分子末端的两个苯环也相互稠合,形成一个平面分子蔻,蔻是平面分子,含有对称面和对称中心,无手性,可以和六螺苯进行对比。

　　取代菲的两个甲基相互排斥,造成苯环不能很好地共面,分子有手性。

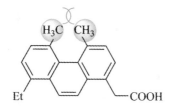

4.8 旋光异构体的性质

旋光异构体的物理性质除了对偏振光的平面旋转方向不同之外,其他物理性质都相同。左旋酒石酸和右旋酒石酸的物理常数比较如表4.4所示。

表4.4 左旋酒石酸和右旋酒石酸的物理常数

名称	熔点(℃)	$[\alpha]^{25}$(20%水溶液)	溶解度	pK_{a1}	pK_{a2}
(+)-酒石酸	170	+12°	139	2.93	4.23
(−)-酒石酸	170	−12°	139	2.93	4.23

那么它们的化学性质呢? 这要看它们和什么试剂反应,如果它们和无旋光性的试剂反应,则化学反应速度相同。

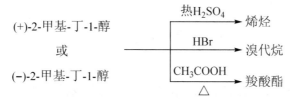

反应的$k(+)=k(-)$,因为在每种情况下,被进攻原子的反应活性受到完全相同取代基的影响,无旋光性的试剂靠近其中任一分子时,环境是相同的。

旋光异构体在手性条件下(如手性试剂、手性催化剂等)反应,反应速率不同。

如图4.8(a)所示,当一对对映体和无旋光试剂反应,反应物(对映体)的能量相同,过渡态互为实物和镜像,能量也相同,故活化能相同,反应速率相同。

如图4.8(b)所示,当一对对映体和一个旋光试剂反应时,反应物(对映体)的能量相同,过渡态不是实物和镜像的关系,而是非对映异构体,能量不同,故活化能不同,反应速率不同。所以旋光异构体在手性条件下的反应速率不同,有些情况下会差别很大。

生物体内的酶和蛋白具有手性,手性分子的对映体进入生物体内的手性环境后,引起不同的分子识别,使其生理活性相差很大。例如,肌肉收缩产生(+)-乳酸,水果中含有(−)-苹果酸。

药物的受体,几乎都是由L-氨基酸(除了甘氨酸无手性外)形成的光学纯蛋白质,因此手性药物的两种对映体的药理效果可能差别很大。

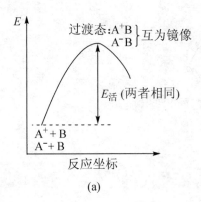
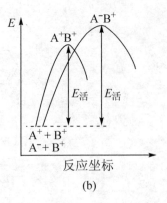

图4.8 对映体反应的势能图

1. 旋光异构体具有不同的药理活性强度

(S)-萘普生

萘普生(Naproxen)是一种非甾体抗炎药,具有抗炎、解热、镇痛作用,其S-异构体的药效比R-异构体强28倍。

2. 旋光异构体具有完全相反的生物活性

(S)-(−)-依托唑啉

(S)-(−)-依托唑啉,左旋体具有利尿作用,而右旋体具有抗利尿作用。

3. 旋光异构体的毒性或严重副作用

抗妊娠反应的镇静药——(R)-酞胺哌啶酮(又叫反应停或沙利度胺),R构型具有镇静作用,S构型导致胎儿畸形,胎儿的四肢短小,很像海豹的肢体,故称为"海豹肢畸形儿"或"海豹胎"。所以,制备纯的旋光异构体具有十分重要的作用。

反应停事件:沙利度胺(反应停、酞胺哌酮)具有一定的镇静催眠作用,还能够显著抑制孕妇的妊娠反应(止吐等反应),1956年反应停(沙利度胺,只要服用了妊娠反应就停了,所以叫作反应停)正式投放市场,在此后的不到一年内,反应停风靡欧洲、非洲、澳大利亚和拉丁美洲,作为一种"没有任何副作用的抗妊娠反应药物",成为"孕妇的理想选择"。

1959年12月,西德儿科医生Weidenbach首先报告了一例女婴的罕见畸形。1961年10

月,在原西德妇科学术会议上,有3名医生分别报告发现婴儿有类似的畸形。这些畸形婴儿没有臂和腿,手和脚直接连在身体上,很像海豹的肢体,故称为"海豹肢畸形儿",即"海豹胎"。

1956年反应停进入市场至1962年撤药,全世界30多个国家和地区共报告了"海豹胎"1万余例,各个国家畸形儿的发生率与同期反应停的销售量呈正相关,如西德约6000例畸胎,英国约5500例畸胎,日本约1000余例。由于美国FDA采取谨慎态度,没有引进这种药,基本没有发生这样病例。

反应停所造成的胎儿畸形,成为20世纪最大的药物导致先天畸形的灾难性事件。

4.9 外消旋化和差向异构化

4.9.1 外消旋化

如果某光活性物质在一定条件下被转化(50%构型转化)成外消旋体的过程,称为外消旋化(racemization)。旋光性化合物在适当条件下,可发生50%的构型转化,即转变成外消旋体。如果构型转化未达到半量,就称为部分外消旋化。

一个光活性物质能否发生外消旋化,取决于其自身的结构和一些外界因素(如光、热、溶解、酸或碱等化学试剂)的影响。

一般在手性碳原子上同时连有氢和吸电子基(如羰基、羧基等)的光活性物质比较容易发生外消旋化。

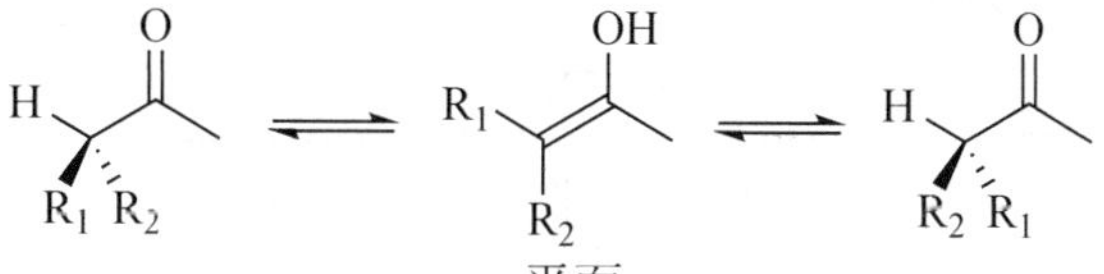

因为与羰基相连的α-H比较活泼,可以通过酮式-烯醇式互变来实现外消旋化。烯醇式是一个平面结构,无手性,当再转变为酮式时,氢可在双键平面的两侧进攻,机会均等,生成等量的外消旋体,发生外消旋化。外消旋化的结果是得到无旋光的外消旋体。

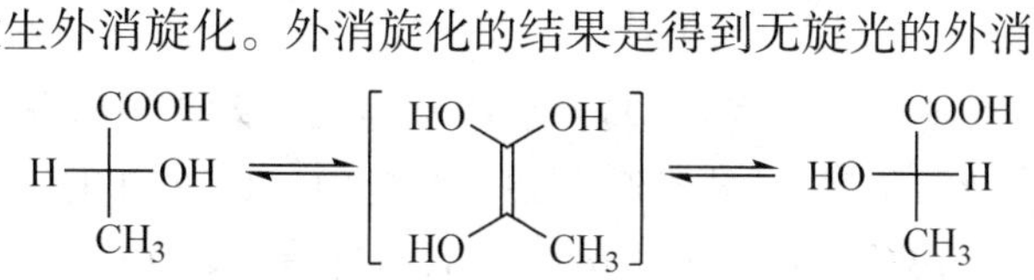

含一个手性碳原子的化合物,如果手性碳原子很容易形成碳正离子、碳负离子或自由基等活性中间体,则该化合物易发生外消旋化。例如:(+)或(−)-肾上腺素在H^+作用下,产生碳正离子,在60~70 ℃,4 h就可以完成外消旋化。外消旋化的过程如下:

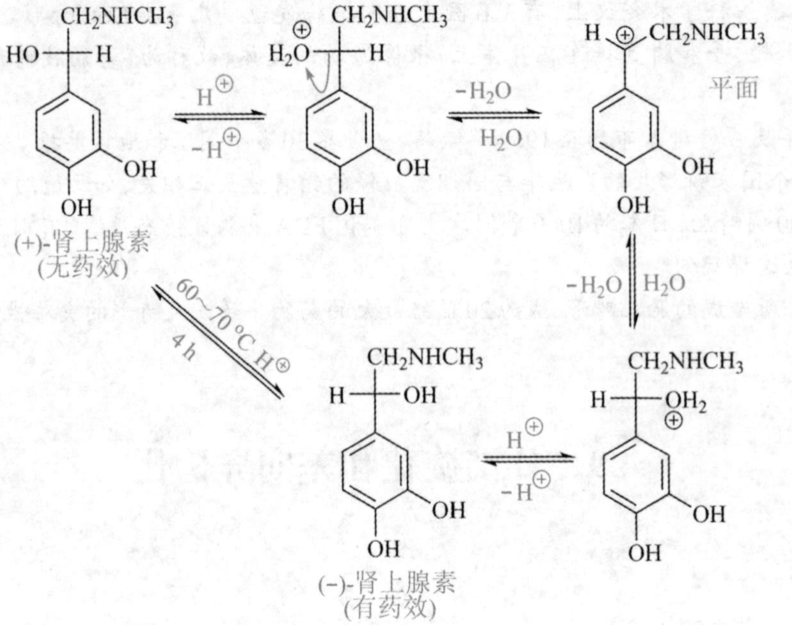

（+）-肾上腺素
（无药效）

（-）-肾上腺素
（有药效）

（+）与（-）-肾上腺素的转换过程是可逆的,因为苄基碳正离子是平面结构,水可以从平面两侧与其结合,概率相等,所以达到平衡时得到外消旋体。

4.9.2　差向异构化

对于含两个或多个手性碳原子的化合物,只有其中一个手性碳原子发生构型转化的过程称为差向异构化(epimerization)。例如,2,4-二甲基环己酮,C-2 和 C-4 是手性碳,C-2 易消旋,而 C-4 不易消旋,其构型不变。C-2 消旋后,体系就成为两个非对映异构体的混合物,这两个非对映体是 C-2 差向异构体。

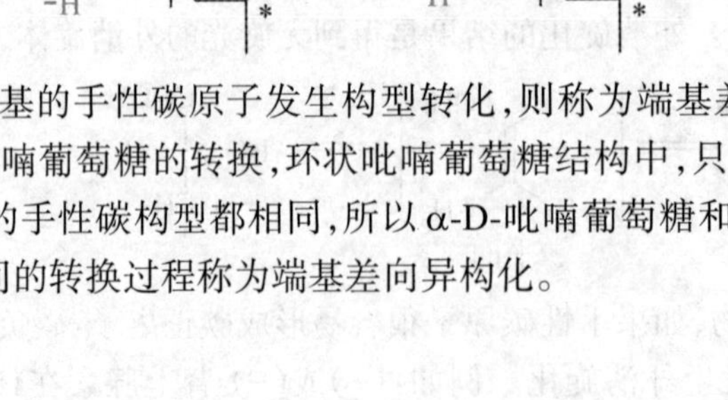

烯醇化

如果是端基的手性碳原子发生构型转化,则称为端基差向异构化。例如,α-D-吡喃葡萄糖和 β-D-吡喃葡萄糖的转换,环状吡喃葡萄糖结构中,只有 C-1 的手性碳构型不同,C-2,C-3,C-4,C-5 的手性碳构型都相同,所以 α-D-吡喃葡萄糖和 β-D-吡喃葡萄糖是端基差向异构体,两者之间的转换过程称为端基差向异构化。

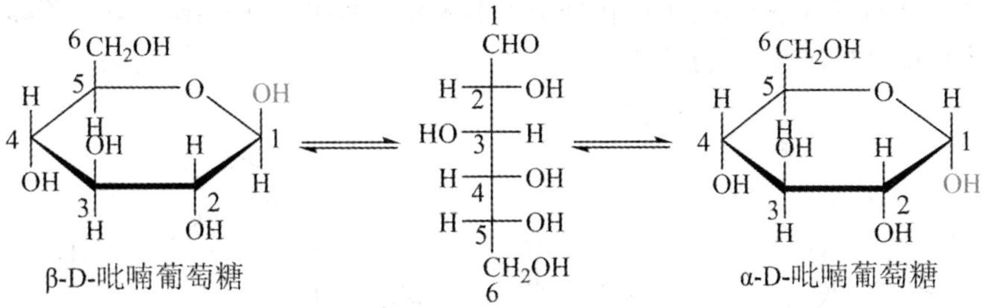

CHO
CH₂OH
β-D-吡喃葡萄糖
α-D-吡喃葡萄糖

D-(−)-麻黄素与L-(+)-假麻黄素分子中有两个手性碳，羟基在酸催化下，脱去一分子水，生成苄基正离子结构，是平面结构，苄基正离子与水结合时，从平面两边结合的几率等同，得到等量的D-(−)-麻黄素和L-(+)-假麻黄素，与羟基相连的碳发生构型反转，而与氨基相连的碳构型不变，这两个非对映体是C-1差向异构体，也是端基差向异构体。

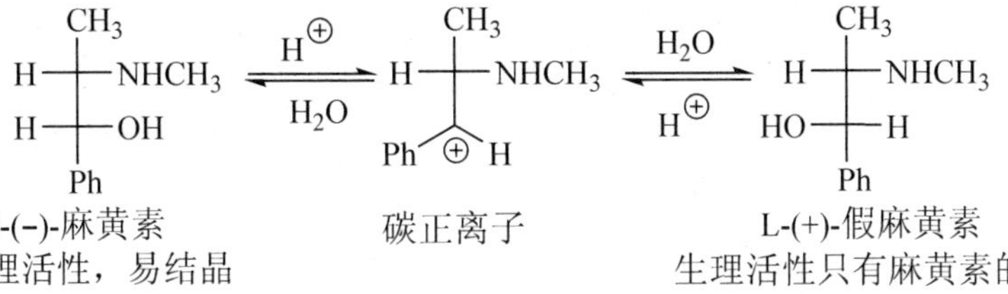

D-(-)-麻黄素
有生理活性，易结晶
碳正离子
L-(+)-假麻黄素
生理活性只有麻黄素的1/5

4.10 外消旋体的拆分

将外消旋体分离得到纯左旋体和纯右旋体的过程称为外消旋体的拆分(resolution)。下面介绍几种常用的拆分方法。

4.10.1 化学法

把外消旋体的一对对映体用一个纯的手性试剂转变为性质不同的一对非对映体，利用常规的分离方法将它们分离得到一对非对映体，然后再将非对映体分别处理，可以得到两个纯的对映体。

(±)-酸 + (-)-碱
(+)-酸-(-)-碱
(-)-酸-(-)-碱
结晶分离
HCl
(+)-酸
(-)-酸

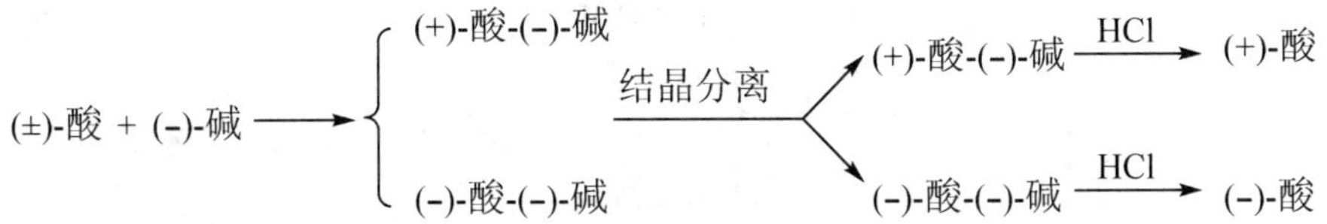

通常外消旋的酸用手性碱拆分，外消旋的碱用手性酸拆分。常用的拆分剂为光活性碱和光活性酸，光活性碱有(−)-奎宁、(−)-马钱子碱、(+)-辛可宁碱等，光活性酸有酒石酸、樟脑磺酸、谷氨酸等。

　　既非酸又非碱的外消旋体,可以在分子中引入酸性基团。例如:醇的外消旋体可与二元酸酐反应生成酸性单酯,然后再分离。

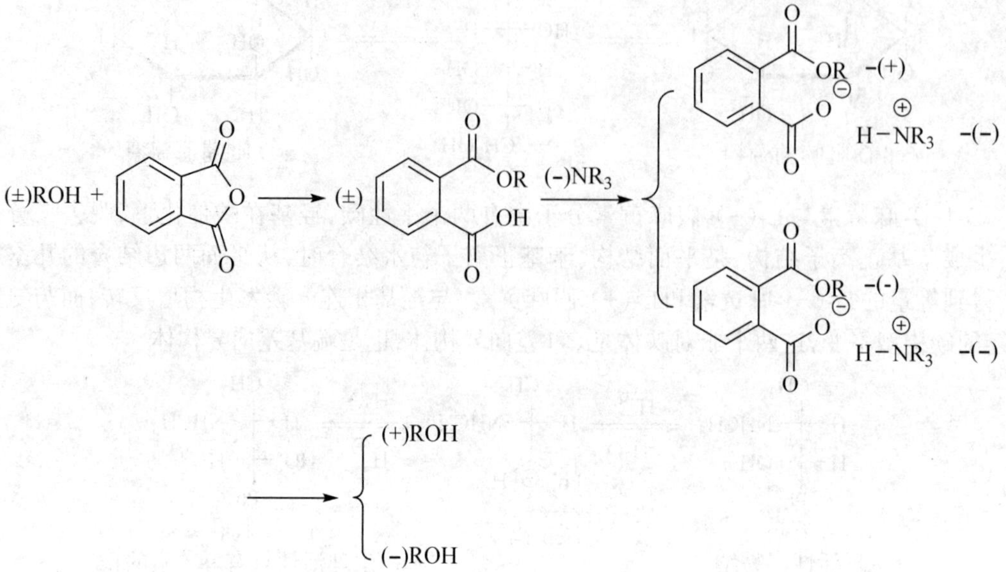

　　如果拆分手性醛酮类外消旋体,可以用纯的手性肼衍生物做拆分剂。

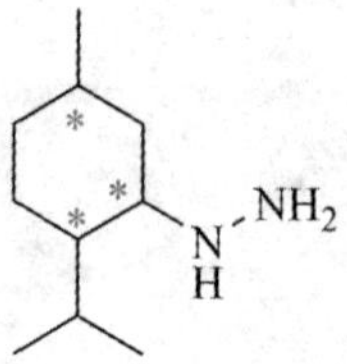

薄荷肼　　　　　　　盖基氨基脲 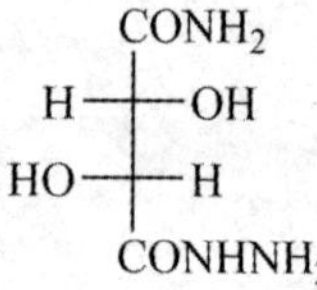　　　　　　酒石酰胺酰肼

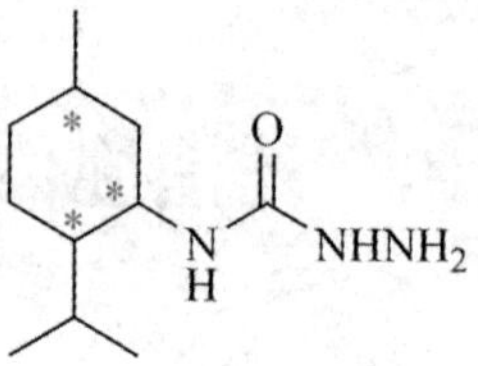

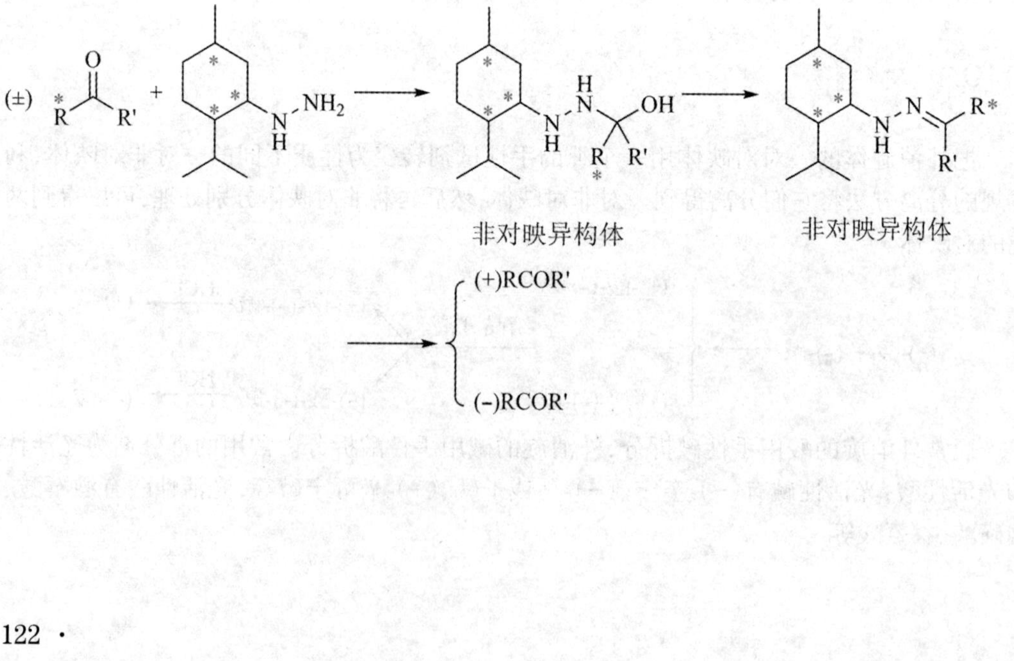

非对映异构体　　　　　　　非对映异构体

$$(+)RCOR'$$

$$(-)RCOR'$$

4.10.2 生物分离法(酶解法)

酶具有立体专一性,我们可以用酶解的方法将外消旋体分开。例如,外消旋的丙氨酸,进行乙酰化,通过乙酰水解酶进行水解,该酶水解L-乙酰氨基丙酸的速率要比D-型快得多。因此,酶催化水解后得到L-(+)-丙氨酸和D(−)-乙酰氨基丙酸,二者在乙醇中的溶解度差别很大,可以很容易分开。

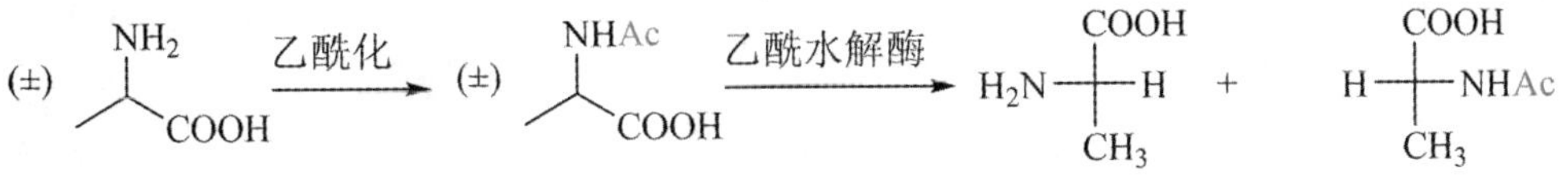

4.10.3 晶种法

这种方法是在外消旋体的过饱和溶液中加入一定量的左旋体或者右旋体的晶种,则与晶种相同的异构体优先析出。例如,向外消旋氯霉素的过饱和溶液中加入D-氯霉素晶种,则D-氯霉素优先析出,过滤得到D-氯霉素,再向滤液中加入外消旋氯霉素,加热制成过饱和溶液,此时L-氯霉素过量,冷却,析出L-氯霉素晶体。如此反复处理就可以得到相当数量的左旋体和右旋体。

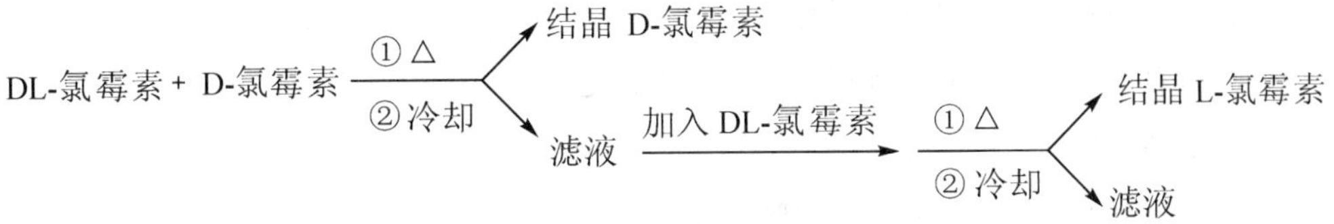

4.10.4 色谱分离法

色谱分离依赖于物质与固定相(stationary phase)和物质与流动相(mobile phase,流过固定相的溶剂,被称为洗脱剂(eluent))之间亲和性的差异,此亲和性是由氢键、偶极−偶极作用等分子间作用力产生的。固定相通常用二氧化硅,其表面分布着游离的−OH,可以与手性试剂相结合,结合后的固定相具有手性,就可以用于分离旋光异构体。

将外消旋混合物的溶液加载到手性固定相色谱柱上,然后使用洗脱剂洗涤,这时,由于一个对映体(如R-异构体)对手性固定相的亲和性差,会率先从色谱柱上洗脱下来,而另一个对映体(如S-异构体)吸附时间较长,后被洗脱下来,通过两种对映体在手性柱上吸附时间的不同将它们分开。洗脱过程如图4.9所示。

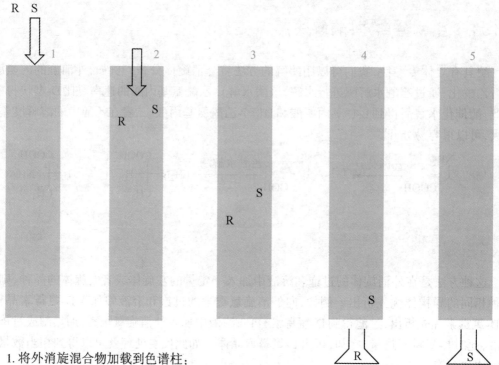

1. 将外消旋混合物加载到色谱柱;
2. 用洗脱剂淋洗,使化合物通过色谱柱;
3. S-对映体与手性固定相的作用力强,移动更慢;
4. R-对映体率先到达色谱柱底端;
5. S-对映体晚到达色谱柱底端,对映体被成功拆分。

图4.9 手性柱分离对映体的示意图

4.11 对映体过量和不对称合成简介

4.11.1 对映体过量

化合物的对映体组成可用对映体过量(enantiomeric excess)或对映体过量百分数ee%来描述。它表示一个对映体的量超过另一个对映体量的程度,通常用百分数表示。

对映体过量百分数定义为在对映体混合物中一个对映体A比其对映体B多出来的量占总量的百分数。

当化合物中有一个手性中心时,假设过量的对映体A的手性构型为R,其对映体B的手

性构型为S,则对映体过量百分数可用下式进行计算:

$$ee\% = \frac{[R]-[S]}{[R]+[S]} *100\%$$

ee%值越高,表明光学纯度越高。由单一对映体组成的光活性样品,称为100%光学纯或称其对映体过量百分数是100%。

对映体过量百分数还可以用第二种方法进行计算:

$$对映体过量百分数 = \frac{实际样品的比旋光度}{光学纯样品的比旋光度} *100\%$$

例如:光学纯(+)-乳酸的比旋光度为$[a]_D^{20}$=+3.82°,测得实际样品的比旋光度为$[a]_D^{20}$=+1.91°,则实际样品的ee%=(+1.91)/(+3.82)*100%=50%,表明这一混合物中含75%的右旋乳酸和25%的左旋乳酸。

我们常用ee%来判断一个不对称反应的价值。

4.11.2 不对称合成简介

得到光活性化合物的另一方法是进行不对称合成(asymmetric synthesis),不对称合成是有机合成的分支,也是有机化学的热门研究领域之一。

一般在实验室里由无旋光的非手性分子进行反应时,得到的产物常常是等量的对映异构体组成的外消旋体。例如

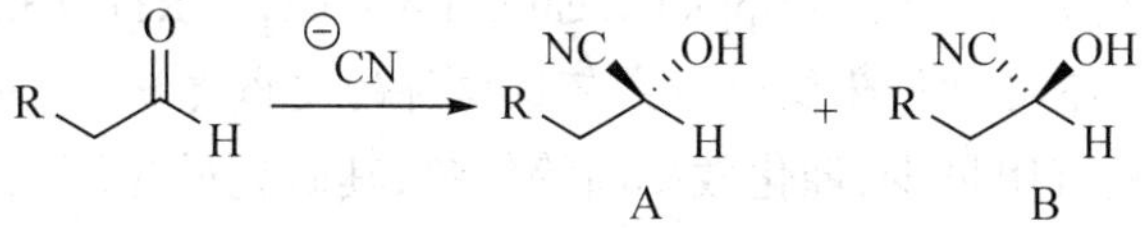

羰基的碳是sp²杂化,分子是平面结构,当氰基与羰基加成时,从羰基平面两侧加成的几率等同,得到产物A和产物B的几率相同,产物A和产物B是一对外消旋体。

因此,要想让产物中某一种对映体过量,显然需要一个手性的环境,才能使反应具有立体选择性。

当试剂向反应物活性中心进攻时,因受到分子内部或外部手性因素的影响,进而在形成化学键时表现出不均等,得到不等量对映异构体的混合物,具有旋光活性,就称为不对称合成。

不对称合成显然需要一个手性的环境,才能使反应具有立体选择性,产生某一种旋光异构体过量的结果。

不对称合成可以采用以下两种途径来完成:

1. 用手性底物(或试剂)进行不对称合成

例如,丙酮酸还原,丙酮酸是非手性底物,如果采用非手性醇铝进行还原,只能得到α-羟基丙酸的一对外消旋体。如果我们在羧基上引入左旋的手性薄荷醇,得到光活性丙酮酸薄荷酯,丙酮酸薄荷酯的手性中心造成酮羰基的两侧不对称,还原试剂醇铝进攻酮羰基两

侧的几率不同,则会得到立体选择性产物,即一种对映体过量的还原产物,再对酯基水解,就可以得到对映体过量的α-羟基丙酸。该方法通常需要使用化学当量的手性底物或手性试剂。

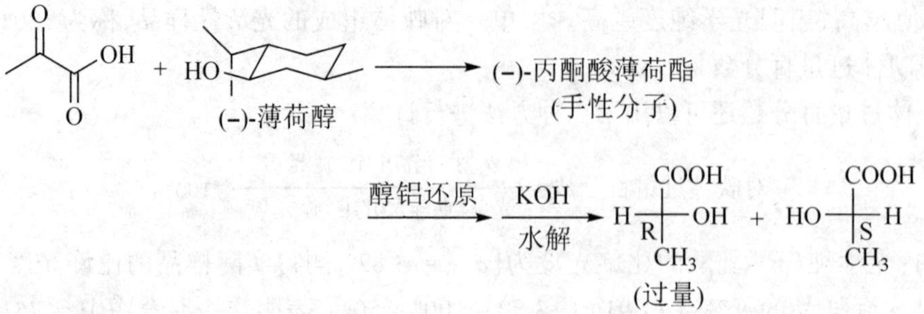

2. 催化不对称合成

使用手性催化剂催化的不对称合成具有手性放大的效果,只需要使用催化量的手性化合物进行不对称合成,是合成手性化合物较高效的途径之一。在不对称催化合成中,目前常用的催化剂有3种:过渡金属配合物、有机小分子和酶。这3类催化剂各有利弊,相辅相成,是不对称催化领域的3种主要催化模式。

(1) 过渡金属配合物催化

羰基的不对称催化还原,使用手性膦配体过渡金属钌络合物作为手性催化剂,进行不对称催化氢化,几乎可以得到光学纯的单一对映体。

2001年诺贝尔化学奖授予美国孟山都公司的W. S. Knowles、日本名古屋大学的R. Noyori和美国斯克里普斯研究所(The Scripps Research Institute, TSRI)的K. B. Sharpless,以表彰他们在不称催化氢化和不对称催化氧化研究领域取得的突出贡献。

过渡金属催化剂具有用量少、催化效率高等优势,其研究最为深入,应用也最为广泛,但存在产物中可能会有重金属残留的缺点。

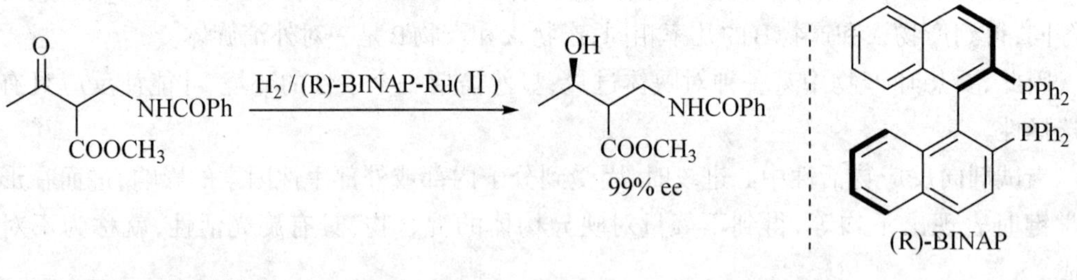

(2) 有机小分子催化

Benjamin List小组使用脯氨酸作为天然手性催化剂实现了丙酮和各种醛之间的直接不对称羟醛反应。有机小分子催化的优点是比较绿色经济,可促进绿色化学及制药业的发展,但不足之处在于催化剂通常用量较大,反应模式单一等。

2021年诺贝尔化学奖授予德国马普煤炭研究所的Benjamin List和美国普林斯顿大学的David MacMillan,以表彰他们在有机小分子不对称催化研究领域取得的突出贡献。

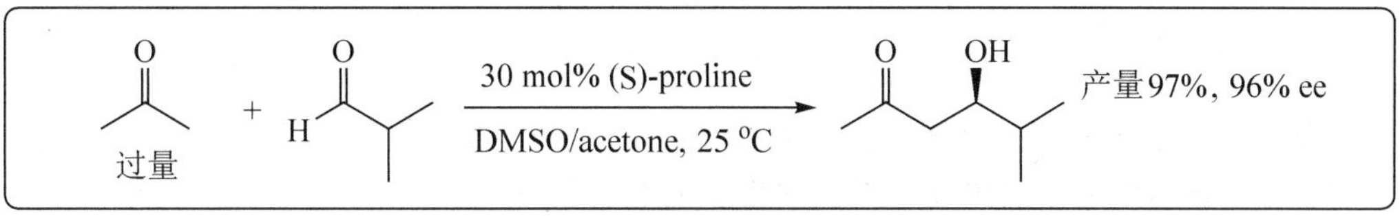

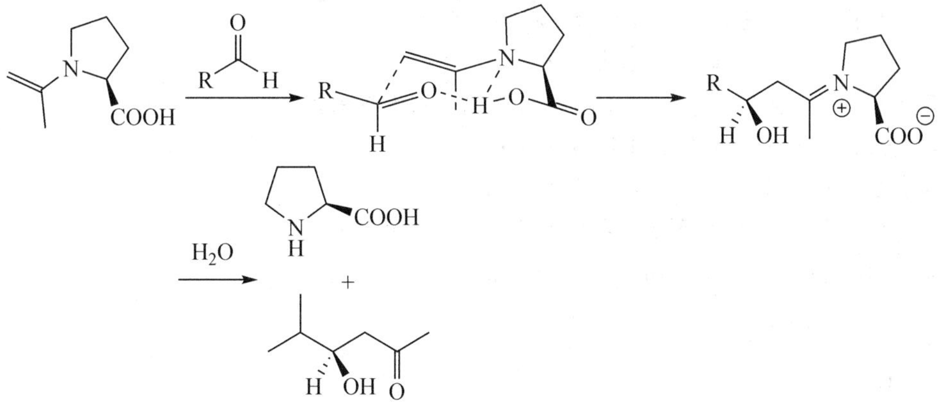

（3）生物催化不对称合成

酶催化剂具有高效的催化能力及单一选择性,但是催化条件有限且底物范围相对单一。
（R)-3-羟基四氢噻吩是合成碳青霉烯类抗生素硫培南(sulopenem)的重要手性中间体。传
统方法从 L-门冬氨酸出发合成(R)-3-羟基四氢噻吩需要经过多步反应且需要用到 Na_2S 和
BH_3-DMS 等有毒或敏感化学试剂,最终产率也较低。Codexis 公司利用定向进化手段得到
一种突变型羰基还原酶,催化不对称还原 3-羰基-四氢噻吩为(R)-3-羟基四氢噻吩,大大缩减
合成步骤且产物 ee 值达 99.3%。

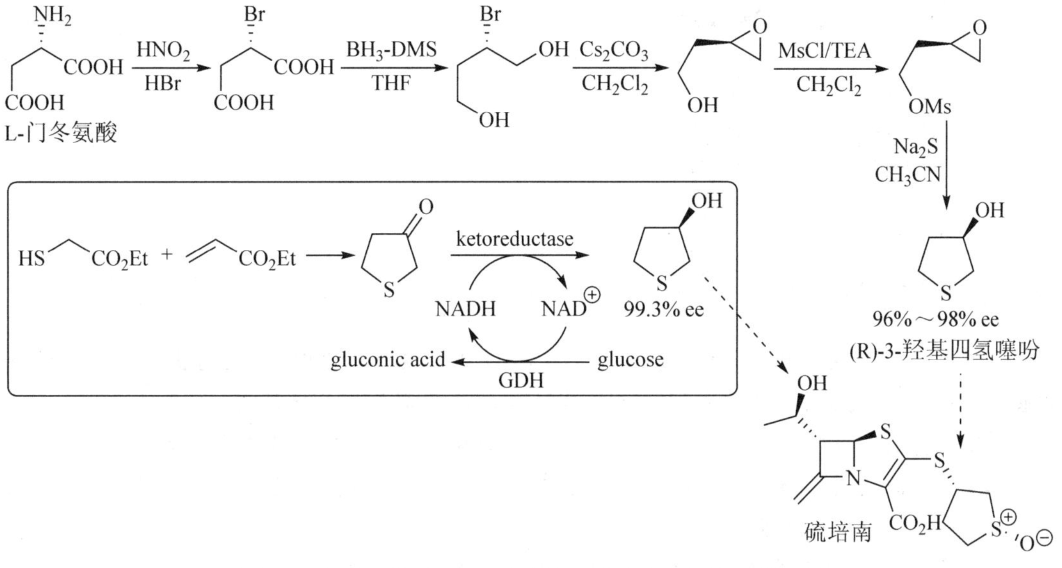

图 4.10 （R)-3-羟基−四氢噻吩的化学法和生物法合成路线

2018 年,美国科学家 F. H. Arnold 获得诺贝尔化学奖,因其在酶的定向转化和酶催化领
域做出的重要贡献。

练习题

1. 下列叙述是否正确? 如不正确请举出恰当的例子说明之。

(1) 立体异构体是分子中原子在空间有不同的排列方式;

(2) 具有R构型的化合物是右旋(+)的光学活性分子;

(3) 旋光性分子必定具有不对称碳原子;

(4) 具有 n 个不对称碳原子的化合物一定有 2^n 个立体异构体;

(5) 非光活性分子一定不具有手性碳原子;

(6) 具有不对称碳原子的分子必定有旋光性;

(7) 具有实物与镜像关系的旋光异构体称为一对对映体;

2. 请判断下列各对化合物之间的关系及归属异构体类型。

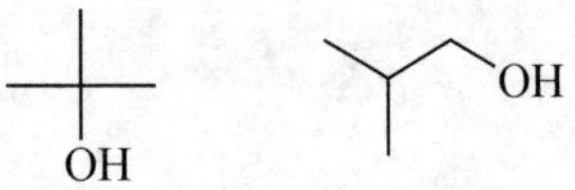

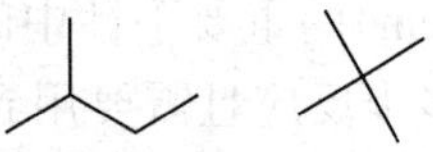

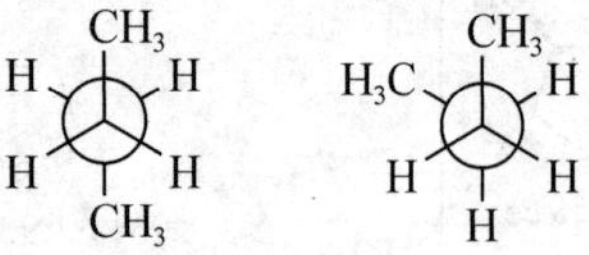

3. 下列化合物中,哪个有对映异构体? 判断手性碳原子的R/S构型,写出可能的对映异构体的Fischer投影式,并说明内消旋体和外消旋体以及哪个有旋光活性。

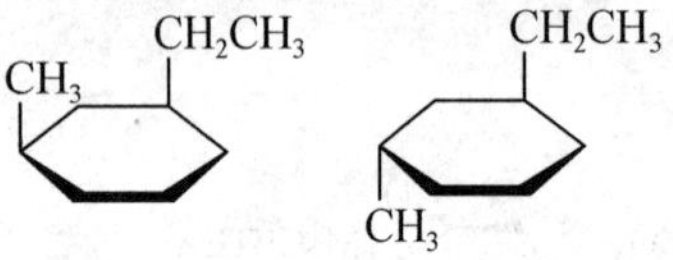

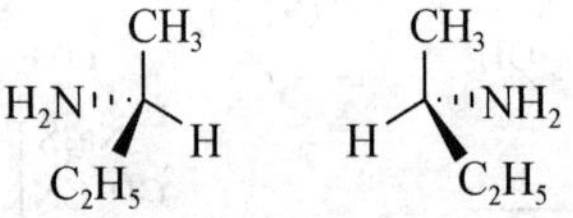

(1) 2-溴-丁-1-醇　　　　　(2) 2,3-二溴丁二酸　　　　　(3) 2,3-二氯丁酸

(4) 2-甲基-丁-2-烯酸　　　(5) 2,3,4-三氯己烷　　　　　(6) 1,2-二甲基环戊烷

(7) 1,1-二甲基环戊烷

4. 请判断下列分子是否有手性,并指明非手性分子的对称因素。

（1）

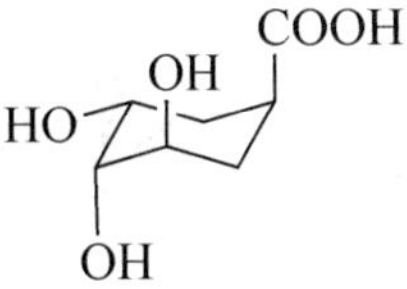

A 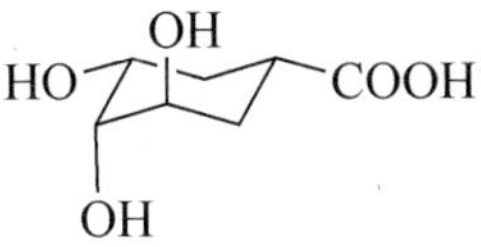   B 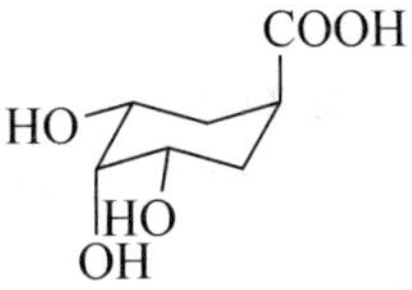   C 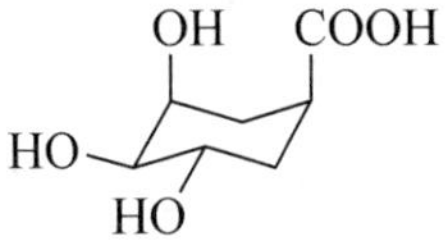   D

（2）

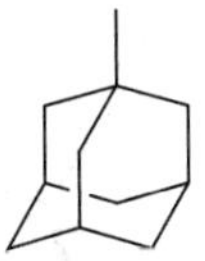

A 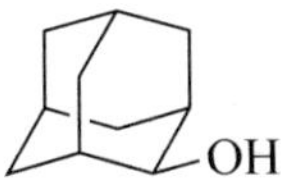   B 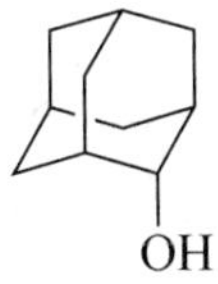   C 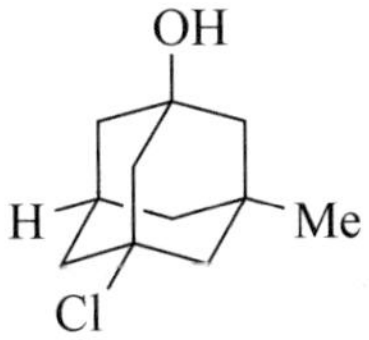   D

（3）

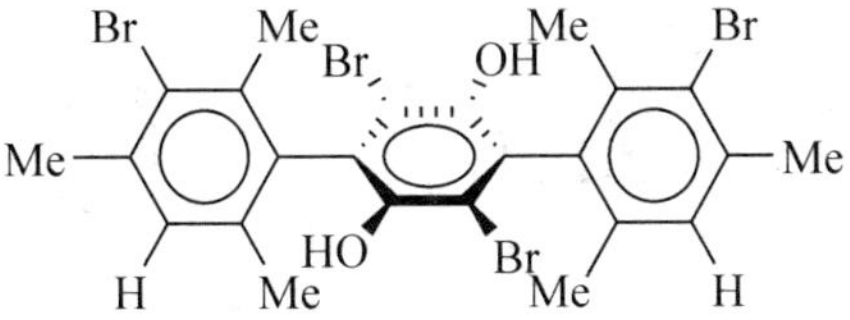

A 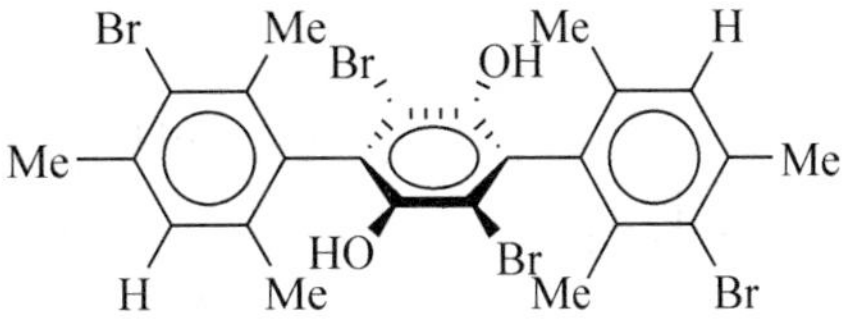   B

（4）

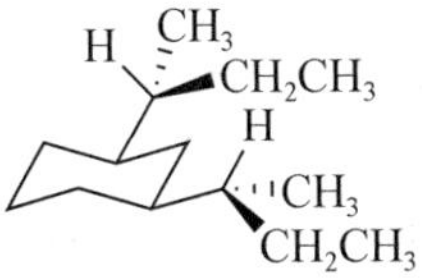

A 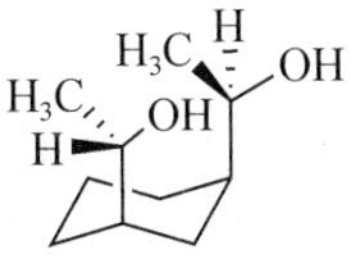   B

5. 请判断下列化合物是否具有旋光性,若无旋光性,请指出对称因素。

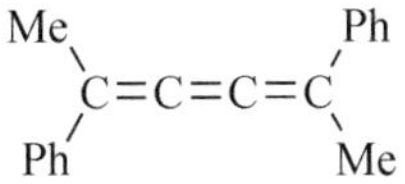

（1） 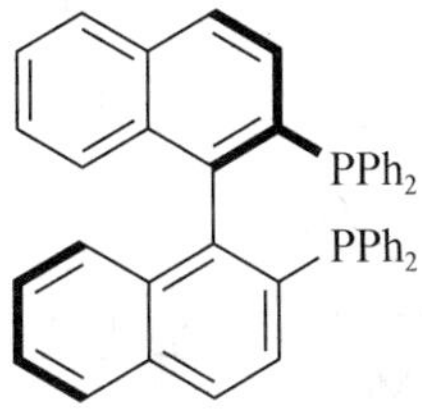   （2） 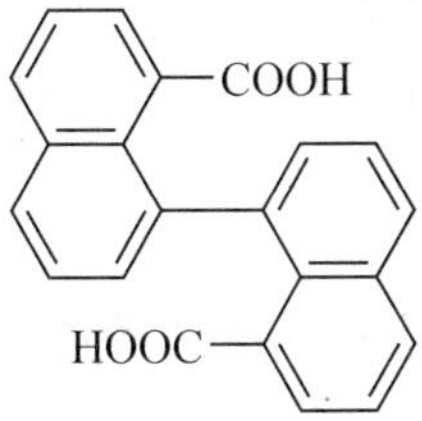   （3） 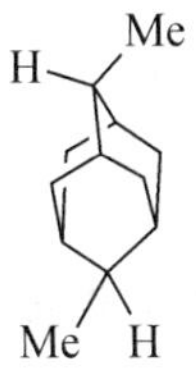   （4）

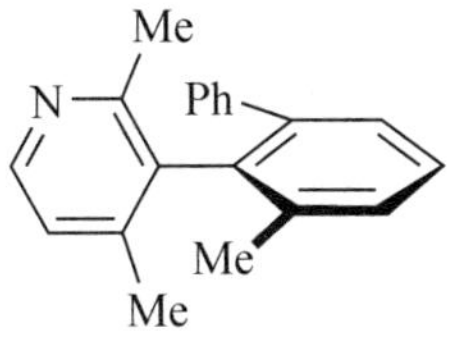

（5） 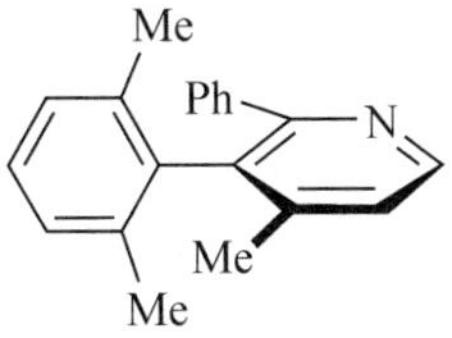   （6） 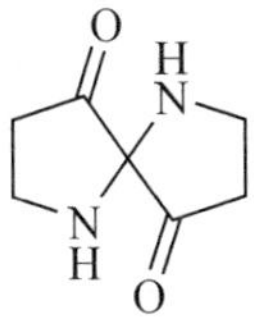   （7）

6. 请判断下列化合物是否具有旋光性,若无旋光性,请指出对称因素。

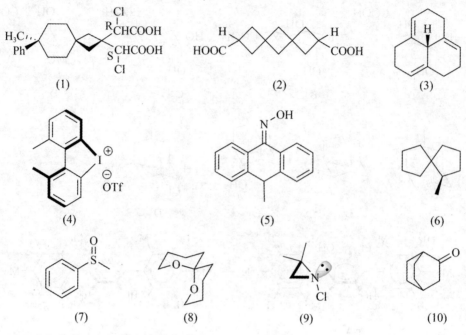

(1)　　　　　　　　　　　　(2)　　　　　　　　　　(3)

(4)　　　　　　　　　　　(5)　　　　　　　　　　(6)

(7)　　　　(8)　　　　(9)　　　　　　(10)

7. 下列化合物中,哪些互为差向异构体的化合物?

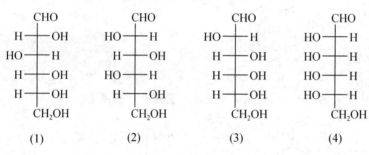

(1)　　　　　　(2)　　　　　　(3)　　　　　　(4)

8. 常见的外消旋化途径有哪些? 预测 (R)-(−)-乳酸 发生消旋时,更倾向于哪种消旋化途径?

9. 薄荷醇的结构如下:

(1) 判断薄荷醇的手性中心有几个。

(2) 薄荷醇有多少立体异构体? 画出其结构,确定成对的对映体,标记手性碳的构型。

(3) 天然的(−)-薄荷醇,是薄荷香气挥发油的主要成分,是(1R,2S,5R)-立体异构体。

另外一个天然存在的非对映体是(+)-异薄荷醇,是(1S,2R,5R)-立体异构体。第三个是(+)-新薄荷醇,(1S,2S,5R)-化合物,从上述立体异构体中找出这三个化合物,并对这三个化合物的构象稳定性进行排序。

(4) (−)-薄荷醇($[a]_D$=−51°)和(+)-新薄荷醇($[a]_D$=+21°)是薄荷油的主要成分。在薄荷油的天然样品中,薄荷醇与新薄荷醇混合物的$[a]_D$=−33°。在该油中,薄荷醇和新薄荷醇的含量分别是多少?

10.吗啡喃是手性分子吗啡生物碱的母体物质,该类化合物的(+)-和(−)-对映体具有截然不同的生理性质。(−)-对映体,如吗啡,是"麻醉止痛剂"(镇痛剂),而(+)-对映体是"止咳药"(止咳糖浆内的有效成分)。右旋美沙芬就是常用的一种止咳药。

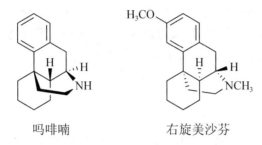

吗啡喃　　　　　　右旋美沙芬

(1) 指出右旋美沙芬中所有的手性中心。
(2) 画出右旋美沙芬的对映体。
(3) 确定右旋美沙芬中所有手性中心的R/S构型

11.* 判断下列化合物是否具有旋光性,若无旋光性,请指出对称因素。

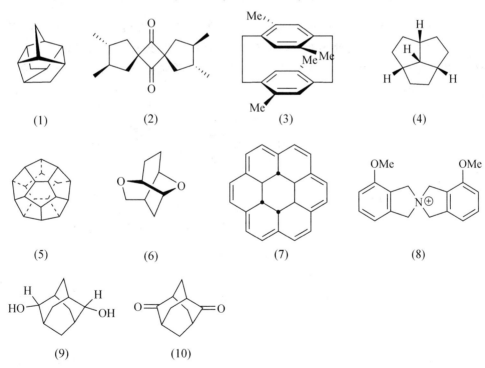

12*.当化合物的分子式中有一个以上的不对称中心时,如图两个产物为非对映体的关

系,这种选择性为非对映选择性,我们使用非对映体过量百分数de%表示,用来描述分子具有两个以上手性中心时的光学纯度。de%值的计算可以通过比较两组对映体的量来确定。例如,如果一组对映体占80%,另一组占20%,则de值为(80%-20%)/(80%+20%)=60%。

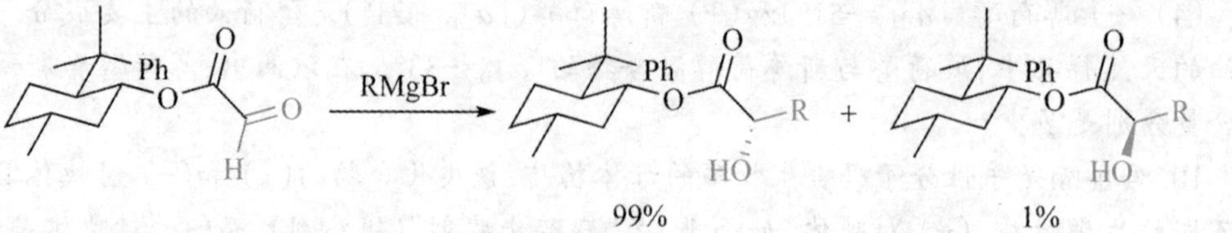

99%   1%

(1) 试计算该反应de%值。

(2) 与Cram研究不同的是,这种α-羰基酸手性醇酯的手性中心离反应中心(即醛基)更远,按理选择性应该比α-手性醛酮的差,为何该反应具有这么高的选择性?

(3) 相邻两个羰基之间没有共轭,中间的单键可自由旋转,为何该反应不采用s-反式构

象 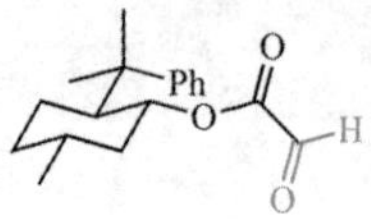 进行,从而实现选择性的逆转?

13*. 下列分子的溶液具有光学活性,但自身发生反应后光学活性消失,请解释该现象。

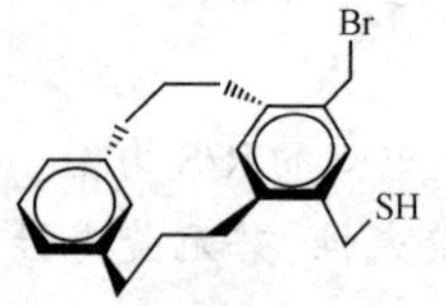

14.* 美国化学家K. B. Sharpless发现了在手性酒石酸二乙酯(DET)和Ti(Oi-Pr)$_4$的配合物催化下的烯丙醇类化合物的不对称环氧化反应,因而荣获2001年诺贝尔化学奖。该反应产物的立体化学受配体构型的控制,不同构型的DET使氧选择性地从双键平面上方或下方加成,如下图所示:

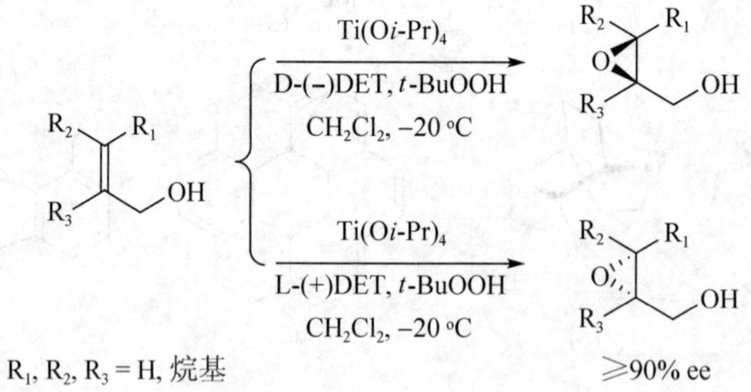

R$_1$, R$_2$, R$_3$ = H,烷基   ≥90% ee

该不对称环氧化反应曾被成功用于(+)-Disparlure(一种林木食叶害虫舞毒蛾性引诱剂)的合成上,合成路线如下:

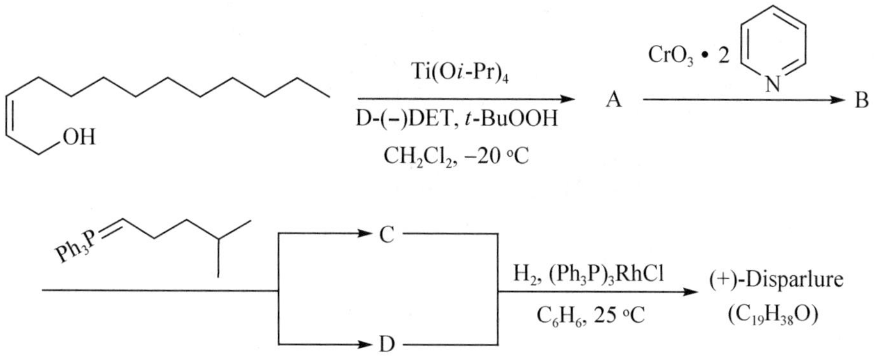

请画出化合物 A,B,C,D 和(+)-Disparlure 的立体结构。

15. 化合物 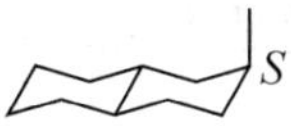 和  互为什么异构体?

A. 对映异构体　　　　　B. 非对映异构体　　　　C. 构象异构体

第5章　烯　　烃

烯烃(alkene)是分子中含有C=C双键的不饱和烃(unsaturated hydrocarbon)，开链单烯烃的分子通式为C_nH_{2n}，比相应的烷烃少两个氢原子。C=C双键是烯烃的官能团，烯烃大多数的化学反应都发生在C=C双键上。

最简单的烯烃是乙烯，构造式为$CH_2=CH_2$。乙烯是不饱和烃中最重要的品种，在石油化工中用来合成聚乙烯等高分子材料，同时也是制备环氧乙烷、苯乙烯、乙醇、氯乙烯等的原料。此外，乙烯也是一种可促使果实成熟的"内源植物激素"，对植物的各个发育阶段，如种子发芽、茎根生长、花芽形成以及落叶、落果等都有调节作用。自然界还存在许多结构较为复杂的烯烃，如植物中的某些色素、香精油的某些组分等。

根据烯烃分子中含有双键的数目，烯烃又可分为单烯烃(分子中只含有一个C=C双键)、双烯烃(分子中含有两个C=C双键)和多烯烃(分子中含有两个以上C=C双键)。本章着重介绍单烯烃化合物。

5.1　烯烃的结构

烯烃的结构特征是含有C=C双键，根据杂化轨道理论，与烷烃分子中饱和碳原子的sp^3杂化不同，烯烃的双键C原子采用的是sp^2杂化，即由一个2s轨道和两个2p轨道进行杂化，形成三个能量均等的sp^2杂化轨道，每个sp^2杂化轨道相当于含有1/3 s轨道和2/3 p轨道的成分：

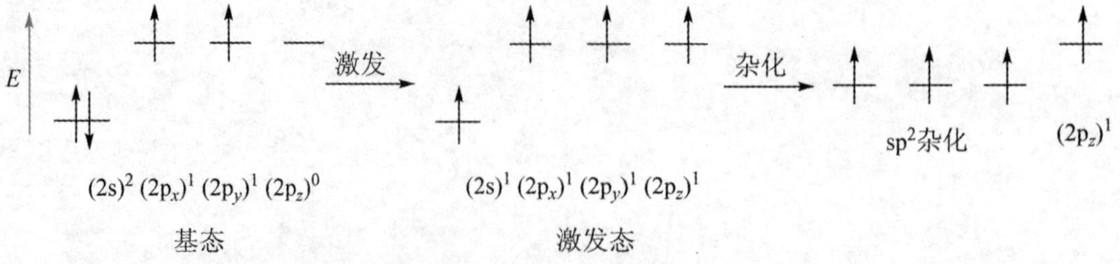

$(2s)^2\,(2p_x)^1\,(2p_y)^1\,(2p_z)^0$　　　　　　　　$(2s)^1\,(2p_x)^1\,(2p_y)^1\,(2p_z)^1$

基态　　　　　　　　　　　　　　　　激发态

三个sp^3杂化轨道的对称轴在同一平面上，彼此成120°夹角，组成一个正三角形；剩下一个未参与杂化的2p轨道垂直于三个sp^2轨道所在的平面，如图5.1所示。

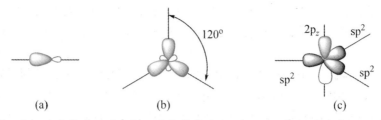

图5.1　(a)一个sp²杂化轨道；(b)三个sp²杂化轨道；(c)三个sp²轨道和一个未参与杂化的2p$_z$轨道

sp²杂化轨道的形状与sp³杂化轨道相似，也是葫芦形，但比sp³轨道的有效大小要小些，这是因为s轨道紧处于原子核的周围，而p轨道则向外伸展离原子核较远，因此当杂化轨道中s轨道成分增加时，轨道中的电子与原子核结合更为紧密，轨道的有效大小就减小，显得更"短胖"一些，而sp²杂化的C原子的电负性也就比sp³杂化的饱和碳原子要大。

当形成乙烯分子时，两个碳原子彼此各以一个sp²杂化轨道沿对称轴进行轴向重叠形成一个C-C σ键，又各以两个sp²轨道和四个氢原子的1s轨道重叠，形成四个C-H σ键；这样形成的五个σ键都在同一平面上。每个碳原子还剩下一个没有参与杂化、对称轴垂直于这五个σ键所在平面的2p$_z$轨道，从侧面肩并肩进行重叠，形成所谓的π键。π键垂直于σ键所在的平面，π键电子云对称地分布在这个平面的上、下方，形状如冬瓜，如图5.2所示。

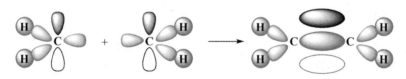

图5.2　乙烯分子的成键

近代物理分析方法电子衍射和光谱研究均已证实，乙烯分子中所有的原子均分布在同一平面内，键角接近120°，C-C-H键角是121.7°，H-C-H键角是116.6°：

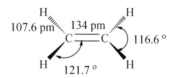

如上所述，乙烯分子中的双键由一个σ键和一个π键所组成。而且：

（1）π键没有对称轴，只有当两个p轨道彼此平行时，才能从侧面最大程度地重叠，否则就会使π键削弱以致破坏。因此，以双键相连的两个C原子之间不能自由旋转。

（2）相比于两个sp²轨道沿键轴以头对头的形式重叠形成σ键，两个p轨道从侧面肩并肩平行重叠形成π键时的重叠程度较小，因此π键不如σ键牢固，容易破裂。根据C-C σ单键的键能数据（346.9 kJ/mol）和C=C双键的键能数据（610.3 kJ/mol），可以计算得出π键的键能仅为610.3 -346.9=263.4（kJ/mol）。同时，由于π键电子云不像σ键电子云那样集中在两个原子核之间的连线上，而是分散在σ键所在平面的上、下两方，故C原子核对π电子的束缚较小，π电子云具有较大的流动性，容易受外界电场（如试剂进攻时）的影响而极化。因此，π键的存在使烯烃具有比烷烃更大的反应活泼性。

（3）C＝C双键的两个C原子间由于增加了一个π键，两对电子对C原子核的束缚力比一对电子大，因而使C原子间靠得更近，C＝C双键的键长（134 pm）比C—C单键（154 pm）短。然而因为C原子核对π电子的束缚力不如σ键的强，故C＝C键长并非C—C键长的1/2。

（4）与sp³杂化轨道相比，sp²杂化轨道中的电子与原子核结合更紧，因此烯烃分子中sp²杂化的双键C原子的电负性比烷烃分子中sp³杂化的饱和碳原子的电负性要大，乙烯分子中的C_{sp^2}—H键键长（107.6 pm）要比乙烷分子中的C_{sp^3}—H键长（111 pm）更短，且更牢固；乙烯中的C—H键的离解能（434.7 kJ/mol）也比乙烷中的（409.6 kJ/mol）大。

而根据分子轨道理论，乙烯分子中，通过两个C原子未参与杂化的2p轨道之间的线性组合，可以得到两个π分子轨道，基态下两个π电子位于能量较低的π成键轨道，而能量较高的反键轨道π*则为空轨道。

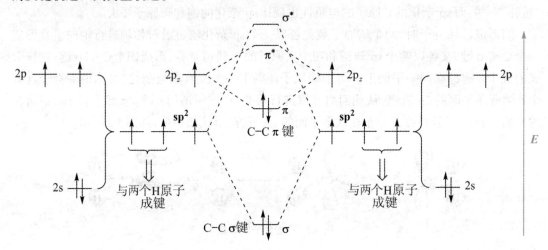

5.2 烯烃的同分异构和命名

5.2.1 烯烃的同分异构现象

烯烃分子中的双键使其同分异构现象比烷烃更为复杂。除了像烷烃分子中的碳架异构以外，还有由于双键位置不同而引起的官能团位置异构，以及由于双键不能自由旋转而引起的、分子中原子或基团在空间的位置不同所产生的顺反异构。所以，烯烃的异构体数目比相同C原子数的烷烃要多。例如，丁烷只有两个异构体（正丁烷、异丁烷），而丁烯C_4H_8有四个同分异构体：

碳架异构　　$H_2C=CH-CH_2-CH_3$　　　　　　$H_2C=C-CH_3$

　　　　　　　丁-1-烯（but-1-ene）　　　　　　　　　　CH_3

　　　　　　　　　　　　　　　　　　　　　　异丁烯 或 2-甲基丙烯
　　　　　　　　　　　　　　　　　　　　（isobutene or 2-methylpropene）

位置异构　　$H_3C-CH=CH-CH_3$

　　　　　　　丁-2-烯（but-2-ene）

顺反异构
$$\underset{H}{\overset{H_3C}{\diagdown}}C=C\underset{H}{\overset{CH_3}{\diagup}} \qquad \underset{H}{\overset{H_3C}{\diagdown}}C=C\underset{CH_3}{\overset{H}{\diagup}}$$

　　　　　　　cis-丁-2-烯　　　　　　　　　*trans*-丁-2-烯
　　　　　　　（*cis*-but-2-ene）　　　　　　（*trans*-but-2-ene）

　　有机化学中的顺反异构现象很普遍,在任何一类含C=C双键(或其他类型双键、脂环)的化合物中都有可能碰到。然而如果烯烃双键C原子中的任何一个C原子与两个相同的原子或基团连接,就不存在有顺反异构现象。例如丁-1-烯和异丁烯就属于这种情况,它们没有顺反异构体。

$$\underset{H}{\overset{H}{\diagdown}}C=C\underset{H}{\overset{CH_2CH_3}{\diagup}} \qquad \underset{H}{\overset{H}{\diagdown}}C=C\underset{CH_3}{\overset{CH_3}{\diagup}}$$

　　　　　丁-1-烯（but-1-ene）　　　　异丁烯 或 2-甲基丙烯
　　　　　　　　　　　　　　　　　　（isobutene or 2-methylpropene）

　　因此,化合物产生顺反异构现象,必须在结构上具备两个条件:

（1）成键原子之间有限制键自由旋转的因素,如C=C双键(或环)的存在。

（2）每个双键(或环上)C原子必须和两个不相同的原子或基团相连。

　　顺反异构体含有相同的官能团,具有相似的化学性质,但是它们的结构并不相同,所以化学性质又不完全相同,往往是一个较活泼,而另一个相对较稳定,因此在和同样的试剂作用时,反应速度会有所差别。顺反异构体的物理性质往往差别较大,据此可以将两者区分开来或分离开。丁-2-烯的顺反异构体的物理性质如表5.1所示。

表5.1　丁-2-烯的顺反异构体的物理性质

	熔点（℃）	沸点（℃）	比重 d^{20}（g/mL）
cis-丁-2-烯	−139	3.7	0.621
trans-丁-2-烯	−106	1	0.640

5.2.2　烯烃的命名

简单的烯烃常用普通名,如:

　　　　　　　　　　　　　　　　　　　　　　　CH_3

　　　　　　　　　　　　　　　　　　　　　　　|

　　　　　$H_2C=CH_2$　　　$CH_3CH=CH_2$　　　$H_3C-C=CH_2$

　　　　　　　乙烯　　　　　　　丙烯　　　　　　异丁烯

复杂的烯烃则须用系统命名法进行命名。烯烃的系统命名法基本上和烷烃相似,主要原则如下:

(1) 如果烯烃分子中的最长碳链中含有C=C,则以此最长碳链为主链,按主链所含C原子数命名为"某烯"。

(2) 从靠近双键一端开始对主链上的C原子进行编号,使双键的位次尽可能小,其次考虑使取代基的位次尽可能小,即取代基位次最小原则服从于双键位次最小原则。

(3) 写名称时将双键位次标注在"某烯"二字之间,即以"某-n-烯(ene)"作为母体(n为双键C原子的位次编号);取代基的相关信息(位次、个数、名称)放在母体名称,即"某-n-烯"之前。例如:

$$
\begin{array}{c}
\overset{4}{\text{CH}_2}-\overset{5}{\text{CH}_2}-\overset{6}{\text{CH}_3} \\
| \\
\text{H}_2\text{C}=\text{CH}-\text{CH}-\text{CH}_3 \\
\overset{1}{} \ \overset{2}{} \ \overset{3}{}
\end{array}
$$

3-甲基己-1-烯
(3-methylhex-1-ene)

$$
\overset{1}{\text{H}_3\text{C}}-\overset{2}{\text{CH}}=\overset{3}{\text{CH}}-\overset{4}{\text{C}}-\overset{5}{\text{CH}_3}
$$
(带有两个CH₃取代基)

4,4-二甲基戊-2-烯
(4,4-dimethylpent-2-ene)

(4) 对于两个双键C原子上具有相同取代基的顺、反异构体,命名时一般可以用"*cis-*"或"*trans-*"标注在烯烃的全名前。例如:

cis-丁-2-烯
(*cis-*but-2-ene)

trans-丁-2-烯
(*trans*-but-2-ene)

cis-3-甲基戊-2-烯
(*cis*-3-methylpent-2-ene)

trans-3-甲基戊-2-烯
(*trans*-3-methylpent-2-ene)

如果两个双键C原子上没有相同取代基,或者含有相同取代基但为较复杂的三取代或四取代的异构体,建议用Z、E来命名。即:按"次序规则"比较两个双键C原子各自连接的两个原子或基团,两个优先的原子或基团在双键同侧的为"(Z)-"构型(Zusammen源于德文"在同一侧"),两个优先的原子或基团在双键异侧的为"(E)-"构型(Entgegen源于德文"相反")(所谓的"次序规则",详见"立体化学"一章)。例如:

(Z)-3-乙基己-2-烯
(Z)-3-ethylhex-2-ene

(E)-3-乙基己-2-烯
(E)-3-ethylhex-2-ene

需要提醒的是,(Z)-和(E)-、*cis*和*trans*-是两种不同的表示烯烃构型的命名方法,不能简单地把(Z)-和*cis*-或将(E)-和*trans*-等同看待;两者之间没有直接的对应关系,在许多情

况下是正好相反的,例如:

$$H_3C, H \quad C=C \quad CH_2CH_3, CH_3$$

cis-3-甲基戊-2-烯 或 (E)-3-甲基戊-2-烯
cis-3-methylpent-2-ene or (E)-3-methylpent-2-ene

$$H_3C, H \quad C=C \quad CH_3, CH_2CH_3$$

trans-3-甲基戊-2-烯 或 (Z)-3-甲基戊-2-烯
trans-3-methylpent-2-ene or (Z)-3-methylpent-2-ene

(5)如果分子中同时存在手性 C 碳原子导致的旋光异构,在命名时还须标出手性 C 原子的构型,例如:

(S,Z)-3-甲基辛-4-烯
(S,Z)-3-methyloct-4-ene

(R,E)-3-乙基-4-甲基庚-2-烯
(R,E)-3-ethyl-4-methylhept-2-ene

5.2.3 烯基和亚基

烯烃去掉一个 H 原子后剩下的基团叫烯基(英文后缀为:-yl)。烯基命名时,选取含双键的最长 C 链,从靠近自由键一侧的 C 原子开始编号(即自由键位次优于双键位次)。例如:

$$\overset{4}{H_3C}-\overset{3}{CH}=\overset{2}{CH}-\overset{1}{CH_2}-$$
丁-2-烯-1-基(but-2-en-1-yl)

$$\overset{5}{H_3C}-\overset{4}{CH}=\overset{3}{CH}-\overset{1}{\underset{2}{CH}}-$$
戊-3-烯-2-基(pent-3-en-2-yl)

$$\overset{6}{H_3C}-\overset{5}{\underset{CH_3}{C}}=\overset{4}{CH}-\overset{3}{\underset{C_2H_5}{CH}}-$$
5-甲基己-4-烯-3-基
(5-methylhex-4-en-3-yl)

一些结构简单的烯基有常用的俗名如下:

$$H_2C=CH-$$
乙烯基
vinyl

$$H_3C-CH=CH-$$
丙烯基
prop-1-en-1-yl

$$H_2C=CH-CH_2-$$
烯丙基(丙-2-烯-1-基)
allyl or prop-2-en-1-yl

$$H_2C=\underset{CH_3}{C}-$$
异丙烯基(丙-1-烯-2-基)
isopropenyl or prop-1-en-2-yl

连有双键自由键的基团,根据 C 原子数称为"某亚基"(英文后缀为:-ylidene),例如:

$$H_2C=$$
甲亚基
methylene

$$H_3C-CH=$$
乙亚基
ethylidene

$$(CH_3)_2C=$$
异丙亚基 或 丙-2-亚基
isopropylidene or propan-2-ylidene

含亚基的化合物命名举例如下:

3-(丙-2-亚基)环己-1-烯
3-(propan-2-ylidene)cyclohex-1-ene

(3-甲基丁-2-亚基)环己烷
(3-methylbutan-2-ylidene)cyclohexane

最后,需要提醒的是,对于 C=C 双键不在最长碳链内的烯烃化合物,命名时将双键所在基团作为取代基:

4-乙亚基庚烷(4-ethylideneheptane)

5.3 烯烃的物理性质

与烷烃相似,烯烃的熔点、沸点和比重也都是随分子量的增大而上升;比重都小于 1。如表 5.2 所示。

表 5.2 一些常见烯烃的物理性质

名称	英文名称	熔点(°C)	沸点(°C)	比重 d^{20}
乙烯	ethene	−169	−102	
丙烯	propene	−185	−48	
丁-1-烯	but-1-ene	−185.4	−6.5	
戊-1-烯	pent-1-ene	−138	−30	0.643
己-1-烯	hex-1-ene	−98.5	63.5	0.675
庚-1-烯	hept-1-ene	−119	93	0.698
辛-1-烯	oct-1-ene	−101.7	122.5	0.716
壬-1-烯	non-1-ene	−81.7	146	0.731
癸-1-烯	dec-1-ene	−66.5	171	0.743
cis-丁-2-烯	*cis*-but-2-ene	−139	3.7	0.621
trans-丁-2-烯	*trans*-but-2-ene	−106	1	0.640
异丁烯	isobutene	−141	−7	
cis-戊-2-烯	*cis*-pent-2-ene	−151	37	0.655
trans-戊-2-烯	*trans*-pent-2-ene		36	0.647

像烷烃一样,烯烃的极性非常小,但由于 C=C 中的 π 电子云流动性相对较大,烯烃比烷烃容易发生极化。另外,烯烃 C=C 键的碳原子是 sp^2 杂化,而烷基碳原子是 sp^3 杂化,前者的电负性比后者要大,所以烯烃分子中 C_{sp^3}-C_{sp^2} 键的电子云分布是不均匀的,其偶极矩由 C_{sp^3} 指向 C_{sp^2},使烯烃分子显示出极性,单烷基取代的烯烃化合物的偶极矩一般为 $1.167 \times 10^{-30} \sim 1.333 \times 10^{-30}$ C·m,例如丙烯的偶极矩约为 1.167×10^{-30} C·m:

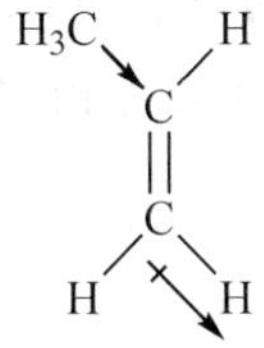

$\mu = 1.167 \times 10^{-30} \ C \cdot m$ 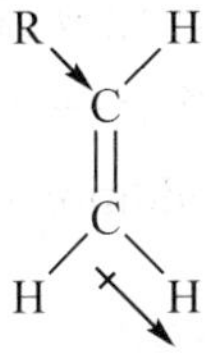 $\mu = (1.167 \sim 1.333) \times 10^{-30} \ C \cdot m$

烯烃的物理性质与分子的立体异构密切相关。例如,abC=Cab 型的烯烃(a,b 为 H 原子或其他取代基),反式异构体结构较为对称,因此熔点相对较高,但是其分子的偶极矩为零,而顺式异构体则具有一定的偶极矩。由于分子间的偶极–偶极相互作用,顺式异构体的沸点往往比反式异构体高。

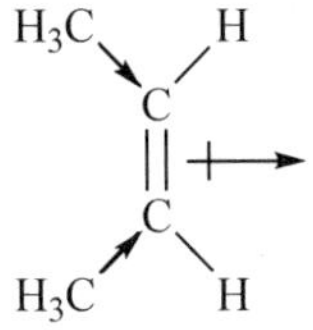

(Z)-丁-2-烯	(E)-丁-2-烯	(Z)-1,2-二氯乙烯	(E)-1,2-二氯乙烯
b.p. 3.7 ℃;m.p. −138.7 ℃	b.p. 0.9 ℃;m.p. −105.5 ℃	b.p. 60.3 ℃	b.p. 48.4 ℃
$\mu = 1.100 \times 10^{-30} \ C \cdot m$	$\mu = 0 \ C \cdot m$	$\mu = 6.167 \times 10^{-30} \ C \cdot m$	$\mu = 0 \ C \cdot m$

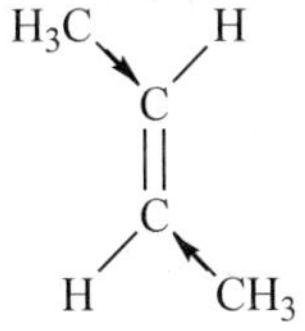

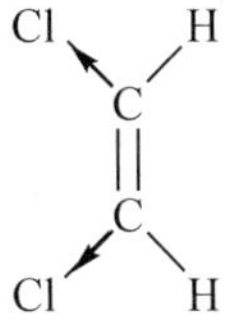

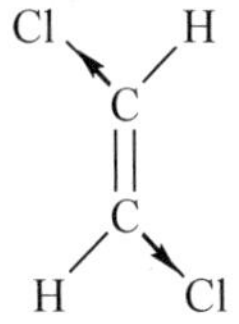

5.4 烯烃的反应

烯烃分子中的 C=C 键由两对电子构成,电子云密度较高,而且其中包含一个相对较弱的 π 键,因此 C=C 键具有较高的反应活性,烯烃可以发生加成和氧化反应。另一方面,由于 C=C 键的影响,与双键 C 原子相连的 α-C 原子上的 H 原子也具有一定的活性,在一定的条件下可以被取代。

5.4.1 烯烃的加成反应

加成反应是烯烃的典型反应。反应结果是 π 键打开,两个一价的原子或基团加到双键两端的碳原子上,形成两个新的 σ 键,从而生成饱和的化合物:

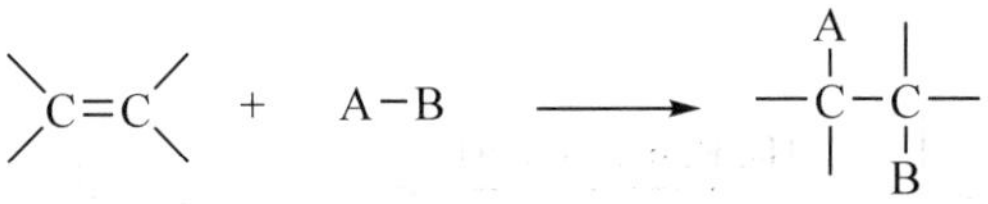

其中,A–B 代表反应试剂(A 和 B 可以是相同或不同的原子或基团)。这种由两个分子结合成为一个产物分子的反应,叫作加成反应(addition reaction)。

烯烃的加成反应分为两种类型,一种是亲电加成反应(electrophilic addition reaction),

C=C键与缺少电子的试剂进行加成;缺电子的试剂就是亲电试剂(electrophilic reagents),相当于酸,而C=C双键也就相当于一个碱。另一种是与寻求一个电子的自由基进行加成,即自由基加成反应(free radical addition reaction)。

5.4.1.1 烯烃的催化加氢反应(catalytic hydrogenation)

在一定的温度、压力和催化剂存在下,烯烃可以和氢进行加成反应生成烷烃,即催化加氢。

$$R-CH=CH_2 \xrightarrow[\text{催化剂}]{H_2} R-CH_2-CH_3$$

催化剂的作用是降低反应的活化能,使反应更容易进行,如图5.3所示。

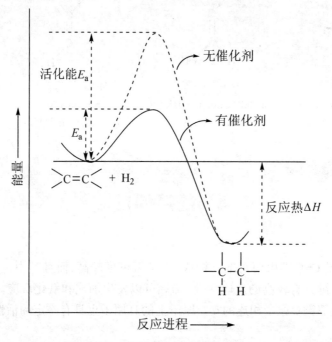

图5.3 烯烃氢化反应能量变化

工业上烯烃进行催化氢化时常用的催化剂为钯碳(Pd-C,金属钯附着在活性炭上)、二氧化铂PtO$_2$(Adams催化剂,遇H$_2$转变成为金属Pt)和兰尼镍(镍铝合金经NaOH溶液处理、溶去铝后形成的灰黑色多孔状细粒Ni粉)等;常用溶剂有醇、乙酸、乙酸乙酯等。由于这些金属催化剂都不能在溶剂中溶解,因此又被称为异相催化剂,相应的反应即为异相催化氢化反应:

催化氢化的反应历程尚不十分清楚,但一般认为是氢和烯烃分子都被吸附在催化剂的表面,氢分子离解成 H 原子后与烯烃分子中的双键 C 原子结合,将烯烃还原成烷烃,然后烷烃从催化剂表面解吸脱附,如图 5.4 所示。

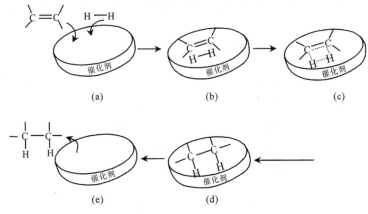

图 5.4 烯烃的催化氢化过程图解

(a) 反应物分子吸附在催化剂表面;(b) H_2 从 C=C 双键同一侧靠近烯烃分子;
(c) 烯烃双键 C 原子与 H_2 发生加成;(d) 烷烃分子生成;(e) 烷烃分子从催化剂
表面解吸脱附,使新的反应物分子能够吸附在催化剂表面

从立体化学的角度,烯烃的催化氢化是立体专一性顺式加成(stereospecific syn-addition),即两个 H 原子从烯烃 C=C 双键平面的同一侧与双键 C 原子进行加成而得到烷烃,这一点对于四取代的烯烃(包括双键 C 原子上带有取代基的环烯烃衍生物)尤为重要,例如 1-乙基-2-甲基环己烯催化氢化时的主要产物为一对顺式异构体的外消旋体。

1-乙基-2-甲基环己烯
1-ethyl-2-methylcyclohexene

$\xrightarrow[\text{EtOH, 25 °C}]{H_2, PtO_2}$

cis-1-乙基-2-甲基环己烷, 82%
cis-1-ethyl-2-methylcyclohexane
(外消旋体)

催化加氢无论在研究上和工业上都很重要。例如在油脂工业中,可使含有不饱和双键的液态植物油脂经催化氢化制成固态的脂肪,成为奶油的代用品,从而提高其利用的价值。近年来也发展了一些可溶于有机溶剂中的催化剂,即均相催化剂,如氯化铑与三苯基膦的络合物 $(Ph_3P)_3RhCl$(Wilkinson 催化剂)。均相催化剂的发现是有机合成中的一大进展,如果采用手性基团作为配体,还可以完成手性催化氢化;2001 年的诺贝尔化学奖即颁给了两位做手性催化氢化研究的科学家 W. S. Knowles(美)和 R. Noyori(日);同时获奖的是做手性氧化研究的 K. B. Sharpless(美)。

烯烃的催化氢化为放热反应,1 mol 烯烃催化加氢时所放出的热量叫氢化热,约为125.4 kJ/mol,但不同烯烃氢化时所放出的热量是不同的。例如,丁-1-烯、cis-丁-2-烯和 trans-丁-2-烯的氢化热分别约为 127 kJ/mol、120 kJ/mol 和 116 kJ/mol,由于这三种烯烃的氢化产物均为丁烷,因此它们的氢化热数值实际上也反映出了三种丁烯异构体的相对稳定性大小为:*trans*-丁-2-烯>*cis*-丁-2-烯>丁-1-烯。

表5.3列出了一些烯烃化合物的氢化热,比较之后可以发现以下两个规律:① 双键碳原子上带有的取代基越多,烯烃越稳定;② 同样取代程度的烯烃,反式异构体比顺势异构体稳定。

表5.3 一些烯烃化合物的结构和氢化热

	烯烃	结构	氢化热(kJ/mol)
单取代烯烃	乙烯	$H_2C=CH_2$	136
	丙烯	$H_2C=CHCH_3$	125
	丁-1-烯	$H_2C=CHCH_2CH_3$	126
	己-1-烯	$H_2C=CH(CH_2)_3CH_3$	126
顺式二取代烯烃	*cis*-丁-2-烯	$\begin{smallmatrix}H_3C\\ \\H\end{smallmatrix}C=C\begin{smallmatrix}CH_3\\ \\H\end{smallmatrix}$	119
	cis-戊-2-烯	$\begin{smallmatrix}H_3C\\ \\H\end{smallmatrix}C=C\begin{smallmatrix}CH_2CH_3\\ \\H\end{smallmatrix}$	117
反式二取代烯烃	*trans*-丁-2-烯	$\begin{smallmatrix}H_3C\\ \\H\end{smallmatrix}C=C\begin{smallmatrix}H\\ \\CH_3\end{smallmatrix}$	115
	trans-戊-2-烯	$\begin{smallmatrix}H_3C\\ \\H\end{smallmatrix}C=C\begin{smallmatrix}H\\ \\CH_2CH_3\end{smallmatrix}$	114
三取代烯烃	2-甲基-戊-2-烯	$(CH_3)_2C=CHCH_2CH_3$	112
四取代烯烃	2,3-二甲基-丁-2-烯	$(CH_3)_2C=C(CH_3)_2$	110

双键C原子上的取代基对烯烃稳定性的影响可归因于双键C原子上烷基取代基C—H键与烯烃π键(两个p轨道)之间的σ-π超共轭效应。双键中的π键由两个未参与杂化的p轨道从侧面重叠形成,由于双键C原子与α-C原子之间的C—C单键可以自由旋转,π电子云在空间上与α-C原子上的C—H近似平行而产生σ-π超共轭效应,使电子离域范围增大,分子稳定性增加。双键C原子上烷基取代基越多,参与超共轭的σ键越多,σ-π超共轭效应越强,电子离域范围也就越大,因此烯烃分子更为稳定,如图5.5所示。

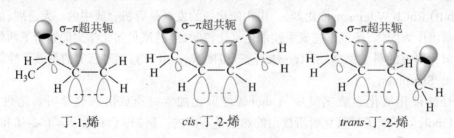

图5.5 丁-1-烯和丁-2-烯的σ-π超共轭效应示意图

顺式和反式异构体之间的稳定性差别则是由烷基取代基的空间位阻造成的,这一点从下图所示的丁-2-烯的顺反异构体的stuart模型可以看出:

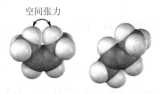

空间张力

在 *cis*-丁-2-烯分子中,两个甲基位于C=C键的同一侧,相互间的距离为300 pm,而甲基的范德瓦耳斯半径为200 pm,因此彼此之间有着较大的空间张力;而在 *trans*-丁-2-烯分子中,两个甲基相距较远,不存在这种排斥力,故而相对更为稳定。

5.4.1.2 烯烃的亲电加成

1. 与卤素的加成

（1）反应机理

烯烃可以与卤素进行加成,反应产物为邻二卤代物:

$$\diagup\!\!\diagdown C=C\diagup\!\!\diagdown \;+\; X_2 \longrightarrow X-\overset{|}{\underset{|}{C}}-\overset{|}{\underset{|}{C}}-X$$

卤素的活泼性次序为$F_2 > Cl_2 > Br_2 > I_2$。烯烃与氯、溴的加成在室温甚至是低于室温的条件下就可以进行,常用乙酸、二氯甲烷、氯仿、四氯化碳等为溶剂。例如,在室温下,将乙烯通入溴的四氯化碳溶液中,溴的红棕色即会褪去,生成无色的1,2-二溴乙烷:

$$H_2C=CH_2 \;+\; Br_2 \xrightarrow[CCl_4]{室温} H_2\overset{}{C}-\overset{Br}{\underset{Br}{C}}H_2$$

由于在实验室中易于操作且现象明显,烯烃与溴的加成常用来鉴定化合物中不饱和键的存在。相比之下,烯烃与碘的反应很困难,与氟的反应则非常激烈而难以控制,反应所放出的热甚至可使化学键发生裂解。

那么,烯烃与卤素的加成反应是如何进行的呢? 为了探明反应历程,人们进行了大量的实验。实验证明:

① 光照对反应速度没有影响,因此反应显然不是自由基型反应。

② 反应过程中也无卤化氢生成,这表明不是取代反应。

③ 如果将溴的四氯化碳溶液置于内壁涂有石蜡(非极性物质)的玻璃容器中,再通入溴进行反应,发现反应难以进行;若在不涂石蜡的玻璃容器中或反应体系中有水存在时,则反应很容易进行。这说明乙烯与溴的加成反应受极性物质(玻璃、水等)的影响。在极性物质的诱导下,乙烯双键中的π电子云易发生极化,引起电子分布的变化,使双键C原子一端带上部分正电荷(用δ^+表示),而另一端则带上部分负电荷(用δ^-表示);而溴分子在极性物质和π电子的影响下也发生极化,在两端的Br原子上分别带上部分正电荷和部分负电荷:

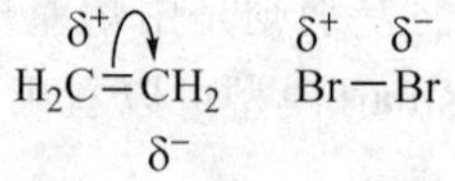

$$\overset{\delta^+}{H_2C} \overset{}{=} \overset{}{CH_2} \qquad \overset{\delta^+}{Br} \overset{\delta^-}{-} \overset{}{Br}$$
$$\delta^-$$

④ 若将乙烯通入溴水及 NaCl 溶液中,所得产物是 1,2-二溴乙烷、1-溴-2-氯乙烷和 2-溴乙醇的混合物,却没有 1,2-二氯乙烷生成。

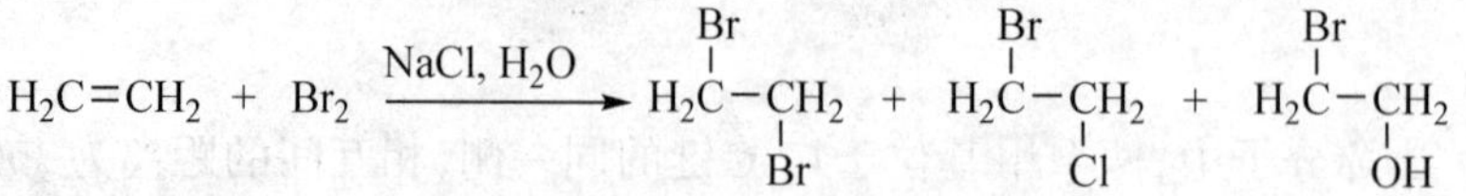

$$H_2C{=}CH_2 + Br_2 \xrightarrow{\text{NaCl, } H_2O} \underset{Br}{\overset{Br}{H_2C-CH_2}} + \underset{Cl}{\overset{Br}{H_2C-CH_2}} + \underset{OH}{\overset{Br}{H_2C-CH_2}}$$

这个事实说明,乙烯与溴加成时,两个溴原子不是同时与双键 C 原子进行加成的,而是分两步进行。

从上面这些实验事实,基于 C=C 双键中 π 电子受两个原子核束缚较小、带微量正电荷的 Br^{δ^+} 比带微量负电荷的 Br^{δ^-} 较不稳定的认知,似乎可以得出如下结论:烯烃与溴进行加成时,是由乙烯分子提供 π 电子与溴分子中带部分正电荷的 Br^{δ^+} 一端进行亲电加成,生成一个 C^+ 离子中间体,同时得到一个溴负离子 Br^-,然后再通过 C^+ 离子中间体和 Br^- 结合成键,生成 1,2-二溴乙烷:

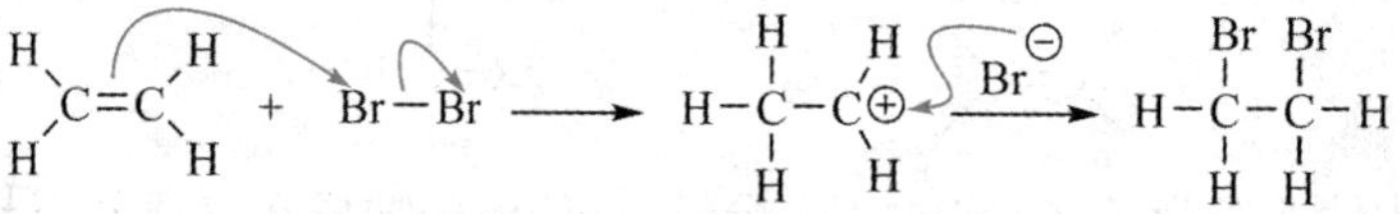

然而,遗憾的是,上述机理却不能解释环烯烃与溴进行加成时的立体化学问题,即:

⑤ 环烯烃,如环戊烯,与溴进行加成时的产物为 trans-1,2-二溴环戊烷,无 cis-1,2-二溴环戊烷生成:

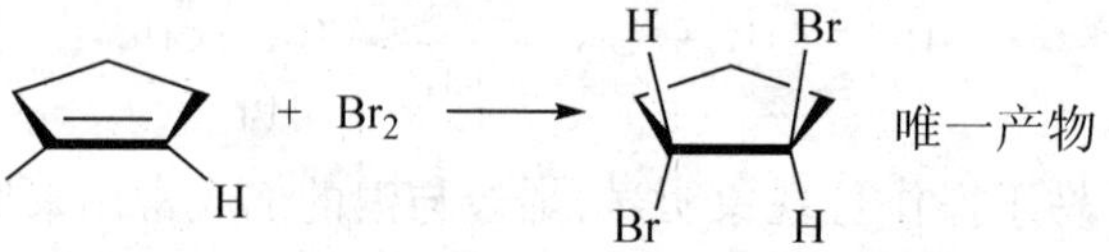

唯一产物

鉴于以上实验事实,G. Kimball 和 I. Roberts 于 1937 年提出了烯烃与溴加成的溴鎓离子中间体机理,即:烯烃与溴的加成分两步进行,首先由溴与烯烃进行加成生成三元环状的溴鎓离子中间体,然后由 Br^- 离子进攻溴鎓离子三元环结构中与 Br^+ 相连的 C 原子,使溴鎓离子发生开环得到加成产物。由于三元环中 Br 原子的"遮挡",在第二步中 Br^- 离子只能从三元环的另一侧进攻而导致开环,从而得到反式加成产物:

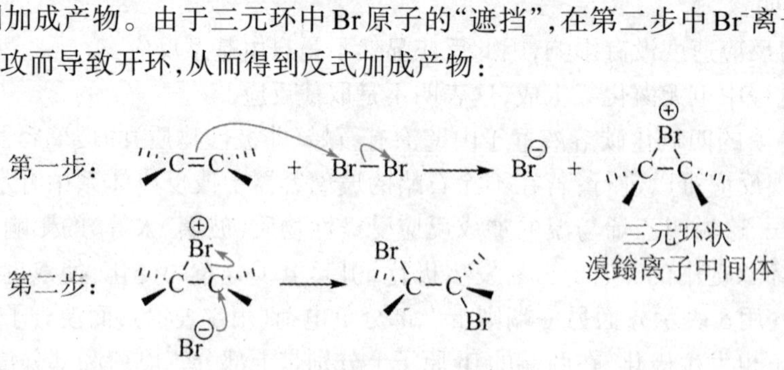

三元环状
溴鎓离子中间体

三元环溴鎓离子的存在后来被 G. Olah 所证实:

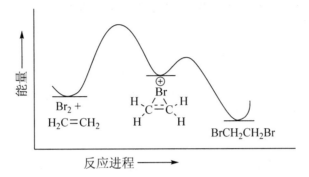

1994年,由于在碳正离子化学方面的研究,G. Olah被授予诺贝尔化学奖。

由于反应中首先是亲电子试剂(即带有部分正电荷的缺电子的Br$^\delta$一端)与烯烃进行加成生成离子型中间体,该反应为(离子型的)亲电加成反应。

反应的势能变化如图5.6所示。

图5.6 烯烃与溴的加成反应势能变化

因为反应是分两步进行,因此,如果反应体系中有其他的负离子(或带部分负电荷的基团,如醇、水等)存在,则也会与环状溴鎓离子中间体结合生成相应的副产物:

而这样的反应可以用于在实验中合成β-卤代醇:

反式加成是烯烃与溴的亲电加成在立体化学上的重要特征。因此,cis-丁-2-烯和溴加成后得到外消旋体,而trans-丁-2-烯反应后则得到一个内消旋化合物:

cis-丁-2-烯
(Z)-but-2-ene

(2S,3S)-2,3-二溴丁烷   (2R,3R)-2,3-二溴丁烷

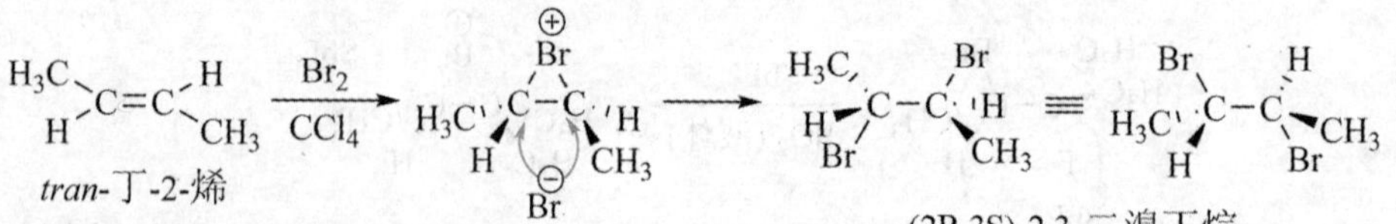

tran-丁-2-烯
(E)-but-2-ene

(2R,3S)-2,3-二溴丁烷

（2）烯烃的反应活性

烯烃与溴的亲电加成过程中，生成溴鎓离子中间体的一步反应活化能较高，是整个反应的决速步骤。因此，如果双键C原子上带有推电子的基团，则可使烯烃双键的电子云密度增加而更易于与Br$^+$加成，同时也使溴鎓离子中间体更加稳定，加速亲电加成的进行。相反，吸电子基团则使C=C双键电子云密度降低，使溴鎓离子变得更不稳定，因而降低亲电加成反应速率。

表5.4 几种烯烃化合物与Br$_2$加成时的相对反应速度

化合物	$\begin{array}{c} H_3C \\ \diagdown \\ H_3C \end{array} C = C \begin{array}{c} CH_3 \\ \diagup \\ CH_3 \end{array}$	$H_3C-CH=CH_2$	$H_2C=CH_2$	$H_2C=CH-COOH$
相对反应速度	74	2.03	1	0.03

表5.4对比了几种烯烃化合物（衍生物）与溴加成时的相对反应速度。从中可以看出，由于双键C原子为sp^{2}杂化，而甲基（-CH$_3$）饱和碳原子为sp^{3}杂化，前者电负性更大，吸电子能力更强，因此甲基对C=C双键具有推电子的性能，使C=C双键电子云密度增加，亲电加成反应速率加快；而羧基（-COOH）由于C=O一端电负性更大的O原子的存在则具有吸电子的性能，使双键上电子云密度降低，因而使亲电加成反应速度减慢。

此外，这些基团的推电子或吸电子效应还造成C=C双键两端具有不同的电子云密度，分别带上部分正、负电荷，例如，丙烯分子中的电子云密度变化如下所示：

$$H_3C \longrightarrow \overset{\delta^+}{CH} = \overset{\delta^-}{CH_2}$$

其中，直线箭头表示σ电子云的移动方向，弯箭头表示π电子云的移动方向。这种由于分子中原子或基团的电负性不同而引起的电子云沿着化学键向某一方向移动的效应，称为诱导效应（inductive effect），以I表示；吸电子诱导效应一般表示为"−I"，给电子诱导效应为"+I"。丙烯分子中甲基对C=C双键具有给电子的诱导效应，即"+I"效应，而丙烯酸中的羧基则具有"−I"效应。

诱导效应是一种静电作用，是一种永久性的效应。共用电子并不完全转移到另一原子上，只是电子云密度分布发生变化，亦即键的极性发生变化。诱导效应因相连的原子或基团具有不同的电负性而产生，其大小与取代基的电负性大小有关，而且随着取代基距离不断增加而很快减弱，相隔三个C原子以上则几乎消失。有机化学学习中常见的原子或基团的吸电子诱导效应强弱顺序如下：

−N$^+$R$_3$>−NO$_2$>−CN>−COOH>−COOR>−COR（−CHO）>−F>−Cl>−Br>−I>−C≡CH>−OCH$_3$（−OH）>−NH$_2$>−C$_6$H$_5$>−C=CH$_2$>−H>−R

需要提醒的是，除了因甲基C原子和双键C原子的杂化方式、电负性不同而引起的诱导效应之外，丙烯分子中甲基C—H键与双键之间的σ-π超共轭效应也是导致其双键电子云密度比乙烯高且发生极化的一个原因。类似的，表3.3中的丙烯酸分子，除了吸电子诱导效应之外，羧基通过C=O双键与C=C双键之间的π-π共轭，对C=C双键还具有吸电子的共轭效应（“−C”效应）。

（3）环己烯与溴的加成

半椅式构象是环己烯的经典构象，与环己烷类似，环己烯的两个半椅式构象之间也可以通过键的旋转而相互转换，构象转换的能量位垒约为22 kJ/mol。与环己烷的半椅式构象不同的是，环己烯的半椅式构象中，四个饱和碳原子上的化学键并不是完全的a键和e键，为“准a键”（pseudoaxial）和“准e键”（pseudoequatorial）：

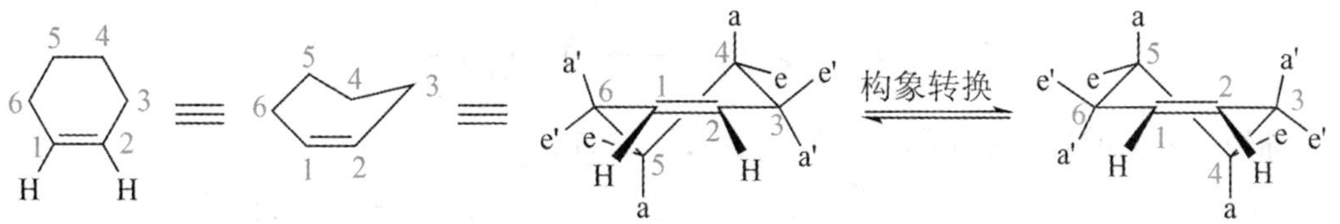

环己烯与溴进行加成时，也是先生成环状溴鎓离子，然后Br^-从三元环另一侧进攻：

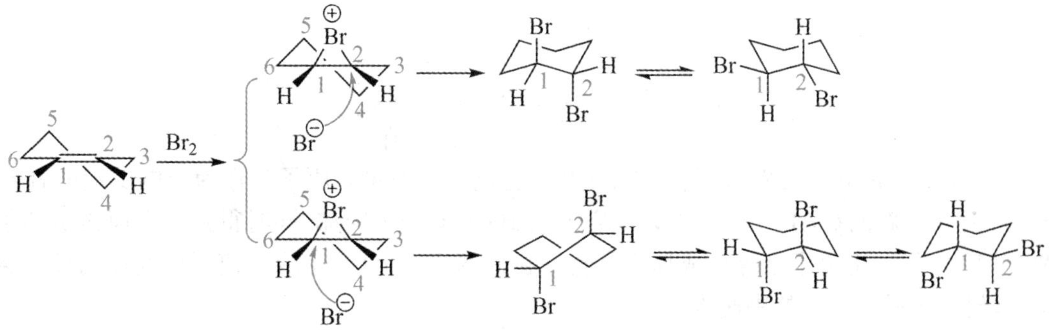

环己烯与溴的加成产物为二溴代环己烷，以椅式构象存在时最为稳定。因此，在第二步反应中与C-1位相比，Br^-进攻C-2时，从溴鎓离子中间体到最终产物，碳架的构象改变较小，基本维持为椅式构象，所需要的能量也较少。换言之，Br^-的进攻方向遵循“构象改变最小原理”。

如上所述，环己烯的一对椅式构象（i）和（v）互为构象转换体，具有相同的能量，因此与Br_2发生加成时的活性及反应几率也相等，最后生成等量的（iv）和（viii），构成一对外消旋体：

(i)　(ii)　(iii)　(iv)

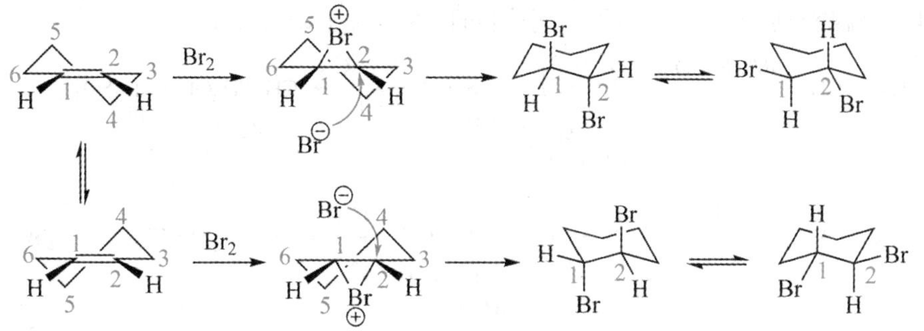

(v)　(vi)　(vii)　(viii)

至于加成反应产物 *trans*-1,2-二溴环己烷的两个椅式构象,两个 Br 原子都处于 a 键(即反-aa 型)的(iii)和(vii)虽然因邻近 a 键 H 原子的存在而导致具有非键空间张力,而两个 Br 原子都处于 e 键(即反-ee 型)的(iv)和(viii),由于两个 Br 原子为邻位交叉式而具有一定的偶极-偶极排斥作用;这两种作用的能量基本上相等,因此 *trans*-1,2-二溴环己烷的反-aa 型和反-ee 型具有相同的能量。

2. 与酸的加成

(1)反应历程

烯烃与氢卤酸、硫酸等无机酸、水及醇、酚、羧酸等的加成反应也属于亲电加成,亲电试剂为 H+:

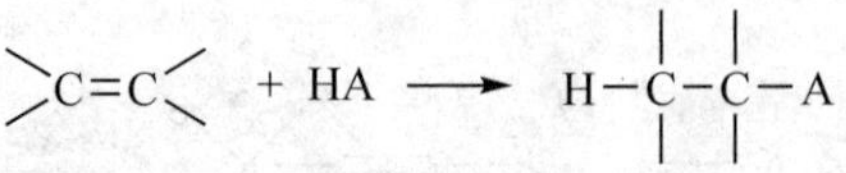

$$\diagdown C=C \diagup + HA \longrightarrow H-\overset{|}{\underset{|}{C}}-\overset{|}{\underset{|}{C}}-A$$

烯烃与氢卤酸 HX 的加成反应分为两步,历程如下:

第一步: 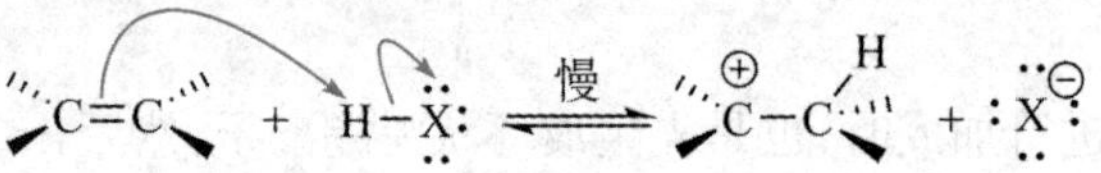
$$\diagdown C=C\diagup + H-\ddot{X}\colon \overset{慢}{\rightleftharpoons} \overset{\oplus}{C}-\overset{H}{C} + \colon\ddot{X}\colon^{\ominus}$$
碳正离子

第二步:
$$\overset{\oplus}{C}-CH + X^{\ominus} \overset{快}{\longrightarrow} \overset{X}{\underset{H}{C}}-C$$

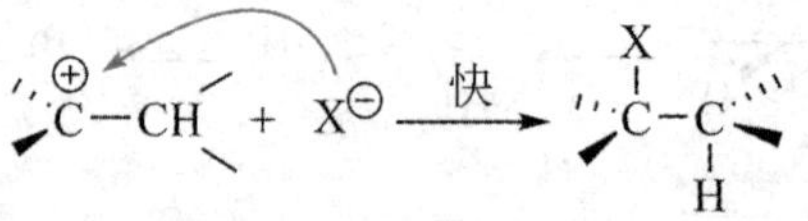

反应时首先由 C=C 双键提供一对 π 电子通过一个双键 C 原子与作为亲电试剂的 H+ 结合,形成一个新的 C—H δ 键,生成碳正离子(carbocation)中间体,同时得到一个卤素负离子 X⁻;然后 X⁻ 与碳正离子结合形成加成产物。在这两步反应中,生成 C+ 离子中间体的反应速率比较慢,为整个反应的决速步骤。

根据以上反应机理,双键 C 原子上带有的推电子取代基越多、取代基推电子效应越强,则双键 C=C 上电子云密度越高,反应越容易进行,生成的 C+ 离子中间体也越稳定。另一方面,氢卤酸的酸性越强,越有利于反应的进行,因此,氢卤酸的反应活性顺序为:HF≪HCl<HBr<HI。此外,在体系中加入 AlCl₃ 等极性催化剂可加速反应的进行。

$$H_3C-CH=CH_2 + HX \xrightarrow{AlCl_3} H_3C-\overset{X}{\underset{|}{CH}}-CH_3 + H_3C-CH_2-\overset{X}{\underset{|}{CH_2}}$$
主要产物

烯烃与硫酸的加成也是 C+ 离子中间体机理,在低温下即可发生:

$$H_2C=CH_2 \xrightarrow{98\% H_2SO_4} H_3C-CH_2-OSO_2OH \xrightarrow[90\ ^\circ C]{H_2O} CH_3CH_2OH + H_2SO_4$$
硫酸氢乙酯   乙醇
ethyl hydrogen sulfate   ethanol

$$H_3C-CH=CH_2 \xrightarrow{80\% H_2SO_4} H_3C-\overset{}{\underset{OSO_2OH}{CH}}-CH_3 \xrightarrow[\triangle]{H_2O} H_3C-\overset{}{\underset{OH}{CH}}-CH_3 + H_2SO_4$$
硫酸氢异丙酯   异丙醇
isopropyl hydrogen sulfate   propan-2-ol

反应时先生成硫酸氢酯,再经加热水解可得到醇,因此该反应又称为烯烃的间接水合(indirect hydration)。工业上常用此方法制备乙醇、异丙醇、三级丁醇,而在实验室中可利用此反应除去烷烃中混入的少量烯烃,因为反应生成的硫酸氢酯可溶于浓硫酸而存在于水相。

对于双键上电子云密度较高的、活泼的烯烃,可以在稀酸条件下直接与水按 C^+ 离子机理发生加成反应而生成醇,因此又称为烯烃的直接水合(direct hydration):

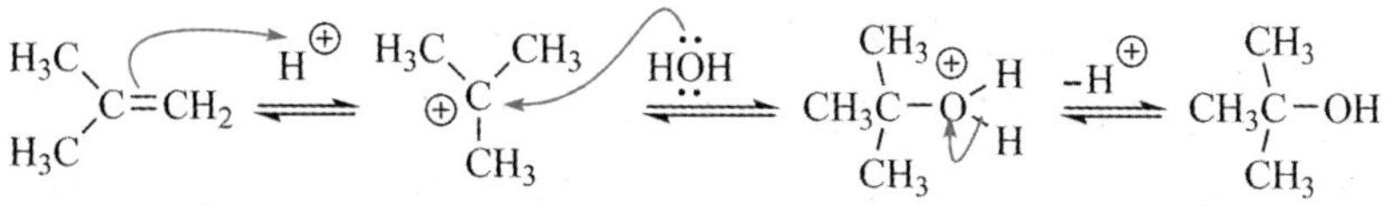

叔丁醇
2-methylpropan-2-ol

由上面的反应历程也可以看出,烯烃在酸催化下的直接水合反应与醇在酸催化下脱水生成烯烃的反应互为逆反应。因此,为了使反应向生成醇的方向进行,可使反应在过量水(稀酸)和低温条件下进行。

除了氢卤酸和硫酸等无机酸之外,在硫酸、对甲苯磺酸、氟硼酸 HBF_4(或 BF_3+HF)等催化下,烯烃还可以和醇、酚、羧酸等酸性较弱的有机酸按照碳正离子机理进行亲电加成,产物分别为醚和羧酸酯。

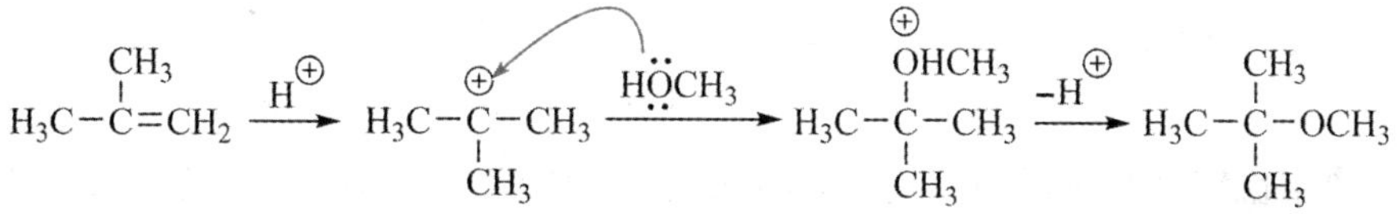

叔丁基甲基醚,80%
2-methoxy-2-methylpropane

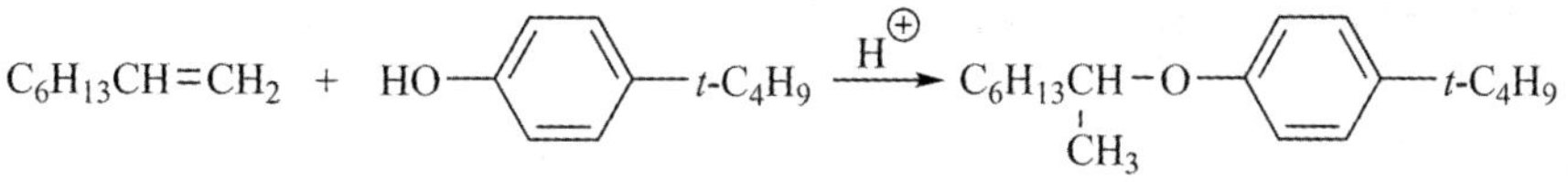

对叔丁苯基(1-甲基庚基)醚
1-(tert-butyl)-4-(octan-2-yloxy)benzene

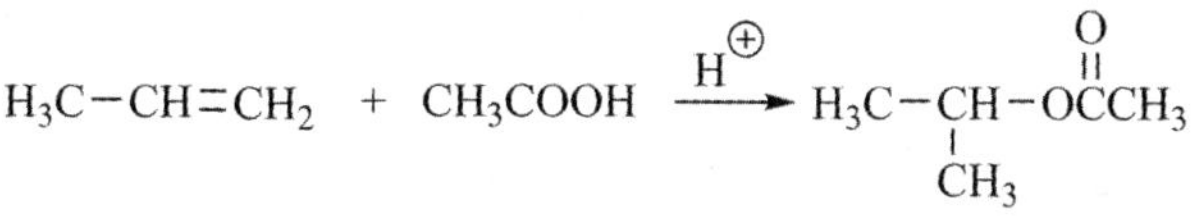

乙酸异丙酯
isopropyl acetate

分子结构合适的情况下,还可能发生分子内的加成反应:

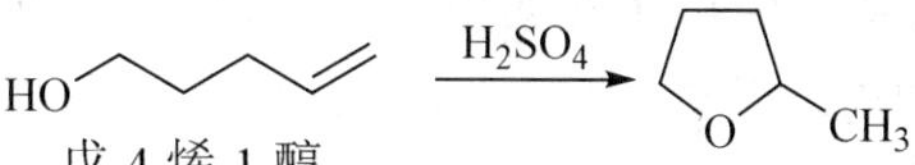

戊-4-烯-1-醇
pent-4-en-1-ol

2-甲基四氢呋喃,88%
2-methyltetrahydrofuran

(2)反应的区域选择性(regioselectivity):马氏规则

从上面给出的反应举例还可以看出,不对称的烯烃(如丙烯、异丁烯)和卤化氢等极性亲电试剂进行加成时,亲电试剂中带正电部分(如氢卤酸、醇、酚、H_2O 中的 H^+ 等)总是与烯烃中含 H 较多、取代较少的双键碳原子结合,而亲电试剂分子中的其他部分(卤素等)则加在含 H 较少、取代较多的双键 C 原子上,这就是烯烃亲电加成的马尔可夫尼可夫规律(Markovnikov rule),简称马氏规则。马氏规则反映出了不对称烯烃在亲电加成时的取向或区域选择性,据此可以正确地预测许多不对称烯烃的加成产物。

烯烃亲电加成的马氏规则可以从两个角度进行解释。

① 电子效应。双键含 H 原子少的碳原子上连有较多的烷基取代基,以丙烯为例,由于甲基的 +I 效应和 σ-π 超共轭效应,使双键上 π 电子云向双键的另一个碳原子(C1)偏移,从而使 C1 上电子云密度增加,带有部分负电荷,C2 上则带有部分正电荷:

$$\overset{\delta^+}{\underset{3}{H_3C}} \longrightarrow \overset{}{\underset{2}{CH}} = \overset{\delta^-}{\underset{1}{CH_2}}$$

因此加成时,卤化氢等分子中带(部分)正电荷的 H^+ 首先加到含 H 较多、带部分负电荷的 C1 上,然后酸的负性基(X^-)才加到含 H 原子较少而此时已带有正电荷、成为正离子的 C2 上,得到相应的加成产物:

$$\overset{\delta^+}{H_3C}-\overset{\delta^-}{CH}=CH_2 \xrightarrow{\ H-OSO_2OH\ } H_3C-\overset{\oplus}{CH} \quad \overset{\ominus}{OSO_3H} \longrightarrow H_3C-\underset{OSO_3H}{CH}-CH_3$$
$$\qquad\qquad\qquad\qquad\qquad\qquad\qquad CH_3$$

② 碳正离子稳定性。烯烃与卤化氢等酸的亲电加成反应为两步反应,第一步即形成 C^+ 离子中间体的反应为决速步骤。与前面在烷烃一章中讨论的自由基稳定性对卤代反应的影响类似,烯烃亲电加成中 C^+ 离子的稳定性决定了反应进行的方向,越稳定的 C^+ 离子越容易生成。研究表明,C^+ 离子中带有正电荷的碳原子为 sp^2 杂化,如图 5.7 所示。

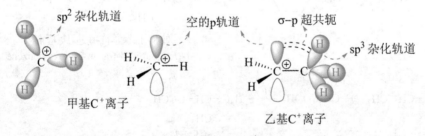

图 5.7 C^+ 离子的结构

甲基 C^+ 离子中,C 原子以三个 sp^2 杂化轨道与三个 H 原子结合形成三个 C—H σ 键,同时保留了一个垂直于三个 C—H 键所在平面、未被电子占据的空的 $2p_z$ 轨道。在乙基 C^+ 离子中,与带有空轨道的 sp^2 杂化 C^+ 相连的甲基 C 原子为 sp^3 杂化,因此对 C^+ 具有给"+I"效应。同时,由于 $C_{sp^2}-C_{sp^3}$ 键的自由旋转,甲基的三个 C—H 键与 C^+ 离子空的 p 轨道可在空间近似平行而交叠,因此产生 σ-p 超共轭效应,使 C—H 键的电子可部分离域至空的 $2p$ 轨道中,进一步提高 C^+ 离子的稳定性。

图 5.8 为丙烯在与酸进行加成时的反应势能图。由于二级 C^+ 离子中与 C^+ 相连的烷基取

代基更多,"+I"效应和σ-p超共轭效应更强,因此二级 C^+ 离子比一级的能量低,也更为稳定;形成丙-2-基正离子这样一个二级 C^+ 离子比生成一级的丙-1-基正离子所需的活化能也较低。所以,加成反应中主要形成二级而不是一级碳正离子。

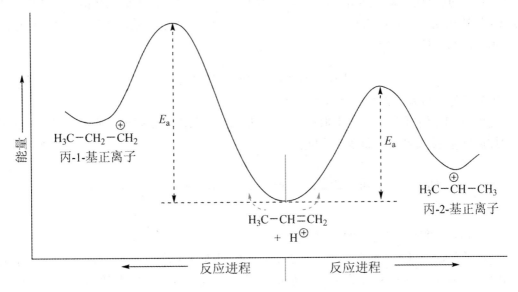

图 5.8　 C^+ 离子的稳定性与反应发生的方向

表 5.5 为几种烃类化合物在气相中发生 C—H 键的异裂生成各种不同类型 C^+ 离子的离解能,表中数据直接证明了不同结构的烷基 C^+ 离子形成的难易程度和稳定性,即

$$\underset{R}{\overset{R}{\underset{|}{\overset{|}{R-C\oplus}}}} > \underset{R-CH}{\overset{R}{\overset{|}{\underset{\oplus}{}}}} > R-\overset{\oplus}{CH_2} > \overset{\oplus}{CH_3}$$

表 5.5　几种烃类化合物在气相中发生 C—H 异裂的离解能

化合物	离子	离解能(kJ/mol)
$(CH_3)_3CH$	$(CH_3)_3C\oplus$	970.3
$C_6H_5CH_3$	$C_6H_5CH_2\oplus$	996
$(CH_3)_2CH_2$	$(CH_3)_2CH\oplus$	1043
$CH_2=CH-CH_3$	$H_2C=CH-CH_2\oplus$	1070
CH_3CH_3	$CH_3CH_2\oplus$	1158
$CH_2=CH_2$	$CH_2=CH\oplus$	1200
C_6H_6	$C_6H_5\oplus$	1230
CH_4	$CH_3\oplus$	1316

由此可见,马氏规则的本质是反应过程中生成的 C^+ 离子的稳定性,不能简单地根据双键 C 原子上取代程度判断加成方向,例如:

$$H_2C\!=\!CH\!-\!CF_3 + HX \longrightarrow \underset{\text{主要产物}}{H_2\overset{X}{C}\!-\!CH_2\!-\!CF_3} + \underset{\text{次要产物}}{H_3C\!-\!\overset{X}{C}H\!-\!CF_3}$$

表面上看,上述反应结果是违背马氏规则的,但事实上反应进行的方向依然由 C^+ 离子中间体的稳定性所决定。这是因为 $-CF_3$ 具有强吸电子诱导效应,即"$-I$"效应,三氟代丙烯与 H^+ 加成后形成的两个 C^+ 离子中:

$$H_2\overset{\oplus}{C}\!-\!CH_2\!-\!CF_3, \; H_3C\!-\!\overset{\oplus}{C}H\!-\!CF_3$$

前者显然比后者更为稳定,尽管它是个一级 C^+ 离子。

此外,对于两个双键 C 原子上取代程度相同的烯烃,马氏规则就更无能为力了。例如下面的加成反应,主要产物又是哪一个呢?

$$Ph\diagdown\diagup Br \xrightarrow{HBr} Ph\diagdown\overset{\overset{Br}{|}}{\diagup}Br + Ph\overset{}{\diagdown}\underset{\underset{Br}{|}}{\diagup}Br$$

(3)烯烃亲电加成过程中的 C^+ 离子重排

C^+ 离子是烯烃与氢卤酸等发生亲电加成时的中间体,根据马氏规则,当 3,3-二甲基丁烯与 HCl 加成时将生成 3,3-二甲基丁-2-基正离子,进一步与 Cl^- 加成得到 3-氯-2,2-二甲基丁烷:

$$\underset{\substack{\text{3,3-二甲基丁烯}\\\text{3,3-dimethylbut-1-ene}}}{(H_3C)_3C\!-\!CH\!=\!CH_2} \xrightarrow{HCl} H_3C\!-\!\underset{\underset{CH_3}{|}}{\overset{\overset{CH_3}{|}}{C}}\!-\!\overset{\oplus}{C}H\!-\!CH_3$$

$$\xrightarrow{Cl^\ominus} \underset{\substack{\text{3-氯-2,2-二甲基丁烷, 17\%}\\\text{3-chloro-2,2-dimethylbutane}}}{H_3C\!-\!\underset{\underset{CH_3}{|}}{\overset{\overset{CH_3}{|}}{C}}\!-\!\underset{\underset{Cl}{|}}{\overset{}{C}}H\!-\!CH_3} \quad + \quad \underset{\substack{\text{2-氯-2,3-二甲基丁烷, 83\%}\\\text{2-chloro-2,3-dimethylbutane}}}{H_3C\!-\!\underset{\underset{Cl}{|}}{\overset{\overset{CH_3}{|}}{C}}\!-\!\underset{\underset{CH_3}{|}}{\overset{}{C}}H\!-\!CH_3}$$

然而实验结果表明,产物中 3-氯-2,2-二甲基丁烷的相对含量只有 17%,体系中主要产物为 2-氯-2,3-二甲基丁烷,相对含量 83%。这是因为在完成第一步和 H^+ 的加成后,生成的 3,3-二甲基丁-2-基正离子发生了重排,即原来位于 C3 上的一个甲基带着一对成键电子重排到了原来带有正电荷的 C2 上,得到一个新的 C 正离子,即 2,3-二甲基丁-2-基正离子,然后与 Cl^- 结合生成 2-氯-2,3-二甲基丁烷:

$$\underset{\substack{\text{3,3-二甲基丁-2-基正离子}\\\text{3,3-dimethylbutan-2-ylium}}}{H_3C\!-\!\underset{\underset{CH_3}{|}}{\overset{\overset{CH_3}{|}}{C}}\!-\!\overset{\oplus}{C}H\!-\!CH_3} \longrightarrow \underset{\substack{\text{2,3-二甲基丁-2-基正离子}\\\text{2,3-dimethylbutan-2-ylium}}}{H_3C\!-\!\overset{\oplus}{\underset{\underset{CH_3}{|}}{C}}\!-\!\underset{\underset{CH_3}{|}}{\overset{}{C}}H\!-\!CH_3}$$

这种由烷基迁移所造成的 C^+ 正电荷中心的位置改变即为 C^+ 离子重排,又称为 Wagner-

Meerwein重排。对比两个C$^+$离子的结构可知,发生C$^+$离子重排的驱动力在于重排后得到的 3° C$^+$在热力学上比原来的2° C$^+$更为稳定。

C$^+$离子重排是有机化学中常见的重排现象,凡是有C$^+$离子中间体生成的反应基本上都会涉及这样的过程。除了烷基之外,也可以是负氢发生迁移,由一个稳定性相对较差的C$^+$离子转变成一个更为稳定的C$^+$离子:

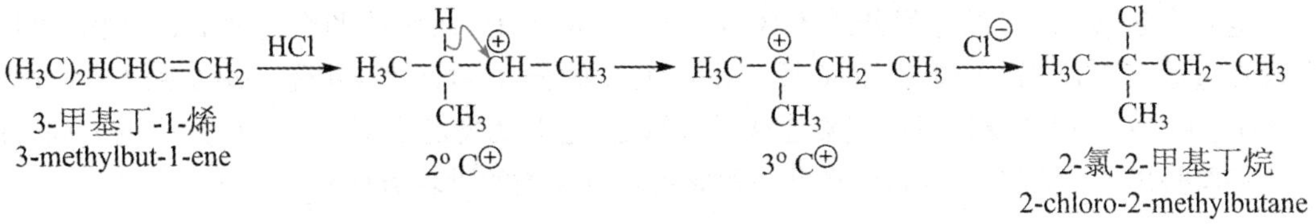

$$(H_3C)_2HCHC{=}CH_2 \xrightarrow{HCl} H_3C{-}\underset{CH_3}{\overset{H}{C}}{-}\overset{+}{C}H{-}CH_3 \longrightarrow H_3C{-}\underset{CH_3}{\overset{+}{C}}{-}CH_2{-}CH_3 \xrightarrow{Cl^{\ominus}} H_3C{-}\underset{CH_3}{\overset{Cl}{C}}{-}CH_2{-}CH_3$$

3-甲基丁-1-烯
3-methylbut-1-ene　　　　　　2° C$^{\oplus}$　　　　　　3° C$^{\oplus}$　　　　2-氯-2-甲基丁烷
　　　　　　　　　　　　　　　　　　　　　　　　　　　　　　2-chloro-2-methylbutane

而在有些情况下还会发生扩环反应:

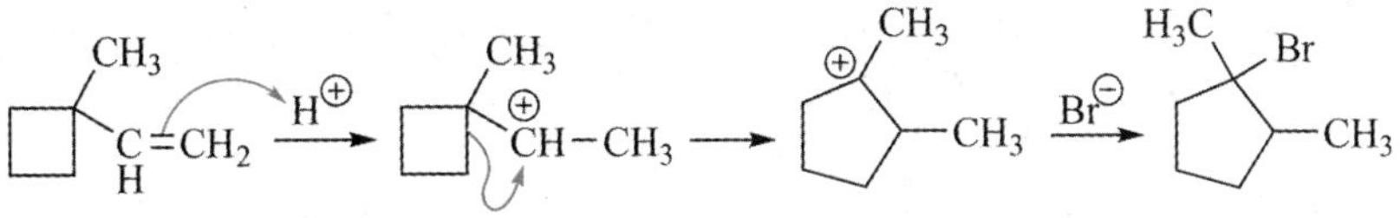

3. 与次卤酸HOX的加成

烯烃与次卤酸HOX(次氯酸HOCl或次溴酸HOBr)加成可以得到β-卤代醇,因为HOX不稳定,因此常使烯烃与氯或溴直接在水溶液中进行反应:

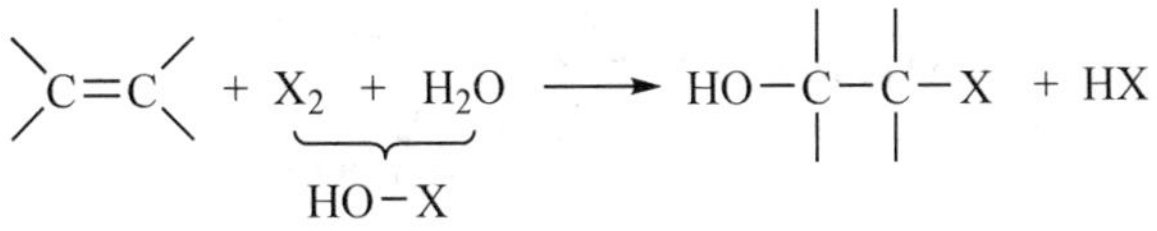

$$>\!C{=}C\!< \;+\; X_2 \;+\; H_2O \longrightarrow HO{-}\overset{|}{\underset{|}{C}}{-}\overset{|}{\underset{|}{C}}{-}X \;+\; HX$$

$$\underbrace{\qquad\qquad}_{HO-X}$$

对于取代的乙烯,与前述烯烃和卤化氢等酸性化合物的加成类似,烯烃与次卤酸的反应也具有区域选择性,符合马氏规则,即:带有部分正电荷的卤素原子加成到取代较少、含氢较多的双键C原子上,而带有部分负电荷的羟基OH则与取代较多、含氢较少的双键C原子相连:

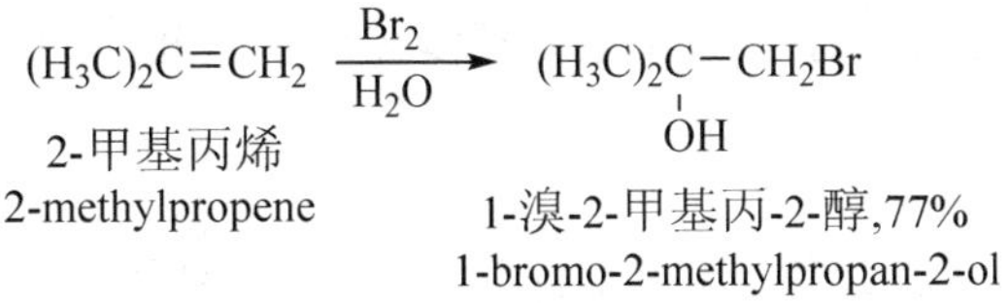

$$(H_3C)_2C{=}CH_2 \xrightarrow[H_2O]{Br_2} (H_3C)_2\underset{OH}{C}{-}CH_2Br$$

2-甲基丙烯
2-methylpropene　　　　　1-溴-2-甲基丙-2-醇,77%
　　　　　　　　　　　　1-bromo-2-methylpropan-2-ol

整个反应过程可以分为三步:首先是烯烃与溴反应生成三元环状的溴鎓离子中间体:

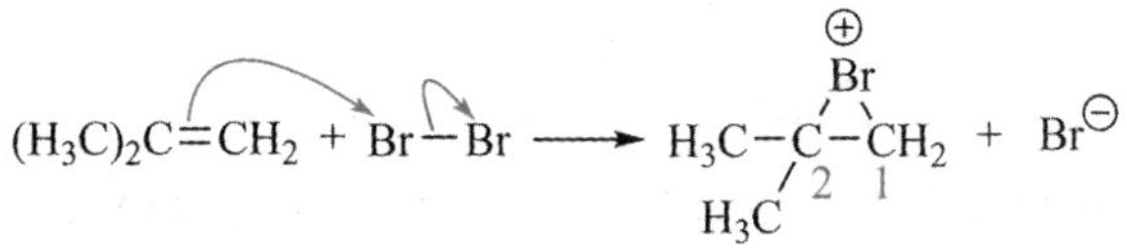

$$(H_3C)_2C{=}CH_2 + Br{-}Br \longrightarrow H_3C{-}\underset{H_3C}{\overset{\overset{\displaystyle\oplus}{Br}}{C}}\underset{2}{}\underset{1}{CH_2} + Br^{\ominus}$$

然后再由体系中的H$_2$O进攻三元环中的C原子发生开环;在此步反应中,H$_2$O有C1,C2两个位置可以进攻,因此可以生成两个过渡态:

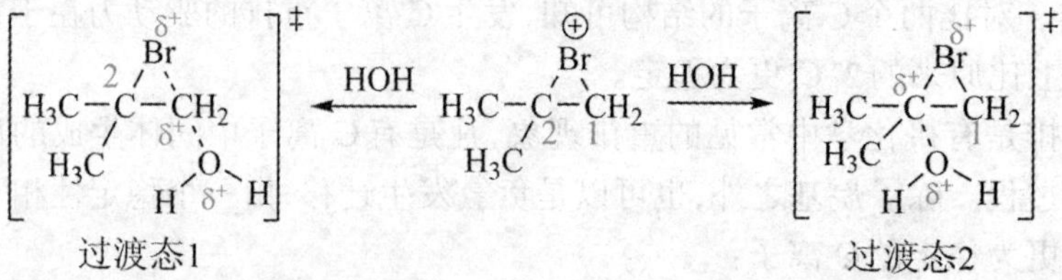

过渡态1　　　　　　　　　　　　　　　　　　　　　过渡态2

这两个过渡态中,正电荷分散于 Br—C—O 三个原子上,而对比两个过渡态的结构,可以发现在过渡态 2 中,分散正电荷的 C 原子是三级 C 原子,而过渡态 1 中是一级 C 原子;因此相比之下,由 H_2O 进攻 C-2 形成的过渡态 2 更为稳定,这也就决定了第二步反应发生的方向,即三元环溴鎓离子中取代较多的 C 原子一侧成为 H_2O 优先的进攻方向:

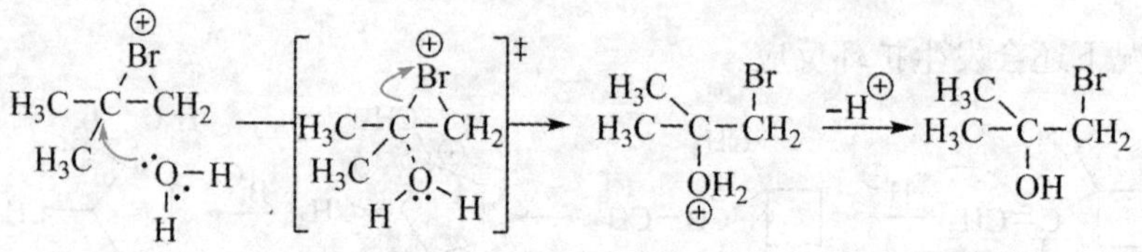

4. 烯烃的羟汞化——还原脱汞(oxymercuration-demercuration)反应

烯烃与醋酸汞在四氢呋喃水溶液中反应,生成羟汞化合物,然后用硼氢化钠($NaBH_4$)还原得到醇的反应,即为羟汞化–还原脱汞反应。

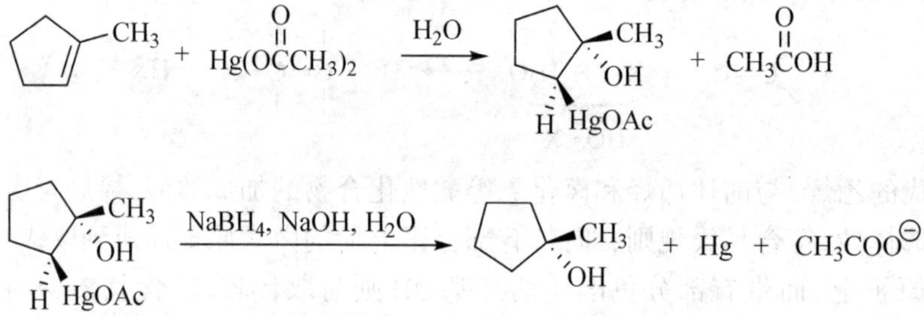

基于羟汞化反应生成的羟汞化合物中羟基和乙酰氧汞基团处于反式的立体化学特征,可以推测在该反应过程中经历了类似于三元环溴鎓离子中间体的环状汞鎓离子中间体,然后再与 H_2O 进行加成:

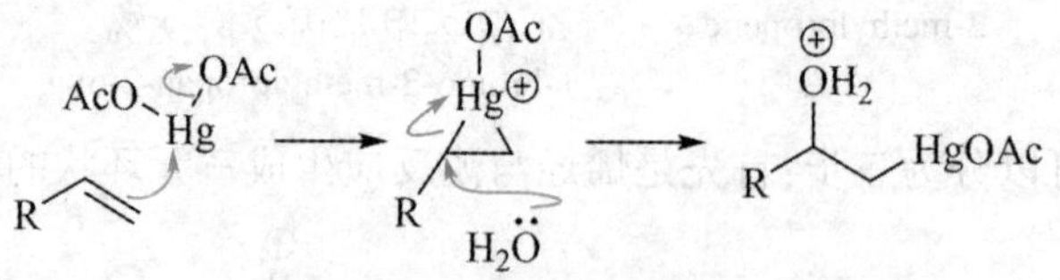

汞鎓离子（mercurinium ion）

毫无疑问,就像溴鎓离子与 H_2O 的加成一样,汞鎓离子与 H_2O 分子加成也具有高度的区域选择性,即 H_2O 加成到连有较多烷基取代基的环 C 原子一侧。

烯烃的羟汞化–还原脱汞制醇相对于水合反应还有一个优势,即反应过程中不涉及 C^+ 离子,因此不会发生重排,最后所生成的醇相当于烯烃 C=C 双键与水按马氏规则进行加成所得的产物:

$$CH_3(CH_2)_3CH=CH_2 \xrightarrow[\text{H}_2\text{O}]{\text{Hg(OAc)}_2} \xrightarrow{\text{NaBH}_4} CH_3(CH_2)_3\overset{\overset{\displaystyle OH}{|}}{C}HCH_3$$

$$CH_3CH_2-\underset{\underset{\displaystyle CH_3}{|}}{C}=CH_2 \xrightarrow[\text{H}_2\text{O}]{\text{Hg(OAc)}_2} \xrightarrow{\text{NaBH}_4} CH_3CH_2\overset{\overset{\displaystyle OH}{|}}{\underset{\underset{\displaystyle CH_3}{|}}{C}}CH_3$$

此外,汞化反应在不同溶剂中进行时,得到的产物是不同的。例如在醇溶液中进行,汞化产物经脱汞还原后的产物为醚:

$$PhCH=CH_2 \xrightarrow[\text{CH}_3\text{OH}]{\text{Hg(OAc)}_2} Ph\overset{\overset{\displaystyle HgOAc}{|}}{CH}-\underset{\underset{\displaystyle OCH_3}{|}}{CH_2} \xrightarrow{\text{NaBH}_4} Ph\underset{\underset{\displaystyle OCH_3}{|}}{CH}CH_3$$

5. 硼氢化——氧化反应(hydroboration-oxidation)

硼氢化合物(甲硼烷 BH_3 或反应中生成的一烷基硼烷 BH_2R、二烷基硼烷 BHR_2)与烯烃加成生成烷基硼,而后烷基硼与碱性过氧化氢 H_2O_2 反应,最终硼原子被羟基取代而得到醇的反应,被称为烯烃的硼氢化-氧化反应。

$$\overset{\displaystyle |}{\underset{\displaystyle |}{C}}{=}\overset{\displaystyle |}{\underset{\displaystyle |}{C} } + HB\overset{\diagup}{\diagdown} \longrightarrow -\overset{\overset{\displaystyle |}{|}}{\underset{\underset{\displaystyle H}{|}}{C}}-\overset{\overset{\displaystyle |}{|}}{\underset{\underset{\displaystyle B}{|}}{C}}- \xrightarrow[\text{OH}^{\ominus}]{\text{H}_2\text{O}_2} -\overset{\overset{\displaystyle |}{|}}{\underset{\underset{\displaystyle H}{|}}{C}}-\overset{\overset{\displaystyle |}{|}}{\underset{\underset{\displaystyle OH}{|}}{C}}-$$

(1) 硼氢化反应

以 1-甲基环戊烯和甲硼烷生成 *trans*-2-甲基环戊基硼烷的反应为例:

trans-2-甲基环戊基硼烷
trans-2-methylcyclopentylborane

甲硼烷分子中 B 原子的 2p 为空轨道,缺少电子,因此可以作为亲电试剂。反应时由烯烃 C=C 双键提供一对 π 电子与 B 原子形成一个三中心、两电子的 π 络合物。在 π 络合物中,B 原子上带有部分负电荷,而两个 C 原子上则带有部分正电荷。

π 络合物　　　　　　过渡态　　　　　2-甲基环戊基硼烷
(2-methylcyclopentyl)borane

π 络合物很不稳定,很快经过一个四中心环状过渡态发生重排,得到硼氢化产物,烷基硼。

四中心环状过渡态的形成,决定了烯烃的硼氢化反应为立体专一性的顺式加成(stereo-specific syn addition),产物中分别与原来的两个双键 C 原子相连的 C—B 键和 C—H 键在同一侧。

区域选择性方面,由于 B 原子及其相连的基团体积比 H 原子大,因此 B 原子一般加成在取代基较少、空间位阻较小的双键 C 原子一侧,而 H 原子则加成到取代基较多、含 H 较少的双键 C 原子上,因此为反马氏加成。考虑到 H(2.1)的电负性比 B(2.0)大,甲硼烷中 B 原子上带有部分正电荷,不对称烯烃在加成时的区域选择性也可以从电子效应的角度进行解释,但根据实验看主要是空间位阻效应在加成选择方面起到了作用。

(2) 烷基硼的氧化

烷基硼在碱性条件下与 H_2O_2 作用,再经水解得到醇的反应,即为烷基硼的氧化反应。

过氧化氢有弱酸性,在碱性溶液中转变为它的共轭碱:氢过氧阴离子 HOO^-。

$$HOO-H + {}^{\ominus}OH \longrightarrow HOO^{\ominus} + H_2O$$

然后由 HOO^- 进攻烷基硼分子中缺电子的硼原子,生成在 B 原子上带有负电荷的中间产物,这个中间产物的结构中弱的 O—O 键非常不稳定,很快发生断裂,失去氢氧根负离子 OH^-,同时发生烷基的迁移重排生成烷氧基硼烷。在这个重排过程中,因为烷基是整体发生迁移,因此如果涉及的 C 原子是手性碳原子,则重排后其构型保持不变。

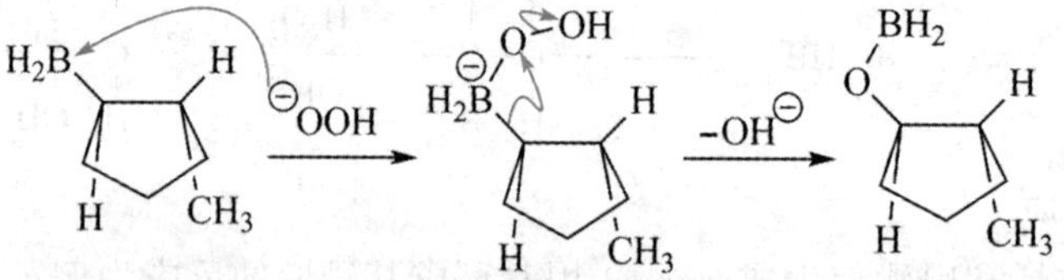

而后,重排产物烷氧基硼烷发生水解,使 B—O 键断裂,最后得到醇:

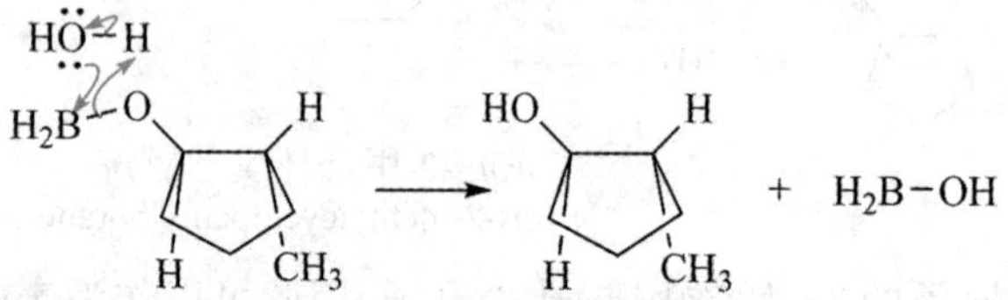

需要说明的是,甲硼烷非常不稳定,因此在烯烃的硼氢化反应中实际上使用的是乙硼烷的醚溶液(常用 THF 溶液)。此外,烯烃与 BH_3(或 B_2H_6)的反应很难停留在单烷基硼阶段,最终产物往往是三烷基硼;三烷基硼再和 H_2O_2 在碱性溶液中经重复三次氧化、重排后得到硼酸酯,水解后生成醇和硼酸:

$$CH_3CH{=}CH_2 \xrightarrow{BH_3} CH_3CH_2CH_2BH_2 \xrightarrow{BH_3} (C_3H_7)_3B$$

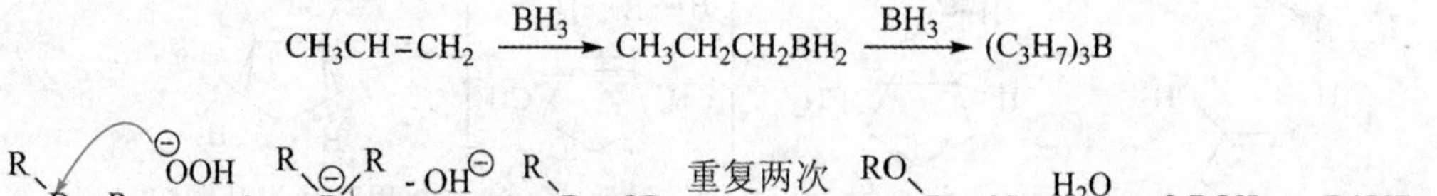

硼酸酯

烯烃的硼氢化-氧化反应是烯烃间接水合制备醇的一种方法,为立体专一性的顺式、反马氏规则加成;反应条件温和,在实验室中简单易行,反应速度快,副反应少,产率高。由于反应过程中不生产 C^+ 中间体,因此即使是高度支化的烯烃在反应中也不会发生重排,双键 C

原子上的取代基仍保持原来的相对位置。

$$CH_3CHCH=CH_2 \xrightarrow[\text{② } H_2O_2,\ OH^\ominus, H_2O]{\text{① } BH_3/THF} CH_3CHCH_2CH_2OH$$

3-甲基丁-1-烯　　　　　　　　　　　　　　　3-甲基丁-1-醇
3-methylbut-1-ene　　　　　　　　　　　　　3-methylbutan-1-ol

$$CH_3CCH=CH_2 \xrightarrow[\text{② } H_2O_2,\ OH^\ominus, H_2O]{\text{① } BH_3/THF} CH_3CCH_2CH_2OH$$

3,3-二甲基丁-1-烯　　　　　　　　　　　　　3,3-二甲基丁-1-醇
3,3-dimethylbut-1-ene　　　　　　　　　　　3,3-dimethylbutan-1-ol

（3）烷基硼的还原反应

烷基硼的还原反应指的是烷基硼与羧酸作用生成烷烃的反应。

$$CH_3CH=CH_2 \xrightarrow{B_2H_6} (C_3H_7)_3B \xrightarrow{3\ RCOOH} 3\ CH_3CH_2CH_3 + B(OCOR)_3$$

一般认为烷基硼在与羧酸的反应中经历了六元环状过渡态,烷基 C—B 键断裂,羧酸的羧基 H 原子转移到与 B 原子直接相连的烷基 C 原子上,生成烷烃。

这个反应与烯烃的硼氢化反应一起总称为硼氢化-还原反应,是将烯烃还原成烷烃的一种方法。

6. 烯烃与卡宾的反应

（1）卡宾的结构

卡宾是一种含有二价碳的中性化合物,其结构通常表示为 :CR₂,分子中的 C 原子与两个原子或基团（H 原子、卤素原子、烷基、芳基、酰基等）结合成键,其轨道中还剩下两个未成键电子,未满足八隅体的电子结构,因此极不稳定,具有高度的反应活性,在反应中可以作为缺电子的亲电试剂。

卡宾可以分为两类:三线态和单线态。一般认为三线态卡宾分子中,中心 C 原子为 sp 杂化,两个 sp 杂化轨道用于和两个原子或基团（R）重叠成键,R—C—R 键角为 $136°\sim180°$（例如,三线态亚甲基卡宾的键角为 $136°$）;两个未成键电子自旋平行,分别占据两个未参与杂化的 2p 轨道;采用 ESR 可以检测到未成对电子的存在:

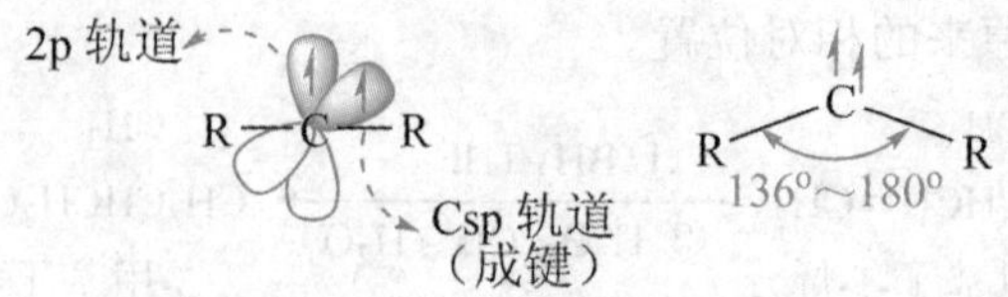

三线态卡宾

而在单线态卡宾分子中,中心C原子为sp^2杂化,三个sp^2轨道中,有两个分别与R基团成键,R-C-R键角为$100°\sim110°$(单线态亚甲基卡宾的键角为$103°$);两个未成键电子自旋相反,共同占据剩下的一个未成键的sp^2杂化轨道;同时C原子还有一个未参与杂化的2p轨道为空轨道:

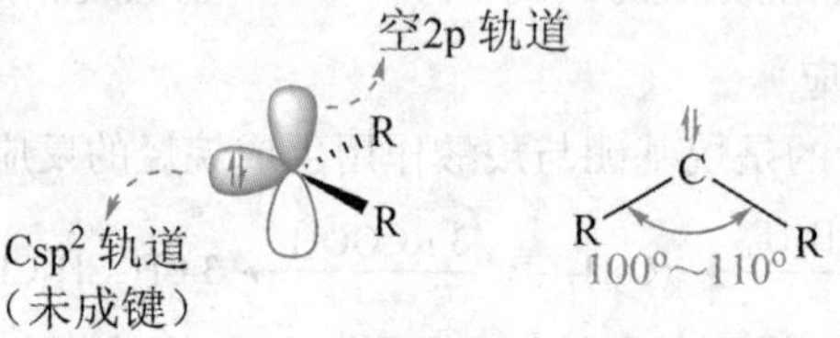

单线态卡宾

事实上,很多卡宾,包括最不稳定的亚甲基卡宾$:CH_2$,都可以两种不同的结构存在。大多数卡宾的三线态比单线态更为稳定,根据分子轨道理论的计算结果,两者之间的能量差约为40 kJ/mol,原因在于单线态卡宾中未成键sp^2轨道上的一对电子之间有较大斥力而使分子内能增加。然而,如果与C原子相连的原子上有孤对电子,例如$:CCl_2$,$:C(OMe)_2$等,由于卤素原子或O原子上的孤对电子所在的p轨道可与卡宾的p轨道发生离域,则可稳定卡宾的单线态结构。

(2)卡宾的制备

① 多卤代化合物的α-消除

三卤代甲烷在NaOH、KOH或醇钠、醇钾作用下的α-消除是制备二卤代卡宾最常用的方法:

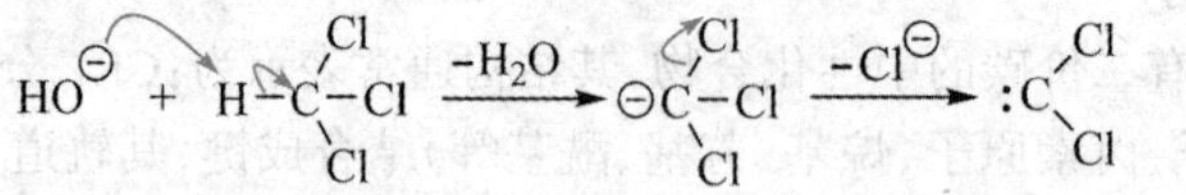

如果采用二异丙基氨锂(LDA)、苯基钠等强碱,还可使二卤代烷烃,甚至是一卤代烷烃发生α-消除制备得到相应的卡宾:

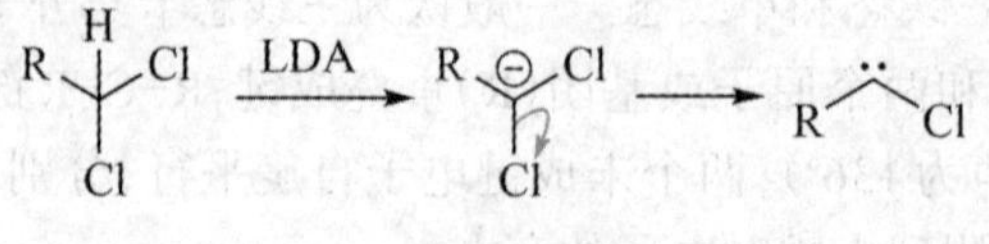

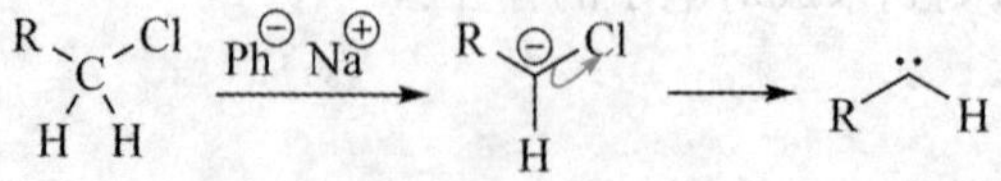

有机合成中,卡宾往往是在反应体系中生成后随即与相应的反应物发生反应。因此,如

果反应体系中有对碱敏感的反应物,可利用三氯乙酸钠的脱羧反应来制备二氯卡宾,而这个反应事实上也是 α-消除反应:

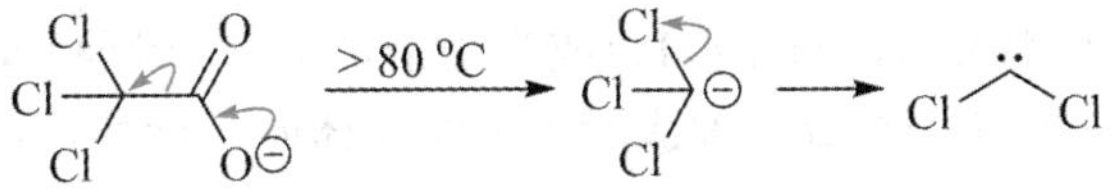

上述通过多卤代化合物的 α-消除制备卡宾的反应历程中,卤代甲基 C⁻ 离子中间体中,所有的电子都是成对的,因此,在此基础上通过 C-X 键的异裂脱去 X⁻ 离子后形成的卡宾均为单线态卡宾。

② 重氮化合物或烯酮的裂解

重氮甲烷可在光照或加热条件下发生裂解生成亚甲基卡宾,同时放出 N_2;乙烯酮在分解生成亚甲基卡宾的同时则放出 CO:

$$H_2\overset{\ominus}{C}\!-\!\overset{\oplus}{N}\!\equiv\!N \xrightarrow[\text{或}\ \triangle]{h\nu} \ :CH_2\ +\ N_2$$

重氮甲烷
diazomethane

$$H_2C\!=\!C\!=\!O \xrightarrow{h\nu} \ :CH_2\ +\ CO$$

乙烯酮
ethenone

上述反应中生成的亚甲基卡宾为单线态,在与反应体系中的其他分子(如惰性溶剂、光敏剂等)或容器壁碰撞后,可衰变为能量较低的三线态。

(3) 卡宾与 C=C 双键的加成

① 二卤卡宾与烯烃的反应

卡宾的一个重要反应是作为缺电子的亲电试剂和烯烃 C=C 双键加成,生成环丙烷衍生物。由三卤代物在碱性条件下通过 α-消除生成的单线态二卤卡宾,在和 C=C 双键加成时为立体专一性的顺式加成,卡宾分子中心 C 原子 sp² 轨道上的孤对电子与 C=C 双键的两个 π 电子通过三元环状过渡态形成两个 σ 键,相当于一个协同反应:

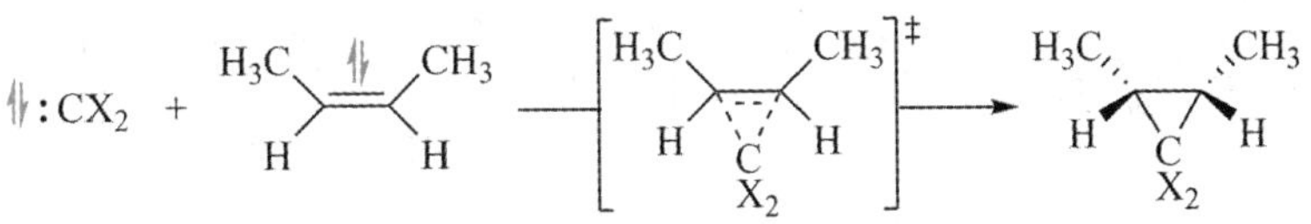

因此反应前后,烯烃双键 C 原子上的取代基在空间的相对位置保持不变:

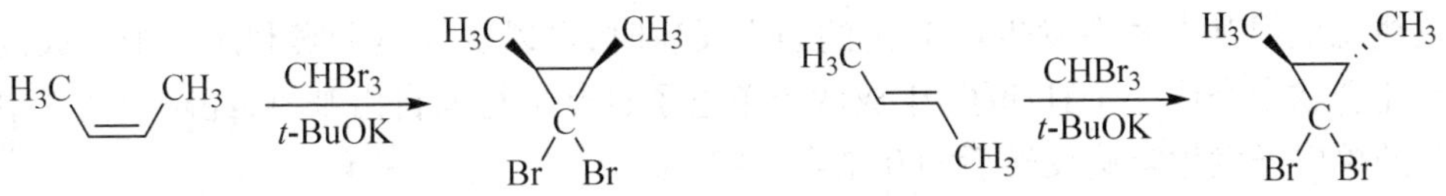

② 亚甲基卡宾与烯烃的反应

亚甲基卡宾与 C=C 双键的加成产物也是环丙烷衍生物,重氮甲烷在液态、光照条件下生成的单线态亚甲基卡宾与 C=C 双键的加成为立体专一性的顺式加成:

$$H_3C \quad CH_3 \xrightarrow[\quad h\nu \quad]{CH_2N_2} \quad H_3C \overset{\triangle}{} CH_3 \quad (>99\% \ cis)$$

然而,重氮甲烷在惰性溶剂(例如 C_3F_8)或光敏剂(如二苯甲酮)等存在下进行光照所生成的三线态亚甲基卡宾在与 C=C 双键加成时则为非立体专一性的加成:

$$H_3C \quad CH_3 \xrightarrow[\quad C_3F_8, h\nu \quad]{CH_2N_2} \quad H_3C \overset{\triangle}{} CH_3 \quad + \quad H_3C \overset{\triangle}{} \cdots CH_3$$

$$\text{产率:} \quad 60.4\% \qquad\qquad 13.3\%$$

这是因为三线态卡宾中的两个未成键电子分别位于两个 p 轨道中且自旋平行,当与 C=C 双键加成时,只能由其中一个电子先与 C=C 双键中一个自旋相反的 π 电子成键,生成的中间体相当于一个双自由基,而卡宾 C 原子剩下的另一个电子与另一个 π 电子自旋平行,不能成键。只有在经过分子热运动发生碰撞、使其中一个电子的自旋方向发生改变后,两个电子才能形成一个新的 σ 键。在这个过程中,双自由基中间体中的 C—C 单键可以自由旋转,因此最后同时得到顺式和反式两种加成产物。

cis- and *trans-*1,2-二甲基环丙烷
1,2-dimethylcyclopropane

作为最活泼的卡宾,除了与 C=C 双键进行加成之外,亚甲基卡宾还可以发生 C—H 键的插入反应。单线态亚甲基卡宾与 C—H 键的插入反应按三元环过渡态进行:

因此在反应位置上没有选择性,所得反应产物的比例基本上符合统计规律:

$$11\% \qquad\qquad 26\% \qquad\qquad 26\% \qquad\qquad 37\%$$

三线态亚甲基卡宾在发生 C—H 键的插入反应时,可以认为是卡宾利用一个未成键电子首先从化合物中夺取一个 H 原子,生成两个单电子自旋平行的自由基,再经碰撞使其中一个自由基的单电子发生自旋反转后相互结合成键。

由于 C 自由基的稳定性(或 C—H 键的反应活性)为 $3°:2°:1°=7:2:1$,三线态亚甲基卡宾对 C—H 的插入反应在反应位置方面也就具有一定的选择性。

③ 类卡宾与烯烃的加成反应

二卤甲烷(常用二碘甲烷,CH_2I_2)与金属 Zn(Cu)反应生成的有机锌化合物(XCH_2ZnX)与烯烃双键也可发生加成反应,生成环丙烷衍生物,这类反应被称为 Simmons-Smith 反应,也是立体专一性的顺式加成:

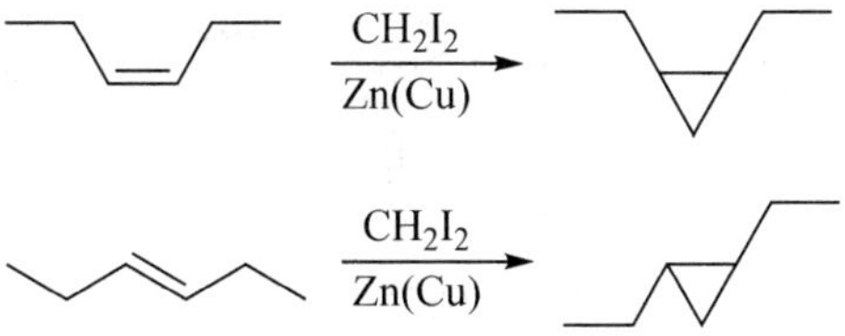

反应过程中无卡宾生成,但一般认为其反应过程与卡宾类似,因此有机锌化合物 ICH_2ZnI 又被称为类卡宾。

5.4.1.3 烯烃的自由基加成反应

1933 年,卡拉西(Kharasch)等在进行了大量实验后发现,不对称取代的烯烃在与 HBr 进行加成时,只有在严格去除过氧化物的条件下才遵循马氏规则,而在有过氧化物(如二叔丁基过氧化物或过氧化二苯甲酰)存在时则按反马氏规则进行加成:

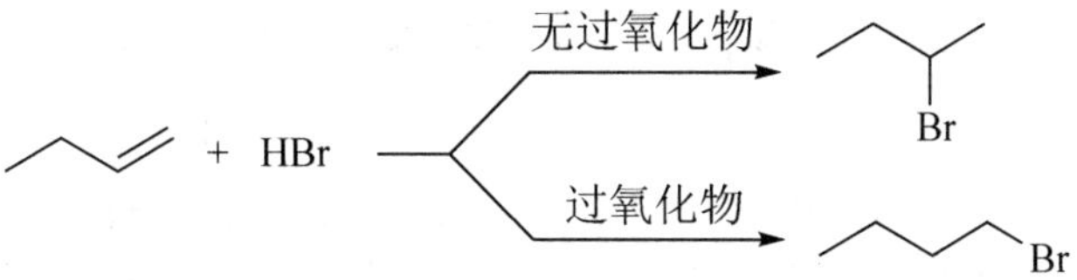

卡拉西将这种现象叫过氧化物效应(peroxide effect),其反应机理不再是亲电过程,而是自由基加成历程,包含引发、增长、终止三个阶段。

以过氧化二苯甲酰(BPO)存在下的反应为例:

引发:BPO 在加热或光照下发生过氧键的均裂生成两个苯甲酰氧基自由基,然后与 HBr 反应生成苯甲酸,同时得到溴原子自由基 Br·:

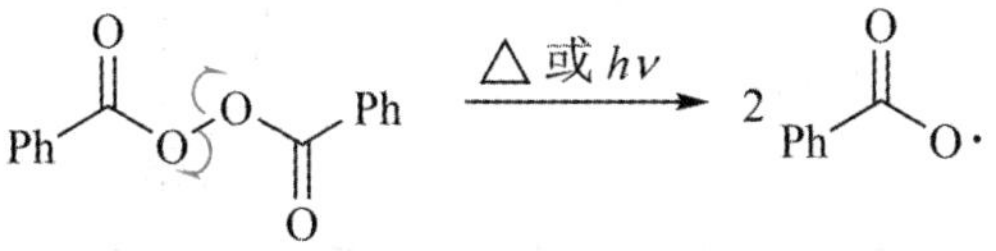

(i)

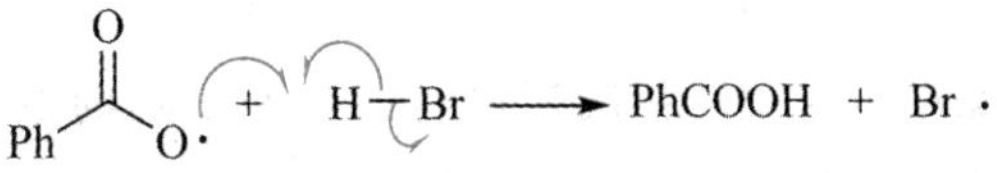

(ii)

增长:烯烃 C=C 双键中的 π 键断裂,与溴原子自由基 Br·加成,生成 1-溴甲基丙基自由基,而后再与 HBr 反应,得到 1-溴丁烷,同时重新生成一个溴原子自由基 Br·:

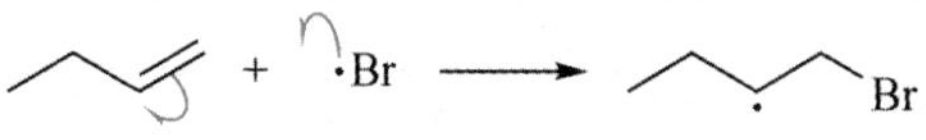

1-溴甲基丙基自由基
1-(bromomethyl)propyl radical

(iii)

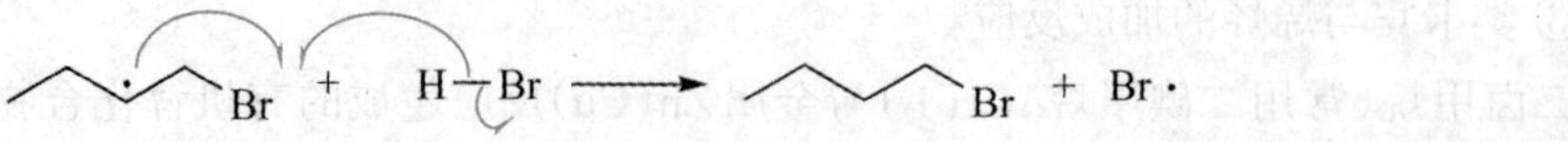

$$(iv)$$

重复上述(iii)和(iv)的增长过程,即可不断生成 1-溴丁烷。

事实上增长反应中还可能生成 2-溴丁基自由基,进一步与 HBr 反应得到 2-溴丁烷:

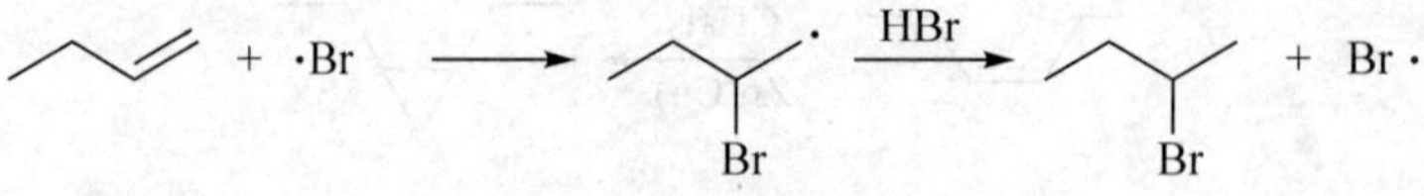

2-溴丁基自由基
2-bromobutyl radical

由于 2-溴丁基自由基为一级烷基自由基,相对于(iii)中生成的 1-溴甲基丙基自由基这样一个二级烷基自由基,前者稳定性较差,因而主要产物为 1-溴丁烷而不是 2-溴丁烷。

终止:增长反应不断进行,体系中的丁-1-烯消耗完毕,各种自由基之间相互结合而使反应终止。

$$2\ Br\cdot \longrightarrow Br_2 \qquad\qquad (v)$$

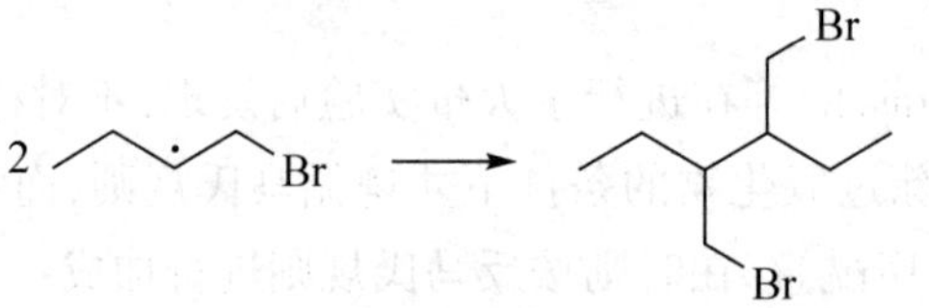

$$(vi)$$

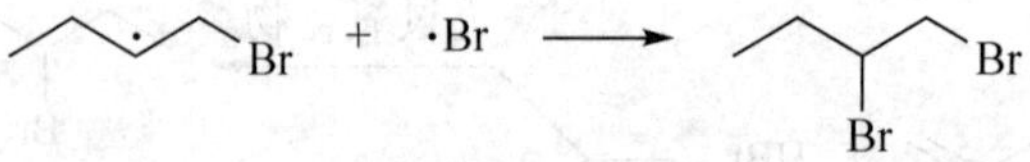

$$(vii)$$

需要说明的是,烯烃双键与卤化氢 HX 的自由基加成反应只限于 HBr,这与反应过程中的热量变化有关。烯烃在过氧化物存在下的自由基加成为链式反应,链增长与链终止互为竞争反应,而链终止反应中只有化学键的生成,无化学键的断裂,始终为放热反应。因此,只有当链增长反应为放热反应时才有可能与终止反应竞争,使链式反应顺利进行。

如下两步增长反应中:

第一步:

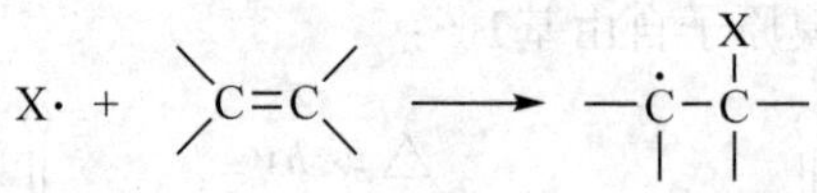

第二步:

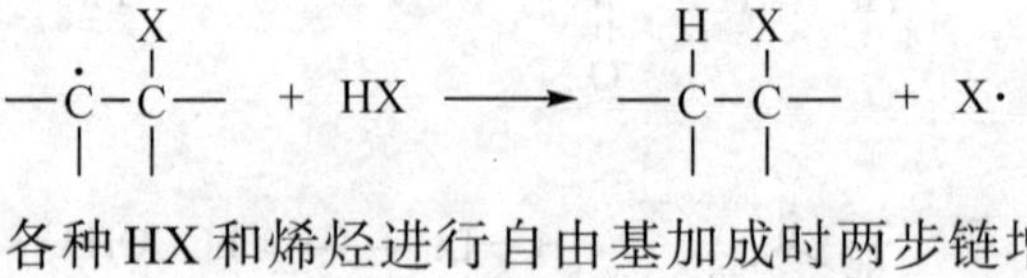

根据键能数据可计算出各种 HX 和烯烃进行自由基加成时两步链增长反应的能量变化,如表 5.6 所示。

由表 5.6 可知,只有 HBr 与烯烃进行自由基加成时的两步增长反应都是放热的,所以只有 HBr 有过氧化物效应,在过氧化物作用下能顺利地与烯烃双键进行自由基加成反应。

表5.6　HX 和烯烃进行自由基加成时两步链增长反应的能量变化

	第一步（kJ/mol）	第二步（kJ/mol）	总和（kJ/mol）
HF	−221.5	+150.5	−71.0
HCl	−75.2	+16.7	−58.5
HBr	−20.9	−50.16	−71.1
HI	+50.2	−117.0	−66.8

5.4.2　烯烃的氧化反应

5.4.2.1　烯烃被 OsO_4 氧化

烯烃可以被四氧化锇 OsO_4 氧化，生成环状的锇酸酯中间体，水解后得到邻二醇：

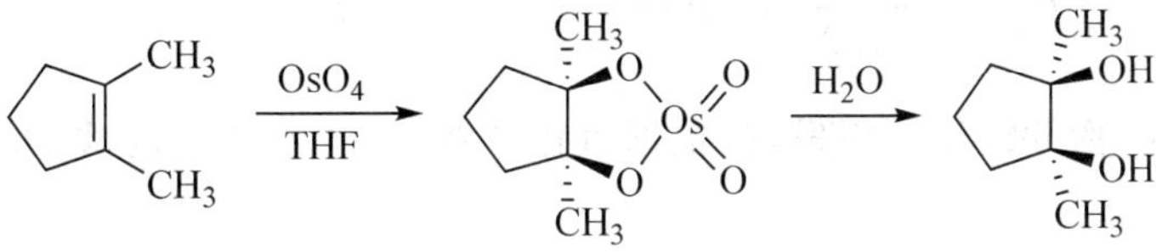

这是一种合成顺式邻二醇的方法，但 OsO_4 价格昂贵，且具有毒性，因此反应时常采用催化剂量的 OsO_4 与化学计量的 N-甲基吗啉-N-氧化物（NMO）或 H_2O_2 配合使用，后者可将 OsO_4 被还原后生成的 Os(Ⅵ)氧化物重新氧化为 OsO_4：

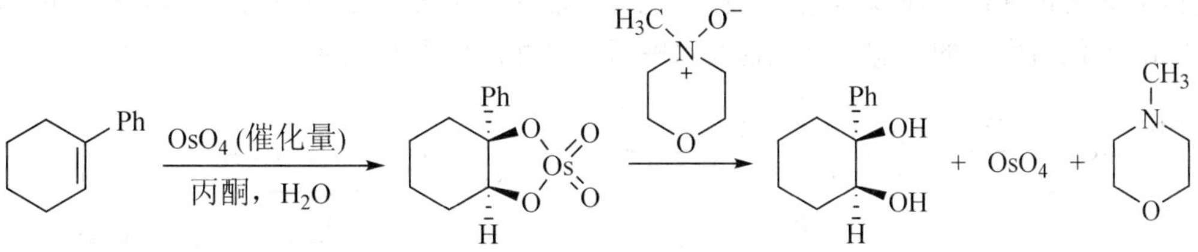

5.4.2.2　烯烃被 $KMnO_4$ 氧化

烯烃很容易被高锰酸钾氧化。例如将乙烯通入稀、冷的中性（或碱性）高锰酸钾水溶液中，则会被氧化生成邻二醇，$KMnO_4$ 的紫色立即褪去，生成棕色的 MnO_2 沉淀：

$$3\ H_3C-CH=CH_2\ +\ 2\ KMnO_4\ +\ 4\ H_2O\ \xrightarrow[\text{中性介质}]{\text{稀，冷}}\ 3\ H_3C-\underset{\underset{OH}{|}}{CH}-\underset{\underset{OH}{|}}{CH_2}\ +\ 2\ MnO_2\ +\ 2KOH$$

从立体化学的角度，$KMnO_4$ 与烯烃的反应也是顺式加成，形成环状中间体，之后在水溶液中迅速发生水解生成顺式邻二醇：

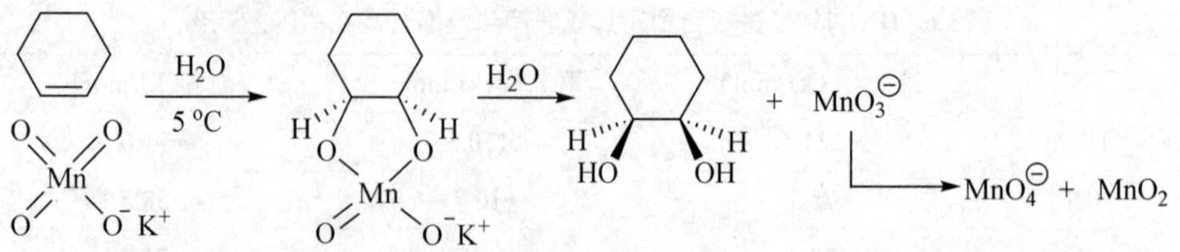

反应后同时生成棕色的 MnO_2 沉淀，因此可用来判别化合物中不饱和键的存在。实验室中也可以采用上述反应合成邻二醇，但反应产率往往不高，因为邻二醇很容易进一步被氧化裂解生成酮、酸或两者的混合物，尤其是在酸性 $KMnO_4$ 溶液中或加热条件下：

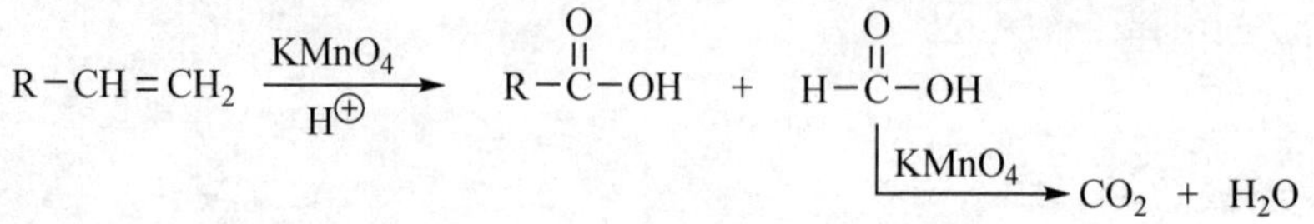

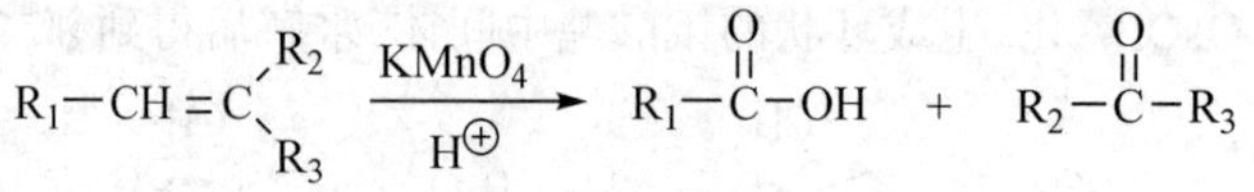

对比烯烃和产物的结构可以发现，根据氧化产物（酮、酸）的结构，即可推知原来烯烃的结构。

5.4.2.3 烯烃的臭氧化–分解反应

$KMnO_4$ 氧化性较强，反应时分子中除了 C=C 双键之外的其他功能基团也可能会被氧化，因此缺乏选择性。而以臭氧（O_3）作氧化剂仅能使 C=C 双键断裂，对大多数其他功能基不起作用，氧化后生成的产物臭氧化物经水解后得到相应的酮和羧酸：

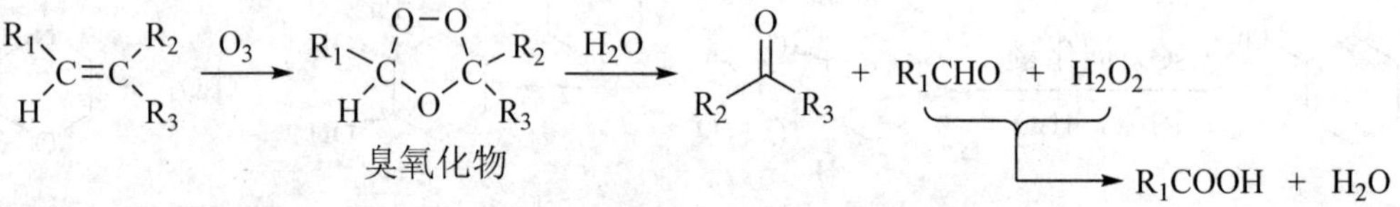

如果在臭氧化物分解时加入 Zn 作为还原剂，可避免醛的进一步氧化，相应的产物为醛、酮，此即为烯烃的臭氧化–还原水解反应，常用来鉴别烯烃化合物的结构。

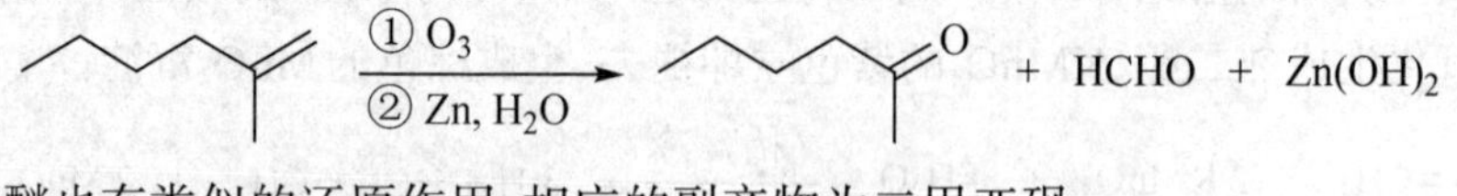

二甲硫醚也有类似的还原作用，相应的副产物为二甲亚砜：

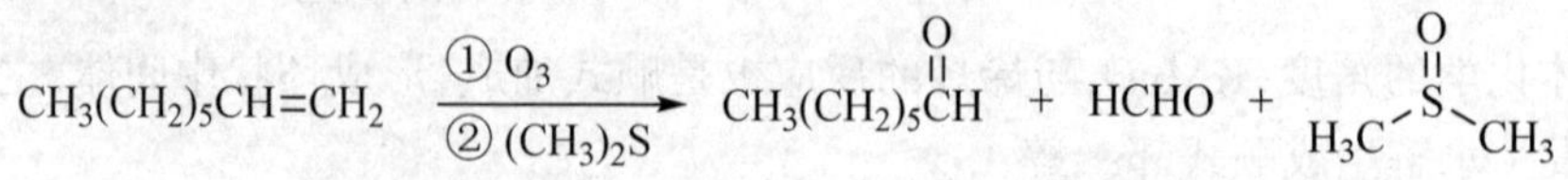

如果采用 H_2/Pd-C 或 $LiAlH_4$（或 $NaBH_4$）进行处理，最终将得到相应的醇：

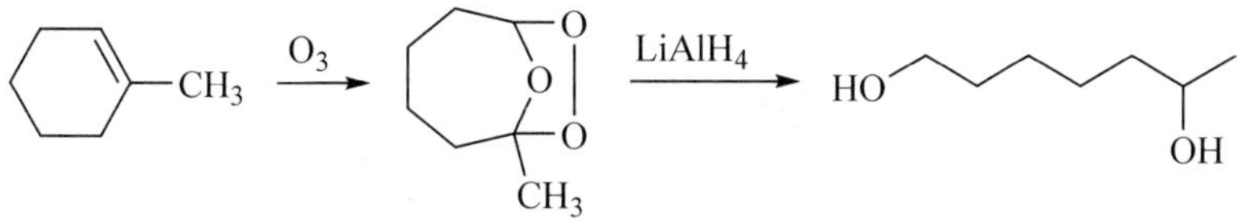

5.4.2.4 烯烃被过氧羧酸氧化——环氧化反应

烯烃与有机过氧羧酸 RCO_3H 作用得到环氧化合物的反应又被称为环氧化反应(epoxidation),该反应通过一个双环状的过渡态协同完成:

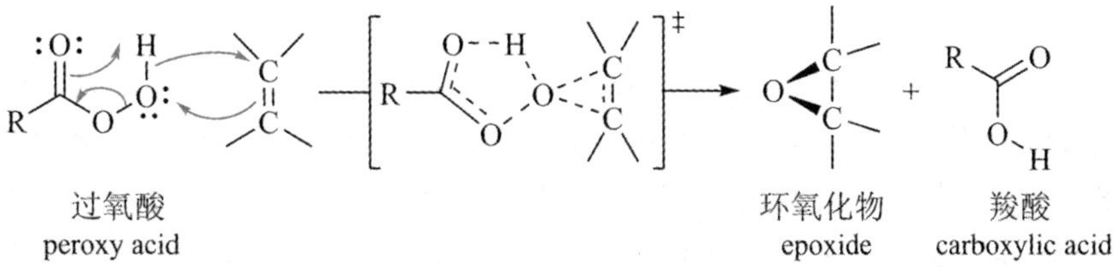

过氧酸 peroxy acid   环氧化物 epoxide   羧酸 carboxylic acid

反应中常用的过氧酸有过乙酸 CH_3CO_3H、过苯甲酸 $PhCO_3H$、间氯过苯甲酸(meta-chloroperoxybenzoic,m-CPBA)、三氟过乙酸 CF_3CO_3H 等。

根据上述反应机理,过酸 C=O 上 C 原子正电性越高,烯烃 C=C 双键上电子云密度越高,反应越容易进行;因此三氟过乙酸的反应速度比过乙酸要快,C=C 双键 C 原子上带有的烷基取代基越多,反应速度越快,例如取代乙烯与 m-CPBA 发生过氧化的相对反应速率如下:

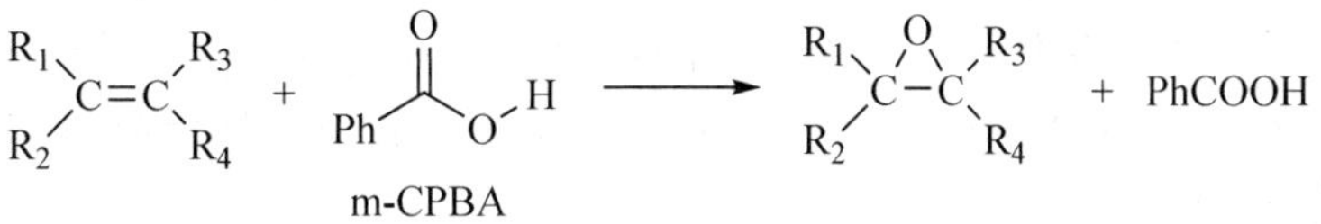

相对反应速率:

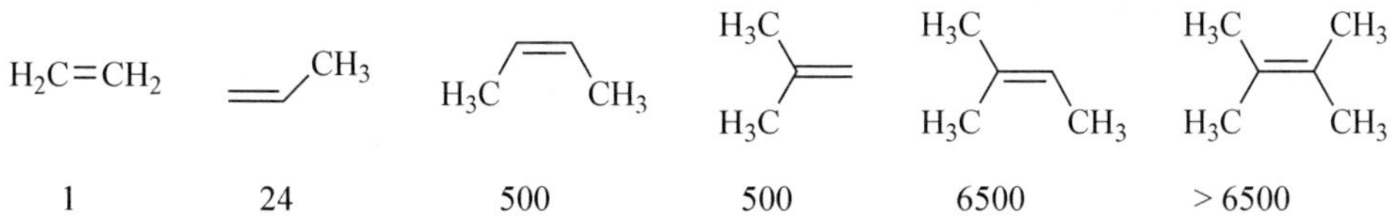

$H_2C=CH_2$	—CH₃	H_3C—CH₃	H_3C, H_3C	H_3C, CH₃	H_3C, CH₃
1	24	500	500	6500	> 6500

在立体化学方面,烯烃的过氧化反应为立体专一性反应,过酸中的 O 原子在同一侧和 C=C 双键的两个 C 原子键合,所以环氧化物产物仍保留原来烯烃的构型,即顺式烯烃生成顺式的环氧化物,反式烯烃则生成反式的环氧化物:

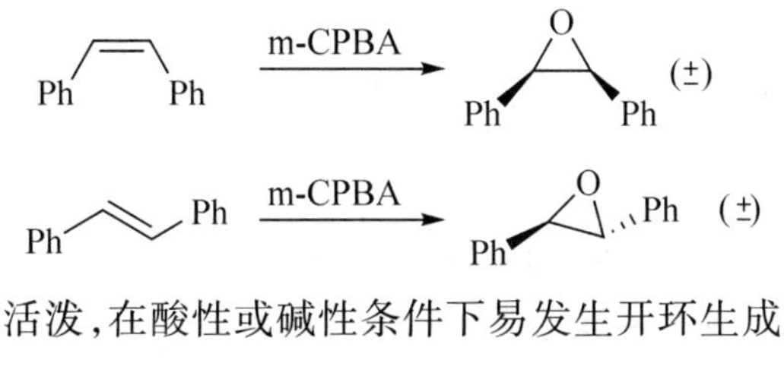

环氧化物性质比较活泼,在酸性或碱性条件下易发生开环生成反式邻二醇(具体见"醇酚醚"一章),例如

由上述烯烃的氧化反应介绍可知,通过选择合适的氧化试剂和反应条件,可以根据需要以烯烃为原料制取反式或顺式邻二醇。

5.4.3　烯烃α-H原子的卤代反应

在"烷烃"一章,我们已经知道,在高温或紫外光照下及气相条件下,烷烃可以与卤素按自由基机理发生卤代反应,因为这样的条件有利于自由基的生成。而对于化学性质比烷烃更为活泼的烯烃,与卤素在低温或在黑暗中、在液相发生反应时,则是离子型的亲电加成反应。那么,烯烃在高温气相或光照条件下,又会与卤素发生什么样的反应呢? 实验事实表明,双键C原子上带有取代基、有α-H原子的烯烃在此条件下可与卤素发生α-卤代反应;例如丙烯的α-氯代:

$$H_3C-CH=CH_2 \xrightarrow[500\sim600\,^\circ C]{Cl_2,\text{气相}} ClH_2C-CH=CH_2$$

反应按自由基历程进行,首先由Cl_2在高温条件下裂解生成氯原子自由基Cl·(链引发),然后从丙烯分子中夺取一个α-H原子生成烯丙基自由基,再由烯丙基自由基与Cl_2反应得到α-氯代丙烯,同时再重新生成一个Cl·(链转移)重复进行上述反应,直至所有的丙烯分子完成α-氯代,链式反应终止。

链引发:　$Cl_2 \xrightarrow{\text{高温}} 2\,Cl\cdot$

链转移:　$Cl\cdot + H_3C-CH=CH_2 \longrightarrow H_2\dot{C}-CH=CH_2 + HCl$

烯丙基自由基
allyl radical

$$H_2\dot{C}-CH=CH_2 + Cl_2 \longrightarrow ClH_2C-CH=CH_2 + Cl\cdot$$

当然,在上述α-氯代反应过程中,高活性Cl·自由基也可能会导致C=C双键中π键的断裂,生成1-氯丙-2-基自由基或2-氯丙-1-基自由基(前者为2°C自由基,比后者更为稳定),最后得到1,2-二氯丙烷:

$$Cl\cdot + H_3C-CH=CH_2 \longrightarrow \underset{\underset{Cl}{|}}{H_3C-\dot{C}H-CH_2} \text{ 或 } \underset{\underset{Cl}{|}}{H_3C-CH-\dot{C}H_2}$$

1-氯丙-2-基自由基　　　　2-氯丙-1-基自由基
1-chloropropan-2-yl radical　　2-chloropropan-1-yl radical

$$\underset{\underset{Cl}{|}}{H_3C-\dot{C}H-CH_2} + Cl_2 \longrightarrow \underset{\underset{Cl}{|}\;\;\underset{Cl}{|}}{H_3C-CH-CH_2} + Cl\cdot$$

或　$$\underset{\underset{Cl}{|}}{H_3C-CH-\dot{C}H_2} + Cl_2 \longrightarrow \underset{\underset{Cl}{|}\;\;\underset{Cl}{|}}{H_3C-CH-CH_2} + Cl\cdot$$

然而,烯丙基自由基中,由于带有单电子的α-C原子的p轨道与C=C双键π键之间的p-π共轭,烯丙基自由基相比于1°和2° C碳自由基具有更高的稳定性(由表5.7中生成各种自由基的键离解能数据也可以看出),因此反应产物以α-氯代产物为主。

表5.7 一些化合物 C−H 键的离解能 D 值

化合物	自由基类型	D(kcal/mol)	D(kJ/mol)
$CH_2=CH-CH_3$	$CH_2=CH-CH_2\cdot$	86	361
$C_6H_5CH_3$	$C_6H_5CH_2\cdot$	88	368
$(CH_3)_3CH$	$(CH_3)_3C\cdot$	95.8	401
$(CH_3)_2CH_2$	$(CH_3)_2CH\cdot$	96	401
CH_3CH_3	$CH_3CH_2\cdot$	100	419
CH_4	$CH_3\cdot$	105	438
$CH_2=CH_2$	$CH_2=CH\cdot$	106	444
C_6H_6	$C_6H_5\cdot$	111	464

如果是α-溴代的话,更适宜于在实验室进行的反应是采用N-溴代丁二酰亚胺(N-bromosuccinimide,N-溴代琥珀酰亚胺,简称NBS)作为溴代试剂,在光照或有过氧化物(如BPO)存在下于惰性溶剂(例如CCl_4)中进行反应:

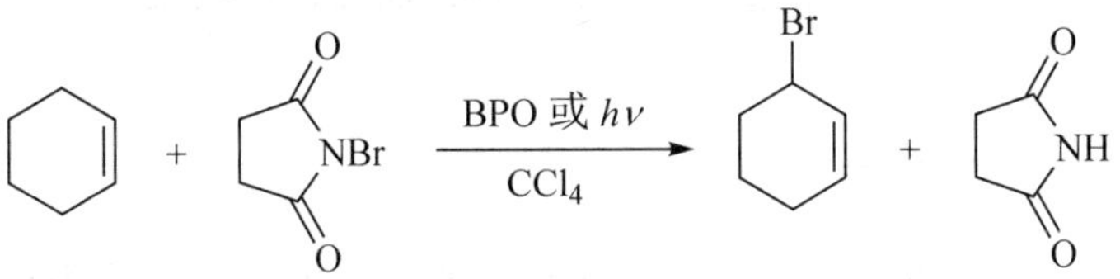

这个反应叫瓦尔–齐格勒(Wohl-Ziegler)反应。NBS的作用是消耗反应中生成的副产物HBr,将其转化为Br_2:

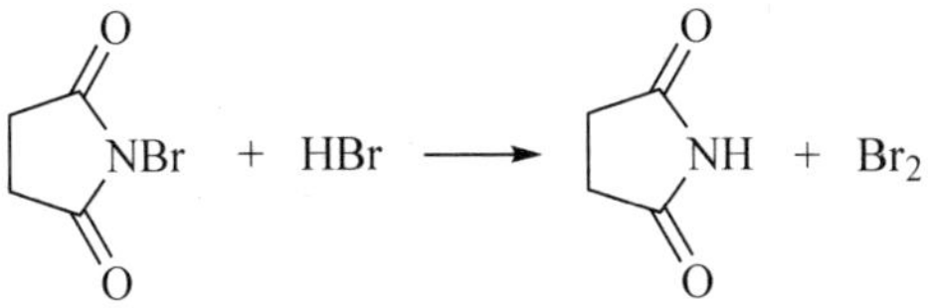

这样可使反应体系中始终保持低浓度的Br_2,与烯烃按自由基历程发生α-溴代反应(Br_2浓度过高会与烯烃C=C双键发生亲电加成反应):

链引发:$Br_2 \xrightarrow{h\nu} 2\,Br\cdot$

或

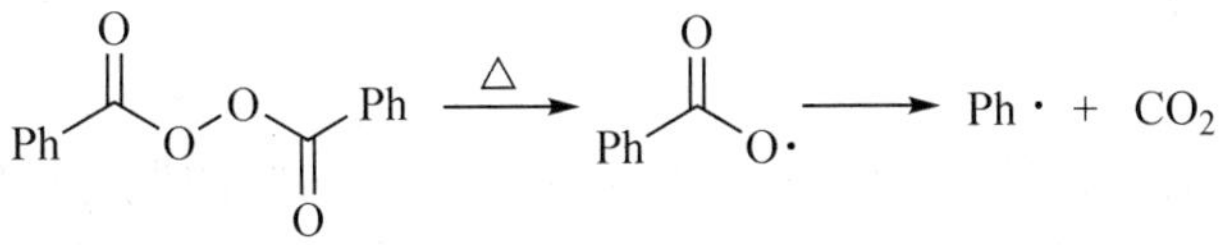

$Ph\cdot + Br_2 \longrightarrow PhBr + Br\cdot$

链转移：

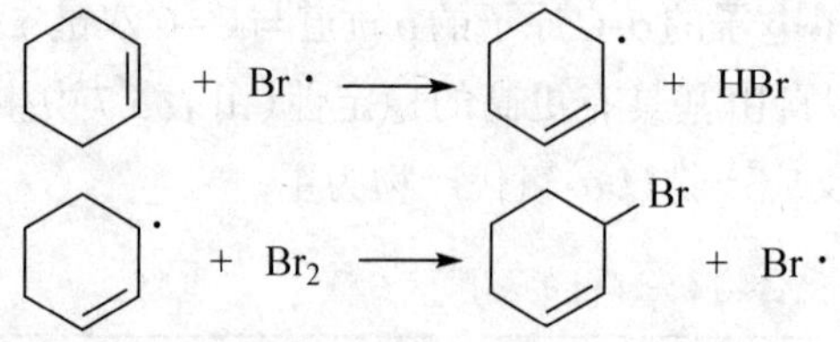

不对称取代的烯烃在发生上述反应时，往往得到两种α-卤代产物的混合物：

$$H_2C{=}CH(CH_2)_5CH_3 \xrightarrow[-\,HBr]{NBS,\ ROOR} H_2C{=}CH\dot{C}H(CH_2)_4CH_3 \longleftrightarrow \dot{C}H_2CH{=}CH(CH_2)_4CH_3$$

$$\downarrow Br_2 \qquad\qquad \downarrow Br_2$$

$$\underset{\substack{3\text{-溴辛-1-烯}\\ \text{3-bromooct-1-ene}}}{H_2C{=}CH\underset{Br}{C}H(CH_2)_4CH_3} \quad + \quad \underset{\substack{1\text{-溴辛-2-烯}\\ \text{1-bromooct-2-ene}}}{\underset{Br}{C}H_2CH{=}CH(CH_2)_4CH_3}$$

苯甲型化合物也可发生类似的α-卤代反应：

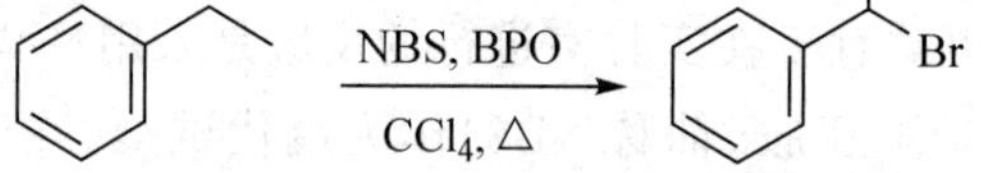

1-溴乙基苯
(1-bromoethyl)benzene

5.4.4 烯烃的聚合反应

在一定条件下，烯烃(或烯烃衍生物)分子可以彼此相互加成，由多个小分子结合成大分子，这叫聚合反应(polymerization)，又称为加成聚合反应(addition polymerization)。聚合后所得的产物称聚合物(polymer)，发生聚合的烯烃(衍生物)小分子叫单体(monomer)：

链引发：$I \longrightarrow A^*$

链增长：$H_2C{=}CH{-}Y \xrightarrow{A^*} A{-}CH_2{-}\underset{Y}{\overset{*}{C}H} \xrightarrow{H_2C{=}CHY} A{-}CH_2{-}\underset{Y}{CH}{-}CH_2{-}\underset{Y}{\overset{*}{C}H}$

$$\xrightarrow{H_2C{=}CHY} \longrightarrow A\left[CH_2{-}\underset{Y}{CH}\right]_m CH_2{-}\underset{Y}{\overset{*}{C}H}$$

链终止：$A\left[CH_2{-}\underset{Y}{CH}\right]_m CH_2{-}\underset{Y}{\overset{*}{C}H} \longrightarrow \left[CH_2{-}\underset{Y}{CH}\right]_n$

n称聚合度。

根据聚合反应中生成的活性种(A*)类型的不同，烯烃(衍生物)的聚合反应机理通常可以分为三种：自由基聚合、离子型聚合和配位聚合，这取决于烯烃(衍生物)的结构，或者说取决于反应中生成的活性种(尤其是单体活性种 A-CH_2-CHY*)的稳定性；只有在引发剂作用下先得到可以稳定存在且具有增长活性的活性种,才能使加聚反应顺利进行。

$$单体:H_2C = \underset{Y}{\overset{|}{CH}}$$

————阳离子聚合————

$$Y = NO_2,\ CN,\ COOCH_3,\ CH=CH_2,\ C_6H_5,\ (CH_3)_2,\ OR$$

————自由基聚合————

————阴离子聚合————

如上所示为烯烃(衍生物)发生加聚反应的聚合机理倾向性与其结构之间的关系。从中可以看出,双键 C 原子上带有两个甲基取代基的异丁烯,由于甲基的给电子诱导效应和 σ-p 的超共轭效应,可以形成较为稳定的 C^+ 离子,因此按阳离子机理进行聚合;硝基乙烯则由于带有强吸电子的硝基而形成稳定的 C^- 离子,所以按阴离子机理进行聚合;由于苯环的共轭稳定效应,苯乙烯单体活性种,无论是 C^+、C^-,还是 C 自由基,都比较稳定,因此可按三种机理进行加聚反应:

$$A-CH_2-\underset{NO_2}{\overset{\ominus}{CH}} \qquad A-CH_2-\underset{CH_3}{\overset{CH_3}{\underset{|}{C}}}\overset{\oplus}{} \qquad A-CH_2-\overset{\bullet}{CH} \qquad A-CH_2-\overset{\oplus}{CH} \qquad A-CH_2-\overset{\ominus}{CH}$$

(A为引发剂残基)

20 世纪 50 年代德国化学家齐格勒(K. Ziegler)和意大利化学家纳塔(G. Natta)分别独立发展了由四氯化钛(TiCl)和三乙基铝(Et₃Al)组成的配位络合催化剂,又称为齐格勒-纳塔催化剂。在这种催化剂存在下,乙烯可在较低压力和温度下聚合成低压聚乙烯(即高密度聚乙烯 HDPE),其性能与按自由基机理得到的高压聚乙烯(即低密度聚乙烯 LDPE)不同。调整催化剂体系的构成及反应条件,还可以通过丙烯、丁二烯、异戊二烯等共轭二烯类单体的配位聚合,得到高分子量聚丙烯、顺丁橡胶、聚异戊二烯橡胶等高分子产品。

高分子化合物的分子量高达数千至数百万,一般都具有弹性、可塑性和较高的机械强度,同时又具有不同程度的绝缘性、耐热性和化学稳定性。塑料、合成纤维和橡胶等都是高分子产品,它们在国民经济中占有重要地位。

5.5 烯烃的来源

工业上大量的烯烃主要靠石油裂解得到。低级烯烃(少于五个碳原子的)可用分馏的方法得到纯品。在实验室中制备烯烃主要采用以下三种方法:

① 醇脱水

$$R-\underset{\lfloor H\quad OH \rfloor}{CH-CH_2} \xrightarrow[\triangle]{H^{\oplus}} R-CH=CH_2\ +\ H_2O$$

② 卤代烷烃脱 HX

$$R-\underset{\underset{\fbox{H}}{|}}{C}H-\underset{\underset{\fbox{X}}{|}}{C}H_2 \xrightarrow[\triangle]{KOH/EtOH} R-CH=CH_2 + KX + H_2O$$

③ 连二卤代烷烃脱 X_2

$$R-\underset{\underset{\fbox{X}}{|}}{C}H-\underset{\underset{\fbox{X}}{|}}{C}H_2 \xrightarrow{Zn} R-CH=CH_2 + ZnX_2$$

这三种方法都是从相邻的两个碳原子上分别消去一个原子(H 或 X)或基团(X 或 OH),从而使分子中生成 C=C 双键,得到烯烃。这些反应叫作消除反应(elimination reaction)。其中,醇的脱水和卤代烷烃脱 HX 的反应常用于在实验室中制备烯烃,而邻二卤代烷脱卤素的反应,可用于分离沸点相近的烷烃和烯烃的混合物,例如:

(己烷,b.p. 69 ℃)

$$CH_3(CH_2)_4CH_3$$

$$CH_3(CH_2)_3CH=CH_2$$

(己-1-烯,b.p. 63 ℃)

$\xrightarrow{Br_2}$

$$CH_3(CH_2)_4CH_3$$

$$CH_3(CH_2)_3\underset{\underset{Br}{|}}{C}H\underset{\underset{Br}{|}}{C}H_2$$

(1,2-二溴己烷,b.p. 204 ℃)

$\xrightarrow{分馏}$

$$CH_3(CH_2)_3\underset{\underset{Br}{|}}{C}H-\overset{\overset{Br}{|}}{C}H_2$$

$$\xrightarrow{Zn} CH_3(CH_2)_3CHCH_2$$

练习题

1. 用系统命名法对下列化合物进行命名:

(1)   (2)   (3)   (4)

(5)   (6)   (7)   (8)

2. (1) 写出分子式为 C_6H_{12} 的烯烃的所有异构体的结构式,并用系统命名法进行命名。

(2) 指出各种异构体中燃烧热最小和最大的两个异构体。

3. 将下列每组中的烯烃化合物按稳定性由低到高(或氢化热由大到小)的顺序排列:

(1) $H_2C=CH_2$ $\underset{H_3C}{\overset{H_3C}{>}}C=C\underset{CH_3}{\overset{CH_3}{<}}$ $H_2C=C\underset{CH_3}{\overset{CH_3}{<}}$

(2) H_3C $\overset{H}{\underset{}{}}C=C\overset{H}{\underset{CH(CH_3)_2}{}}$ H_3C $\overset{H}{\underset{}{}}C=C\overset{CH(CH_3)_2}{\underset{H}{}}$ $(H_3C)_2HC$ $\overset{H}{\underset{}{}}C=C\overset{H}{\underset{CH(CH_3)_2}{}}$

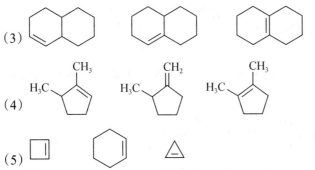

(3)

(4)

(5)

4. 完成下列反应：

(1) ⌇ + HBr ⟶

(2) ⌇—O—⌇ $\xrightarrow[\text{② NaBH}_4]{\text{① Hg(OAc)}_2,\ \text{CH}_3\text{OH}}$

(3) ⌇ $\xrightarrow{\text{HBr}}$

(4) ⌇ + HBr $\xrightarrow{\text{过氧化物}}$

(5) ⌇ + HBr ⟶

(6) ⌇ $\xrightarrow{\text{HBr}}$

(7) ⌇ $\xrightarrow[\text{NaHCO}_3]{\text{I}_2}$

(8) ⌇ $\xrightarrow[\text{H}^\oplus]{\text{KMnO}_4}$

(9) ⌇ $\xrightarrow{\text{H}_2\,/\,\text{Pt}}$

(10) ⌇ $\xrightarrow[\text{H}_2\text{O}]{\text{Br}_2}$ （画出反应产物的最稳定构象）

(11) ⌇ $\xrightarrow[\text{② H}_2\text{O}_2,\ \text{OH}^\ominus]{\text{① B}_2\text{H}_6}$

(12) PhH_2C—CH=CH—CH_2OCH_3 + CH_2I_2 $\xrightarrow[\text{Et}_2\text{O}]{\text{Zn(Cu)}}$

5. 推断下列烯烃的结构：

(1) 分子式为 $C_{10}H_{20}$，经臭氧化还原水解得到：$H_3C-\overset{\overset{\displaystyle O}{\|}}{C}-CH_2CH_2CH_3$。

(2) 分子式为 C_9H_8，经臭氧化还原水解后得到：$(CH_3)_3C\overset{\overset{\displaystyle H}{|}}{C}=O$ 和 $H_3C-\overset{\overset{\displaystyle O}{\|}}{C}-CH_2CH_3$。

(3) 分子式为 C_8H_{14}，可加成 1 mol H_2，经臭氧化还原分解后得到：OHC—⌇—CHO。

(4) 分子式为 C_8H_{12}，能加成 2 mol H_2，经臭氧化还原水解后得到 2 mol 的 $OHCCH_2CH_2CHO$。

6. 给下列反应写出合理的反应机理，并写出重要的反应中间体，以弯箭头表示电子对的转移。

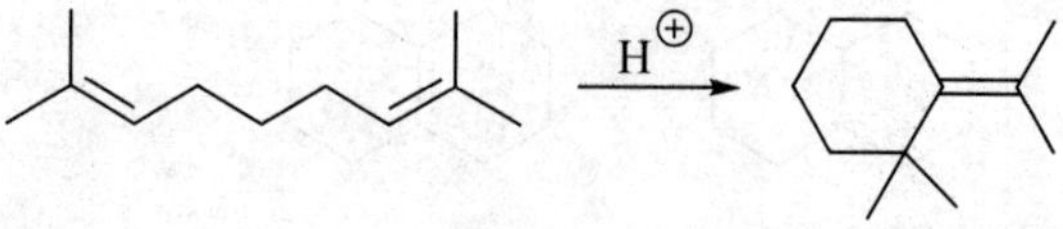

7. 烯烃几何异构体与 I_2 共热会经自由基历程发生顺式和反式的相互转化,请写出该反应机理:

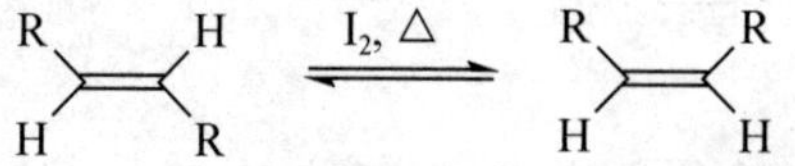

8. 3,3-二甲基丁-1-烯与 HBr 反应生成两种同分异构体 A 和 B,分子式为 $C_6H_{13}Br$。A 经 EtOH/NaOH 处理得到 3,3-二甲基丁-1-烯,B 经 EtOH/NaOH 处理后,再经臭氧化-还原水解可得到丙酮。试推测化合物 A 和 B 的结构。

9. 维生素 D 的结构如下图所示,请回答以下问题:

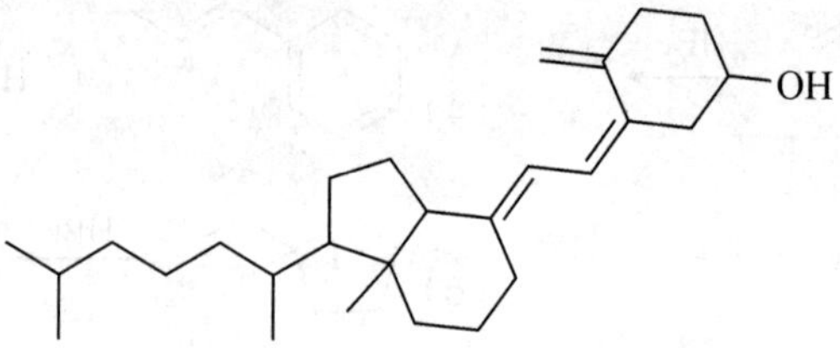

(1) 试写出其顺反异构体的数目。

(2) 维生素 D 与 HCl 反应会生成以下产物,试写出反应机理,请画出所有关键中间体。

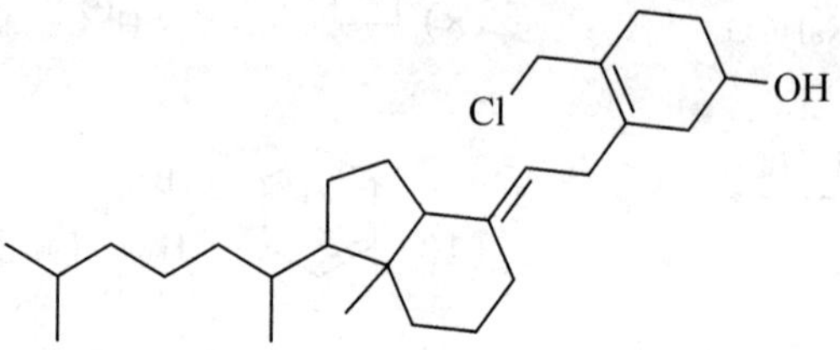

10. 如何实现丙烯向下列物质的转变:

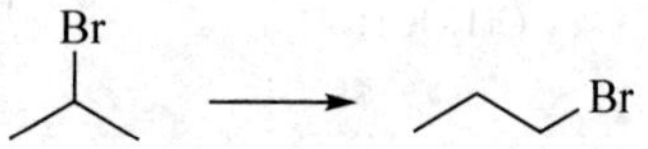

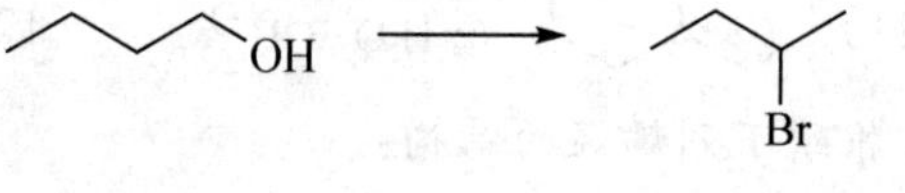

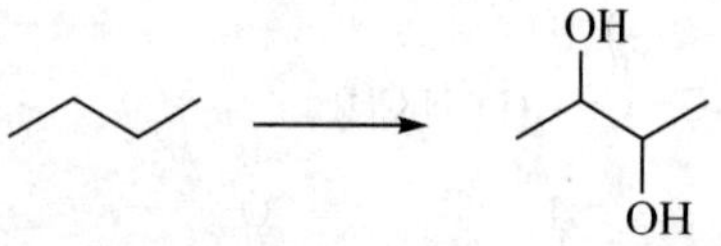

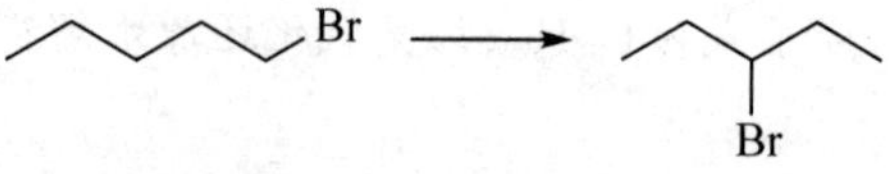

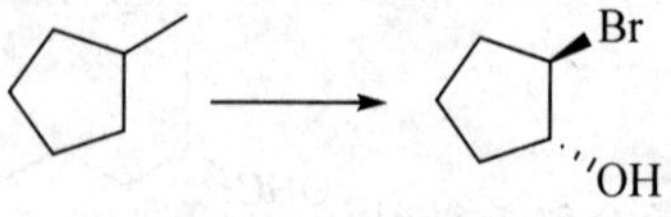

第6章 炔　　烃

炔烃是一类含有碳碳三键的碳氢化合物。作为炔烃的官能团，碳碳三键同为连接两个碳原子的多重键，既有类似碳碳双键的诸多性质，也有因炔烃碳原子杂化方式不同带来的独特之处。

乙炔是最简单的炔烃，由Edmund Davy于1836年发现，是一种无色无味的气体。如今乙炔被广泛用于化工生产，可以作为原料制备氯乙烯等大宗化学品。此外，乙炔往往因为能产生高温的氧-乙炔焰而被人熟知。

炔烃在药物化学中也发挥了多种作用，其作为化学生物学研究中的探针就是例证。催化叠氮-炔环加成反应（CuAAC）在许多化学生物学研究中起着关键作用，使得含炔探针在生物化学领域的应用十分广泛。美国化学家Carolyn R. Bertozzi，丹麦化学家Morten Meldal和美国化学家Karl Barry Sharpless在上述领域做出了杰出贡献，一起分享了2022年诺贝尔化学奖这一殊荣。

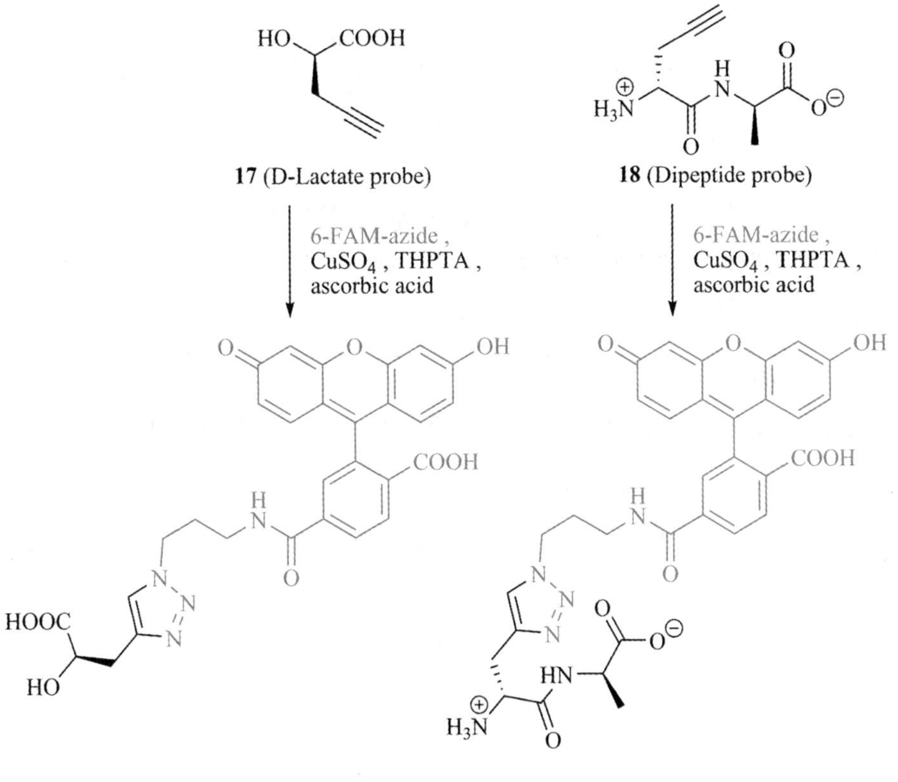

HO
COOH
17 (D-Lactate probe)
O
H
N
H3N
O
18 (Dipeptide probe)
6-FAM-azide ,
CuSO4 , THPTA ,
ascorbic acid
6-FAM-azide ,
CuSO4 , THPTA ,
ascorbic acid
O
O
OH
COOH
H
N
O
N
N
N
HOOC
HO
HN
H3N

在本章节的学习中,应注意将炔烃和烯烃进行类比与对比,归纳总结相关知识的异同。本章节在介绍炔烃命名、结构、理化性质与合成途径的同时,还会根据炔烃性质补充有机合成中碳碳键构筑的部分策略,这有助于读者了解有机化学尤其是有机合成方法学发展的前沿领域。

6.1 炔烃的命名

分子中含碳碳三键的烃称为炔烃,链状单炔烃具有 C_nH_{2n-2} 的通式。

与烯烃类似,对炔烃进行命名时,选取含碳碳三键的最长碳链为主链,从离三键更近的一端开始编号,根据主链碳原子数命名为某炔,并标注三键和取代基位置。例如:

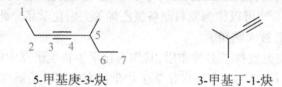

5-甲基庚-3-炔   3-甲基丁-1-炔

多炔烃命名规则同多烯烃。

既含有三键又含有双键的炔被称为烯炔。值得注意的是,IUPAC—2013建议处理链状烃命名时,主链的选择取决于链长,而不是不饱和度。例如:

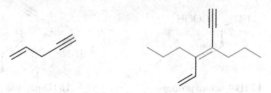

戊-1-烯-4-炔   4-乙炔基-5-乙烯基辛-4-烯

带有碳碳三键的取代基被称为炔基,需要熟悉了解以下几个重要的炔基的名称:

$$H-C\equiv C- \qquad H_3C-C\equiv C- \qquad H-C\equiv C-CH_2-$$

乙炔基   丙-1-炔基（丙炔基）   丙-2-炔基（炔丙基）

ethynyl   1-propynyl   2-propynyl

除上述系统命名法外,简单炔烃也可看作乙炔衍生物,命名为某基乙炔。例如:

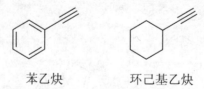

苯乙炔   环己基乙炔

6.2 炔烃的结构

作为炔烃的官能团,碳碳三键很大程度上决定了其理化性质。两个三键碳均采取 sp 杂化,各自还余下两个相互垂直的 p 轨道;两个 sp 轨道和两个 p 轨道上各有一个电子。两个三键碳原子通过轴向的 sp 杂化轨道"头碰头"形成了一个 σ 键,两个互相垂直的 p 轨道则"肩并肩"地形成了 π 键。实际上两个相互垂直的 π 键电子云会进一步互相作用,最终围绕连接两个碳核的直线形成了圆筒状的 π 电子云。

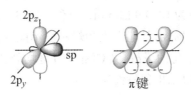

由于两个三键碳原子为 sp 杂化,炔烃中三键碳及直接与其相邻的碳原子处于同一直线上。一般情况下,只有较大的环才能容纳碳碳三键。较小的环将导致三键两端的取代偏离直线型的角度,这种结构的扭曲会影响三键的电子结构,不难理解,越是偏离直线型的结构,越增加三键的反应活性:例如上述的叠氮–炔烃加成反应,对于张力环状炔可以在无催化剂的条件下进行。目前,环辛炔已经可以被宏观制备,并且其衍生物在生物正交反应和合成化学中得到越来越多的应用。

同样是由于线性结构,炔烃不存在顺反异构体,因而其同分异构体数目一般小于同碳数的烯烃。

在类比和对比烯烃进行炔烃的学习时,首先就应认识到同一原子的电负性在不同的分子结构环境中并不是始终如一的,它将随着杂化作用而改变。比较碳碳单键、双键、三键,其杂化轨道 s 成分分别为 25%,33%,50%,随 s 轨道成分增加,碳原子电负性增大,这决定了炔烃的一些特殊性质。

此外,从表 6.1 不难看出:与烯烃一样,炔烃中 π 键的键能比 σ 键弱得多,加之碳碳三键的 π 电子相对弥散,炔烃拥有多种化学反应活性。

表 6.1 碳碳单键、双键和三键的碳原子杂化情况与键长、键能比较

化学键	杂化形式	s	键长(pm)	键能(kJ/mol)
C–C	sp³	25%	154	347
C=C	sp²	33%	134	611
C≡C	sp	50%	120	837

碳原子杂化方式还影响了其他原子与之成键的键长。见表 6.2。

表 6.2 不同杂化方式碳原子与其他原子成键的键长

烃	化学键	键长(pm)
H_3C-CH_3	$-C-H$	110
$H_2C=CH_2$	$=C-H$	108
$HC\equiv CH$	$\equiv C-H$	106
$H_3C-CH_2-CH_3$	$-C-CH_3$	154
$H_2C=CH-CH_3$	$=C-CH_3$	150
$HC\equiv C-CH_3$	$\equiv C-CH_3$	146

需注意,由于 s 轨道成分增加,炔烃中 π 电子结合得更紧密,乙烯与乙炔电离势的比较也证明了这一点(乙炔的电离势为 1099.9 kJ/mol;乙烯为 1013.1 kJ/mol)。这一性质进而导致炔烃的亲电加成反应往往难于烯烃,且能发生烯烃一般不能进行的亲核加成反应。

同样是由于三键碳为 sp 杂化的缘故,其 C(sp)-H 键均裂比较困难,而异裂比较容易,故末端炔烃具有一定酸性,进而显示出独特性质。

$$H-C\equiv C-H \longrightarrow H-C\equiv C\cdot + H\cdot \quad (难)$$

$$H-C\equiv C-H \longrightarrow H-C\equiv C^{\ominus} + H^{\oplus} \quad (易)$$

烷烃、烯烃、炔烃的酸性依次增大,相对值如下:

$$H_3C-CH_3 \quad < \quad H_2C=CH_2 \quad < \quad HC\equiv CH$$

杂化	sp^3	sp^2	sp
pK_a	50	44	25

足够强的碱,如氨基钠,可以在液氨溶液中与末端炔烃反应,使得端炔去质子化,得到相应的炔基负离子。作为一种碳负离子,炔基负离子可以用于碳碳键的构筑。

$$HC\equiv C-H + {}^{\ominus}NH_2 \xrightarrow{NH_3(l)} HC\equiv C^{\ominus} + NH_3$$

6.3 炔烃的物理性质

炔烃的物理性质与烷烃、烯烃相似,但熔点、沸点、密度和水中的溶解度一般都略大于相应的烷烃。上述性质均可从炔烃结构角度解释:炔烃分子中各不同杂化状态的碳原子电负性不同,使得炔烃的偶极矩大于相应的烷烃和烯烃(见表 6.3)。此外,考虑到碳碳三键较短而细的构型,炔烃分子可以彼此靠得较近。

常温常压下,乙炔、丙炔和 1-丁炔为气体;液体炔烃的沸点比相应的烯烃高 10~20 ℃;固体炔烃密度比水小。炔烃微溶于水,易溶于苯、石油醚、乙醚、四氯化碳等有机溶剂。部分常见炔烃的理化性质见表 6.4。

表 6.3　端炔、内炔分子的偶极矩与相应烯烃的比较

炔烃	偶极矩(D)
$CH_3CH_2C{\equiv}CH$	0.80
$CH_3C{\equiv}CCH_3$	0.0
$CH_3CH_2CH{=}CH_2$	0.30

表 6.4　部分常见炔烃的理化性质

名称	英文名称	熔点(℃)	沸点(℃)	比重(d_4^{20})
乙炔	ethyne	−80.8	$-84_{(升华)}^{760}$	
丙炔	propyne	−101.5	−23.2	
1-丁炔	1-butyne	−125.7	8.1	
2-丁炔	2-butyne	−32.3	27	0.691
1-戊炔	1-pentyne	−90	39.3	0.695
2-戊炔	2-pentyne	−101	55.5	0.714
1-己炔	1-hexyne	−132	71	0.715
2-己炔	2-hexyne	−88	81	0.730
3-己炔	3-hexyne	−101	81.8	0.724

　　乙炔在化工生产中使用很多,需注意它的运输与存储安全。在标准大气压下,乙炔没有沸点,在 −84 ℃ 即升华。在一定压力下,乙炔会爆炸。因此,往往在乙炔钢瓶中加入丙酮和多孔材料(如浮石)作为稳定剂。

6.4　炔烃的化学性质

　　从碳碳三键结构角度考虑,不难推知:炔烃既具有类似烯烃的不饱和烃的共性,又具有因三键碳采用 sp 杂化方式带来的特殊反应性。

　　与烯烃类似,炔烃可以发生亲电加成、自由基加成、加氢还原、氧化、聚合等反应。与烯烃不同,三键碳电负性更大使得炔碳对电子控制更牢靠,且 π 电子控制的范围更集中,致使三键碳略有裸露,进而使得炔烃还可以发生亲核加成反应。此外,末端炔烃的酸性也为其赋予了不同于一般不饱和烃类的反应性质。

6.4.1　炔烃的亲电加成

　　作为高电荷密度的中心,炔烃的碳碳三键很容易被亲电试剂进攻。但由于三键碳原子电负性较大,π 电子不易给出,故炔烃的亲电加成反应速率比结构类似的烯烃更慢。由于碳

碳三键有两个不饱和度,在第一步加成得到碳碳双键后还可能进一步发生加成反应。

总的来说,炔烃亲电加成的方式与烯烃相同,大都遵循马氏规则,多为反式加成。

6.4.1.1 与氢卤酸的加成

炔烃与氢卤酸加成的机理与烯烃的亲电加成相似,如下所示机理。反应经历两步,途经烯基碳正离子中间体。

$$-C\equiv C- \xrightarrow{\ H\text{—}Br\ } \left[-\overset{+}{C}=\!\!<\!\!\begin{smallmatrix} \\ H \end{smallmatrix}\right] \longrightarrow \overset{Br}{\underset{H}{\diagup\!\!\diagdown}}$$

炔烃   烯基正离子   溴代烯烃

反应经历更稳定的碳正离子较为有利。考虑烷基的超共轭给电子效应,形成的碳正离子正电荷位于取代基较多的三键碳上更稳定,因此反应产物遵循马氏规则。

稳定性: $R-\overset{+}{C}=CH_2 \quad > \quad R-\overset{H}{\underset{}{\overset{+}{C}}}=CH$

$$H_3C-C\equiv CH \quad + \quad H-Cl \longrightarrow H_3C-\underset{Cl}{\overset{}{C}}=CH_2$$

根据碳正离子中间体稳定性考虑,也可以解释炔烃亲电加成反应性稍弱于烯烃。

$$R-C\equiv CH \quad + \quad E^{\oplus} \longrightarrow R-\overset{+}{C}=C\overset{H}{\underset{E}{\diagup}}$$

烯基碳正离子

$$R-\overset{H}{\underset{}{C}}=CH_2 \quad + \quad E^{\oplus} \longrightarrow R-\overset{H}{\underset{+}{C}}-\overset{H_2}{C}-E$$

烷基碳正离子

炔烃加成得到的烯基碳正离子中间体稳定性较差,一方面,其碳正离子空的 p 轨道与 π 键的 p 轨道正交,相互不能共轭;另一方面,相邻三键碳上的 σ 键也不能起到超共轭作用。然而,烯烃经历的烷基碳正离子中间体则因多出超共轭效应而更稳定。

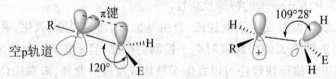

碳正离子的稳定性比较有利于我们分析合理的反应机理,可通过相应烃的电离能定量比较。直观来说,不论是诱导效应、共轭效应,抑或是超共轭效应,给电子基团往往使碳正离子稳定,而吸电子基团导致碳正离子去稳定化。

碳正离子的稳定性顺序

$$R-\overset{R}{\underset{R}{C}}\overset{\oplus}{{}} > R-\overset{R}{\underset{H}{C}}\overset{\oplus}{{}} > H-\overset{R}{\underset{H}{C}}\overset{\oplus}{{}} > R-\overset{\oplus}{C}=CH_2 > R-\overset{\oplus}{\underset{H}{C}}=CH$$

炔烃有两个π键,均可发生亲电加成反应。仅发生一分子加成时,得到卤代烯烃。在氢卤酸过量时候,发生两分子加成,得到两个卤原子连在同一个碳原子上的产物,被称为偕二卤代烷烃。由于卤素原子的吸电子作用,通过控制合适条件,反应大多可以停留在一元阶段。

$$HC\equiv CH + H-Cl \xrightarrow[HCl]{HgCl_2} H_2C=CHCl \xrightarrow[HCl]{HgCl_2} H_3C-CHCl_2$$
$$\qquad\qquad\qquad\qquad\qquad\quad\text{氯乙烯}\qquad\qquad\qquad\text{偕二氯乙烷}$$

结合亲核能力分析可知,炔烃加成氢卤酸的难易程度依次为,氢碘酸最容易,氢溴酸次之,氯化氢最难。因此,与氯化氢加成时候,往往需要添加汞盐或铜盐作为催化剂,也可以通过其他方式活化氯化氢。

与烯烃类似,这类反应的立体化学是典型的反式加成,一分子加成得到的卤代烯烃产物多为Z式构型。这一现象可以通过下面这个有趣的例子来解释,该例反应经历的机理与前文所描述的碳正离子中间体机理可能有所不同,但有助于我们理解最终Z式构型占主要的原因。

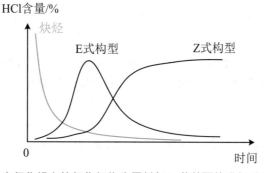

由图6.1可知,Z式构型产物最终占主导地位,因此其能量必然更低;E式构型产物生成得更快,因此其活化能垒更小,这表明负载在氧化铝上的氯化氢可能先协同加成到碳碳三键的一侧,随后再经其他过程异构化为Z式产物。E式烯烃和Z式烯烃的异构化过程具体如何

使用负载在氧化铝上的氯化氢作为原料与1-苯基丙炔进行反应时,反应过程中某一时期,E式构型产物占主要。随着反应的继续进行,E式产物几乎全部转化为Z式产物(图6.1)。完善的解释需要讨论反应的热力学与动力学控制。

图6.1 使用负载在氧化铝上的氯化氢作为原料与1-苯基丙炔进行反应的产物示意图

呢？此处不再赘述,留待读者结合烯烃亲电加成性质进一步思考。

该例子的补充除解释炔烃与氢卤酸发生亲电加成反应的立体化学外,更希望能以此为契机粗略地介绍反应热力学控制与动力学控制的基本原理,这是后续学习中机理分析和产物选择性实现的重要思路。

6.4.1.2 与水的加成

和烯烃一样,炔烃的水合反应有两种方式。一种是通过汞离子催化的方式直接进行与水分子的加成反应,另一种是经由硼氢化-氧化过程,间接地与水反应。需要注意,后者的机理不属于典型的亲电加成,因而造成了截然不同的区域选择性和立体选择性,我们将在本章节的后续内容中单独介绍。

汞离子催化的炔烃水化反应与烯烃的羟汞化-还原类似,遵循马氏规则,最大不同在于炔烃经该过程得到的产物中羟基直接连接在双键碳上,该物质被称为烯醇。通常情况下,烯醇很不稳定,立即重排为羰基化合物。这一可逆的过程被称为互变异构,即因分子内活泼氢引起的官能团互变,相应的烯醇和羰基化合物互为互变异构体。

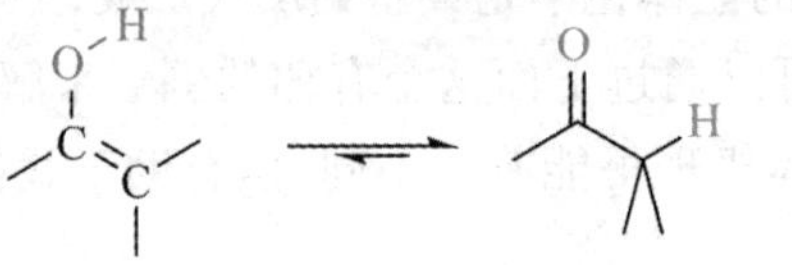

烯醇式
（不利）

酮式
（有利）

烯醇作为有机化学中最重要的反应中间体之一,它与去质子化产物烯醇负离子将在后续羰基化合物的相关章节得到更加详尽的讨论。

炔烃在汞离子催化下的机理值得仔细考察。反应中,催化量的汞离子率先与炔烃形成π络合物。该反应从此角度可被理解为对炔烃的亲电反应。随后,水分子作为亲核试剂进攻碳原子,并失去一个质子,得到烯醇式金属化合物,具体进攻位点取决于取代基影响下的碳原子电性,该步骤导致的最终区域选择性表现为遵循马氏规则。

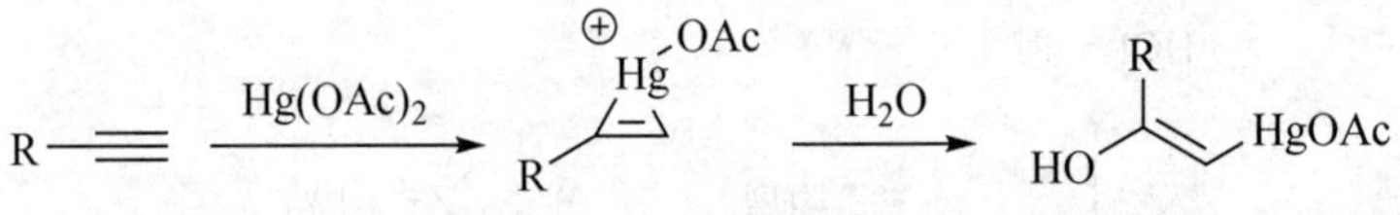

上述中间体在弱酸性条件下,经历质子转移得到α位汞基团取代的羰基化合物。由于碳氧双键是强于碳碳双键的,这一简单的转变过程是非常迅速的。

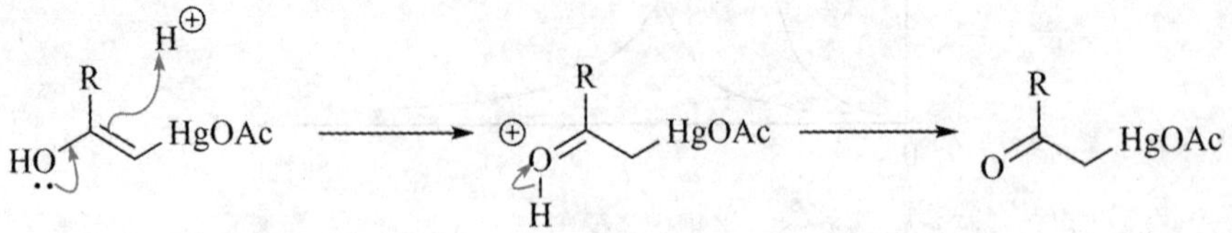

由于羰基的吸电子效应更强,α位 C-Hg 键极性更大,汞离子的离去只需要弱酸性条件,而不像烯烃的羟汞化-还原反应需要用到 NaBH₄。

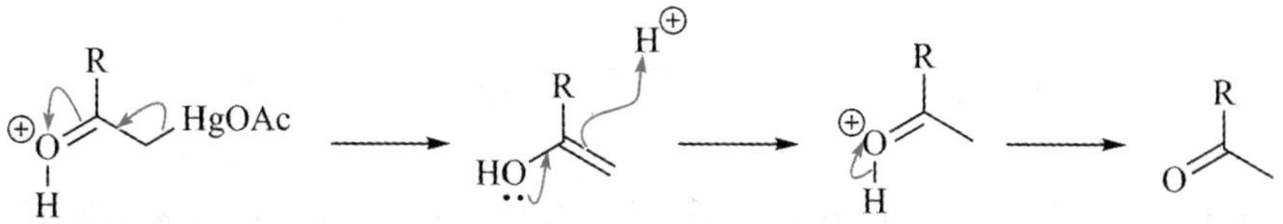

因上述过程遵循马氏规则，端炔由此得到甲基酮，对称的内炔得到单一的羰基化合物；不对称的内炔则得到混合物，合成价值大大降低。乙炔在10%硫酸和5%硫酸汞水溶液中与水加成得乙烯醇，最后互变异构为乙醛。考虑到端炔能较为方便地合成，上述方案是酮类化合物，尤其是甲基酮类化合物合成的重要手段。

端炔烃的水合反应

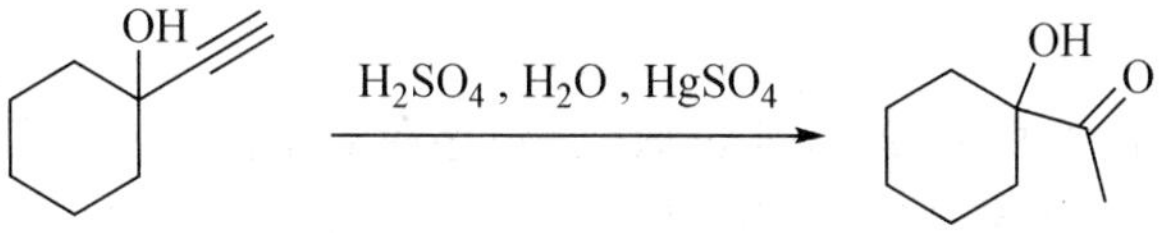

产率 91%

内炔烃的水合反应

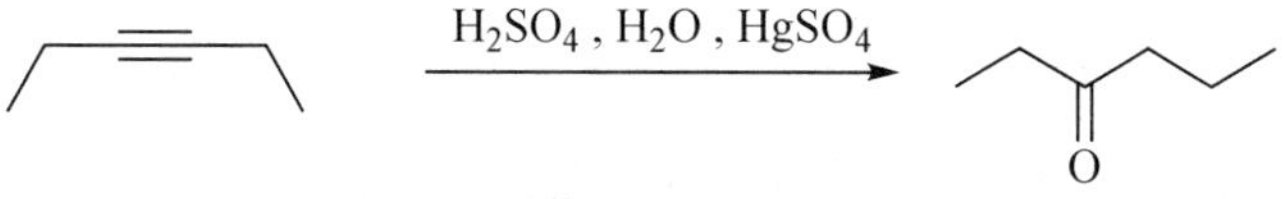

产率 80%
唯一可能的产物

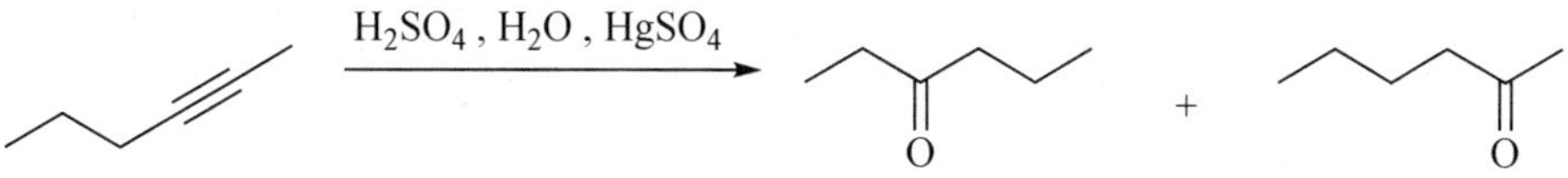

产率 50%　　产率 50%

6.4.1.3　与卤素加成

炔烃与卤素加成的反应机理与烯烃相似，但反应速率较慢。一分子卤素单质加成后得到的邻二卤代烯烃产物，该过程的立体化学同样是反式加成。因卤素原子的吸电子效应降低了烯烃的电子密度，所以条件控制得当的情况下，反应可以停留在这一步，相应的中间产物也可以被分离。卤素过量时继续反应，得到四卤代烷烃。

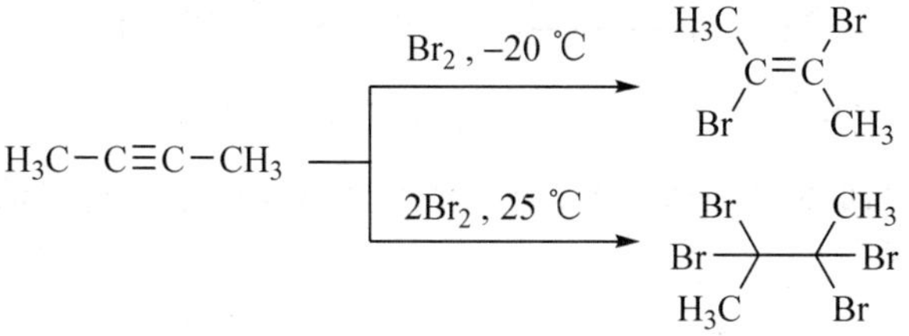

反式加成

多个例证表明炔烃与卤素加成的活性小于烯烃。比如，烯烃可使溴的四氯化碳溶液立刻褪色，炔烃却需要几分钟才能使之褪色。更加直观地，对于同时含有非共轭的碳碳双键和碳碳三键的烯炔类化合物，与溴单质加成时，首先反应的是碳碳双键。

$$\text{(结构式)} \quad + \quad Br_2 \quad \longrightarrow \quad \text{(结构式)} \quad 90\%$$

对于加成活性较低的氯单质,炔烃与烯烃区别也很明显。如乙炔与氯的加成,需要在光或者 $FeCl_3$、$SnCl_2$ 等 Lewis 酸催化的条件下进行。

$$H-C\equiv C-H \xrightarrow[FeCl_3]{Cl_2} \text{(结构式)} \xrightarrow[FeCl_3]{Cl_2} Cl_2HC-CHCl_2$$

6.4.2　炔烃的自由基加成

在光照或有其他自由基引发剂(如过氧化物)存在的条件下,炔烃与卤化氢可发生自由基加成,反应的关键中间体是碳碳三键与卤原子加成形成的烯基自由基。

$$R{\diagup}^O{\diagdown}O{\diagdown}R \xrightarrow{h\nu} \cdot O{\diagdown}R$$

$$H-Br \ + \ \cdot O{\diagdown}R \ \longrightarrow \ H{\diagdown}O{\diagdown}R \ + \ \cdot Br$$

自由基是缺电子的中间体物种,给电子因素起到的稳定化作用决定该历程最终得到反马氏规则的产物。随后,烯基自由基中间体被氢原子终止,得到产物。

$$R-C\equiv C-H \ + \ \cdot Br \ \longrightarrow \ \underset{\text{不稳定}}{\text{(结构式)}} \Bigg/ \underset{\text{稳定}}{\text{(结构式)}}$$

[H]:反应体系中合适的氢原子供体

$$\downarrow [H]$$

$$R-\underset{H}{C}=\underset{H}{C}-Br$$

自由基加成机理中,立体化学是难以控制的,故最终产物大多为顺反混合物。

$$\text{(结构式)} \xrightarrow{HBr, ROOR} \text{(结构式)}$$

1-己炔　　　　　　　顺和反-1-溴-1-己烯

试依照上述思路,从中间体稳定性考虑,进一步发生第二分子氢卤酸的自由基加成时,产物的区域选择性如何?

6.4.3　炔烃的亲核加成

碳碳三键的电子云集中在两个不饱和碳之间,使得"裸露的"碳原子某种程度上具有缺电子的性质,因此可进行亲核加成反应;而烯烃则一般没有该性质。这是两者同为不饱和烃的重要区别。

像上述这样的亲核加成反应是由亲核试剂进攻引起的,能进攻三键碳的常见亲核试剂有氢氰酸、醇、羧酸、胺、硫醇等含有活泼氢的有机物。亲核试剂与炔烃发生反应时,首先亲核试剂带负电的部分 CN^-,RO^-,$CH_3CO_2^-$ 等进攻炔烃的三键生成碳负离子中间体,然后再夺得一个氢完成反应。

炔烃与HCN加成得烯基腈。如乙炔与HCN加成得到丙烯腈,可进一步发生聚合来制备人造羊毛。

$$HC{\equiv}CH \ + \ HCN \xrightarrow{NH_4Cl\,,\,CuCl} \underset{\substack{\text{丙烯腈}\\\text{用来制取人造羊毛}}}{H_2C{=}\underset{H}{\overset{CN}{C}}} \longrightarrow {+}CH_3{-}\underset{H}{\overset{CN}{C}}{+}_n$$

机理:

$$HC{\equiv}CH \ + \ {}^{\ominus}CN \longrightarrow HC{=}\overset{\ominus}{\overset{CN}{CH}} \longrightarrow H_2C{=}\overset{CN}{CH}$$

炔烃与醇、羧酸等含有活泼氢的有机物加成得到烯基醚类化合物、羧酸烯基酯类化合物。与丙烯腈类似,聚合后可作为黏合剂等诸多现代高分子材料。

$$H{-}C{\equiv}C{-}H \ + \ {}^{\ominus}OR \xrightarrow[150\,℃\,,\text{加压}]{ROH} \underset{O}{\overset{R}{\diagdown}}{-}\overset{\ominus}{C}{=}CH \xrightarrow{ROH} \underset{O}{\overset{R}{\diagdown}}{-}C{=}CH_2$$

$$H{-}C{\equiv}C{-}H \ + \ CH_3COOH \xrightarrow{Hg(OAc)_2} H_2C{=}\overset{OAc}{CH}$$

值得注意的是,聚乙烯醇的单体乙烯醇不稳定,立即互变异构得到乙醛。因此,乙酸乙烯酯聚合后的聚乙酸乙烯酯是聚乙烯醇的原料,通过水解就可以得到所需产物。聚乙烯醇又可以进一步与甲醛缩合为聚乙烯醇缩甲醛,即合成纤维——维尼纶。

$$H_2C{=}\overset{OAc}{\underset{H}{C}} \longrightarrow {+}\overset{H_2}{C^2}{-}\underset{H}{\overset{OAc}{C}}{+}_n \xrightarrow{CH_3OH} {+}\overset{H_2}{C^2}{-}\underset{\underset{\text{胶水}}{H}}{\overset{OH}{C}}{+}_n$$

合成纤维-维尼纶

$$\xleftarrow{HCHO\,,\,H^{\oplus}}$$

前文提到的炔烃的水化反应,在形式上也可被认为是亲核加成反应,水中的氧原子作为亲核位点对碳碳三键进攻。

对于不对称炔烃的亲核加成,其区域选择性的判断与亲电加成、自由基加成在本质上相同,往往都由反应中间体稳定性决定。具体到炔烃的亲核加成,需要考究碳负离子中间体稳定性;一般来说,具有吸电子作用的基团能对此起到稳定化作用。通过烷烃、烯烃的电离能力反推烯基负离子和烷基负离子稳定性,也可以解释炔烃较烯烃更易发生亲核加成的原因。

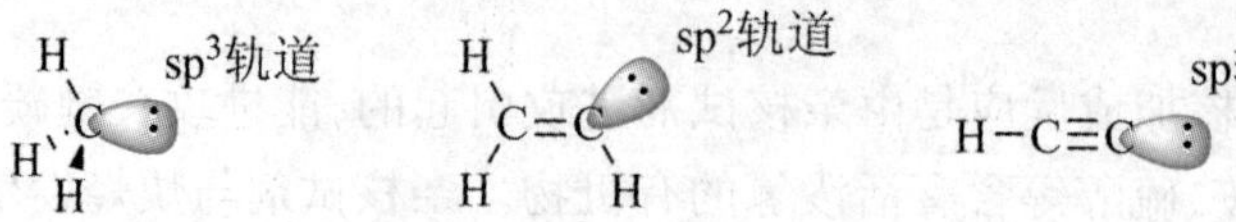

6.4.5 炔烃的硼氢化反应

与烯烃类似,不同于上述亲电加成、自由基加成、亲核加成,炔烃的硼氢化反应具有明显的协同反应性质。炔烃中富电子的碳碳三键部位先靠近缺电子的硼烷,随后形成环状四中心过渡态,氢原子再完成转移,最终得到烯基硼化合物。不难想到,这是立体化学专一的顺式加成;不同于离子型反应和自由基型反应,区域选择性主要由位阻控制,多表现出反马氏规则。

烯基硼化合物在后续的氧化或还原条件下继续发生转化,得到目标产物。具体来说,炔烃的硼氢化-氧化反应中,烯基硼化合物在碱性过氧化氢中氧化,得到烯醇,再异构化。

这与炔烃经汞离子催化下的水合反应不同。当底物为端炔时,由于区域选择性的区别,该过程最后异构化得到醛类化合物。

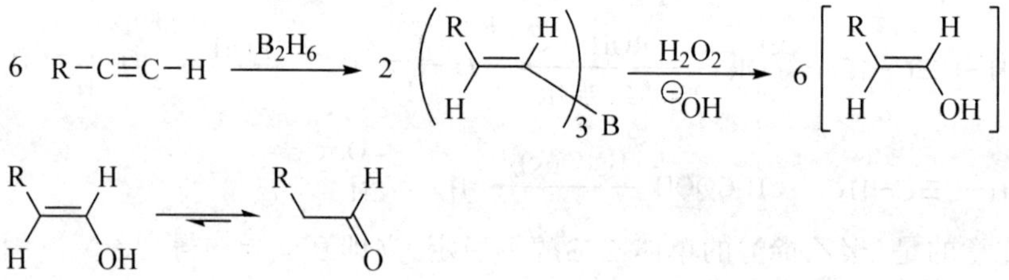

正是由于该反应过程主要受到位阻控制,为提高反应的选择性,可以选择位阻较大的二取代硼烷作为硼氢化试剂。

炔烃的硼氢化-还原反应则经历烯基硼化合物与羧酸的作用过程,通过类似烯烃相应反应的环状过渡态,得到Z式烯烃作为最终产物。形式上相当于炔烃顺式加成一分子氢气至烯烃。

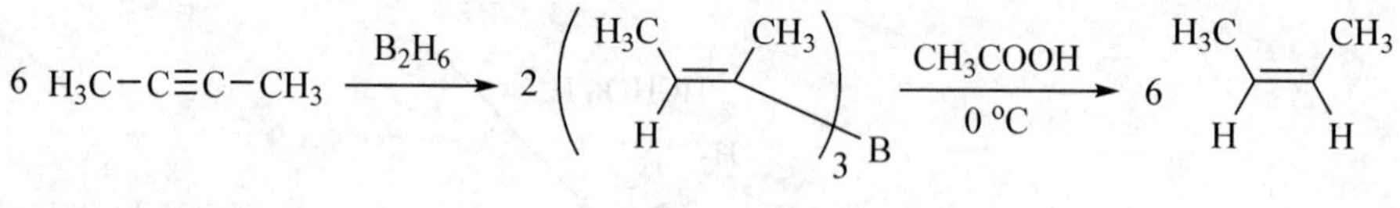

6.4.5 炔烃的还原

炔烃的还原即炔烃加成转变为烯烃或烷烃的反应,有机化学中底物的"加氢去氧"被认为是还原过程。除刚刚提到的硼氢化-还原的方式,还有催化加氢、碱金属或氢化铝锂还原等方式。

6.4.5.1 催化加氢

与烯烃一样,炔烃在 Ni、Pd、Pt 等金属催化下,可与氢气加成,但一般难以控制得到烯烃,大多是会进一步加氢得到烷烃。

$$R-C\equiv C-R' \;+\; 2H_2 \quad \xrightarrow[\text{或 Ni}]{Pt,Pd} \quad R-CH_2-CH_2-R'$$

若想控制炔烃仅加成一分子氢气,停留在得到相应的烯烃的阶段,则需要从降低催化剂活性的角度入手,Lindlar 催化剂较好地实现了该效果。将 Pd 附着于 $CaCO_3$ 和少量 PbO 上即可降低 Pd 的活性,从而控制反应产物;类似的催化体系还有很多,如 $Pd-BaSO_4$(并用喹啉处理),该类催化剂往往被统称为 Lindlar 催化剂。催化加氢时,氢原子经历吸附在金属表面、从炔烃的同一侧加成的过程,因此反应得到 Z 式烯烃。

催化剂表面

此类非均相过渡金属催化氢化的反应十分古老,P. Sabatier 因其在催化方面的卓越贡献,尤其是在不饱和有机化合物氢化方面的工作,获得了 1912 年诺贝尔化学奖。相关工作中发现的过渡金属催化的丰富性质助力了未来有机合成方法学的蓬勃发展。进一步地,20 世纪下半叶,均相催化的迅速发展为不饱和烃氢化带来了更多新的可能,发展了一批如 Wilkinson 催化剂 $[(Ph_3P)_3RhCl]$、Crabtree 催化剂 $\{[R_3PIr(COD)py]^+PF_6^-\}$ 等常用催化剂。

6.4.5.2 碱金属还原

炔烃也可用碱金属在液氨中进行还原,反应历经连续单电子还原过程,实现了与 Lindlar 催化剂催化加氢不同的立体化学。

在反应中,碱金属,如钠,提供电子;液氨,提供质子。钠率先贡献自身的电子进入到炔烃的 LUMO 轨道中,即炔烃的碳碳三键先得到电子形成自由基负离子,随后再从液氨溶剂中夺取质子形成自由基中间体;继续发生第二步的得电子和得质子,生成烯烃最终产物。

机理中控制立体化学的步骤尚有争论。第一种观点认为立体化学在第一步即确定,此观点认为自由基负离子中单电子和孤对电子处于反式时排斥作用更小,因此该反应得到 E 型烯烃。第二种观点认为,立体化学在头两步基元反应被决定,因为立体位阻小的反式烯基自由基优先产生,在液氨作溶剂的条件下 $(-33\,^\circ\mathrm{C})$,第二次电子转移的速率要远快于顺式与反式烯基自由基的平衡。第三种观点认为,立体化学的控制在第二次电子加成至烯基自由基时,因为此步骤生成得稳定的反式烯基负离子,相较于自由基,负离子的顺反式平衡异构能垒要更高。

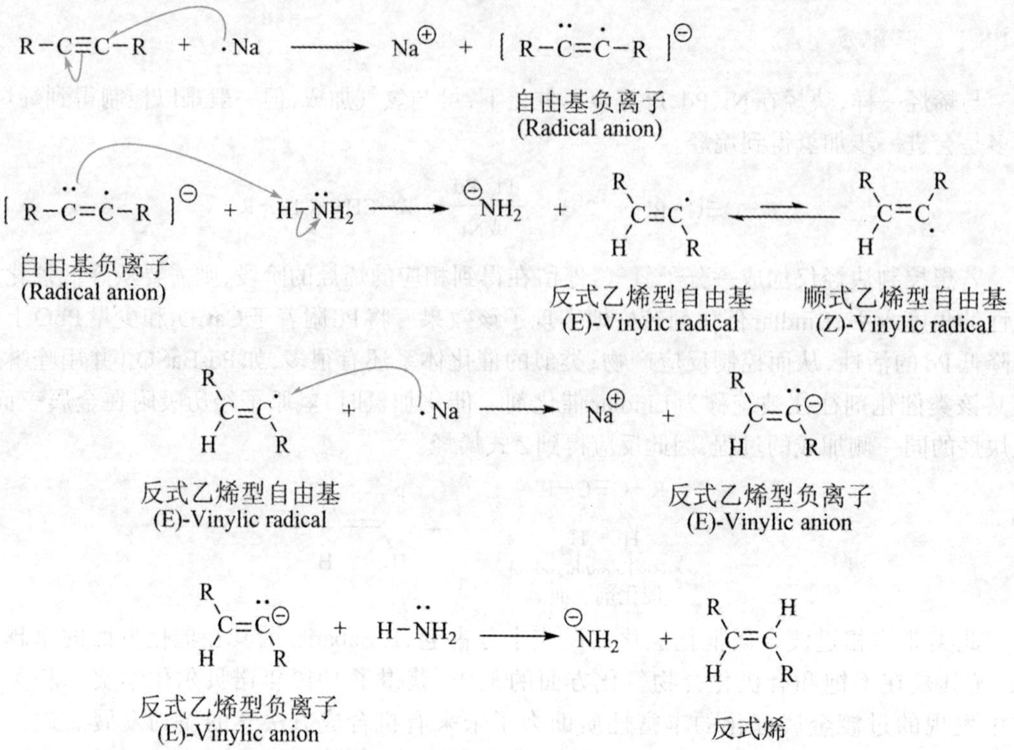

$$R-C\equiv C-R \quad + \quad \cdot Na \quad \longrightarrow \quad Na^{\oplus} \quad + \quad [\, R-\overset{\cdot\cdot}{C}=\overset{\cdot}{C}-R\,]^{\ominus}$$

自由基负离子
(Radical anion)

自由基负离子
(Radical anion)

反式乙烯型自由基
(E)-Vinylic radical

顺式乙烯型自由基
(Z)-Vinylic radical

反式乙烯型自由基
(E)-Vinylic radical

反式乙烯型负离子
(E)-Vinylic anion

反式乙烯型负离子
(E)-Vinylic anion

反式烯

综上,该反应立体化学决定的本质在于孤对电子、孤电子、取代基、氢原子如何键合方能实现最小的位阻和电性排斥,且尽可能保证相应构型发生顺反异构化的倾向弱。

6.4.5.3 氢化铝锂还原

对于部分炔烃,用氢化铝锂也可将炔烃还原,一般条件下所得产物为 E 式烯烃。

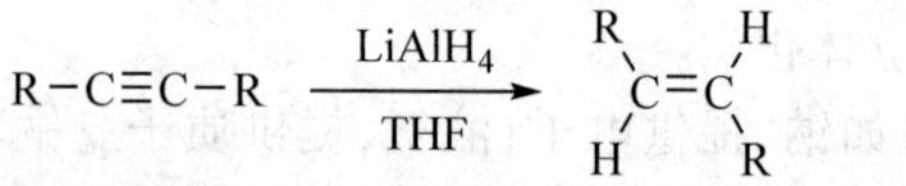

$$R-C\equiv C-R \xrightarrow[\text{THF}]{\text{LiAlH}_4} \quad$$

发生该反应的炔烃底物中,在碳碳三键相邻位置往往需要有羟基、烷氧基等官能团,可能经历类似硼氢化-还原的环状过渡态。

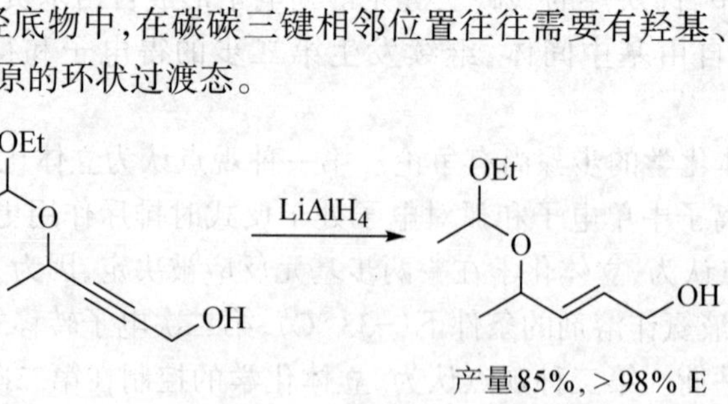

产量 85%, > 98% E

6.4.6　炔烃的氧化

炔烃对氧化剂的敏感性比烯烃稍差，但仍然能被高锰酸钾和臭氧氧化。炔烃在此条件下氧化，碳碳三键被切断，生成两分子羧酸。若是末端炔烃，得到的HCOOH则进一步被氧化为CO_2。由羧酸的结构可推知炔烃的结构。需注意，炔烃的臭氧化-分解反应不停留在醛、酮的氧化水平，与烯烃有所不同，

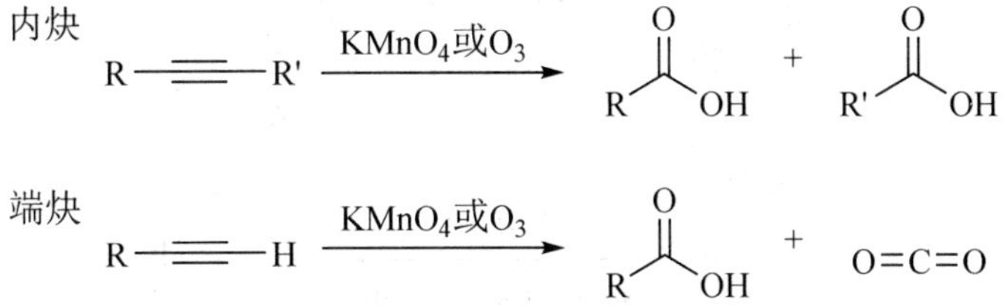

若用冷、稀和中性的高锰酸钾溶液氧化炔烃，可控制只切断三键中的两个π键，得到邻二酮。

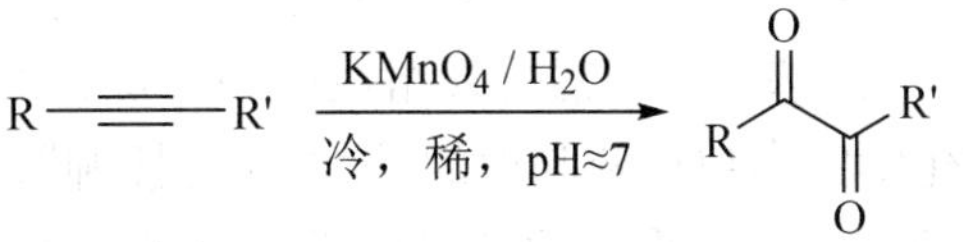

末端炔烃还可在CuCl和NH_4Cl催化下被O_2氧化偶联得共轭二炔。

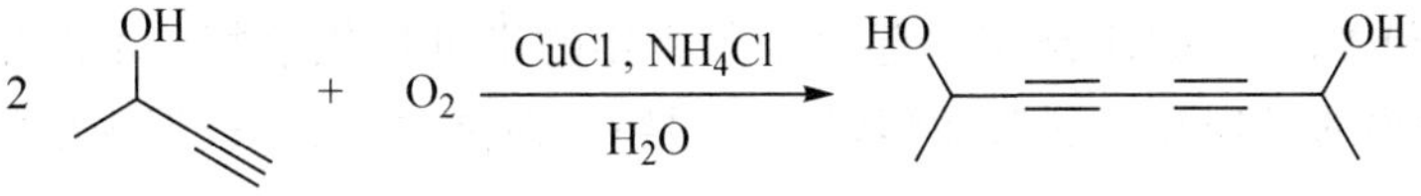

6.4.7　乙炔的聚合

类似上一小节末端炔烃氧化偶联的条件，在规避氧化因素的情况下，乙炔可以发生二聚或者三聚作用，即乙炔的自身加成反应。与烯烃不同，炔烃在通常条件下难以聚合形成高聚物。

乙烯基乙炔　　　二乙烯基乙炔

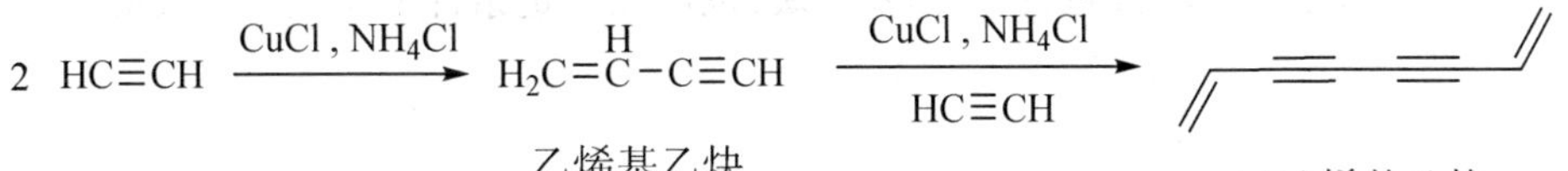

上述反应得到的乙烯基乙炔是重要的化工原料，可用来进一步制备氯丁橡胶的合成单体。其与浓盐酸在同样的催化条件下反应，即可得到2-氯-1,3-丁二烯。

$$H_2C=CH-C\equiv CH + 浓HCl \xrightarrow[50\ ^\circ C]{CuCl,\ NH_4Cl} H_2C=CH-\underset{Cl}{C}=CH_2$$

乙烯基乙炔

其可能的反应历程如下。有关共轭不饱和烃类化合物的反应将在后续章节介绍。

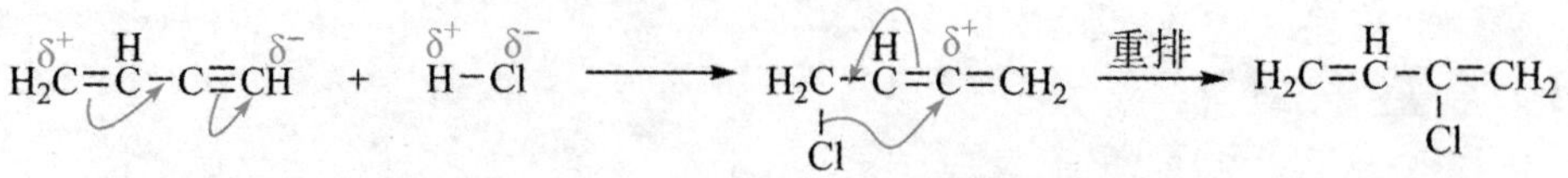

除聚合成链状烃,在高温(400~500 ℃)条件下,三分子乙炔可以聚合生成苯。除生成苯外,1940年,Reppe将乙炔在氰化镍催化下反应,发生四分子聚合,生成环辛四烯。这些反应对芳香类化合物结构的研究提供了有力支持。

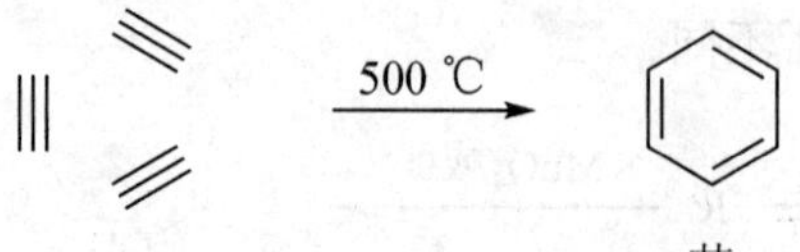

苯

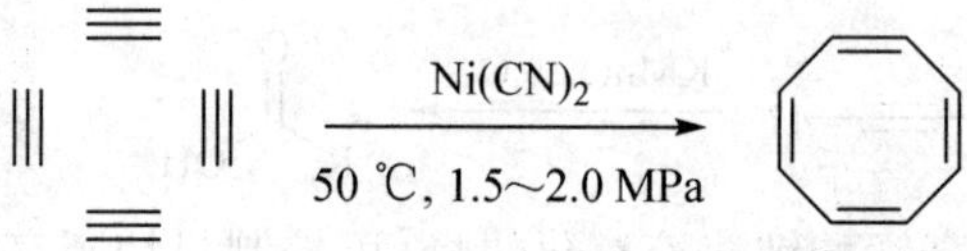

环辛四烯

为了突破乙炔难以像烯烃一样聚合为高聚物的限制,上世纪六十年代起,就有人尝试利用Ziegler-Natta催化剂(由三乙基铝与四氯化钛组成的一种优良的定向聚合催化剂)生成聚乙炔。1970年前后,日本化学家白川英树和他的学生"无心插柳",在实验中加入了千倍剂量的催化剂,生成了银白色的聚乙炔。聚乙炔的导电潜质打破了人类对有机聚合物材料无法实现导电的认知。通过后续的掺杂,该聚合物材料可以媲美金属的导电性。2000年,他与Alan J. Heeger和Alan MacDiarmid一起分享了当年的诺贝尔化学奖。本次化学奖颁发的理由是"导电聚合物的发现和发展",即塑料在经过特殊改造之后,可以展现出类似金属的优良导电性。

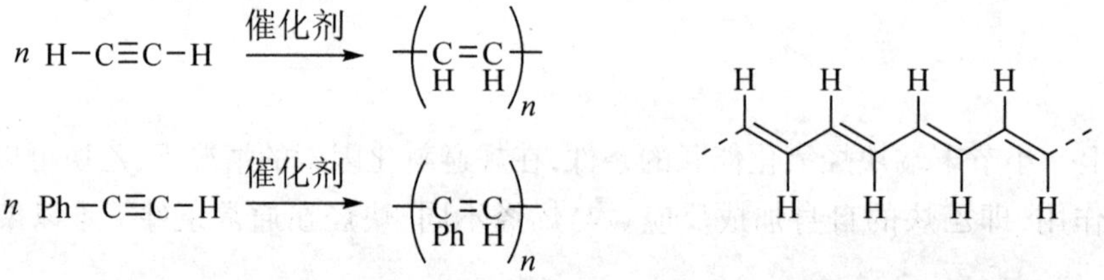

除乙炔外,部分活性较高的炔烃,如苯乙炔,也可在一定条件下发生聚合反应。

6.4.8 末端炔烃的特性

和炔烃可发生亲核加成反应一样,末端炔烃表现出了与烯烃截然不同的特性。除本章第二小节描述炔烃结构时已经简要介绍的酸性,末端炔烃还有着诸多有趣的反应性质。

6.4.8.1 酸性

对于末端炔烃,除$NaNH_2$可夺取其质子外,根据"强碱制弱碱"的原理,烷基锂或烷基格氏试剂也可以起到同样效果。作为强碱的烷基负离子拔去了末端炔烃的质子,得到碱性较为弱的炔基负离子。

$$H_3C-H_2C-C{\equiv}C-H \ + \ CH_3CH_2CH_2CH_2Li \ \xrightarrow{\ Et_2O\ } \ H_3C-\overset{H_2}{C}-C{\equiv}C-Li \ + \ CH_3CH_2CH_2\overset{H}{\underset{|}{CH_2}}$$

$$R-C{\equiv}C-H \ + \ R'MgX \ \longrightarrow \ R-C{\equiv}CMgX \ + \ R'H$$
$$炔基格氏试剂$$

烃也可以被认为是含碳酸。那么,类似水和酸与金属钠的反应,炔氢可被钠置换生成氢气。

$$2\ H-C{\equiv}C-H \ + \ Na \ \xrightarrow{\ 110\ ℃\ } \ 2\ H-C{\equiv}C^{\ominus}\ Na^{\oplus} \ + \ H_2$$

$$H-C{\equiv}C-H \ + \ 2\ Na \ \xrightarrow{\ 190\sim200\ ℃\ } \ Na^{\oplus}\ {}^{\ominus}C{\equiv}C^{\ominus}\ Na^{\oplus} \ + \ H_2$$

端炔酸性的另一个例子是炔氢能与某些金属离子反应,生成不溶性的炔化物。将乙炔通入银盐或铜盐的氨溶液中,分别可以析出白色的乙炔银和砖红色的乙炔亚铜沉淀。其他末端炔烃也会发生类似的反应。该反应十分灵敏,可以用作末端炔烃的检验。

$$H-C{\equiv}C-H \ + \ 2\ [Ag(NH_3)_2]^{\oplus} \ \longrightarrow \ AgC{\equiv}CAg\downarrow \ + \ 2NH_4^{\oplus} \ + \ 2NH_3$$
$$乙炔银,白色$$

$$H-C{\equiv}C-H \ + \ 2\ [Cu(NH_3)_2]^{\oplus} \ \longrightarrow \ CuC{\equiv}CCu\downarrow \ + \ 2NH_4^{\oplus} \ + \ 2NH_3$$
$$乙炔亚铜,红棕色$$

$$R-C{\equiv}C-H \ + \ [Ag(NH_3)_2]^{\oplus} \ \longrightarrow \ RC{\equiv}CAg\downarrow \ + \ NH_4^{\oplus} \ + \ NH_3$$

上述反应形成的金属炔化物在水中很稳定,但干燥时受热或震动易发生爆炸,因此反应结束后,常用含 CN⁻ 水溶液与 Ag⁺,Cu⁺ 配位,或用 HNO₃、浓盐酸处理,重新将炔化物转变为炔烃。该方法也可以实现炔烃的提纯。

$$RC{\equiv}CAg \ + \ H_2O \ + \ 2CN^{\ominus} \ \longrightarrow \ RC{\equiv}CH \ + \ Ag(CN)_2^{\ominus} \ + \ OH^{\ominus}$$

$$RC{\equiv}CAg \ \xrightarrow{\ 温热HNO_3\ } \ RC{\equiv}CH \ + \ AgNO_3$$

$$CuC{\equiv}CCu \ \xrightarrow{\ 浓HCl\ } \ HC{\equiv}CH \ + \ Cu_2Cl_2$$

由于生成金属炔化物的上述反应在水溶液中进行,几乎不可能产生炔基负离子。故有人认为该反应机理是,金属离子作为亲电试剂,先与炔烃反应生成络合物,随后再脱去质子形成炔化物。与前文炔烃水化反应提及的炔烃-汞离子络合物一致,这些反应过程都展示了炔烃的络合作用。

在金属有机中,炔烃是一类良好的配体,对金属离子有多种配位形式。这丰富了炔烃的性质,在现代过渡金属催化的炔烃反应中得到了广泛运用。部分炔烃的多聚也遵从相关机理。

| 单配体 | 双齿配体 | 双齿配体 | 三齿配体 | 四齿配体 |
| monodentate | bidentate | bidentate | tridentate | quadridentate |

如金催化中,Au作为π酸与炔烃络合,增强了炔烃发生亲核加成的活性。

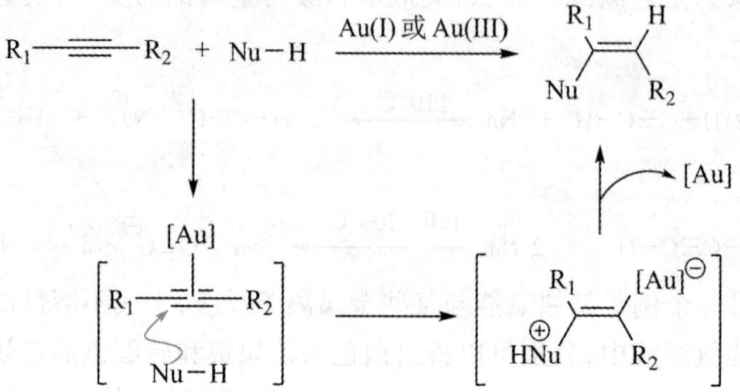

有趣的是,前文有所提及,小环的内炔是极不稳定的,而作为自由分子不稳定的环己炔,可以与金属配位的形式得到。因为炔烃经过配合而产生了与线性结构的偏离,在此降低了环的张力,起到了稳定的作用。

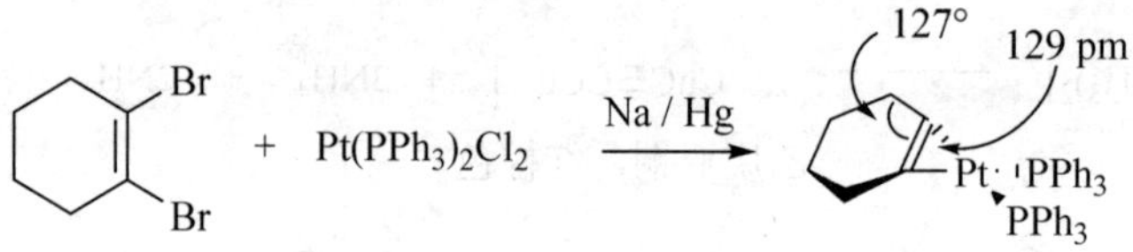

6.4.8.2 炔基负离子作亲核片段

负电性和炔碳上的孤对电子,使得炔烃去质子化后的炔基负离子具有很强的亲核性,可以与多种亲电试剂发生反应,如卤代烃、醛、酮等,以构筑碳碳键。

炔基负离子可以与卤代烃发生亲核取代反应,得到取代炔烃,实现从低级炔烃衍生至高级炔烃。卤代烃中连接溴原子的碳原子具有部分正电性,在反应过程中被炔基负离子用孤对电子进攻,经历协同过程,溴带着一对电子离去得到产物。

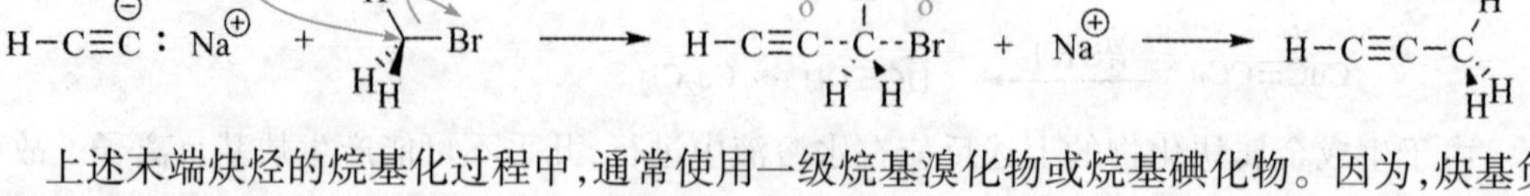

上述末端炔烃的烷基化过程中,通常使用一级烷基溴化物或烷基碘化物。因为,炔基负离子也有足够强的碱性,致使反应中可能会发生消除反应,与原本的取代反应竞争。两类反应何时分别占主导地位将在卤代烃的相关章节中详细讨论。

$$
\text{溴代环己烷（二级卤代烃）} + \text{H}_3\text{C}-\text{C}\equiv\text{C}:\text{Na} \longrightarrow
$$

$$
\text{Cyclohexene} + \text{H}-\text{C}\equiv\text{C}-\text{CH}_3 + \text{NaBr}
$$

$$
\cdots\cdots\!\!\!\rightarrow \quad \text{未发现此产物}
$$

醛、酮因具有羰基作为官能团，通过双键与氧原子键相连的羰基碳同样具有部分正电性，可以与炔基负离子发生亲核加成反应，得到炔醇。

$$
\text{R}-\text{C}\equiv\text{CH} \xrightarrow{\text{KOH}} \text{R}-\text{C}\equiv\text{C}^{\ominus} + \text{H}_2\text{C}=\text{O} \longrightarrow \text{R}-\text{C}\equiv\text{C}-\text{CH}_2\text{O}^{\ominus}
$$

$$
\xrightarrow{\text{H}_2\text{O}} \text{R}-\text{C}\equiv\text{C}-\text{CH}_2\text{OH} + \text{OH}^{\ominus}
$$

$$
\text{R}-\text{C}\equiv\text{CH} \xrightarrow{n\text{-BuLi, THF}, -78\,^{\circ}\text{C}} \text{R}-\text{C}\equiv\text{C}^{\ominus}\ \text{Li}^{\oplus} + n\text{-C}_5\text{H}_{11}\overset{O}{\underset{}{\text{C}}}\text{H} \longrightarrow
$$

$$
\text{R}-\text{C}\equiv\text{C}-\underset{n\text{-C}_5\text{H}_{11}}{\overset{\text{O}^{\ominus}\ \text{Li}^{\oplus}}{\text{CH}}} \xrightarrow{\text{H}_2\text{O}} \text{R}-\text{C}\equiv\text{C}-\underset{n\text{-C}_5\text{H}_{11}}{\overset{\text{OH}}{\text{CH}}}
$$

炔醇是重要的合成中间体，比如，下面两种炔醇经系列转化可以生成共轭二烯。

6.4.9　炔丙位氢的酸性

同样是由于炔碳的 sp 杂化,炔基具有吸电子效应,进而导致连有炔基的 α 位碳上的氢显示一定酸性。在合适的碱作用下,符合上述结构的炔烃发生质子转移重排,表现为三键位置移动。试问,考虑到该种异构化的情况,有 α 氢的末端炔烃是否还可以作为亲核试剂用于合成?

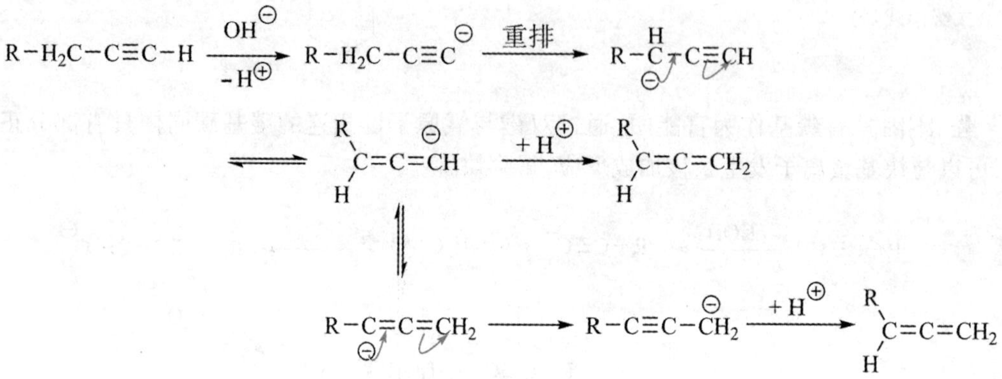

对于共轭烯炔化合物,强碱夺取炔烃 α 位置的氢原子后,三键迅速异构为更加稳定的、相互共轭的两个双键。

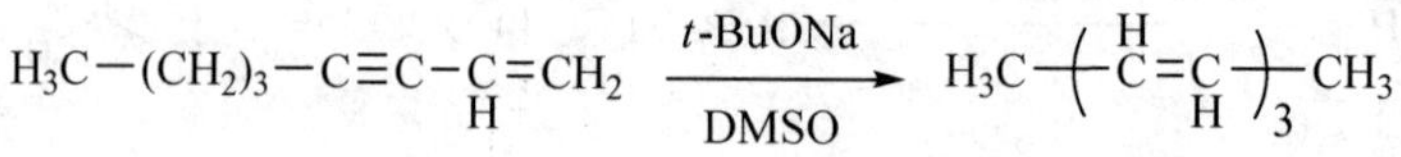

2,4,6-辛三烯(87%)

类似地,其他吸电子基团 α 位的氢原子都具有一定酸性,表现出相应的反应活性。与炔丙位一样,苄位、羰基 α 位等都有着丰富的性质。

6.5　炔烃的制备

6.5.1　乙炔的工业制法

作为氧炔焰燃料的乙炔具有很高的能量,其合成过程也必然是高能耗的。工业上生产乙炔的方法有电石法和烃类裂解法。

工业上最早大规模生产乙炔是以电石为原料的。石灰石(氧化钙)与焦炭一起加热到 2000 ℃ 左右,放出一氧化碳,得到碳化钙产物。碳化钙,即电石,与水在室温条件下反应生成乙炔。

$$\underset{\text{焦炭}}{3\,C} + \underset{\text{石灰石}}{CaO} \xrightarrow{2000\ ℃} \underset{\text{碳化钙}}{CaC_2} + CO$$

$$CaC_2 + H_2O \longrightarrow HC{\equiv}CH + Ca(OH)_2$$

随着乙炔工业的发展,人们开始使用甲烷或其他烷烃在电弧中裂解,或通过甲烷在高温下部分氧化制备乙炔。

$$2\,CH_4 \longrightarrow HC{\equiv}CH + 3\,H_2 \qquad \Delta H = 397.4\ kJ\ /\ mol$$

$$6\,CH_4 + O_2 \xrightarrow{1500\ ℃} HC{\equiv}CH + 2\,CO + 10\,H_2$$

乙炔由于价格低廉、反应活性高,是重要的化工基础原料,广泛运用于各类有机化合物的合成。20世纪三四十年代,德国著名的巴斯夫公司对乙炔化工进行了重要的商业开发,给出了丙烯酸合成的新路线。同样的条件下,用醇或胺代替水可以得到相应的丙烯酸衍生物。其中丙烯酸酯因其聚合物的优良性质被人们所熟知,它是一类韧性、弹性良好且柔软的聚合物,很大程度上可以替代天然橡胶。

$$HC{\equiv}CH + CO + H_2O \xrightarrow{Ni(CO)_4\ ,\ 100\ atm\ ,\ >250\ ^oC} \underset{\text{丙烯酸}}{H_2C{=}CHCOOH}$$

6.5.2 炔烃的实验室制法

炔烃的实验室制备主要是两大类方法:从卤代烃类化合物出发,通过消除反应形成不饱和键;从低级炔烃出发,衍生得到高级炔烃。

6.5.2.1 二卤代烷消去卤化氢

二卤代烷在强碱作用下发生两步消除反应即可得到炔烃。

$$-CX_2-CH_2- \xrightarrow{-2\ HX} -C{\equiv}C-$$

$$-CHX-CHX- \xrightarrow{-2\ HX} -C{\equiv}C-$$

第一步消除后得到的烯基卤代烃不活泼,故可以控制反应停留在该步骤。

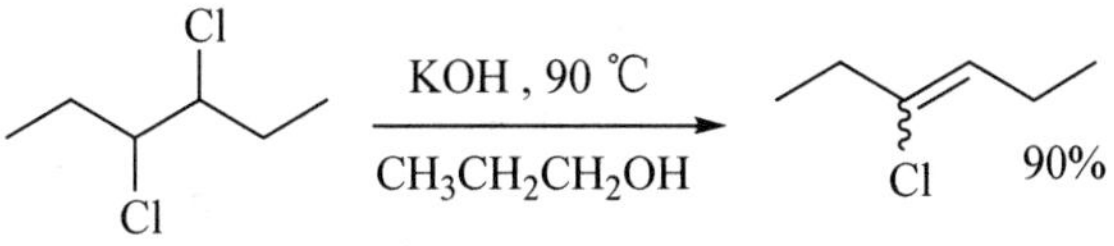

进一步消除需要用到更剧烈的条件,使用$NaNH_2$作碱。

6.5.2.2　四卤代烷脱卤素

通过使用锌处理,四卤代烷脱去两分子卤素得到炔烃。

由于四卤代烷一般就是由炔烃加成得到的,所以该反应主要用途是炔烃的分离纯化和碳碳三键的保护。

6.5.2.3　低级炔烃衍生

本章节前文提及的炔基负离子作亲核试剂对卤代烷烃的亲核取代反应和末端炔烃的氧化偶联都是低级炔烃衍生制备高级炔烃的办法。

除此之外,近半个世纪以来高速发展的过渡金属催化的偶联反应提供了新的合成办法。末端炔烃与芳基卤代烃在0价钯作催化剂、碘化亚铜作助催化剂的条件下得到偶联产物,这一反应被称为Sonogashira偶联。

合成炔烃的人名反应还有很多,如Eschenmoser fragmentation反应。

练习题

1. 完成下列反应。

（1） 2 CH$_3$C≡ $^{\ominus}$ Na $^{\oplus}$ ＋ BrCH$_2$CH$_2$Br $\xrightarrow{\text{NH}_3(\text{l})}$

（2） CH$_3$C≡CCH$_3$ ＋ H$_2$ $\xrightarrow{\text{Pd-BaSO}_4}$

（3） CH$_3$C≡CCH$_2$CH$_2$CH$_2$C≡CCH$_3$ $\xrightarrow[\text{NH}_3(\text{l})]{\text{Na}}$

2. 以丙炔为原料合成下列化合物。

（1） CH$_3$—CHBr—CH$_3$

（2） CH$_3$—CBr$_2$—CH$_3$

（3） CH$_3$—C—CH$_3$
　　　‖
　　　O

3. 从指定原料合成指定化合物。

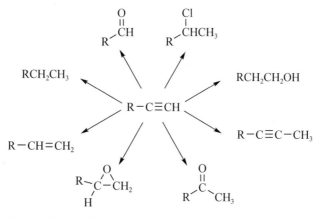

4. 化合物甲 C$_9$H$_{14}$ 具有中心手性，将甲用 Pt 进行催化氢化生成乙 C$_9$H$_{20}$，无手性；将甲用 Lindlar 催化剂小心地催化氢化生成丙 C$_9$H$_{16}$，也没有手性；但若将甲置于液氨中与金属钠反应，生成丁 C$_9$H$_{16}$ 却有手性。推测化合物甲、乙、丙、丁的结构。

5. 写出反应产物、中间产物，必要时标注立体构型。

CH$_3$C≡CH ＋ B$_2$H$_6$ $\longrightarrow$ A $\xrightarrow{\text{H}_2\text{O}_2,\ \text{OH}^{\ominus}}$ B $\xrightarrow{\text{Jones 试剂}}$ C

Jones 试剂：CrO$_3$，H$_2$SO$_4$(aq)

6. 如何进行下列转化？（可能涉及多步反应）

7. 利用炔烃和卤代烃作为原料，合成下列目标产物。

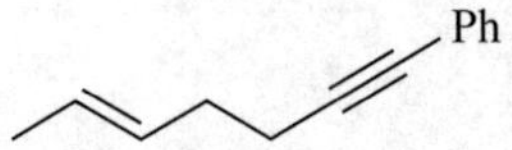

8.* 本章节氧化铝负载的氯化氢加成炔烃的例子中,E式烯烃和Z式烯烃的异构化过程具体如何呢?

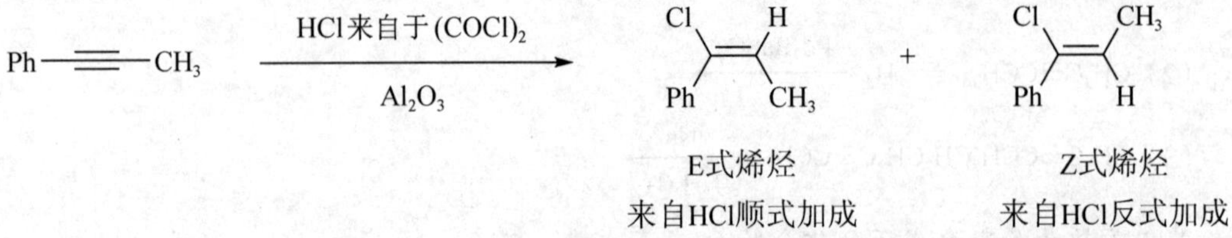

E式烯烃
来自HCl顺式加成

Z式烯烃
来自HCl反式加成

9.* 为何当苯环上有甲氧基取代时,最终得到的产物中两个溴原子在烯烃同侧?(提示: 考虑邻基参与效应)

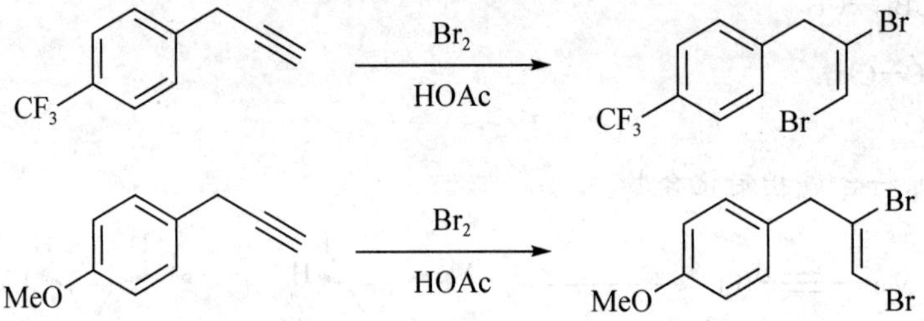

10. 烯烃、炔烃的亲电加成和自由基加成已悉数介绍,试从反应机理出发,结合中间体稳定性比较这四类加成反应有何区别?

第7章 二烯烃和周环反应

7.1 二 烯 烃

7.1.1 二烯烃的分类和命名

7.1.1.1 分类

二烯烃是指分子中含有两个C=C的化合物,根据双键的排列方式可分为三类:

1. 聚集二烯

两个碳碳双键连在同一个碳上的双烯,叫聚集二烯。由于两个双键连在同一碳原子上,因此丙二烯是一个不稳定的化合物。两个双键所在的平面相互垂直,当C-1和C-3所连的两个取代基不同时,分子无对称面和对称中心,分子是轴手性化合物,具有手性。

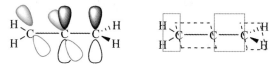

2. 隔离二烯

两个碳碳双键之间隔着两个或两个以上的单键。体系中两个C=C被多个单键分开,它们之间相互不影响,故隔离二烯的性质与一般烯烃相似。

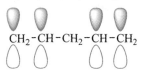

3. 共轭二烯

两个碳碳双键之间仅隔着一个单键。

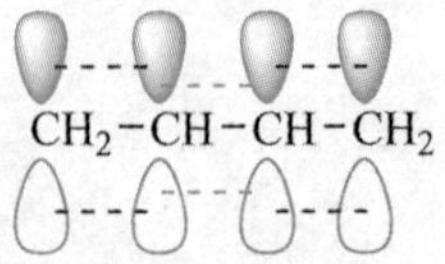

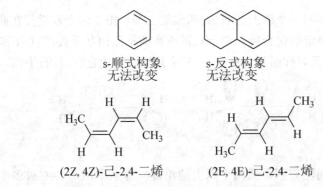

聚集二烯的化合物为数不多,主要用于立体化学研究;隔离二烯的性质与单烯相似;共轭二烯的结构和性质比较特殊,这类化合物在天然产物中很常见,如β-胡萝卜素,是一种橘黄色的脂溶性化合物,它在植物中大量存在,令水果和蔬菜拥有了饱满的黄色和橘色,它是自然界中最普遍存在也是最稳定的天然色素。本章将重点讨论共轭双烯。

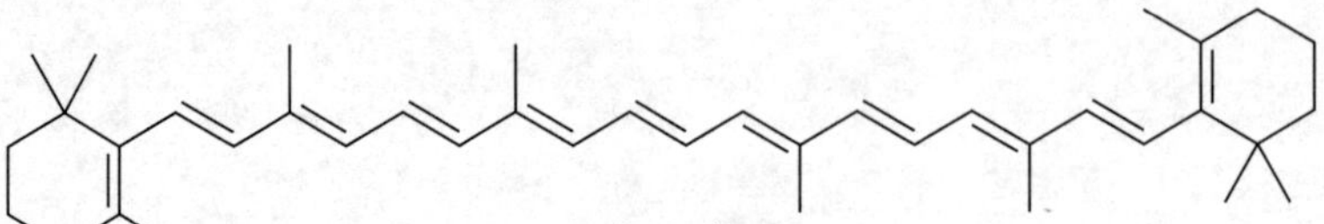

β-胡萝卜素

7.1.1.2 命名

二烯烃的IUPAC命名与单烯烃相似,但词尾用二烯代替,并用两个数字表示双键的位置。如CH₂=CH–CH=CH₂(丁-1,3-二烯):

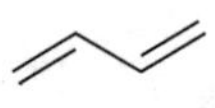

s-反式    s-顺式

其中,s表示两个双键中的单键,s-反表示两个双键在单键的异侧,s-顺表示两个双键在单键的同侧。

当环限制了单键的旋转,s-反和s-顺构象无法改变。

s-顺式构象   s-反式构象
无法改变   无法改变

(2Z, 4Z)-己-2,4-二烯   (2E, 4E)-己-2,4-二烯

7.1.2 共轭二烯烃的结构和稳定性

7.1.2.1 结构

丁-1,3-二烯的C1–C2、C3–C4的C=C双键键长(0.136 nm)比乙烯的C=C双键(0.134 nm)长,C2–C3单键键长(0.146 nm)比乙烷的C–C单键(0.154 nm)短,而且围绕C2–C3键的旋转有很大的抑制作用。

$$0.136 \text{ nm} \qquad 0.134 \text{ nm} \qquad 0.154 \text{ nm}$$
$$CH_2{=}CH{-}CH{=}CH_2 \qquad CH_2{=}CH_2 \qquad CH_3{-}CH_3$$
$$0.146 \text{ nm}$$

因为丁-1,3-二烯中形成C–C单键的碳是sp^2杂化,乙烷中的碳是sp^3杂化,当成键杂化轨道的s成分增加时,轨道尺寸减小,故$Csp^2{-}Csp^2$的键长比$Csp^3{-}Csp^3$的键长短。

丁-1,3-二烯由4个sp^2杂化的碳和6个氢组成,所有σ键都在一个平面上,每个碳各剩下一个p电子,都垂直于σ键所在的平面,且相互平行重叠,使四个p电子形成一个整体,这样形成的键不再是局限在两个碳之间而是包括四个碳的大π键,简写为π_4^4,表示四中心四电子的大π键。

当整个分子处在同一平面时,两个π键相互平行重叠,使原来两个π键的电子云离域,这种现象叫共轭,由于是两个π键参与的共轭,称为π-π共轭。π-π共轭使键长趋于平均化,双键变长,单键变短。

π-π共轭要求丁-1,3-二烯分子处在同一平面,否则轨道重叠不好,不能进行共轭,因此丁-1,3-二烯有两个较稳定的构象,s-顺式构象和s-反式构象,C2-C3的其他旋转角度都将破坏共轭体系,所以π-π共轭使C2-C3键的旋转受阻。

7.1.2.2　稳定性

烯烃催化加氢生成烷烃时放出的热量称为氢化热。烯烃的稳定性可以从它们的氢化热数据反映出来,分子中每个双键的平均氢化热越小,分子就越稳定。

$$H_3C{-}CH{=}CH{-}CH{=}CH_2 + 2H_2 \longrightarrow H_3C{-}CH_2{-}CH_2{-}CH_2{-}CH_3 \qquad \Delta H_1 = -226 \text{ kJ/mol}$$

$$H_2C{=}CH{-}CH_2{-}CH{=}CH_2 + 2H_2 \longrightarrow H_3C{-}CH_2{-}CH_2{-}CH_2{-}CH_3 \qquad \Delta H_2 = -254 \text{ kJ/mol}$$

戊-1,3-二烯和戊-1,4-二烯都吸收2 mol H_2生成正戊烷,但是戊-1,3-二烯的氢化热数值小于戊-1,4-二烯的氢化热,说明戊-1,3-二烯比戊-1,4-二烯稳定。

π-π共轭使共轭双烯变稳定,戊-1,3-二烯比戊-1,4-二烯能量降低28 kJ/mol,这个能量称为共轭能。它的数值越大,体系能量越低,也就越稳定。

7.1.3　共轭二烯烃的化学性质

7.1.3.1　亲电加成

1. 与HBr加成

当共轭二烯和HBr加成时,有两种加成方式:一种是HBr与一个单独的双键反应,反应的结果是HBr加在两个相邻的碳原子上,称为1,2-加成,得到的产物为1,2-加成产物;另一种是HBr加在共轭二烯两端的碳原子上,同时在中间两个碳上形成一个新的双键,称为1,4-

加成,产物为1,4-加成产物。

$$CH_2=CH-CH=CH_2 \ + \ HBr \longrightarrow \underset{\underset{\text{1,2-加成}}{Br}}{CH_3-CH-CH=CH_2} \ + \ \underset{\underset{\text{1,4-加成}}{Br}}{H_3C-CH=CH-CH_2}$$

　　反应机理是共轭二烯先和H$^+$加成,有两种可能性,生成烯丙基碳正离子和一级碳正离子,烯丙基碳正离子更稳定,因为烯丙基碳正离子中,带正电荷的碳,空的p轨道可以与π键发生p-π共轭,正电荷可以分散到C-1和C-3上,更稳定,易形成。而一级碳正离子无此共轭作用,不稳定,不易形成。

$$CH_2=CH-CH=CH_2 \ + \ H^\oplus \longrightarrow CH_2-CH-CH-CH_3 \longleftrightarrow CH_2-CH-CH-CH_3 \quad \text{更稳定}$$

$$CH_2=CH-CH=CH_2 \ + \ H^\oplus \longrightarrow CH_2-CH-CH_2-CH_2 \quad \text{不稳定}$$

　　第二步烯丙基碳正离子直接与Br结合,得到1,2-加成产物;烯丙基碳正离子可以写出其共振结构式,双键位移,再与Br结合,得到1,4-加成产物。

$$\overset{\oplus}{CH_2=CH-CH-CH_3} \longleftrightarrow \overset{\oplus}{CH_2-CH=CH-CH_3}$$

$$\Big\downarrow Br^\ominus \qquad\qquad\qquad \Big\downarrow Br^\ominus$$

$$\underset{\underset{\text{1,2-加成产物}}{Br}}{CH_3-CH-CH=CH_2} \qquad\qquad \underset{\underset{\text{1,4-加成产物}}{Br}}{H_2C-CH=CH-CH_3}$$

　　共轭二烯的加成反应活性比单烯高,因为当它们受亲电试剂进攻时,共轭二烯反应的活化能比烯烃反应的活化能低,活化能$E_b<E_a$,共轭二烯的反应速率更快,如图7.1所示。

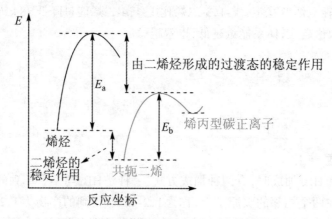

图7.1　烯烃和共轭二烯与HBr反应的势能图

当用2-甲基-丁-1,3-二烯(异戊二烯)作原料时,共轭二烯不对称,氢离子与双键的加成具有选择性。因为与甲基相连的双键电子云密度高,H^+与C-1结合,得到C-2的烯丙基C^+,C-2的C^+更稳定,因为其可以通过p-π共轭和6个C—H的σ-p超共轭而稳定。

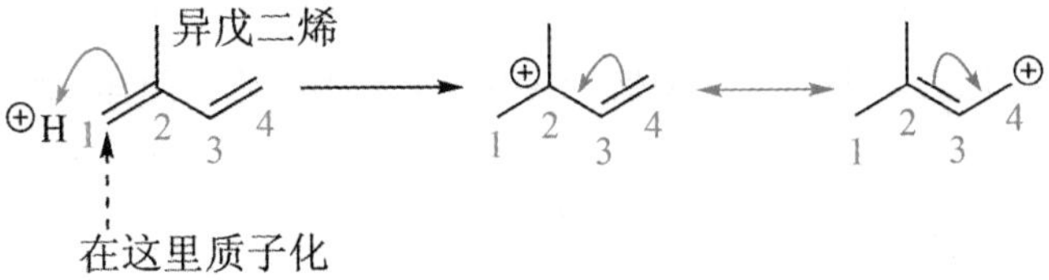

相比较而言,C-3的C^+较不稳定,只能通过p-π共轭和三个C—H的σ-p超共轭而稳定C^+,缺少了甲基三个C—H的σ-p超共轭作用,因此没有C-2的C^+稳定。

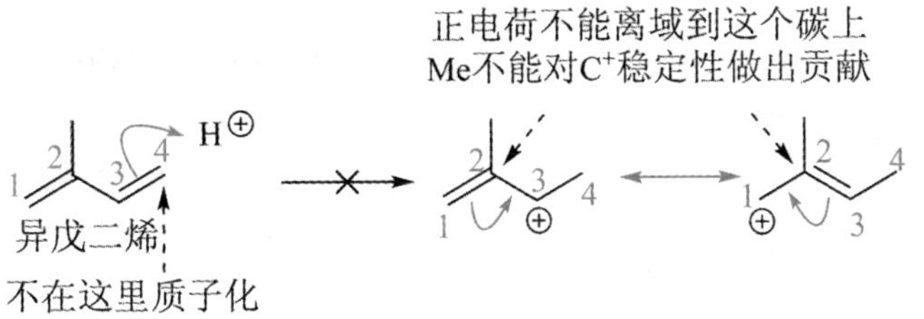

所以,加成产物如下:

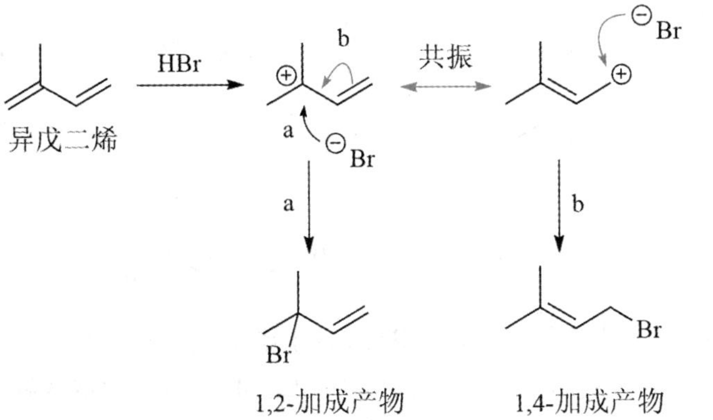

1,2-与1,4-加成同时发生,两种产物的比例取决于试剂性质、溶剂性质、温度、产物稳定性等各种因素。例如

$$CH_2{=}CH{-}CH{=}CH_2 + HBr \longrightarrow \underset{1,2\text{-加成}}{CH_3{-}\underset{Br}{CH}{-}CH{=}CH_2} + \underset{1,4\text{-加成}}{H_3C{-}CH{=}CH{-}\underset{Br}{CH_2}}$$

	1,2-加成	1,4-加成
−80 °C	80%	20%
40 °C	20%	80%

从反应结果看,低温时1,2-加成产物多,高温时1,4-加成产物多。共轭二烯与HBr反应历程如图7.2所示,1,2-加成的活化能低,低温时1,2-加成的速率快,1,2-加成产物多;1,4-加成的活化能高,但是1,4-加成产物更稳定,所以高温时,可以提供足够的能量翻越更高的活化能,得到更稳定的产物。

在低温时由反应速率控制产物比例的现象称为速率控制或动力学控制,1,2-加成产物是动力学产物。

在高温时由产物间平衡控制产物比例的现象称为平衡控制或热力学控制,1,4-加成产物是热力学产物。

1,2-加成产物转化为1,4-加成产物比较容易,升温,延长反应时间都对1,4-加成有利。

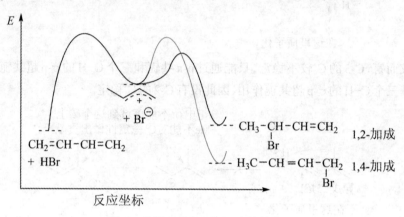

图7.2 共轭二烯与HBr反应的势能图

2. 与Br₂加成

共轭二烯与Br₂加成也类似,低温主要得到1,2-加成产物;升温主要得到1,4-加成产物。

机理是双烯的一个碳碳双键首先与Br₂进行亲电加成,得到溴鎓离子,然后溴负离子从鎓环的背面进攻,鎓环开环,得到二溴代物。Br⁻进攻的是鎓环中取代较多的碳(C-2),因为此碳容纳正电荷的能力更强,得到1,2-二溴代物。

Br⁻进攻鎓环中间体的端烯碳(C-4),双键位移,鎓环开环,得到1,4-二溴代物,这个步骤在高温下完成,意味着它比1,2-二溴代物更稳定。因为双键的取代基更多,且两个较大的溴原子相距较远。

7.1.3.2 聚合反应

与烯烃类似,共轭二烯也可以发生聚合反应。

$$n\ CH_2=CH-CH=CH_2 \longrightarrow \left[CH_2-CH\atop CH=CH_2\right]_n + \left[H_2C\ \ \ CH_2\atop C=C\atop H\ \ \ \ H\right]_n + \left[H_2C\ \ \ \ H\atop C=C\atop H\ \ \ \ CH_2\right]_n$$

该反应是合成橡胶的基础,因此共轭二烯烃的聚合在工业上十分重要。聚合物中双键构型对聚合物性质影响很大,顺式构型弹性大,强度小;反式构型强度大,但弹性小。

天然橡胶是异戊二烯的聚合物,其双键处的构型是全顺式结构。

$$CH_2=\overset{CH_3}{\underset{}{C}}-CH=CH_2 \xrightarrow{聚合} \left[CH_2\ \ \overset{H_3C}{\underset{}{C}}=\overset{H}{\underset{}{C}}\ \ CH_2\right]_n$$

而合成橡胶却得到顺式和反式的混合物,反式橡胶弹性小,影响其性能。1955 年,科学家利用 Ziegler-Natta 催化剂(TiCl$_4$/AlEt$_3$),将异戊二烯通过定向聚合得到与天然橡胶结构相同的合成橡胶,从此合成橡胶工业迅速崛起,Ziegler 和 Natta 因为这一卓越贡献而获得 1963 年诺贝尔化学奖。

$$CH_2=\overset{CH_3}{\underset{}{C}}-CH=CH_2 \xrightarrow[TiCl_4-AlEt_3]{Ziegler-Natta催化剂} \left[H_2C\ \ \ \ \ CH_2\atop C=C\atop H_3C\ \ \ \ \ H\right]_n$$

橡胶会老化,失去柔韧性,变脆和变硬,出现裂缝,是由于橡胶中的碳碳双键碰到空气中的臭氧和湿气而发生臭氧化反应,聚合物的长链断裂变成较小的链。

$$\left[H_2C-\overset{}{\underset{CH_3}{C}}=\overset{H}{\underset{}{C}}-CH_2\right]_n \xrightarrow[H_2O]{O_3} \left[H_2C-\overset{}{\underset{CH_3}{C}}\overset{O}{\underset{}{\Vert}}\ \ \ \overset{O}{\underset{}{\Vert}}HC-CH_2\right]_n$$

7.2 周 环 反 应

7.2.1 周环反应和分子轨道对称守恒原理

7.2.1.1 周环反应概况

前面我们学习的有机化学反应,从机理上看主要有两种,一种是离子型反应,另一种是自由基型反应,它们都生成离子或自由基中间体。人们发现另一类反应机理,在反应中无离子或自由基中间体形成,而是经过环状过渡态进行的协同反应。

协同反应是指在反应过程中有两个或两个以上的化学键断裂和形成时,它们都相互协调地在同一步骤中完成。例如

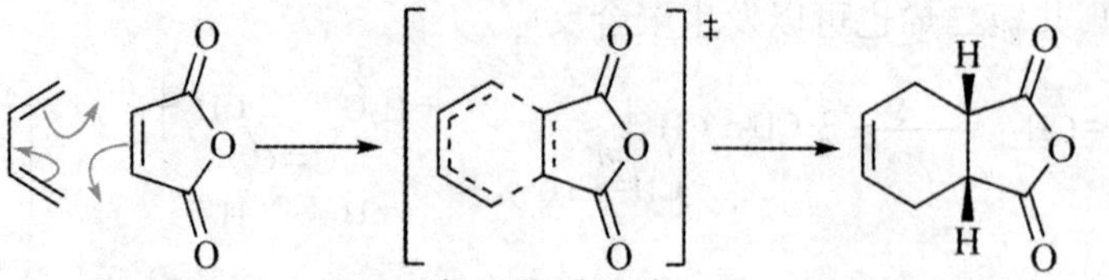

六元环过渡态

周环反应是协同反应,具有以下特点:它是经历环状过渡态的一步反应,旧键的断裂和新键的生成同时完成;周环反应条件是加热或光照,并且加热或光照条件下得到产物的立体选择性不同,是立体专一的反应。

周环反应的主要反应类别为:电环化反应、环加成反应和σ-迁移反应。

电环化反应:

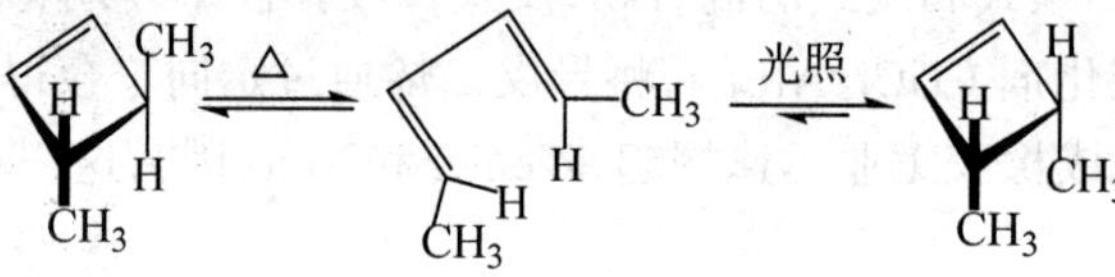

环加成反应:

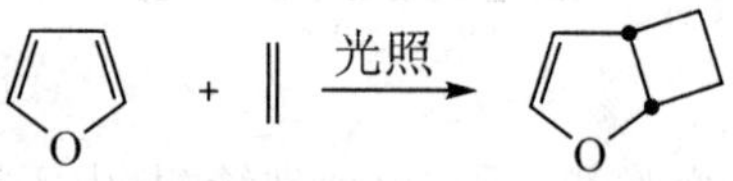

σ-迁移:

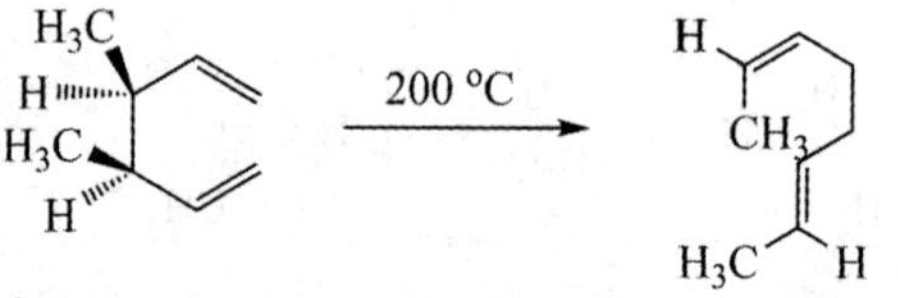

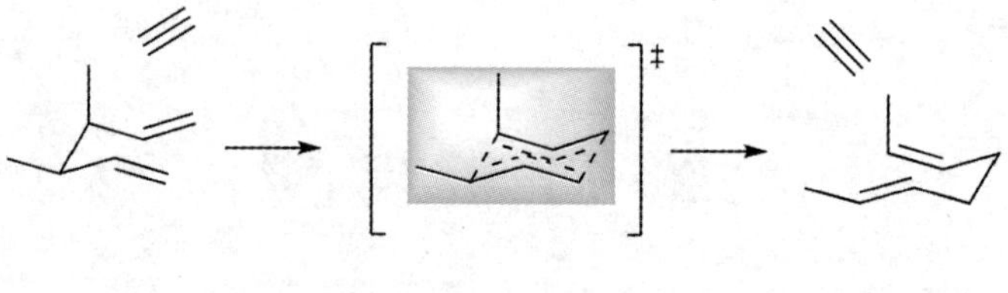

7.2.1.2 分子轨道对称守恒原理简介

1965年Woodward和Hoffmann研究大量协同反应实验事实,从量子化学的分子轨道理论出发,提出了分子轨道对称守恒原理(Principle of conservation of molecular orbital symmetry)。

分子轨道对称守恒原理的中心内容是:化学反应是分子轨道重新组合的过程,分子轨道的对称性控制化学反应的进程,在一个协同反应中,分子轨道对称性守恒。即在一个协同反应中,由原料到产物,轨道的对称性保持不变。因为只有这样,才能用最低的能量形成反应中的过渡态。因此,分子轨道的对称性控制着整个反应进程。

分子轨道对称守恒原理有三种理论处理方法:前线轨道理论、能量相关理论、休克尔和

莫比乌斯(Hückel-Mobius)理论。本书重点讨论前线轨道理论。

7.2.1.3　前线轨道理论的概念和中心思想

20世纪50年代,日本科学家福井谦一(Fukui Kenichi)提出前线轨道理论,该理论很好地解释了已知的协同反应发生的条件及其产物的立体选择性,并且预言了许多当时尚未发现的协同反应。由此证明该理论的普遍意义,对指导有机合成中的成环和开环具有重要意义。福井谦一和霍夫曼分享了1981年的诺贝尔化学奖。

前线轨道理论指出:分子周围分布的电子云可以根据能量不同分为不同能级的分子轨道,已占有电子能级最高的分子轨道称为最高占有轨道(Highest Occupied Molecular Orbital,HOMO)。未占有电子能级最低的分子轨道称为最低未占有轨道(Lowest Unoccupied Molecular Orbital,LUMO)。HOMO和LUMO统称为前线轨道,处在前线轨道上的电子称为前线电子。有的共轭体系中含有奇数个电子,它的已占有电子能级最高的轨道中只有一个电子,这样的轨道称为单占轨道,用SOMO表示。单占轨道既是HOMO,又是LUMO。

前线轨道理论认为:原子的外层有价电子存在,分子中也有类似的价电子存在,分子的价电子就是前线电子,因此在分子之间发生化学反应时,最先作用的分子轨道是前线轨道,起关键作用的电子是前线电子。前线轨道是决定一个体系发生化学反应的关键,其他的分子轨道对于化学反应虽然有影响,但是影响较小,可以暂时忽略。

HOMO是最高占有轨道,处于HOMO上的电子,轨道能级最高,电子离核最远,核对这些电子的束缚最松弛,电子最易离去,具有电子给予体的性质。LUMO是最低空轨道,最易接受电子,对电子的亲和力较强,具有电子接受体的性质,这两种轨道最容易相互作用,所以化学反应的过程就是电子在这些前线轨道之间转移的过程。

7.2.1.4　各类直链烯烃π分子轨道的特点

1931年,Huckel提出一种计算分子轨道及其能值的简单方法,称为Huckel分子轨道法(Huckel molecular orbital method)。

用该方法可以得到各类烯烃的π分子轨道能级示意图。

1. 乙烯的π分子轨道

根据分子轨道理论,乙烯的两个碳都是sp^2杂化,每个碳提供一个p轨道,肩并肩重叠,线性组合,由两个原子轨道组成两个π分子轨道(ψ_1,ψ_2),ψ_1分子轨道是由两个p轨道波相相同,相互重叠形成的,同相重叠的结果使原子核之间的电子云密度加大,由于原子核对电子的吸引,所以同相重叠倾向于把原子拉在一起,形成稳定的化学键,从而使体系能量降低,这样的分子轨道称为成键轨道。ψ_2分子轨道的两个p轨道波相相反,相互排斥,使电子处于两核的外侧,而在两原子之间形成一个电子云密度为零的面,称为节面(node)。节面的存在说明两个原子核之间相互排斥,削弱化学键,使体系能量升高,称为反键轨道,如图7.3所示。

图7.3 乙烯的π分子轨道示意图

基态时(加热),两个π电子排布在ψ_1成键轨道上,ψ_2反键轨道是空的,所以基态时ψ_1是HOMO,ψ_2是LUMO。激发态(光照),电子吸收能量发生跃迁,从ψ_1轨道跃迁到ψ_2轨道,激发态时ψ_2为HOMO。

如果放置一面镜子垂直于C-C σ键,则ψ_1关于镜面呈对称关系,ψ_2关于镜面呈反对称关系。

2. 丁-1,3-二烯

丁-1,3-二烯有四个sp^2杂化的碳,每个碳提供一个p轨道,进行线性组合,组成四个π分子轨道(ψ_1,ψ_2,ψ_3,ψ_4)。其中ψ_1和ψ_2是成键轨道,ψ_3和ψ_4是反键轨道,轨道能级从ψ_1到ψ_4逐渐升高,ψ_1的四个p轨道波相都相同,节面数为0,ψ_2节面数为1,ψ_3节面数为2,ψ_4节面数为3。基态时,4个π电子填充在ψ_1和ψ_2上,反键轨道是空的。基态时ψ_2是HOMO,ψ_3是LUMO。激发态时,ψ_2的电子发生跃迁,跃迁到ψ_3轨道,此时ψ_3成为HOMO。如果放置一面镜子垂直于C-C σ键,则从ψ_1到ψ_4关于镜面呈现对称、反对称、对称、反对称关系,如图7.4所示。

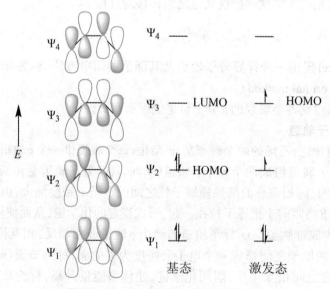

图7.4 丁-1,3-二烯的π分子轨道示意图

3. 己-1,3,5-三烯

己-1,3,5-三烯有六个sp^2杂化的碳,每个碳提供一个p轨道,进行线性组合,组成六个π

分子轨道(ψ_1，ψ_2，ψ_3，ψ_4，ψ_5，ψ_6）。其中ψ_1，ψ_2，ψ_3是成键轨道，ψ_4，ψ_5，ψ_6是反键轨道，轨道能级从ψ_1到ψ_6逐渐升高，ψ_1的六个p轨道波相都相同，节面数为0，其余从ψ_2到ψ_6的节面数分别为：1，2，3，4，5。基态时，6个π电子填充在ψ_1，ψ_2，ψ_3上，反键轨道是空的。基态时ψ_3是HOMO，ψ_4是LUMO。激发态时，ψ_3的电子发生跃迁，跃迁到ψ_4轨道，此时ψ_4成为HOMO。如果放置一面镜子垂直于C-C σ键，则从ψ_1到ψ_6关于镜面呈现：对称、反对称、对称、反对称、对称、反对称的关系，如图7.5所示。

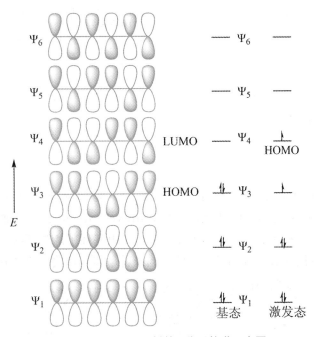

图7.5 己-1,3,5-三烯的π分子轨道示意图

4. 烯丙基体系

烯丙基体系有三个sp^2杂化的碳，每个碳提供一个p轨道，组成三个π分子轨道（ψ_1，ψ_2，ψ_3）。其中ψ_1是成键轨道，ψ_2是非键轨道，ψ_3是反键轨道，轨道能级从ψ_1到ψ_3逐渐升高，ψ_1的三个p轨道波相相同，节面数为0，ψ_2节面数为1，ψ_3节面数为2。基态时，烯丙基正离子只有2个π电子，填充在ψ_1上，非键轨道和反键轨道都是空的；烯丙基自由基有3个π电子，填充在ψ_1和ψ_2上，ψ_3反键轨道是空的；烯丙基负离子有4个π电子，填充在ψ_1和ψ_2上，ψ_3反键轨道是空的。所以基态时烯丙基正离子的ψ_1是HOMO，烯丙基自由基和烯丙基负离子的ψ_2是HOMO。

同样，从ψ_1到ψ_3关于镜面呈现：对称、反对称、对称的关系。

5. 直链烯烃π分子轨道特征

根据上述分析，我们可以得出直链烯烃π分子轨道特征：

① 分子轨道的数目与参与π共轭体系的碳原子数是一致的。

② 对镜面呈现：对称，反对称，对称，反对称……交替变化。

③ 随着轨道能级升高，节面数由0,1,2,…逐渐增多。

④ 当轨道数目n为偶数时，则有$n/2$个成键轨道，$n/2$个反键轨道。n为奇数时，则有$(n-1)/2$个成键轨道，$(n-1)/2$个反键轨道，1个非键轨道。

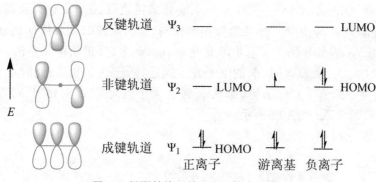

图 7.6 烯丙基体系的 π 分子轨道示意图

7.2.2 电环化反应

7.2.2.1 电环化反应的概述

共轭多烯末端两个碳原子的 π 电子环合形成一个 σ 键,从而形成比原来分子少一个双键环烯的反应及其逆反应统称为电环化反应(electrocyclic reaction)。例如,(2E,4E)-己-2,4-二烯,在加热和光照情况下,关环分别得到反-3,4-二甲基环丁烯与顺-3,4-二甲基环丁烯,开环与关环的过程是可逆的,而且加热与光照不同条件下得到产物的立体化学不同。

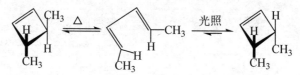

关环是由烯烃末端碳的 p 轨道经头碰头的方式重叠形成 σ 键,因此发生电环化反应时,烯烃末端碳原子的键必须旋转。电环化反应常用顺旋(conrotatory)和对旋(disrotatory)来描述不同的立体化学过程。顺旋是指两个键朝同一方向旋转,可分为顺时针顺旋和逆时针顺旋两种。对旋是指两个键朝相反的方向旋转,可分为内向对旋和外向对旋两种。

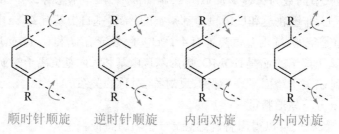

顺时针顺旋　　逆时针顺旋　　内向对旋　　外向对旋

7.2.2.2 前线轨道理论解释电环化反应的选择规则

1. 前线轨道理论对电环化反应选择规则的说明

前线轨道理论认为,一个共轭多烯分子在发生电环化反应时,必须掌握两项原则:

(1)电环化反应中,起决定作用的分子轨道是共轭多烯的 HOMO,反应的立体选择规则主要取决于HOMO的对称性。

（2）当共轭多烯端头碳原子的p轨道旋转关环生成σ键时,必须发生同位相的重叠(因为发生同位相重叠使能量降低)。

2. 4n个π电子体系的电环化反应

下面我们首先分析丁二烯的电环化关环反应:

丁二烯的π分子轨道如图7.7所示。

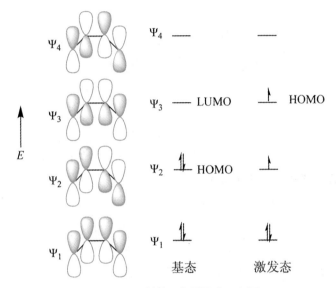

图7.7　丁二烯的π分子轨道示意图

加热(基态)时,ψ_2是HOMO,可进行简化,只保留端头碳的p轨道,此时两端的p轨道是反对称的。如果顺旋,则p轨道波相相同,相互重叠,形成σ键,轨道对称性允许。而对旋时p轨道波相相反,相互排斥,无法成键,轨道对称性禁阻。

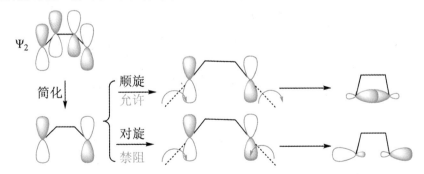

光照(激发态)时,ψ_2的电子跃迁至ψ_3,此时ψ_3是HOMO,简化,保留端头碳的p轨道,此时两端的p轨道是对称的。如果顺旋,则p轨道波相相反,相互排斥,无法成键,轨道对称性禁阻。如果对旋,p轨道波相相同,则形成σ键,轨道对称性允许。

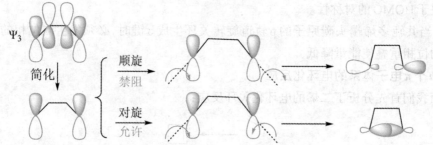

其他含$4n$个π电子共轭多烯的电环化反应与丁二烯相似。

例如,注意产物中取代基的方向:

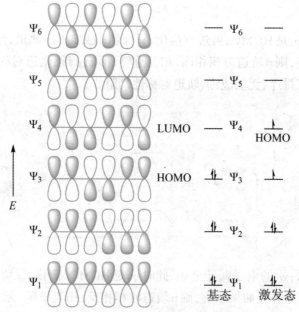

3. $4n+2$个π电子体系的电环化反应

下面我们来分析己三烯的电环化反应:

首先写出己三烯的π分子轨道示意图,如图7.8所示。

图7.8 己三烯的π分子轨道示意图

加热(基态)时,ψ₃是HOMO,简化,保留端头碳的p轨道,此时两端的p轨道是对称的。顺旋,则p轨道波相相反,相互排斥,无法成键,轨道对称性禁阻。对旋,则p轨道波相相同,形成σ键,轨道对称性允许。

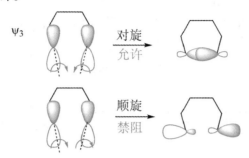

光照(激发态)时,ψ₃的电子跃迁至ψ₄,此时ψ₄是HOMO,简化保留端头碳的p轨道,此时两端的p轨道是反对称的。顺旋则p轨道波相相同,相互重叠,形成σ键,轨道对称性允许。而对旋时p轨道波相相反,相互排斥,无法成键,轨道对称性禁阻。

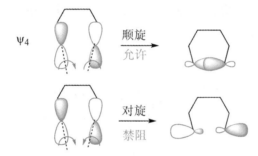

其他含$4n+2$个π电子共轭多烯的电环化反应与己三烯的反应相似。

4. 电环化反应的选择规则

我们将前面讨论的内容进行总结,可以得到共轭多烯电环化反应的选择规则,如表7.1所示,对于含$4n+2$个π电子的共轭多烯,光照,顺旋,轨道对称性允许;加热,对旋,轨道对称性允许。对于含$4n$个π电子的共轭多烯,加热,顺旋,轨道对称性允许;光照,对旋,轨道对称性允许。

表7.1 共轭多烯电环化反应的选择规则

共轭体系π电子数	$4n+2$		$4n$	
顺旋	加热	$h\nu$	加热	$h\nu$
	禁阻	允许	允许	禁阻
对旋	加热	$h\nu$	加热	$h\nu$
	允许	禁阻	禁阻	允许

表7.1中的共轭体系π电子数是指链型共轭烯烃的π电子数。允许是指对称性允许,其含义是反应按协同机理进行时活化能较低。禁阻是指对称性禁阻,其含义是反应按协同机理进行时活化能很高。电环合与开环是逆反应,遵守相同的规则。

需要注意的是,电环化反应时,除了需要注意轨道对称性的主要因素之外,还需注意空間位阻这个次要因素的影响。

例如,顺-二甲基环丁烯发生电环化开环时,两种顺旋方式得到的产物相同,无区别。

但是反-二甲基环丁烯发生电环化开环时,两种顺旋方式得到的产物不同,稳定性也不同。(Z,Z)-己-2,4-二烯,两个甲基距离近,相互排斥,空阻大,不稳定。而(E,E)-己-2,4-二烯的两个甲基距离远,空阻小,更稳定,为主产物,所以电环化反应时,除了考虑轨道对称性之外,还需注意空间位阻的影响。

5. 电环化反应选择规则的应用

例 下列反应,当 $m>6$ 时,对正反应有利,当 $m<6$ 时,对逆反应有利。

当 $m>6$ 时,电环化开环时,加热,顺旋,轨道对称性允许,分子内会生成一个E-型双键,如果环足够大,亚甲基的链足够长,则环张力小,易反应。

当 $m<6$($m=4$)时,因为原料中存在E-型双键,不稳定,环张力大,发生电环化关环,加热、顺旋、轨道对称性允许,生成小环烯烃,相比较产物更稳定,所以关环反应易进行,而开环不易进行。

（图：电环化反应示意，m=4）

电环化反应原则上是可逆的。具体向哪个方向进行，具体问题具体分析。

例如：环丁烯与丁-1,3-二烯（后面简称为丁二烯）处于电环化平衡。丁二烯能量较低，因为环丁烯有张力，因此加热可以将环丁烯转变成丁二烯。而丁二烯转变成环丁烯的逆反应，通常不在加热状态下进行，因为该过程能量上升。但是由于丁二烯比环丁烯的共轭链长，它会吸收波长更长的光（紫外光谱章节进行介绍），所以选择丁二烯吸收而环丁烯不吸收的波长进行光照，可以把丁二烯转变成环丁烯。

能量更高 $\xrightarrow{\triangle}$ 吸收更长波长的光

$h\nu(\lambda>210\ nm)$

7.2.3 环加成反应

7.2.3.1 环加成反应的概述

两个或多个带有双键、共轭双键或孤对电子的分子相互作用，形成一个稳定环状化合物的反应称为环加成反应。环加成反应的逆反应称为环消除反应。

环加成反应可以根据每一个反应物分子所提供的π电子数来分类，第一个反应是[2+2]环加成，第二个反应是[4+2]环加成。

[2+2]环加成反应 [4+2]环加成反应

环加成反应用同面（synfacial）和异面（antarafacial）来表示它的立体选择性。加成时，以双键同侧的两个p轨道波瓣重叠成键，发生加成称为同面加成，常用字母s表示；以异侧的两个p轨道波瓣重叠成键，发生加成称为异面加成，常用字母a表示。

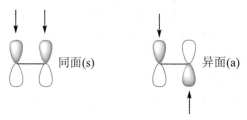

同面(s) 异面(a)

7.2.3.2　前线轨道理论解释环加成反应的选择规则

1. 前线轨道理论对环加成反应选择规则的说明

前线轨道理论认为,两个分子之间进行环加成反应遵循下列三项原则:

(1)两个分子发生环加成反应时,起决定作用的轨道是一个分子的HOMO和另一个分子的LUMO,反应过程中电子由一个分子的HOMO流入另一个分子的LUMO。

一个反应物分子提供HOMO,另一个反应物分子提供LUMO,因为两个分子轨道相互作用,将产生两个新的分子轨道,新形成的成键分子轨道的能量比作用前能量较低分子轨道的能量还要低ΔE,新形成的反键分子轨道的能量比作用前能量较高分子轨道的能量还要高ΔE^*,由于反键效应,ΔE^*稍大于ΔE。如果是两个充满电子的HOMO相互作用,则新形成的成键和反键分子轨道上都将被电子占满,总结果使体系的能量升高,所以两个充满电子的HOMO之间的作用是排斥作用,如图7.9(a)所示。

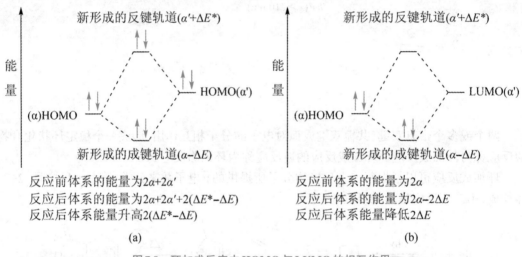

图7.9　环加成反应中HOMO与LUMO的相互作用

如果一个反应物分子充满电子的HOMO与另一个反应物分子空的LUMO相互作用,由于体系只有两个电子,相互作用后两个电子必然占据新形成能量低的成键轨道,总结果使体系的能量降低,即体系趋于稳定,所以一个分子充满电子的HOMO与另一分子空的LUMO相互作用是吸引作用,如图7.9(b)所示。

(2)当两个分子相互作用形成σ键时,两个起决定作用的轨道发生同位相重叠。

(3)相互作用的两个轨道,能量必须接近,能量越接近,反应越易进行。(因为互相作用的分子轨道能量越接近,新成键轨道的能级越低,ΔE越大,体系能量降低越多。)

2. 环加成反应的选择规则

(1)$4n$个π电子环加成反应

根据前线轨道理论对环加成反应的说明,我们首先来分析一下两分子乙烯的[2+2]环加成反应,基态(加热)时,乙烯的ψ_1是HOMO,ψ_2是LUMO,A分子提供ψ_1作HOMO,B分子提供ψ_2作LUMO,ψ_1与ψ_2轨道对称性不一致,禁阻,波相不同相互排斥,无法成键,如图7.10

所示。

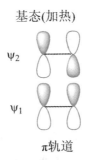

图 7.10 基态时乙烯的 π 分子轨道

光照(激发态)时,B 分子的电子从 ψ_1 跃迁至 ψ_2,此时是 B 分子的 ψ_2 是 HOMO,如图 7.11 所示。A 分子保持基态,此时 B 提供 ψ_2 作 HOMO,A 提供 ψ_2 作 LUMO,都是 ψ_2,轨道对称性一致,允许,波相相同,相互重叠,形成两个 σ 键,得到环丁烷,如图 7.12 所示。

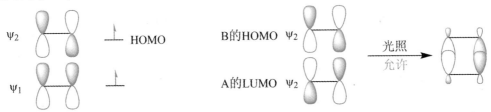

图 7.11 激发态乙烯的 π 分子轨道   图 7.12 激发态乙烯与乙烯的环加成反应

两分子乙烯的环加成反应涉及的 π 电子数是 2+2=4,同理,其他具有 $4n$ 个 π 电子体系的环加成反应与两分子乙烯的环加成反应类似,光照是轨道对称性允许的。

(2)$4n+2$ 个 π 电子的环加成反应

下面我们来分析乙烯与丁二烯的反应,如图 7.13 所示。

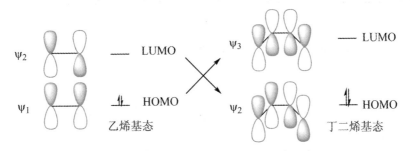

图 7.13 基态(加热)乙烯与丁二烯的 π 分子轨道

基态(加热)时,乙烯的 ψ_1 是 HOMO,ψ_2 是 LUMO,丁二烯的 ψ_2 是 HOMO,ψ_3 是 LUMO。丁二烯分子提供 ψ_2 作 HOMO,乙烯分子提供 ψ_2 作 LUMO,如图 7.14(a)所示;或者乙烯分子提供 ψ_1 作 HOMO,丁二烯分子提供 ψ_3 作 LUMO,如图 7.14(b)所示;两种情况下,HOMO 与 LUMO 的轨道对称性是一致的,波相相同,相互重叠,形成两个新 σ 键,得到环己烯。

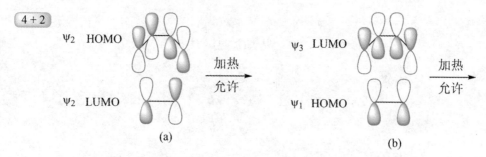

图7.14　基态(加热)乙烯与丁二烯的环加成反应示意图

但是在激发态(光照)时,如果乙烯处于激发态,其电子从 ψ_1 跃迁至 ψ_2,乙烯提供 ψ_2 作 HOMO,丁二烯提供 ψ_3 作 LUMO,HOMO 与 LUMO 轨道对称性不一致,如图7.15(a)所示。如果丁二烯处于激发态,其电子从 ψ_2 跃迁至 ψ_3,丁二烯提供 ψ_3 作 HOMO,乙烯提供 ψ_2 作 LUMO,HOMO 与 LUMO 的轨道对称性也不一致,如图7.15(b)所示。两种情况下都是对称性禁阻的,两端的波相不同,相互排斥,无法成键。

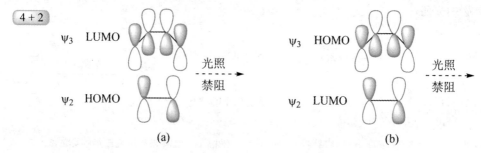

图7.15　激发态(光照)乙烯与丁二烯的 π 分子轨道示意图

同理,其他具有 $4n+2$ 个 π 电子体系的环加成反应与乙烯(2个π电子)和丁二烯(4个π电子)的环加成反应类似,加热是轨道对称性允许的。

(3) 环加成反应的选择规则

将以上讨论进行总结,得到同面-同面环加成反应的选择规则,如表7.2所示。

表7.2　环加成反应的选择规则(同面-同面)

π电子数	反应条件	对称性
$4n+2$	加热	允许
	光照	禁阻
$4n$	加热	禁阻
	光照	允许

上述规则是同面-同面反应的规则,如果待生成的环足够大,同面-同面与同面-异面的两种过程在几何上都可能发生,这时轨道对称性决定的不是环加成反应是否会反应,而是它如何反应,如表7.3所示。

表7.3　环加成反应的选择规则

参与反应的π电子数	4n+2		4n	
同面-同面	加热	hν	加热	hν
	允许	禁阻	禁阻	允许
同面-异面	加热	hν	加热	hν
	禁阻	允许	允许	禁阻

3. Diels-Alder 反应

（1）D-A反应概述

1928年,德国化学家Diels和他的学生Alder首次发现了这种新型反应,他们也因此获得1950年的诺贝尔化学奖。

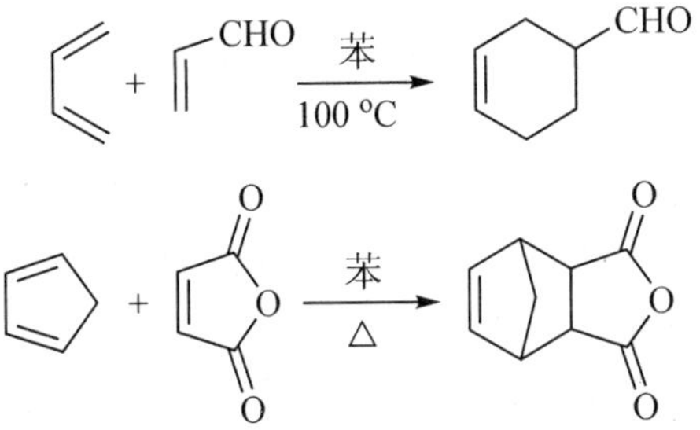

Diels-Alder反应(简称D-A反应)是一种环加成反应,是由共轭双烯(称为双烯体)与取代烯烃(称为亲双烯体)反应生成环己烯的反应。六元环中可含有其他杂原子(常见的如N或O等)。一些Diels-Alder反应是可逆的,这样的环分解反应叫作逆Diels-Alder反应(retro-Diels-Alder)。

该反应是周环反应,反应经历一个六元环的过渡态,一步形成两个新σ键,成六元环。

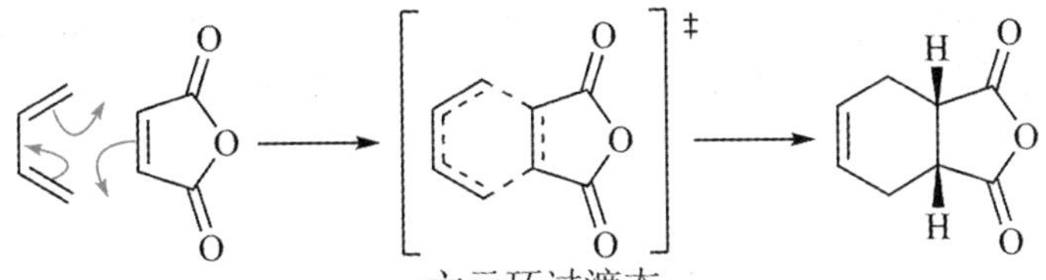

六元环过渡态

Diels-Alder反应可用于合成六元环,是有机合成中非常重要的合成六元环的方法,也是现代有机合成里常用的反应之一。反应具有丰富的立体化学特征,具有区域选择性、立体选择性和立体专一性等。

Diels-Alder反应的原料是双烯体和亲双烯体。

双烯体具有共轭双键,可以是开链的或环状的,可以连有各种取代基。但它必须具有s-顺构象或者可以由s-反构象转变为s-顺构象(室温约需30 kJ/mol的能量)。

s-反式构象　　　　s-顺式构象

能量有利　　　　能量不利
但不能发生D-A反应　能发生D-A反应

下列化合物是易发生 D-A 反应的双烯体,它们始终处于 s-顺构象:

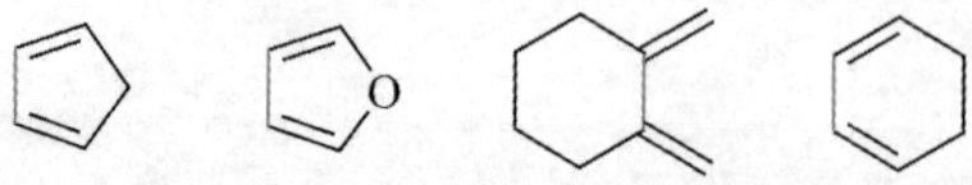

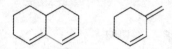

始终处于 s-反构象,不能转变为 s-顺构象的,则无法发生 D-A 反应,例如:

（2）D-A 反应的分类

根据前线轨道理论,发生 D-A 反应时,一个反应物提供 HOMO,另一个反应物提供 LUMO,而哪一个反应物提供 HOMO,哪一个反应物提供 LUMO,取决于两个轨道间的能量差。相互作用的两个轨道,能量越接近,能量差越小,越容易发生反应。

D-A 反应可以分为三类:双烯体 HOMO 的电子流向亲双烯体 LUMO 的反应称为正常电子需求(normal electron demand)的 D-A 反应;亲双烯体 HOMO 的电子流向双烯体 LUMO 的反应称为反常电子需求(inverse electron demand)的 D-A 反应;电子双向流动的反应称为中间的 D-A 反应。本书重点讨论正常电子需求的 D-A 反应。

正常电子需求的 D-A 反应是双烯体提供 HOMO,亲双烯体提供 LUMO,电子从双烯体的 HOMO 流入亲双烯体的 LUMO。给电子基会同时提高化合物 HOMO 和 LUMO 的轨道能级,吸电子基则会降低化合物 HOMO 和 LUMO 的轨道能级,因此,当双烯体连有给电子基,亲双烯体连有吸电子基时,双烯体 HOMO 与亲双烯体 LUMO 的能级差减小,对反应有利。

好的双烯体:

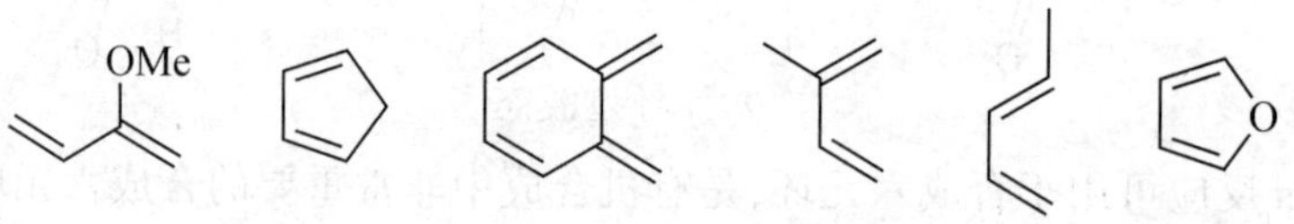

好的亲双烯体:

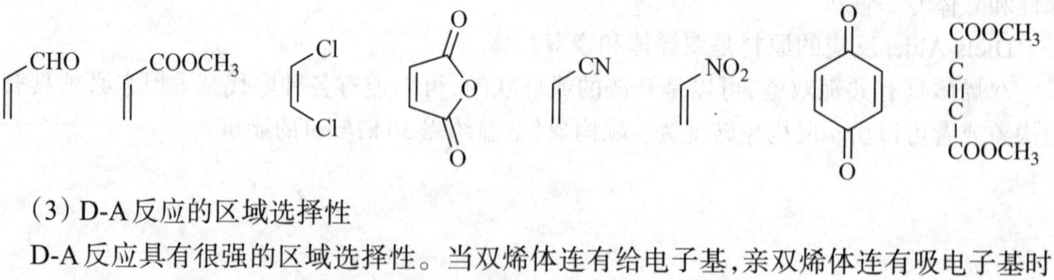

（3）D-A 反应的区域选择性

D-A 反应具有很强的区域选择性。当双烯体连有给电子基,亲双烯体连有吸电子基时,两个取代基处于邻位或对位的产物为主产物。

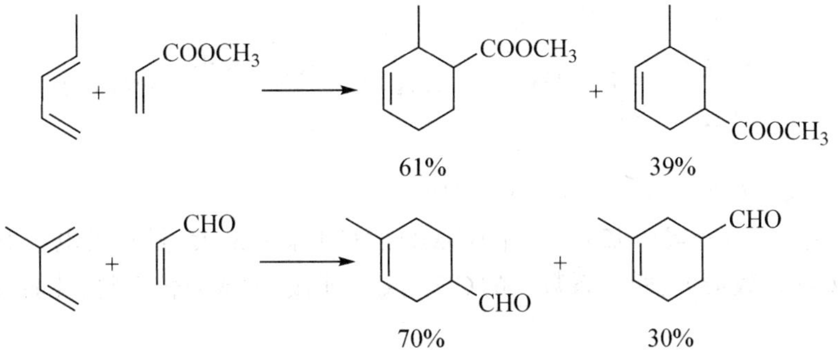

解释这一现象最简单的方法是通过电子效应分析,双烯体的 C-4 是亲核的,亲双烯体的 C-3 是亲电的。双烯体的 C-4 与亲双烯体的 C-3 结合得到邻位产物。

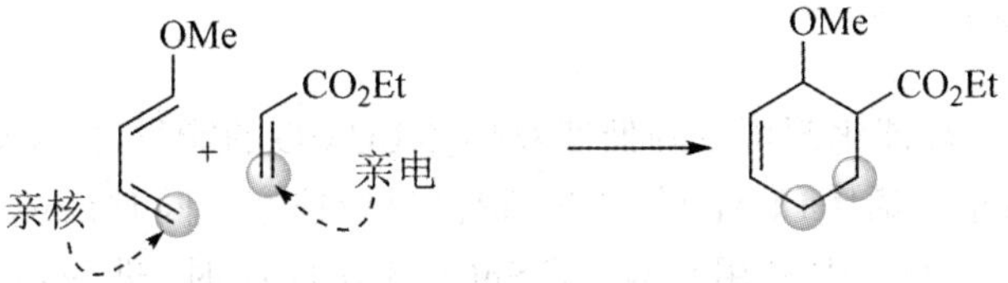

同理可以解释异戊二烯(2-甲基-丁-1,3-二烯)与丙烯醛的反应,反应中双烯体的 C-1 是亲核的,亲双烯体的 C3 是亲电的,两者结合得到对位产物。

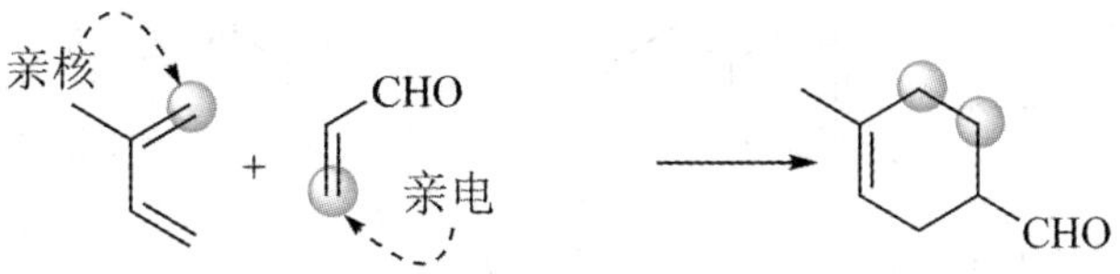

但是这种解释在有些时候不适用,尤其是分子内 D-A 反应以及当双烯体连有两个取代基具有竞争导向时。例如下列发生的分子内 D-A 反应,双烯体的给电子基(-CH₂-)和亲双烯体的酯基处于间位,此时空间因素占主导,碳链的长度不够,无法得到邻位产物。

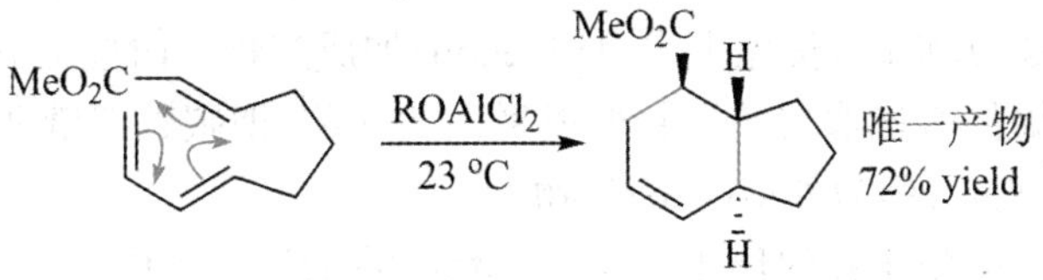

当双烯体连有两个取代基具有竞争导向时,例如双烯体 C-1 连有 PhS-,C-2 连有 MeO-,两个取代基都是给电子基,都具有导向性,从电子效应讨论,MeO-的给电子能力更强,但产物是甲氧基与酯基处于间位的产物。

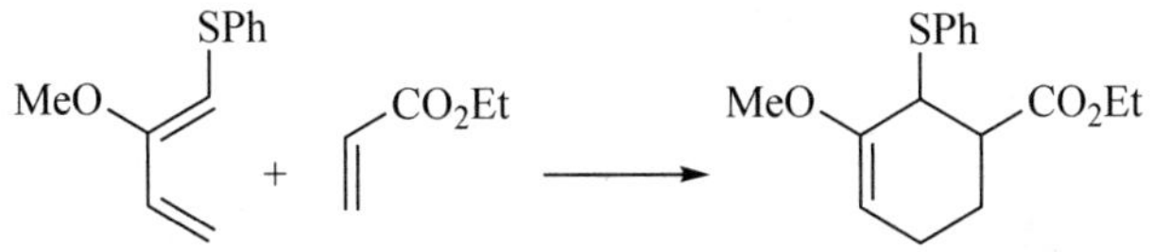

针对这一现象目前最优的方法是采用轨道系数来解释,例如,1 位具有两个甲基双烯体 HOMO 的 C-4 轨道系数最大,具有吸电子取代基亲双烯体 LUMO 的 C-3 系数最大,两个系数大的 C-4 与 C-3 连接,形成邻位产物,此时分子轨道达到最有效的重叠。

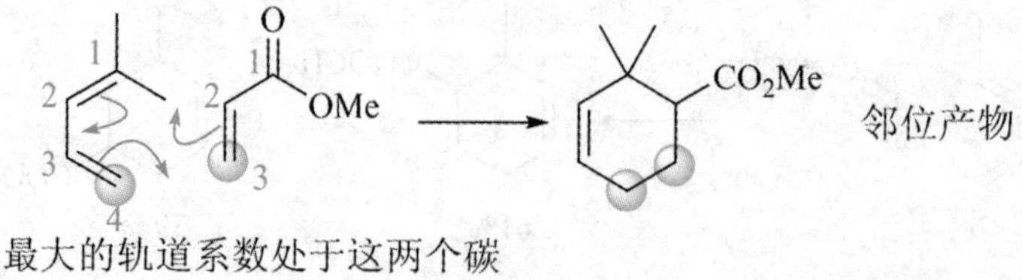
1
2
3
4
O
1
2
3
OMe
CO2Me
邻位产物
最大的轨道系数处于这两个碳

C-2位具有甲氧基(或甲基)双烯体HOMO的C-1系数最大,具有吸电子取代基亲双烯体LUMO的C-3系数最大,两个系数大的C-1与C-3连接,形成对位产物,此时分子轨道达到最有效的重叠。

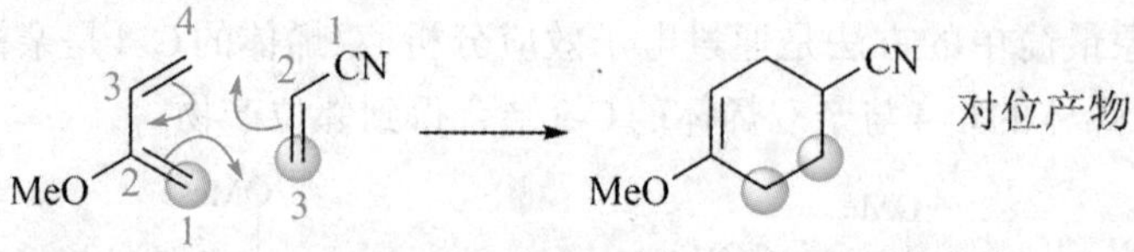
4
3
2
1
MeO
1
2
CN
3
CN
MeO
对位产物

另外,使用Lewis酸催化剂可以降低亲双烯体LUMO的能量,Lewis酸与亲双烯体的取代羰基氧络合,降低亲双烯体LUMO的能量,提高反应速率。同时Lewis酸也进一步增加了反应的区域选择性。下式中采用Lewis酸 $SnCl_4$ 催化反应时,进一步提高了对位产物的比例。

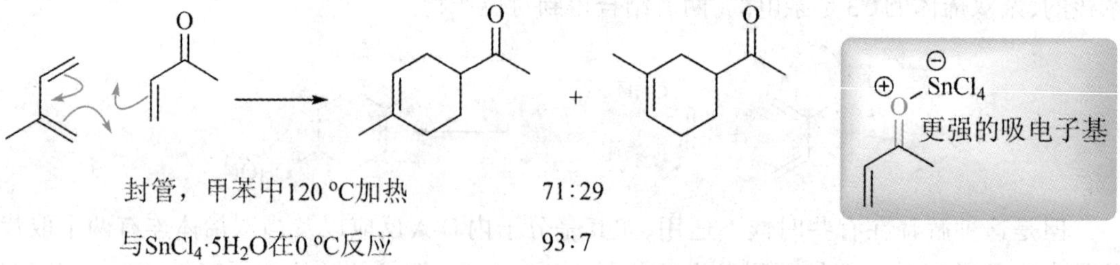
O
O
+
O
SnCl4
更强的吸电子基
封管，甲苯中120 ºC加热
71:29
与SnCl4·5H2O在0 ºC反应
93:7

(4) D-A反应的立体选择性

当双烯体连有给电子基,而亲双烯体连有吸电子不饱和基,如羰基、羧基、酯基、氰基、硝基等,与烯键(或炔键)共轭时,优先生成内型(endo)加成产物。内型加成产物是指产物中新形成的双键与亲双烯体所连取代基在新形成平面的同侧,即碳碳双键和羰基在新连接平面的同侧;两者处于异侧时,称为外型(exo)产物。

呋喃和顺丁烯二甲酰亚胺的环化反应,实验证明:低温得到内型加成产物,是动力学产物;提高温度,得到外型加成产物,是热力学产物。内型产物在一定条件下放置若干时间或加热,可以转化为外型产物。

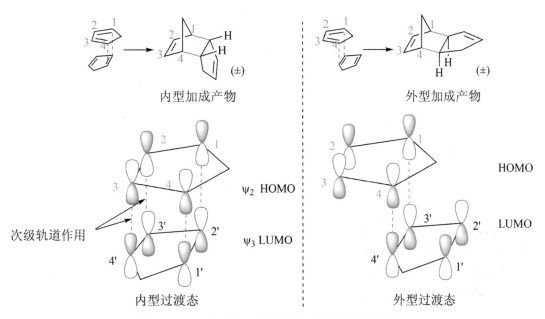

下面我们以环戊二烯的[4+2]环加成反应来解释,为什么内型产物是动力学产物,而外型产物是热力学产物?

由反应产物的结构分析,外型产物的空间位阻更小,内型产物空间位阻大,受到2,3位碳的共同排斥。所以外型产物是更稳定的产物,是热力学产物。

为什么低温时内型产物有利呢?我们可以用次级轨道效应来解释。如图7.16所示,加热(基态)时,环戊二烯的π分子轨道与丁二烯类似,可将亚甲基视为给电子取代基,其ψ_2是HOMO,ψ_3是LUMO,发生[4+2]反应时,一分子ψ_2与另一分子ψ_3相互作用。在内型过渡态中,双烯体的C1与亲双烯体C2′的p轨道重叠,C4与C1′重叠,将会形成两个新σ键,C1-C4-C1′-C2′即为产物新形成的平面。此外在内型过渡态中,我们还可以看到,C2与C3′,C3与

图7.16 D-A反应的内型过渡态与外型过渡态示意图

C4′的p轨道,波相相同,也会发生部分重叠,这种重叠会降低过渡态能量,减小活化能,所以反应速率更快,这种作用我们称为次级轨道作用。而在外型过渡态中,只看到两个新形成σ键处的p轨道重叠,没有次级轨道作用,所以过渡态能量相较内型而言更高,低温时反应速率慢,所以低温主要得到内型产物,而高温主要得到外型产物。

内型产物空阻较大,不太稳定,放置一段时间或者加热,内型产物可以转化为外型产物。

(5) D-A反应的立体专一性

D-A反应是同面-同面加成,两个原料发生立体专一的顺式加成。参与反应的亲双烯体在反应过程中顺反关系保持不变。例如,反丁烯二羧酸得到反-环己-4-烯-1,2-二羧酸,而顺丁烯二羧酸得到顺-环己-4-烯-1,2-二羧酸。

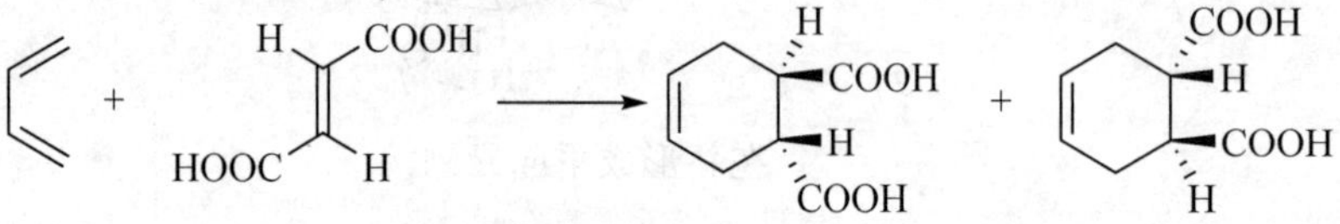

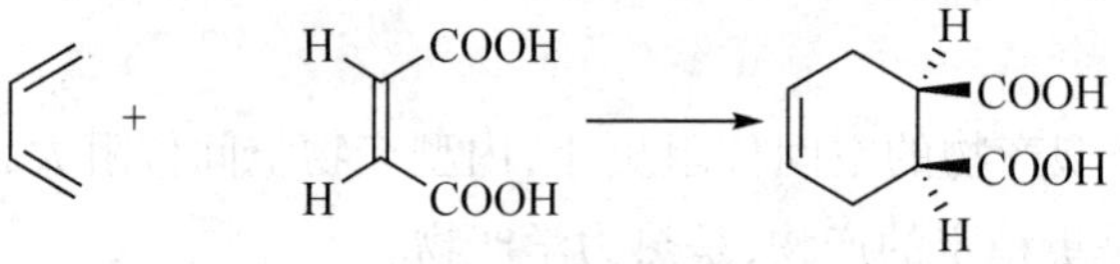

双烯体的取代基也具有立体化学特征,当双烯体与亲双烯体的两个分子平面靠近时,得到内型产物为主,氰基与碳碳双键处于新形成平面的下方,双烯体C-1、C-4位的两个甲基指向新形成平面的下方,C-6的氰基指向新形成平面的下方,此时产物环己烯的三个取代基指向新形成平面的同侧(朝里)。如果我们竖直放一面镜子,将两个原料的镜像按照相同方式靠近,进行反应,就可以得到产物的对映体,因此内型产物是一对对映体(±)。

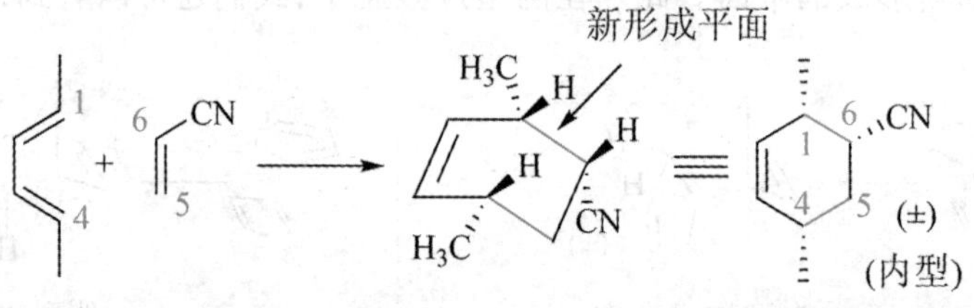

根据相同思路分析,得到下列D-A反应产物,AcO-与-CN朝里,两个甲基朝外。

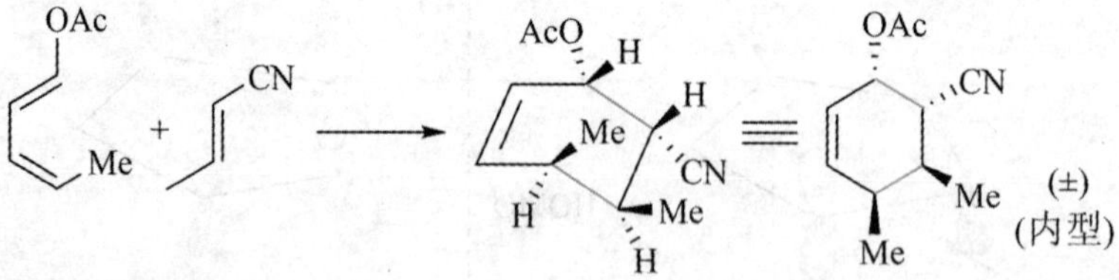

4. 含杂原子的环加成反应

(1) 含杂原子的[4+2]环加成反应

含杂原子的[4+2]环加成反应在合成上非常有用,可用于合成含杂原子的环状化合物。双烯体中可以含杂原子,例如

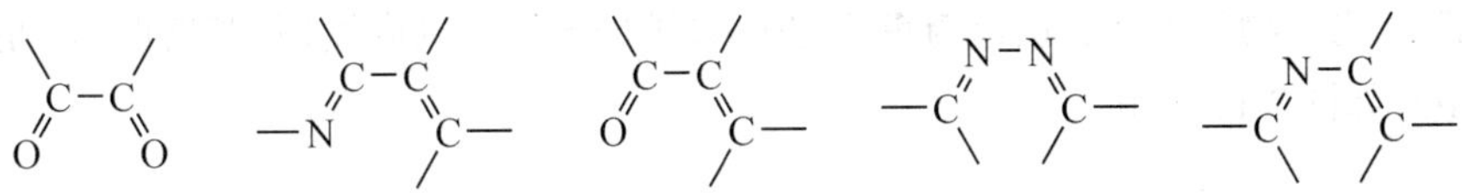

亲双烯体中也可以含杂原子,例如

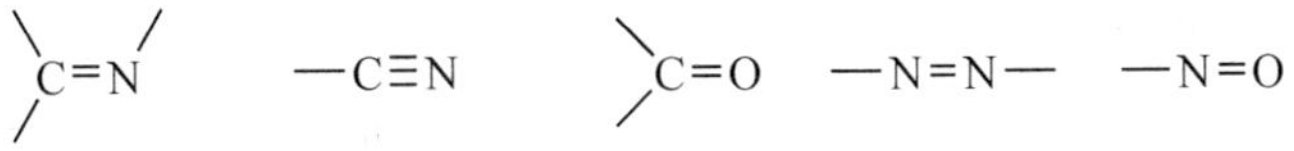

它们发生[4+2]环加成反应实例如下:

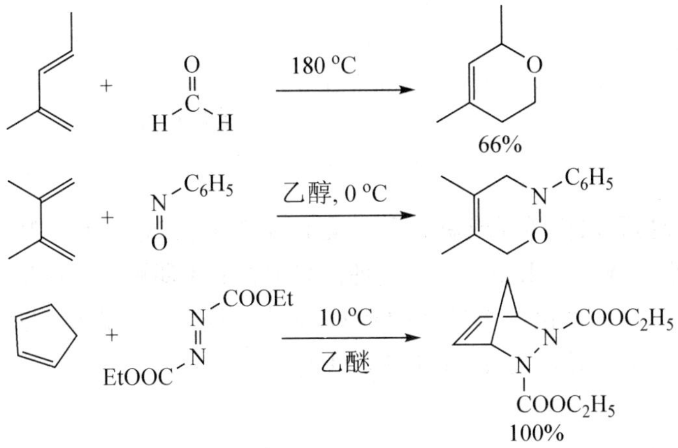

(2) 1,3-偶极环加成(1,3-dipole cycloaddition)

能用偶极共振式来描述的化合物称为1,3-偶极化合物,偶极共振式如下所示:

$$\mathrm{a}=\overset{\oplus}{\mathrm{b}}-\overset{\ominus}{\mathrm{c}} \longleftrightarrow \overset{\oplus}{\mathrm{a}}-\ddot{\mathrm{b}}-\overset{\ominus}{\mathrm{c}} \qquad \mathrm{a}\equiv\overset{\oplus}{\mathrm{b}}-\overset{\ominus}{\mathrm{c}} \longleftrightarrow \overset{\oplus}{\mathrm{a}}=\mathrm{b}-\overset{\ominus}{\mathrm{c}}$$

这类偶极化合物通常都具有"三个原子中心4个π电子的体系",如表7.4所示。

表7.4　常见的1,3-偶极化合物

名称	偶极共振式
臭氧	$\overset{\ominus}{:\ddot{O}}-\ddot{O}-\overset{\oplus}{\ddot{O}:} \longleftrightarrow \overset{\ominus}{:\ddot{O}}-\overset{\oplus}{\ddot{O}}=\ddot{O}:$
重氮甲烷	$H_2\overset{\ominus}{C}-\overset{\oplus}{N}\equiv N: \longleftrightarrow H_2\overset{\ominus}{\ddot{C}}-\ddot{N}=\overset{\oplus}{N}:$
叠氮化合物	$R-\overset{\ominus}{\ddot{N}}-\ddot{N}=\overset{\oplus}{N}: \longleftrightarrow R-\overset{\ominus}{\ddot{N}}-\overset{\oplus}{\ddot{N}}\equiv N:$
氧化腈	$-C\equiv\overset{\oplus}{N}-O^{\ominus} \longleftrightarrow -\overset{\oplus}{C}=N-O^{\ominus}$
重氮化合物	$N\equiv\overset{\oplus}{N}-\overset{\ominus}{C}\lt \longleftrightarrow \overset{\oplus}{N}=N-\overset{\ominus}{C}\lt$
甲亚胺叶立德	$-C\equiv\overset{\oplus}{N}-\overset{\ominus}{C}\lt \longleftrightarrow -\overset{\oplus}{C}=N-\overset{\ominus}{C}\lt$

1,3-偶极化合物的 π 分子轨道与烯丙基负离子的 π 分子轨道类似,基态时,ψ_2 是 HOMO,ψ_3 是 LUMO,如图 7.17 所示。

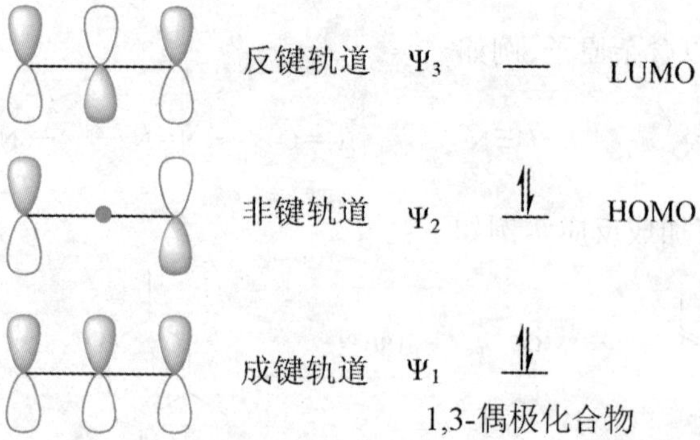

反键轨道 Ψ_3 —— LUMO

非键轨道 Ψ_2 ⇅ HOMO

成键轨道 Ψ_1 ⇅

1,3-偶极化合物

图 7.17 1,3-偶极化合物的 π 分子轨道示意图

1,3-偶极化合物和取代烯烃或炔烃可以发生[4+2]环加成反应,产物是五元环,取代烯烃或炔烃称为亲偶极体。如果用前线轨道理论来解释 1,3-偶极环加成反应,基态时的过渡态如图 7.18 所示,1,3-偶极化合物提供 HOMO,取代烯烃或炔烃提供 LUMO 或者 1,3-偶极化合物提供 LUMO,取代烯烃或炔烃提供 HOMO。

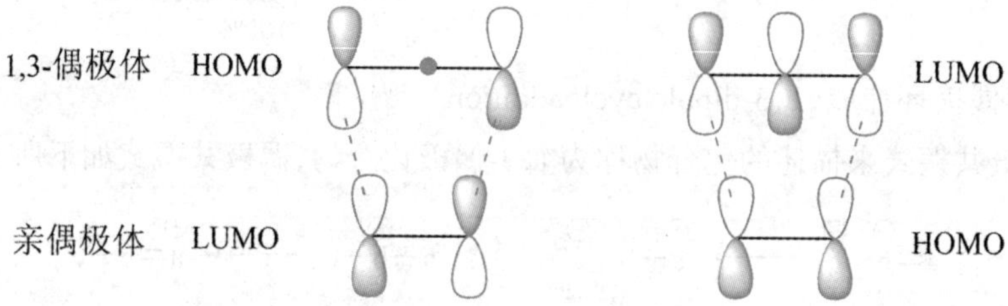

1,3-偶极体 HOMO　　　　　　　　　　　LUMO

亲偶极体 LUMO　　　　　　　　　　　HOMO

图 7.18 基态时 1,3-偶极环加成反应的过渡态

与 D-A 反应类似,基态时,同面-同面加成是分子轨道对称性允许的。

同样,1,3-偶极环加成反应是立体专一的顺式加成反应,例如,重氮甲烷的偶极环加成反应,亲偶极体取代基的顺反关系在产物中保持不变。

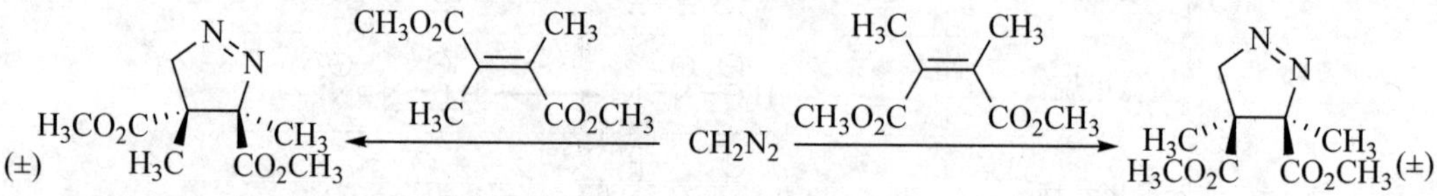

1,3-偶极环加成反应也同样可以发生逆向的反应:

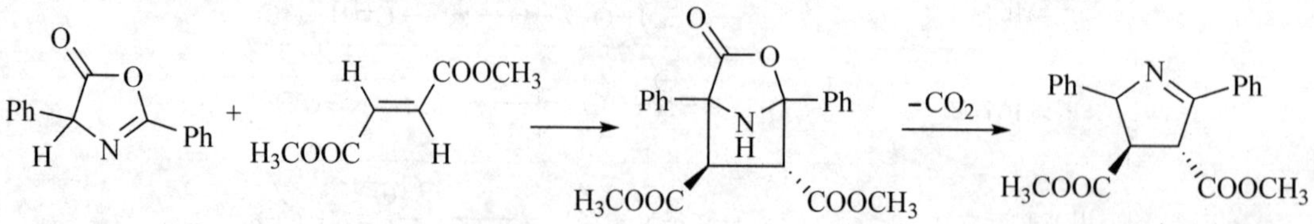

由反应知,第一步形成双五元环,产物保留了烯烃的顺反构型,是正向的偶极环加成,第

二步脱去 CO_2，是逆向的偶极环加成，所以原料需要首先转变为 1,3-偶极化合物，机理如下：首先质子转移，原料转变为 1,3-偶极化合物，然后与烯烃衍生物发生偶极环加成，得到双五元环产物，再发生逆向的偶极环加成，脱去 CO_2，再生 1,3-偶极化合物，质子转移，得到产物。

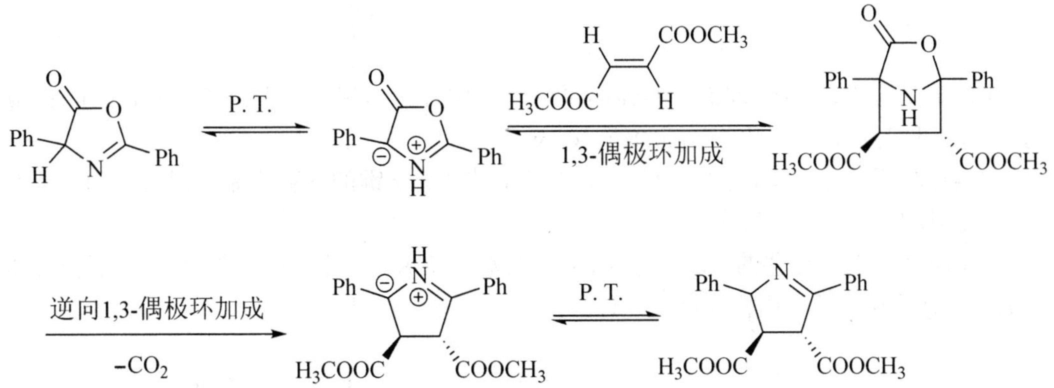

1,3-偶极环加成反应是立体专一性的顺式加成。下列两个反应先进行电环化开环，再进行 1,3-偶极环加成反应。原料氮杂环丙烷衍生物首先发生电环化开环，属于 $4n$ 的 π 电子体系，加热顺旋，轨道对称性允许，得到取代 1,3-偶极化合物（甲亚胺叶立德），再与亲偶极体反应，得到偶极环加成产物，两个酯基取代基的指向体现出偶极环加成立体专一性的特点。

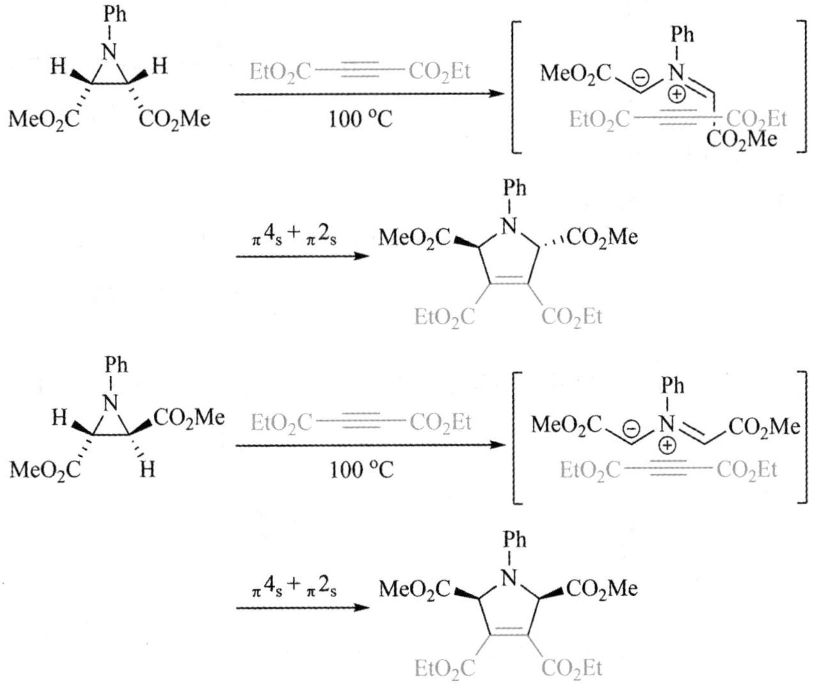

7.2.4　σ-迁移反应

7.2.4.1　σ-迁移反应概述

在化学反应中,一个σ键沿着共轭体系由一个位置转移到另一个位置,同时伴随着π键转移的反应称为σ-迁移反应(s-migrate reaction)。

在σ-迁移反应中,旧σ键的断裂,新σ键的形成以及π键的迁移都是经过环形过渡态协同一步完成的。

以反应物中发生迁移的σ键为标准,从其两端开始编号,把新生成的σ键所连接两个原子的位置i,j放在方括号内称为[i,j]σ-迁移。

$$\underset{1\ \ \ 2\ \ \ 3\ \ \ 4\ \ \ 5\ \ \ 6\ \ \ 7}{\overset{\overset{\displaystyle X}{|}}{H_2C}-CH=CH-CH=CH-CH=CH_2}$$

$$\underset{1\ \ 2\ \ 3\ \ 4\ \ 5\ \ 6\ \ 7}{H_2C=CH-\underset{\underset{\displaystyle H}{|}}{\overset{\overset{\displaystyle X}{|}}{C}}-CH=CH-CH=CH_2}\quad [1,3]σ\text{-迁移}$$

$$\underset{1\ \ 2\ \ 3\ \ 4\ \ 5\ \ 6\ \ 7}{H_2C=CH-\underset{\underset{\displaystyle H}{|}}{C}=CH-\overset{\overset{\displaystyle X}{|}}{CH}-CH=CH_2}\quad [1,5]σ\text{-迁移}$$

$$\underset{1\ \ \ 2\ \ \ 3\ \ \ 4\ \ \ 5\ \ \ 6\ \ \ 7}{H_2C-HC=CH-CH=CH-CH=CH_2}$$
$$\underset{1\ \ \ 2\ \ \ 3\ \ \ 4\ \ \ 5\ \ \ 6\ \ \ 7}{H_2C-CH=CH-CH=CH-CH=CH_2}$$

$$\underset{1\ \ 2\ \ 3\ \ 4\ \ 5\ \ 6\ \ 7}{H_2C=CH-\underset{\underset{\displaystyle H}{|}}{\overset{\overset{\displaystyle 1\ 2\ 3\ 4\ 5\ 6\ 7}{H_2C=CH-C-CH=CH-CH=CH_2}}{C}}=CH-CH=CH-CH=CH_2}\quad [3,5]σ\text{-迁移}$$

$$\underset{1\ \ 2\ \ 3\ \ 4\ \ 5\ \ 6\ \ 7}{H_2C=CH-\underset{\underset{\displaystyle H}{|}}{C}=CH-CH=CH_2}\quad [5,5]σ\text{-迁移}$$

迁移类型包括氢迁移、碳迁移和奇数共轭碳链的迁移等。氢迁移包括氢同面迁移和氢异面迁移:

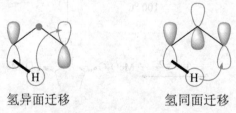

氢异面迁移　　　　　　　氢同面迁移

碳的同面迁移包括碳同面构型保留的迁移和碳同面构型翻转的迁移:

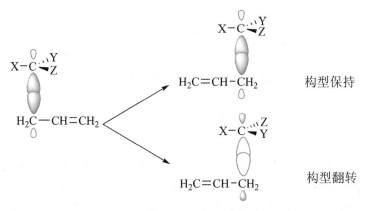

奇数共轭碳链的迁移包括同面-同面迁移、异面-异面迁移和同面-异面迁移：

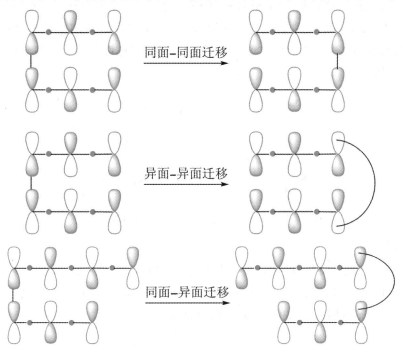

7.2.4.2　前线轨道理论对 σ 迁移反应选择规则的解释

处理[i,j]σ 迁移的方法如下：

① 让发生迁移的 σ 键发生均裂，产生一个氢自由基(或者碳自由基、奇碳共轭体系自由基)和一个奇碳共轭体系自由基，把[i,j]σ 迁移看作是一个氢自由基(或者碳自由基、奇碳共轭体系自由基)在一个奇碳共轭体系自由基上移动完成的。

② 在[i,j]σ 迁移反应中，起决定作用的分子轨道是奇碳共轭体系中含有单电子的前线轨道，[i,j]σ 迁移反应的立体选择规则取决于奇碳共轭体系自由基中含有单电子轨道的对称性。基态时，奇数碳共轭体系含有单电子的前线轨道是非键轨道，如下所示：

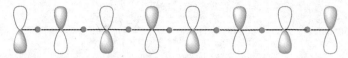

③ 在 σ-迁移反应中,新 σ 键形成时必须发生同位相重叠。

7.2.4.3 各种迁移反应

1. 氢迁移

首先讨论[1,3]氢迁移,基态(加热)时,发生迁移的 C-H 键均裂,得到氢自由基和烯丙基自由基,如图 7.19(a)所示,烯丙基自由基的 HOMO 是 ψ_2,C-1 和 C-3 的 p 轨道波相相反,氢自由基只有一个波相,所以氢自由基从 C-1 到 C-3 同面迁移时,轨道对称性禁阻;异面迁移,轨道对称性允许,但是从 C-1 到 C-3 异面迁移,能量要求高,实际很难发生。光照(激发态)时,如图 7.19(b)所示,烯丙基自由基 ψ_2 的电子跃迁到 ψ_3,ψ_3 成为新的 HOMO,C-1 和 C-3 的 p 轨道波相相同,氢自由基从 C-1 到 C-3 发生同面迁移,轨道对称性允许。其他 π 电子为 $4n$ 体系的氢迁移也类似。

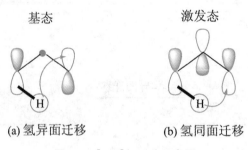

图 7.19 [1,3]氢迁移示意图

然后讨论[1,5]氢迁移,基态(加热)时,发生迁移的 C–H 键均裂,得到氢自由基和戊二烯基自由基,如图 7.20 所示,戊二烯基自由基的 HOMO 是 ψ_3,C-1 和 C-5 的 p 轨道波相相同,氢自由基从 C-1 到 C-5 同面迁移时,轨道对称性允许。

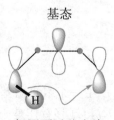

氢同面迁移允许

图 7.20 [1,5]氢迁移示意图

其他 $4n+2$ 体系的氢迁移也类似。

2. 碳的迁移

对于手性碳的迁移,不仅有面的问题,还有碳的构型问题。首先观察碳的[1,3]迁移,基态(加热)时,发生迁移的C—C键均裂,得到碳自由基和烯丙基自由基,烯丙基自由基的HOMO是ψ_2,C-1和C-3的p轨道波相相反,但是手性碳自由基与氢自由基不同,它的p轨道有两个波相相反的波瓣,所以在同面[1,3]迁移时,手性碳自由基可以采用p轨道的另一波瓣与C-3的p轨道重叠,形成新σ键,手性碳的构型翻转,如图7.21(a)所示。其他$4n$体系手性碳迁移特征类似。同理手性碳在发生[1,5]迁移时,如图7.21(b)所示,就可以采用同面构型保留的迁移,其他$4n+2$体系手性碳迁移特征类似。

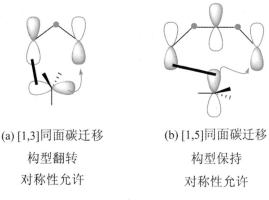

(a) [1,3]同面碳迁移　　　　(b) [1,5]同面碳迁移
　构型翻转　　　　　　　　　构型保持
　对称性允许　　　　　　　　对称性允许

图7.21　碳迁移示意图

例如:原料中D-与AcO-处于环的异侧,发生[1,3]迁移后,产物中D-与AcO-处于环的同侧,与D相连手性碳的构型翻转了。

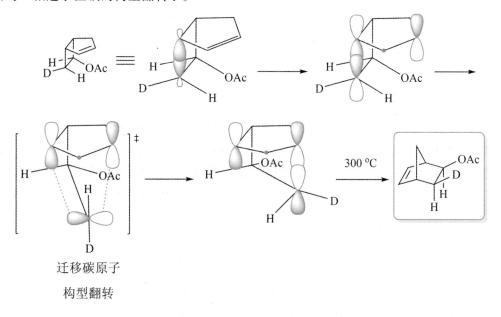

迁移碳原子

构型翻转

3.[3,3]σ迁移

（1）Cope 重排

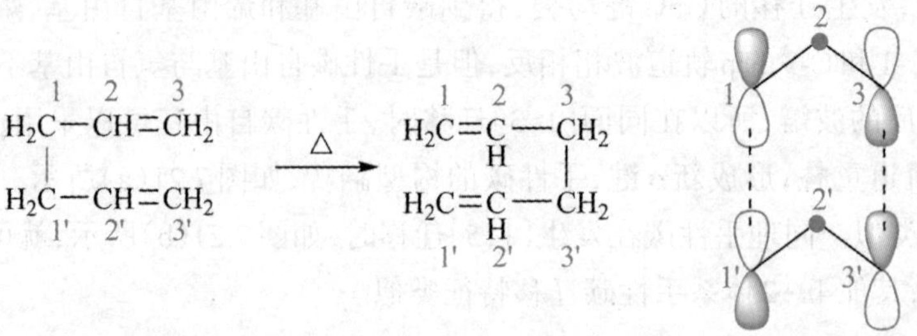

下面来分析[3,3]σ迁移,基态(加热)时,发生迁移的C—C键均裂,得到两个烯丙基自由基,两者的C-1波相相同,C-3波相也相同,所以很容易发生C1-C1′断裂,C3-C3′结合的同面-同面[3,3]σ迁移反应,该迁移又称为Cope重排。实例如下:

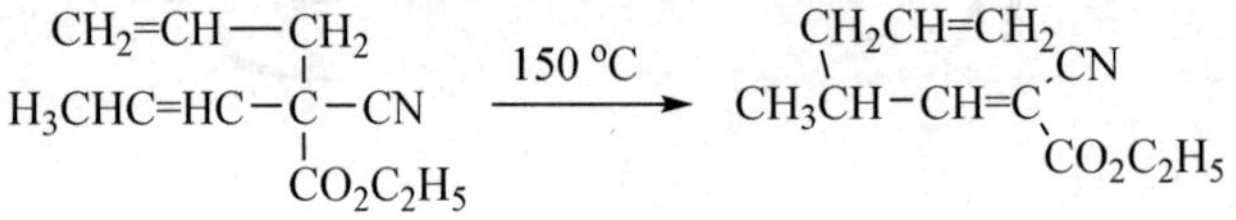

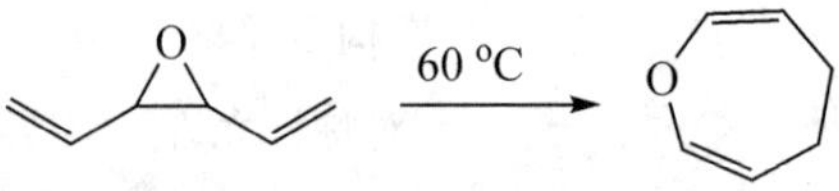

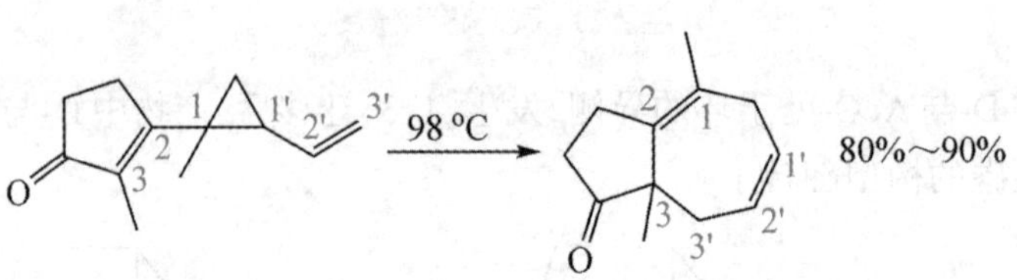

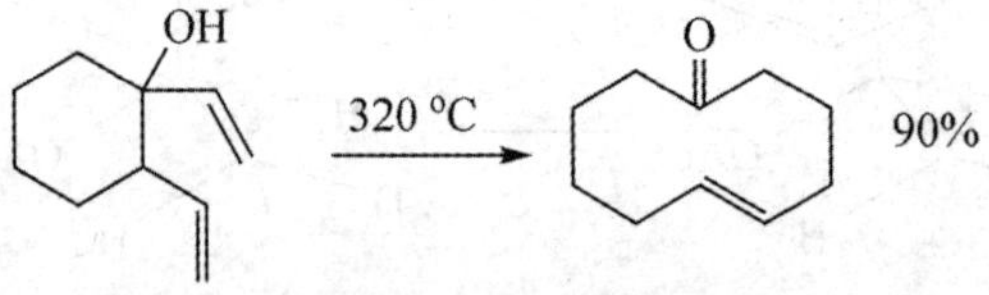

Cope重排和其他周环反应的特点类似,也具有高度的立体选择性。例如,外消旋-3,4-二甲基-己-1,5-二烯重排后,产物是90%(E,E)-辛-2,6-二烯,因为反应要经过一个六元环状过渡态,该过渡态不是以平面结构形式存在的,一般都是经过比较稳定的椅式过渡态。

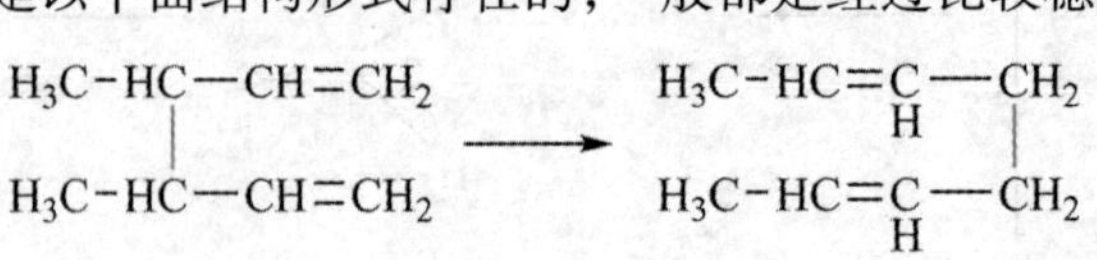

$$外消旋体 \xrightarrow[18\,h]{100\,℃} 0\%\,(Z,E) + 90\%\,(E,E) + 10\%\,(Z,Z)$$

我们取其中一个对映体(Ⅱ)写出其机理过程,首先将对映体(Ⅱ)的Fischer投影式改写为锯架式,两个甲基处于椅式过渡态的假平伏键上,是最稳定构象,反应经过一个六元环椅式过渡态,[3,3]σ迁移后得到(E,E)产物。

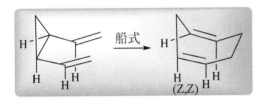

当然,并非每个 Cope 重排都可以通过椅式过渡态进行,有时候,椅式过渡态与船式过渡态相比,能量过高被禁阻。例如,顺-1,2-二乙烯基环丙烷经过 Cope 重排得到环庚1,4-二烯。如果原料通过椅式过渡态重排,产物七元环内的一个 π 键必须反式,张力大,所以反应需通过船式过渡态进行。

（2）Claisen 重排

当 Cope 重排体系中的碳换为氧,也会发生[3,3]σ 迁移,该反应称为 Claisen 重排,得到 γ,δ-不饱和羰基化合物。

反应同样经过椅式过渡态发生:

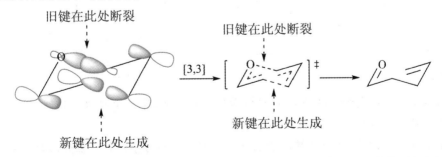

如果氧与苯基相连,首先发生[3,3]σ 迁移,得到环己二烯酮的中间产物,该中间产物破坏了芳环体系,不稳定,发生质子转移,恢复苯环的芳香体系,得到烯丙基取代的苯酚。除氧原子外,氮原子、硫原子等也可以代替体系中的碳发生类似反应。

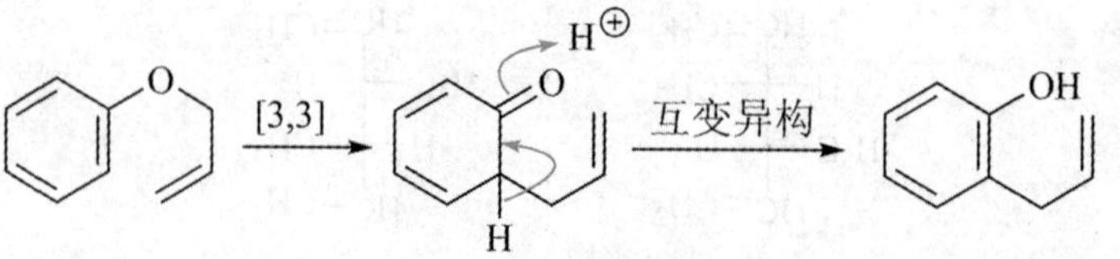

4. 小节

我们对上述三种σ迁移反应的讨论进行归纳,可以得出σ迁移反应的立体选择规则,如表7.5所示。

表7.5 σ迁移反应的立体选择规则

参与环状过渡态的π电子数(1+j)或(i+j)				4n+2		4n	
反应分类							
H[1,j]迁移	C[1,j]迁移		C[i,j]迁移	加热	hν	加热	hν
	构型保持	构型翻转					
同面迁移	同面迁移	异面迁移	同面–同面迁移	加热	hν	加热	hν
			异面–异面迁移	允许	禁阻	禁阻	允许
异面迁移	异面迁移	同面迁移	同面–异面迁移	加热	hν	加热	hν
				禁阻	允许	允许	禁阻

练习题

1. 写出下列反应的产物?

(1) $CH_2=\overset{\underset{\displaystyle CH_3}{|}}{C}-CH=CH_2$ + (1 mol) HBr $\xrightarrow{\text{无过氧化物}}$

(2) 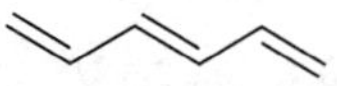 ⌇ + (1 mol) Br_2 ⟶

2. 写出下列结构的共振结构式,并标记贡献最大的共振结构式。

(1)

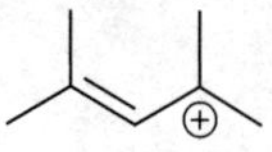

(2)

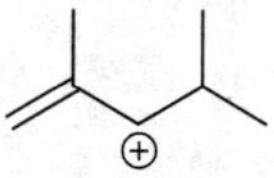

(3)

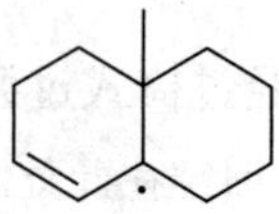

(4)

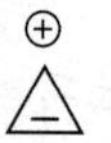

(5)

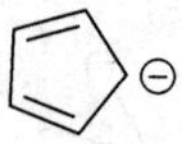

(6)

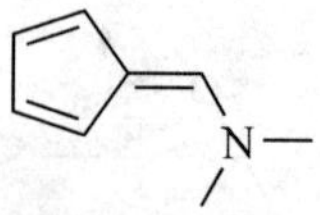

3. 比较1,3-戊二烯和1,4-戊二烯的烯丙位溴化反应,哪一个更快? 在能量上哪一个更有利? 比较产物混合物有何不同?

4. 在低反应温度下,共轭二烯的亲电加成主要得到动力学产物。在升温时,动力学产物可以转化为一定比例的热力学产物。冷却热力学产物至原来的低反应温度,能否使它变回到原来的动力学产物? 为什么?

5. 给出维生素A的酸催化脱水反应所有可能产物的结构:

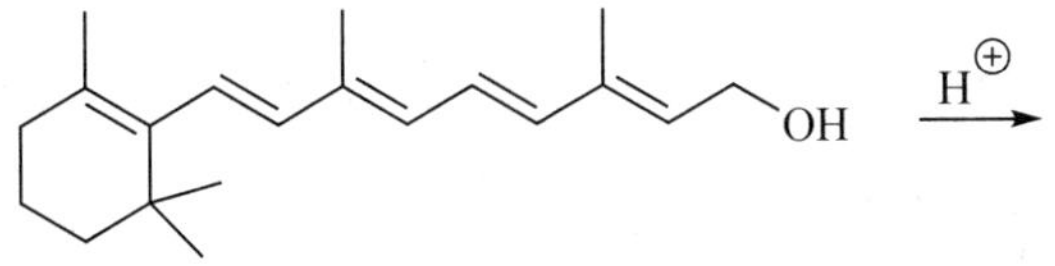

维生素A

6. 香叶醇可以在酸性催化条件下得到苧烯和α-蒎烯,三种化合物的结构如下图所示,书写苧烯和α-蒎烯生成的机理。

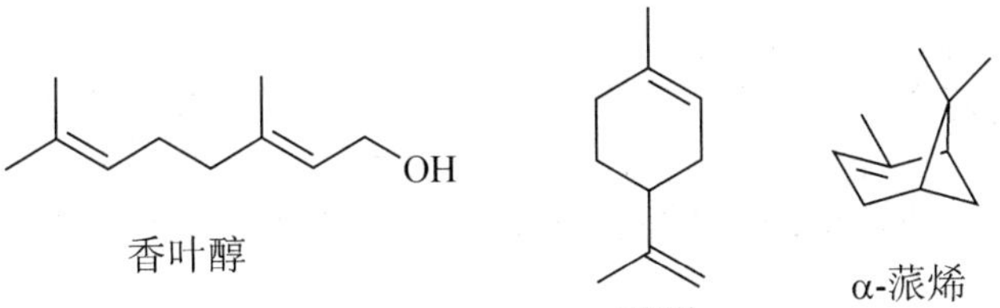

香叶醇　　　　苧烯　　　　α-蒎烯

7.* 鲜花中的法尼醇散发出迷人的香味,经过热浓 H_2SO_4 处理,法尼醇首先转变成红没药烯(bisabolene),最后转变为杜松烯(cardinene)。书写转化的机理。

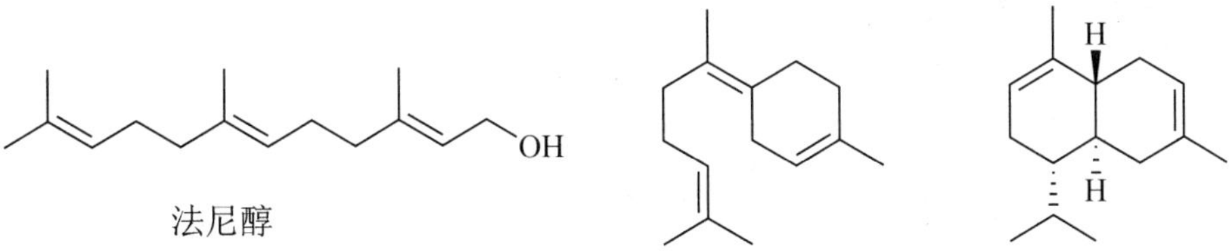

法尼醇　　　　红没药烯　　　　杜松烯

8.* 书写下列反应的机理:

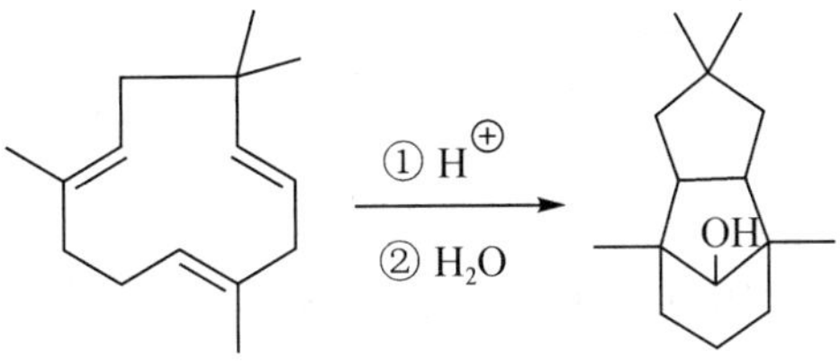

9. 完成下列反应:

(1)

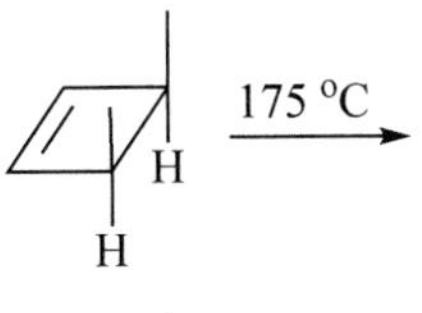

(2)

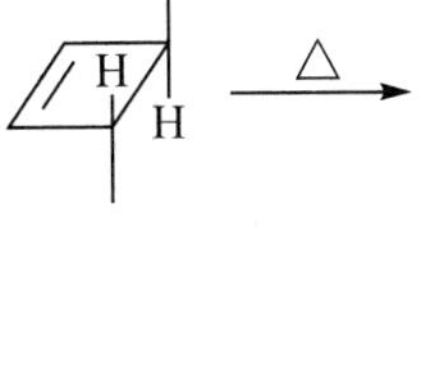

(3)

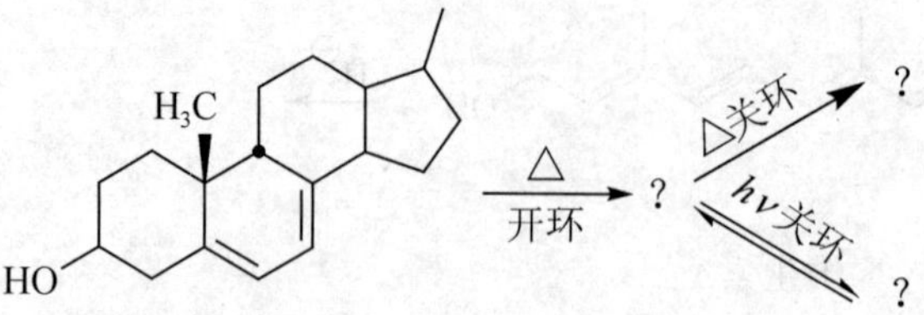

10.* 用实验证明下列反应溶剂解时总是与六元环成内侧的离去基团离去,请解释原因。

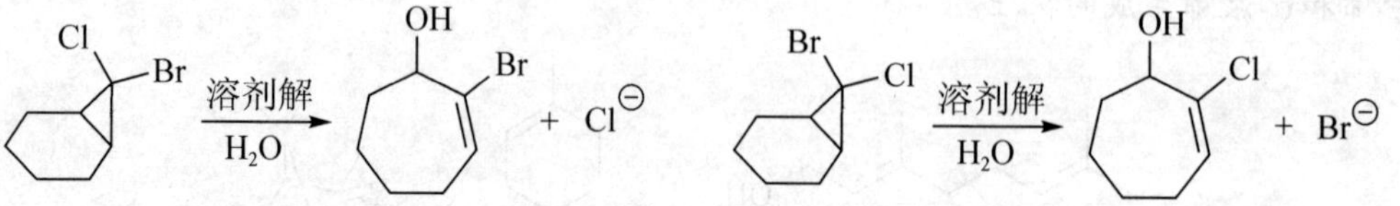

11. 写出下列反应的产物,采用前线轨道理论解释为什么得到此产物。

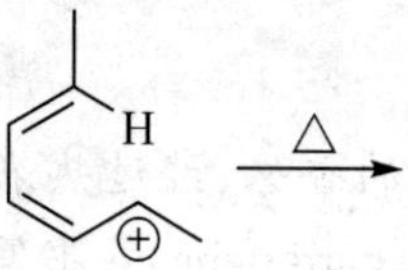

12. 写出下列转换的反应机理:

(1)

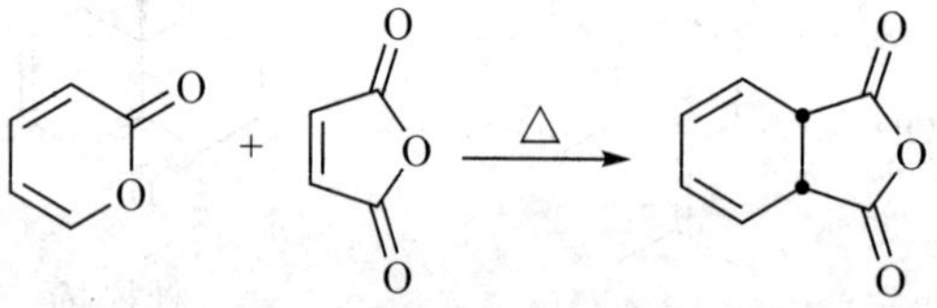

(2)

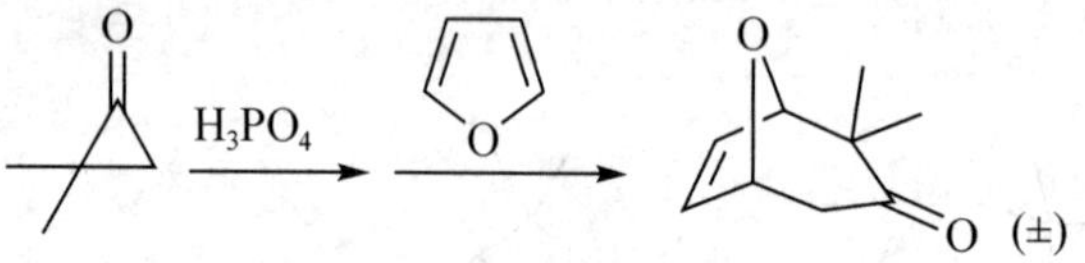

13. 完成下列方程式:

(1)

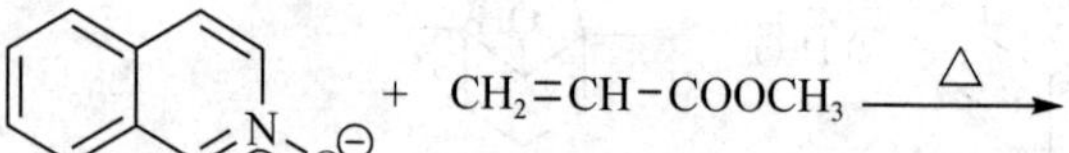

$+ CH_2=CH-COOCH_3 \xrightarrow{\triangle}$

(2)

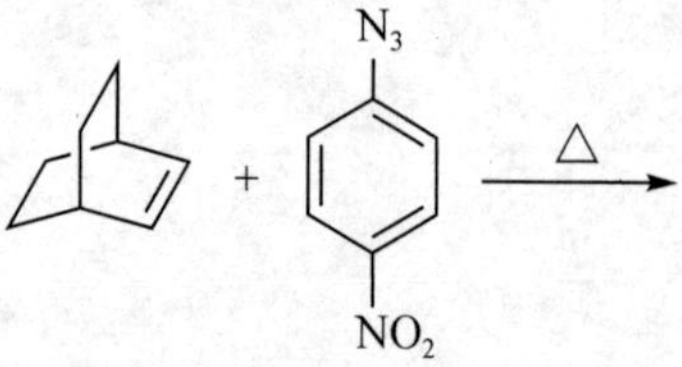

(3)

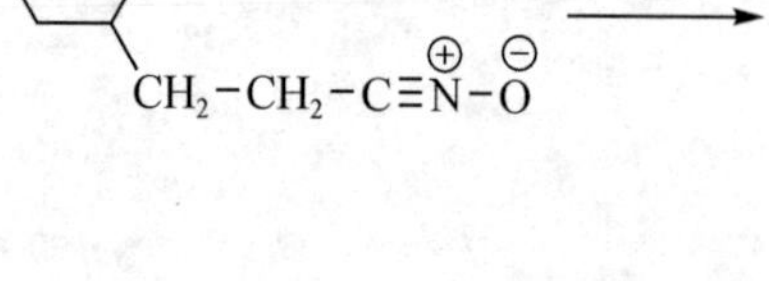

（4）

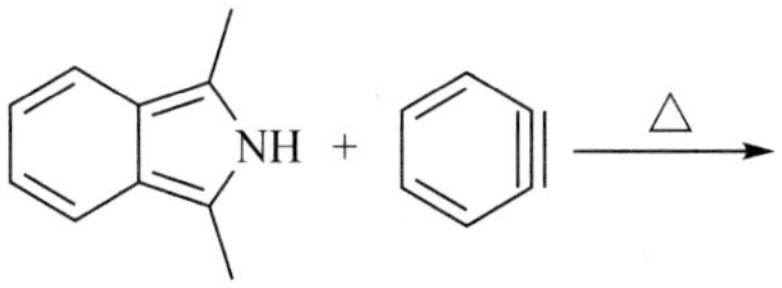

（5）

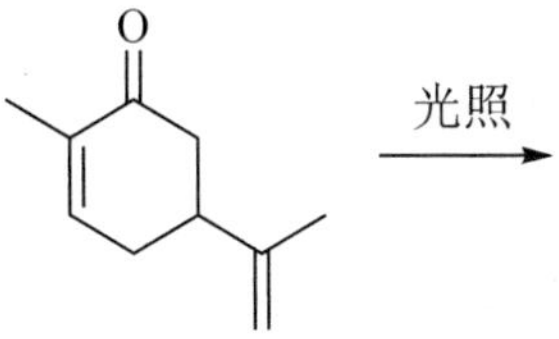

14.* Boekelheide 反应

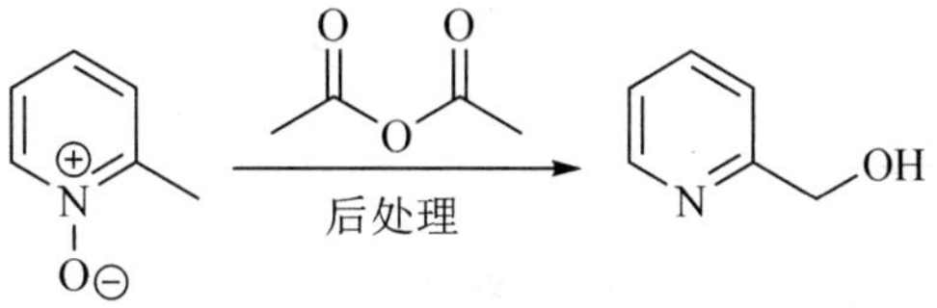

机理如下：

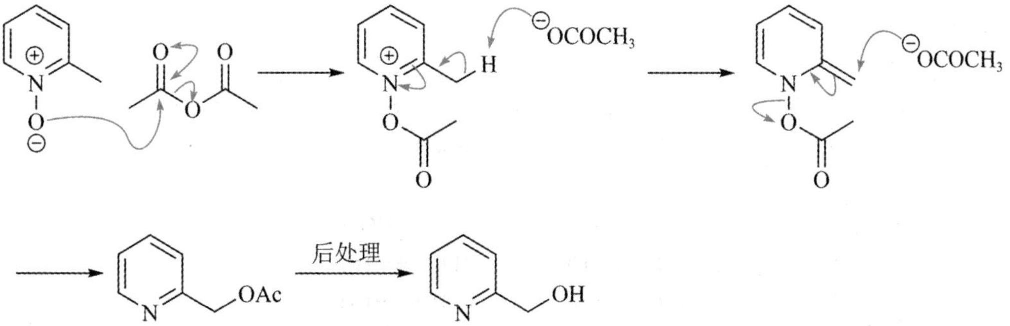

请思考反应是否还有其他机理？

15.* 吉法酯是一种治疗胃溃疡药物，人工合成该药的关键中间体是法尼基乙酸乙酯，该中间体可由橙花叔醇与原乙酸三乙酯为原料，异丁酸为催化剂，经回流分液制备，反应式如下，请写出反应机理。

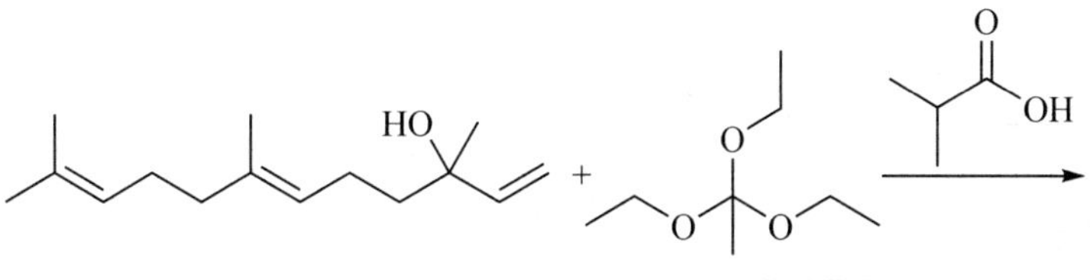

橙花叔醇　　　　　　　原乙酸三乙酯

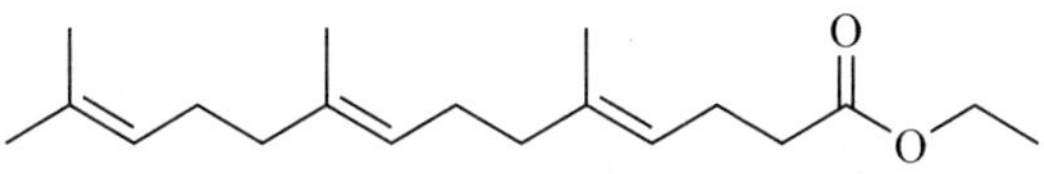

法尼基乙酸乙酯

16.指出下列反应的反应机理：

(1)

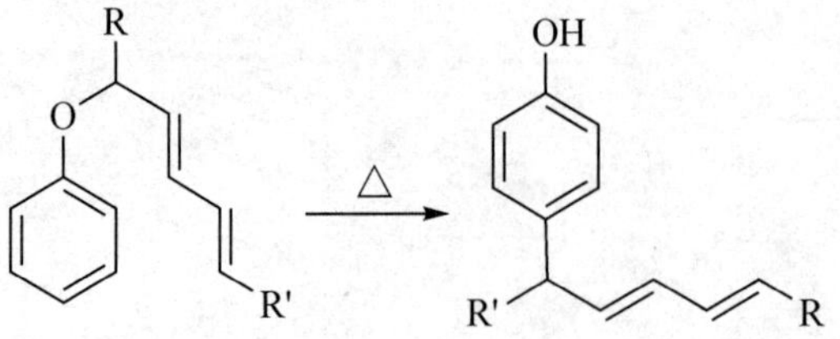

(2)

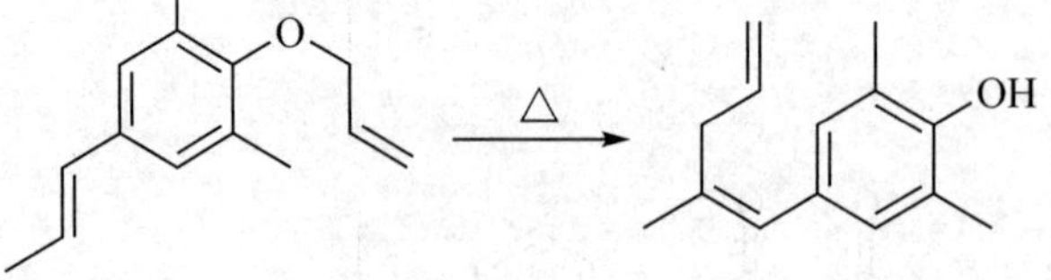

17. 解释下列实验事实:

(1)

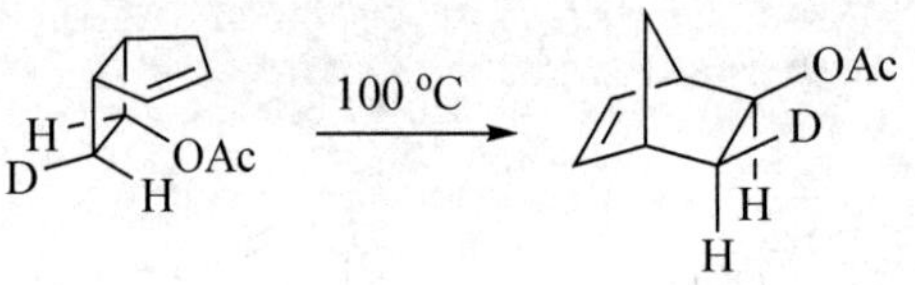

(2)

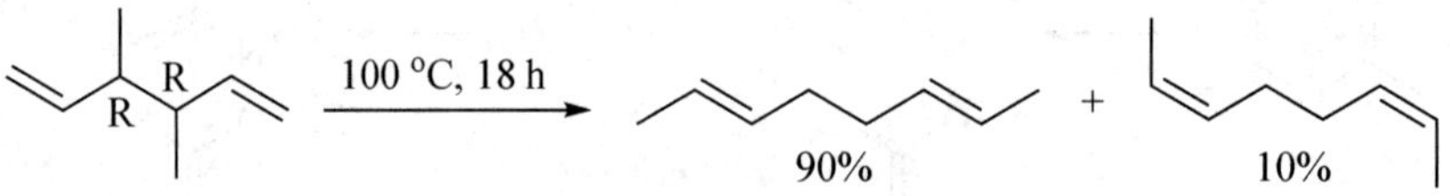

90%   10%

(3)

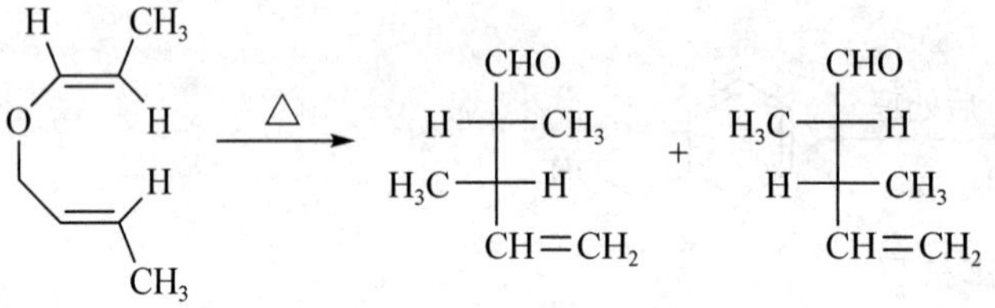

18. 完成下列方程式,注明反应类型及反应方式:

(1)

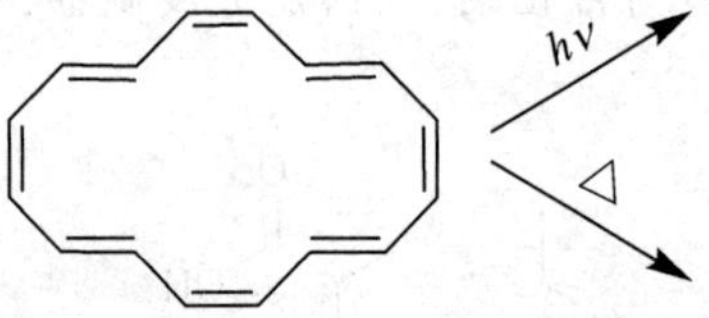

(2)

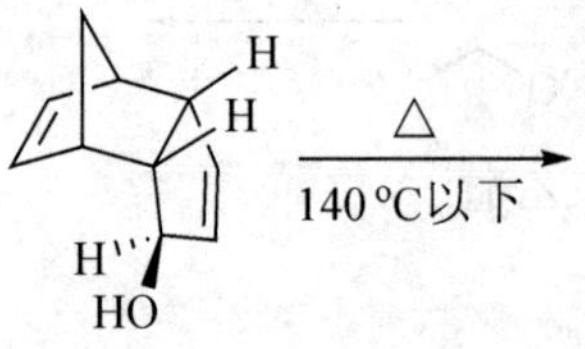

140 ℃以下

19. 请选择反应

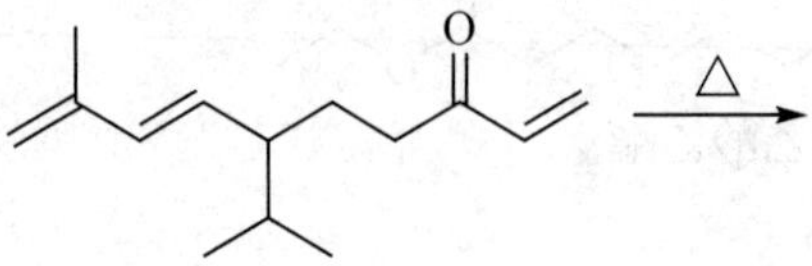

的产物。

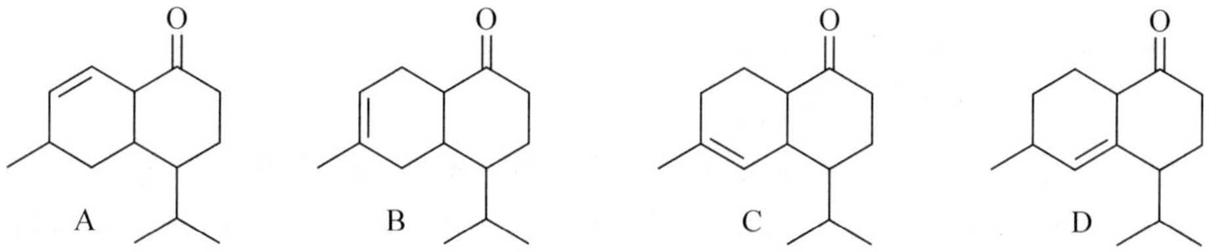

20.* 试写出反应

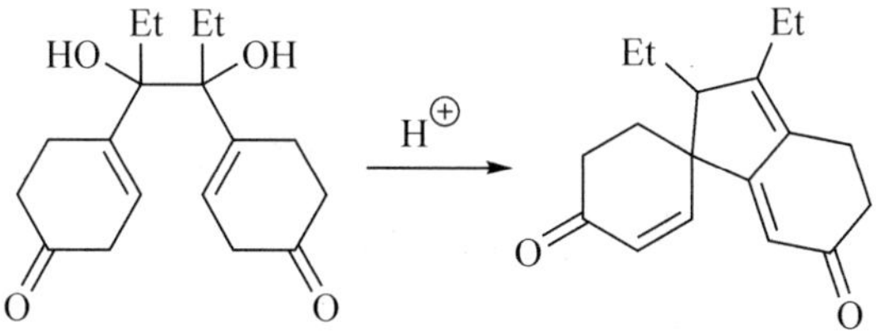

的机理。

21.* 试写出 Carroll 重排

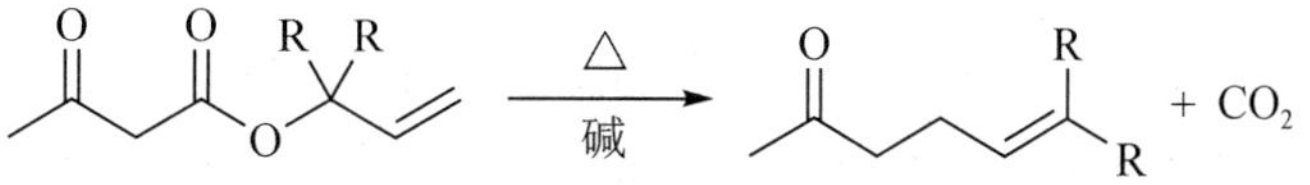

的反应机理,并说明其中涉及何种周环反应。

22.* 下面的重排反应是仿生合成 endiandric acid A 的途径,写出其反应机理。

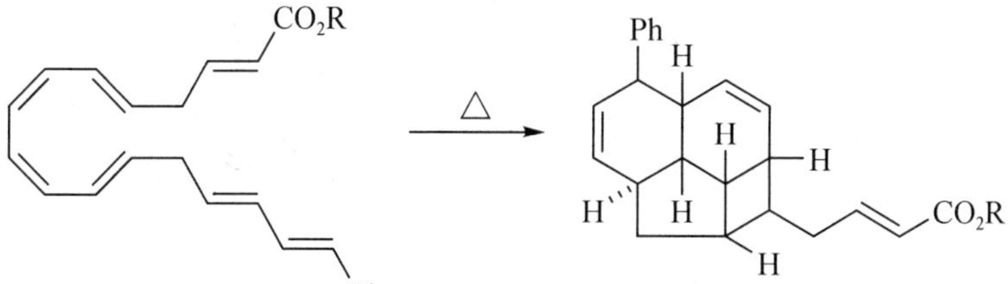

endiandric acid A

23. 根据下面的反应过程,试写出中间产物 A、B 和 C 的结构。

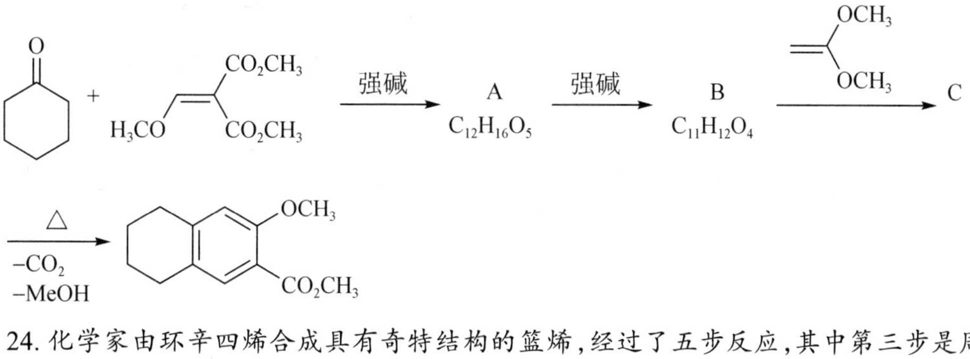

24. 化学家由环辛四烯合成具有奇特结构的篮烯,经过了五步反应,其中第三步是周环反应,试写出各步反应的反应方式和中间产物。

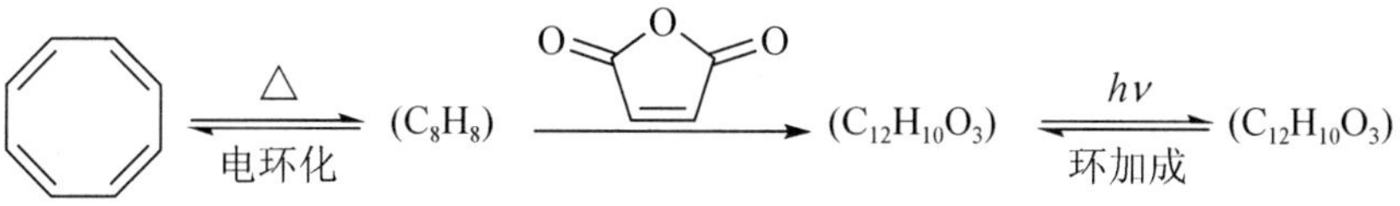

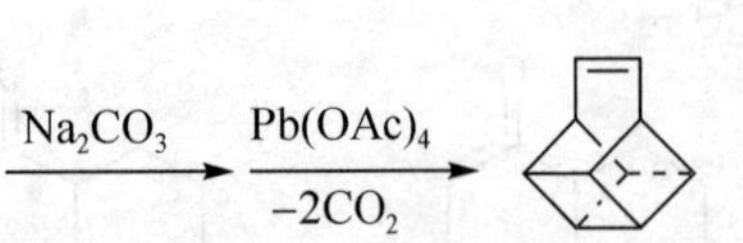

$$\xrightarrow[\text{Na}_2\text{CO}_3]{} \xrightarrow[-2\text{CO}_2]{\text{Pb(OAc)}_4}$$

25.* 化合物 A 加热重排得到 B,B 的部分波谱数据如下:MS 310[M$^+$];IR 2735 cm^{-1}, 1720 cm^{-1};^{1}H NMR 9.64(1H,dd),5.20~4.80(4H,m),3.79(3H,s),1.14(3H,s)。请推测 B 的结构。

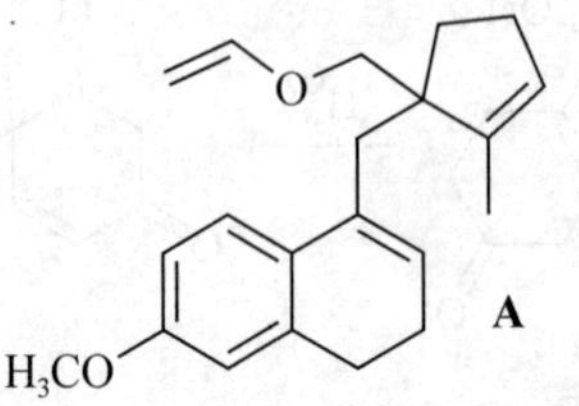

A

26.* 2016 年,明尼苏达大学 Thomas R. Hoye 课题组在经典 Dieis-Alder 反应中再次找到 新的突破。他们在 Nature 期刊报道了 Diels-Alder 反应的一种全新环异构化(cycloisomeriza- ton),并命名为五脱氢 Diels-Alder(pentadehydro-Diels-Alder,PDDA)反应。请完成下面的四 脱氢 Dield-Alder(tetradehydro-Diels-Alder,TDDA)环异构化及芳构化反应。

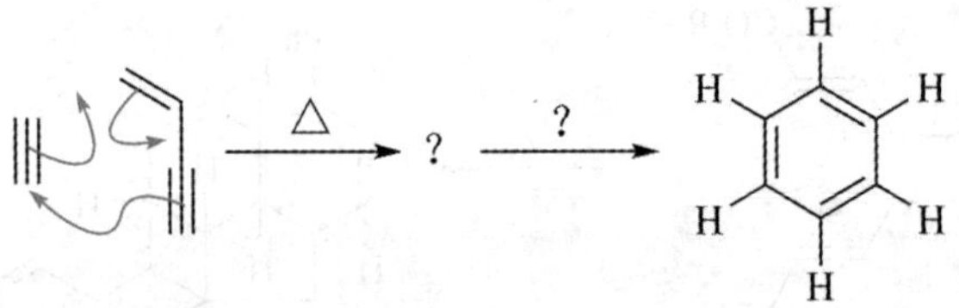

$$\xrightarrow{\triangle} \quad ? \quad \xrightarrow{?}$$

27. 根据反应机理,完成下列反应:

(1)

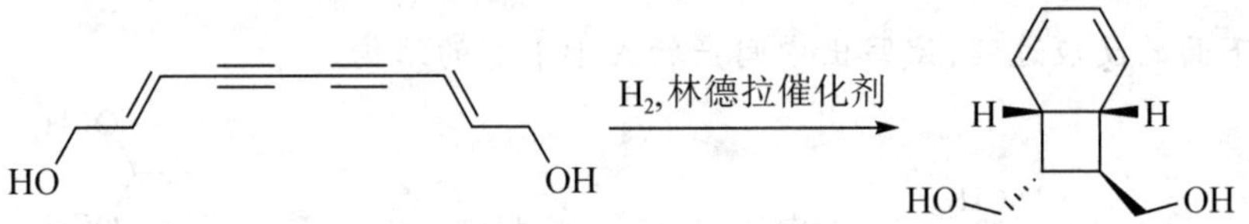

$$\xrightarrow{\text{H}_2,\text{林德拉催化剂}}$$

(2)*

$$\xrightarrow{\triangle}$$

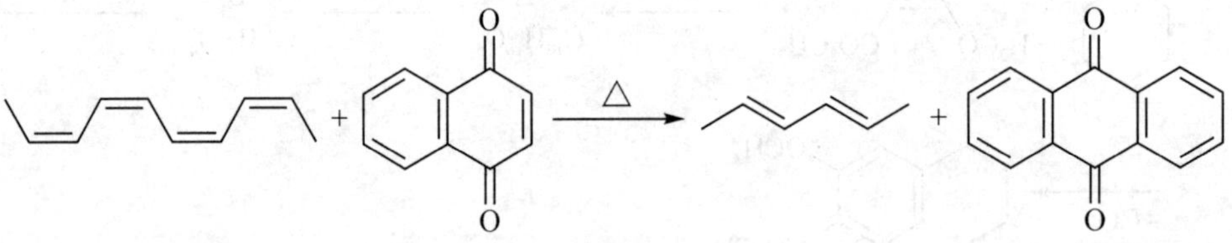

第8章　有机物的波谱分析

有机化合物的结构表征,即有机化合物的结构测定,是从分子水平认识有机化合物结构的基本手段,是有机化学的重要组成部分。

早期,人们多采用化学方法测定有机物结构,具有费时、费力、费钱,且需要样品量大的特点。例如鸦片中吗啡碱结构的测定,人们从1805年开始研究,直至1952年才完全阐明其结构,历时147年。

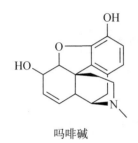

吗啡碱

从20世纪中期开始,人们开始陆续采用波谱分析的方法来测定有机物结构,波谱分析方法具有省时、省力、省钱、快速、准确等特点,样品消耗量是微克级的,甚至更少。波谱分析不仅可以研究分子的结构,还能探索到分子间各种积聚态的构型和构象的状况,对从分子水平去认识物质世界,推动近代有机化学的发展,具有极其重要的意义。

8.1　有机物的结构与吸收光谱

光是一种电磁波,具有波粒二相性。其波动性可用波长(λ)、频率(ν)和波数($\bar{\nu}$)来进行描述。

根据量子力学理论,其波动性关系可描述为

$$\nu = \frac{c}{\lambda} = c\bar{\nu}$$

式中,ν为频率,单位为Hz;c为光速,其量值$=3\times10^{10}$ cm/s;λ为波长,在紫外和可见区常用nm为单位,在红外区常用μm作单位。1 nm$=10^{-3}$ μm$=10^{-7}$ cm。

$\bar{\nu}$为波数,是波长的倒数,表示1 cm长度内波的数目,单位为cm^{-1}。

$$\bar{\nu} = \frac{1}{\lambda} = \frac{\nu}{c}$$

每一种波长的电磁波具有一定的能量,当一束电磁波通过某一物质时,它是被吸收或透过,由其频率及其所遇的分子结构而定。当光子能量恰等于分子两个能级的能量差时,光可被分子吸收。分子获得能量从低能级跃迁到高能级,它们是量子化的,即 $\Delta E=h\nu=hc/\lambda$,此式表明,分子吸收电磁波,从低能级跃迁到高能级,其吸收光的频率与吸收能量的关系。由此可见,λ 与 E、ν 成反比,即 λ 减小,ν 升高,吸收能量增加。

在分子光谱中,根据电磁波的波长(λ)可以划分为几个不同的区域,如图8.1所示。

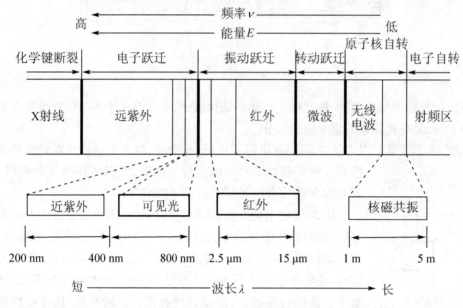

图8.1 光波谱区与能级跃迁相关图

只有光子的能量恰好等于两个能级差时,光才能被吸收,对某一分子来说,它只能吸收一定波长的电磁波供激发某一特殊能态之用,这样就得到各种不同分子的吸收光谱而用来鉴别有机分子的结构。

紫外光谱、红外光谱、核磁共振谱是吸收光谱,质谱不是吸收光谱,而是通过离子源将中性分子转变为带电离子,在电场或磁场中将带电离子按质核比的不同进行分离,再根据质核比顺序进行排列的谱线。

8.2 紫 外 光 谱

紫外光谱(Ultra Violet Spectroscopy,UV)又称电子吸收光谱,用于研究分子中电子能级的跃迁。一般有机分子中存在的化学键主要有 σ 电子和 π 电子,另外还有未参与成键的 n 电子,即孤对电子,这些电子的跃迁形成电子吸收光谱。

紫外光谱是最早应用于有机结构鉴定的物理方法之一,它在确定有机化合物的共轭体系中具有独到之处。由于紫外光谱具有许多优点,测量灵敏度和准确度高,能定性或定量地测定有机化合物,仪器操作简便、快速等,至今它仍是有机化合物结构鉴定的重要工具之一。

8.2.1 紫外光谱的基本原理

紫外-可见吸收光谱的波长范围可分为三个区域,100~200 nm 为远紫外区,200~400 nm 为近紫外区,400~800nm 为可见光区。

远紫外区又称真空紫外区,这个区域的辐射易被空气中的氧气、氮气、二氧化碳所吸收,因此必须把紫外-可见分光光度计保持在真空状态下测定,这对仪器要求很高,所以使用受到限制,在有机物的检测中使用较少。近紫外区和可见光区,空气无吸收,在有机结构分析中最为有用。一般的紫外–可见分光光度计可观察范围为200~800 mm,包括了近紫外区和可见光区。

紫外光谱研究分子中电子能级的跃迁。假定分子由A和B两个不同原子组成,分子中电子的运动状态可用分子轨道理论来描述。A和B两个原子轨道线性组合,形成两个分子轨道,一个是成键轨道σ,比原来的原子轨道能量低,另一个为反键轨道σ*,比原来的原子轨道能量高,如图8.2所示。每个轨道最多只能容纳两个自旋相反的电子,并且电子首先填充在能级较低的成键轨道σ中。基态时两个电子填充在成键轨道上,反键轨道是空的。当一定波长的紫外光通过样品分子时,电子从紫外光中吸收能量,即电子从低能级的σ轨道跃迁到高能级的σ*轨道,称为电子跃迁,此时产生的吸收光谱称为紫外吸收光谱。

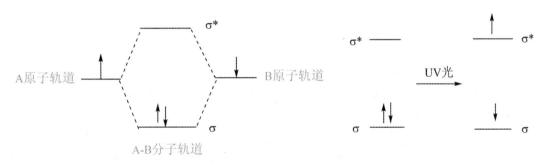

图8.2 双原子分子的分子轨道和紫外吸收

对于多原子分子,电子跃迁主要是最高占有轨道的价电子吸收相应能量而发生的跃迁。通常有机分子中的价电子有σ电子和π电子,另外还有未参与成键的n电子。分子的各种轨道能级不同,其能级次序如图8.3所示。可能发生的跃迁类型有:σ→σ*,σ→π*,π→π*,π→σ*,n→σ*,n→π*等。

各类电子跃迁与吸收峰波长的关系如表8.1所示。

表8.1 各类电子跃迁与吸收峰波长

跃迁类型	吸收峰波长(nm)
σ→σ*	约150
π→σ*	<200
π→π*(孤立双键)	约200
n→π*	200~400

图8.3 电子轨道能级和跃迁示意图

所以,根据紫外-可见分光光度计的测量范围(200~800 nm),一般的紫外-可见光谱常常只能观察到π→π*和n→π*跃迁,即紫外-可见光谱只适用于分析分子中具有不饱和结构的化合物。

在紫外光谱中,电子跃迁的几率有高有低,形成的谱带有强有弱。允许跃迁,则跃迁几率大,峰吸收强度大;禁阻跃迁,则跃迁几率小,峰强度小,甚至观察不到。

电子跃迁的几率取决于电子的自旋方向和轨道的对称性,在紫外-可见光谱中,π→π*跃迁是允许的跃迁,峰吸收强度大;n→π*跃迁是禁阻跃迁,吸收峰强度较小。

8.2.2 紫外光谱的表示方法

紫外光谱是由分子中电子能级的跃迁产生的,而有机化合物中电子能级跃迁的种类较少,同时,还有一部分跃迁的吸收波长位于远紫外区,不能被一般的紫外光谱仪所检测,这就决定了紫外光谱的吸收谱带比较少。

分子的微观运动包括电子运动、分子的振动和转动,在这三种运动中,电子跃迁所需的能量最大,通常需要1~20 eV。当紫外光照射时,在电子跃迁的同时会伴随着多种振动能级和转动能级的跃迁,所以紫外光谱不是一个纯的电子光谱,而是电子-振动-转动光谱。同时又由于紫外吸收光谱一般在溶剂中检测,还伴随有溶质与溶剂的分子间作用力,造成了紫外光谱的吸收谱带较宽。紫外光谱主要通过谱带吸收位置和吸收强度来提供有机分子的结构信息。

8.2.2.1 紫外吸收谱带的强度

紫外光谱中吸收带的强度标志着电子能级跃迁的几率,它遵守Lambert-Beer定律:

$$A = \lg \frac{I_0}{I} = \varepsilon \cdot c \cdot l$$

式中,A为吸光度,I_0和I分别为入射光和透射光的强度,ε为摩尔吸光系数,l为检测池的长度,c为溶液的摩尔浓度。ε值在一定波长下相当稳定,它的大小表示电子从低能级分子轨道跃迁到高能级分子轨道的可能性。ε值大于10^4,属于完全允许的跃迁,ε值小于100,则是禁阻跃迁。当测试条件一定时,ε为常数,是鉴定化合物及定量分析的重要依据。

8.2.2.2 紫外吸收的位置

紫外光谱的谱带较宽,通常以最大吸收强度所对应的波长为谱带的吸收位置,以 λ_{max} 表示,对应的吸收强度为 ε_{max}。

紫外光谱图常用波长(nm)作横坐标,纵坐标可用吸光度 A、摩尔吸光系数 ε 或摩尔吸光系数的对数值($\log \varepsilon$)表示。

苯甲酸的紫外光谱如图8.4所示,在观察区域内有三个吸收峰:230 nm,272 nm 和 282 nm。

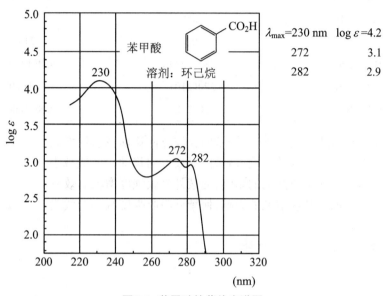

图8.4 苯甲酸的紫外光谱图

紫外光谱的测定大都是在溶液中进行的,绘制出的吸收带大都是宽带。这是因为分子发生电子能级跃迁时,会同时伴随振动能级和转动能级的改变,又由于分子间作用力的影响,往往只看到一个较宽的吸收带。

8.2.2.3 紫外光谱的常用术语

生色团(或发色团):基团本身产生紫外吸收称为生色团。生色团的结构特征是含有 π 电子,如C=C,C=O,-CN等基团。

常见的生色团如表8.2所示:

助色团:基团本身不一定产生紫外吸收光谱,但当它们与生色团直接相连时,能使生色团的吸收谱带明显向长波移动,而且吸收强度增加。助色团的结构特征是含有 n 电子,例如:-OH,-OR,-SR,-NHR,-NH$_2$,-Cl等。当助色团与生色团相连时,助色团的 n 电子与生色团的 π 电子产生 p-π 共轭效应,导致生色团的 π→π* 跃迁能量降低,吸收谱带向长波移动。

表8.2 常见的生色团

生色团	λ_{max}	ε_{max}
$CH_2=CH_2$	162	15000
$CH_2=CH-CH=CH_2$	217	20900
$CH_2=O$	292.4	11.8
$(CH_3)_2C=O$	188(279)	900(14.8)
$CH_2=CH-CH=O$	210(315)	25500(11.8)
CH_3COOH	204	41
C_6H_6	255	215
$C_6H_5-CH=CH_2$	282(244)	450(12000)
C_6H_5-OH	270(210)	1450(6200)
$C_6H_5-NO_2$	280(252)	1000(10000)

红移:由于取代基或溶剂的影响,谱带向长波方向移动,λ_{max}值增大。

蓝移:由于取代基或溶剂的影响,谱带向短波方向移动,λ_{max}值减小。

增色效应:由于取代基或溶剂的影响,使紫外吸收强度增大的效应。

减色效应:由于取代基或溶剂的影响,使紫外吸收强度减小的效应。

8.2.3 影响紫外光谱的因素

8.2.3.1 助色团的影响

当助色团与生色团相连时,助色团的n电子与生色团的π电子产生p-π共轭效应,导致生色团的π→π*跃迁能量降低,吸收谱带向长波移动,即红移现象。助色团使生色团λ_{max}增加的数值如表8.3所示。

表8.3 助色团对生色团吸收波长(λ_{max})的增值

体系	$-NR_2$	$-OR$	$-SR$	$-Cl$
X-C=C	40	30	45	5
X-C=C-C=O	95	50	85	20

8.2.3.2 共轭效应和超共轭效应的影响

1. 共轭效应的影响

当分子中只有一个π键时,π→π*跃迁的λ_{max}=185 nm,未进入近紫外区。当分子中有两个π键共轭时,λ_{max}=217 nm,紫外吸收波长明显红移。分子中共轭链越长,红移越明显,如表8.4所示。

表 8.4　烯烃和共轭烯烃的紫外吸收波长

烯烃和共轭烯烃	λ_{max}(nm)
乙烯	185
丁二烯	217
己三烯	258
辛四烯	296
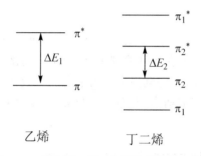 （维生素 A）	325

这是因为共轭体系越大,最高占有轨道和最低空轨道之间的能级差越小,吸收波长就越长。乙烯和丁二烯 π 分子轨道能量示意图如图 8.5 所示,在丁二烯分子中,电子可有多种跃迁,但比较重要的是能量最低的跃迁,因为这种跃迁在近紫外区吸收。

图 8.5　乙烯和丁二烯 π 分子轨道能量示意图

2. 超共轭效应的影响

将烷基引入共轭体系时,烷基 C–H 键的 σ 轨道可以与共轭体系的 π 轨道重叠,产生 σ-π 超共轭效应,从而使 π→π* 的能级差减小,吸收向长波方向位移,尽管超共轭效应增加波长的作用不是很大,但对化合物的结构鉴定,还是有用的。

$$CH_2{=}CH{-}\overset{\displaystyle O}{\overset{\|}{C}}{-}CH_3 \qquad\qquad H_3C{-}\overset{}{\underset{H}{C}}{=}CH{-}\overset{\displaystyle O}{\overset{\|}{C}}{-}CH_3$$

λ_{max}　　　　219　　　　　　　　　　　　224

8.2.3.3　空间位阻效应的影响

由于邻近基团的存在影响共轭体系的共轭程度,而导致紫外光谱发生变化称为位阻效应。如联苯的两个苯环在同一平面,易发生共轭,λ_{max} 和 ε_{max} 都较大。当其中一个苯环邻位的氢被甲基取代,因为甲基的范德瓦耳斯半径(约 200 nm)比氢(约 120 nm)大,甲基和氢之间存在范德瓦耳斯排斥力,使两个苯环平面的共轭减弱,谱带蓝移,ε_{max} 减小,产生减色效应。当甲基换成更大的基团乙基,蓝移和减色效应更明显。

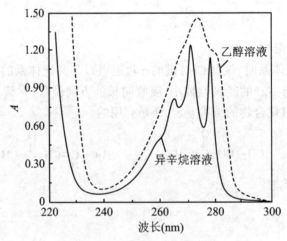

249(14500)　　　237(10500)　　　233(9000)

　　碳碳双键的取代基在空间的排布不同而形成的异构体称顺反异构,一般反式异构体的
π→π*跃迁谱带比相应的顺式异构体的波长更长,吸收强度也更强。如反式1,2-二苯基乙
烯,两个苯环相离较远,与碳碳双键的共轭效果更好,而顺式结构两个苯环相距较近,相互之
间排斥,导致λ_{max}蓝移,吸收强度ε_{max}也明显降低。

290(27000)　　　　　　　　　280(14000)

8.2.3.4　溶剂的影响

　　溶剂的极性可以引起谱带形状的变化。一般在气态或非极性溶剂(如正己烷)中,尚能
观察到振动跃迁的精细结构。但在极性溶剂中,由于溶剂与溶质分子的分子间作用力增强,
使谱带的精细结构变得模糊,以至完全消失成为平滑的吸收谱带。例如,苯酚在异辛烷溶液
(实线)中显示出振动跃迁的精细结构,而在乙醇溶液(虚线)中,苯酚的吸收带几乎变成了平
滑的曲线,如图8.6所示。

图8.6　苯酚的紫外吸收光谱

　　溶剂对吸收谱带的另一种重要影响是改变吸收峰的吸收波长λ_{max},这种影响对π→π*和
n→π*跃迁是不同的。通常随着溶剂极性增加,n→π*谱带向短波方向移动,而π→π*跃迁向长
波方向移动,这可能是溶剂对溶质分子基态和激发态的稳定化作用不同而引起的。
　　在发生n→π*跃迁的分子中,由于n轨道的极性比π*大,因此,n轨道与极性溶剂的作用更

强,能量下降更多,而 π^* 与极性溶剂的作用较弱,能量下降较少,总结果是两者的能级差增大,$\Delta E_2 > \Delta E_1$,跃迁能量增加,$n \rightarrow \pi^*$ 吸收谱带向短波方向移动,紫外吸收波长蓝移,如图 8.7(a)所示。

而在 $\pi \rightarrow \pi^*$ 跃迁的情况下,π^* 轨道的极性比 π 轨道大,极性溶剂使 π^* 的轨道能级降低更多,总结果使 $\pi \rightarrow \pi^*$ 跃迁所需能量变小,$\Delta E_3 > \Delta E_4$,吸收峰向长波移动,发生红移,如图 8.7(b)所示。

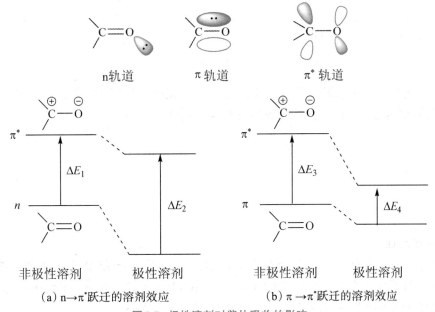

（a）$n \rightarrow \pi^*$ 跃迁的溶剂效应　　　　（b）$\pi \rightarrow \pi^*$ 跃迁的溶剂效应

图 8.7　极性溶剂对紫外吸收的影响

如图 8.8 所示,异丙叉丙酮在环己烷(实线)和水(虚线)中的紫外光谱图,与环己烷相比,水溶液中 $\pi \rightarrow \pi^*$ 跃迁谱带发生红移,$n \rightarrow \pi^*$ 跃迁谱带发生蓝移。

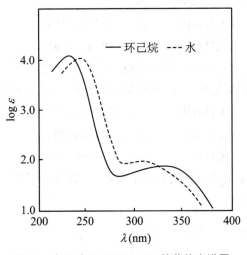

图 8.8　$(CH_3)_2C=CHCOCH_3$ 的紫外光谱图

溶剂对异丙叉丙酮紫外光谱的影响如表 8.5 所示,从环己烷到水,随着溶剂极性逐渐增加,$\pi \rightarrow \pi^*$跃迁的λ_{max}逐渐红移,$n \rightarrow \pi^*$跃迁的λ_{max}逐渐蓝移。

表8.5 一些常用溶剂对异丙叉丙酮紫外光谱的影响

溶剂	$\pi \rightarrow \pi^*$跃迁		$n \rightarrow \pi^*$跃迁	
	λ_{max}	ε_{max}	λ_{max}	ε_{max}
环己烷	229.5	12600	327	97.5
乙醚	230	12600	326	96
乙醇	237	12600	325	78
甲醇	238	10700	312	74
水	244.5	10000	305	60

由于溶剂对紫外光谱影响很大,所以记录紫外数据时要特别注明所使用的溶剂,并且紫外光谱对溶剂的纯度要求也很高,检测时需使用光谱纯的溶剂。

8.2.4 各类有机化合物的电子跃迁

8.2.4.1 饱和有机化合物

1. $\sigma \rightarrow \sigma^*$跃迁

饱和烃分子中只有σ电子,只能发生$\sigma \rightarrow \sigma^*$跃迁。由于$\sigma \rightarrow \sigma^*$能级差较大,需在波长较短的紫外光照射下才能发生。如甲烷的$\sigma \rightarrow \sigma^*$跃迁在125 nm,乙烷的$\sigma \rightarrow \sigma^*$跃迁在135 nm,其他饱和烷烃的紫外吸收一般波长在150 nm左右,均在远紫外区。

2. $n \rightarrow \sigma^*$跃迁

如果饱和烃中的氢被氧、氮、硫、卤素等原子或基团取代,这些原子中的n电子可以发生$n \rightarrow \sigma^*$跃迁,吸收波长一般低于200 nm。例如

$$CH_3OH \qquad \lambda_{max}=183 \text{ nm}(150)$$
$$CH_3OCH_3 \qquad \lambda_{max}=185 \text{ nm}(2850)$$

某些含孤对电子的饱和化合物,当其非键轨道与σ^*轨道的能级差较低时,如:硫醚、二硫化合物、硫醇、胺、溴化物、碘化物,可以在近紫外区有弱吸收。例如

$$CH_3NH_2 \qquad \lambda_{max}=213 \text{ nm}(600)$$
$$CH_3Br \qquad \lambda_{max}=204 \text{ nm}(200)$$
$$CH_3I \qquad \lambda_{max}=258 \text{ nm}(365)$$

由于饱和烃、醇、醚等在近紫外区不产生吸收,一般紫外可见分光光度计无法测出,因此在紫外光谱中常用作溶剂。

8.2.4.2 不饱和脂肪族化合物

1. 烯、炔类化合物

非共轭烯、炔化合物,$\pi \rightarrow \pi^*$跃迁在近紫外区无吸收。例如

$$CH_2{=}CH_2 \qquad \lambda_{max}=165\ nm$$
$$HC{\equiv}CH \qquad \lambda_{max}=173\ nm$$

共轭体系的形成使 $\pi{\to}\pi^*$ 跃迁红移,吸收强度增加。例如:丁-1,3-二烯的 $\lambda_{max}=217\ nm$,移到近紫外区。

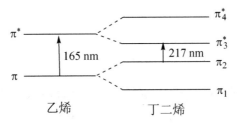

乙烯　　　　　丁二烯

随着共轭体系的增长,吸收进一步向长波方向位移,吸收强度也随之增大。例如:

$$CH_2{=}CH{-}CH{=}CH_2 \qquad\qquad \lambda_{max}=217\ nm(21000)$$
$$CH_2{=}CH{-}CH{=}CH{-}CH{=}CH_2 \quad \lambda_{max}=258\ nm(35000)$$

共轭烯烃的 $\pi{\to}\pi^*$ 跃迁均为强吸收带,摩尔消光系数通常 $\varepsilon_{max}\geqslant10^4$,称为 K 带(K 源于德文 Koniugierte,意思为共轭)。

Woodward 对大量共轭多烯化合物的紫外光谱数据进行整理,找出一定的规律,他认为取代基对共轭多烯吸收波长的影响具有加和性,后经 Fieser 修正,归纳总结为 Woodward-Fieser 规则。共轭多烯及其衍生物的 Woodward-Fieser 规则见表 8.6 所示,此规则适合具有 2~4 个双键的共轭多烯化合物 K 带的 λ_{max} 进行预测。

表 8.6　共轭烯烃 K 带 λ_{max} 值的 Woodward-Fieser 规则

	共轭烯烃	$\lambda_{max}(nm)$
基数	异环或开环共轭双烯母体	214
	同环共轭双烯母体	253
增值	延长一个共轭双键	30
	环外双键	5
	双键上每个烷基	5
	双键上每个极性基团:	
	$-OCOR$	0
	$-OR$	6
	$-SR$	30
	$-Cl,Br$	5
	$-NR_2$	60

该经验规则进行计算时,先选择一个共轭双烯作为基数,然后加上表中所列的增值,即可得到共轭多烯 λ_{max} 的计算值。

一般计算值与实验值之间的误差约为 ± 5 nm。例如:

$\lambda_{max}=214$(基数)$+5$(环外双键)$+5\times 2$(烷基取代基)$=229$ nm(实验值 231 nm)

$\lambda_{max}=253$(基数)$+30$(延长双键)$+5\times 3$(环外双键)$+5\times 5$(烷基取代基)$=323$ nm(实验值 320 nm)

2. 醛酮类化合物

饱和醛酮类化合物,具有含杂原子的双键 C=O,在近紫外区有吸收的是 $n\rightarrow\pi^*$ 跃迁。其他跃迁产生的谱带位于远紫外区,不在仪器的检测范围内。因此饱和醛酮类化合物研究最多的是 $n\rightarrow\pi^*$ 跃迁,其吸收谱带 λ_{max} 在 270~300 mm,$\varepsilon_{max}<100$。$n\rightarrow\pi^*$ 跃迁为禁阻跃迁,吸收谱带弱,称为 R 带(R 源于德文 Radikalartig,意思是基团),为平滑宽带形,谱带位置对溶剂极性敏感,溶剂极性增加,$n\rightarrow\pi^*$ 谱带蓝移。例如

$$CH_3COCH_3(己烷) \quad \lambda_{max}=279 \text{ nm} \quad \varepsilon_{max}=15$$
$$CH_3CHO(庚烷) \quad \lambda_{max}=290 \text{ nm} \quad \varepsilon_{max}=16$$

与饱和醛、酮相比,α,β-不饱和醛、酮分子中 $\pi\rightarrow\pi^*$ 跃迁和 $n\rightarrow\pi^*$ 跃迁均红移,$\pi\rightarrow\pi^*$ 跃迁的 λ_{max} 在 220~250 nm,$\varepsilon_{max}>10000$,称为 K 带。$n\rightarrow\pi^*$ 跃迁的 λ_{max} 在 300~330 nm,ε_{max} 在 10~100,称为 R 带。溶剂对羰基化合物的谱带有一定的影响,随溶剂极性增大,K 带红移,R 带蓝移。

$$\pi\rightarrow\pi^* \qquad\qquad n\rightarrow\pi^*$$
$$CH_3CH=CHCHO \quad \lambda_{max}=217 \text{ nm}(16000) \quad \lambda_{max}=321 \text{ nm}(20)$$
$$CH_3CH=CMeCOCH_3 \quad \lambda_{max}=230 \text{ nm}(11090) \quad \lambda_{max}=310 \text{ nm}(42)$$

Woodward 和 Fieser 对 α,β-不饱和醛、酮的紫外光谱数据进行归纳总结,得到 Woodward-Fieser 规则,如表 8.7 所示,助色团对 $\pi\rightarrow\pi^*$ 跃迁的 λ_{max} 有很大影响,其位置不同,增值也不同。表中数据是在甲醇或醇溶剂中测试的,如在其他溶剂中测试,则计算值与测试值比较,需要加上溶剂的校正值:水(+8)、甲醇(0)、氯仿(-5)、乙醚(-7)、正己烷(-11)和环己烷(-11)。

表 8.7　α,β-不饱和醛、酮 K 带 λ_{max} 的 Woodward-Fieser 规则（乙醇为溶剂）

	$\underset{\delta\ \ \gamma\ \ \beta\ \ \alpha\ \ \ \ }{—C=C-C=C-C=O}$		λ_{max}, nm
基数	五元环的 α,β-不饱和酮		202
	开链或大于五元环的 α,β-不饱和酮		215
	α,β-不饱和醛		210
增值	延伸一个共轭双键		30
	环外双键		5
	共轭双键同环		39
	烷基或环烷基	α	10
		β	12
		γ 或以上	18
	极性基团		
	−OH	α	35
		β	30
		γ	50
	−OAc	α,β,γ	6
	−OCH₃	α	35
		β	30
		γ	17
		δ	31
	−Cl	α	15
		β	12
	−Br	α	25
		β	30
	−NR₂	β	95
	−SR	β	85

其计算方法如下例所示：

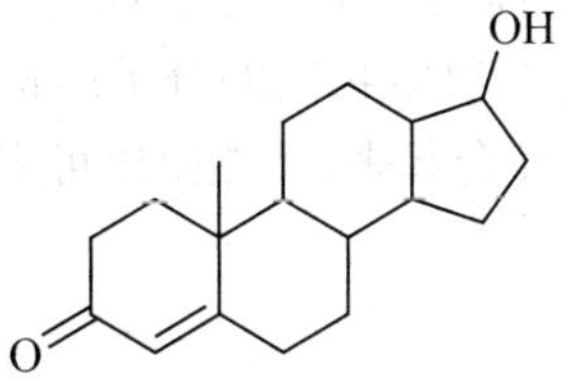

$\lambda_{max}=215$（基数）$+12\times2$（β-烷基取代基）$+5$（环外双键）$=244$ nm（实验值 241 nm）

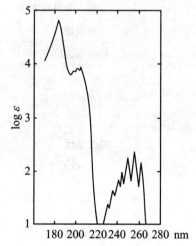

$\lambda_{max}=215$（基数）$+18\times3$（γ,δ-烷基取代基）$+30$（延长双键）$=299\ nm$（实验值$296\ nm$）

8.2.4.3　芳香化合物

苯有三个吸收带，都是$\pi\rightarrow\pi^*$跃迁谱带：

$180\sim184\ nm$　E_1带（强吸收带，E 源于德文 Ethyl-enic-乙烯型）

$200\sim204\ nm$　E_2带（强吸收带）

$230\sim270\ nm$　B 带（弱吸收带，B 源于德文 Benzi-enoid-苯型）

在 $180\sim184nm$ 和 $200\sim204nm$ 有两个强吸收带，分别称为 E_1 带和 E_2 带，在 $230\sim270\ nm$ 有 B 带，为弱吸收。一般紫外光谱仪观测不到 E_1 带，E_2 带有时也仅仅只能观察到半个峰（因为仪器检测范围的限制）。B 带为苯的特征谱带，以中等强度吸收和明显的精细结构为特征，如图 8.9 所示。

图 8.9　苯在环己烷溶剂中的紫外吸收

苯在环己烷溶剂中，E_1 带 184 nm，E_2 带 204 nm（ε_{max} 8800），B 带 254 nm（ε_{max} 250），在极性溶剂中，B 带的精细结构会消失。

8.2.5　紫外光谱小节

紫外–可见分光光度计可对在紫外可见光区有吸收峰的物质进行鉴定及结构分析，主要是有机化合物的分析、同分异构体的鉴别、物质结构的测定等等。

紫外光谱对于具有共轭双键的化合物，在近紫外区有强的 $\pi\rightarrow\pi^*$ 跃迁谱带，其摩尔吸光系数 ε 可达 10^4，检测灵敏度高。因此紫外吸收光谱的 λ_{max} 和 ε_{max} 能像其他物理常数（如熔点、旋光度等）一样，提供有价值的定性数据。其次，紫外可见光分光光度计操作简单、准确度较高、测定用样少、速度快，因此它是有机化合物分析鉴定中的一个有力工具之一。

但是，紫外吸收光谱仅仅只能提供分子中生色团与助色团的特性，而非整个分子的特性。所以，仅根据紫外光谱不能完全决定物质的分子结构，还必须与红外吸收光谱、核磁共振波谱、质谱等其他仪器分析方法配合起来，才能得出可靠的结论。

8.3 红 外 光 谱

8.3.1 概述

红外光谱(Infra Red Spectroscopy,IR)在 20 世纪中期开始在有机化学结构鉴定中得到广泛应用。红外光谱的样品适应范围广,任何气体、液体、固体样品或者无机、有机、高分子化合物都可以进行红外光谱测定,这是核磁共振谱、质谱以及紫外光谱等方法所不及的。

分子运动的方式除了吸收紫外光产生的电子跃迁之外,还有分子中化学键的振动和分子本身的转动,这些运动方式也需吸收一定的辐射能,但这些能量远低于电子跃迁所需的能量,因此,所吸收的波长较长,落在红外区,所以红外光谱又称为振转光谱。

红外光的波长范围可以分为三个区域,见表 8.8 所示。

表 8.8 红外波段的划分

	波长(μm)	波数(cm^{-1})
近红外区	0.75~2.5	13330~4000
中红外区	2.5~25	4000~400
远红外区	25~1000	400~10

红外光谱常用波数($\bar{v}$)来表征,绝大多数有机化合物红外吸收波数处于中红外区,范围是 4000~400 cm^{-1}。

红外光谱是研究波数在 4000~400 cm^{-1} 范围内不同波长的红外光通过化合物后被吸收的谱图。谱图常以波数为横坐标,以透光度为纵坐标。

透光度 T 表示为

$$T\% = \frac{I}{I_0} \times 100\%$$

式中,I 表示透射光的强度;I_0 表示入射光的强度。

仲丁醇的红外光谱如图 8.10 所示,横坐标为波数(4000~400 cm^{-1})表示吸收峰的位置。纵坐标为透光度($T\%$),表示吸收强度。T 越小,表明吸收越好,所以曲线的低谷表示一个好的吸收峰。

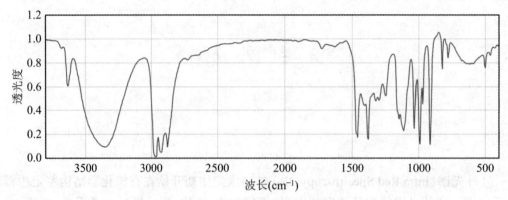

图8.10 仲丁醇的红外光谱图

8.3.2 红外光谱的基本原理

分子中的原子不是固定在一个位置不动的,而是不停地振动。两个原子的距离可以发生变化,分子随原子间距离的增大,能量增高,分子从较低振动能级变为较高的振动能级。这种能级跃迁需要红外辐射提供能量,对于特定原子组成的分子,两个能级之差是一定的,即对于特定的分子或基团,仅在一定的波长发生吸收。

红外谱图中,从基态到第一激发态的振动吸收信号最强,所以红外光谱主要研究这个振动能级跃迁产生的红外吸收峰。一般而言,一种振动方式对应于一个强的吸收,但是在实际检测中,因为各种原因,吸收峰数会多于或少于振动方式。

如果要产生红外吸收,需要满足两个条件:

(1)红外光波辐射的频率和分子中基团的振动频率一致。当分子中某个基团的振动频率和红外光波的频率一样时,二者就会产生共振,此时光的能量通过分子偶极距的变化而传递给分子,这个基团就吸收一定频率的红外光,产生振动跃迁。若用连续改变频率的红外光照射样品分子时就会得到样品中各基团所吸收的红外光谱图。

(2)必须要有偶极矩的变化。红外跃迁是偶极矩诱导的,即能量转移的机制是通过振动过程所导致的偶极矩的变化和交变的电磁场(红外线)相互作用发生的。

当分子处在电磁场时,该电场作周期性反转,分子将经受交替的作用力而使偶极矩增加或减少。由于分子具有一定的原有振动频率,显然,只有当辐射频率与分子频率相匹配时,分子才与辐射相互作用(振动耦合)而增加它的振动能,使振幅增大,即分子由原来的基态振动跃迁到较高振动能级。

因此,并非所有的振动都会产生红外吸收,只有发生偶极矩变化($\Delta\mu\neq0$)的振动才能引起可观测的红外吸收光谱,该分子称为红外活性的;$\Delta\mu=0$的分子振动不能产生红外振动吸收,称为非红外活性的。

当分子中某个基团的振动频率和红外光波的频率一样时,二者就会共振,此时光的能量通过分子偶极距的变化而传递给分子,基团就吸收一定频率的光,产生振动跃迁。

用连续改变频率的红外光照射样品分子就可得到样品中各基团所吸收的红外光谱图。

8.3.3　分子振动方式

8.3.3.1　双原子分子振动

用经典力学方法可以把双原子振动,用两个刚性小球的弹簧振动来模拟,这个体系的振动波数,可以由 Hooke 定律导出:

$$\bar{v}=\frac{1}{2\pi c}\sqrt{\frac{K}{m}}=\frac{1}{2\pi c}\sqrt{K\left(\frac{1}{m_1}+\frac{1}{m_2}\right)}$$

式中,c 为光速 2.998×10^{10} cm/s^1,K 是化学键的力常数。m 是质量分别为 m_1 和 m_2 两原子的折合质量:$\frac{1}{m}=\frac{1}{m_1}+\frac{1}{m_2}$。

由 Hooke 定律可以看出,影响基本振动波数的直接因素是两原子的质量和化学键的力常数。氢的原子量最小,故含氢原子单键的基本振动波数都出现在中红外的高波数区,约 3000 cm^{-1},若氢原子被其他原子取代,随着取代原子的质量增加,伸缩振动吸收峰会向低波数位移。

C—H	C—C	C—O	C—Cl	C—Br	C—I
3000 cm^{-1}	1200 cm^{-1}	1100 cm^{-1}	750 cm^{-1}	600 cm^{-1}	500 cm^{-1}

化学键的力常数大,振动波数就大。如碳碳三键的力常数大于双键和单键的力常数,它们的振动波数依次为(两原子的折合质量相同):

C≡C	C=C	C—C
2150 cm^{-1}	1650 cm^{-1}	1200 cm^{-1}

因碳原子杂化方式不同,C—H 键力常数有差别:sp>sp^2>sp^3

≡C—H	=C—H	—C—H
3300 cm^{-1}	3100 cm^{-1}	2900 cm^{-1}

8.3.3.2　多原子分子的振动

多原子分子的振动,情况比较复杂,一个原子可能同时与多个其他原子形成化学键,它们的振动彼此牵扯,不易直观地加以解释,但可以把它的振动分解为多个简单的基本振动。

设分子有 n 个原子组成,每个原子在三维空间都有三个自由度,因此 n 个原子组成的分子共有 $3n$ 个自由度,即 $3n$ 种运动状态。

分子总自由度数($3n$)=平动自由度数+转动自由度数+振动自由度数

振动自由度数=$3n$-(平动自由度数+转动自由度数)

	线性分子	非线性分子
平动自由度数	3	3
转动自由度数	2	3
振动自由度数	$3n-5$	$3n-6$

对于非线性分子,分子运动状态中包括三种 x,y,z 轴方向的平动和三种绕 x,y,z 轴的转

动,所以非线性分子的振动形式应有 $3n-6$ 种。

对于直线型分子,只能绕 y 轴和 z 轴转动,比非线性分子少一种转动,因此直线型分子的振动形式为 $3n-5$ 种。

在各种振动形式中,键长改变而键角不变的称为伸缩振动。伸缩振动可分为两种,对称伸缩振动和不对称伸缩振动。键长不变而键角改变的振动称为弯曲振动,一般键长的改变比键角的改变需要更大的能量,因此,伸缩振动出现在高波数区,弯曲振动出现在低波数区。

CO_2 由三个原子组成,是直线型分子,它的基本振动形式为 $3\times3-5=4$,有四种基本振动形式。如图8.11所示,不对称伸缩振动在 2349 cm^{-1} 出现吸收峰,而对称伸缩振动分子的偶极矩无变化,是非红外活性的,无红外吸收峰。两种弯曲振动(面内、面外)的能量是一样的,振动简并,只在 667 cm^{-1} 观察到一个吸收峰,所以 CO_2 只有两个红外基频吸收峰。

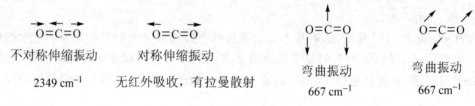

不对称伸缩振动　　　　对称伸缩振动

2349 cm^{-1}　　　　无红外吸收,有拉曼散射

弯曲振动　　　　弯曲振动

667 cm^{-1}　　　　667 cm^{-1}

图8.11　CO_2 的振动

水分子是由三个原子组成的非线性分子,共有 $3\times3-6=3$ 种振动形式,分别是不对称伸缩振动、对称伸缩振动和弯曲振动。这三种振动都有偶极矩的变化,都是红外活性的,如图8.12所示。

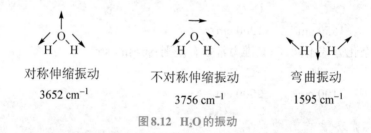

对称伸缩振动　　　　不对称伸缩振动　　　　弯曲振动

3652 cm^{-1}　　　　3756 cm^{-1}　　　　1595 cm^{-1}

图8.12　H_2O 的振动

亚甲基(CH_2)的几种基本振动形式如图8.13所示,包括对称伸缩振动 2853 cm^{-1},不对称伸缩振动 2926 cm^{-1},面内剪切振动 1468 cm^{-1},面外扭曲振动 1305 cm^{-1},面外摇摆振动 1305 cm^{-1} 和面内摇摆振动 720 cm^{-1}。

综合上述各种基团的振动分析,分子的振动形式可分成两大类:

(1)伸缩振动:包括对称伸缩振动和不对称伸缩振动。

(2)弯曲振动:包括面内弯曲振动和面外弯曲振动。面内弯曲振动又包括剪切振动和面内摇摆振动;面外弯曲振动包括面外摇摆振动和面外扭曲振动。

上述每种振动形式都具有特定的振动频率,也具有相应的红外吸收峰。有机化合物一般由多原子组成,因此红外吸收光谱的谱峰较多。对每一个吸收峰都进行解析是不可能的,所以我们把注意力放在那些较强的特征吸收峰上,研究官能团与这些特征吸收峰的关系,以达到识谱的目的。

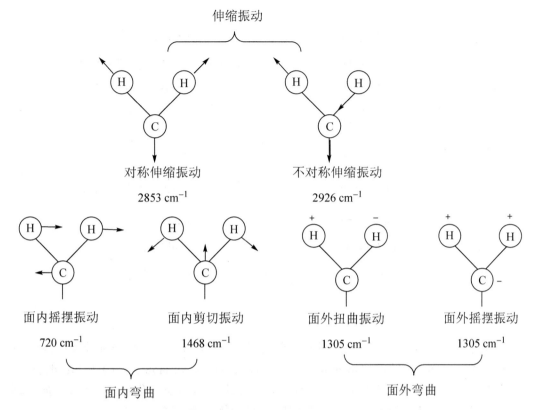

图8.13 亚甲基的振动

8.3.4 红外吸收的峰位和峰强

8.3.4.1 红外吸收的峰位

总结大量红外光谱吸收峰数据后,发现具有同一类型化学键或官能团的不同化合物,其红外吸收波数总是出现在一定的波数范围内,我们把这种能代表基团,并有较高强度的吸收峰,称为该基团的特征吸收峰(又称官能团吸收峰)。

我们可以把红外光谱分为两个区域,官能团区($4000\sim1500$ cm^{-1})和指纹区($1500\sim400$ cm^{-1}),官能团区出现的吸收峰,较稀疏,容易辨认。指纹区主要是C—C,C—N,C—O等单键和各种弯曲振动的吸收峰,其特点是谱带密集、难以辨认。这种振动与整个分子的结构有关,当分子结构稍有不同时,该区的吸收就会有细微的差异,并显示出分子特征。这种情况就像人的指纹一样,因此称为指纹区。指纹区对于指认结构类似的化合物很有帮助,而且可以作为化合物存在某种基团的旁证。

通常可将红外光谱划分为八个重要峰区,如表8.9所示。

表8.9 红外光谱的重要峰区

分区	波数(cm⁻¹)	键的振动类型
官能团区 (伸缩振动)	3750~2500	ν_{O-H}, ν_{N-H}(羧酸缔合,3000~2500 cm⁻¹宽峰)
	3300~3000	ν_{C-H}(≡C-H,=C-H)
	3000~2700	ν_{C-H}(sp³ C-H, $\overset{C=O}{\underset{H}{\mid}}$)
	2400~2100	$\nu_{C≡C}$ $\nu_{C≡N}$
	1850~1650	$\nu_{C=O}$(酸、醛、酮、酰胺、酯、酸酐、酰卤)
	1700~1450	$\nu_{C=C}$(烯烃、芳环)
指纹区 (弯曲振动)	1450~1300	δ sp³ C-H
	1000~600	δ sp² C-H

8.3.4.2 红外光谱吸收峰的峰强

红外光谱吸收峰强是指每一峰的相对强度,用透光率表示。其强弱符号表示:vs(very strong,很强)、s(strong,强)、m(medium,中)、w(weak,弱)、v(variable,可变)、b(broad,宽)。

谱带的强度会因操作条件及仪器而异,但一般来说主要取决于化合物的吸收特征,如果化合物分子吸收红外光的振动过程中偶极矩变化越大则峰越强!

如果样品浓度加大,峰强也随之加大,这主要是由于几率增加的缘故。

8.3.5 影响红外吸收峰的因素

8.3.5.1 外部因素

1. 样品物理状态的变化

同一样品在固态、液态和气态时的红外光谱之间是有差异的,气态分子间距离较远,可以视为游离的,不受其他分子影响,有可能观察到分子振动—转动光谱的精细结构;液态分子间的相互作用较强,有的样品可以形成氢键,使相应谱带向低波数位移;固态时,分子间的作用力更强。综上所述,一般气态时基团伸缩振动频率最高,液态和固态时基团伸缩振动向低波数位移。

例如:丙酮羰基的伸缩振动,气态1740 cm⁻¹,液态1715 cm⁻¹。

2. 溶剂效应和氢键

基团的伸缩振动频率随溶剂极性的增加向低波数位移,同时峰强度增加。

如果氢键是在溶质分子间形成的,则随着浓度增大、温度降低、氢键增强,氢键的形成降低了化学键的力常数,伸缩振动吸收频率移向低波数方向。形成氢键以后,振动时偶极矩的变化加大,因此吸收强度增加。

$$\bar{\nu}_{C=O}\ (\text{缔合})=1622\ \text{cm}^{-1} \qquad \bar{\nu}_{C=O}\ (\text{游离})=1676\ \text{cm}^{-1}$$
$$1673\ \text{cm}^{-1}$$
$$\bar{\nu}_{C=O}\ (\text{游离})=1675\ \text{cm}^{-1}$$
$$\bar{\nu}_{O-H}\ (\text{缔合})=2843\ \text{cm}^{-1} \qquad \bar{\nu}_{O-H}\ (\text{游离})=3610\ \text{cm}^{-1}$$

β-二羰基化合物发生互变异构,形成分子内氢键,氢键的形成降低了羰基和羟基化学键的力常数,伸缩振动吸收频率都移向低波数方向。

酮式　$\bar{\nu}_{C=O}=1738\ \text{cm}^{-1}$
$$1717\ \text{cm}^{-1}$$

烯醇式　$\bar{\nu}_{C=O}=1650\ \text{cm}^{-1}$
$$\bar{\nu}_{O-H}=3000\ \text{cm}^{-1}$$

8.3.5.2　内部因素

1. 电子效应

电子效应包括诱导效应和共轭效应,它们是由于化学键的电子分布不均匀而引起的。

（1）诱导效应

取代基的电负性不同,引起分子中电子云分布的变化,从而改变化学键的力常数,影响基团伸缩振动波数,称为诱导效应。

吸电子的诱导效应,会引起成键电子密度向键的几何中心接近,增加 C=O 键的电子云密度,增加了此键的力常数 K,导致基团伸缩振动吸收峰移向高波数。取代基的吸电子性越强,羰基伸缩振动波数升高越明显。

给电子基团可减弱 C=O 双键,减小力常数 K,吸收向低波数移动。

$$\bar{\nu}_{C=O}\quad \sim 1730\ \text{cm}^{-1}\quad \sim 1715\ \text{cm}^{-1}\quad \sim 1800\ \text{cm}^{-1}\quad \sim 1869\ \text{cm}^{-1}$$

（2）共轭效应

共轭效应使共轭体系的电子云密度平均化,结果双键略有伸长,单键略有缩短,原来的双键伸长,力常数减小,所以振动波数降低。

$$R-\overset{\overset{\displaystyle O}{\|}}{C}-R' \qquad R-\overset{\overset{\displaystyle O}{\|}}{C}-\overset{|}{C}=C- \qquad R-\overset{\overset{\displaystyle O}{\|}}{C}-\text{(苯环)} \qquad R-\overset{\overset{\displaystyle O}{\|}}{C}-NH_2$$

$\bar{v}_{C=O}$　　～1715 cm⁻¹　　1685～1670 cm⁻¹　　～1695 cm⁻¹　　～1675 cm⁻¹

$$R-\overset{\overset{\displaystyle O}{\|}}{C}\diagdown_{Cl} \qquad\qquad R-\overset{\overset{\displaystyle O}{\|}}{C}-NH_2$$

$\bar{v}_{C=O}$　　　1800 cm⁻¹　　　　　　　1677 cm⁻¹

诱导效应大于共轭效应　　共轭效应大于诱导效应

2. 空间效应

空间效应包括场效应和空间位阻效应,它们也使分子中电子密度分布发生变化而影响吸收峰的峰位。

（1）场效应

诱导和共轭效应是通过化学键传递的,而偶极场效应是通过空间相互作用,发生相互极化,引起相应基团的红外吸收谱带位移。如α-氯代环己酮的两种异构体,羰基的伸缩振动吸收峰的波数明显不同,取代基氯处于平伏键的要比直立键的波数高。其原因是处于平伏键的氯原子和氧原子在空间接近,相互排斥,使羰基上的电子云移向双键中间,增加了双键的电子云密度,力常数增加,伸缩振动波数增加。这类α-卤代酮的场效应使伸缩振动波数升高称为"α-卤代酮规律"。在甾体化合物的红外研究中,α-卤代酮的场效应现象很普遍。

$\bar{v}_{C=O}$　　　1725 cm⁻¹　　　　　　　1750 cm⁻¹

（2）空间位阻效应

下列两个化合物,后者的空间位阻比较大,羰基与双键不能很好的共平面,使环上双键与羰基共轭受到限制,故其双键性质强于前者,吸收峰出现在高波数处。

$\bar{v}_{C=O}$　　　1663 cm⁻¹　　　　　　　1693 cm⁻¹

3. 振动耦合

分子内两基团位置很近并且振动频率相同或相近时,它们之间会发生强相互作用,结果产生两个吸收峰,一个向高波数移动,一个向低波数移动。

分子内邻近的两个基团具有相近的振动频率和相同对称性,它们之间会产生强相互作用,使谱峰裂分成两个吸收带,称为振动耦合。例如丙酸酐的两个羰基,相互耦合产生两个吸收带,在1820 cm⁻¹和1750 cm⁻¹出现两个强的谱带,前者是不对称伸缩振动的耦合谱带,后者是对称伸缩振动耦合谱带。

不对称伸缩振动　　　　对称伸缩振动

1820 cm^{-1}　　　　　　1750 cm^{-1}

8.3.6　各类有机物的红外特征吸收

各类有机物的红外特征吸收请见表8.10。

表8.10　各类有机物的红外特征吸收

化合物	结构	伸缩振动(cm^{-1})	弯曲振动(cm^{-1})	备注
烷烃		ν_{C-H} 3000～2800	δ_{C-H} 1460,1380	
烯烃		ν_{C-H} 3100～3000 中 $\nu_{C=C}$ 1680～1620 强	δ_{C-H} 1000～600	
	RCH=CH$_2$	$\nu_{C=C}$ 1645 中	910强,990强	
	R$_2$C=CH$_2$	$\nu_{C=C}$ 1660～1640 中	890强	
	顺 RCH=CHR	$\nu_{C=C}$ 1660～1635 中	730～650中	
	反 RCH=CHR	$\nu_{C=C}$ 1675～1665 弱	970强	
	三取代	$\nu_{C=C}$ 1690～1670 中～弱	820强	
炔烃		ν_{C-H} 3300强,尖	δ_{C-H} 700～600强,宽	
	单取代	$\nu_{C≡C}$ 2150 中		
	二取代	$\nu_{C≡C}$ 2250 中		
苯	苯	ν_{C-H} 3100～3000强 $\nu_{C=C}$ 1600,1580,1500,1450	δ_{C-H} 900～600强	1600～1450 2～4个峰
	单取代	同上	750强,700强	
	邻二取代	同上	750强	
	间二取代	同上	880中,780强,700中	
	对二取代	同上	830很强	
卤代烃	R—F	ν_{C-F} 1400--1000强		
	R—Cl	ν_{C-Cl} 800～600强		
	R—Br	ν_{C-Br} 650～510强		
	R—I	ν_{C-I} 600～485强		

化合物	结构	伸缩振动(cm⁻¹)	弯曲振动(cm⁻¹)	备注
醇酚		游离 ν_{O-H} 3650～3600中,尖 缔合 ν_{O-H} 3400～3000强,宽		
胺	RNH₂	ν_{N-H} 3500～3200双峰		
	R₂NH	ν_{N-H} 3300单峰		
醛	RCHO	ν_{C-H} 2820,2720 $\nu_{C=O}$ 1730		芳香醛1700
酮	RCOR'	$\nu_{C=O}$ 1715		芳香酮1690
羧酸	RCOOH	$\nu_{C=O}$ 1710(缔合) ν_{O-H} 3200～2500(缔合,宽)		
酰卤	RCOCl	$\nu_{C=O}$ 1800		芳香酰卤1770
酯	RCOOR	$\nu_{C=O}$ 1740		
酰胺	RCONH₂	$\nu_{C=O}$ 1690～1630 伯 ν_{N-H} 3500～3100,双峰 仲 ν_{N-H} 3300单峰		
酸酐	RCOOCOR	$\nu_{C=O}$ 1830,1760强		
腈	RCN	$\nu_{C≡N}$ 2250～2200中		

8.3.7 红外谱图解析

8.3.7.1 红外谱图解析对象

红外光谱用于有机化合物的结构鉴定主要有下列两种情况:

1. 鉴定已知化合物的结构

(1) 观察特征频率区:判断官能团,以确定所属化合物的类型。

(2) 观察指纹区:进一步确定基团的结合方式。

(2) 对照标准谱图验证。如萨德勒标准光谱图集(sadtler standard infrared spectra),这时必须注意下面两点:所用仪器与标准图谱是否一致? 测试条件与标准图谱是否一致? 若不同,则图谱也会有差异。

2. 鉴定未知化合物的结构

(1) 准备性工作:

① 首先了解样品的来源、纯度、熔点、沸点等信息;

② 用质谱测定样品的分子量,确定样品的分子式;

③ 根据分子式计算其不饱和度,其经验公式为

$$\Omega = 1 + n_4 + 1/2(n_3 - n_1)$$

式中,Ω代表不饱和度;n_1,n_3,n_4分别代表分子中一价、三价和四价原子的数目。双键和饱和环状结构的Ω为1、三键为2、苯环为4。

（2）按鉴定已知化合物的程序解析谱图。

8.3.7.2　谱图解析示例

1. 烷烃

正己烷的红外光谱图如图8.14所示,其谱峰的解析为:

① 2853~2962 cm^{-1}为饱和C—H伸缩振动;

② 1460cm^{-1},1380 cm^{-1}为C—H(—CH$_3$,—CH$_2$)面内弯曲振动;

③ 720 cm^{-1}为—(CH$_2$)$_n$—(n>4)长链脂肪烃C—H弯曲振动。

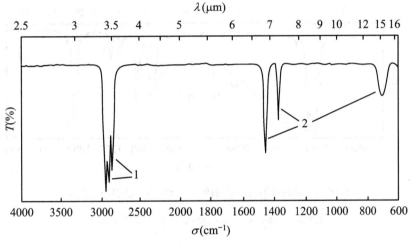

图8.14　正己烷的红外光谱图

2. 烯烃

己-1-烯的红外光谱图如图8.15所示,其谱峰的解析为:

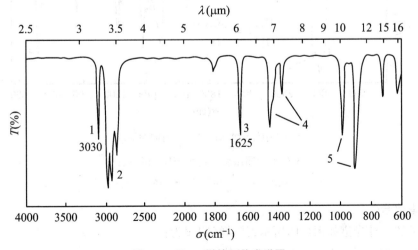

图8.15　己-1-烯的红外光谱图

① 3030 cm^{-1}为=C-H伸缩振动；

② 3000～2800 cm^{-1}为饱和C-H伸缩振动；

③ 1625 cm^{-1}为C=C伸缩振动；

④ 1450 cm^{-1},1375 cm^{-1}为C-H(-CH$_3$,-CH$_2$)面内弯曲振动；

⑤ 900 cm^{-1},990 cm^{-1}为单取代烯烃的弯曲振动。

我们将反式4,4-二甲基戊-2-烯(图8.16)与顺式4,4-二甲基戊-2-烯(图8.17)进行对比，观察到两图的明显差异为：

① C=C,伸缩振动吸收峰:顺式,1650 cm^{-1},弱;反式,很弱,几乎观察不到;

② =C-H,弯曲振动吸收峰:顺式,700 cm^{-1};反式,965 cm^{-1}。

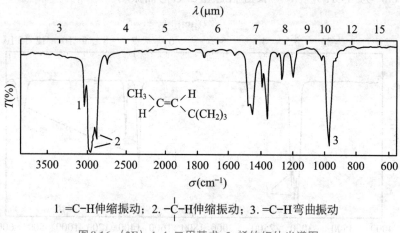

1.=C-H伸缩振动；2.-C-H伸缩振动；3.=C-H弯曲振动

图8.16 （2E)-4,4-二甲基戊-2-烯的红外光谱图

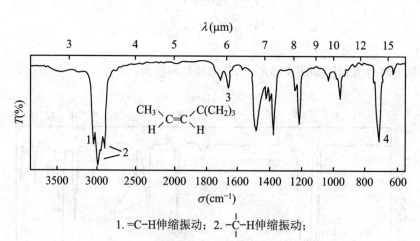

1.=C-H伸缩振动；2.-C-H伸缩振动；

3.C=C伸缩振动；4.=C-H弯曲振动；

图8.17 （2Z)-4,4-二甲基戊-2-烯的红外光谱图

3. 芳香化合物

苯乙烯的红外光谱如图8.18所示,其谱峰归属为：

① 3000～3100 cm^{-1}为sp^{2}杂化的C-H伸缩振动；

② 1640 cm^{-1} 为烯烃 C=C 的伸缩振动；

③ 1600 cm^{-1},1580 cm^{-1},1500 cm^{-1},1450 cm^{-1} 为苯环骨架伸缩振动；

④ 910 cm^{-1},990 cm^{-1} 为单取代烯烃 C–H 面外弯曲振动；

⑤ 700 cm^{-1},760 cm^{-1} 为单取代苯 C–H 面外弯曲振动。

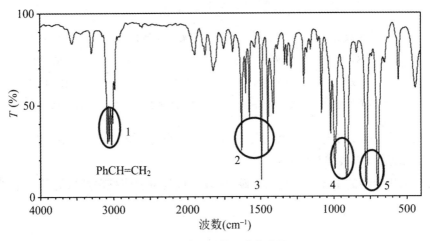

图 8.18　苯乙烯的红外光谱图

8.4　核磁共振谱

紫外光谱指出化合物是否具有共轭结构,红外光谱指出化合物具有什么官能团,核磁共振谱(Nuclear Magnetic Resonance, NMR)有助于指出化合物的具体结构,目前最常用的是 ^{1}H 和 ^{13}C 核磁共振谱。

8.4.1　核磁共振的基本原理

8.4.1.1　原子核的自旋

原子核像电子一样,也有自旋现象,自旋的核具有自旋角动量。核的自旋角动量(ρ)是量子化的,不能任意取值,可用自旋量子数 I 来描述。

$$\rho = \sqrt{I(I+1)}\frac{h}{2\pi}$$

式中,h 为 Planck 常数(6.63×10^{-34} J·s);I 为自旋量子数。

由此可知,核的自旋运动与自旋量子数 I 相关,$I \neq 0$ 的原子核有自旋,能产生自旋角动量,才会产生共振信号。

原子核的自旋量子数 I 与原子核的质子数和中子数有关。当原子核的质子数和中子数都为偶数时，$I=0$，无自旋现象；只要质子数和中子数有一个是奇数，$I\neq0$，该原子核就有自旋现象。我们可以把原子核分为质子数和中子数均为偶数、均为奇数和奇偶混合三类，如表8.11所示。

表8.11 常见原子核的分类

核分类	质子数	中子数	自旋量子数 I	原子核
1	偶数	偶数	0	$^{12}C_6$, $^{16}O_8$, $^{32}S_{16}$
2	奇数	奇数	$1,2,3,\cdots$	$^2H_1$, $^6Li_3$, $^{14}N_7$, $\cdots$
3	奇数或偶数	偶数或奇数	$1/2,3/2,5/2,\cdots$	$^1H_1$, $^{13}C_6$, $^{15}N_7$, $^{19}F_9$, $^{31}P_{15}$

自旋量子数 $I=1/2$ 的核，电荷在原子核表面均匀分布，如 $^1H_1$, $^{13}C_6$, $^{15}N_7$, $^{19}F_9$, $^{31}P_{15}$，核磁共振的谱线窄，最适宜于核磁共振检测。

组成有机化合物的主要元素是氢和碳，现以氢核为例说明核磁共振的基本原理。

8.4.1.2 氢核在外加磁场中的取向和磁共振的产生

氢核带有正电荷，自旋会产生磁矩，在没有外磁场时，自旋磁矩取向是混乱的。^1H 的自旋量子数 $I=1/2$，其自旋磁量子数 $m=\pm1/2$，即氢核在外加磁场（B_0）中有两种取向。一种与外磁场相同，另一种相反，这两种不同取向的自旋具有不同的能量，如图8.19(a)所示。与外磁场相同取向的自旋能量较低，与外磁场相反取向的能量较高，这两种取向的能量差与外加磁场相关，外磁场越强它们的能差越大，如图8.19(b)所示。

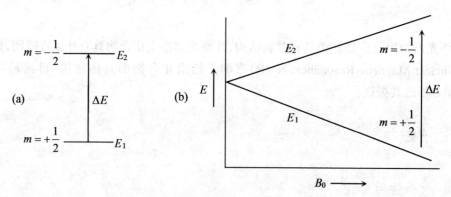

图8.19 外加磁场强度与两种自旋能差的关系

这两种取向的能量差可用下式表示：

$$\Delta E=\gamma[h/(2\pi)]B_0$$

式中，h 为 Planck 常数，γ 为旋磁比，对于特定的原子核，γ 为常数（如，^1H 的 $\gamma=26753$；^{13}C 的 $\gamma=6721$；单位：弧度/(高斯·秒)，B_0 为外加磁场强度。

与外加磁场方向相同的自旋吸收能量后可以跃迁到较高能级，变为与外磁场方向相反的自旋。电磁辐射可以有效地提供能量，当辐射的能量恰好等于跃迁所需的能量时，就会发生这种自旋取向的变化,产生核磁共振。

因两种自旋状态的能差 ΔE 与外磁场强度有关,所以发生共振的辐射频率也随外加磁场强度变化,其关系为

$$E_{辐}=h\nu=\Delta E=\gamma\left[h/(2\pi)\right]B_0$$

所以不同磁场强度时,发生共振所需要的辐射频率为

$$\nu=\left[\gamma/(2\pi)\right]B_0$$

目前常用的核磁共振仪是脉冲傅立叶变换核磁共振仪,采用超导磁铁产生高强磁场,超导线圈浸没在液氦中,为了减少液氦的蒸发,液氦外面用液氮冷却。这种仪器一般包括五个部分:射频发射系统、探头、磁场系统、信号接收系统和计算机控制与处理系统。可以检测的范围为 200~900 MHz。一般兆赫数越高,仪器的分辨率越好。

8.4.2 屏蔽效应和化学位移

8.4.2.1 屏蔽效应

对于一个特定的单独存在的核,共振条件是相同的,这对分析结构无意义。但在有机分子中,原子之间以化学键相连,不可能单独存在,在原子周围总有电子运动。在外磁场的作用下,这些绕核运动的电子可产生诱导电子流,从而产生诱导磁场,该诱导磁场方向与外加磁场方向恰好相反,这样使核实际受到的磁场强度 B 要比外加磁场强度 B_0 小,这种效应叫作屏蔽效应(shielding effect)。

屏蔽作用的大小用屏蔽常数 σ 表示,则氢核实际受到的磁场强度 B 为

$$B=B_0(1-\sigma)$$

屏蔽常数与原子核所处化学环境有关,它反映核外电子对核屏蔽作用的大小。一般而言,核外电子云密度越大,受到的屏蔽作用越大,σ 值就越大。

8.4.2.2 化学位移

化合物的 ^1H 原子核处于静磁场 B_0 中,由于每个核所处的化学环境不同,屏蔽效应不同,自旋氢核的频率也不同:

$$\nu_0=\left[\gamma/(2\pi)\right]B_0(1-\sigma)$$

这种因原子核在分子中所处化学环境不同而引起频率的移动,称为化学位移(chemical shift)。同一个分子中如果有 n 个化学环境不同的氢核,在核磁共振谱中就可以观察到 n 个吸收信号,这就是核磁共振研究有机化学结构的基础。

化学位移的变化只有十万分之一左右,因此,精确测量化学位移的绝对值相当困难,所以在实验中通常采用某一物质作为标准物,化学位移取其相对值:

$$\Delta\nu=\nu_{样}-\nu_{标}$$

式中,$\nu_{样}$ 指试样的核磁共振频率,$\nu_{标}$ 指标准物的核磁共振频率。即以标准物的吸收峰为原点,测量样品峰与原点的相对距离。

此外,化学位移的大小与磁场强度成正比,仪器的磁场强度不同,所测得的同一原子核的化学位移也不相同。为了比较不同NMR仪器测量的化学位移,实际工作中常用一种与磁场强度无关的、无量纲的值δ,δ的计算公式为

$$\delta = \frac{\nu_{样} - \nu_{标}}{\nu_{标}} \times 10^6$$

式中,δ单位为ppm(百万分之一),无量纲单位,乘以10^6是为了使数值读取方便。

实际测NMR图谱时,通常用四甲基硅烷(tetramethylsilane,TMS)作为参考标准物,并规定TMS的$\delta=0$,选用TMS作为标准参考物,因为TMS有以下优点:

① TMS只有一个峰,四个甲基化学环境相同。

② 甲基氢核的核外电子屏蔽作用强,一般化合物的吸收峰都出现在TMS峰的左边,易于分辨。按照"左正右负"的规定,一般化合物的δ为正值。

③ TMS的沸点仅27 ℃,易于从样品中除去,便于样品回收。

④ TMS化学性能稳定,与样品分子不会发生缔合。

⑤ TMS与溶剂或样品的相互溶解性好。

8.4.2.3　核磁共振图谱

核磁共振图谱的横坐标用δ(ppm)表示,如图8.20所示是乙酸乙酯($CH_3COOCH_2CH_3$)的^{1}HNMR谱图。图中4.12 ppm,是亚甲基CH_2的吸收峰,2.03 ppm是羰甲基的吸收峰,1.25 ppm是与亚甲基连接CH_3的吸收峰。化学位移值为0的单峰是内标TMS的吸收峰。谱图中有几组峰,则表示样品中有几种不同类型的质子,每一组峰的峰面积,与质子的数目成正比。下图中有三组峰,表示乙酸乙酯分子中有三种不同化学环境的质子,图中从左往右的峰面积比为2:3:3(峰面积可以直接从谱图中读出)。

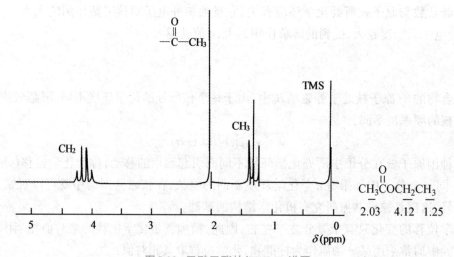

图8.20　乙酸乙酯的^{1}HNMR谱图

8.4.3 影响化学位移的主要因素

化学位移的大小决定于屏蔽常数的大小,凡是改变氢核外电子云密度的因素都能影响化学位移。因此,如果结构上的变化或环境的影响使氢核外层电子云密度降低,将使谱峰的位置移向低场(核磁谱图的左方),化学位移值增大,称为去屏蔽作用。反之,如果某种影响使氢核外层电子云密度升高,将使峰的位置移向高场(核磁谱图右方),化学位移值减小,称为屏蔽作用。

8.4.3.1 诱导效应的影响

电负性大的原子(或基团)与 ^1H 邻接时,其吸电子作用使氢核外层电子云密度降低,屏蔽作用减少,共振吸收在较低场,即质子的化学位移向低场移动,δ 值增大;取代基电负性越强,δ 值越大。化合物 CH_3X 取代基电负性与化学位移 δ 的关系如表 8.12 所示。

表 8.12 化合物 CH_3X 取代基的电负性与化学位移 δ 的关系

X	X 的电负性	δ(ppm)
$SiMe_3$	1.90	0
H	2.20	0.13
I	2.65	2.16
NH_2	3.05	2.36
Br	2.95	2.68
Cl	3.15	3.05
OH	3.50	3.38
F	3.90	4.26

取代基的诱导效应随碳链的延伸逐渐减弱:

	CH_3Br	CH_3CH_2Br	$CH_3CH_2CH_2Br$	$CH_3CH_2CH_2CH_2Br$
δ(ppm)	2.68	1.65	1.04	0.9

取代基的数目越多,对 δ 的影响越显著:

	CH_3Cl	CH_2Cl_2	$CHCl_3$
δ(ppm)	3.15	5.33	7.27

8.4.3.2 杂化状态的影响

与质子相连碳原子杂化轨道的 s 成分越多,δ 越移向低场。

(1)与 sp^3 杂化碳相连的氢,如果邻近没有吸电子基团或不饱和键,其化学位移一般在 0~2 ppm。

(2)与 sp^2 杂化碳相连的氢:

① 烯烃质子(C=C-H)因为 sp^2 杂化碳的吸电子能力增加和双键的磁各向异性共同作用,化学位移一般在 4.5~7 ppm;

② 芳烃质子(Ph-H)因为 sp^2 杂化碳的吸电子能力增加和磁各向异性效应,化学位移向更低场移动(7~8 ppm)。

③ 醛氢同样连接在 sp^2 杂化碳原子上,其化学位移在 9~10 ppm,这是因为氧原子更强的诱导效应和羰基(C=O)的磁各向异性效应共同作用的结果。

(3)与 sp 杂化碳相连的氢,尽管 sp 杂化的碳比 sp^2 杂化的碳电负性大,但炔氢的化学位移却在 1.7~2.7 ppm,这是因为碳碳三键的磁各向异性导致的。

8.4.3.3 磁各向异性效应

具有多重键的分子,在外磁场作用下,π电子会沿分子某一方向流动,产生感应磁场。此感应磁场与外加磁场方向在环内相反(抗磁),在环外相同(顺磁),即对分子各部位的磁屏蔽不相同,称为磁各向异性效应。

1. 双键化合物的磁各向异性效应

(1)烯烃

如图 8.21 所示,当烯烃受到与双键平面垂直的外磁场作用时,烯烃双键上的电子环电流产生一个感应磁场,该感应磁场方向在双键及双键平面上、下方与外磁场方向相反,该区域称为屏蔽区,用"+"表示。处于屏蔽区的质子必须增加外加磁场强度,才能发生核磁共振,所以质子峰移向高场,δ 较小。由于磁力线的闭合性,在双键的两侧,感应磁场的方向与外加磁场方向相同,该区域称为去屏蔽区,用"−"表示。处于去屏蔽区的质子,其共振信号出现在低场,δ 较大。双键碳上的氢处在去屏蔽区,所以它们的化学位移值较大。

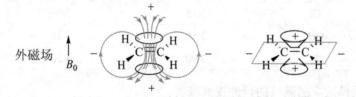

图 8.21 烯烃的磁各向异性

(2)羰基化合物

当羰基化合物中的羰基受到与双键平面垂直的外磁场作用时,羰基双键上的电子环电流产生一个感应磁场,该感应磁场与烯烃碳碳双键产生的感应磁场方向类似,如图 8.22 所示,在羰基平面的上方和下方是屏蔽区(+),在羰基的两侧是去屏蔽区(−),醛氢处于去屏蔽区,所以化学位移处于低场,同时又由于氧原子强的吸电子诱导效应,屏蔽效应进一步减弱,所以化学位移为 9~10 ppm。

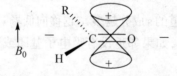

图 8.22 羰基化合物的磁各向异性

（3）芳香化合物

苯在受到与苯环平面垂直的外磁场作用时，如图 8.23 所示，苯环的电子环电流所产生的感应磁场也使苯分子的整个空间划分为屏蔽区和去屏蔽区。苯环的上方、下方和环内处于屏蔽区，苯环的环外侧面为去屏蔽区，苯的六个氢恰好都处于去屏蔽区，所以化学位移在较低场，δ 较大，为 7.26 ppm。

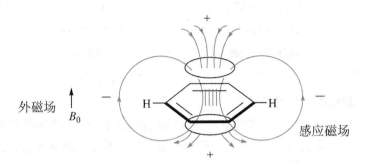

图 8.23　苯的磁各向异性

不仅是苯，其他具有 $4n+2$ 个 π 电子的环状共轭平面的芳香体系都有强的环电流效应。若氢核处于该环的上方、下方和环内，将受到强的屏蔽作用，氢将在高场出峰，甚至其 δ 值会出现负值。而在环侧面外围的氢核受到强的去屏蔽作用，氢将在低场出峰，其 δ 值较大，如图 8.24 所示，芳香化合物 Ⅰ、Ⅱ、Ⅲ 中，处于芳环内部的氢受到强的屏蔽作用，δ 值都为负，而处于环侧面外围的氢核受到强的去屏蔽作用，δ 值都较大（8.14～11.22 ppm）。

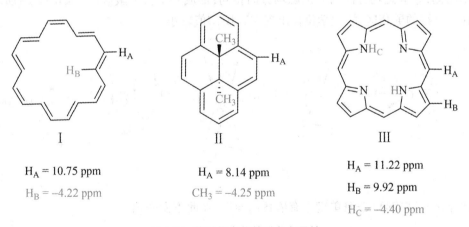

图 8.24　芳香化合物的磁各向异性

所以，我们可以通过有无磁各向异性效应来判断化合物是否具有芳香性。例如化合物 [16]-轮烯（Ⅳ），其环内的氢 H_B 的化学位移值为 10.3 ppm，未体现强的屏蔽作用，所以 [16]-轮烯没有芳香性。化合物呋喃（Ⅴ），其环外的氢 H_A 和 H_B 的化学位移值为 6～7.5 ppm，体现出强的去屏蔽作用，所以呋喃有芳香性。

Ⅳ [16]-轮烯

H_A = 5.28 ppm

H_B = 10.3 ppm

无芳香性

Ⅴ

H_A = 6.25 ppm

H_B = 7.30 ppm

有芳香性

2. 三键化合物的磁各向异性效应

碳碳三键中碳是 sp 杂化的,碳的电负性 sp>sp^2,炔碳的吸电子诱导效应更强,炔氢的化学位移值似乎应该比烯氢的大,但事实上乙烯的氢化学位移是 5.25 ppm,而乙炔的氢化学位移是 1.8 ppm,这是由于磁各向异性效应导致的。

$$CH_3CH_3 \qquad CH_2{=}CH_2 \qquad HC{\equiv}CH$$
$$0.96 \qquad\qquad 5.25 \qquad\qquad 1.8$$

碳碳三重键的 π 环电流与双键的不同,双键的 π 环电流在双键的上方和下方,当外磁场 B_0 沿碳碳三重键的分子轴向作用时,三重键的 π 环电流环绕碳碳键呈圆筒状,π 环电流产生的感应磁场方向,在三键的键轴方向与外加磁场方向相反,形成一个锥形屏蔽区(+),而在三键的轴两侧,感应磁场方向与外加磁场方向相同,形成一个去屏蔽区(−),如图 8.25 所示,炔氢处在三重键的屏蔽区,故化学位移出现在高场,δ 值较小。

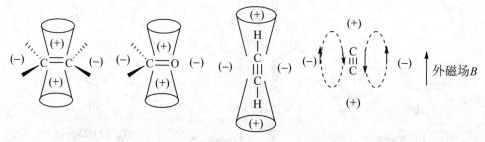

图 8.25 双键和三键的磁各向异性

此外,C−C 单键和 C−H 单键也有磁各向异性,在此不做介绍。

8.4.3.4 氢键的影响

形成氢键的质子其化学位移比无氢键的质子大。氢键的形成降低了氢核外电子云密度,屏蔽效应减弱,化学位移向低场位移,δ 值变大。

氢键的生成可以在分子间,也可以在分子内。分子间生成氢键的难易与样品的浓度,溶剂的性能、温度等有关。浓度降低,温度升高,生成分子间氢键的可能性减小,核磁共振信号向高场位移,例如,纯乙醇的羟基质子 δ=5.28 ppm,在 CCl_4 溶剂中,当浓度为 5%~10% 时,羟基质子的 δ 为 3~5.0 ppm,在更稀的溶液中可位移至 0.7 ppm。

在不同条件下-OH与-NH$_2$质子的化学位移变化范围较大。

醇　-OH　　δ=0.5~5 ppm

酚　　　　δ=4~8 ppm

胺　-NH$_2$　δ=0.5~5 ppm

酸　　　　δ=10~13 ppm（易以二聚体形式存在,两分子间形成两个氢键）

分子内氢键,其化学位移变化与溶液浓度无关,取决于分子本身结构。

$$R-\overset{\overset{O}{\|}}{C}-CH_2-\overset{\overset{O}{\|}}{C}-R' \rightleftharpoons R-\overset{\overset{OH}{|}}{C}=CH-\overset{\overset{O}{\|}}{C}-R' \underset{15\sim19\ ppm}{\rightleftharpoons}$$

除了电负性、杂化状态、磁各向异性效应和氢键的影响外,溶剂效应、Van der Waals 效应也对化学位移有影响。

8.4.4　特征质子的化学位移

不同类型的质子化学位移不同,根据氢核的化学位移值可以了解氢核所处的化学环境,预测质子种类及周围环境,而确定质子类型对于推测分子结构提供重要信息。一些常见化合物特征质子的化学位移如表8.13和图8.26所示,表中δ是黑体字H的化学位移值。

表8.13　特征质子的化学位移

质子类型	化学位移（ppm）	质子类型	化学位移（ppm）
sp^3 C-H	0.2~1.5	ROH	0.5~5.5
C=C-H	4.5~5.9	RNH$_2$,R$_2$NH	0.5~5
≡C-H	1.7~3.5	ArOH	4~8
Ar-H	6~8.5	ArOH（分子内缔合）	10.5~16
Ar-CH$_3$	2~3	RCOOH	10~13
RCH$_2$X	3~4.5	肟 C=N-OH	7.4~10.2
RCHO	9~10	酰胺-CONH-	6~9.4
ROCH$_3$	3.5~4	C=C-OH（分子内缔合）	15~19
RCOOCH$_3$	3.7~4	RSH	0.9~2.5
-CO-CH$_3$	2~3	ArSH	3~4
		RSO$_3$H	11~12

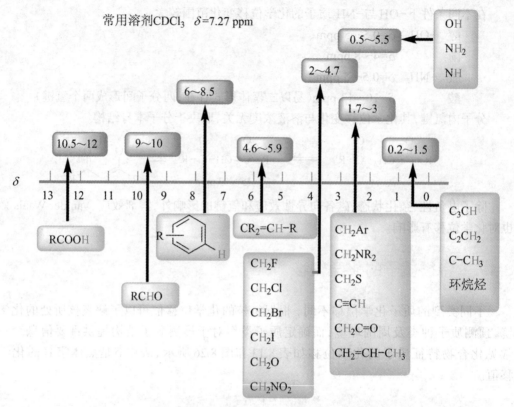

图 8.26   常见质子的化学位移

8.4.5   自旋耦合和自旋裂分

8.4.5.1   自旋耦合和自旋裂分

$$\begin{matrix} a & b & c \\ Br_2HC-CHBr-C(CH_3)_3 \end{matrix}$$

H_a δ=6.4, 两重峰

H_b δ=4.5, 两重峰

H_c δ=1.1, 单峰

上述化合物分子中有三种不同化学环境的氢,所以出现三组峰,化学位移分别是 6.4 ppm, 4.5 ppm 和 1.1 ppm,我们发现 H_a 和 H_b 的峰出现了裂分,H_c 是单峰。这是因为在分子中不仅核外电子对质子的共振吸收产生影响,邻近的质子也会因为相互作用影响质子的核磁共振吸收,引起谱线增多。这种原子核之间的相互作用称为自旋–自旋耦合(spin-spin coupling),简称自旋耦合(spin coupling)。因自旋耦合而引起的谱线增多的现象称为自旋-自旋裂分,简称自旋裂分(spin splitting)。

下面我们来讨论上述化合物氢核的耦合和裂分情况。当 H_a 和 H_b 无耦合作用时,H_a 和 H_b 都应该只出现一个单峰。当 H_a 和 H_b 存在耦合作用时,由于邻位 H_b 核在外磁场 B_0 中产生两种不同的取向($m=\pm 1/2$)，一种取向和外磁场方向相同，另一种和外磁场方向相反，这两种取向在它周围产生加强和削弱外磁场的效果。与外磁场取向相同时($m=+1/2$)，使 H_a 核实际受到的磁感应强度比 B_0 稍稍增强，其化学位移向低场移动；取向相反时($m=-1/2$)，使 H_a 核实际受到的磁感应强度比 B_0 稍稍减弱，其化学位移向高场移动。因为 H_b 核两种取向的几率几乎相等，故使 H_a 核的吸收峰裂分为两个强度相等的双峰。

H_a 核对 H_b 核也会发生同样的作用，H_b 核也被 H_a 核裂分成双峰。一般只有相隔三个化学键之内（相邻碳上的氢）的不等价质子间才会发生自旋裂分的现象，H_a 与 H_c、H_b 与 H_c 之间相隔都超过三个化学键，所以 H_a 与 H_c、H_b 与 H_c 都没有耦合裂分，所以 H_c 是单峰。

同种相邻氢也不发生耦合裂分，例如：$Br_2CHCHBr_2$ 中的两个氢所处环境相同，尽管相邻也不发生耦合，其 ¹HNMR 谱图上只有一个单峰。

8.4.5.2　耦合常数

自旋-自旋耦合裂分后，两峰之间的距离，即两峰的频率差：$|\nu_a - \nu_b|$ 称为耦合常数（coupling constant），用符号 J 表示，单位为 Hz。其大小反映两个核相互耦合作用的强弱。相互耦合的两个核，其耦合常数相等，$J_{ab}=J_{ba}$，J_{ab} 表示 H_a 被 H_b 裂分，J_{ba} 表示 H_b 被 H_a 裂分。因此在分析 ¹H NMR 谱时，可以根据 J 值是否相同，来判断哪些核之间可能存在相互耦合关系。

耦合常数的大小只与核之间的耦合以及分子本身结构有关，与外磁场强度 B_0 无关，因此，为了判断相邻吸收峰是由其他质子引起的，还是由自旋一自旋耦合作用引起的，可以通过改变外磁场强度 B_0 进行确定。耦合常数反映了分子结构信息，特别是立体化学的信息，其绝对值的大小一般可以从核磁谱图中读出。

一般两个质子相隔少于或等于三个单键时可以发生耦合裂分，相隔三个以上单键时耦合常数趋于零。例如：在丁酮中，H_a 与 H_b 之间相隔三个单键，因此它们之间可以发生耦合裂分；而 H_a 与 H_c、H_b 与 H_c 之间相隔三个以上的单键，它们之间的耦合作用极弱，耦合常数趋于零。

$$\underset{\underline{a}\ \ \underline{b}\ \ \ \underline{c}}{CH_3CH_2\overset{\overset{\displaystyle O}{\|}}{C}CH_3} \qquad H_a\text{与}H_c, H_b\text{与}H_c\text{均不发生偶合}$$

但不饱和体系，可以有超过三个键的质子-质子远程耦合。例如，在 $CH_{2a}=CH_2-CH_{3c}$ 中，H_a 与 H_c 之间相隔四个键，但因为其中一个是双键，所以 H_a 与 H_c 之间可以发生远程耦合。苯的两个间位氢之间相隔四个键，但因为其中一个是双键，所以两个间位氢之间也可以发生远程耦合。

一些常见的耦合常数如表 8.14 所示。

表8.14　一些常见的质子-质子耦合常数

耦合的质子	耦合常数 $J(\text{Hz})$	耦合的质子	耦合常数 $J(\text{Hz})$
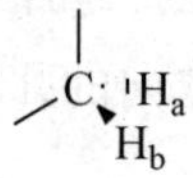 $\underset{H_b}{\overset{\mid}{C}}\text{—}H_a$	12～20	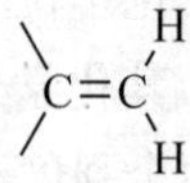 $\overset{\mid}{C}{=}C\overset{H}{\underset{H}{\diagup}}$	0～3.5
H—C—C—H	2～9	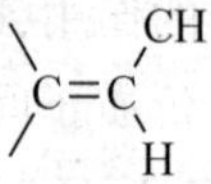 $C{=}C\overset{CH}{\underset{H}{\diagup}}$	4～10
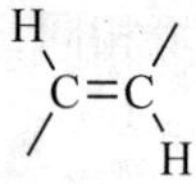 $\overset{H}{\underset{\diagup}{}}C{=}C\overset{\diagup}{\underset{H}{}}$	11～18	苯环的氢,邻位	7～8
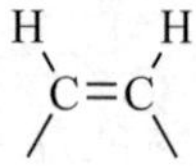 $\overset{H}{\underset{\diagup}{}}C{=}C\overset{H}{\diagup}$	6～14	苯环的氢,间位	2～3
-CH-CHO	3～7	苯环的氢,对位	0～1

8.4.5.3　$n+1$ 规律

在乙醚 $CH_3CH_2OCH_2CH_3$ 分子中,有两种不同化学环境的氢核,所以出现两组吸收峰,化学位移值分别为 1.4 ppm 和 3.5 ppm,如图 8.27(a)所示。甲基和亚甲基的氢相隔三个单键,发生了耦合裂分。亚甲基(CH_2)有两个同等的氢核,两个氢核自旋磁场方向有四种可能的组合($\uparrow\uparrow,\uparrow\downarrow,\downarrow\uparrow,\downarrow\downarrow$),如图 8.27(b)所示,中间两种组合等价,因此 CH_3 被 CH_2 裂分为三重峰,它们的强度比为 $1:2:1$;而亚甲基受到甲基中三个氢核的耦合效应,甲基(CH_3)有三个同等的氢核,三个氢核的自旋磁场方向有八种可能的组合($\uparrow\uparrow\uparrow,\uparrow\uparrow\downarrow,\uparrow\downarrow\uparrow,\downarrow\uparrow\uparrow,\uparrow\downarrow\downarrow,\downarrow\uparrow\downarrow,\downarrow\downarrow\uparrow,\downarrow\downarrow\downarrow$),如图 8.27(b)所示,其中 $\uparrow\uparrow\downarrow,\uparrow\downarrow\uparrow,\downarrow\uparrow\uparrow$ 组合等价,$\uparrow\downarrow\downarrow,\downarrow\uparrow\downarrow,\downarrow\downarrow\uparrow$ 组合等价,这八种组合的几率是相等的,所以 CH_2 被 CH_3 裂分成四重峰,峰强度比为 $1:3:3:1$。

将上述自旋耦合及自旋裂分现象进行推广,若邻近有 n 个同等核与所讨论的核存在耦合,每个核的磁矩均有 $2I+1$ 个取向,则这 n 个核共产生 $2nI+1$ 种取向分布,该被研究核的谱线将被裂分为 $2nI+1$ 条。核磁共振所研究的核最常见的是 $I=1/2$ 的核,如 ^1H, ^{13}C, ^{31}P 等,则自旋-自旋耦合产生的谱线分裂为 $2nI+1=n+1$ 条,这就是 **$n+1$ 规律**。

与 n 个全同氢耦合,则产生 $n+1$ 个峰,被裂分的各峰相对强度之比等于二项式 $(a+b)^n$ 的展开式各项系数之比,如表 8.15 所示。

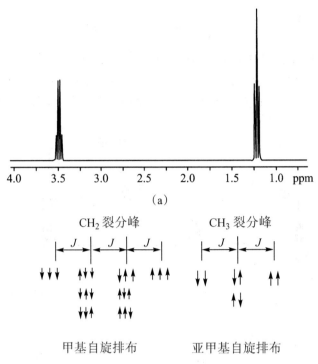

图 8.27　乙醚的氢谱(a)和多个相同氢核的自旋磁场方向(b)

表 8.15　与 n 个氢核耦合产生的峰强和峰数

n	峰强度比	峰的总数	峰数的英文描述
0	1	单峰(singlet)	s
1	1:1	双峰(doublet)	d
2	1:2:1	三重峰(triplet)	t
3	1:3:3:1	四重峰(quartet)	q

　　多重峰的形状有时可用来判断峰组的耦合关系。每个峰组的两个外围谱线强度经常不相同,内侧峰高,外侧峰低。如图 8.28 所示,在 -CH-CH₂ 的耦合体系中,CH 被裂分成三重峰,谱线 3 要比谱线 1 高一点,使这个三重峰有个坡度,箭头所指方向往往能找到与之耦合的峰 CH₂ 的位置。

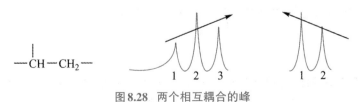

图 8.28　两个相互耦合的峰

　　一般 CH_3CH_2OH 中 -OH 的氢原子与 CH_2 的氢原子之间的偶合观察不到,因为在少量无机酸存在下分子间发生交换过程。

$$C_2H_5OH\ (\uparrow) + C_2H_5OH\ (\downarrow) \rightleftharpoons C_2H_5OH\ (\downarrow) + C_2H_5OH\ (\uparrow)$$

通常这种交换相对于NMR跃迁所需的时间来说是快速的,消除了自旋-自旋耦合作用,如图8.29(b)所示。但在高纯度醇中,交换缓慢,可以观察到自旋-自旋耦合作用,−OH上氢被邻位CH₂裂分为三重峰,CH₂的氢被邻位CH₃和OH裂分为八重峰,如图8.29(a)所示。

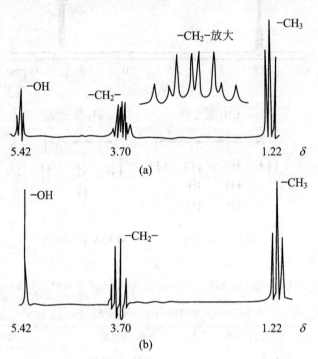

图8.29 乙醇的核磁谱图:(a) 高纯度醇;(b) 低纯度醇

8.4.5.4 化学等价与磁等价

1. 化学等价

如果分子中两个相同原子(或基团)处于相同的化学环境,它们就是化学等价的。如CH₂=CH₂中4个氢,它们为化学等价的氢核。例如,下列化合物中的氢都是化学等价的。

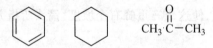

化学等价的氢有等位氢和对映氢两种,以−CH₂−为例:

$$\begin{array}{c} X \\ \ \ \diagdown \\ \ \ \ \ C \\ \diagup \ \ \diagup \\ Y \end{array} \begin{array}{c} H_a \\ \\ H_b \end{array}$$

(1)当X=Y时,H_a和H_b可以通过C_2对称轴旋转操作互换,这两个氢称为等位(homotopic)氢,具有相同的化学位移,无论在何种溶剂中,共振频率都相同,为化学等价。例如:CH_2Cl_2。

(2)当X≠Y时,没有对称轴,但H_a和H_b可通过对称面或二次旋转反演轴S_2使二者互换,则两个氢称为对映(enantiotopic)氢。在非手性溶剂中是化学等价的,在手性溶剂中化学不等价。例如:CH_3CH_2OH、CH_2BrCl。

(3) 当 X≠Y 时,H_a 和 H_b 不能通过任何对称操作互换,则两个氢为非对映(diastereotopic)氢。它们为化学不等价。

例如:

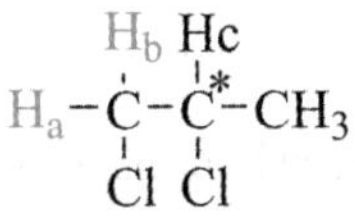

$$H_a-\overset{\overset{H_b}{|}}{\underset{\underset{Cl}{|}}{C}}-\overset{\overset{Hc}{|}}{\underset{\underset{Cl}{|}}{\overset{*}{C}}}-CH_3 \quad H_a 和 H_b 化学不等价。$$

(4) 判断 H_a 和 H_b 是否化学不等价的简单方法:

观察 X 和 Y 两个取代基中是否有一个不对称碳原子与 CH_2 相连。此处的不对称碳原子是指三个取代基不同,并非一定指手性碳原子。

例如,下列化合物中的 H_a 和 H_b 化学不等价

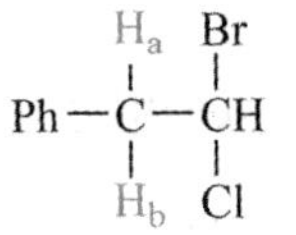

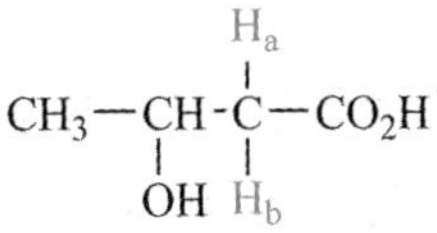

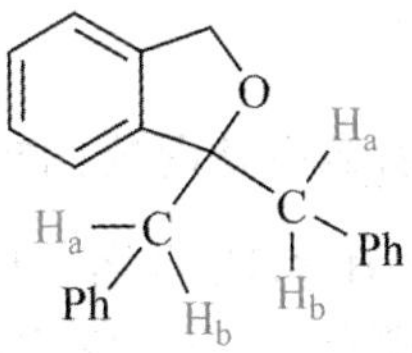

非对映氢不仅对原子适用,对基团也适用:例如,下列化合物中的 H_a 和 H_b 化学不等价。

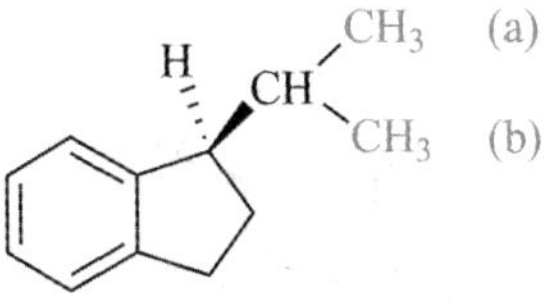

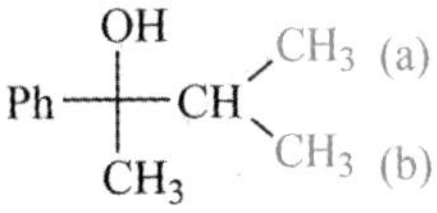

由前述讨论,我们得知:

甲基上的三个氢(或三个相同的基团,如叔丁基)是化学等价的。

固定环上的 CH_2 是化学不等价的。当环己烷不能进行椅式构象翻转时,直立键和平伏键的氢化学不等价。

与不对称碳相连 CH_2 的两个氢化学不等价。

单键不能快速旋转时,同一原子的两个相同基团化学不等价。

例如: 因为酰胺氮的孤对电子与羰基的 π 键发生 p-π 共轭,C—N 键具有部分双键的性质,限制了单键的快速旋转,所以氮上的两个甲基不等价。

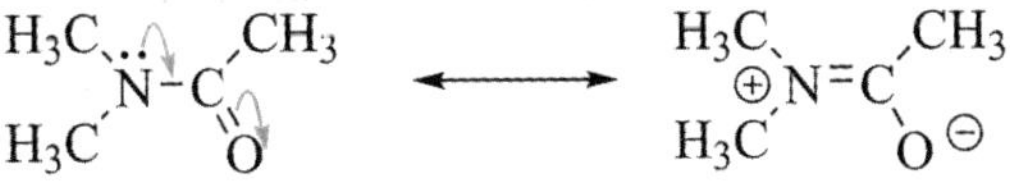

2. 磁等价

分子中某组核,其化学位移相同,并对自旋体系内其他任何一个磁性核的耦合常数都相同,则这组核称为磁等价(magnetic equivalence)。因此,两个原子核或两个基团的磁等价必须同时满足两个条件:

(1) 它们是化学等价的。

(2) 它们对分子中与其有耦合的任意另一核的耦合常数相同(包括数值和符号)。

二氟甲烷 CH_2F_2 的两个氢是化学等价和磁等价的,两个氟也是化学等价和磁等价的。因为两个氢的化学环境相同,是化学等价;两个氢对邻位一个氟的耦合常数相同,是磁等价。

CH₃－CH－CH₃
     |
    Br   两个甲基氢的化学环境相同,是化学等价;两个甲基氢对邻位次甲基氢的耦合常数相同,是磁等价。

H_a ＼ ／ F_a
    C＝C
H_b ／ ＼ F_b 1,1-二氟乙烯,从分子对称性可以看出,H_a和H_b,F_a和F_b都是化学等价的,但当H_a和H_b分别与F_a耦合时,H_a和F_a是顺式耦合,H_b与F_a是反式耦合,顺式耦合常数与反式耦合常数不相等,不符合条件(2),因此,H_a和H_b是化学等价、磁不等价;同理,两个F也是化学等价、磁不等价。故所有磁等价的核一定是化学等价的,但所有化学等价的核未必是磁等价的。

H_a ＼ ／ CH_3
    C＝C
H_b ／ ＼ CH_3 2-甲基丙烯的H_a和H_b是化学等价、磁不等价,两个甲基也是化学等价、磁不等价。分子中H_a和H_b的化学环境相同,是化学等价的,但H_a和H_b与一个甲基的氢耦合时,一个是顺式耦合,一个是反式耦合,耦合常数不同,不符合条件(2),因此,H_a和H_b是化学等价、磁不等价;同理,两个甲基也是化学等价、磁不等价。

我们再来分析一下化合物 I 和 II 的情况,其中X和Y是非磁性核。

化合物 I 中,H_A和$H_{A'}$化学等价,但H_A与H_B是邻位耦合,$H_{A'}$与H_B是对位耦合,耦合常数不同,所以H_A和$H_{A'}$磁不等价。

化合物 II 中,H_A和$H_{A'}$化学等价,H_A与H_B是间位耦合,$H_{A'}$与H_B也是间位耦合,耦合常数相同,所以H_A和$H_{A'}$磁等价。

8.4.6 一级谱

8.4.6.1 一级谱简介

1. 一级谱需要满足的条件

可用$n+1$规律解析的图谱称为一级谱(first-order spectra),一级谱需要满足两个条件:

(1) 两组相互耦合的氢$\Delta\nu/J>6$。

(2) 同一核组(其化学位移相同)的核均为磁等价。

对于条件(1),随着$\Delta\nu/J$比值的不断减小,相互耦合的两组共振峰彼此逐渐靠近,谱峰会相互叠加,$n+1$规律不再适用,这时谱图十分复杂,需作进一步解析。在极限$\Delta\nu=0$时,两组耦合的共振峰合二为一,出现单峰。

2. 一级谱的特点

一级谱具有以下特点:

(1) 峰的数目可用 $2nI+1$ 规律,即 $n+1$ 规律。

(2) 峰组内各峰的相对强度可用二项式展开系数近似地表示。

(3) 从图中可直接读出 δ 和 J。

一级谱的耦合常数可直接从谱图中读出。300 MHz 核磁共振仪,如果谱图的峰位以 ppm 为单位,只要测出相邻两裂分峰的距离,再乘 300(Hz) 就可以得到它们之间的耦合常数。谱图也可以 Hz 为单位给出每个峰位,这样可直接算出相邻两裂分峰的距离。

如图 8.30 所示,图的下方数据以 ppm 为单位,图的上方数据以 Hz 为单位。从图的上方数据中可直接算出相邻峰间距,从左到右分别是 6.889 Hz,6.858 Hz,6.852 Hz,6.895 Hz,6.871 Hz,6.820 Hz,六者平均值是 6.864 Hz,一般取值 $J=6.9$ Hz。数据间的误差不可避免,与仪器性能等因素有关。多数情况下,测得的 J 值允许误差 0.2~0.5 Hz。

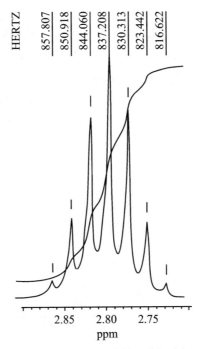

图 8.30　以 ppm 和 Hz 为单位的核磁共振峰(300 MHz)

8.4.6.2　耦合裂分分类

若耦合体系中有两个或两个以上的耦合常数 J,则可以按照裂分情况分为:dd(四重峰)、dt(六重峰)、ddd(八重峰)、tt(九重峰)等。每组峰的中心位置就是化学位移。

(1) dd 体系:CH_2 的左侧和右侧各有一个质子,有两个不同的 J 值,其测量方法如图 8.31 所示。谱线 1 和 2,谱线 3 和 4 之间距离都是 J_2,两双峰中心距离是 J_1。根据对称关系,J_1 值可直接测量谱线 1 和 3 或者谱线 2 和 4 之间的距离。

（2）dt体系：CH$_2$的左侧有一个质子,右侧有两个质子,dt体系有两个不同的J值,其测量方法如图8.32所示。谱线1和2,2和3,4和5,5和6之间距离都表示J_2值,两个强峰(谱线2和5)之间距离表示J_1值。

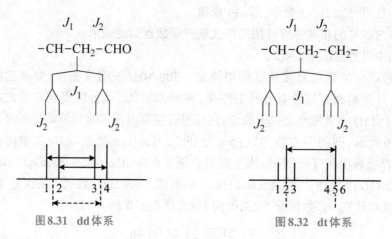

图8.31　dd体系　　　　　图8.32　dt体系

（3）ddd体系：两个dd体系组成ddd体系,有三个不同的J值,其测量方法类似dd体系,如图8.33所示,谱线1和2,3和4之间距离为J_3;两个双峰中心间的距离为J_2,也可根据对称关系,直接测量谱线1和3的距离。另一个dd四重峰(谱线5,6,7,8),用同样的方法也能找到J_2和J_3。两组dd峰的中心距离为J_1,J_1值也可以直接测量谱线1和5之间的距离。

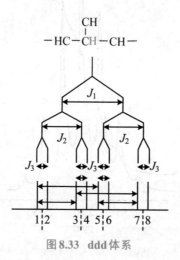

图8.33　ddd体系

（4）tt体系：有两个不同的J值,在直链化合物($-CH_2^A-CH_2^B-CH_2^C-$)中常见到,H^{B}被2个H^{A}裂分成三重峰,又进一步被2个H^{C}裂分成3个三重峰。当$J_{AB}=J_{BC}$时,每个裂分距离相同,第二次裂分的一些谱线重叠在一起,在谱图中只表现出五重峰,符合$n+1$规律,任意两相邻峰线的距离即是它们的耦合常数J值,如图8.34(a)所示。

然而实际分子J_{AB}与J_{BC}总是有微小差别,第二次裂分的谱线不可能完全重叠,使谱线变宽。当J_{AB}与J_{BC}差别增大时,就可能出现9条谱线,如图8.34(b),谱图变成tt耦合体系,耦合常数J_{AB}与J_{BC}的测量如图8.34(a)和图8.34(b)所示。

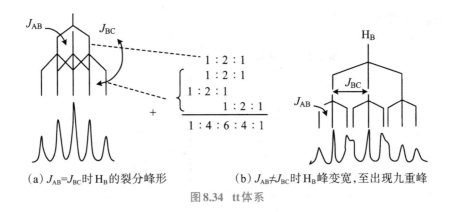

（a）$J_{AB}=J_{BC}$时H_B的裂分峰形 　　　（b）$J_{AB}\neq J_{BC}$时H_B峰变宽，至出现九重峰

图8.34 tt体系

8.4.7 核磁图谱的解析

解析NMR图谱的一般步骤如下：

（1）区分出杂质峰和溶剂峰。杂质峰与样品峰的积分面积没有简单的整数比关系，据此可将杂质峰区别出来。溶剂峰是不可避免的，因为氘代试剂不能达到100%氘代，如常用CDCl₃中的微量CHCl₃在7.27 ppm出现一个单峰。

（2）根据分子式计算不饱和度，当化合物的不饱和度大于等于4时，考虑可能存在芳环。

（3）根据峰面积判断各组峰的质子数（现在的图谱上已标出）。

（4）根据峰的化学位移确定它们的归属。若化学位移6.5～8 ppm，推测有芳香质子。

（5）根据峰的形状和耦合常数确定基团之间的互相关系。

（6）采用重水交换的方法识别−OH，−NH₂，−COOH的活泼氢。

（7）综合各种分析，推断分子的结构并对结论进行核对。

8.4.8 核磁共振碳谱 ¹³CNMR

8.4.8.1 碳谱简介

¹³CNMR的原理与¹HNMR类似，可以提供不等价碳核的化学环境信息和化学不等价碳核的数目信息；由于篇幅原因，在此我们只做简单介绍。

¹³C的自旋量子数$I=1/2$，但其磁旋比γ_C只有γ_H的1/4，并且¹³C的天然丰度只有1.1%。因此¹³CNMR的灵敏度很低，只有¹HNMR的1/5800，因而采用常规方法获取碳谱较困难。直到20世纪70年代，人们采用脉冲Fourier变换（Pulse Fourier Transform，PFT）技术与去耦方法相结合，提高了灵敏度，碳谱得以迅速发展，使其在有机结构分析上占有了重要地位。

例如：

1-氯戊烷分子中有五种氢，氢谱如图8.35（a）所示，C1和C5所连的氢可以明显区分出其耦合裂分的情况，但是C2～C4所连的氢，其谱峰相互重叠，无法区分出其耦合裂分的情况，给解谱带来困难。而其碳谱如图8.35（b）所示，清晰显示五个吸收峰，表示体系中有五种碳，对解析结构很有帮助。

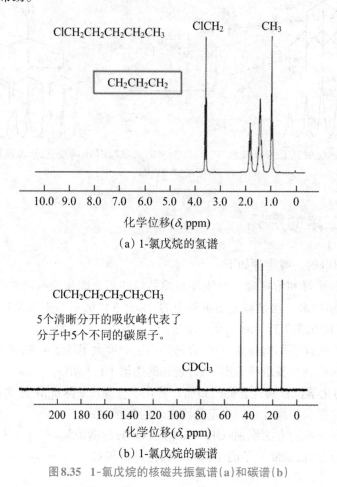

（a）1-氯戊烷的氢谱

（b）1-氯戊烷的碳谱

图8.35 1-氯戊烷的核磁共振氢谱（a）和碳谱（b）

8.4.8.2 去耦技术

讨论氢谱时，我们没有考虑碳核对氢核的耦合裂分，是因为 ^{13}C 的天然丰度只有1.1%，影响微弱，可以忽略不计。但是 ^1H 的天然丰度是100%，氢核会对碳核有耦合作用，由于有机分子大都存在碳氢键，从而使裂分谱线彼此交叠，谱图变得复杂而难以辨认，只有通过去耦处理，才能使谱图变得清晰可辨。

^{13}C NMR 的质子去耦，主要采用以下两种方法：

1. 质子宽带去耦

该方法可以去掉所有氢核对碳核的耦合作用，使只含 C，H，O，N 有机物的 ^{13}C NMR 谱图中 ^{13}C 的信号都变成单峰，因此，该方法能识别分子中不等性的碳核。与 ^1H NMR 相同，采用 TMS 作为参照物。

例如 $CH_3COCH_2CH_3$ 分子中有4种碳，有4个吸收峰，但是它们的峰高却不同。

此方法可以帮助确定化合物中不等性碳的种数，但不能用峰的强度衡量各种碳的个数。

2. 质子偏共振去耦

质子宽带去耦虽然显著提高了 ^{13}CNMR 的灵敏度,简化了谱图,但同时也失去很多有用的结构信息。如无法识别伯、仲、叔、季不同类型的碳,在这种情况下可以使用质子偏共振去耦法。

质子偏共振去耦可获得与碳直接相连氢与该碳耦合的谱图,去除其他氢核与该碳耦合的干扰,避免谱峰的交叉重叠现象。与碳直接相连氢对碳的耦合裂分也遵守 $n+1$ 规律。

例如:CH$_3$COCH$_2$CH$_3$

    a   b c   d

    Ca 和 Cd 上均连有三个 H,都裂分为四重峰;

    Cc 上连有两个 H,裂分为三重峰;

    Cb 上没有 H,为单峰。

采用偏共振去偶,既避免或降低了谱线间的重叠,具有较高的信噪比,也保留了与碳核直接相连质子的耦合信息。

8.4.8.3 ^{13}CNMR 的化学位移及影响因素

1. 化学位移

^{13}C 的化学位移是 ^{13}CNMR 谱的重要参数,由碳所处的化学环境决定。^{13}C 的化学位移范围大,可超过 200 ppm,常见 ^{13}C 的化学位移如表 8.16 所示,常用 TMS 作内标。

表 8.16 一些常见化合物 ^{13}CNMR 的化学位移

基团	δ_C,ppm	基团	δ_C,ppm
R–CH$_3$	8～30	CH$_3$–O	40～60
R$_2$CH$_2$	15～55	CH$_2$–O	40～70
R$_3$CH	20～60	CH–O	60～75
C–I	0～40	C–O	70～80
C–Br	25～65	C≡C	65～90
C–Cl	35～80	C=C	100～150
CH$_3$–N	20～45	C≡N	110～140
CH$_2$–N	40～60	芳香化合物	110～175
CH–N	50～70	酸、酯、酰胺	155～185
C–N	65～75	醛、酮	185～220
CH$_3$–S	10～20	环丙烷	–5～5

2. 影响化学位移的因素

(1) 碳的杂化状态

碳的杂化状态(sp^3,sp^2,sp)影响其化学位移,sp^3 杂化的 ^{13}C 化学位移一般在 0～60 ppm,sp^2 杂化的 ^{13}C 化学位移在 100～200 ppm,sp 杂化的 ^{13}C 化学位移在 60～90 ppm。

（2）诱导效应

与电负性大的原子或基团相连,使碳核外围电子云密度降低,向低场位移,化学位移值增大;取代基电负性越大,低场位移越明显。

	CH_3I	CH_3Br	CH_3Cl	CH_3F
$\delta(ppm)$	-20.7	10.0	24.9	80

此外,还有共轭效应、立体效应、重原子效应、氢键、溶剂、温度、同位素效应等其他因素的影响。

8.4.8.4 应用

例1:

卤代烃的消去产物有两种,根据 ^{13}CNMR 判断产物。

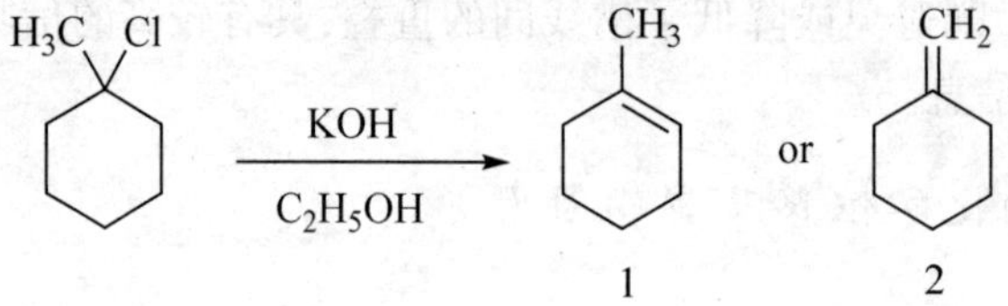

解析:对产物作质子宽带去偶 ^{13}CNMR 谱图,可判断反应的消去方向:

产物1:有5个 sp^3 杂化的碳,在 0~60 ppm 应有5个峰;有2个 sp^2 杂化的碳,在 100~150 ppm 应有2个峰;

产物2:是对称分子,虽有5个 sp^3 杂化的碳,但因对称性,0~60 ppm 应出现3个峰;

实验证明消去方向遵循莎伊切夫规则,主产物是化合物1。

例2:

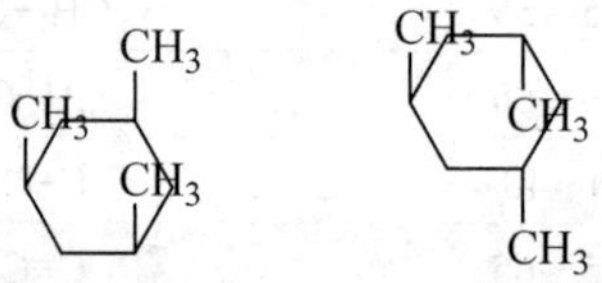

解析:全顺式和顺反反两种异构体很难用 ^{1}H NMR 区别, ^{13}C NMR 却很容易区别:

全顺式:对称性好,尽管分子中有9个碳,但在 0~60 ppm 范围内只出现3个峰;

顺反反:在 0~60 ppm 范围内出现6个峰。

8.5 质 谱

质谱（Mass Spectrum,MS）是唯一一种可以确定有机物分子式的方法,具有灵敏度高、检测快速的特点。利用高分辨质谱能同时提供样品的精确分子质量和结构信息;质谱还能有效地与各种色谱联用,如气质联用、液质联用、薄层层析质谱联用、气相或液相串联质谱等,用于复杂体系的分析。

8.5.1　质谱仪

8.5.1.1　质谱仪简介

质谱仪包括进样系统、离子源、质量分析器、真空系统、检测系统和数据处理系统。质谱仪的核心部件是离子源和质量分析器。

离子源的作用是让中性分子变成带电离子,质量分析器的作用是让离子源产生的带电离子在电场或磁场作用下,按照质核比(带电离子的质量与电荷之比,m/z)的不同进行分离。目前还没有哪一种离子源可以让所有中性有机分子变成带电离子(称为离子化),不同质量分析器对带电离子的分离功能也不同,所以市面上的离子源和质量分析器品种很多,两者的匹配造成质谱仪器种类非常繁多,不同质谱仪适用于不同有机物的检测,所以我们需要对质谱仪器进行了解。

常用离子源有电子轰击电离源(Electron Impact Ionization, EI)、化学电离源(Chemical Ionization, CI)、基质辅助激光解析电离源(Matrix-Assisted Laser Desportion Ionization, MALDI)、电喷雾电离源(Electrospray Ionization, ESI)、大气压化学电离源(Atmospheric Pressure Chemical Ionization, APCI)等,其中 EI 是气质联用的标配电离源,ESI 是液质联用的标配电离源。每种电离源的电离原理不同,本书以 EI 为例介绍离子源的电离原理。本书列出的质谱图,都是以 EI 为电离源的质谱图,标为 EI-MS。相同化合物,不同电离源得到的质谱图不相同。

日本科学家 Koichi Tanaka,发明了 MALDI 源,美国科学家 John B. Fenn 发明 ESI 源,两位科学家因两种电离源在生物大分子质谱检测领域的贡献获得 2002 年诺贝尔化学奖。

常用质量分析器有四极杆质谱、离子阱质谱、飞行时间质谱、傅里叶变换-离子回旋共振质谱和静电场轨道阱质谱等,每种质量分析器对带电离子的分离原理也不同,本书以飞行时间质谱为例介绍其分离原理。

8.5.1.2　电子轰击电离

一般用 70 eV 的电子束轰击气态分子,使气态分子失去一个电子而成为带正电的分子离子。有机物分子的电离电位一般为 7~15 eV, 70 eV 的电子常常使分子在离子化的同时还留给分子离子一定的内能,使分子离子进一步碎裂,产生不同质荷比的碎片离子。

电子在碰撞分子产生分子离子时,传递给分子离子的内能是不一样的。当电子从分子的侧边飞过,仅发生软碰撞,传递给分子的内能较少,分子失去一个电子成为稳定的分子离子而不再碎裂。当电子从分子的正面撞击,发生较强的硬碰撞时,传递给分子的内能较多,不仅使分子电离成离子,还留下较多的能量,使分子离子进一步碎裂,产生碎片离子。一束电子轰击样品分子时,可能部分样品分子与电子发生软碰撞,部分发生硬碰撞,产生内能不同的分子离子。含内能高的分子离子碎裂程度高,碎片离子丰富;含内能低的分子离子碎裂程度低,还有一些分子离子的内能很低,不再碎裂。因此,总的结果在质谱图中既有分子离子峰又有一些碎片离子峰,如图 8.36 所示。

软离子化

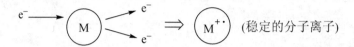

硬离子化

总结果:

硬离子化+软离子化 ⟹ M⁺· + 碎片离子

图 8.36　EI源得到分子离子和碎片离子示意图

EI离子化的过程会产生正离子、负离子、自由基、中性小分子等,只有正离子才会被电场排斥,离开电离源,进入分析器,负离子、自由基和中性小分子等被真空系统抽走,因此,EI-MS只能检测正离子。

8.5.1.3　飞行时间质谱

飞行时间质谱(Time of Flight,TOF)的核心部分是一个真空离子漂移管,当离子从离子源引出,经加速电压加速后,具有相同动能的离子进入漂移管,质荷比最小的离子具有最快的飞行速度首先到达检测器,质荷比最大的离子最后到达检测器。

离子从离子源引出,在空间、时间和动能上均有一个分布,因而同一质荷比的离子到达检测器的时间并不是某一固定值而是有一个时间分布,导致分辨率不高。延长飞行时间、增加飞行距离或降低加速电压都可以改善分辨率,提高分辨率的一个常用方法是在漂移管的终点加一个离子反射镜(reflection mirror),即加一个与离子同极性的电位(如正离子加正电位),因此离子会逐渐停止,然后在相反方向加速,以一个小的角度反方向飞行到检测器,如图8.37所示,这种方法使分辨率得到很大提高,但会使灵敏度下降。

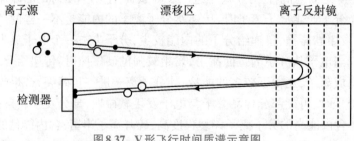

图 8.37　V形飞行时间质谱示意图

飞行时间质谱的优点是检测离子的质荷比范围宽,扫描速度快,灵敏度高,可以在软件协助下测量化合物的精确质量数。

8.5.2 质谱图

EI-MS的质谱图由横坐标、纵坐标和棒棒线组成。横坐标是离子质荷比的数值。纵坐标常用相对强度,最强的峰称为基峰,将其高度定为100%,其他峰的高度是相对于基峰高度的百分比。谱图中一般离子越稳定,峰的相对强度会越高;峰的强度与该离子出现的几率有关,丰度最高的正离子是最稳定的正离子。常用棒棒线代表某质荷比的离子,每一条线表示一个峰,每个峰代表一种离子。

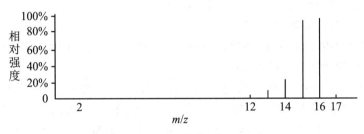

图8.38 甲烷的质谱图(EI-MS)

甲烷的质谱图(EI-MS)如图8.38所示,在m/z=16,15,14,13,12出现离子峰。

8.5.3 离子的主要类型

质谱裂解的过程比较复杂,并且裂解过程转瞬即逝,难以捕捉,但是人们积极进行研究,提出一些定性的假设,对离子的裂解方式可以给予合理的理论解释。

目前我们广泛应用的质谱裂解理论是McLafferty提出的"电荷-自由基定位理论",该理论认为,分子离子中电荷或自由基定位在分子的某个特定位置上,然后通过单电子或双电子转移来引发裂解反应。

EI-MS谱图中主要有分子离子、同位素离子、碎片离子和重排离子等。

8.5.3.1 分子离子

当中性分子被电子轰击,失去一个电子后得到分子离子,一般用M^{+}或$M^{+\cdot}$表示。

$$M + e^- \longrightarrow M^{+\cdot} + 2e^-$$
中性分子　　　　　　　分子离子

分子中被电离的位置取决于电子所处分子轨道的能级。根据分子轨道的能级排布,分子轨道能级越高,电子离核越远,受核束缚越弱,越容易离去。所以一般有机物电子失去的程度排序为:n>π>σ。

失去一个n电子形成的分子离子:

失去一个 π 电子形成的分子离子：

失去一个 σ 电子形成的分子离子：

$$RCH_2CH_3 \xrightarrow{-e^-} RCH_2CH_3 \rceil^{+\cdot}$$

当正电荷的位置不确定时用"⌐⁺·"表示。

分子离子峰需符合氮规则。

氮规则：当化合物不含氮或含偶数个氮原子时，该化合物分子量为偶数；当化合物含奇数个氮原子时，该化合物分子量为奇数。

氮规则比较容易理解，组成有机化合物的大多数元素，主要同位素的原子量若为偶数，其化合价（如 ^{12}C，^{16}O，^{32}S 等）也是偶数；若原子量为奇数，化合价（如 ^1H，^{35}Cl，^{79}Br，^{31}P 等）也是奇数。只有 ^{14}N 是不同的，它的质量数是偶数，但化合价是奇数，由此得出氮规则。

例如，对硝基甲苯含奇数氮，分子离子峰 $\mathbf{M}^{+\cdot}$ 为137，是奇数；丁酸不含氮，分子离子峰 $\mathbf{M}^{+\cdot}$ 为88，是偶数。

$\mathbf{M}^{+\cdot}$ $m/z=137$ $CH_3CH_2CH_2COOH$ $\mathbf{M}^{+\cdot}$ $m/z=88$

8.5.3.2　同位素离子

原子量是一种元素所有天然同位素按其丰度的质量加权值。同位素是质子数相同而中子数不同的一类原子。常见元素的同位素相对丰度如表8.17所示，这些元素的最低质量数恰好都是丰度最大的。

表8.17　天然同位素丰度比（以轻的同位素为100%的换算值）

元 素	同 位 素 丰 度 比(%)					
碳	^{12}C	100	^{13}C	1.08		
氢	^1H	100	^2H	0.016		
氮	^{14}N	100	^{15}N	0.38		
氧	^{16}O	100	^{17}O	0.04	^{18}O	0.20
硫	^{32}S	100	^{33}S	0.78	^{34}S	4.40
氯	^{35}Cl	100			^{37}Cl	32.5
溴	^{79}Br	100			^{81}Br	98.0

从表 8.17 中看到,同位素一般比常见元素重,同位素峰都出现在相应峰的右侧附近。

同位素离子峰($M+2$)对鉴定分子中含有的氯、溴、硫原子很有用,因为这些元素含有丰富的高两个质量单位的同位素,并在 M、$M+2$、$M+4$ 处出现特征强度的离子峰,如溴乙烷分子中,^{79}Br 占 100%,^{81}Br 占 98%,所以溴乙烷分子离子峰与其同位素峰的高度比约为 $M:(M+2)=$ 1:1。如氯丙烷分子含 1 个 Cl,^{35}Cl 占 100%,^{37}Cl 占 33%,则分子离子峰与其同位素峰的高度比约为 $M:(M+2)=3:1$。

当分子中含有多个相同的卤素原子时,各种同位素峰相对丰度可用二项式 $(a+b)^n$ 展开式的系数来近似计算。例如某分子中含有 2 个 Br,二项式 $(1+1)^2$ 展开式的系数为 1:2:1,则同位素峰的相对丰度近似比为 $M:(M+2):(M+4)=1:2:1$。如某分子中含有 2 个 Cl,二项式 $(3+1)^2$ 展开式的系数为 9:6:1,则同位素峰的相对丰度近似比为 $M:(M+2):(M+4)=9:6:1$。当分子中含有 Cl 或 Br 时,其分子离子峰与其同位素峰如图 8.39 所示。

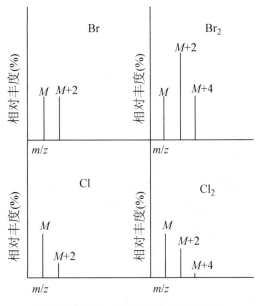

图 8.39　含氯、溴的同位素峰(EI-MS)

8.5.3.3　碎片离子和重排离子

碎片离子是分子离子断裂产生的离子。重排离子是分子离子发生重排开裂产生的离子。具体产生路径见下节的讨论。

8.5.4　分子离子的断裂

分子离子的断裂可分为两大类:简单开裂和重排开裂。

8.5.4.1　简单开裂

简单开裂有三种类型的开裂方式:均裂、异裂和半异裂;我们用鱼钩箭头 ⌒ 表示单电子转移，⌢表示双电子转移。

1. 均裂

两个电子构成的σ键开裂后，每个碎片各保留一个电子，称为均裂（homolytic bond cleavage），又称为"α-开裂"。均裂的动力源于自由基有强烈的电子配对倾向，在自由基α-位引发σ键的断裂，并与碎片中保留的单电子配对，形成新化学键。

含饱和杂原子的化合物：

$$R'\overset{\frown}{-}CR_2\overset{+\cdot}{-}Y-R'' \xrightarrow{\alpha-} R'\cdot + CR_2=\overset{\oplus}{Y}-R''$$

含不饱和杂原子的化合物：

$$R-\overset{+\cdot}{C}=O \xrightarrow{\alpha-} R\cdot + R'-\overset{\oplus}{C}\equiv O$$
$$\xrightarrow{R'} R'\cdot + R-\overset{\oplus}{C}\equiv O$$

含碳碳不饱和键的化合物：

$$R-CH_2-CH=CH_2 \xrightarrow{-e} R\overset{\frown}{-}CH_2-\overset{+\cdot}{CH}-CH_2 \xrightarrow{\alpha-} R\cdot + \overset{\oplus}{CH_2}=CH-CH_2$$
$$\updownarrow$$
$$\overset{\oplus}{CH_2}-CH=CH_2$$

2. 异裂

键断裂时，两个电子都转移到同一个原子上，称为异裂（heterolytic bond cleavage）。异裂多为正电荷的诱导作用引起的，又称为诱导开裂，以"i-开裂"表示。

$$R-\overset{+\cdot}{O}-R' \xrightarrow{i-} \overset{\oplus}{R} + \cdot O-R'$$
$$R\overset{\frown}{-}CH=\overset{+\cdot}{Y} \xrightarrow{i-} \overset{\oplus}{R} + HC\equiv Y\cdot$$

已经发生过α-断裂得到的碎片，也可以再发生i-开裂：

$$R\overset{\frown}{-}\overset{\oplus}{C}\equiv O \xrightarrow{i-} \overset{\oplus}{R}+ CO$$
$$R\overset{\frown}{-}\overset{\oplus}{Y}=CH_2 \xrightarrow{i-} \overset{\oplus}{R}+ Y=CH_2$$

3. 半异裂

已电离的σ键，发生裂解，称为半异裂（hemiheterolytic bond cleavage），用"σ-开裂"表示。烷烃体系，只能发生σ-开裂。

$$R-R' \xrightarrow{-e} R\cdot+R' \xrightarrow{\sigma-} \overset{\oplus}{R} + R'\cdot$$

$$C_2H_5-\overset{\underset{CH_3}{|}}{\overset{\overset{CH_3}{|}}{C}}-CH_3 \xrightarrow{-e} C_2H_5\cdot+\overset{\overset{CH_3}{|}}{C}-CH_3 \xrightarrow{\sigma-} C_2H_5\cdot + (CH_3)_3\overset{\oplus}{C}$$

4. 一般裂解规律

（1）稳定的碳正离子更容易形成

通常稳定的碎片离子较容易形成，其相对强度较高。已知各种碳正离子的稳定性顺序如下：

$$\overset{\oplus}{PhCH_2} \sim CH_2=CH-\overset{\oplus}{CH_2} \sim (CH_3)_3\overset{\oplus}{C} > (CH_3)_2\overset{\oplus}{CH} > CH_3\overset{\oplus}{CH_2} > \overset{\oplus}{CH_3}$$

不饱和烃类化合物容易在烯丙位断裂，形成稳定的烯丙基正离子。

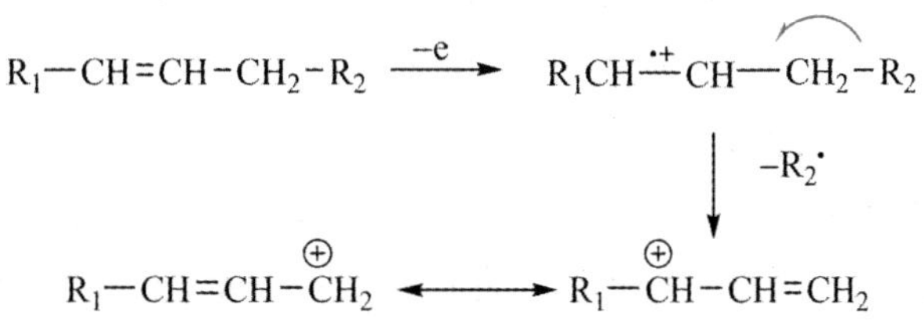

$$R_1-CH=CH-CH_2-R_2 \xrightarrow{\ -e\ } R_1CH\overset{\cdot+}{=\!\!\!=}CH-CH_2-R_2$$

$$\downarrow -R_2\cdot$$

$$R_1-CH=CH-\overset{\oplus}{CH_2} \longleftrightarrow R_1-\overset{\oplus}{CH}-CH=CH_2$$

烷基苯化合物易形成稳定的苄基碳正离子

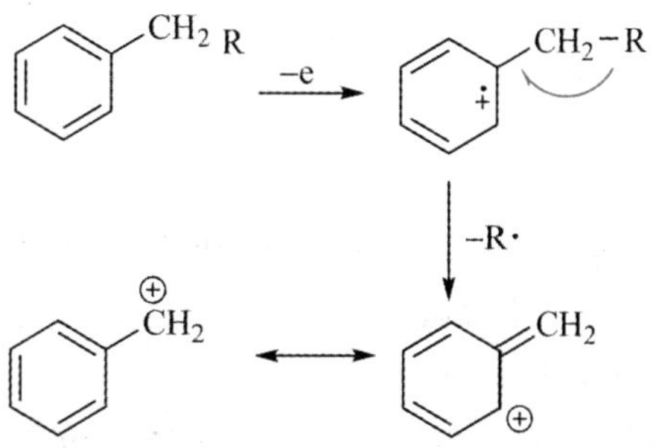

$$m/z=91$$

支链烃比直链烃更容易裂解，并且通常在支链处裂解，叔碳正离子易形成。

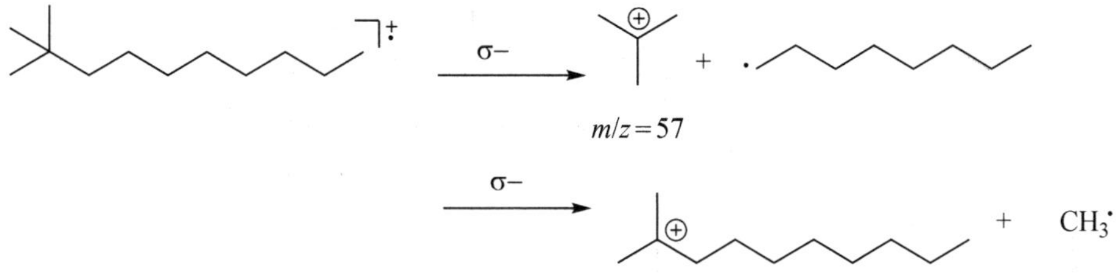

$$m/z=57$$

$$m/z=155$$

八隅体很稳定，易形成。当分子中含杂原子时，裂解常发生于邻近杂原子的 C–C 键上，得到的八隅体碎片离子较稳定，易形成。

$$C_3H_7-CH_2-O-CH_3 \rceil^{+} \equiv C_3H_7-\overset{+\cdot}{C}H_2OCH_3 \xrightarrow{\alpha-} CH_2=\overset{+}{O}CH_3 + \cdot C_3H_7$$

$$100\%$$

$$C_3H_7CH_2-\overset{+\cdot}{O}CH_2 \begin{matrix} \xrightarrow{i} C_3H_7\overset{\oplus}{C}H_2 + \cdot OCH_3 \\ 25\% \\ \\ \xrightarrow{i} CH_3\overset{\oplus}{O} + C_3H_7CH_2\cdot \\ 1\% \end{matrix}$$

$$8.2 \text{ eV} \quad 9.8 \text{ eV}$$

（2）有利于失去中性小分子

在开裂时,经常伴随着失去稳定的中性小分子,如:CO、H_2O、ROH、H_2S、NH_3等。因为这些中性小分子相当稳定,同时产生的正离子即使稳定性较差,也会出现较高的相对丰度。例如,通常 CH_3^+ 很不稳定,但因为失去稳定的 CO_2 小分子,会使 CH_3^+ 的丰度增强。

$$H_3C-\overset{\overset{+\cdot}{O}}{O}-R \xrightarrow[-R\cdot]{\alpha-} CH_3-O-C\equiv\overset{\oplus}{O} \xrightarrow{i-} \overset{\oplus}{C}H_3 + CO_2$$

（3）最大烷基丢失规律

分子离子或其他离子以同一种裂解方式（如 α-开裂）进行裂解反应时,失去较大基团的裂解过程占优势,形成的产物离子丰度较大。

例如,己-2-酮的分子离子在进行 α-断裂时,丢失丁基自由基产生的 CH_3CO^+ 丰度更高,为 100%,而丢失甲基自由基产生 $C_4H_9CO^+$ 的丰度只有 2%。同样带有支链的烷烃开裂时,丢失辛基自由基生成叔丁基碳正离子 $m/z=57$ 的丰度也高于丢失甲基自由基生成的三级碳正离子 $m/z=155$ 的丰度。

$$\begin{matrix} \xrightarrow{\alpha-} \cdot C_4H_9 + CH_3C\equiv\overset{\oplus}{O} \\ (100\%) \\ \\ \xrightarrow{\alpha-} \cdot CH_3 + C_4H_9C\equiv\overset{\oplus}{O} \\ (2\%) \end{matrix}$$

$$\xrightarrow{\sigma-} + \cdot$$

$$m/z = 57$$

$$\xrightarrow{\sigma-} + CH_3\cdot$$

$$m/z = 155$$

8.5.4.2 重排开裂

简单开裂只涉及一个化学键的变化,重排同时涉及至少两根键的变化,在重排中既有键的断裂也有键的生成。重排产生了在原化合物中不存在的结构单元的重排离子。

常见的重排开裂有两种:麦氏重排开裂和逆狄尔斯–阿尔德开裂。

1. 麦氏重排(McLafferty rearrangement)

麦氏重排是 γ-H 通过六元环过渡态向不饱和基团转变的重排裂解反应,凡是具有不饱和基团和 γ-H 的化合物都有可能发生这类重排,其通式为

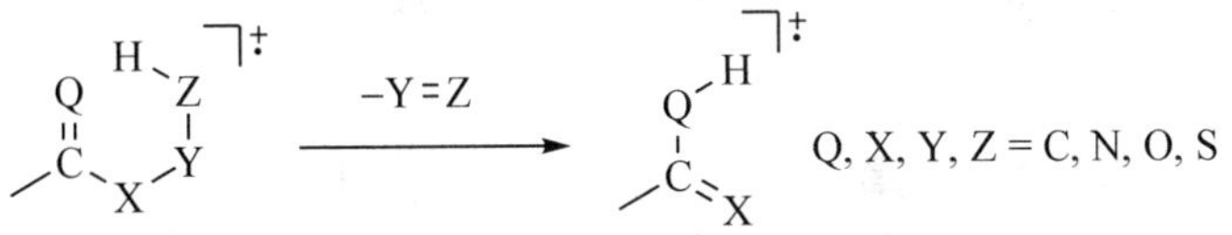

$$Q, X, Y, Z = C, N, O, S$$

麦氏重排在链状烯烃、醛、酮、酰胺、酯、羧酸、腈、亚胺等各类化合物的结构鉴定中十分有用,只要满足条件(存在不饱和基团和 γ-H),发生麦式重排的几率很大。如果重排离子仍满足条件,可再次发生麦氏重排。麦式重排通常含 π 键一侧的重排离子带正电荷的几率较大。例如

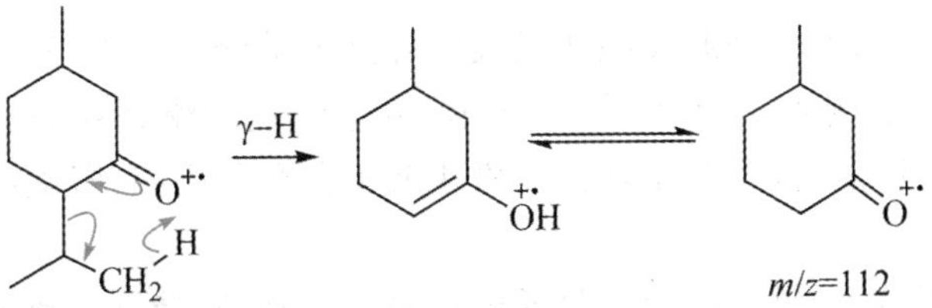

$$m/z = 112$$

壬-4-酮可以发生两次麦氏重排:

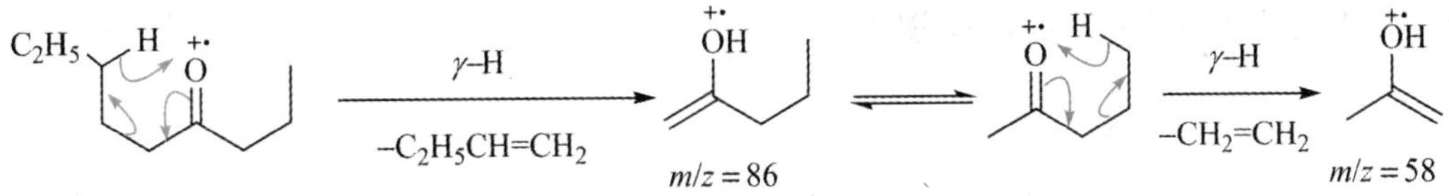

$$m/z = 86 \qquad m/z = 58$$

2. 逆狄尔斯–阿尔德开裂

当分子中存在含双键的六元环时,可发生逆狄尔斯-阿尔德开裂(Retro-Diels-Alder,RDA)反应。从表面上看,这种重排反应刚好是 Diels-Alder 加成反应的逆向过程,因此称为 RDA 裂解。例如,环己烯的双键电子失去一个电子后,通过六元环的过渡态,产生一个双烯体和亲双烯体,正电荷和自由基通常留在双烯体上。丢失一个中性小分子乙烯,产生丁-1,3-二烯的奇电子离子 $m/z=54$。

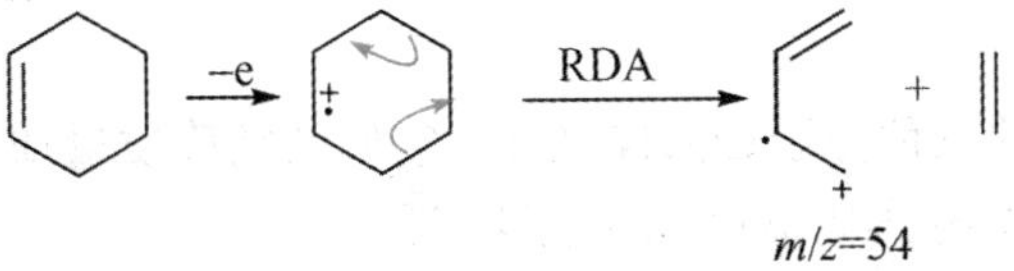

$$m/z=54$$

在脂环化合物、生物碱、萜类、甾体和黄酮等质谱图上经常可看到由这种重排开裂所产生的碎片离子峰。

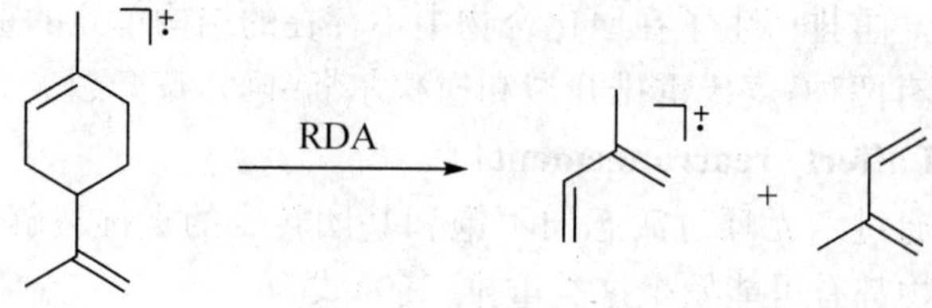

$m/z=136$ RDA $m/z=68$

8.5.5　利用质谱测分子量、确定分子式、推断结构

8.5.5.1　测分子量

采用EI电离源,有机小分子通常所带电荷数 $z=1$,所以根据分子离子峰的m/z值,就可以得到化合物的分子量。

对于EI-MS谱,首先需要判断质核比最大的峰是否是分子离子峰,有些化合物分子离子较稳定,峰的强度较大,例如,芳香化合物、共轭多烯、直链的酮、酯、酸、醛、酰胺等。有些化合物的分子离子极不稳定,分子离子峰强度极小或不存在。例如,多支链的烷烃、脂肪醇、脂肪胺或缩醛等。

分子离子峰需要符合氮规则,通常是质核比最大的峰,所带电子数为奇数。分子离子峰与邻近峰的质量差应该是合理的(M-3到M-13、M-20到M-25之内不可能有峰),这是确定质核比是否是分子离子峰的重要考虑因素。

8.5.5.2　确定分子式

确定了分子量以后,我们可以根据分子量来推测分子式。推测化合物的分子式有两种方法:高分辨质谱法和低分辨质谱法。

1. 高分辨质谱法

高分辨质谱观察到的分子离子质量是组成分子的各种元素丰度最高的同位素精确质量计算而来的,由于原子的精确质量大多不是整数(^{12}C除外)。大多数有机分子所含元素多为C、H、O、N、S、P和卤素等,它们的精确质量和天然丰度如表8.18所示,由这些元素组合所形成的有机分子,其精确分子量都有特征的分子量尾数,这反映了组成该分子的元素种类和数目。

例如,质量接近28的三种分子CO,N_2,C_2H_4,它们的精确质量却不相同,分别为27.9949,28.0061,28.0318,因此,高分辨质谱可以区别这三种分子。

采用高分辨质谱测定的精确质量来推断分子式的过程如下:由高分辨质谱得到的精确分子量经过计算机处理,会给出一组分子式,这组分子式的每个分子量整数部分相同,分子量尾数稍有差别,然后结合氮规则、核磁等信息,推出最可能的分子式。

表8.18　各种元素的精确质量和天然丰度

元素	M		M+1		M+2	
	质量	丰度(%)	质量	丰度(%)	质量	丰度(%)
H	1.0078	100	2.0140	0.015		
C	12.0000	100	13.0034	1.08		
N	14.0031	100	15.0001	0.37		
O	15.9949	100	17	0.04	17.9992	0.20
Si	27.9769	100	28.9765	5.06	29.9738	3.31
S	31.9721	100	32.9715	0.78	33.9679	4.42
Cl	34.9688	100			36.9659	32.63
Br	78.9183	100			80.9163	97.75

例如,某化合物的分子离子 $m/z=239$,高分辨质谱测得的精确质量是239.0614,通过计算机模拟或者查Beynon表给出的可能分子式如表8.19所示,请确定合理的分子式。表中μ为毫原子质量单位,是仪器测量精度的一种表示方法,表示计算值与测定值之差。

表8.19　计算机模拟的可能分子式

测得质量	计算值	μ	分子式	序号
239.0614	239.06143	0.0	$C_2H_3N_{14}O$	1
	239.06143	0.0	$C_3H_9N_7O_6$	2
	239.06162	0.2	$C_{11}H_{13}NO_3S$	3
	239.06096	−0.4	$C_2H_{11}N_{10}S_2$	4
	239.06092	−0.5	$C_{17}H_7N_2$	5
	239.06230	0.9	$C_4H_{13}N_7OS_2$	6

由于分子离子的质量数为奇数239,根据氮规则,分子式一定含奇数个氮原子,因此分子式中氮为偶数的第1、4、5号的分子式被排除。再结合核磁共振谱(如碳谱信息),可排除第2和6号分子式,只有第3号($C_{11}H_{13}NO_3S$)是最合理的分子式,由高分辨质谱给出的精确分子量和碎片离子质量可以计算化合物的分子式和碎片离子的元素组成,为结构式的推断提供很大方便。

目前市面上常用的质谱仪傅里叶变换-离子回旋共振质谱和静电场轨道阱质谱是高分辨质谱,飞行时间质谱可以在软件辅助下完成高分辨的功能。

2. 低分辨质谱法

分子离子是指由天然丰度最高的同位素组合的离子,由相同元素的其他同位素组成的离子为同位素离子。质谱图中同位素的丰度,理论上等于离子中存在的该元素的原子数目与该同位素相对含量的乘积。

例如,乙烷 CH_3CH_3,分子离子 $m/z=30$ 右侧有一个 $m/z=31$ 的峰,该峰的强度约为分子离子峰的2.2%,这是因为 ^{13}C 的丰度约是 ^{12}C 的1.1%,分子中有两个碳原子,即1.1%×2=2.2%。

根据天然同位素的丰度,由C,H,O,N,S元素组成的化合物,通用分子式为$C_xH_yO_zN_uS_v$,其同位素峰簇各峰的相对强度可近似表示为

$$\frac{I(M+1)}{I(M)} \times 100\% \approx 1.1x + 0.37u + 0.8v$$

$$\frac{I(M+1)}{I(M)} \times 100\% \approx \frac{(1.1x)^2}{200} + 0.2z + 4.4v$$

对于$M+1$峰来说,H和O的贡献可忽略不计,扣除N和S对$M+1$的贡献后,就可以算出^{13}C对$M+1$峰的贡献,从而估算出分子中的碳原子数。对$M+2$峰的贡献,除了硫原子具有明显特征丰度外,还有^{13}C和^{18}O的贡献,其中^{13}C对$M+2$的贡献可近似为$\frac{(1.1x)^2}{200}$,扣除S和^{13}C对$M+2$的贡献,可以估算分子中氧原子数。由于杂质或其他因素的干扰,上述计算结果可能会有一定偏差。

例如,某化合物的分子离子$m/z=119$,相对丰度为75%,$M+1$的丰度为6.06%,$M+2$的丰度为0.38%,试推算分子式。

解析:先对分子离子峰和同位素峰进行归一化计算,得到分子离子M的丰度100%;$M+1$的丰度8.08%;$M+2$的丰度0.51%;因分子离子峰$m/z=119$是奇数,根据氮规则,分子含奇数个N。根据$M+1$的丰度,计算C原子数约为$(8.08-0.37)/1.1=7$,根据分子量和含碳原子数,氮原子数只能为1;根据$M+2$的丰度,计算$0.51-(1.1\times7)^2/200=0.24$,推测含1个O;根据分子量为119,推测所含的原子(1个N,7个C和1个O),质量差为$119-12\times7-16-14=5$,所以分子含5个H,分子式为C_7H_5NO。

8.5.5.3 质谱的解析过程

质谱解析过程如下:

① 首先判断分子离子峰;

② 确定分子量和分子式;

③ 计算不饱和度;

④ 根据碎片离子推测化合物结构。

谱图中的重要离子(高质量端的离子、重排离子和基峰)需要解析。因为高质量端的离子与分子离子峰的关系密切,体现化合物的结构特征。重排反应需要特定的条件,故重排离子具有较多的结构信息;一般重排产生奇电子离子,不含氮的化合物,重排离子的质量为偶数。重要的特征性离子(基峰)峰强最强,结构稳定,体现化合物的结构特征,对结构解析帮助大。

8.5.5.4 实例解析:

例1 分子式为$C_6H_{12}O$的酮(A)、酮(B),它们的EI-MS如图8.40所示,试确定酮(A)与酮(B)的结构。

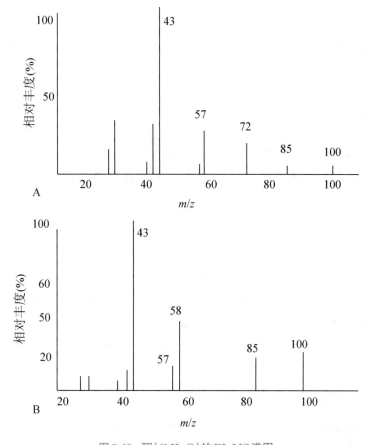

图 8.40　酮（$C_6H_{12}O$）的 EI-MS 谱图

解　化合物 A（$C_6H_{12}O$）具有较强的离子峰 $m/z=100,85,72,57,43$。

$m/z=100$ 是分子离子峰；

$m/z=85$,（$M-15$），分析失去一个 CH_3 自由基；

$m/z=43$,（$M-57$），分析失去一个 C_4H_9 自由基；

$m/z=57$,$M-15-28=57$,分子离子通过 α-开裂失去甲基自由基,再通过 i-开裂失去 CO 中性小分子,可能是 $C_4H_9^+$。

$m/z=72$,（$M-28$），失去乙烯中性小分子,麦氏重排,具有 γ-H。

其碎片离子的裂解路径如下：

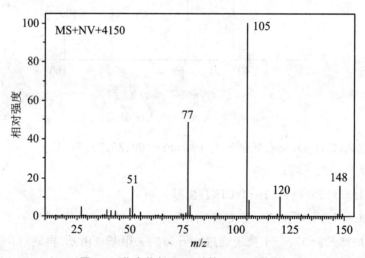

所以化合物 A 为 3-甲基戊-2-酮。

化合物 B 无 $m/z=72$，但是有 $m/z=58$ 的峰，$M-42=58$，失去丙烯，其余都和化合物 A 相同，所以判断化合物 B 也为甲基丁基酮，它也能发生麦氏重排，因此化合物 B 为：$CH_3COCH_2CH_2CH_3$ 或 $CH_3COCH_2CH(CH_3)_2$，这两个化合物通过质谱图不好区分。

例 2 在一未知物，其 EI-MS 如图 8.41 所示，其分子离子峰为 $m/z=148$，基峰为 $m/z=105$，其他各主要峰分别为 $m/z=120,77,51$，经过精确测定分子峰的质量数确定该化合物的分子式为 $C_{10}H_{12}O$，请推测其结构，给出碎片离子的裂解路径。

图 8.41　化合物（$C_{10}H_{12}O$）的 EI-MS 谱图

解　计算该化合物的不饱和度 $=n_C+(n_N-n_H)/2+1=10+(0-12)/2+1=5$，$m/z=77$、51 的峰表明可能含有苯环，除了苯环，分子中还应含有一个双键，由于分子中含有一个氧，其基峰为 $m/z=105$，推测可能为 $PhCO^+$，$148-105=43$，这个质量数相当于 CH_3CO，C_3H_7，由于分子中只有一个氧，表明是从分子离子中失去一个 C_3H_7，得到 $m/z=105$ 的离子，推测此化合物应为 $PhCOC_3H_7$。

碎片离子的裂解路径如下：

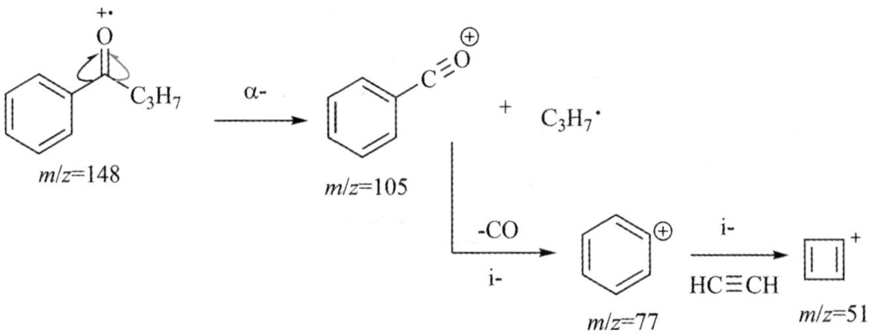

那么 C_3H_7 的结构是什么样的呢? $m/z=120$ 是由 148-120=28 得到,可以通过麦氏重排,失去一个乙烯分子得到,所以 C_3H_7 需要具有 γ-H,为直链的 -C_3H_7。

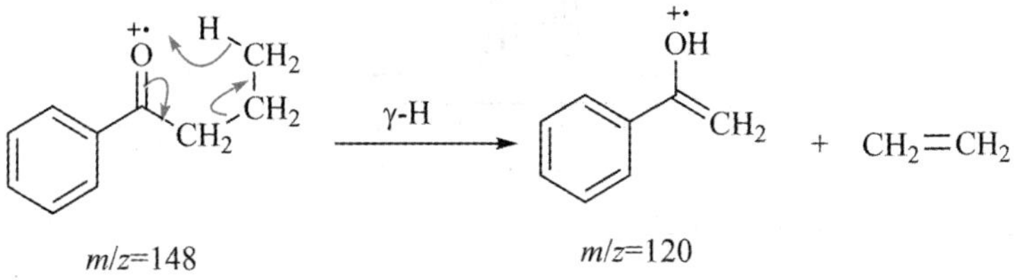

所以化合物的结构是:$PhCOCH_2CH_2CH_3$。

练习题

1. 指出下列化合物能量最低的电子跃迁类型? 其波长最长的吸收峰约在何处?

(1) CH_3OH　　　　(2)  ⬠　　　　(3) 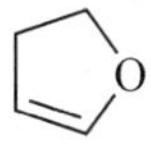 呋喃　　　　(4) $(CH_3)_2N-CH=CH_2$

(5) $H_3C-CH_2-C≡CH$　　(6) CH_3-CH_2-CHO

2. 指出下列各对化合物中,哪一个化合物能吸收波长较长的光(只考虑 π→π* 跃迁)

(1) $CH_3-CH=CH_2$ 及 $CH_3CH=CH-O-CH_3$

(2)  ⬡ 及 ⬡NHR

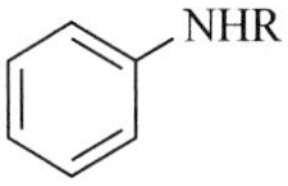

(3) $CH_2=CH-CH_2-CH=CHNH_2$ 及 $CH_3-CH=CH-CH=CHNH_2$

3. 下列化合物中,有多少组不等同的质子:

(1) $CH_3CH_2OCH_2CH_3$　(2) 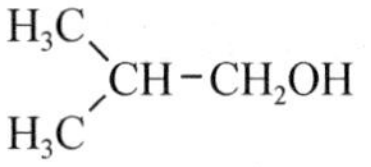 $(H_3C)_2CH-CH_2OH$　　(3) ClCH=CHCl (Cl和H,H和Cl)　　(4) ClCH=CCl (Cl,Cl,H,H)

(5) 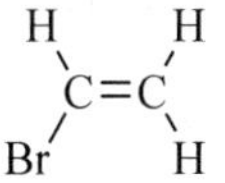 $C=C$ (Br, H, H, H)　　(6) $ClCH_2CH_2Br$　　(7) 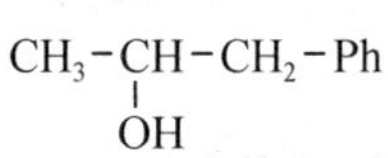 $CH_3-CH(OH)-CH_2-Ph$　　(8) CH_3CH_2Cl

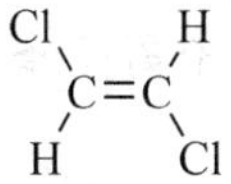

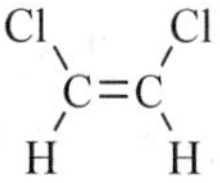

4. 写出具有图(1)至(4)的分子式及核磁共振氢谱的化合物的结构式

(1) 分子式 C_8H_8,面积比为 1:3。

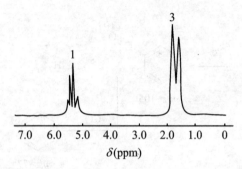

（2）分子式 $C_4H_4Cl_2$，面积比为 1:1。

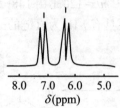

（3）分子式 $C_{10}H_{14}$，面积比为 5:9。

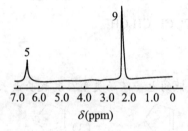

（4）分子式 C_4H_8O，面积比为 2:3:3。

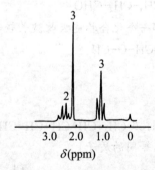

5. 某羰基化合物的分子离子峰为 $m/z=44$，质谱图上给出两个强峰，m/z 分别为 29 及 43，试推测此化合物的结构。

6. 某一酯类化合物，初步推测为 A 或 B，质谱图上 $m/z=74$ 处给出一个强峰，试推定其结构？

（A）$CH_3CH_2CH_2COOCH_3$　　　（B）$(CH_3)_2CHCOOCH_3$

7. 两种互为异构体的烃类化合物 A 和 B，分子式为 C_6H_8，A 和 B 经催化氢化后都得到 C，C 的 ^1H-NMR 谱只在 $\delta=1.4$ ppm 处有一信号，而 A 和 B 的 ^1H-NMR 谱 δ 在 1.5~2.0 ppm 之间及 δ 在 5~5.7 ppm 范围有两个强度相同的吸收信号，紫外光谱测定表明：C 在 200 nm 以上无吸收,B虽然在200 nm以上无吸收,但吸收峰接近200 nm,A在250~260 nm处有较强的吸收,试确定A,B,C的结构。

8. 从一种毛状蒿中分离出一种茵陈烯,分子式为$C_{12}H_{10}$,该化合物的UV谱最大吸收为$\lambda_{max}=239$ nm($\varepsilon=5000$),IR谱在2210 cm^{-1},2160 cm^{-1}处有吸收。其^1HNMR谱如下:$\delta=7.1$(多重峰5H),2.3(单峰2H),1.7(单峰3H),试确定其结构。

9. 红外光谱的哪些特征振动频率可以用于区别下列各对化合物?

(1) $CH_3CH_2CH_2CH_3$ 与 $CH_3CH_2CH=CH_2$　　　　(2) $C_6H_5C\equiv CH$ 与 $C_6H_5CH=CH_2$

(3) $CH_3CC\equiv CH_3$ 与 $CH_3CH_2C\equiv CH$　　　(4)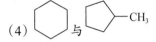

(5) $CH_3CH_2C\equiv CH$ 与 $CH_3CH_2C\equiv N$

(6) $CH_3CH_2CH=CH_2$ 与 $CH_3CH=CHCH_3$(反)

(7) 与　　　　　　　　　　　(8) 与

10. 下列化合物中有多少组等价的质子?

(1) $CH_3CH_2OCH_2CH_3$　　　(2) $(CH_3)_2CHCH_2OH$　　　(3)

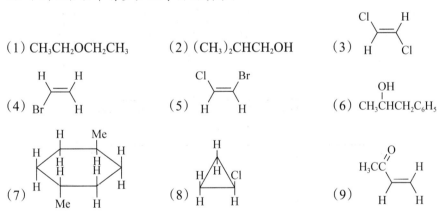

(4)　　　　　(5)　　　　　(6) $CH_3CHCH_2C_6H_5$

(7)　　　　　(8)　　　　　(9)

11. $C_{10}H_{14}$有3个异构体,试根据下列核磁共振谱数据,推测它们的结构。

(1) ^1H NMR δ(ppm):1.2(6H,d),2.2(3H,s),2.8(1H,m),7.3(4H,m)

(2) ^1H NMR δ(ppm):1.0(9H,s),7.3(5H,m)

(3) ^1H NMR δ(ppm):1.0(6H,d),1.6(1H,m),2.65(2H,d),7.3(5H,m)

12. (1) 化合物A(C_5H_8),在催化氢化时,产生顺-1,2-二甲环丙烷,据此认为A有三种异构体,它们分别是什么?

(2) A在890 cm^{-1}处没有红外吸收,使其中一种结构不能成立,它是哪一种?

(3) A的^1H NMR在$\delta=2.22$ ppm及1.04 ppm处有信号,强度比为3:1,三种结构中哪一种比较符合?

(4) 化合物A是从开链化合物一步合成得到,试写出其转变过程。

13. 根据NMR的数据,推测下列化合物的结构。

(1) $C_4H_7BrO_2$ $\delta(ppm)$:1.97(3H,t),2.07(2H,m),4.32(1H,t),10.97(1H,s)

(2) C_3H_6O $\delta(ppm)$:2.72(2H,m),4.73(4H,t)

(3) $C_4H_8O_3$ $\delta(ppm)$:1.27(3H,t),3.66(2H,q),4.13(2H,s),10.95(1H,s)

14. (1) 化合物A($C_9H_{10}O$),它在1690 cm^{-1}有一强的红外吸收峰,A的^{1}H NMR谱如下: $\delta(ppm)$:1.2(3H,t),3.0(2H,q),7.7(5H,m)。

(2) 化合物B是A的异构体,它在1705 cm^{-1}处有红外吸收峰,它的^{1}H NMR谱如下: $\delta(ppm)$:2.0(3H,s),3.5(2H,s),7.1(5H,m)。

试推测A,B的结构。

15. 化合物A的分子式为$C_8H_8O_2$,它的光谱数据如下:UV λ_{max}=270 nm(ε=420),IR 1725 cm^{-1}(s),^{1}HNMR δ=11.95 ppm(单峰,1H),7.21 ppm(单峰,5H),3.53 ppm(单峰,2H)。 当D_2O加到溶液中时,δ=11.95 ppm峰消失,试写出化合物A的结构,并解释为什么加入D_2O 时δ=11.95 ppm处的峰消失?

16. 已知某化合物的分子式为$C_5H_7O_2N$,试根据IR谱及NMR谱推测该化合物的结构。

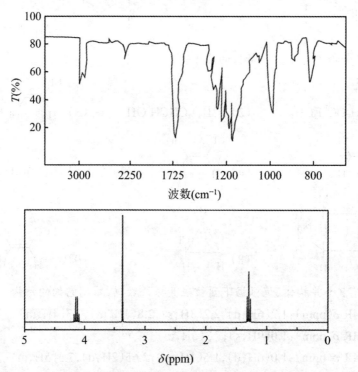

17. 请判断下列化合物分子离子峰的质荷比是偶数还是奇数?

(1) CH$_3$I   (2) CH$_3$CN   (3) CH$_3$CH$_2$NH$_2$ (4) H$_2$NCH$_2$CH$_2$NH$_2$

(5)   (6)   (7)   (8) CH$_3$COOH

18. 分子式为$C_6H_{12}O$的酮A、酮B,它们的质谱图数据如下。试确定酮A与酮B的结构,并给出各谱峰的裂解路径。

A：$m/z=29,43(100\%),57,58,85,100$

B：$m/z=29,43(100\%),57,71,72,100$

19. 某未知物的分子式为 $C_{11}H_{14}O$，其质谱图中，分子离子峰 $m/z=162$，基峰 $m/z=105$，其他各主要峰分别为 $m/z=120,85,77,57,51,29$ 等，请推测化合物结构，并给出裂解路径。

20.* 下表列出了分子式为 $C_5H_{12}O$ 的三种异构体醇的部分质谱数据，根据峰的位置和强度，为三种异构体各提出一个结构，短横表示峰很弱或根本不存在。

m/z	相对丰度		
	异构体 A	异构体 B	异构体 C
88	—	—	—
87	2	2	—
73	—	7	55
70	38	3	3
59	—	—	100
55	60	17	33
45	5	100	10
42	100	4	6

第9章 芳 烃

在有机化学发展的初期，有机化合物被简单地分为脂肪族和芳香族化合物两大类。芳香化合物在早期是指从植物的香树脂和香精油中提取的具有芳香气味的物质，结构中往往含有一个 $C_6H_n(n<6)$ 的结构单元，该结构后来统称为苯环，因此人们将苯（C_6H_n）和含有苯环结构的化合物统称为芳香化合物。随着研究的深入，芳香化合物的定义有了新的发展，现在将具有特殊稳定性（芳香性）的不饱和环状化合物统称为芳香化合物。

9.1 苯的结构和稳定性

自 1825 年 Faraday 首次从照明气中分离到苯后，科学家们一直在探索如何准确表达这个高度不饱和化合物的结构。1833 年，Mitsherlich 确定苯的分子式为 C_6H_6。从分子式看，苯是一个高度不饱和的化合物，应该表现出和烯烃类似的性质。但是实验事实表明，苯不容易发生加成反应，而更容易发生取代反应，表现出类似烷烃的饱和性和稳定性，如表 9.1 所示。

表 9.1 苯与不饱和烃的性质比较

试剂	不饱和烃	苯
Br_2/CCl_4	温室下褪色	N.R.
$KMnO_4$	氧化褪色	N.R.
H_2/Ni	室温常压下反应	高温和压力下反应
H_2O/H^+	加成	N.R.

9.1.1 苯的 Kekulé 结构式

1859 年，Kekulé 提出，苯是六碳链头尾相连的环状结构，每个碳原子上连接一个氢原子。1865 年，他正式提出了苯环单键和双键交替排列的结构，即 Kekulé 结构式，如图 9.1 所示。

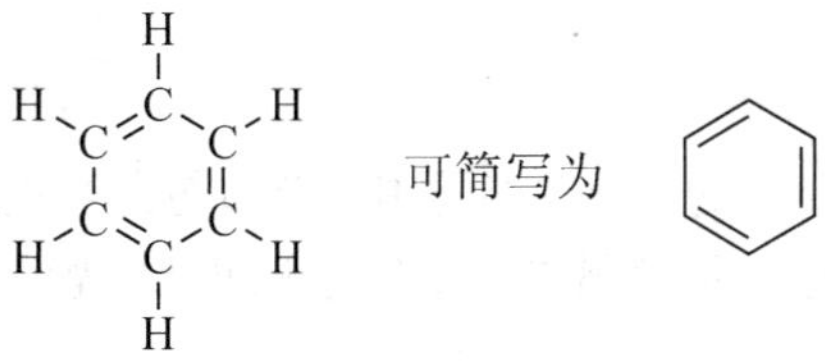

图 9.1　苯环的 Kekulé 结构式

虽然 Kekulé 结构式解释了一些实验事实,但该环己三烯的结构还涉及两个问题:① 苯含有双键,为什么一般情况下不能发生加成反应和氧化反应,而易于发生取代反应;② 苯的邻位二元取代产物应该有两种异构体。

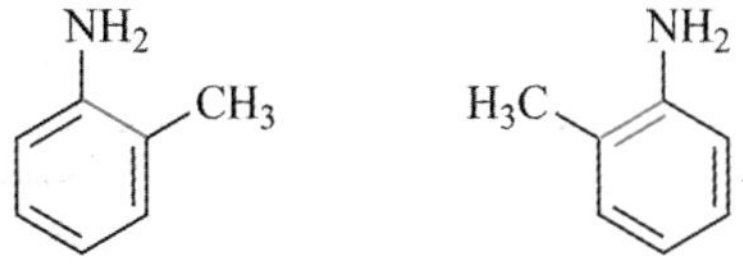

为了回答第二个问题,1872 年,Kekulé 提出,苯环中双键位置应该不是固定的,可以迅速移动,即存在单双键的"更迭作用",邻位二元取代产物的两种异构体处于快速平衡中,所以无法分离开来。

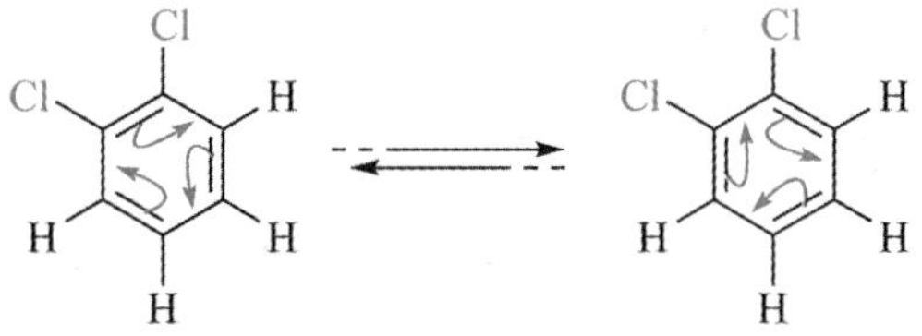

9.1.2　苯的结构和稳定性的理论解释

9.1.2.1　杂化轨道理论

杂化轨道理论认为,苯环上的六个碳原子均为 sp^2 杂化,如图 9.2 所示:相邻碳原子通过 sp^2 杂化轨道重叠形成均等的碳-碳 σ 键,每个碳原子又各用一个 sp^2 杂化轨道与氢原子的 1s 轨道重叠形成碳-氢 σ 键;苯的六个碳原子和六个氢原子共平面,所有轨道间的键角均为 120°;碳原子中未参与杂化的 p 轨道垂直于苯分子平面,彼此侧面重叠形成一个六电子体系、封闭的大 π 键;π 电子高度离域,电子云完全平均化,形成一个完全无单、双键之分的闭合共轭体系。

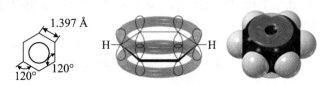

图 9.2　苯环的杂化轨道模型

9.1.2.2 分子轨道理论

分子轨道理论认为,苯分子的六个碳原子中,未参与杂化的p轨道彼此作用形成一个环状的分子轨道体系,因此苯是一种离域结构;不同于线性共轭烯烃,苯环是一个二维的环状体系,存在二维的分子轨道。

分子轨道理论对苯结构的理论解释要点如下:① 六个碳原子的六个p电子组成苯环π体系,形成六个π分子轨道;② 分子轨道节面增加,能量增加;③ 分子轨道分为成键轨道和反键轨道;④ 一个稳定的体系应该是全满的成键轨道和全空的反键轨道。

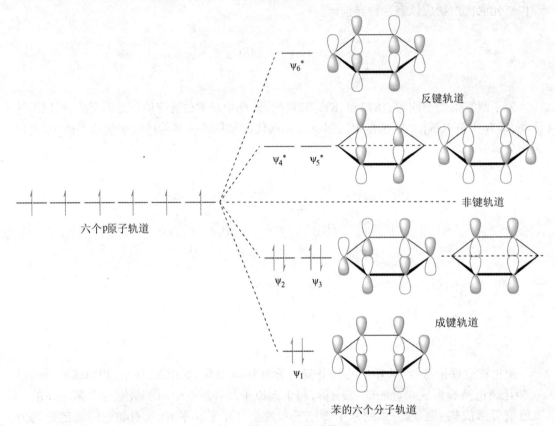

图9.3 苯环的分子轨道模型

如图9.3所示,苯的六个π分子轨道中,ψ_1,ψ_2,ψ_3为能量较低的成键轨道,ψ_4,ψ_5,ψ_6为能量较高的反键轨道。三个成键轨道中,ψ_1没有节面,能量最低;ψ_2和ψ_3各有一个节面,能量相等,但均高于ψ_1。同样,在三个反键轨道中,ψ_4和ψ_5均有两个节面,能量相等,高于ψ_2和ψ_3;ψ_6有三个节面,能量最高。

当苯分子处于基态时,六个π电子占据ψ_1,ψ_2,ψ_3三个成键轨道。苯的电子云由三个成键轨道重叠而成,π电子云在苯环上下对称均匀分布,而C—Cσ键也是均等的,因此C—C键键长完全相等,形成一个正六边形高度对称的分子。

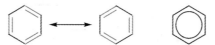

共振论认为,苯的结构是由于两个极限结构的共振引起的,即为两个Kekulé结构的共振杂化体。而分子轨道理论则认为,苯存在一个封闭的共轭体系。1925年,Robinson建议用内部带有一个圆圈的正六边形来表示苯的结构,这一结构很好地说明了C-C键完全等长以及苯环的完全对称性,但是不适用于表示其他芳香环系。目前,Kekulé结构式仍然是表示苯环和芳香化合物的通用方式。

9.1.3 芳香性

"芳香"一词最早用于形容一些化合物特有的气味,随后的深入研究发现,这些高度不饱和的环系化合物一般具有特殊的稳定性,不能进行通常不饱和化合物特有的加成反应,也很难发生氧化反应等,这些特殊的性质被定义为芳香性。

判断一个化合物是否具有芳香性,首先要看其是否具有以下三个特点:① 含有共轭双键的环系结构;② 环上每一个原子均有未杂化的p轨道;③ 未杂化p轨道形成一个连续、重叠、平行轨道的体系,其结构一般为平面的。

根据以上特点和化合物自身结构,可以定义芳香性、反芳香性和无芳香性等基本概念。

(1) 芳香性(aromaticity):具有以上三个特点,π电子在环状体系中离域,体系的电子能大幅度降低,化合物比开链共轭烯烃更加稳定。典型代表分子为苯。

(2) 反芳香性(antiaromaticity):具有以上三个特点,π电子在环状体系中离域,但是体系的电子能大幅度升高,化合物稳定性比开链共轭烯烃差得多。典型代表分子为环丁二烯,是含有4个π电子的平面分子,如图9.4所示。

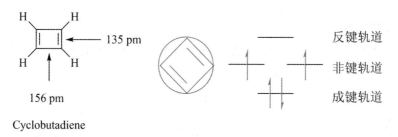

图9.4 环丁二烯的分子轨道能级图

(3) 无芳香性(nonaromaticity):当一个环状多烯化合物不具有连续共轭、重叠的环状p轨道的,其稳定性与开链多烯相近。典型代表分子为环辛四烯,是含有8个π电子的非平面分子,π电子不能离域,如图9.5所示。

1925年,Armit和Robinson认为苯环的芳香性源于其离域的环电流,但是非苯环体系是否具有环电流很难判断,而现代核磁技术的发展为判断一个化合物是否具有环电流提供了方便的检测手段。芳香性也可以定义为保持环电流的能力。

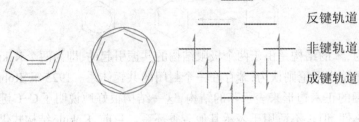

环辛四烯π分子轨道能级

图9.5 环辛四烯的分子轨道能级图

9.1.3.1 Hückel规则

分子轨道理论认为,具有特殊稳定性、π分子轨道又被p电子占据的环状化合物均具有芳香性。1931年,Hückel认为苯是一个单双键更迭的闭环体系,并提出了判断芳香性的一个基本规则,称为Hückel规则。

Hückel规则是一种经验规则,待判定化合物必须为环状分子且具有一个p轨道连续重叠的平面环系:如果闭合环状平面的共轭多烯π电子数满足$4n+2$,该环系具有芳香性;如果π电子数满足$4n$,则为反芳香性($n=0,1,2,3,\cdots$)。

随着有机化学的发展,Hückel规则被发现并不适用于许多含三个以上环的稠环芳烃体系。例如,芘含有16个π电子,蔻含有24个π电子,并不符合$4n+2$规则,但是均具有芳香性。因此,对于芳香性需要进行详细分析。

9.1.3.2 非苯芳香化合物

除了苯环,稠环芳烃、杂环、反应中间体、中性化合物、离子,甚至无机化合物都可能具有芳香性。

1. 环丙烯基正离子

环丙烯基正离子含有2个π电子,符合$4n+2$($n=0$)的要求,根据Hückel规则判断有芳香性,如图9.6所示。

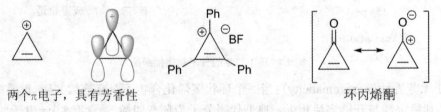

两个π电子,具有芳香性　　　　　　　　　　环丙烯酮

图9.6 环丙烯基正离子芳香性示意图

2. 环庚三烯基正离子

根据Hückel规则,环庚三烯基正离子的七元环系中含有六个π电子,符合$4n+2$的要求,因此有芳香性,如图9.7所示。

3. 环戊二烯基负离子

环戊二烯基负离子的五元环系中也含有六个π电子,符合$4n+2$的要求,具有芳香性。典型代表分子为二茂铁,如图9.8所示。

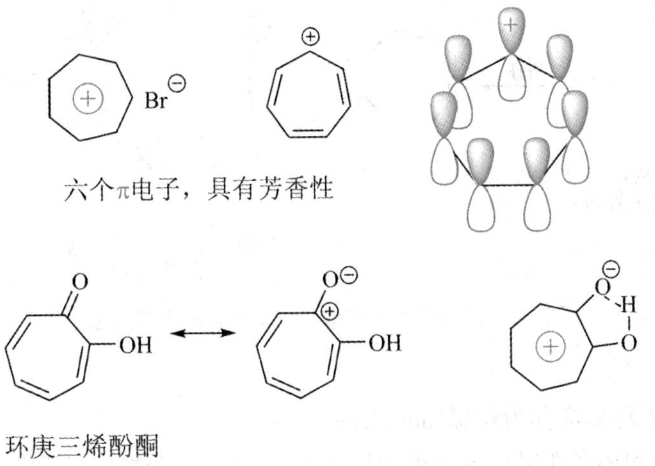

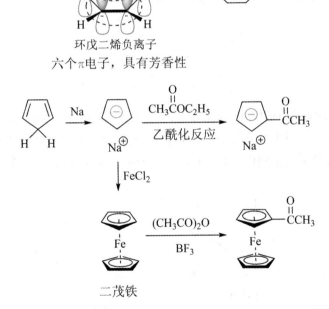

六个π电子,具有芳香性

环庚三烯酚酮

图9.7　环庚三烯基正离子芳香性示意图

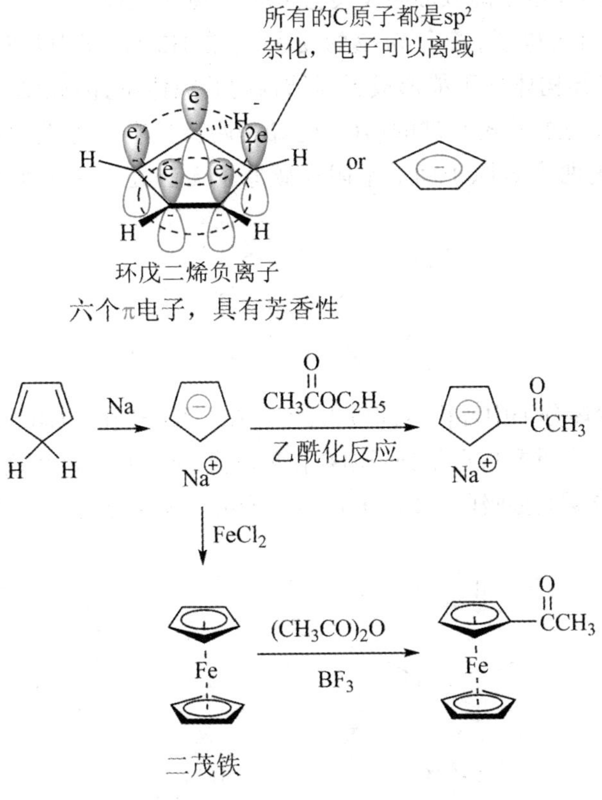

所有的C原子都是sp²
杂化,电子可以离域

环戊二烯负离子
六个π电子,具有芳香性

二茂铁

图9.8　环戊二烯基负离子芳香性示意及其典型芳香性反应示例

4. 环辛四烯基双负离子

如图9.9所示,环辛四烯为非平面结构,含有八个π电子,因此不具有芳香性;而环辛四烯基双负离子为平面结构,含有六个π电子,符合$4n+2$的要求,具有芳香性。

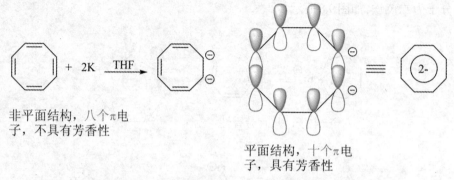

非平面结构，八个π电子，不具有芳香性

平面结构，十个π电子，具有芳香性

图9.9 环辛四烯及环辛四烯基双负离子示意图

5. 轮烯

完全共轭的单环多烯称为轮烯(annulene)。

环丁二烯、苯和环辛四烯是最简单的轮烯,Hückel规则合物可以简明地判别它们是否具有芳香性。对于[10]-轮烯和其他更大环的[4n+2]-轮烯,是否具有芳香性取决于分子是否具有平面结构,以实现π电子离域形成大共轭体系,使分子更稳定。

[10]-轮烯有十个π电子,符合 4n+2 的要求,根据 Hückel 规则判断应该有芳香性。但是[10]-轮烯的所有异构体均不能形成平面结构的共轭体系,因此没有芳香性。全顺式双键的[10]-轮烯和有两个反式双键的[10]-轮烯是两种具有代表性的异构体,前者是船式结构,后者由于环内两个氢原子间的空阻使碳原子无法处于一个平面上,因此都没有芳香性。

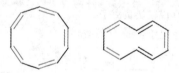

[14]-和[18]-轮烯分子中环内空间较大,不存在氢原子间的空阻,均具有芳香性。具有芳香性的化合物的一个重要特点是分子内存在环电流,环外质子在低场有核磁共振吸收,而环内质子在高场有核磁共振吸收,[14]-和[18]-轮烯的核磁共振谱图均符合此特征。

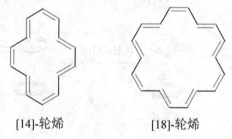

[14]-轮烯   [18]-轮烯

6. 周边共轭体系化合物

在共轭轮烯的环内引入一个或者多个原子,使环内原子与若干个成环的碳原子以单键相连,这样的化合物称为周边共轭体系化合物。Hückel规则也适用于判断这些化合物的芳香性。

一些轮烯虽然满足 $4n+2$ 规则,但是由于自身原子间的空阻效应无法保持平面结构,从而不具有芳香性,如[10]-轮烯。X 射线衍射结果表明,在[10]-轮烯的 C1 和 C6 位采用亚甲基或杂原子连接,避免了环内氢原子间的空阻作用,分子中的所有双键处于一个平面上,因此分子具有芳香性。

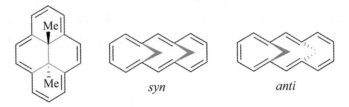

利用类似的方法,也可以得到更多具有[14]-轮烯骨架的周边共轭体系芳香性化合物。

7. 茚和薁

茚(indene)是一个由苯环和环戊二烯并合而成的分子,也可称为苯并环戊二烯,是含有八个 π 电子的非环状共轭体系,不具有芳香性,其环戊二烯单元基本上表现为环戊二烯的化学性质。在碱性条件下,亚甲基的氢原子被攫取形成稳定的环戊二烯负离子,形成了含有十个 π 电子的环状共轭体系,是一个具有芳香性的稳定的负离子。

薁(azulene)是由一个七元环的环庚三烯合五元环的环戊二烯并合而成的分子,含有十个 π 电子,符合 $4n+2$ 规则且分子为平面结构,是少数非苯环稠合体系而仍具有芳香性的代表性分子之一。薁是双极性分子,七元环有把电子给五元环的趋势,结果是七元环带一个正电荷,而五元环带一个负电荷,两个环系都含有 $4n+2$ 个 π 电子,具有七元芳环合五元芳环的特征。基态时的结构表示如图 9.10 所示。

图 9.10　薁的基态结构

8. 富瓦烯类化合物

富瓦烯的基本结构为通过双键相连的两个共轭环,环外双键和环内双键交叉共轭。

由于亚甲基环戊二烯具有较强的双极性化,在环外有稳定的正离子取代基时,可以形成环戊二烯负离子,大大增加体系的稳定性。

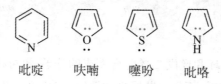

而不存在亚甲基环戊二烯结构时,双极性结构一般不具有芳香性。

9. 杂环芳香化合物

在具有芳香性的环状分子中,可以将碳原子置换为杂原子,形成新的杂环芳香性体系,如图9.11所示:吡啶氮原子上的孤对电子不包括在π环状共轭体系中,而呋喃、噻吩和吡咯中则均有一对未成键电子参与了π共轭体系的形成,因此这些杂环分子中均有6个π电子,符合4n+2的要求,具有芳香性。

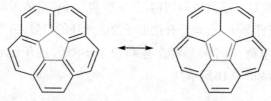

图9.11 常见的杂环芳香化合物

10. 富勒烯

碗烯由一个环戊烷同时稠合五个苯环而成,具有碗状的空间结构,可看作是富勒烯(Fullerene)C_{60}的一个片段,也被称为心环烯,其非平面分子的芳香性很难利用Hückel规则来说明。Barth和Lawton认为,碗烯的芳香性可归因于中间的6π电子五元环和外围的14π电子轮烯两个芳香性共轭体系。这种人为将碗烯分成两个芳香体系的方法显然不符合该分子的本质,因此这种曲面分子的芳香性一直存在争论。

从三维结构研究富勒烯的芳香性,科学家认为,富勒烯中存在一个"分隔五边形规则"。该规则预言,所有五边形都被六边形分隔的富勒烯比由五边形直接连接的富勒烯更为稳定。这种分子具有的芳香性称为球面芳香性。

富勒烯的分子轨道表明,每个碳原子由四个价电子,其中三个构成σ键,一个形成离域π键,可以近似认为十二面体对称的C_{60}的π电子构成了一个球形电子气。

C60

目前,发展了各种理论体系来分析球状分子的芳香性,可以总结如下:① 富勒烯大多具有芳香性,但是强弱差距很远,也有具有反芳香性的结构(如C_{70}^{6-});② π电子数为$2(n+1)^2$的富勒烯分子或离子具有很强的芳香性;③ 富勒烯分子的同分异构体芳香性各不相同;④ 富勒烯的芳香性较弱,因而除了芳香性,还存在其他因素使C_{60}称为稳定分子。

9.1.4 Möbius 芳香性

莫比乌斯芳香性(Möbius aromaticity)属于一类存在于有机分子中的特殊芳香性。与Hückel体系共轭分子芳香性不同,若将Hückel体系共轭分子,以一个端位碳原子为原点,把分子链上的其他碳原子在共轭平面中扭转,其结果恰好使另一个端位碳原子转动180°,然后将头尾两个碳原子相连形成单环共轭多烯。在这种单环共轭多烯中,头尾两个碳原子的p轨道位相相反,称为Möbius体系。在Möbius体系中,若π电子数为$4n$,则分子稳定,具有芳香性。这是与Hückel规则完全相反的判定芳香性的一种理论。这种具有Möbius环的稳定轮烯体称为Möbius芳香性体系。

9.1.5 同芳香性

有些环状化合物虽然共轭体系被一个sp^3杂化的C原子打断时,但是仍然具有很好的热力学稳定性以及与芳香性相关的谱学特征、磁性和化学性质。该现象说明,这些中断的π共轭体系通过p轨道重叠使π电子环电流得以延续,从而保持了很高的稳定性和与芳香性相似的化学性质。

同芳香性必须基于同共轭效应。同共轭是指p轨道之间的重叠或者共轭(或者π电子的离域)可以跨越一个或几个饱和碳原子而产生。这种共轭方式不同于一般的π键和σ键,而是介于两者之间。因此当体系由于不相邻的C原子p轨道部分重叠且具有4*n*+2电子的环状结构排列时,会呈现芳香性,称为同芳香性。

9.2　芳烃的物理性质

一般芳烃为无色、有芳香气味的液体,通常比水轻;非极性,不溶于水,易溶于乙醚、四氯化碳、石油醚等非极性有机溶剂。芳烃沸点随着相对分子质量升高而升高;熔点除与相对分子质量有关外,也与结构有关,如二元取代苯中,对位异构体熔点较高,这是因为对位异构体的分子对称性高导致结晶内分子间色散力较大,如表9.2所示。

表9.2　常见芳烃的物理性质

化合物	英文名称	熔点(°C)	沸点(°C)	密度 d_4^{20}
苯	benzene	5.5	80	0.879
甲苯	toluene	−95	111	0.866
乙苯	ethylbenzene	−95	136	0.867
丙苯	propylbenzene	−99	159	0.862
异丙苯	isopropylbenzene	−96	152	0.862
邻二甲苯	o-xylene	−25	144	0.880
间二甲苯	m-xylene	−48	139	0.864
对二甲苯	p-xylene	13	138	0.861
1,2,3-三甲苯	1.2,3-trimethybenzene	−25.4	176.1	0.894
1,2,4-三甲苯	1.2,4-trimethybenzene	−43.8	169.4	0.876
1.3,5-三甲苯	1.3,5-trimethybenzene	−44.7	164.7	0.865
苯乙烯	styrene	−31	145	0.907
苯乙炔	phenylacetylene	−45	142	0.930

9.3　芳香亲电取代反应

从苯的结构分析,虽然苯环上π电子云密度比较大且高度离域,但是苯环芳香性使其具有异常的稳定性,一般不易发生亲电加成反应,而倾向发生亲电取代类型反应,因为这样可以保留苯环的芳香性结构。

芳环上的氢原子被亲电试剂取代的反应称为芳香亲电取代反应。由于苯环是一个π电子高度离域的富电子体系,可以接受亲电试剂的进攻,与烯烃易于发生亲电加成反应不同,苯环的稳定性使其易发生芳香系电取代反应。

典型的芳香亲电取代反应包括卤化、硝化、磺化、烷基化和酰基化反应等。

芳香亲电取代反应一般只通过正离子中间体机理进行。虽然和一般C=C双键相比,苯环上高度离域的π电子与碳原子结合较为紧密,但是比定域的σ键中电子与碳原子的结合仍然相对松弛,易于与亲电试剂发生反应。

芳香亲电取代反应主要经历分子亲电加成和消除两步,如图9.12所示:芳香环上的π电子首先与缺电子的亲电试剂作用得到π-络合物,进而成键生成不稳定的芳香环正离子中间体,也称为σ-络合物或σ-正离子,而不稳定的σ-络合物中的sp³杂化碳原子通过离去质子重新形成稳定的芳香环。

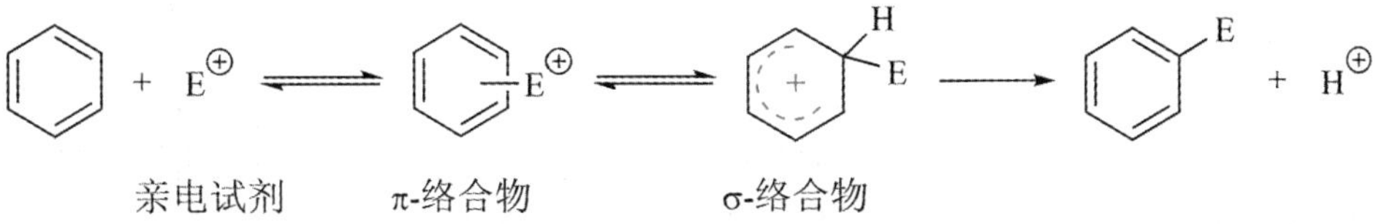

亲电试剂　　π-络合物　　　σ-络合物

图9.12　苯环亲电取代反应的一般模式

与原料相比较,σ-络合物是一个不稳定的碳正离子,但是双键上的π电子云离域可以使正离子相对稳定,如图9.13所示。

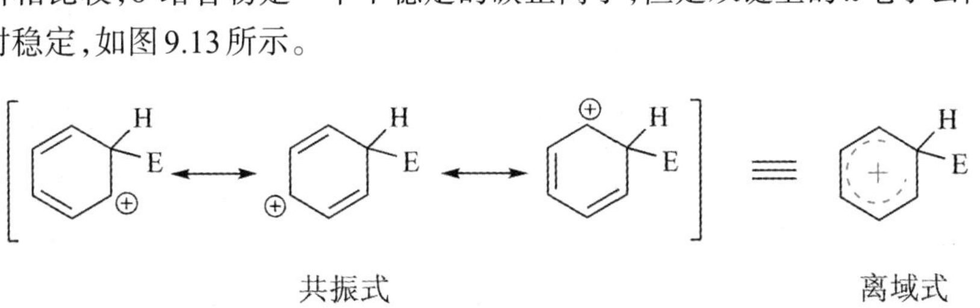

共振式　　　　　　　　　离域式

图9.13　σ-络合物的表达方式

图9.14描述了反应过程的势能变化过程,可以看到,与碳正离子中间体捕获负离子形成中性化合物相比,失去质子消除过程在能量上有利得多。不稳定的σ-络合物是一个活泼中间体,其形成必须经过一个势能很高的过渡态,在热力学上是不利的,因此第一步亲电加成反应速度较慢,是反应的决速步,这个热力学结果也适用于大多数亲电加成过程;第二步消除反应重新形成芳香体系,形成的键比断裂的键更强,因此是个放热过程,也是整个反应过

程的驱动力。

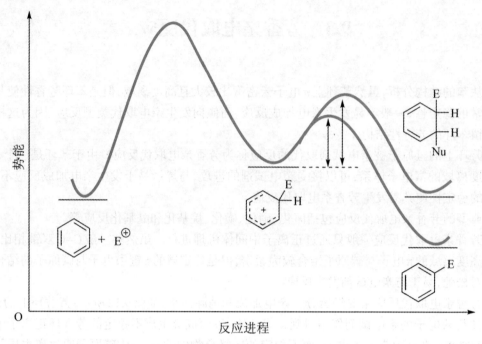

图9.14 亲电取代反应势能图

9.3.1 卤化反应

有机化合物碳原子上的氢被卤素取代的反应称为卤化反应。芳香烃的亲电卤化反应是合成卤代芳烃的重要方法,近年来快速发展的金属催化偶联反应也为这一方法提供了更为广阔的应用前景。芳环的稳定性导致高活性的亲电试剂才能与之反应,如苯在Lewis酸,如三氯化铁和三氯化铝等的催化作用下与氯、溴发生苯环上的卤化反应,生成氯苯或溴苯。

苯与氯在一般情况下不反应,需要在Lewis酸,如三氯化铝的催化作用下才能进行,如图9.15所示:氯与苯形成π-络合物后,在三氯化铝的作用下,氯分子键发生极化后异裂,生成碳正离子中间体(σ-络合物),失去质子后生成氯苯。缺电子Lewis酸的作用是与氯分子作用促进氯-氯键的极化。

由于溴-溴键比较容易激化,苯的溴化反应可以直接进行,但是速率很慢。同样,溴与苯先形成π-络合物,然后在另一分子溴的作用下发生键的异裂,生成活性σ-络合物,最后失去质子生成溴苯,如图9.16所示。由于I_2Br^-比Br_3^-更容易形成,因此反应中加入单质碘可以加速反应。与Lewis酸催化反应相比,差别在于进行卤化的卤素分子是被另一分子卤素极化进而发生异裂,因此反应速率较慢。

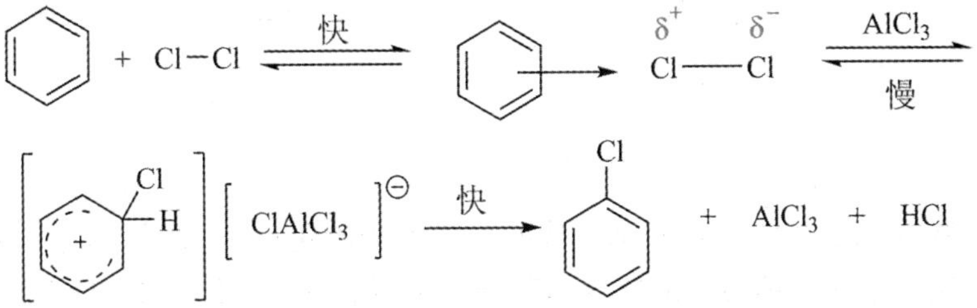

图9.15　氯化反应的机理

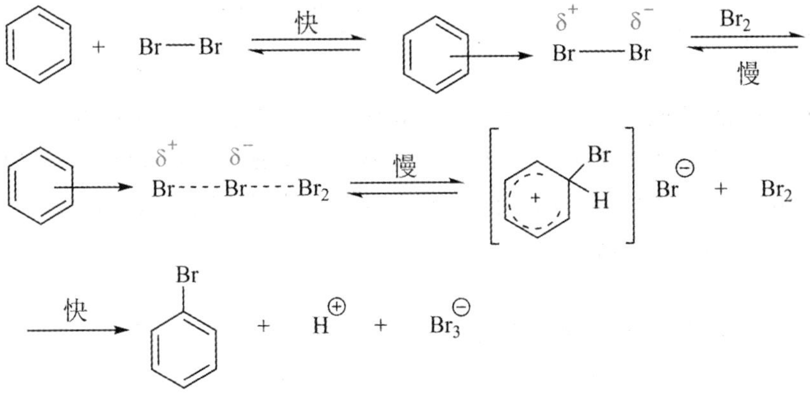

图9.16　溴化反应的机理

　　是否使用催化剂取决于芳香环的活性和反应条件:活性高的芳环可以直接反应,亲电性较弱的芳环需要在Lewis酸催化剂的帮助下进行。当然,能直接产生卤正离子的试剂,如ICl,IOAc,F$_3$CCO$_2$I,HOBr,AcOBr,HOCl,AcOCl等,不需要添加催化剂就能发生反应。

　　卤素由于活泼性不同,发生卤化反应时,反应性也不同。氟太活泼,不宜与苯直接反应,直接反应时只能得到非芳香性的氟化物与焦油的混合物;碘很不活泼,在HNO$_3$等氧化剂作用下才能与苯发生亲电碘化反应,但是容易发生氧化和硝化反应的活泼芳香化合物不适用于此法。

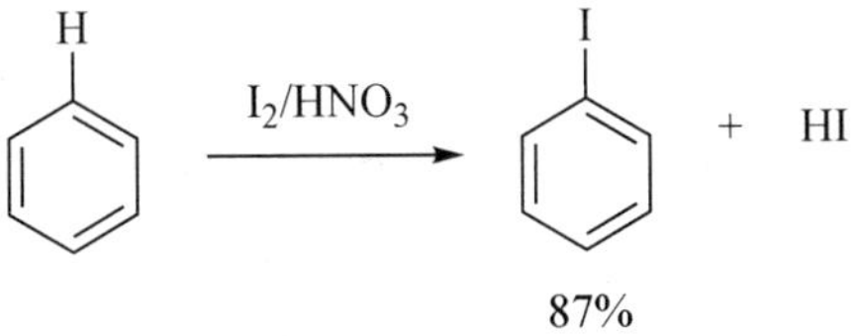

87%

　　当反应体系中不添加催化剂,将氯气通入沸腾的甲苯中或者在光照下反应,甲基上的氢原子会被氯逐个取代。对于烷基苯,卤代反应同样优先发生在苄位,称为侧链卤代反应。这个反应为自由基取代反应,而不是离子型的取代反应。

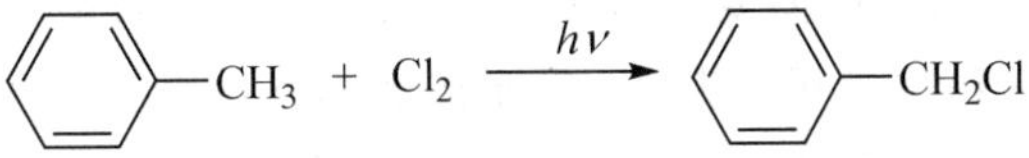

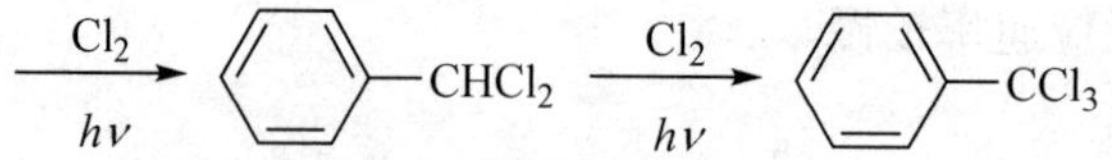

$$\xrightarrow[h\nu]{Cl_2} \text{C}_6\text{H}_5\text{-CHCl}_2 \xrightarrow[h\nu]{Cl_2} \text{C}_6\text{H}_5\text{-CCl}_3$$

9.3.2 硝化反应

有机化合物碳原子上的氢被硝基取代的反应称为硝化反应,是合成硝基苯及其衍生物的最重要的方法。苯在浓硝酸和浓硫酸的混合酸作用下发生硝化反应,生成硝基苯。

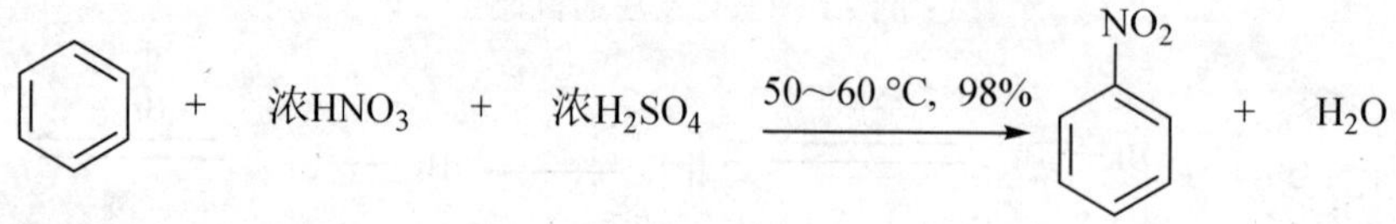

$$\text{C}_6\text{H}_6 + \text{浓HNO}_3 + \text{浓H}_2\text{SO}_4 \xrightarrow{50\sim60\,^\circ\text{C},\,98\%} \text{C}_6\text{H}_5\text{NO}_2 + \text{H}_2\text{O}$$

硝化反应是通过硝基正离子高活性中间体来进行的,如图9.17所示:硝酸在浓硫酸作用下,质子化后脱水生成硝基正离子,然后接受苯环上离域π电子的进攻,与硝基相连的碳原子由原来的sp^2杂化转变为sp^3杂化,同时形成环状碳正离子中间体,最后在硫酸氢根负离子的作用下失去一个质子生成硝基苯。

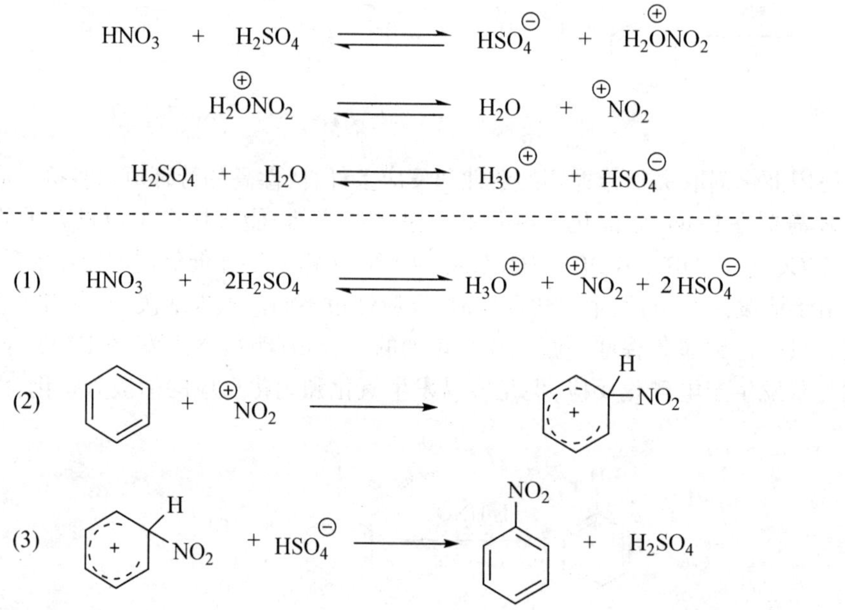

$$\text{HNO}_3 + \text{H}_2\text{SO}_4 \rightleftharpoons \text{HSO}_4^- + \text{H}_2\overset{+}{\text{O}}\text{NO}_2$$
$$\text{H}_2\overset{+}{\text{O}}\text{NO}_2 \rightleftharpoons \text{H}_2\text{O} + \overset{+}{\text{NO}}_2$$
$$\text{H}_2\text{SO}_4 + \text{H}_2\text{O} \rightleftharpoons \text{H}_3\overset{+}{\text{O}} + \text{HSO}_4^-$$

(1) $\text{HNO}_3 + 2\text{H}_2\text{SO}_4 \rightleftharpoons \text{H}_3\overset{+}{\text{O}} + \overset{+}{\text{NO}}_2 + 2\text{HSO}_4^-$

(2) $\text{C}_6\text{H}_6 + \overset{+}{\text{NO}}_2 \longrightarrow$ 碳正离子中间体

(3) 碳正离子中间体 $+ \text{HSO}_4^- \longrightarrow \text{C}_6\text{H}_5\text{NO}_2 + \text{H}_2\text{SO}_4$

图9.17 硝化反应的机理

碳正离子中间体中,由于离域作用,正电荷分布在除了与硝基相连碳的其他五个碳原子上,相比定域在一个碳原子上的碳正离子更稳定,但是苯环芳香性的失去仍然使其能量升高,因此高能量的碳正离子的生成需要跨越一个较高的能垒。此碳正离子中间体已经被实验证实,一些比较稳定的碳正离子可以制备,并能在低温条件下分离出来。

常用的硝化试剂除了浓硫酸/浓硝酸的混酸外,还可以使用浓硝酸、稀硝酸或者硝酸盐/硫酸混合物。硝基正离子的存在由光谱法确证,如高氯酸硝鎓($\text{NO}_2^+\text{ClO}_4^-$)和氟硼酸硝鎓

$(NO_2^+BF_4^-)$ 中均存在该正离子。

烷基苯比苯更容易硝化,如甲苯在 55 ℃ 即可发生硝化生成邻-硝基甲苯和对-硝基甲苯,可以通过减压蒸馏或者重结晶分离提纯。硝基甲苯进一步硝化可以得到 2,4,6-三硝基甲苯,即广泛使用的烈性炸药 TNT。三次硝化的硝化试剂(即混合酸)浓度逐渐增大,反应温度也逐渐升高。

9.3.3　磺化反应

有机化合物分子上的氢被磺酰基或磺酸基($-SO_3H$)取代的反应称为磺化反应。

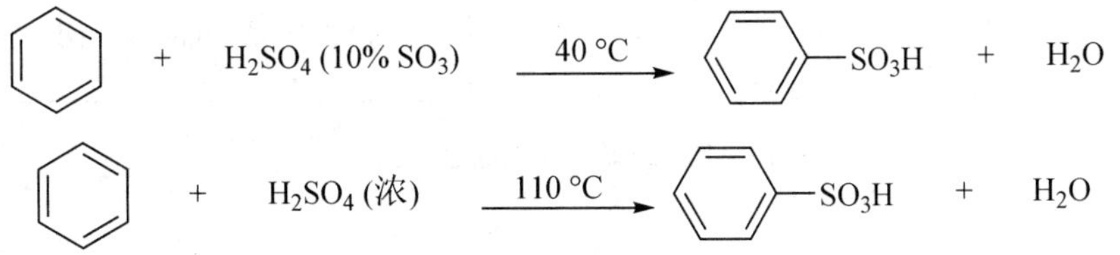

苯磺化反应的机理也属于芳香亲电取代反应,亲电试剂被认为是三氧化硫(SO_3)。反应机理见图 9.18。

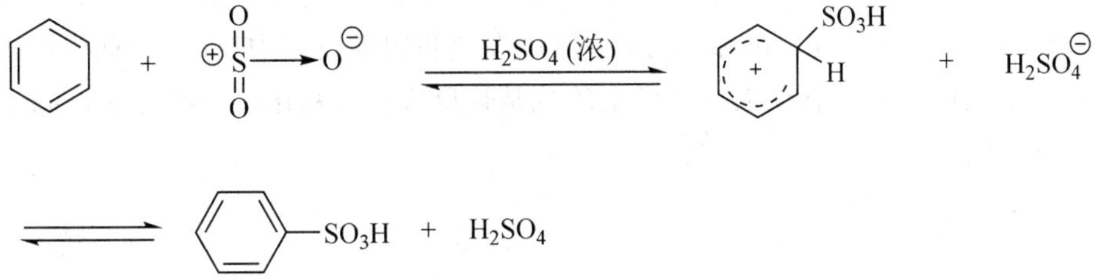

图 9.18　磺化反应机理

与卤化和硝化反应不同,反应机理表明磺化反应是可逆的。苯磺酸与稀硫酸或盐酸在加热下反应,可失去磺酸基生成苯,这是因为高温或大量水存在下,$-SO_3H$ 解离为 $-SO_3^-$ 和 H^+,芳环电子云密度增大,可以与 H^+ 反应,脱去 SO_3 生成苯。

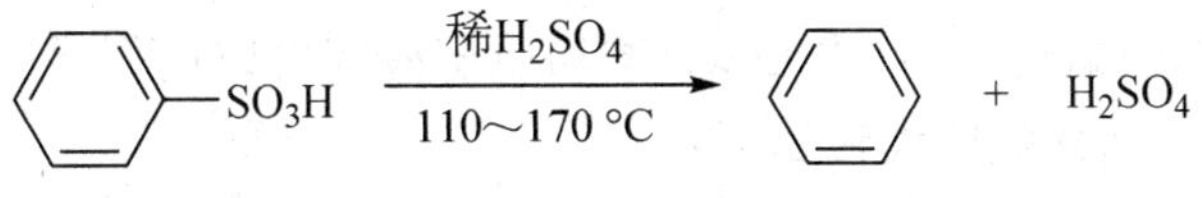

制备苯磺酸时,需要使用过量的苯,同时不断蒸出苯-水共沸物,促进正反应的进行。由于逆反应与芳环电子云密度密切相关,因此苯环上带有活化基团时逆反应比较容易进行,而带有钝化基团时则很难进行,如图 9.19 所示。

磺化反应的可逆性在有机合成中非常有用,可以通过先进行磺化反应,在保护芳环特定位置的同时来降低芳环的电子云密度,待进一步反应发生后,通过稀硫酸或盐酸脱除磺酸基,即可合成所需化合物。如从甲苯出发制备邻氯或邻溴甲苯时,磺化反应可用来保护对位,避免难以分离的混合产物的生成。

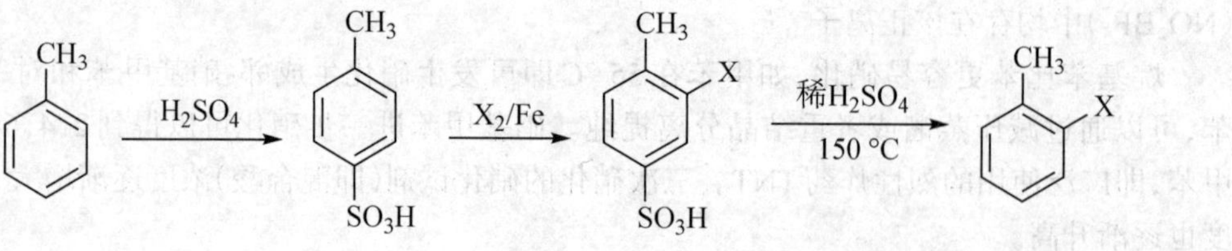

图9.19 苯磺化反应的温度比较

9.3.4 Friedel-Crafts反应

有机化合物分子上的H原子被烷基取代的反应称为烷基化反应,被酰基取代的反应称为酰基化反应。1877年,Friedel和Crafts将氯代戊烷和铝条在苯中反应,发现生成了戊苯,后续研究发现催化剂为三氯化铝。苯环上的烷基化反应和酰基化反应统称为Friedel-Crafts反应(傅–克反应)。

9.3.4.1 傅–克烷基化反应

芳烃和卤代烷在三氯化铝作用下生成烷基苯的反应称为傅–克烷基化反应。

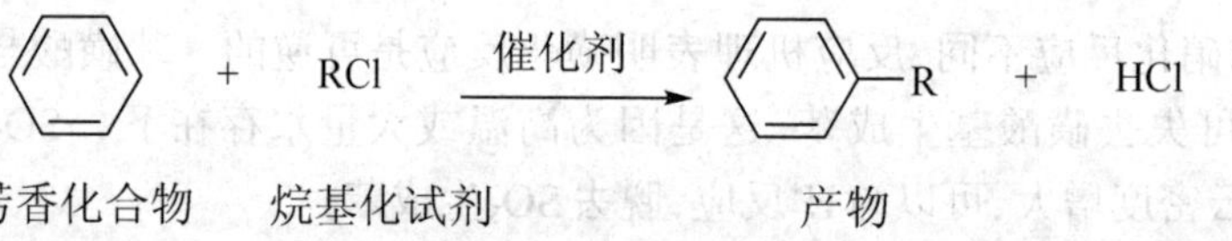

$$\text{芳香化合物} \qquad \text{烷基化试剂} \qquad \qquad \text{产物}$$

除了最初使用的三氯化铝,许多Lewis酸和质子酸都可以用作反应的催化剂。常用的Lewis酸催化剂的催化活性顺序大致如下:

$$AlCl_3 > FeCl_3 > SbCl_5 > SnCl_4 > BF_3 > TiCl_4 > ZnCl_2$$

虽然三氯化铝是最常用和最有效的Lewis酸催化剂,但是催化剂的活性一般随着反应物和反应条件密切的改变而变化,效力最强的催化剂不一定是所有情况下最适合的催化剂,要根据芳烃、烷基化试剂的类别和反应条件来选择合适的催化剂。

傅–克烷基化反应的机理如图9.20所示:催化剂如三氯化铝和卤代烷先形成络合物,碳–卤键弱化并进一步发生异裂,生成烷基碳正离子R^+和$AlCl_4^-$,然后R^+作为亲电试剂被苯环上的离域π电子进攻,形成新的碳正离子,然后失去一个质子重新芳构化后生成烷基苯。

卤代烷、烯烃、醇、环氧乙烷都是常用的烷基化试剂,在适当催化剂的作用下,都能产生烷基碳正离子:当卤代烷或烯烃为烷基化试剂时,只需要使用催化量的Lewis酸;醇、环氧乙烷作为烷基化试剂时，需要使用当量的Lewis酸催化剂；质子酸和烯烃、环氧乙烷及醇作用也能产生碳正离子，因此也能用作催化剂，添加催化量即可。

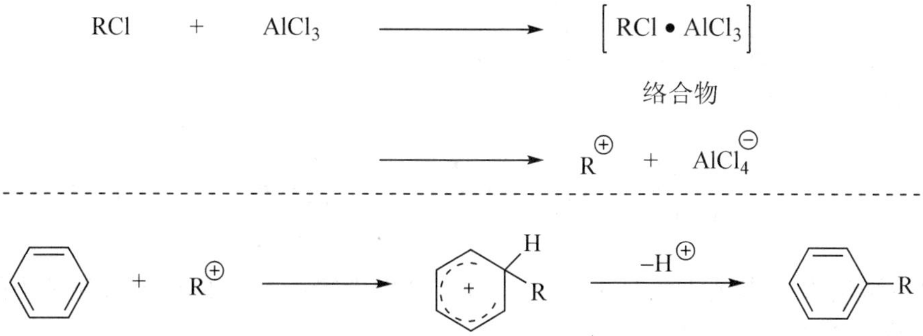
RCl
+
AlCl3
RCl • AlCl3
络合物
R⊕
+
AlCl4⊖
H
R⊕
+
R
−H⊕
R

图9.20　傅-克烷基化反应的机理

以卤代烷为烷基化试剂时，卤代烷的结构直接影响反应的难易程度：通常三级卤代烷最活泼，一级卤代烷活性最低；在烷基相同时，氟化物最活泼，碘化物最不活泼，与卤代烷的反应性能相反。

因为苯环进攻R^+是反应的决速步，所以傅-克烷基化反应会伴随三个重要的副反应：

(1) 碳正离子重排反应：反应的亲电试剂为碳正离子，易发生碳正离子重排异构化，生成不同烷基取代的芳香混合物，因此不适合制备长的支链烷基苯。

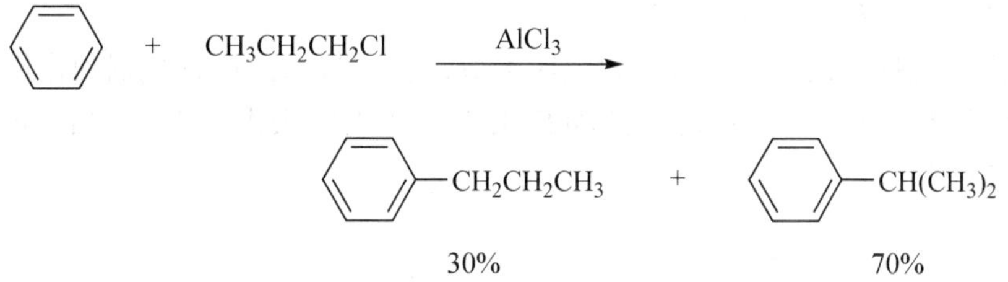
+
CH3CH2CH2Cl
AlCl3
CH2CH2CH3
+
CH(CH3)2
30%
70%

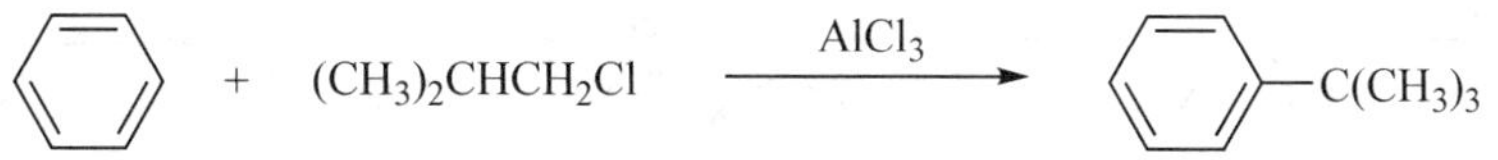
+
(CH3)2CHCH2Cl
AlCl3
C(CH3)3

(2) 芳环的多烷基化反应：反应不易控制在一元取代阶段，通常会得到一元、二元和多元取代产物的混合物。

(3) 烷基移位和移环反应：傅-克烷基化反应是可逆的，所以引入的烷基又可以从芳环上失去，发生烷基的移位和移环反应。

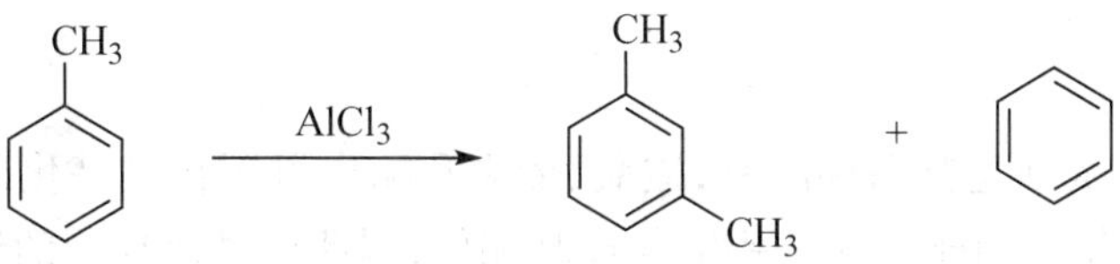
CH3
AlCl3
CH3
CH3
+

这三个副反应的存在，导致傅-克烷基化反应一般不适用于合成，但在某些特定条件下也可以适用。例如

（1） C_6H_6 + $H_2C{=}CH_2$ $\xrightarrow[\text{30 ℃}]{\text{AlCl}_3}$ $\xrightarrow{\text{HCl}}$ $C_6H_5CH_2CH_3$
　　　过量

（2） C_6H_6 + $CH_3CH{=}CH_2$ $\xrightarrow{\text{H}_2\text{SO}_4}$ $C_6H_5CH(CH_3)_2$
　　　过量

（3） C_6H_6 + ◁O $\xrightarrow[\text{0~10 ℃}]{\text{AlCl}_3}$ $C_6H_5CH_2CH_2OAlCl_2$ $\xrightarrow[\text{80%}]{\text{H}_2\text{O}}$ $C_6H_5CH_2CH_2OH$
　　　过量

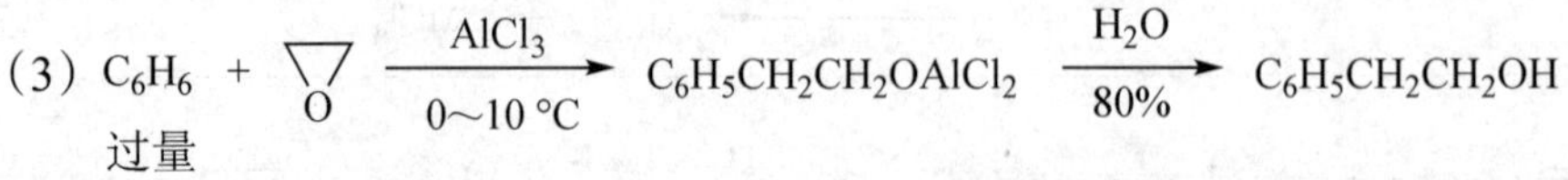

这些反应中要求苯要大大过量,由于反应不会发生碳正离子重排,在控制适当的反应温度下可以满足合成反应的要求。

9.3.4.2　傅–克酰基化反应

芳烃和酰卤在 Lewis 酸催化下生成芳酮,即苯环上的氢原子被酰基取代的反应称为傅–克酰基化反应。

芳香化合物　　　　酰基化试剂

傅–克酰基化反应的机理和烷基化反应类似,也是在 Lewis 酸催化剂的作用下,首先生成酰基正离子,然后被苯环进攻,生成苯环碳正离子中间体,失去一个质子后生成芳酮,具体过程如图 9.21 所示。

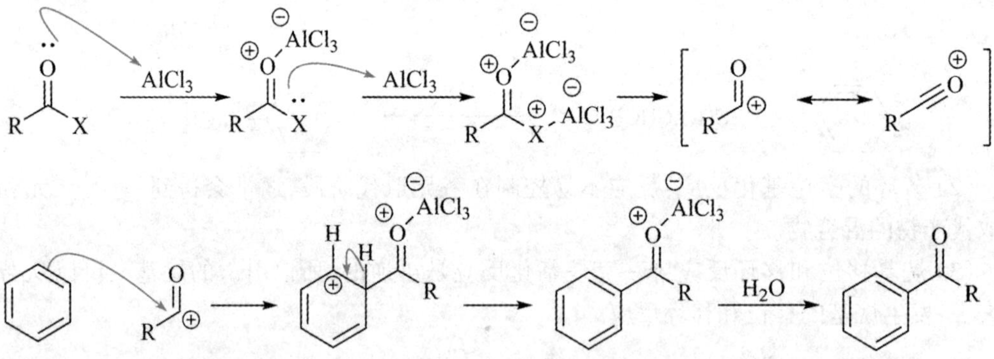

图 9.21　傅–克酰基化反应的机理

常用的酰基化试剂是酰卤和酸酐,羧酸、烯酮和酯也可用作酰基化试剂,常用的 Lewis 酸催化剂为三氯化铝。由于三氯化铝能与羰基配位,因此酰基化反应的催化剂用量要比烷基化反应多:使用酰卤作为酰基化试剂时,催化剂用量要大于一当量;而使用含有两个羰基的酸酐时,催化剂用量要多于两当量。

酰基是一个吸电子基团,当一个酰基取代苯环的氢原子后,苯环反应活性降低,而 Lewis 酸催化剂与产物中的酮羰基配位使苯环更加缺电子,与反应活性不高的酰基正离子反应时,控制合适的反应条件,能以很好的产率得到单酰基化产物,不会生成多元取代的混合物。

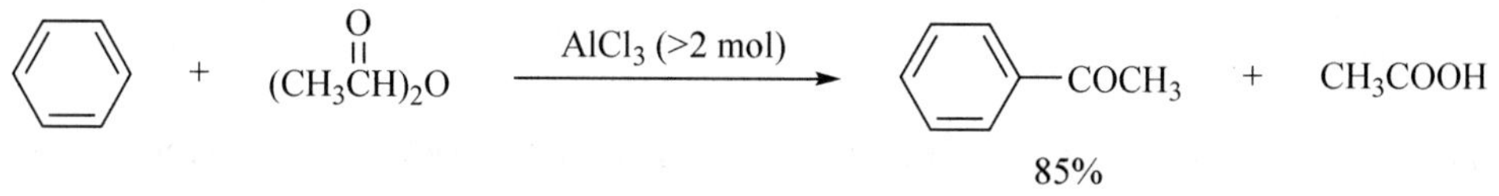

与烷基化反应不同,傅-克酰基化反应是不可逆的,不会发生取代基的转移反应。因此,酰基化反应具有很高的制备价值,在工业生产和实验室中常被用来制备芳香酮。Clem-mensen还原法可以进一步将产物酮上的羰基还原成亚甲基,得到烷基化的芳烃,因此该方法也是芳环烷基化的一个重要方法。

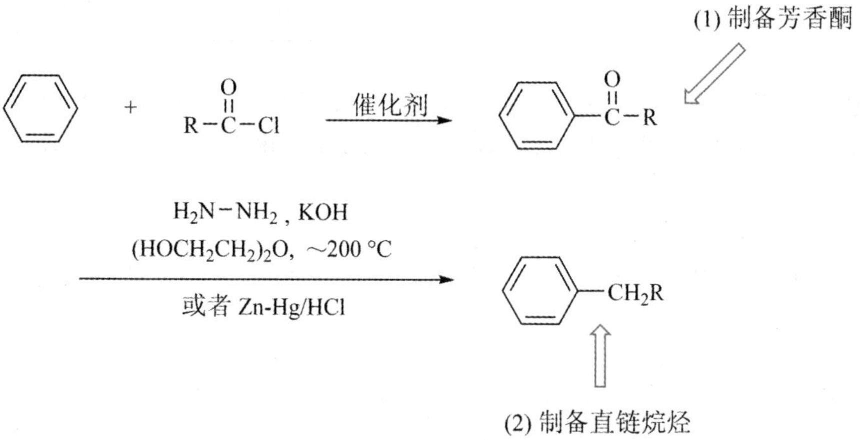

图 9.22　傅-克酰基化反应和 Clemmensen 还原法的应用

Haworth反应是傅-克酰基化反应合成应用的一个经典例子,如图9.23所示。苯和琥珀酸酐发生第一步酰基化反应,酮羰基被还原为烷基,然后芳环继续和羧酸进行第二步酰基化反应得到1-四氢萘酮,然后经过酮羰基还原和氧化芳构化得到萘,或者甲基格式试剂对酮羰基加成得到叔醇,然后Pd-C催化加氢得到1-甲基萘。

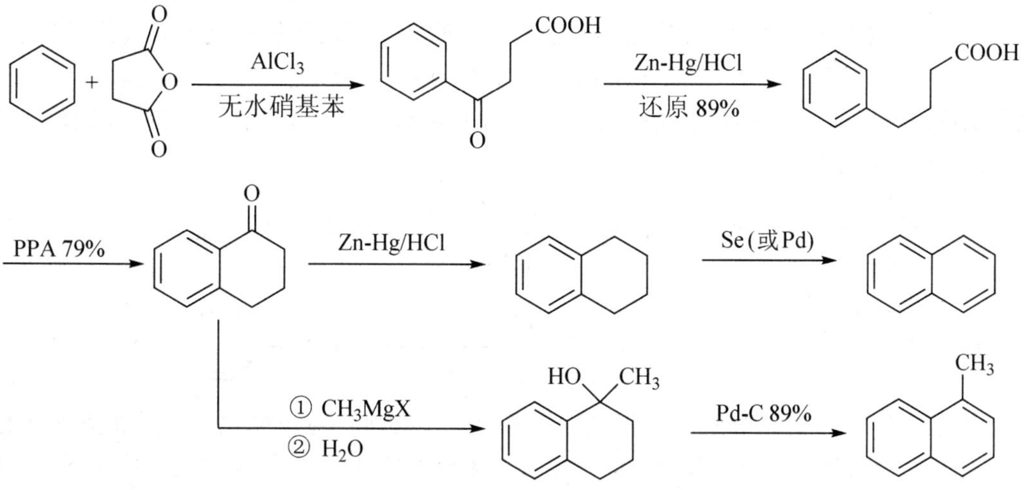

图 9.23　Haworth 反应

9.3.5　Blanc氯甲基化反应

芳烃在甲醛、浓盐酸以及Lewis酸(如$ZnCl_2$,$AlCl_3$,$SnCl_4$)或质子酸(如H_2SO_4,$MeCO_2H$)作用下,在苯环上引入氯甲基($-CH_2Cl$)的反应,称为氯甲基化反应,也称为Blanc氯甲基化反应。

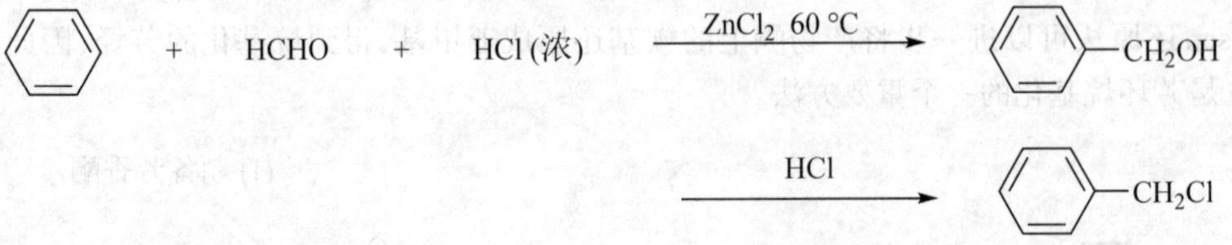

该反应的机理如图9.24所示:首先,甲醛与质子作用形成碳正离子活性中间体,与苯发生亲电取代,生成苯甲醇,再与体系中的氯化氢作用发生氯化反应生成氯化苄。

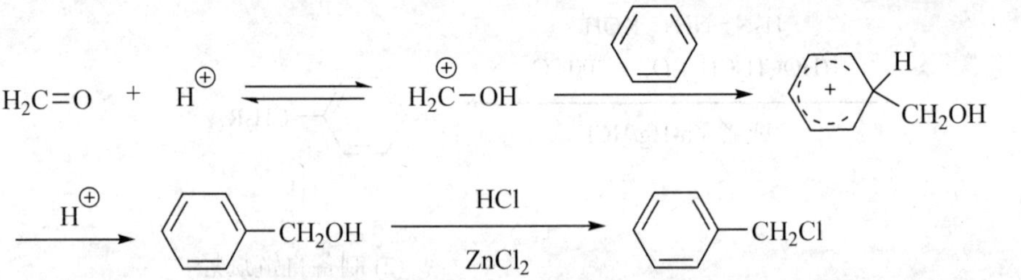

图9.24　Blanc氯甲基化反应机理

取代苯也能发生氯甲基化反应,但是酚和苯胺不适用于此反应。氯甲基可以通过后续的各种反应引入多种类型的官能团,因此该反应具有重要的合成应用价值。

9.3.6　Gattermann-Koch反应

在Lewis酸和加压条件下,芳烃与等物质的量的一氧化碳和氯化氢混合气体发生亲电反应引入醛基的反应,称为Gattermann-Koch(加特曼–科赫)反应。由于氯化铜可以与一氧化碳配位,提高反应活性而促进反应进行,实验室中通过加入氯化铜作为共催化剂来代替工业生产中的加压条件。

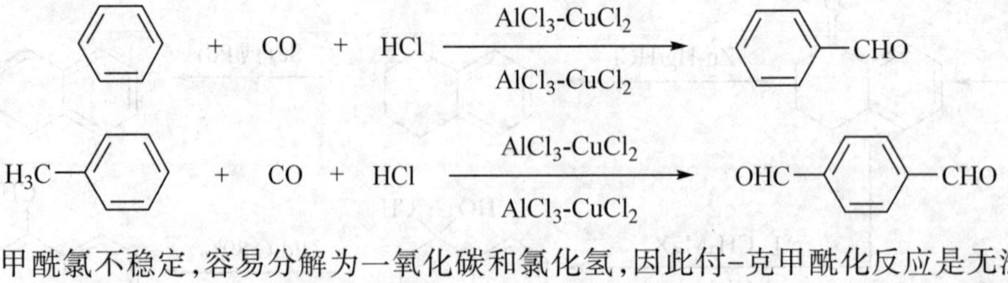

甲酰氯不稳定,容易分解为一氧化碳和氯化氢,因此付–克甲酰化反应是无法进行的。Gattermann-Koch反应通过一氧化碳质子化直接生成甲酰基正离子,在氯化铜催化下进行亲电反应,得到苯甲醛,如图9.25所示。

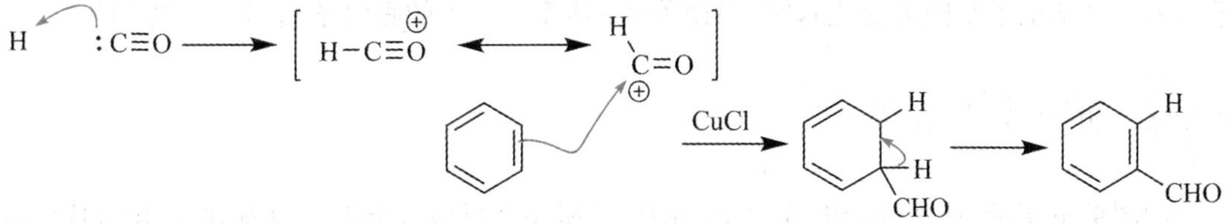

图 9.25 Gattermann-Koch 反应机理

9.4 芳香亲电取代反应的定位效应

一元取代的苯衍生物进行亲电取代反应时,亲电试剂进攻苯环的位置会受到已有基团的制约,这种制约作用称为取代基的定位效应,芳环上原有的取代基被称为定位基。取代基的定位效应与取代基的诱导效应、共轭效应以及超共轭效应等电子效应密切相关。

9.4.1 取代基的分类和依据

取代基的电子影响是通过取代基结构的诱导效应和电子效应共同决定的。如果与苯环连接的原子电负性比碳大,苯环上的 π 电子以及与取代基相连的 σ 键上的电子通过 σ 键向取代基偏移,表现为吸电子诱导效应。带有 p 电子(孤对电子)或 π 电子的取代基与苯环的 π 体系会发生重叠,从而使 p 电子或 π 电子发生离域,表现为共轭效应:取代基的 p 电子向苯环偏移为给电子共轭效应;苯环 π 电子向取代基偏移为吸电子共轭效应。

这两种效应的方向有时相同,有时相反,最终的影响是通过它们的共同作用决定的。如苯甲醚中,由于氧的电负性比碳大,因此甲氧基具有吸电子诱导效应,而氧原子上孤对电子与苯环 π 体系重叠而向苯环离域,也具有给电子共轭效应。

大部分取代基的诱导效应与共轭效应的方向是一致的,只有少数原子或基团的方向不一致。烷基属于给电子基团,因为 C—H 键中的 σ 电子与苯环 π 电子体系间存在 σ-π 超共轭效应,而全氟烷基因为氟原子的强电负性表现为吸电子基团。通过杂原子与苯环相连的基团具有吸电子诱导效应,但是杂原子上的孤对电子与苯环 π 体系的重叠使它们同时具有给电子共轭效应,因此基团的性质取决于两种效应的加和:如卤原子的吸电子诱导效应大于给电子共轭效应,表现为弱的吸电子基团,使苯环电子云密度降低;而氨基和烷氧基的给电子共轭效应大于吸电子诱导效应,是强给电子基团。

不饱和基团,如羰基、氰基、硝基和磺酸基等,既具有因为与苯环相连的基团被极化带有部分正电荷导致的吸电子诱导效应,又具有因为基团 π 键与苯环 π 体系的共轭作用产生的吸电子共轭效应,最终表现为吸电子基团。

苯环上引入取代基后,如果取代苯的芳香亲电反应速度比苯快,该基团称为活化基团,反之称为钝化基团。由于芳香亲电反应中,亲电试剂通常为缺电子体系,因此能使苯环 π 体系富电子的给电子基团为活化基团,而使苯环π体系缺电子的吸电子基团为钝化基团。

9.4.2 定位效应的理论

如图9.26所示,从芳香亲电取代反应的反应机制和反应势能图可以看到,定位效应实际上是一个速率竞争的问题:形成σ-络合物是反应的决速步,这一步过渡态的能量与σ-络合物的能量较接近,几何形状也与σ-络合物近似(Hammond假说),因此可以通过σ-络合物的稳定性来判断反应速度快慢和定位效应。

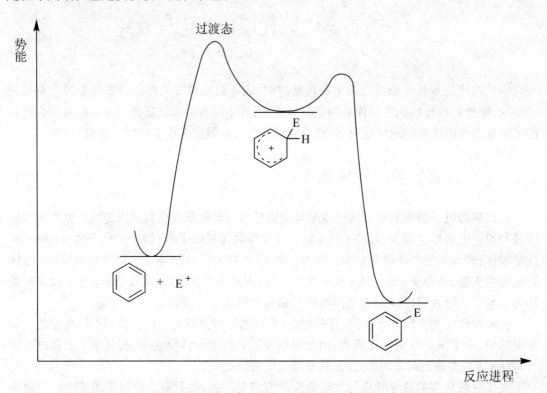

图9.26 芳香亲电取代反应的反应势能图

除了卤素外,其他基团连接的单取代苯亲电取代反应速率顺序如下:邻/对位定位基取代苯的邻/对位反应>邻/对位定位基取代苯的间位反应 > 间位定位基取代苯的间位反应>间位定位基取代苯的邻/对位反应。

几率   40%   40%   20%

如果不考虑取代基的影响,仅从统计规律的角度来分析,单取代苯亲电取代邻/对位产物应为 60%,间位产物为 40%。但是,实际反应结果并非如此,亲电试剂在取代苯上的反应位置与取代基的电子效应和空间效应都相关。邻/对位产物比例大于 60% 的取代基称为邻/对位定位基,而间位产物比例大于 40% 的取代基称为间位定位基。一般来说,邻/对位取代基(卤素除外)具有给电子共轭效应,而间位定位基具有吸电子共轭效应和吸电子诱导效应,因此可以根据取代基的电子效应来判断其分类情况。常见的邻/对位定位基和间位定位基按照强弱关系归纳如下:

(1) 邻/对位定位基:$-O^-$,$-NR_2$,$-NH_2$,$-OH$,$-OR$,$-NHAc$,$-OAc$,$-R$,$-OPh$,$-CH_2CO_2H$,$-F$,$-Cl$,$-Br$,$-I$ 等;

(2) 间位定位基:$-^+NH_3$,$-^+NR_3$,$-NO_2$,$-CF_3$,$-CCl_3$,$-CN$,$-SO_3H$,$-COH$,$-COR$,$-CO_2H$,$-CO_2R$,$-CONH_2$ 等。

9.4.3　定位效应的理论解释

芳环电子云密度越大,芳香亲电取代反应越容易进行,反之则不利于亲电取代反应的进行。因此,一般为供电子基团的邻/对位定位基也是亲电取代反应的活化基团,而作为吸电子基团的间位定位基为钝化基团。亲电取代反应的决速步为碳正离子中间体的生成过程,其过渡态能量与碳正离子中间体的能量较接近,因此定位基团的定位效应可以通过碳正离子中间体的稳定性来解释。

9.4.3.1　邻/对位定位基

如图 9.27 所示,当 Z 为邻/对位定位基时,一般都是供电子基团(卤素除外),其供电子诱导效应和供电子共轭效应使苯环电子云密度增加,而邻/对位上降低更为显著,因此,亲电取代反应速率比苯快(活化),主要发生在邻位和对位。

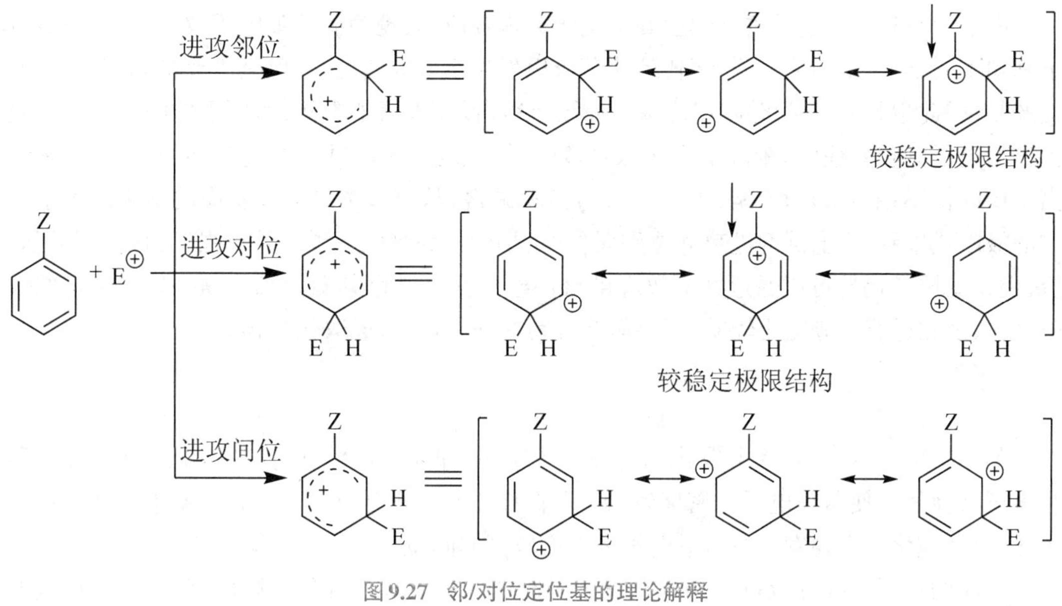

图9.27　邻/对位定位基的理论解释

烷基是具有给电子诱导效应的基团,其给电子超共轭效应可以增加苯环电子云密度,活化苯环从而加速亲电取代反应,主要得到邻、对位产物。从碳正离子中间体的极限式分析:亲电试剂从烷基的邻、对位进攻苯环形成的碳正离子的极限结构中,正电荷可以位于与烷基相连的碳原子上得到一个三级碳正离子,因此极限结构能量较低,决速步过渡态势能也较低;而从间位进攻时,没有类似的极限结构存在,烷基对碳正离子中间体没有起到稳定作用,因此邻、对位进攻产生的碳正离子中间体较为稳定,反应活化能相对较低

氨基、羟基和烷氧基的给电子共轭效应大于吸电子诱导效应,是强给电子基团。强给电子共轭效应使苯环电子云密度大幅度增加,苯环被活化,更有利于亲电基团的进攻,产生的碳正离子中间体也因为正电荷得到分散而稳定。如图9.28所示,以甲氧基苯为例来分析碳正离子中间体的极限式来分析,亲电试剂进攻邻位和对位时,可以形成八隅体氧鎓离子的较稳定极限结构,因此反应主要在邻位和对位发生。

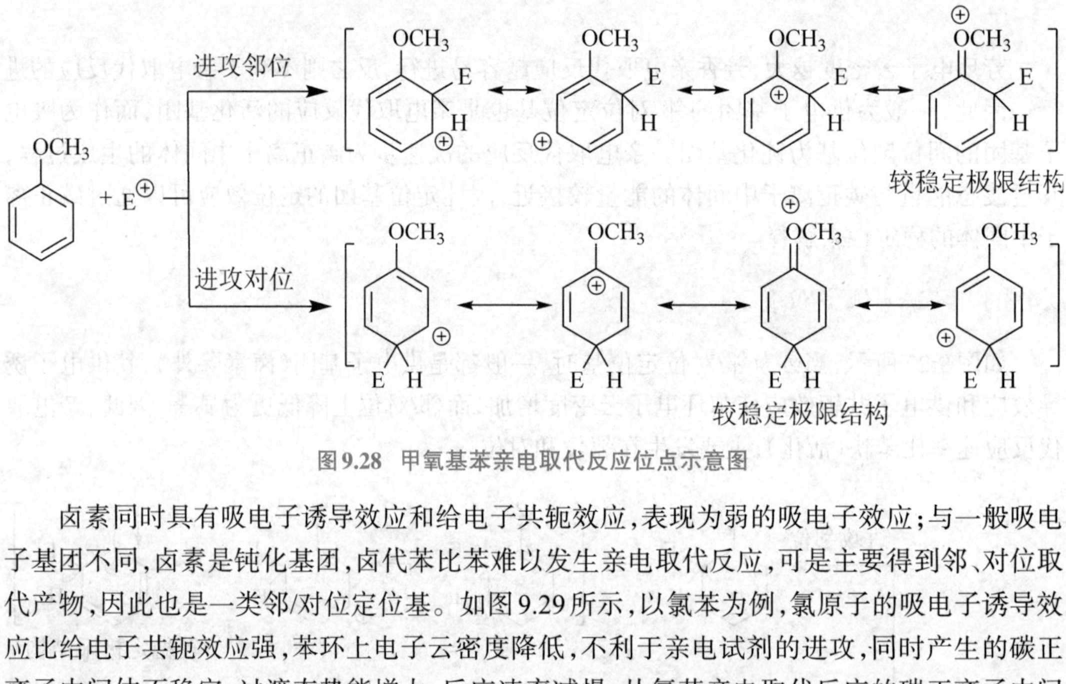

图9.28 甲氧基苯亲电取代反应位点示意图

卤素同时具有吸电子诱导效应和给电子共轭效应,表现为弱的吸电子效应;与一般吸电子基团不同,卤素是钝化基团,卤代苯比苯难以发生亲电取代反应,可是主要得到邻、对位取代产物,因此也是一类邻/对位定位基。如图9.29所示,以氯苯为例,氯原子的吸电子诱导效应比给电子共轭效应强,苯环上电子云密度降低,不利于亲电试剂的进攻,同时产生的碳正离子中间体不稳定,过渡态势能增大,反应速率减慢;从氯苯亲电取代反应的碳正离子中间体的极限式来看,亲电试剂进攻邻位和对位时,尽管氯的吸电子诱导效应强于给电子共轭效应,但是氯原子仍然可以通过共轭效应供给p电子,形成八隅体氯鎓离子这一较为稳定的极限结构,因此过渡态势能比较低,因此氯苯容易在邻、对位形成取代产物。

9.4.3.2 间位定位基

如图9.30所示,当苯环上取代基为吸电子基团,即间位定位基时,其吸电子诱导效应和吸电子共轭效应使苯环电子云密度较低,而邻/对位上降低更为显著,因此,亲电取代反应速率比苯慢(钝化),主要发生在相对电子云密度较高的间位。

反应的位置选择性也可以用碳正离子中间体的极限式来解释。以硝基苯为例,硝基的

强吸电子诱导和吸电子共轭效应作用下,苯环上电子云密度有较大程度的下降,增加了亲电试剂进攻的难度,反应速率比苯慢;亲电试剂进攻苯环时,邻、对和间位进攻形成的中间体碳正离子的极限式表示如下:

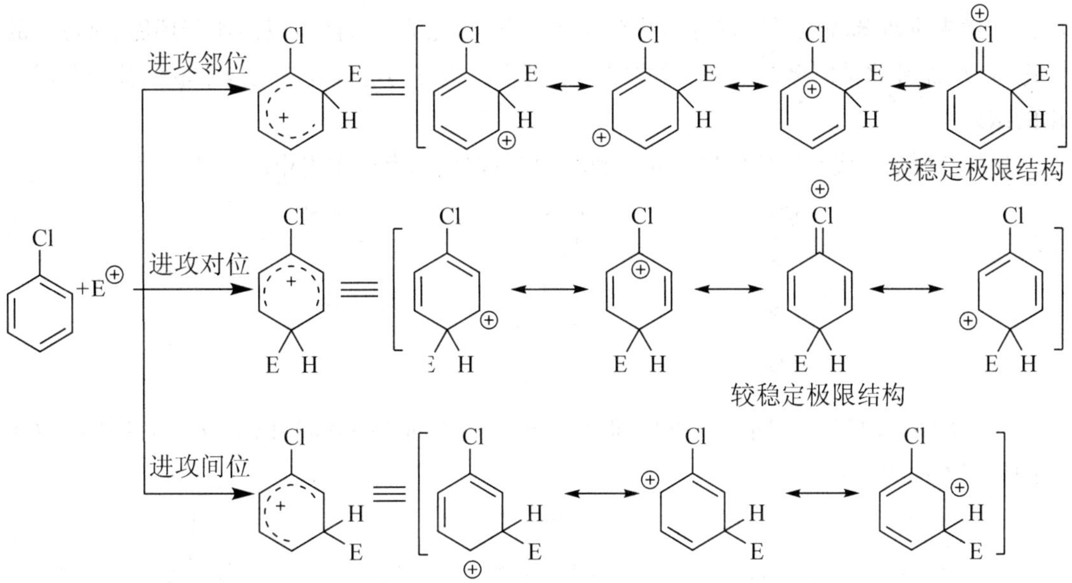

图 9.29　氯苯亲电取代反应位点示意图

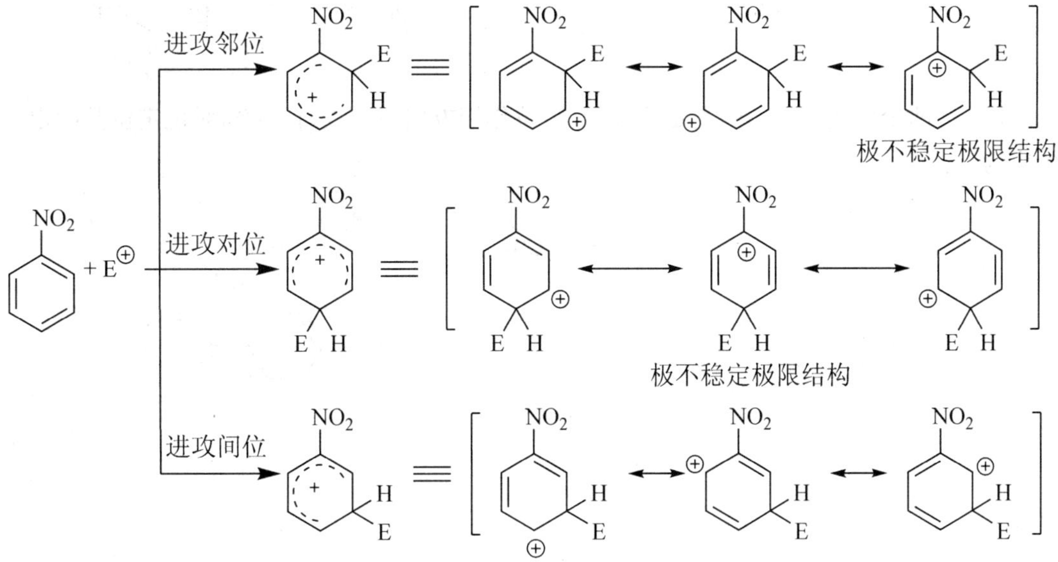

图 9.30　间位定位基的理论解释

　　亲电试剂进攻苯环的邻位和对位碳时,分别形成一个特别不稳定的极限结构参与共振;而进攻间位碳原子时,没有特别不稳定的极限结构,因此碳正离子的能量相对较低,过渡态势能低,反应容易进行,所以优先生成间位取代产物。

9.4.4　二取代苯的定位规则

对于二元取代苯来说,苯环上已有的取代基对亲电反应的进攻也有定位作用。由于亲电试剂优先进攻苯环电子云密度相对较高的位点,因此活化基团可以加速芳环邻、对位上的亲电进攻,而钝化基团会减慢邻、对位的亲电进攻。最终的定位效应是两个取代基团共同作用的结果。

（1）当两个取代基定位作用方向一致时,与单取代苯定位作用相似:

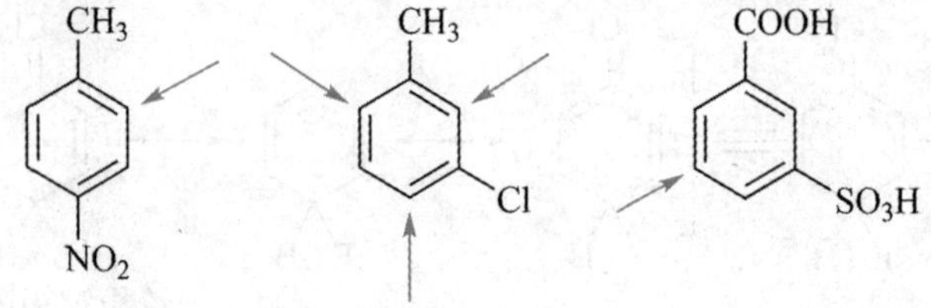

（2）当两个取代基为同类定位基,但是定位作用方向不一致时,以定位效应更强的取代基的作用方向为主:

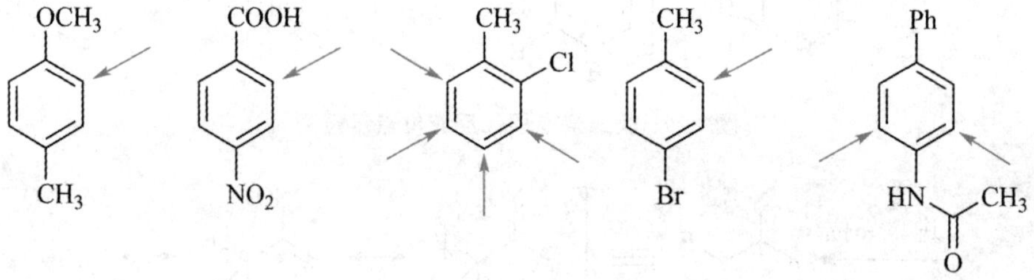

（3）当两个取代基为不同类定位基,且定位作用方向不一致时,以邻/对位定位基的定位效应为主:

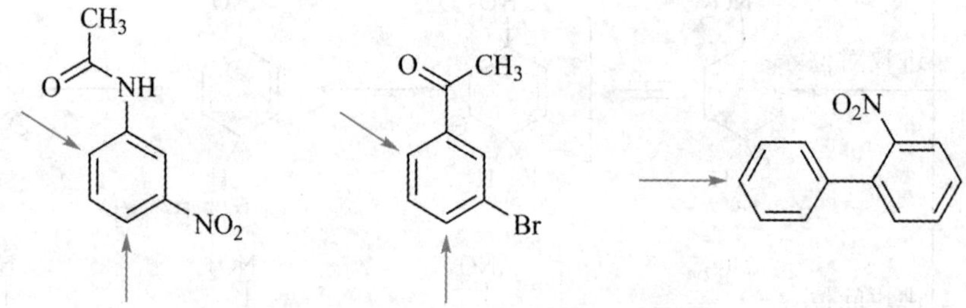

9.4.5　空间效应

单取代苯邻位有两个,而对位只有一个,因此从理论上说,邻位产物的产率应该是对位产物的两倍。但是,邻位反应的空间位阻要大于对位,因此邻位产物的比例一般会有一定程度的降低;而当定位基团比较大时,空间效应会起主导作用,邻位产物会随着定位基团的增大而显著减少,相应对位产物比例明显提升。

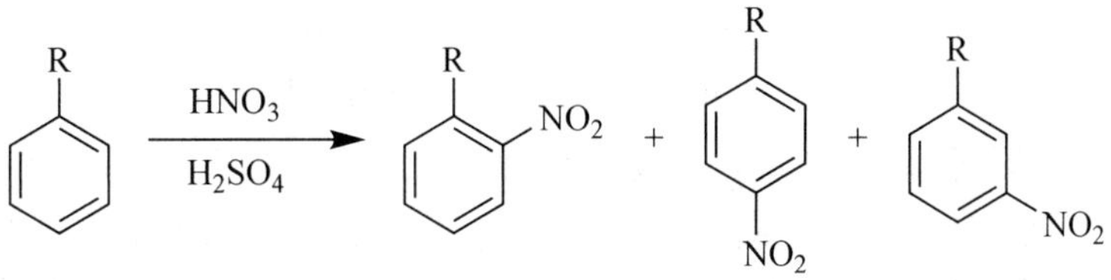

R = CH_3	58.4	37.2	4.4
CH_2CH_3	45	48.5	6.5
CH(CH_3)_2	30	62.3	7.7
C(CH_3)_3	15.8	72.7	11.5

9.5 加成反应和氧化反应

芳烃比一般不饱和烯烃稳定,通常很难发生加成反应,但是在特殊条件下,仍可发生加成反应。当一个双键被加成后,芳香环失去芳香性形成的1,3-环己二烯更加活泼,易于继续进行加成反应,最终三个双键同时发生加成,形成一个六取代的环己烷体系。

9.5.1 催化氢化反应

在较为苛刻的条件下,苯可以催化加氢生成饱和化合物,这是制备环己烷的重要方法。

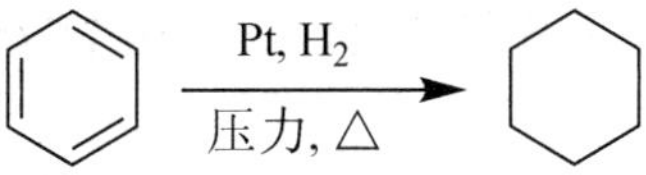

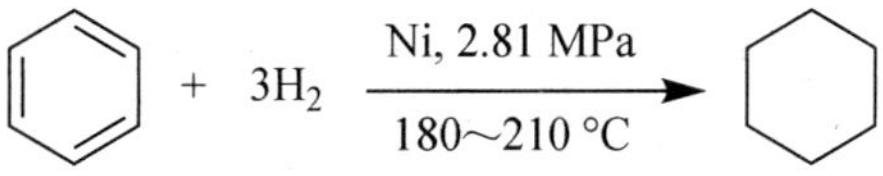

对于苯环上有取代基的芳烃,催化氢化反应通常会伴随着副反应的发生,产物体系非常复杂。例如,苯二酚衍生物的催化氢化反应首先生成烯醇,然后转化为环己酮或环己二醇。

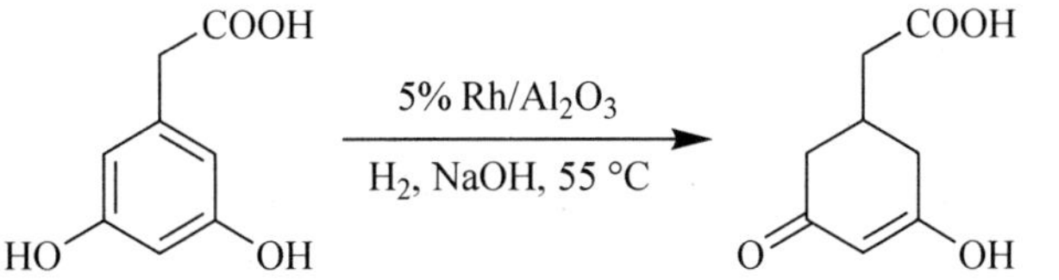

9.5.2 Birch还原反应

在液氨和醇的混合溶液中,芳香化合物被碱金属还原为1,4-环己二烯类化合物,这一反应称为Birch还原反应。Birch还原为1,4-加成过程,两个氢原子分别加成到苯环的两端。使用的碱金属包括Na,K和Li,醇可以是乙醇或者叔丁醇,但苯环上连有卤素、硝基、醛基和酮羰基时对反应有干扰。

$$Na \ + \ NH_3 \longrightarrow \ Na^+ \ + \ (e^-)NH_3$$
$$溶剂化电子$$

反应机理如下图所示:首先是钠和液氨作用生成溶剂化电子,体系为蓝色溶液;电子对苯环中的1,3-二烯体进行共轭加成,生成自由基负离子;自由基负离子从醇中攫取一个质子生成自由基,再得到一个溶剂化电子转化为环碳负离子;碳负离子从醇上再攫取一个质子生成1,4-环己二烯。

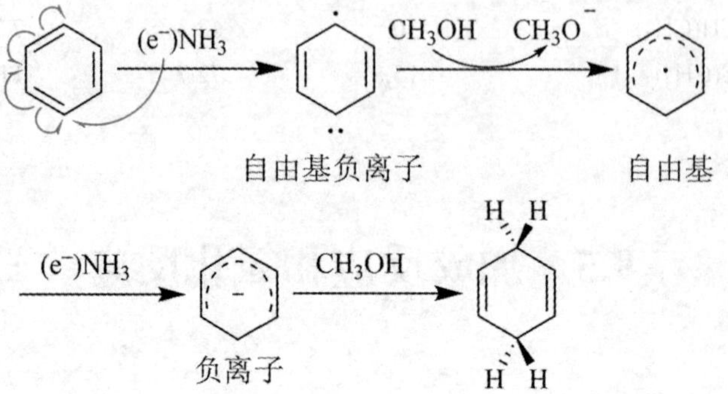

自由基负离子   自由基

负离子

苯环上的取代基决定了反应的区域选择性:带有给电子基团的苯环,产物中取代基连接在烯烃sp^2碳原子上;带有吸电子基团的苯环,产物中取代基与烯烃sp^3碳原子相连。

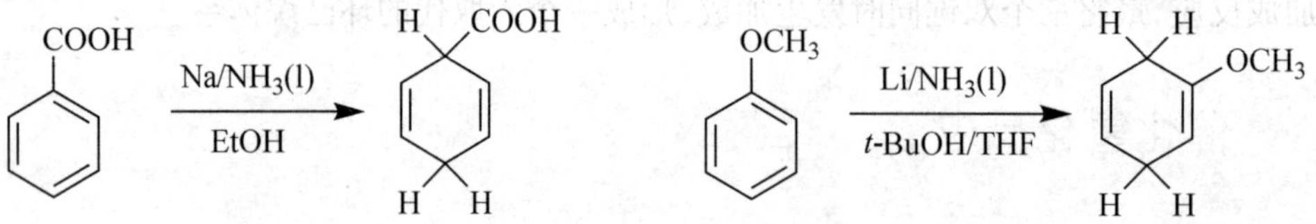

Birch还原反应可以被看作单电子对一个共轭体系的1,4-加成反应,和Michael加成类似,因此芳环上的吸电子基团对反应有加速作用,而给电子基团则会使反应速率减慢,而苯环上同时存在吸电子和给电子基团时,反应由吸电子基团主导。

与苯环的催化加氢反应不同,Birch还原反应可以还原苯环到非共轭的环己二烯类化合物,这一特点使其在合成上十分有用。

9.5.3 卤素加成反应

苯和氯气在加热、加压或光照下反应,生成六氯环己烷。

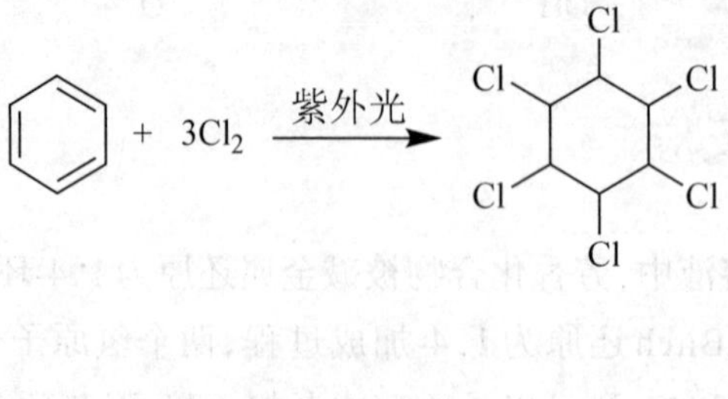

9.5.4 氧化反应

9.5.4.1 苯环的催化氧化

与烯烃和炔烃不同,苯即使在高温下与高锰酸钾、铬酸等强氧化剂作用,也很难被氧化。但是在五氧化二钒的催化作用下,苯在高温下可被氧气氧化成顺丁烯二酸酐,这是工业制备二酸酐的重要方法。

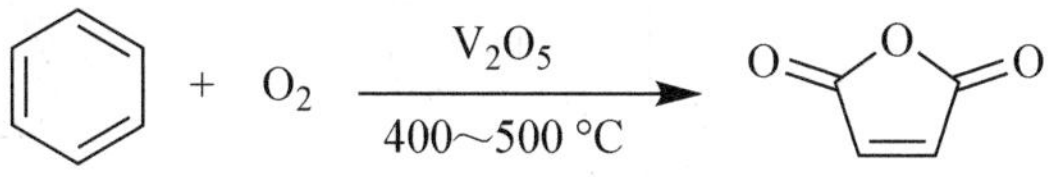

使用RuCl$_3$和NaIO$_4$的氧化体系,烷基取代的苯环会被氧化分解,生成脂肪酸。

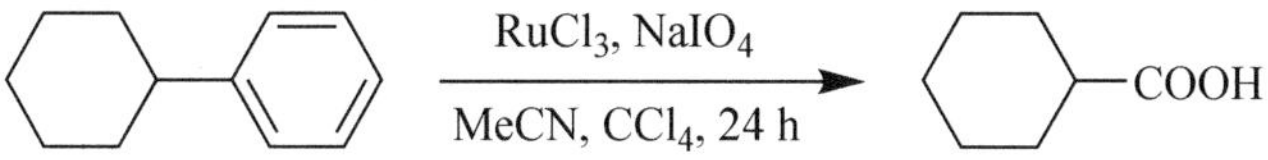

9.5.4.2 烷基苯的侧链氧化

在适当的氧化剂存在下,苯环侧链的烷基很容易被氧化。苯衍生物用KMnO$_4$、K$_2$Cr$_2$O$_7$、H$_2$SO$_4$等强氧化剂氧化时,烷基侧链通常被氧化成羧酸,苯环被保留,产率很高,这是实验室制备芳香酸的重要方法。

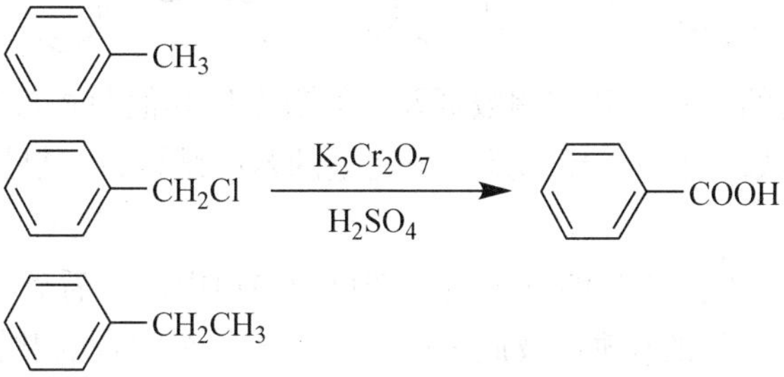

使用CrO$_3$和Ac$_2$O作为氧化剂时,苯环上的甲基会被氧化为醛羰基,生成芳香醛。

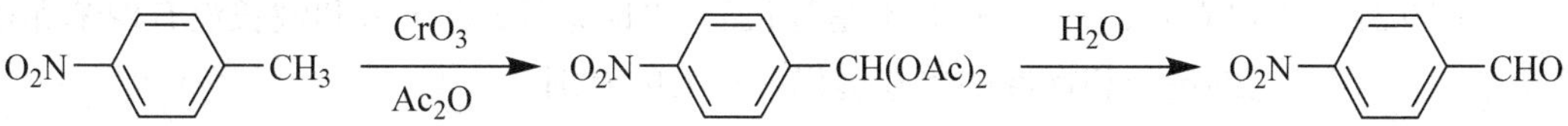

而使用相对温和的MnO$_2$作为氧化剂,烷基苯的苄位碳-氢键相对活泼,会发生氧化生成醛或者酮。

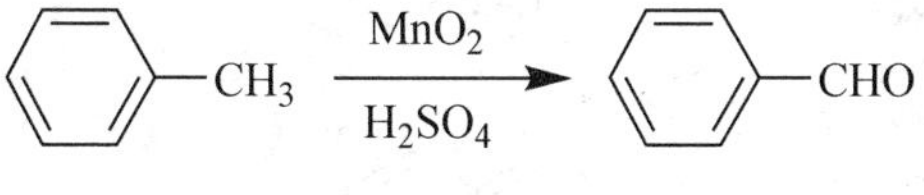

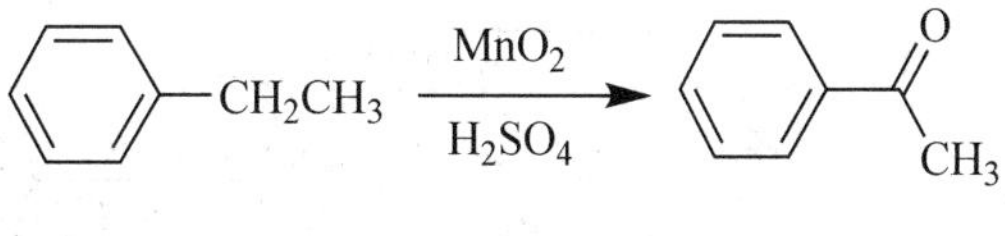

9.6　稠环芳烃

两个或者多个苯环通过共享两个相邻碳原子连接在一起的芳香化合物称为稠环芳烃。重要的稠环芳烃包括萘、蒽、菲等,是合成燃料、药物等的重要原料。

萘　　　　　　　　　　蒽　　　　　　　　　　菲
naphthalene　　　　　anthrecene　　　　　phenanthrene

9.6.1　萘

9.6.1.1　萘的结构

萘是最简单的稠环芳烃,由10个C原子构成两个苯环并联形成的双环,可以用以下三个Kekulé共振式来表示:

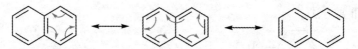

三个式子中,左边的极限式和实测数据及计算数据比其他两式符合度更高,因此能较好地代表萘。这个极限式的每一个环都是一个完整的苯的结构,而其他两式均含有不稳定的醌式结构。

萘是一个平面型分子。从萘的分子轨道图(图9.31)中可以看到,所有的碳原子间都以sp²杂化轨道形成σ键,剩下的p轨道彼此平行重叠形成一个闭合的共轭体系;每个六元环都是一个完整的六电子体系,整个π电子体系贯穿整个分子,电荷密度分布基本均匀。

从图9.32中可以看到,萘的键长并不是等长的,也即萘的π电子云和键长没有像苯那样完全平均化,但是它的键长和标准的单双键仍有较大的差别。

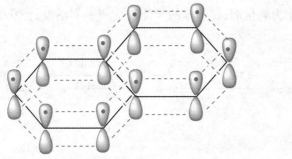

图9.31　萘的分子轨道图　　　　　图9.32　萘的分子骨架和键长

9.6.1.2 萘的命名

萘分子中碳原子的位置可按照下图来标识,其中 C1,C4,C5,C8 四个位置的 C 原子是等同的,又称为 α-位或 1-位,C2,C3,C6,C7 四个等同的 C 原子也称为 β-位或 2-位。

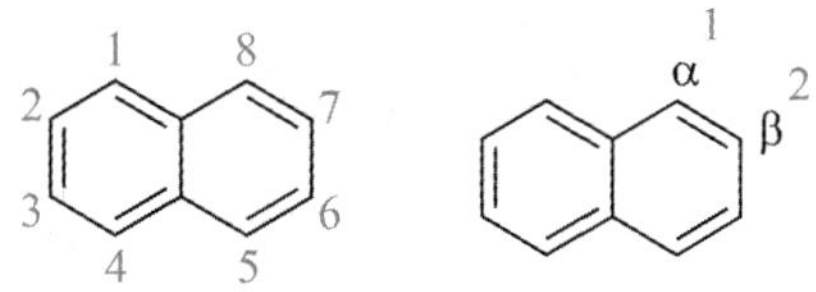

对于单取代的萘衍生物,根据取代基位置和名称命名即可。

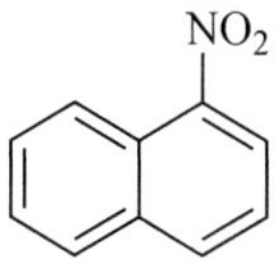

α-硝基萘或
1-硝基萘

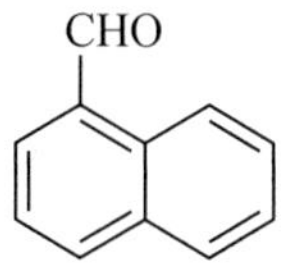

α-萘甲醛

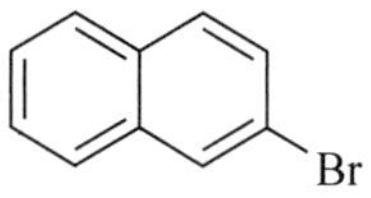

β-溴萘或
2-溴萘

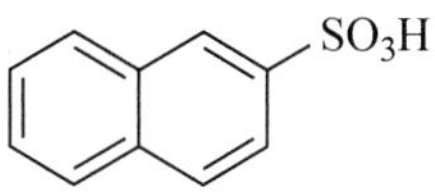

β-萘磺酸

对于多取代萘,要用数字表明取代基的位置,使官能团或取代基的编号依次最小。

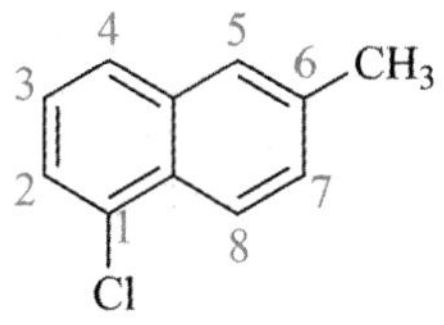

6-甲基-1-氯萘

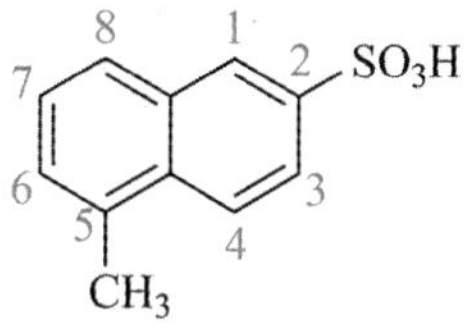

5-甲基-2-萘磺酸

9.6.1.3 萘的性质

萘是无色片状晶体,熔点 80 ℃,沸点 218 ℃,有特殊的气味,易升华,不溶于水。萘是重要的化工原料,也常用作防蛀剂。

萘的结构与苯相似,萘环上也主要发生亲电取代反应。由于萘的芳香性比苯差,因此萘比苯更活泼,也更容易发生加成。

9.6.1.4 亲电取代反应

萘比苯更容易发生典型的芳香取代反应。卤化、硝化、磺化反应主要发生在 α-位或 1-位碳原子上,反应条件也相应更温和。为什么取代反应主要发生在 α-位上? 这是因为,关键碳正离子中间体的高度离域性有利于促进其稳定。

在 α-位反应的共振式:

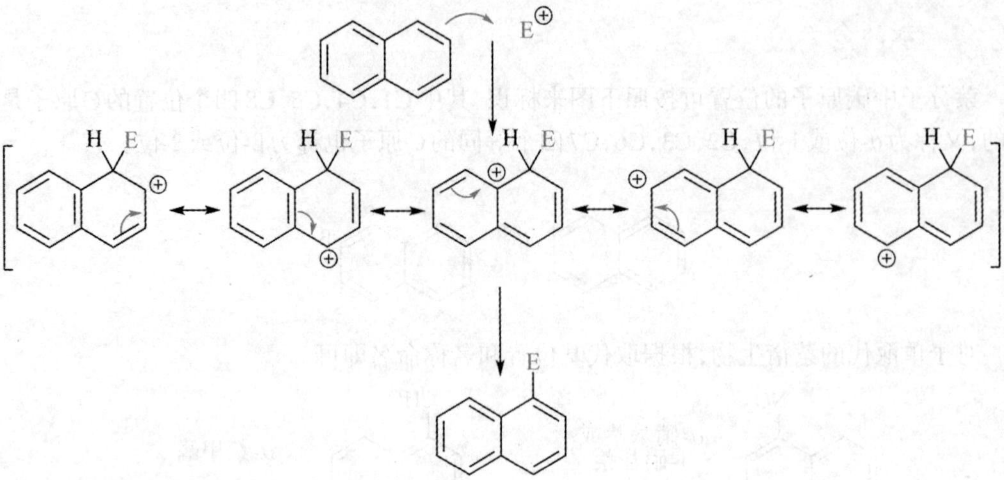

在 β-位反应的共振式：

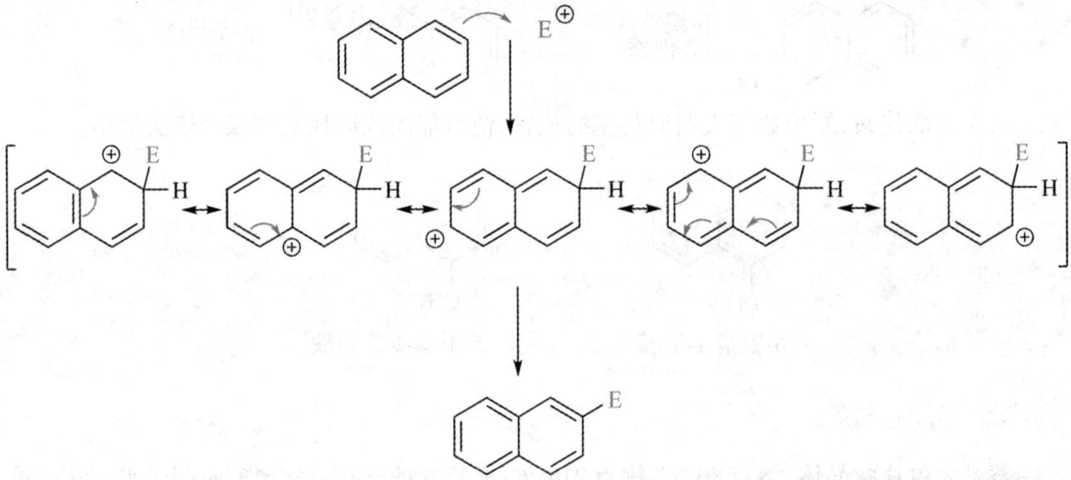

也是苯环易于进行芳香亲电取代反应的原因。亲电试剂进攻 α-位和 β-位形成的碳正离子中间体各有五种共振式的杂化体，但是前者比后者多一个稳定的含有完整苯环结构的极限式，因此前者比后者稳定。由于稳定的碳正离子对应的过渡态势能相对较低，因此亲电试剂进攻 α-位反应活化能较小，反应速率快。

1. 卤代反应

萘可与溴直接反应得到 α-溴萘，而与氯反应需要用碘作为催化剂。

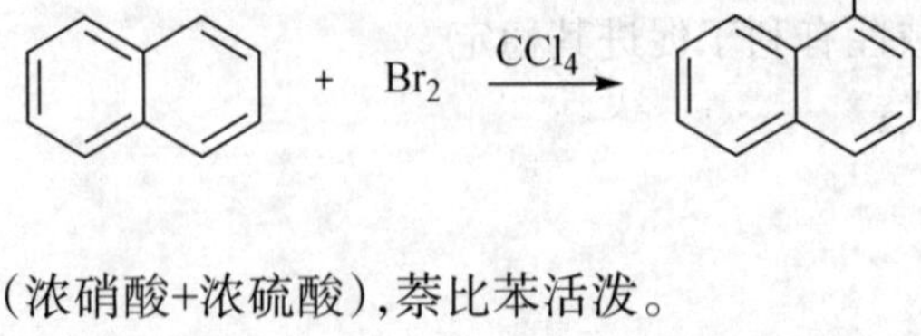

2. 硝化反应

对比苯的硝化条件（浓硝酸+浓硫酸），萘比苯活泼。

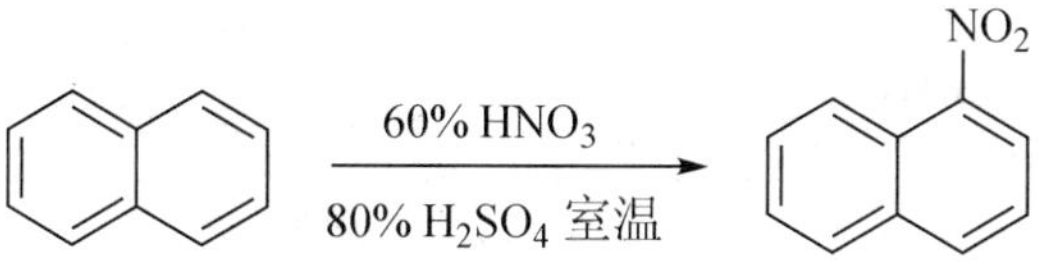

α-硝基萘

3. 磺化反应和酰化反应

萘的磺化反应生成的产物与反应温度有关,低温条件下主要生成 α-萘磺酸,较高温度下产物以 β-萘磺酸为主。

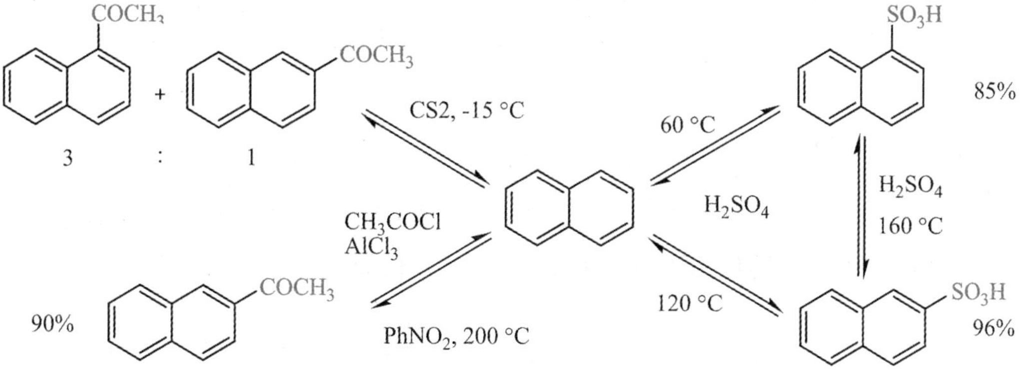

这是因为亲电试剂进攻 α-位碳反应活化能低,低温条件下提供能量较少,主要生成 α-萘磺酸;但磺化反应是可逆的,由于 α-磺酸基与异环同侧的 α-氢存在空间位阻,热稳定性较差,因此随着温度升高,α-磺化反应的逆反应速率增加,同时温度升高也提升了 β-磺化反应的速率,因此得到更稳定的 β-萘磺酸。结果表明,α-萘磺酸的生成是受动力学控制的,称为动力学产物;而 β-萘磺酸的生成是受热力学控制的,称为热力学产物。

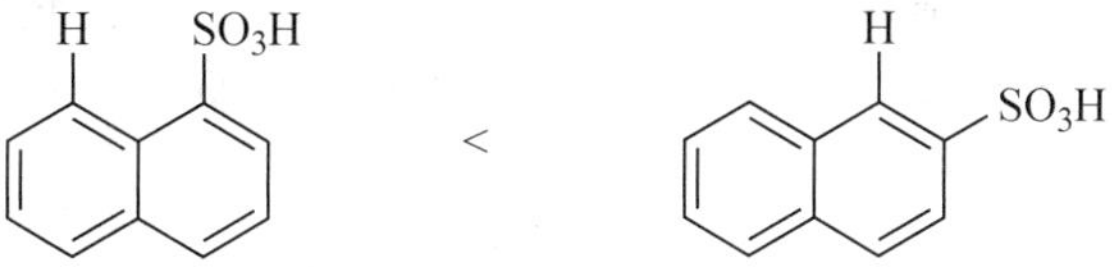

稳定性

与磺化反应类似,酰化反应在低温条件下主要得到动力学产物,而在高温条件下反应得到单一的热力学产物。

4. 定位效应

一取代萘进行亲电取代反应时,取代基也有定位效应,邻/对位定位基活化苯环,反应主要发生在同环上。

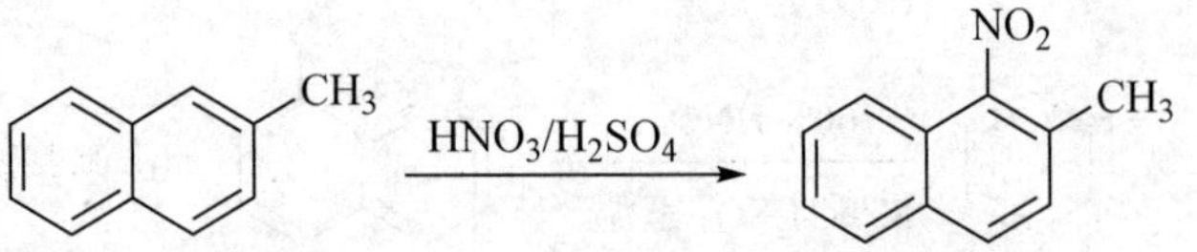

[化学结构式反应式：2-甲基萘 + HNO₃/H₂SO₄ → 1-硝基-2-甲基萘]

如果邻/对位定位基在2-碳上,有时6-碳也能发生取代反应,因为6-位也可以看作是2-位的对位。

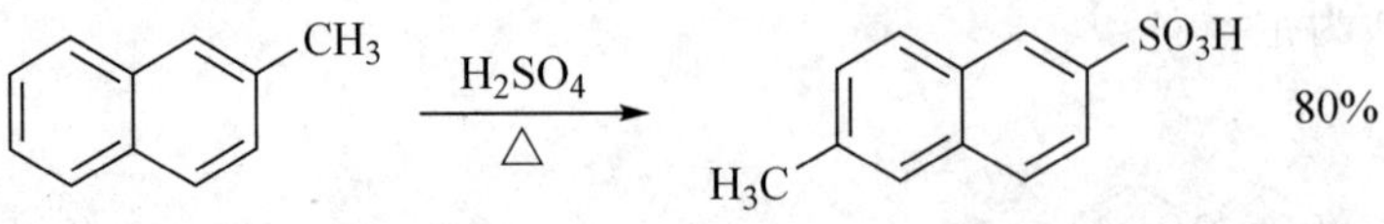

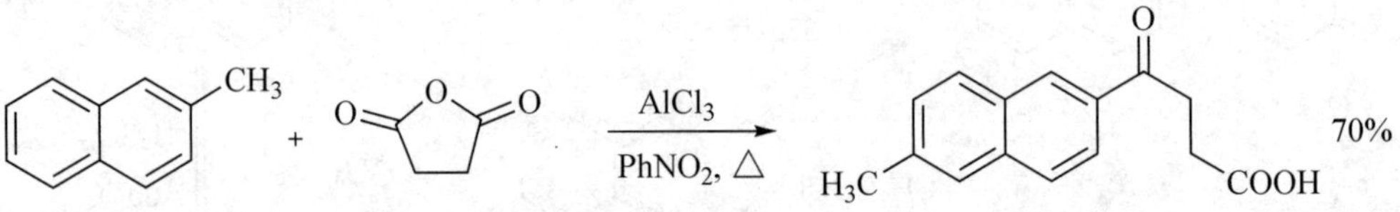

[化学结构式反应式：2-甲基萘 $\xrightarrow{H_2SO_4, \triangle}$ 6-甲基-2-萘磺酸 80%]

[化学结构式反应式：2-甲基萘 + 丁二酸酐 $\xrightarrow{AlCl_3, PhNO_2, \triangle}$ 产物 70%]

间位定位基使苯环钝化,反应主要发生在影响更小的异环上。

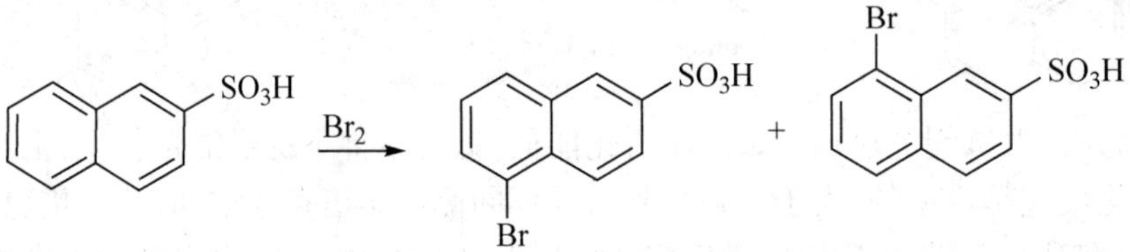

[化学结构式反应式：2-萘磺酸 $\xrightarrow{Br_2}$ 产物 + 产物]

9.6.1.5 氧化反应

萘比苯更容易被氧化。萘在高温和五氧化二钒催化下被空气氧化,生成重要的有机化工原料邻苯二甲酸酐;而在室温下用三氧化铬的醋酸溶液处理则得到1,4-萘醌。

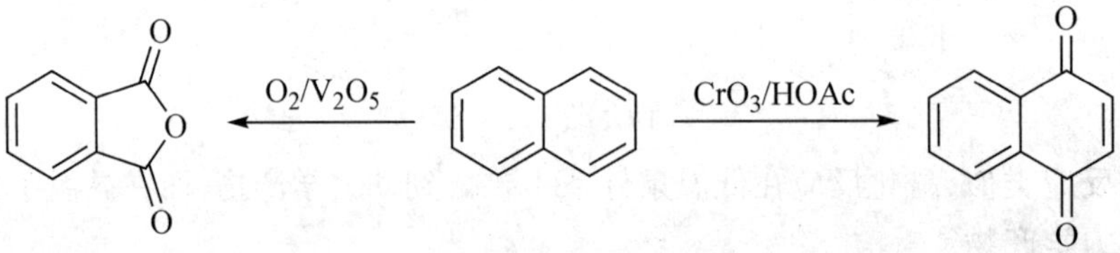

[化学结构式反应式：邻苯二甲酸酐 $\xleftarrow{O_2/V_2O_5}$ 萘 $\xrightarrow{CrO_3/HOAc}$ 1,4-萘醌]

由于萘环容易被氧化,因此一般不用类似烷基苯侧链氧化的方法来制备萘甲酸。如β-甲基萘在三氧化铬的醋酸溶液的氧化下,生成2-甲基-1,4-萘醌,而不会生成萘甲酸。

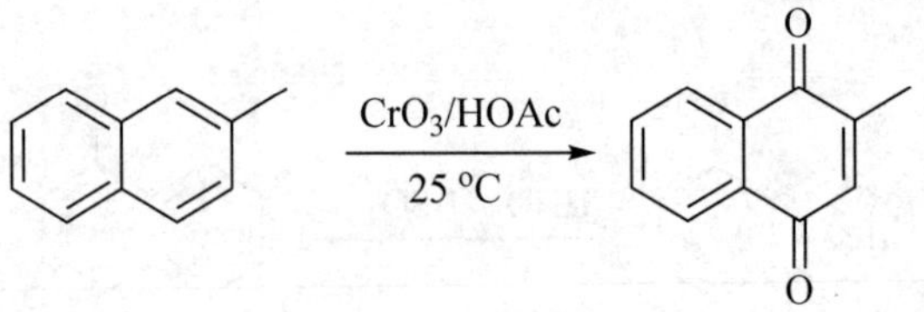

[化学结构式反应式：β-甲基萘 $\xrightarrow[25\ ℃]{CrO_3/HOAc}$ 2-甲基-1,4-萘醌]

9.6.1.6 还原反应

1. 催化氢化

萘发生催化氢化反应时,在不同催化剂和不同反应条件下,可分别得到不同的加氢产物。例如,铑催化下萘首先被还原为四氢萘,然后迅速被还原为十氢萘。

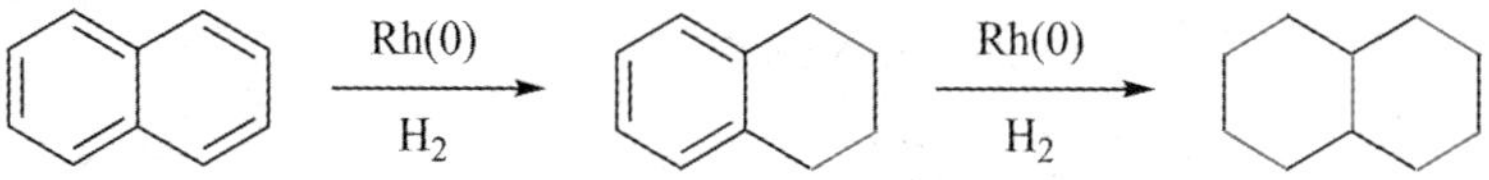

$$\text{萘} \xrightarrow[\text{H}_2]{\text{Rh(0)}} \text{四氢萘} \xrightarrow[\text{H}_2]{\text{Rh(0)}} \text{十氢萘}$$

钯和铂催化剂一般对催化氢化反应的区域选择性很差。萘环上存在取代基时,富电子苯环通常比缺电子苯环先被还原:

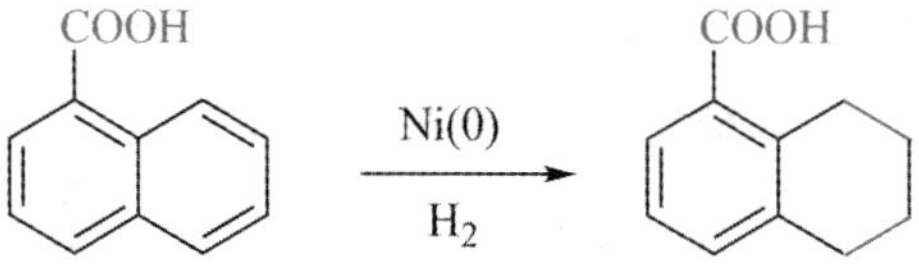

$$\text{(1-萘甲酸)} \xrightarrow[\text{H}_2]{\text{Ni(0)}} \text{(四氢萘甲酸)}$$

2. Birch 还原

萘发生 Birch 还原时,可以得到 1,4-二氢萘和 1,4,5,8-四氢萘。

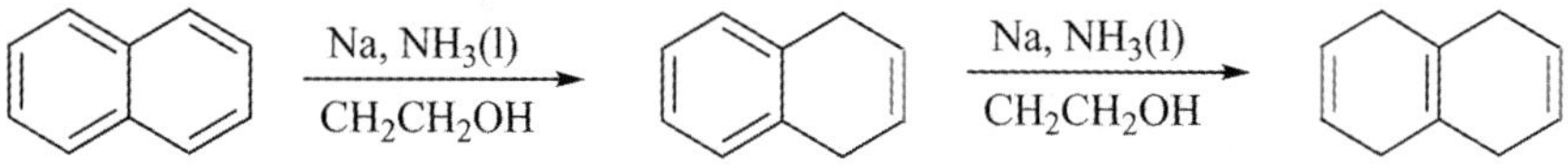

$$\text{萘} \xrightarrow[\text{CH}_2\text{CH}_2\text{OH}]{\text{Na, NH}_3(\text{l})} \text{1,4-二氢萘} \xrightarrow[\text{CH}_2\text{CH}_2\text{OH}]{\text{Na, NH}_3(\text{l})} \text{1,4,5,8-四氢萘}$$

9.6.2　蒽和菲

蒽和菲互为异构体,均由三个苯环稠合而成。蒽为线性稠合,菲为角边稠合。

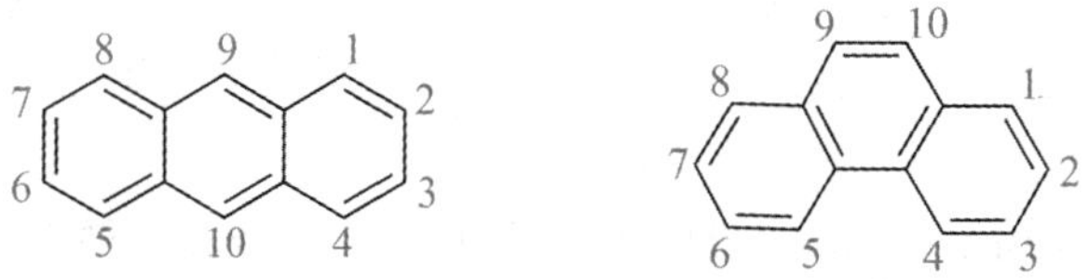

由于稠合方式不同,蒽和菲具有不同的热力学稳定性,菲比蒽略显稳定,这可以通过二者之间的共振式差别来解释:

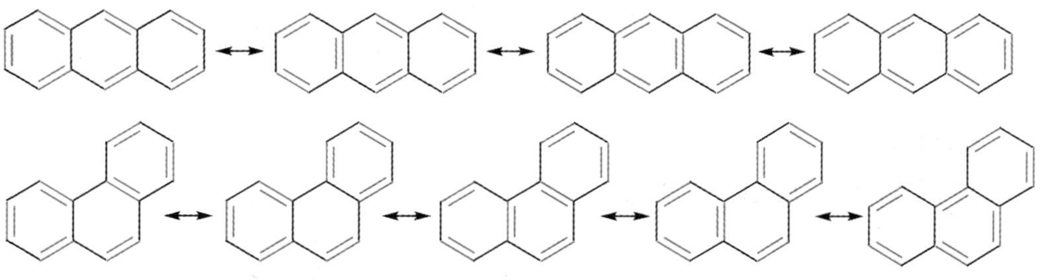

蒽有四个共振式,其中两个包含完整的苯环,而菲有五个共振式,其中三个含有完整的苯环,甚至一个含有三个完整苯环。

如图 9.33 所示,X 射线衍射的测定表明,和萘相同,蒽和菲的分子都是平面结构,但 C–C 键的键长是不等的。

随着并环数目的增加,蒽和菲的芳香性比萘更差,更为活泼,可以发生类似于其他双键的亲电加成反应,主要发生在 9,10-位。

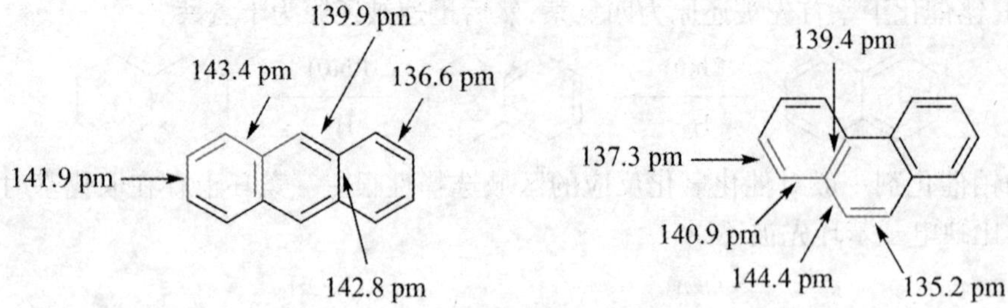

图9.33 蒽和菲的分子骨架和键长

1. 氧化反应

蒽和菲用重铬酸钾的硫酸溶液氧化,分别生成9,10-蒽醌和9,10-菲醌。9,10-蒽醌是合成蒽醌染料的重要中间体,而9,10-菲醌是中农药,可防治小麦莠病和红薯黑斑病等。

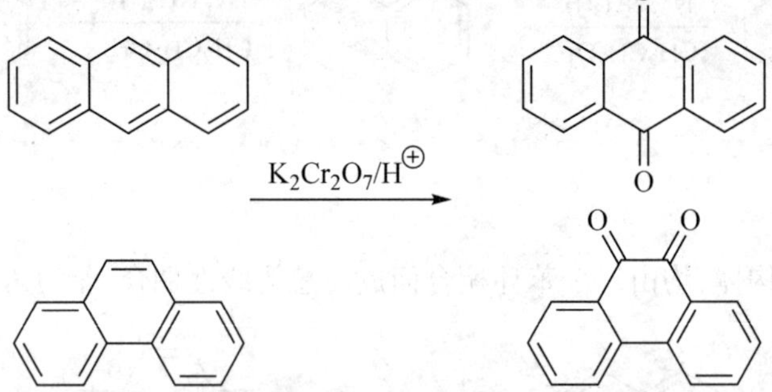

2. 还原反应

蒽和菲的9-位和10-位反应活性较高,催化氢化优先加成在这两个位置。

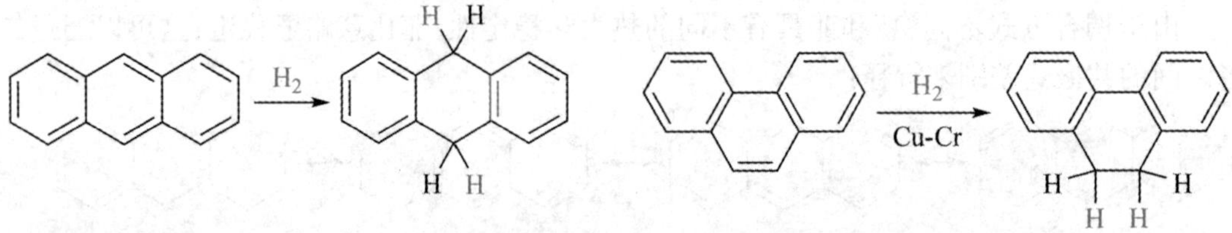

3. 加成反应

蒽和菲的加成反应也优先在9-位和10-位发生。

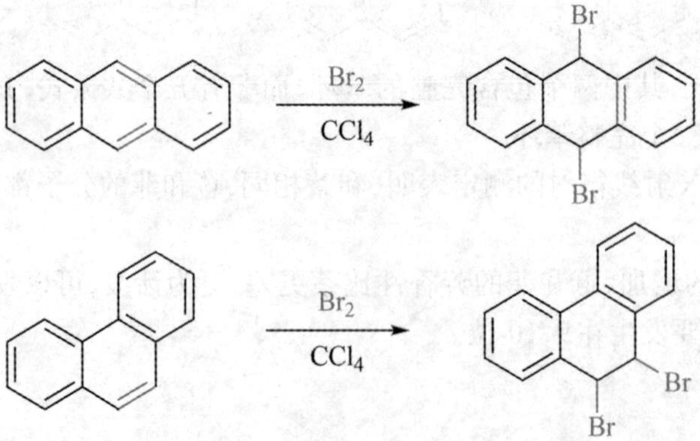

4. Diels-Alder 反应

蒽的共轭能（349.0 kJ/mol）比菲的（381.6 kJ/mol）小，芳香性更差，能够在 9,10-位发生 Diels-Alder 反应，这是蒽与菲不同的地方。

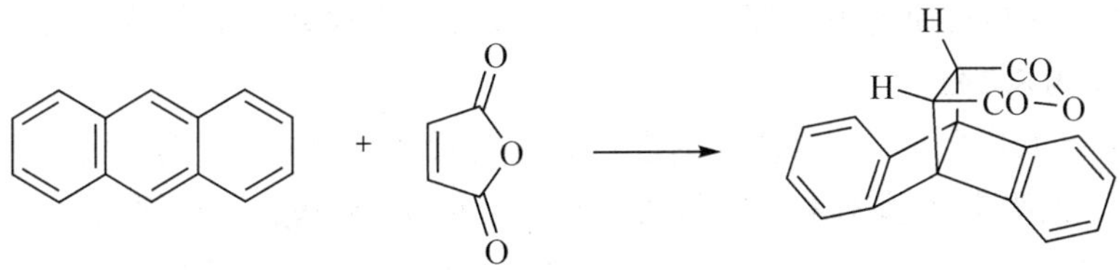

9.7　芳香亲核取代反应

与芳香亲电取代反应相反，亲核试剂与芳环作用生成亲核基团在芳香环上取代了一个离去基团的反应，称为芳香亲核取代反应，是一类特殊的亲核取代反应。由于苯环的平面构型，环上离去基团与 sp² 杂化碳原子形成的键背面指向苯环中心，无法满足反式进攻的要求，因此 S_N2 反应无法实现；同时，苯环正离子由于失去芳香性而极不稳定，需要的活化能很高，更不利于 S_N1 反应的进行。

由于芳香环结构的特殊性，饱和化合物的亲核取代机理大多不适合于芳香亲核反应。连有离去基团的芳烃无法通过 S_N2 和 S_N1 机理进行取代反应，因此芳香亲核取代反应是通过一些特殊机理来完成的。

9.7.1　加成-消除机理（S_N2Ar 机理）

研究证明，卤代芳烃的芳香亲核取代反应是通过加成-消除机理进行的。反应分两步进行，首先是亲核试剂进攻苯环上离去基团连接的碳原子，生成芳基碳负离子中间体，然后离去基团离去，重新芳构化生成产物。

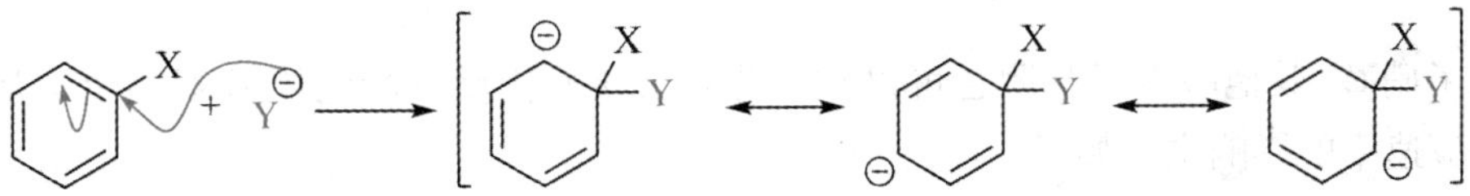

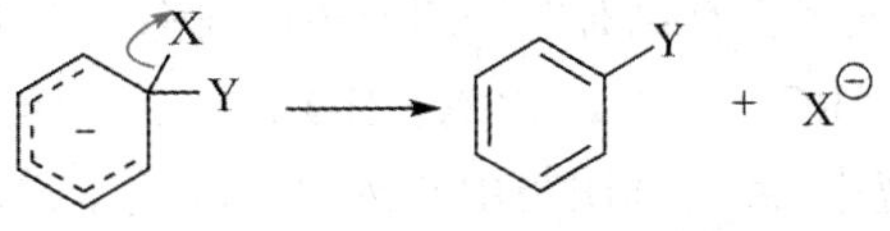

芳香亲核取代反应中的芳基碳负离子中间体又称为 σ 络合物，也被叫作 Meisenheimer 或 Jackson-Meisenheimer 络合物。与芳香亲电反应离子质子相反，亲核取代反应中，离去基团带着负电荷离去，而离去基团的吸电子能力使相连的碳为电正性，也决定了亲核进攻的区

域选择性。

芳香亲核取代反应中,第一步反应为亲核试剂进攻芳环上电正性最强的碳原子,生成 σ 负离子络合物,反应速率与亲核试剂的浓度芳香化合物的浓度成正比,在动力学上表现为二级反应。由于第一步反应为整个反应的决速步,该反应为双分子反应,称为双分子芳香亲核取代反应,表示为 S_N2Ar。

在芳香亲核取代反应中,亲核试剂进攻芳环为反应决速步,因而缺电子芳环更容易反应,因此芳环上的吸电子基团是反应的致活基团。例如,硝基是一个强吸电子基团,它的吸电子作用是通过诱导效应和共轭效应共同实现的;两种电子效应方向一致,硝基邻、对位上碳原子的电子云密度比间位降低更为明显;当这两个位置存在离去基团时,更容易接受亲核试剂的进攻而发生反应,因此硝基成为一个活化的邻/对位定位基团。

从反应机理可见,芳环被亲核试剂进攻形成芳基碳负离子中间体,而强吸电子基团的存在能稳定该负离子;同时,强吸电子基团作为反应活化的邻/对位定位基团,有效降低了邻、对位的电子云密度,有利于促进亲核试剂的进攻进而发生反应,而处在间位的离去基团不反应。芳香亲核取代反应需要先打破芳香的 π 电子体系,对能量的要求比较高,如果没有吸电子基团的活化作用,反应需要在极端条件下才能进行:

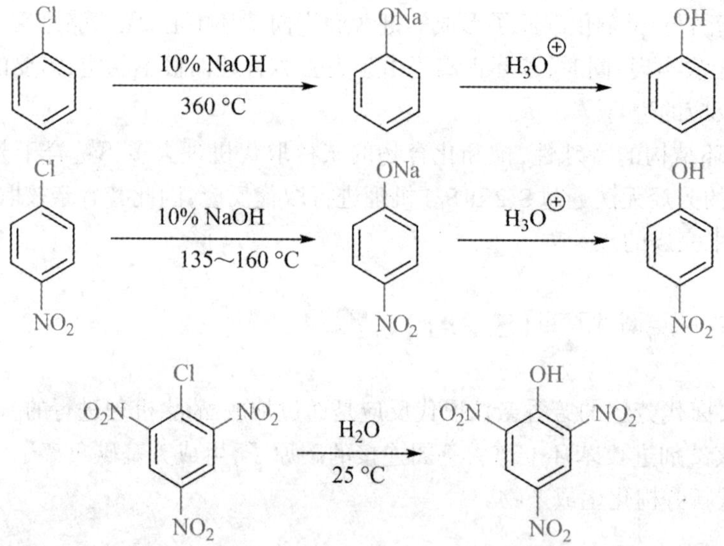

除了硝基,其他吸电子基团也可以作为芳香亲核取代反应活化的邻/对位定位基团,它们对反应速率的影响次序如下:

$$N_2^+ > R_3N^+ > NO > NO_2 > CF_3 > COR > CN > COOH > Cl > Br > I > Ph$$

很多带有负电荷或者含有孤对电子的亲核试剂都适用于该反应,例如

$$H^-, \quad HS^-, \quad RO^-, \quad ^-CN, \quad ^-SCN, \quad HO^-, \quad H_2C^-, \quad HC^-X, \quad R_3N, \quad RC^-HM^+$$

在 S_N2 和 S_N1 反应中,离去基团与中心碳原子间化学键的键能是反应的关键因素,烃基相同的卤代烃反应活性顺序为:I>Br>Cl>F;而在芳香亲核取代反应中,由于亲核加成生成芳香碳负离子中间体为决速步,因此碳–卤键断裂不会影响反应的速率,而卤原子吸电子越强,与之相连的中心碳原子电子云密度越低,更有利于亲核试剂进攻,从而加快了反应的速率,

因此反应活性顺序与 S_N2 和 S_N1 反应相反:F>Cl>Br>I。在 S_N2Ar 反应中,一些不好的离去基团如烷氧基也可以作为离去基团,常见的离去基团及其反应活性顺序如下:

$$F>NO_2>Cl>Br>I>Ph>N_2>OSO_2R>^+NR_3>OAr>OR>SR>SAr>SO_2R>NR_2$$

芳环上有两个相同或不同的强吸电子基团相邻时,其中一个作为离去基团也可以被亲核试剂取代,例如

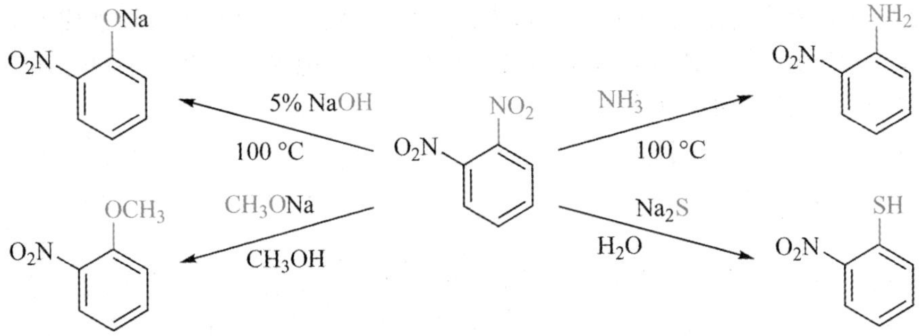

2,4-二硝基氟苯与胺的反应是一个经典的芳香亲核取代反应,Sanger 在 1949 年利用此反应来鉴定蛋白质中末端氨基酸,为蛋白质和生物高分子的结构表征开辟了新途径。

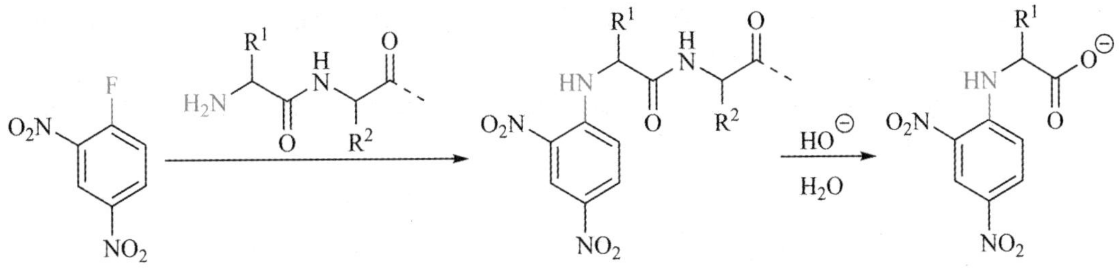

9.7.2 苯炔中间体机理

1928 年,化学家发现,氯苯与 NaOH 在高温高压下可以大量制备苯酚。20 世纪 50 年代,Roberts 发现,溴苯在液氨中与氨基钠反应可以制备苯胺。这些反应说明即使没有吸电子基团活化,氯苯和溴苯也能进行芳香亲核取代反应。深入研究表明,反应必须在强碱作用下进行,亲核基团对未活化芳环的进攻位点与离去基团所占的位点不一定相同。

例如,对溴甲苯在液氨中与氨基钠反应,得到的是对甲苯胺和间甲苯胺的混合物:

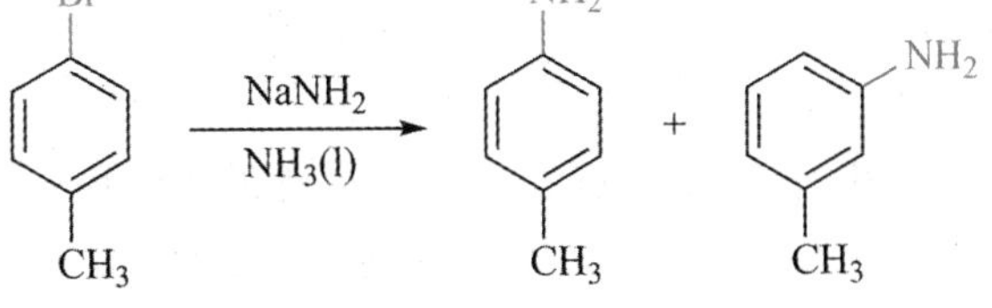

1953 年,Roberts 用同位素标记实验也证实了这一结果。[14]C 标记的氯苯在液氨中与氨基钾反应,氨基连接在 [14]C 和 [12]C 上的苯胺产物几乎相量:

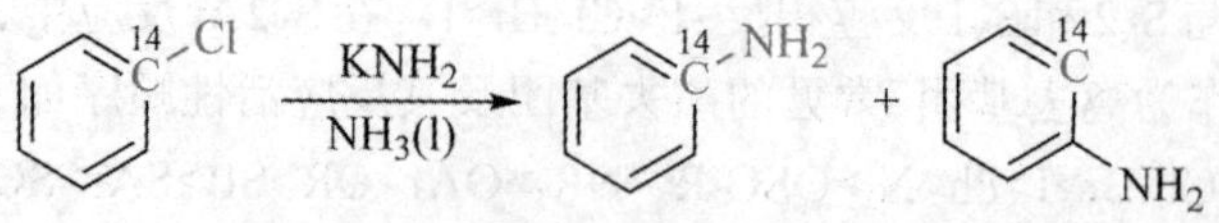

$$\overset{14}{C}{-}Cl \xrightarrow[\text{NH}_3(l)]{\text{KNH}_2} \overset{14}{C}{-}NH_2 + \overset{14}{C}{\text{...NH}_2}$$

该反应机理显然与 S_N2Ar 不同,而反应在强碱作用下才能进行,也说明反应是通过强碱与卤代芳烃作用启动的:强碱先与离去基团邻位的氢原子作用,形成芳香碳负离子,然后离去基团带着一对电子离去,生成苯炔中间体;苯炔中间体再与氨发生亲核加成反应,生成苯胺。不同于双分子芳香亲核取代反应(S_N2Ar)的"加成—消除"机理,这一过程属于"消除—加成"机理,通常称为苯炔中间体机理。

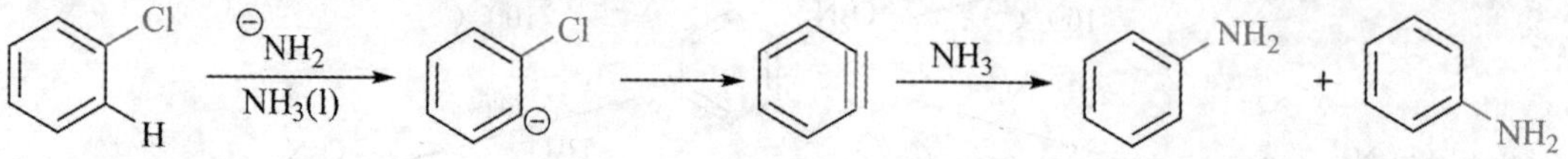

$$\text{(ortho-Cl,H benzene)} \xrightarrow[\text{NH}_3(l)]{\ominus\text{NH}_2} \text{(Cl, carbanion)} \longrightarrow \text{(benzyne)} \xrightarrow{\text{NH}_3} \text{(aniline)} + \text{(aniline)}$$

反应过程中强碱与氢离子作用,而不是发生类似锂卤交换的过程使卤原子离去,这是因为卤原子电负性大于碳原子,其吸电子诱导效应可以稳定生成的碳负离子中间体。但是这种稳定作用相对较弱,因此反应在强碱作用下才能进行。

苯炔具有对称结构,所以氨进攻两个叁键碳原子的几率相等,因此 ^{14}C 标记实验中生成 ^{14}C 和 ^{12}C 上取代的两种苯胺,而对溴甲苯反应得到对甲苯胺和间甲苯胺的混合物。苯炔中间体机理合理地解释了以上实验结果。

如果卤代芳烃中卤原子两个邻位上都有取代基,则不能发生上述氨解反应,这是因为苯炔中间体无法生成。

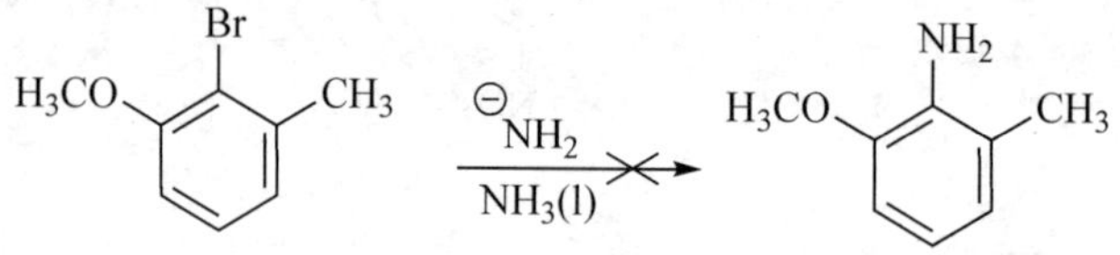

$$H_3CO-\overset{Br}{\underset{}{}}-CH_3 \xrightarrow[\text{NH}_3(l)]{\ominus\text{NH}_2} \xcancel{\longrightarrow} H_3CO-\overset{NH_2}{\underset{}{}}-CH_3$$

1. 苯炔

去除芳环上两个邻位取代基后得到的高活性电中性中间体称为芳炔。苯炔是最简单的芳炔,是比苯少两个氢的化合物,如图9.34所示,有三种共振式。

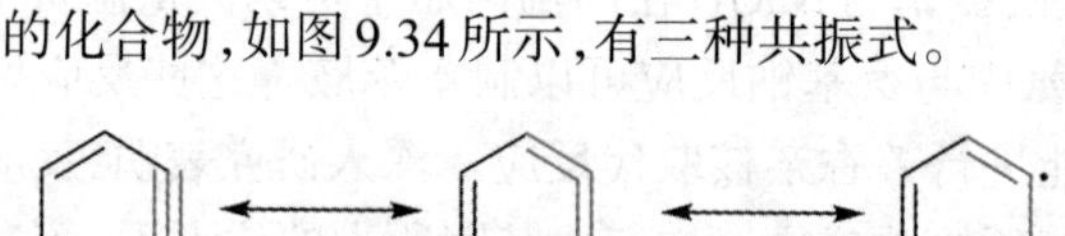

图9.34 苯炔的共振式示意图

苯炔中含有一个特殊的碳碳叁键。一般炔烃中碳碳三键中碳原子为 sp 杂化,形成 σ 键时键角为180°,分子为线性。苯炔的环状结构决定了碳原子仍为 sp^2 杂化,三键中一个 π 键是由 sp^2 杂化轨道通过微弱的侧面重叠形成的,与苯炔环的大 π 电子体系相互垂直,不存在共轭稳定性,因此该 π 键很弱且有张力,容易发生反应(如图9.35所示)。

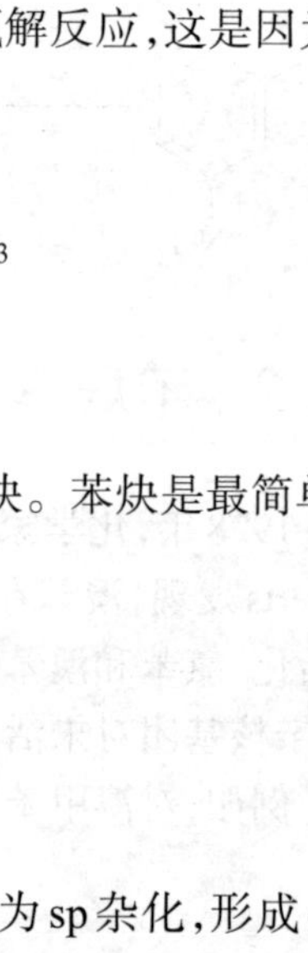

2. 苯炔的制备

苯炔结构中存在重叠较小的 π 键,活性很高,通常采用原位制备的方式来反应。最早制备苯炔的方法为卤代苯在强碱作用下,

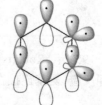

图9.35 苯炔的分子轨道图

脱除邻位氢生成苯炔。

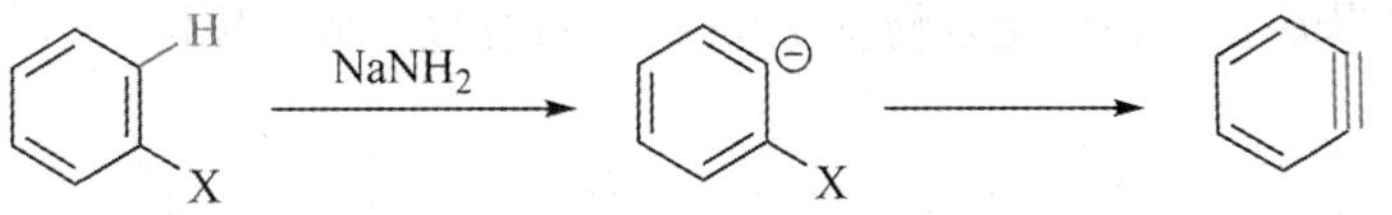

从邻二卤代苯出发制备苯炔时,需要使用金属锂或镁。

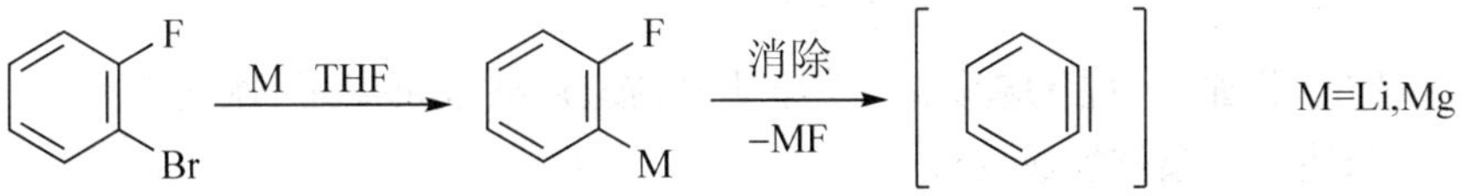

四氯苯炔可以用六氯苯与正丁基锂反应制备:锂卤交换先生成五氯苯基锂,然后失去氯化锂得到四氯苯炔。

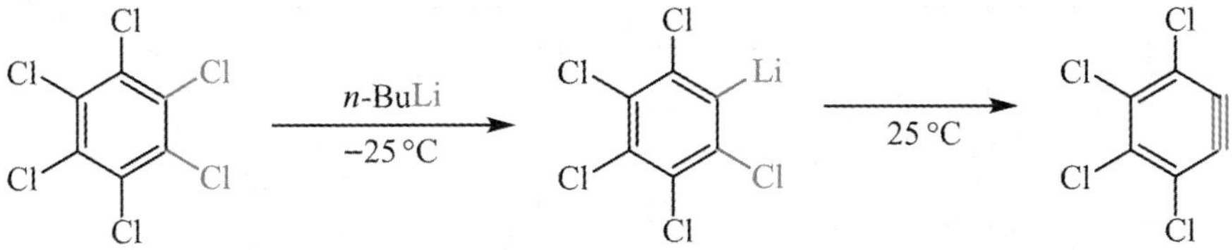

以邻位硅基取代的三氟甲磺酸基苯为底物,可以在温和的条件下制备苯炔,是一种比较简便和实用的方法。

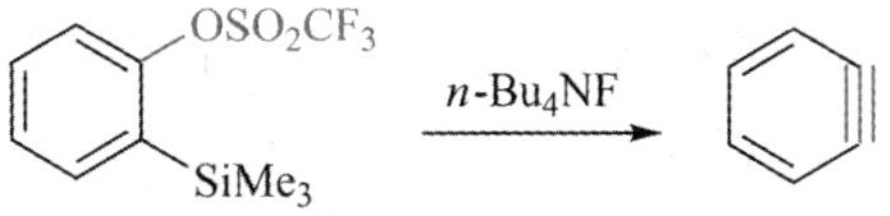

用邻氨基苯甲酸制备重氮盐,受热分解即可得到苯炔。这种方法最经济、简便,但是重氮盐对碰撞极为敏感,也容易发生爆炸,而在非质子溶剂中较稳定。

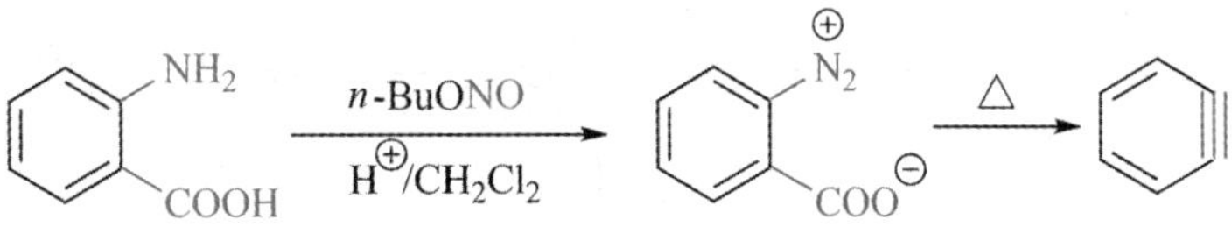

3. 苯炔的反应

苯炔不同于一般的炔烃,它是一个高活性的中间体,参与的反应都是围绕在碳碳三键上的加成反应。

（1）环加成反应

苯炔是一个高度活泼的亲双烯体,能与大多数 1,3-二烯发生 Diels-Alder 反应。

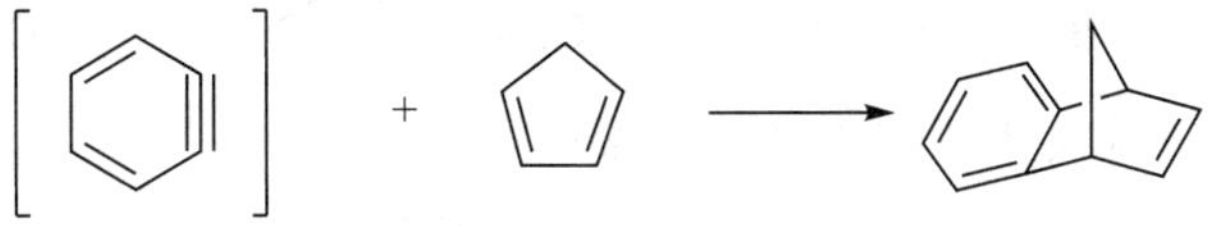

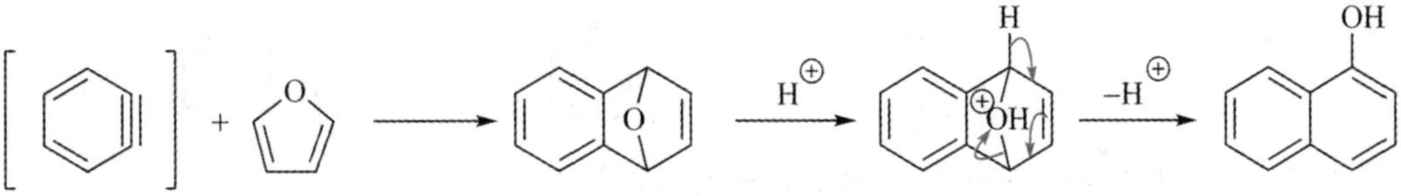

（2）二聚反应

原位制备的苯炔在无其他化合物参与反应时,自身聚合成二聚体。

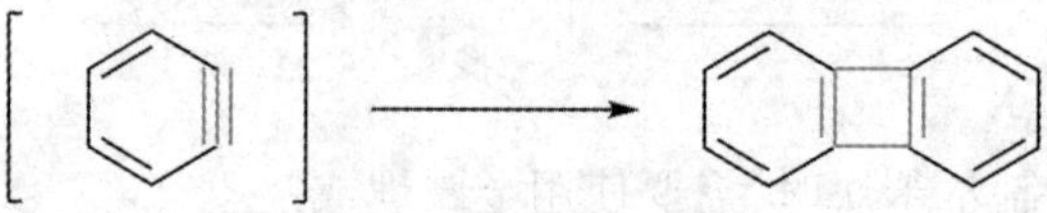

（3）亲核加成反应

很多亲核试剂,如醇、烷氧基负离子、烃基锂、胺、羧酸根负离子、氰基负离子、烯醇负离子等,都能与苯炔发生亲核加成反应。

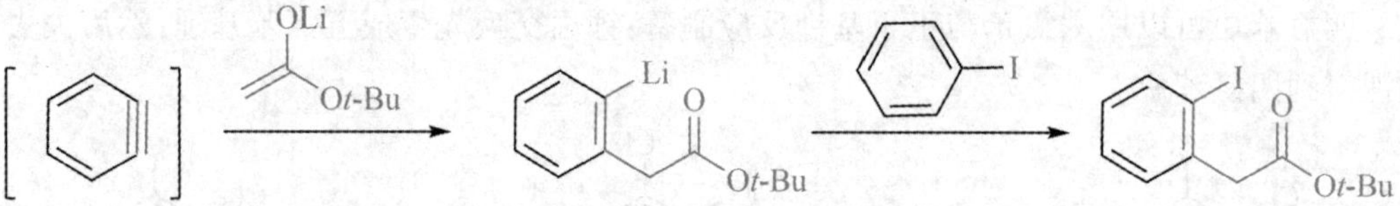

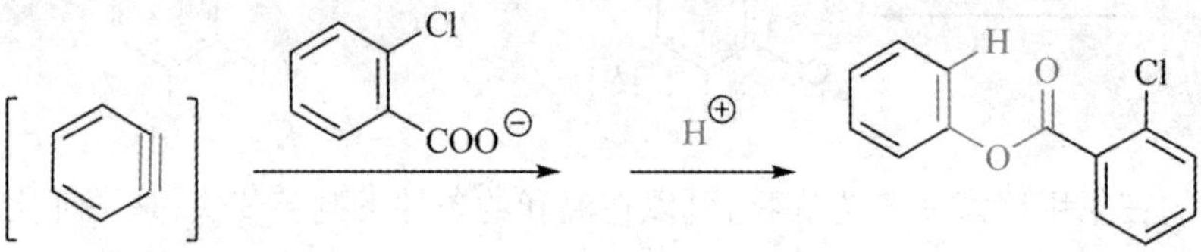

（4）亲电加成反应

卤素、卤化汞、卤化硒、卤化硅和三烷基硼等亲电试剂能与苯炔发生亲电加成反应。

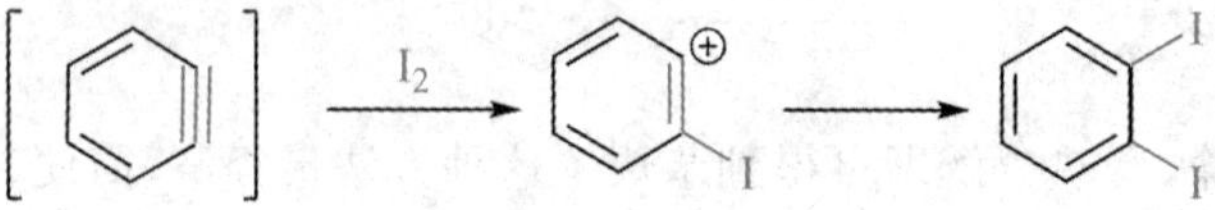

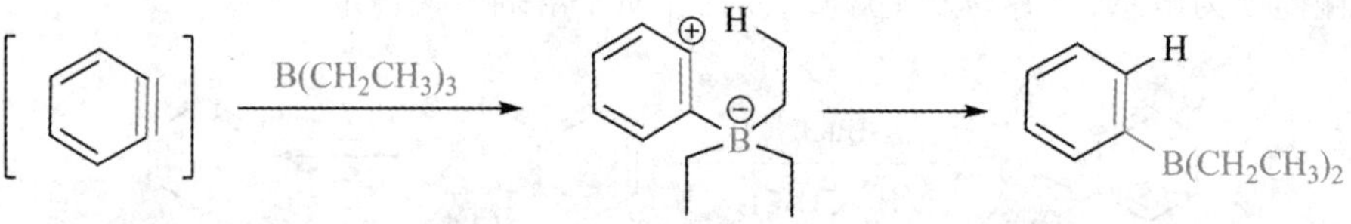

练习题

1. 选择题

（1）下列化合物中不具有芳香性的是（   ）。

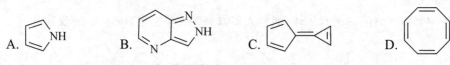

A.　　　　B.　　　　C.　　　　D.

（2）下列化合物不能发生傅-克烷基化反应的是（   ）。

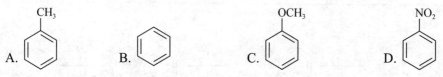

A.　　　　B.　　　　C.　　　　D.

（3）苯乙烯用冷的稀$KMnO_4$溶液氧化得到的产物是（   ）。

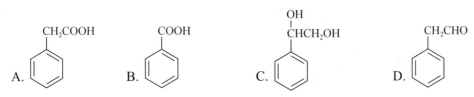

A. CH₂COOH

B. COOH

C. CHCH₂OH / OH

D. CH₂CHO

（4）对苯甲醚进行硝化，主要得到邻对位产物。下列中间体共振式中，能最有力地解释此现象的是（　　）。

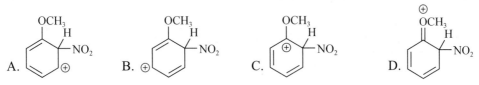

A.　B.　C.　D.

（5）1,2,4-三氯苯在 NaOCH₂COONa 作用下主要得到何种产物？（　　）

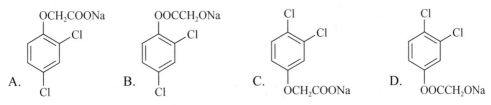

A.　B.　C.　D.

（6）下列化合物和亲核试剂反应得到偶氮化合物，反应活性最高的是（　　）。

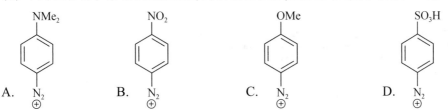

A.　B.　C.　D.

（7）下列化合物发生硝化反应最慢的是（　　）。

A. 吡啶　　　　　B. 苯　　　　　C. 吡咯　　　　　D. 苯胺

（8）芳香亲电取代反应中，以下化合物新引入基团的位置，不正确的是（　　）。

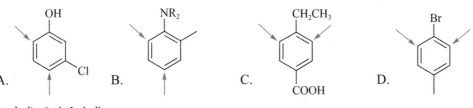

A.　B.　C.　D.

2. 完成下列反应式。

（1）(H₃C)₃C— [苯环] $\xrightarrow[\text{MeCN, CCl}_4]{\text{RuCl}_3, \text{NaIO}_4}$ （　　）

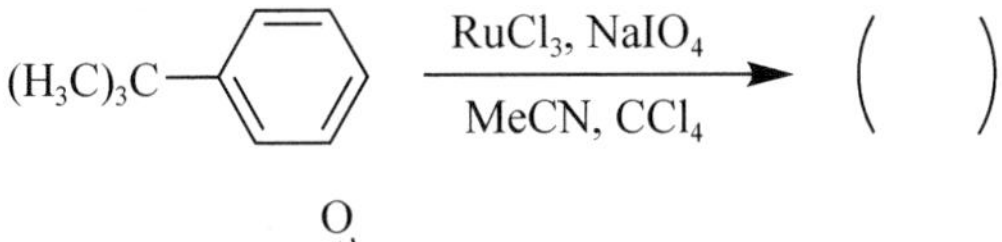

（2）[苯环] + [马来酸酐] $\xrightarrow{\text{AlCl}_3}$ （　　）

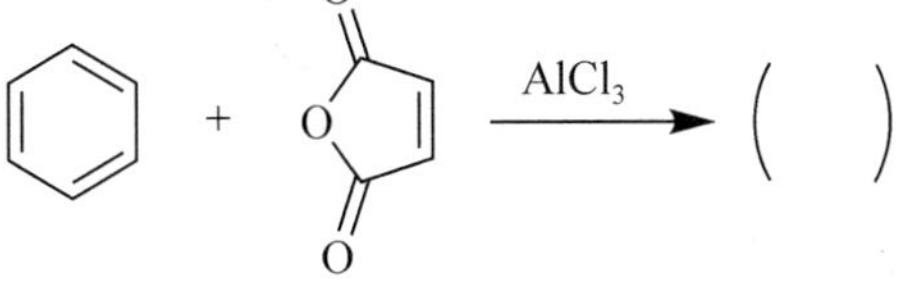

(3) $\xrightarrow{AlCl_3}$ 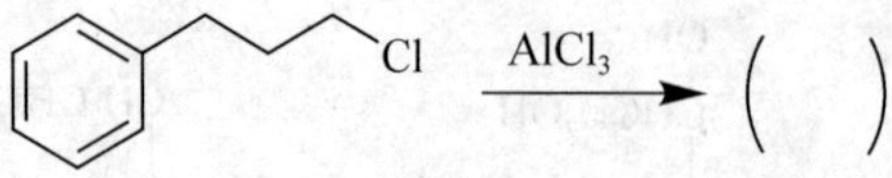 ( )

(4) 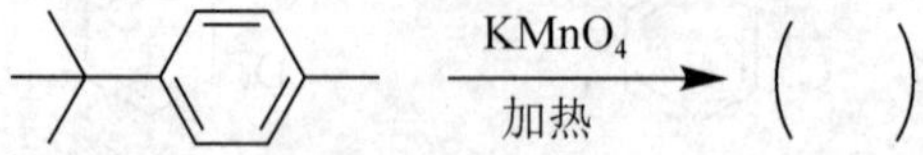 $\xrightarrow[\text{加热}]{KMnO_4}$ ( )

(5) 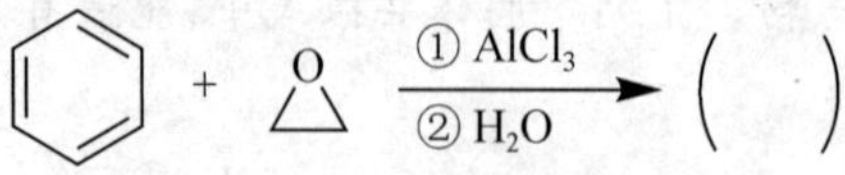 + $\xrightarrow[\text{② } H_2O]{\text{① } AlCl_3}$ ( )

(6) 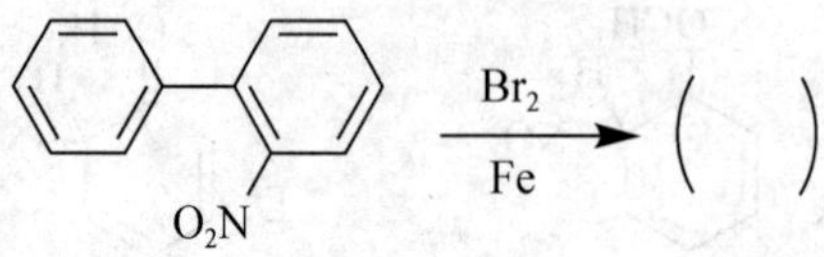 $\xrightarrow{\dfrac{Br_2}{Fe}}$ ( )

(7) 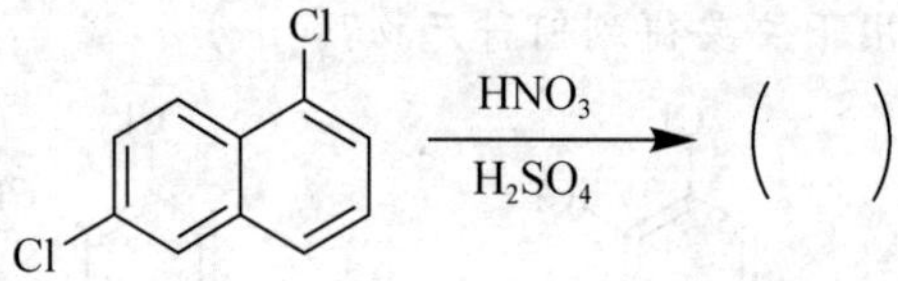 $\xrightarrow{\dfrac{HNO_3}{H_2SO_4}}$ ( )

(8) 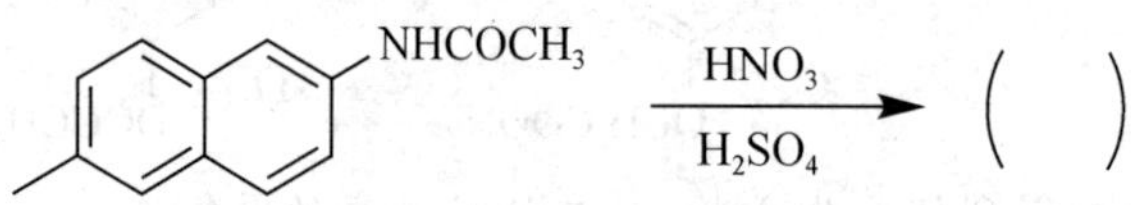 $\xrightarrow{\dfrac{HNO_3}{H_2SO_4}}$ ( )

(9) 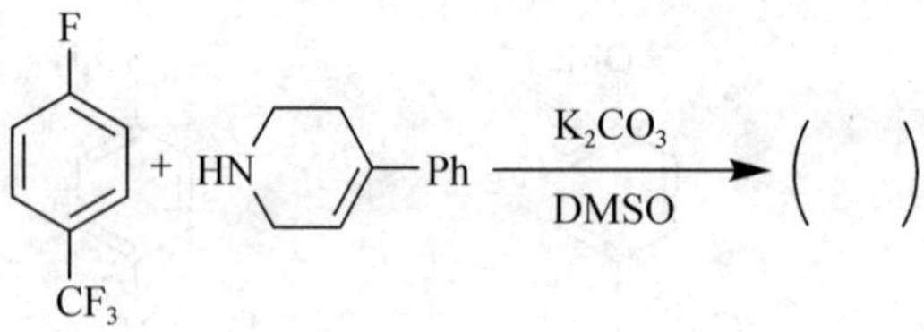 + $\xrightarrow[\text{DMSO}]{K_2CO_3}$ ( )

(10) 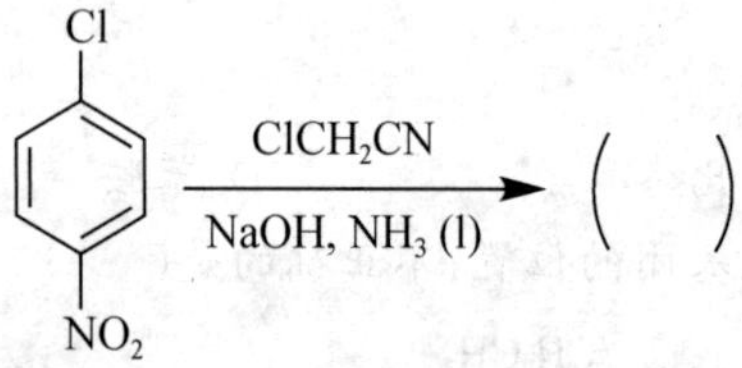 $\xrightarrow[\text{NaOH, } NH_3 \text{ (l)}]{ClCH_2CN}$ ( )

3. 简答题

(1) 判断下列物质是否具有芳香性：

① 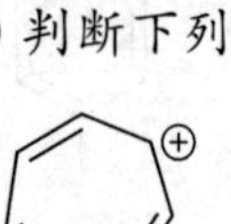   ② 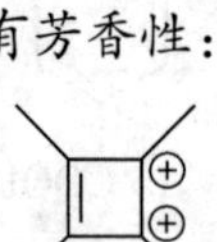   ③

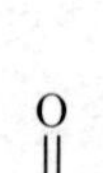

④ 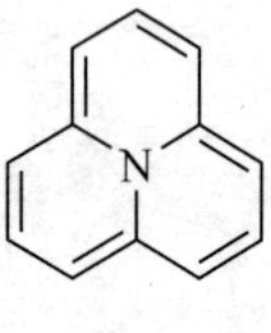   ⑤ 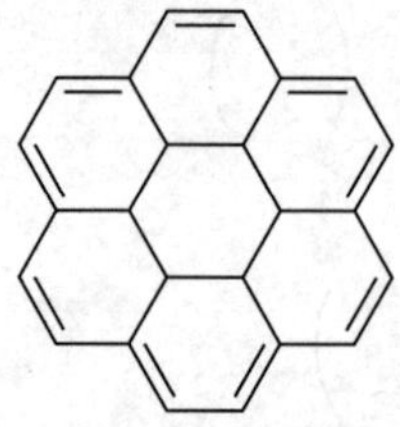   ⑥

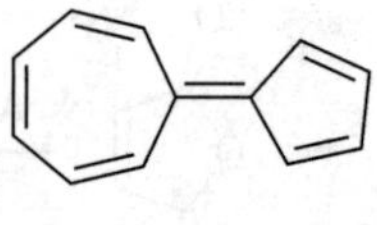

(2) 比较 A 和 B 物质的稳定性并说明理由。

A　　　　　　　　　　　B

(3) 按照芳香亲电取代反应活性从大到小的顺序排列下列化合物：

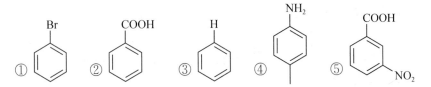

(4) 环丁烯加热开环转化为 1,3-丁二烯，释放出约 41.8 kJ/mol 的热量。但是，苯并环丁烯开环成 5,6-二亚甲基-环己-1,3-二烯则需要吸收相同的热量，解释其原因。

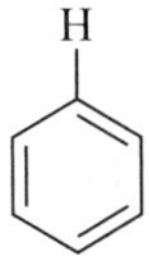

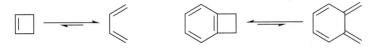

(5)* 以下化合物中哪个化合物的酸性最强？为什么？

① 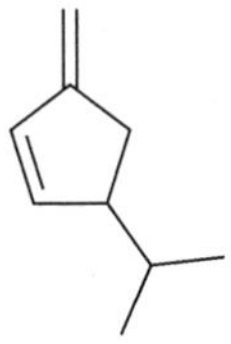　　　　　② 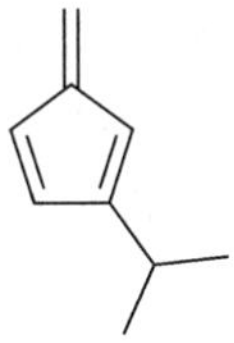　　　　　③ 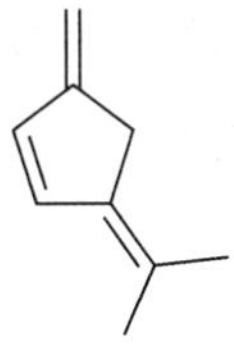　　　　　④

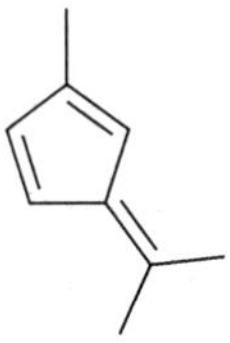

(6) 2,3-二苯基环丙烯酮可以与 HBr 反应生成一种离子盐。完成其反应式，判断此离子盐是否稳定，并给出你的理由。

4. 机理题

(1) 将对二甲苯和甲苯在氯化铝的作用下在苯中回流 24 h，最后反应产物为均三甲苯，写出反应机理。

(2)* 利用下列反应经过分子内转换可以合成吲哚衍生物。画出以下转换的合理、分步的机理：

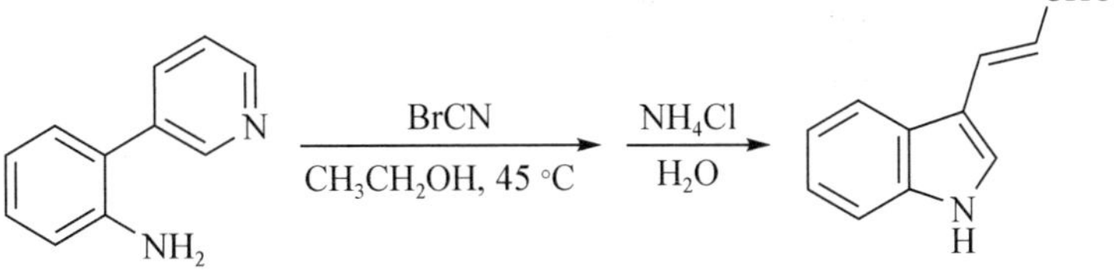

$$\xrightarrow[\text{CH}_3\text{CH}_2\text{OH, 45 °C}]{\text{BrCN}} \xrightarrow[\text{H}_2\text{O}]{\text{NH}_4\text{Cl}}$$

5. 合成题

(1) 用苯和不超过 2 个碳的有机原料合成下列化合物：

① 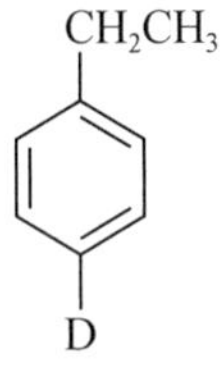　　　　　② 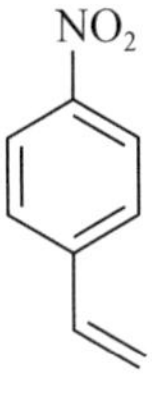　　　　　③

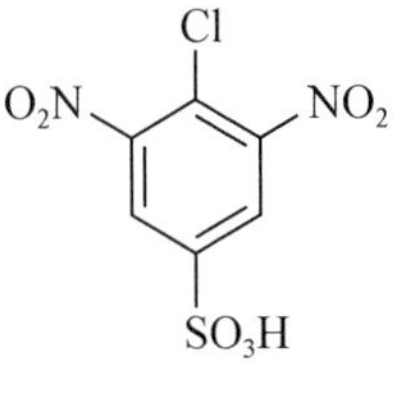

（2）用 Harworth 法合成萘。

（3）* 氟嗪酸（ofoxacin）是抗菌谱广的高效新一代氟代喹诺酮类药物，对多数革兰氏阴性菌、革兰氏阳性菌和某些厌氧菌有广谱的抗菌活性。至今的临床试验表明，氟嗪酸对全身性感染和急、慢性尿道感染有效，人体对氟嗪酸的耐受性也较好，而且细菌对氟嗪酸的耐药现象似乎不易发生，其构式如图 A 所示：

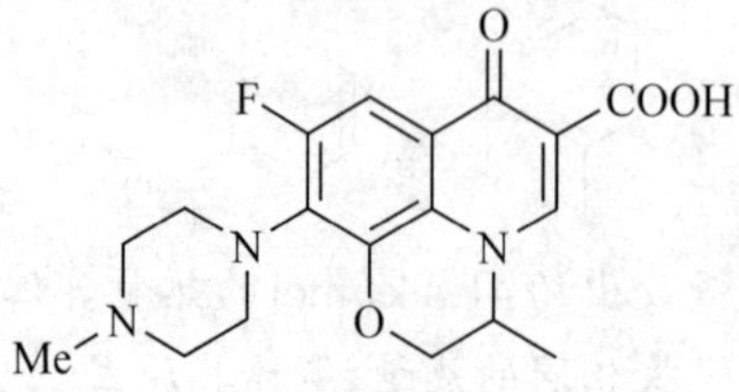

A 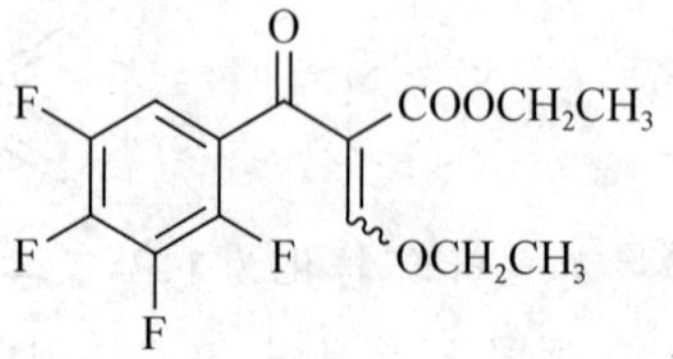   B

以 B 为原料，对比二者的结构区别，找出其他反应底物完成氟嗪酸的合成，并利用加成-消除机理画出这些转换过程。

6. 推结构

化合物 A，B，C 分子式均为 C_7H_8O，A 溶于 NaOH 水溶液，但不溶于 $NaHCO_3$ 水溶液，A 与 Br_2/H_2O 作用可立即生成化合物 D（$C_7H_5OBr_3$，白色固体）；A 与 $FeCl_3$ 溶液作用有显色反应。B 不溶于 NaOH 溶液，但可以与 $HCl/ZnCl_2$ 迅速作用生成化合物 E（C_7H_7Cl）；化合物 C 不溶于 NaOH 溶液，而且对碱十分稳定；与金属钠作用不放出 H_2。已知 A、B、C 的 NMR 谱中在 $\delta=$ 7.3 ppm 左右都有较强的信号峰出现。试推导出 A、B、C、D、E 的结构。

第10章 卤 代 烃

10.1 卤代烃的分类及命名

10.1.1 分类

结构决定性质是理解有机化合物反应规律的核心思路。卤代烃是烃类分子中氢原子被卤素原子取代的一类化合物,可以按照下面几种方法进行结构上的分类——相比于记住这些类别的名称,对于你来说更重要的是,提到某种卤代烃,你应当想到:① 这些烃基具有哪些你已经学过的性质;② 不同卤原子的差异何在;③ 该烃基和卤原子键合之后会产生怎样的相互作用。

1. 按照卤原子所连接的烃基结构进行分类

按照卤原子所连接的烃基结构进行分类,可以分为卤代烷、不饱和卤代烃和芳香卤代烃。在不饱和卤代烃中,卤原子与双键碳直接相连的为乙烯型卤代烃,卤原子与双键邻位碳相连的称为烯丙基型卤代烃。在芳香卤代烃中,卤原子与苯环直接相连的称为苯基型卤代烃,卤原子与苯甲位碳相连的称为苯甲基型(苄基型)卤代烃。

$$CH_3CH_2X \qquad H_2C{=}CH{-}X \qquad H_2C{=}CH{-}CH_2{-}X$$

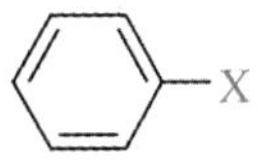

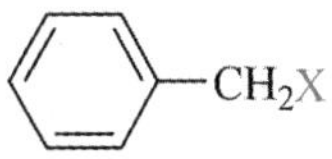

(乙烯型卤代烃)　　　　(烯丙基型卤代烃)　　　(苯基型卤代烃)　　(苄基型卤代烃)

饱和卤代烃　　　　　　不饱和卤代烃　　　　　　　　　　芳香卤代烃

2. 按照卤原子数目进行分类

按照卤原子数目进行分类,可以分为一卤代烃、二卤代烃和多卤代烃。在二卤代烃中,卤原子连接在同一碳原子上的卤代烃被称为偕二卤代烃;卤原子分别连在相邻碳原子上的卤代烃被称为邻二卤代烃。

$$\underset{一卤代烃}{\underset{\begin{array}{c}X\\|\end{array}}{CH_3CHCH_3}} \qquad \underset{偕二卤代烃}{CH_2X_2} \qquad \underset{邻二卤代烃}{XCH_2CH_2X} \qquad \underset{卤仿(haloform)}{CHX_3} \qquad \underset{1,1,2\text{-}三卤乙烷}{XCH_2CHX_2}$$

$$\text{一卤代烃} \qquad\qquad\qquad \text{二卤代烃} \qquad\qquad\qquad\qquad \text{三卤代烃}$$

3. 按照与卤原子所相连的碳原子级数

按照与卤原子所相连的碳原子级数,可以分为一级卤代烃、二级卤代烃、三级卤代烃。

$$\underset{一级卤代烃}{(CH_3)_2CHCH_2X} \qquad \underset{二级卤代烃}{\underset{\begin{array}{c}X\\|\end{array}}{CH_3CH_2CHCH_3}} \qquad \underset{三级卤代烃}{(H_3C)_3C-X}$$

10.1.2 命名

除过某些俗名(表10.1)仍然保留外,其他卤素化合物按照取代操作法和官能团类别命名法进行系统命名。

表10.1 卤素化合物系统命名

化合物	CHF_3	$CHCl_3$	$CHBr_3$	CHI_3	$COCl_2$	$SOCl_2$
系统命名法	氟仿 fluoroform	氯仿 chloroform	溴仿 bromoform	碘仿 iodoform	光气 phosgene	硫光气 thiphosgene

取代操作命名法是指母体结构上一个或多个氢为其他原子或基团所取代时,由此所形成的化合物名称中,采用取代的原子或基团的名称加连缀字"代",再加母体结构的名称而构成,通常"代"字可以省略。另一方式是将母体结构脱氢形成的基团名加取代的原子或基团的名称作为后缀,有时"基"字可省略。

取代操作法命名卤代烃时采用在母体化合物名称前加上前缀"氟代""氯代""溴代"或"碘代",前缀中的"代"字通常可以省略。选取母体化合物时,优先级小的基团编号要尽可能地小。除此之外,第一个分支点尽可能地小,如一样,第二个分支点尽可能地小,并依此类推。若含有烯烃或炔烃,以含有此烯烃或炔烃的最长链为主链,编号使其位置最小(表10.2)。

表10.2 取代操作法命名举例

化合物	命名
$\underset{6}{H_3C}-\underset{5}{CH_2}-\underset{4}{CH_2}-\underset{3}{CH_2}-\underset{2}{\overset{\overset{\displaystyle Cl}{|}}{CH}}-\underset{1}{CH_3}$	2-氯乙烷(2-chlorohexane)
$\underset{5}{(H_3C)_3Si}-\underset{}{(SiH_2)_3}-\underset{1}{SiCl_3}$	1,1,1-三氯-5,5,5-三甲基戊硅烷 (1,1,1-trichloro-5,5,5-trimethylpentasilane)
$\underset{2}{Cl-CH_2}-\underset{1}{CH_2-Br}$	1-溴-2-氯乙烷(1-bromo-2-chloroethane)
	3-溴吡啶(3-bromopyridine)

官能团类别命名则由有机"基团"后随类别名"氟化物""氯化物""溴化物"或"碘化物"而形成,通常"化物"二字省略。若需要,加上位次前缀。一般来讲,卤素化合物均可由两类命名法给出两个名称,但官能团类别命名法的名称较少采用,或仅见于一些简单的化合物。表10.3为卤素化合物使用官能团命名法和取代操作法命名举例。

表10.3 卤素化合物使用官能团命名法和取代操作法命名举例

	官能团命名法	取代操作法
H_3C-I	甲基碘(methyl iodide)	碘甲烷(iodomethane)
CH₂Br (苯环)	苄溴(benzl bromide)	α-溴甲苯(α-bromomethylbenzene)
$(H_3C)_3C-Cl$	叔丁基氯(tert-butyl chloride)	2-氯-2-甲基丙烷(2-chloro-2-methylpropane)
$Br-H_2C-CH_2-Br$	乙叉二溴化物(ethylene dibromide)	1,2-二溴乙烷(1,2-dibromoethane)

10.2 卤代烃的物理性质

1. 熔沸点

在室温下,低级卤代烃,如四个碳及以下的氟代烃、两个碳及以下的氯代烃以及溴甲烷等为气体;实验室常见的卤代烃一般为液体;高级卤代烃则可能为固体。由于卤代烃中C-X键具有极性,分子间存在偶极-偶极作用,使其沸点高于相应的烃。对于烃基相同的卤代烃,沸点顺序为RI>RBr>RCl>RF;对于卤原子相同的卤代烃,分子量越大,沸点通常越高。

与烃类相似,在一般情况下,卤代烃的同分异构体中直链分子熔沸点最高;支链越多的分子,分子间色散力越小,熔沸点越低;但当分子对称性很强时,有利于卤代烃分子在晶格中的排列,熔点反而升高。例如熔点:s-BuCl<i-BuCl<n-BuCl≪t-BuCl;沸点:t-BuCl<s-BuCl≈i-BuCl<n-BuCl。

2. 溶解性与密度

卤代烃均不溶于水,但在大多数有机溶剂中溶解性较好。除了部分一氟或一氯代烃密度小于1之外,其余大多数卤代烃密度通常大于1。分子中卤原子越多,密度越大。

3. 可极化性与折光率

在外界电场作用下,分子中的电荷分布可发生相应变化。电荷分布发生变化的能力称作可极化性。对于卤代烃而言,由于从F到I原子半径增大,原子核对电子的控制能力减小,卤原子可极化性越大,因此卤代烃的可极化性顺序为:RI>RBr>RCl>RF。

分子可极化性的影响因素:孤对电子可极化性>成键电子可极化性;弱键可极化性>强键可极化性;离域电子可极化性>定域电子可极化性。

分子的折光率与分子的可极化性有关,同一温度下,分子可极化性越大,折光率越高。故相同温度下卤代烃的折光率顺序亦为:RI>RBr>RCl>RF。

10.3　卤代烃的化学性质

10.3.1　卤代烃的结构与反应活性

可以说,卤代烃的所有化学性质都与碳原子与卤原子之间的成键特征有关。对于卤原子与饱和碳原子相连的卤代烃,其C-X键是碳原子sp³杂化轨道与卤原子轨道交叠的结果。讨论卤原子是否杂化的意义并不大,一般可以认为此时卤原子以其p轨道与碳原子成键。我们可以很容易地想到,由于卤原子具有较大的电负性,所以在卤代烃中C-X键是明显具有极性的:碳原子具有δ^+,而卤原子具有δ^-。

然而,一个可能被忽略的因素是:当卤原子逐渐增大,其与碳原子之间的成键也会显著变长。例如,C和F处于同一周期,C(sp³)轨道和F原子的2p轨道能量相近,可以更有效地成键;而对于I原子,其5p轨道要比F原子的2p轨道弥散得多,C-I键也显著变长。不难想象这样一个规律:同种类型的化学键中,更长的键往往更弱。

于是,卤代烃的反应活性出现一个非常重要的规律:R-I>R-Br>R-Cl>R-F。显然,这与碳卤键之间的极性顺序是相反的(碳卤键的极性顺序为:C-F>C-Cl>C-Br>C-I)。如果对这两个相反的顺序存在困惑,现阶段可以这样思考:虽然C-X键极性决定了亲核试剂(带有负电荷或者孤对电子的物种)进攻的方向,即试图接近带有正电的碳原子,但是这并不意味着一定可以发生反应——能否得到产物决定于C-X键的稳定性。

以上我们讨论的是最普通的C(sp³)-X键。而对于另外两类卤代烃,我们只需要在此基础上稍加补充理解:

(1) 对于C(sp²)-X键,即烯基卤化物和芳基卤化物,我们可以想到卤原子上的孤对电子还会与不饱和碳原子的π键发生一定程度上的共轭,使得C-X键具有一定的双键特性。这使得C(sp²)-X键变得更强,烯基卤化物和芳基卤化物的反应活性也低于普通的烷基卤化物。

(2) 烯丙型卤代烃,包括烯丙基卤代烃、炔丙基卤代烃与苄基卤代烃。我们在此前已经知道烯丙位的碳正离子可以通过共振来有效地分散电荷,因此这些烯丙型卤代烃会具有比普通C(sp³)-X型卤代烃更高的反应活性。

10.3.2 卤代烃的反应

卤代烃主要发生以下几种反应：

10.3.2.1 亲核取代反应

通式：

$$R-X \ + \ Nu^{\ominus} \longrightarrow R-Nu \ + \ X^{\ominus}$$

其中，$Nu^{\ominus}$ 代表亲核试剂。

这种由亲核试剂进攻分子中带正电部分，引起原有基团带着旧键中一对电子离去的取代反应，称作亲核取代反应。以符号 S_N 表示：其中 S 表示取代（substitution），N 表示亲核（nucleophilic）。亲核取代反应具有多种不同的机理，例如 S_N1 机理、S_N2 机理、离子对机理，将在后文中进行详细介绍。

亲核试剂的种类多样，例如

$$R-X \ + \ HO^{\ominus} \longrightarrow R-OH \ + \ X^{\ominus} \tag{1}$$

$$R-X \ + \ R'O^{\ominus} \longrightarrow R-OR' \ + \ X^{\ominus} \tag{2}$$

$$R-X \ + \ ^{\ominus}CN \xrightarrow{\text{醇}} R-CN \ + \ X^{\ominus} \tag{3}$$

$$R-X \ + \ NH_3 \longrightarrow R-\overset{\oplus}{N}H_3 + \ X^{\ominus} \tag{4}$$

$$R-X \ + \ AgNO_3 \longrightarrow R-ONO_2 \ + \ AgX \downarrow \tag{5}$$

反应（1）（2）（3）（4）可分别作为醇类、醚类、腈类与胺类的制备方法。反应（5）中卤代烃与硝酸银反应生成卤化银沉淀，可作为鉴别卤代烃的一种简便方法。值得一提的是，尽管通式中以 Nu 代表亲核试剂，但亲核试剂实际上并不要求一定带有负电荷，例如上述卤代烃与氨的反应。

10.3.2.2 β-消除反应

消除反应可根据消去基团的相对位置分为多种类型，包括 α-消除、β-消除、γ-消除等。对于卤代烃，消除反应常发生在相邻的两个碳原子上，即 β-消除，也称 1,2-消除。

通式：

$$\underset{\underset{H}{|}\quad\underset{X}{|}}{-CH-CH-} \xrightarrow{\text{碱}} -CH=CH-$$

消除反应常以符号 E 表示，E 代表消除（elimination）。β-消除反应是制备烯烃的重要反应，其具有多种不同的机理，将在后文中详细介绍。

10.3.2.3　还原反应

卤代烃被还原成烃的反应称作卤代烃的还原。

通式：

$$R-X \xrightarrow{\text{还原剂}} R-H$$

这一反应可采用的还原剂类型多样，还原剂包括 Zn+HCl、HI、H_2/Pd、Na+NH_3(1)等，最为普遍使用的还原剂是 $LiAlH_4$。

$LiAlH_4$ 与水剧烈反应生成 H_2，因此使用 $LiAlH_4$ 还原卤代烃时只能使用无水溶剂。一般使用的溶剂为醚类溶剂，如乙醚、四氢呋喃等。$LiAlH_4$ 的还原性很强，所有类型的卤代烃，包括乙烯型卤代烃，均可被其还原。

10.3.2.4　与活泼金属反应

卤代烃与活泼金属的反应是制备金属有机化合物的一种重要方法。由于金属的还原性较强，在与金属反应时，卤代烃的 α-碳原子将由带正电转变为带负电，这一过程被称作极性反转，在有机合成中具有重要应用。

1. 与 Mg 反应

卤代烃与 Mg 在醚类溶剂中反应，生成的烃基卤化镁称为格氏试剂。这类化合物由法国化学家 V. Grignard 首先发现并应用于有机合成中；1912 年，V. Grignard 为此获诺贝尔化学奖。

反应通式：

$$R-X \ + \ Mg \xrightarrow{\text{醚}} R-MgX$$

格氏试剂的形成机理可能是自由基历程：

$$R-X \ + \ :Mg \longrightarrow R\cdot + \cdot MgX$$

$$R\cdot + \cdot MgX \longrightarrow R-MgX$$

反应活性：RI>RBr>RCl>RF；RX(烷基卤代烃)>ArX(芳基卤代烃)。对于活性较低的卤代烃，可使用新制 Mg，并在较高温度下进行反应。实验室中制备格氏试剂常用溴代烃，因氟、氯代烃活性低，而碘代烃则价格较高且易发生烷基自偶合。值得注意的是，在普通的卤代烷中，一级、二级卤代烃制备格氏试剂往往很顺利，但是三级烷基卤的实际情况却可能有些复杂，容易发生卤代烃的消除等副反应。

格氏试剂的制备一般在醚类溶剂中进行，因醚类与格氏试剂的配位使得格氏试剂在其中的溶解性增强。反应常用的溶剂为乙醚，当需要在较高温度下进行时则可选用高沸点的醚，如丁醚、戊醚、四氢呋喃等。

格氏试剂在溶剂中可与溶剂分子配位。核磁共振显示，格氏试剂是一种双分子化合物，其结构可能是：

在溶剂中,这些结构间存在平衡,称为 Schlenk 平衡:

$$2\ RMgX(Solv)_2 \rightleftharpoons MgX_2(Solv)_2 + MgR_2(Solv)_2$$

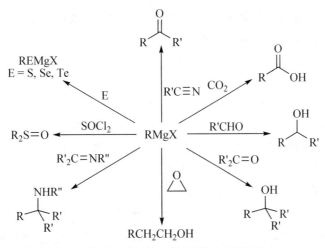

$$[XMg(Solv)_3]^{\oplus},\ [RMg(Solv)_3]^{\oplus},\ [R_2MgX(Solv)]^{\ominus},\ [RMgX_2(Solv)]^{\ominus}$$

但格氏试剂的通式仍以 RMgX 表示。

格氏试剂中的 C–Mg 键是强极性键,可发生许多反应。我们可将格氏试剂 R–MgX 看作很弱的酸(R–H)的镁盐,因此理论上凡是酸性强于 R–H 的物质都可与其反应,生成 R–H 与相应镁盐:

$$R-MgX + HOH \longrightarrow R-H + MgX(OH)$$

$$R-MgX + HOR \longrightarrow R-H + MgX(OR)$$

$$R-MgX + HNH_2 \longrightarrow R-H + MgX(NH_2)$$

$$R-MgX + HOCOR \longrightarrow R-H + MgX(OCOR)$$

$$R-MgX + HC\equiv CR \longrightarrow R-H + RC\equiv CMgX$$

格氏试剂可作为亲核试剂:

格氏试剂作为亲核试剂可与某些活泼的卤代烃发生偶联反应:

$$R-MgX + R'-X \longrightarrow R-R' + MgX_2$$

当卤代烃为活性较高的烯丙型卤代烃时,这一反应十分容易发生。但当卤代烃活性较低时,反应需在 Pd 或 Ni 试剂催化下才可发生,称为 Kumada 偶联。

格氏试剂十分活泼,因此在制备和使用中往往受到限制。例如,不能用分子内有含有活泼氢的基团(如-COOH,-OH,-NH₂等)或存在亲核位点(如羰基、醛基、酯基等)的化合物来制备格氏试剂。即使原料分子满足要求,制备时也需保证仪器与试剂的绝对干燥,并且控制反应温度,否则制备可能会失败。

2. 与 Li 反应

卤代烃与 Li 作用,可生成有机锂化合物。

通式:

$$R-X + 2Li \longrightarrow R-Li + LiX$$

有机锂化合物在有机合成中的作用与格氏试剂类似,但活性高于格氏试剂。不同于格氏试剂,有机锂化合物(甲基锂除外)在醚类中的溶解性相对较差,而在烃类溶剂中的溶解性更好。因此,除甲基锂在制备时使用醚类溶剂外,其余有机锂化合物制备时大多使用烷烃作为溶剂。

锂试剂作为强碱,原则上与比其对应烃酸性更强的化合物均能发生酸碱反应,生成烃与相应锂试剂:

$$R-Li + R'-H \longrightarrow R-H + R'-Li$$
$$(其中 RH 的 pK_a 大于 R'H 的 pK_a)$$

但实际上并不完全如此。例如,以 pK_a 判断,n-BuLi(对应烃 $pK_a \approx 44$)容易与苯($pK_a \approx 37$)或甲苯($pK_a \approx 35$)反应,但实际上反应速率极低。原因之一是溶液中 n-BuLi 实际上是多聚体,若在反应体系中加入四甲基乙二胺(TMEDA)等可以与 Li^+ 螯合的配体,则可导致多聚态的 n-BuLi 分散为单体,反应性增强。

有机锂化合物也可通过卤代烃与烃基锂的反应制备,这一过程称为锂卤交换:

$$R-Li + R'-X \rightleftharpoons R'-Li + R-X$$

锂卤交换过程本质是一个化学平衡,如果生成的锂化合物更稳定,则平衡往正反应方向移动。所以通常用该方法制备烯基和芳基锂。

与格氏试剂相似,有机锂化合物也可与卤代烃(特别是活性较高的烯丙型与苄基型卤代烃)发生直接偶联,生成烃类化合物:

$$R-Li + R'-X \longrightarrow R-R' + LiX$$

但由于锂试剂活性很高,这一反应较为剧烈,且常伴随有副反应的发生,如卤代烃的消除反应等。因此,若需使用锂试剂进行偶联反应,将其直接与卤代烃反应可能并不是一个较好的选择,此时可以考虑使用二烃基铜锂试剂。

烃基锂与碘化亚铜作用,生成二烃基铜锂:

$$2R-Li + CuI \longrightarrow R_2CuLi + LiI$$

二烃基铜锂是一类很好的烷基化试剂。它与卤代烃作用,生成相应的烃基化产物,这一过程称作 Corey-House 合成法,是烃类合成中常用的反应:

$$R-X + R'_2CuLi \longrightarrow R-R' + R'-Cu + LiX$$

反应中的卤代烃烃基可以是1°或2°烷基、乙烯基、芳基、烯丙基或苄基,烃基铜锂中的烃基可以是1°烷基、乙烯基、芳基或烯丙基等。反应时,反应物上的羰基等亲核位点不受影响,反应产率也较高,因此这一反应适用范围较为广泛。乙烯型卤代烃发生该反应时烯烃构型保持不变,R基团取代卤素原有的位置。

3. 与Na反应

两个卤代烃分子在Na的作用下发生偶联,产生新的碳碳键,得到更长的碳链,这一反应称作Wurtz反应:

$$2\ R-X\ +\ 2\ Na\ \longrightarrow\ R-R\ +\ 2\ NaX$$

这一反应可用于由单一卤代烃合成对称的高级烃类;而当使用多种卤代烃时将生成多种难以分离的偶联产物,因此该反应在合成中使用受到限制。但Wurtz反应在实现分子内关环时相当有用:

$$Br-\diamond-Cl\ +\ 2\ Na\ \longrightarrow\ \triangle\!\!\!\triangle\ +\ 2\ NaX$$

4. 与Al反应

卤代烃分子与Al反应,得到烃基二卤化铝与二烃基卤化铝的混合物:

$$2\ Al\ +\ 3\ R-X\ \longrightarrow\ RAlX_2\ +\ R_2AlX$$

若要得到烃基铝,则需进行进一步的反应:

$$4\ Al\ +\ 6\ MeCl\ \longrightarrow\ 2\ Me_3Al_2Cl_3\ \rightleftharpoons\ Me_4Al_2Cl_2\ +\ Me_2Al_2Cl_4$$

Sesquichloride

$$\downarrow\ 2\ NaCl$$

$$Me_4Al_2Cl_2\ (l)\ +\ 2\ Na[MeAlCl_3]\ (s)$$

$$\times\ 3\ \downarrow\ +\ 6\ Na$$

$$2\ Me_6Al_2\ +\ 2\ Al\ +\ 6\ NaCl$$

烷基或芳基铝化合物倾向于形成二聚体Al_2R_6。随R的位阻增大,这种二聚倾向减弱。在化学选择性上,烷基铝与锂试剂及格氏试剂具有互补性。RLi和RMgX易对极性多重键加成,如$C=O$,$C=N$,$C\equiv N$以及在共轭体系中的$C=C$;而R_3Al则可以对非共轭的$C=C$及$C\equiv C$进行加成。

5. 与Zn反应

卤代烃与Zn反应生成烃基卤化锌,受热后分解形成二烃基锌:

$$EtI\ +\ Zn(Cu)\ \longrightarrow\ EtZnI\ \xrightarrow{\triangle}\ Et_2Zn\ +\ ZnI_2$$

烃基卤化锌可发生与格氏试剂类似的反应,但活性低于格氏试剂。R_2Zn的化学反应性则高于烃基卤化锌。在Ni或Pd试剂催化下,有机锌试剂与卤代烃等亲电试剂可发生偶联反应,称为Negishi反应。

由α-卤代的酯与Zn反应后再与醛或酮反应生成β-羟基酯的反应,称为Reformatsky反应:

与Wurtz反应类似,多卤代物在Zn的作用下能够实现分子内关环,可用于制备环丙烷类化合物:

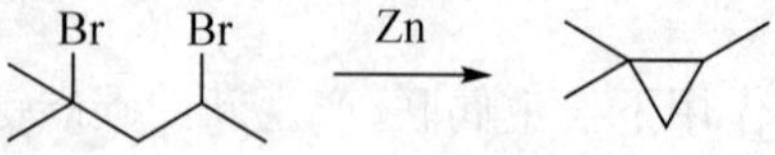

10.3.2.5　偕多卤代物的反应

在同一个碳原子上连接多个卤原子的物质叫作偕多卤代物。由于卤素的电负性强于碳,使得α-碳上带有更强的正电性,因此α-氢酸性更强,更易离去形成相应的碳负离子,活性较高。

以氯仿(pK_a=15.5)为例,其中的氢原子酸性远强于一般烷烃(pK_a大多在40～50之间)。因此在强碱性条件下,可以脱氢生成三氯甲基负离子,三氯甲基负离子可进一步脱去氯离子产生二氯卡宾。这一过程被称为卤代烃的α-消除:

$$CHCl_3 \xrightarrow{\text{强碱}} {}^{\ominus}CCl_3$$

$${}^{\ominus}CCl_3 \longrightarrow :CCl_2 + Cl^{\ominus}$$

二氯卡宾可以对双键发生加成反应,生成三元环。例如

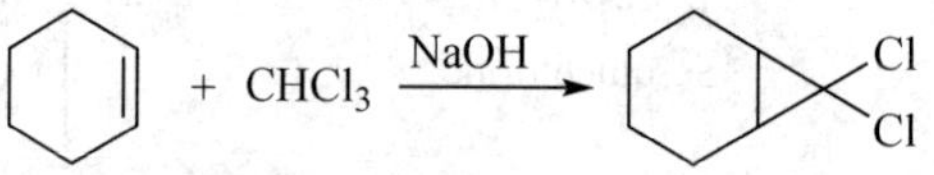

上述反应又被称为环丙烷化反应。除此之外,卡宾还可以发生对单键的插入反应:

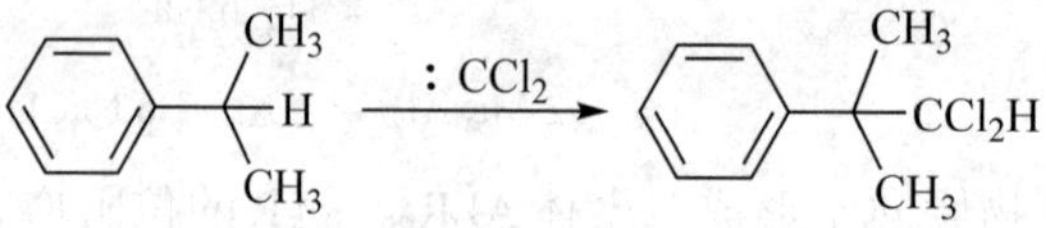

10.4　脂肪族卤代烃的亲核取代机理

10.4.1　概念介绍

10.4.1.1　电子效应

有机化学中的电子效应有诱导效应,共轭效应和超共轭效应。

1. 诱导效应

诱导效应是指因分子中原子或基团的极性(电负性)不同而引起成键电子云沿着原子链向某一方向移动的效应,用I表示。

$$F \longleftarrow CH_2 \longleftarrow \overset{\overset{\displaystyle O}{\parallel}}{C} \longleftarrow O \longleftarrow H$$

诱导效应的特点:① 诱导作用沿着碳链传递;② 随着距离增长诱导作用迅速下降,一般只考虑三根键的作用。

诱导效应一般以氢原子为标准,如果取代基的吸电子能力比氢原子强,则称其具有吸电子诱导效应,用-I表示;如果取代基的给电子能力比氢原子强,则称其具有给电子诱导效应,用+I表示。

诱导效应的强弱的一般规律如下:

(1)与碳原子所相连的原子的电负性越大,吸电子诱导效应越强。例如

$$—F \quad > \quad —Cl \quad > \quad —Br \quad > \quad —I$$

$$—OR \quad > \quad —SR$$

$$—F \quad > \quad —OR \quad > \quad —NR_2 \quad > \quad —CR_3$$

(2)与碳原子直接相连的基团,不饱和程度越大,吸电子诱导效应越强。例如

$$—C≡CR > —CH=CR_2 > —CH_2-CR_3$$

(3)带正电荷的基团具有吸电子诱导效应,例如—NR_3^+。

常见吸电子基团的吸电子诱导效应的强弱顺序排序如下:

$$—\overset{\oplus}{NR_3} > —NO_2 > —CN > —COOH > —COOR > —\overset{\overset{\displaystyle O}{\parallel}}{C}R \ (或 —\overset{\overset{\displaystyle O}{\parallel}}{C}H)$$

$$> —F > —Cl > —Br > —I > —C≡CH > —OCH_3 (或—OH)$$

$$> —C_6H_5 > —CH=CH_2 > —H$$

2. 共轭效应

单双键交替出现的体系或双键碳的相邻原子上有p轨道的体系均为共轭体系,前者为π-π共轭,后者为p-π共轭。在共轭体系中,由于原子间的一种相互影响而使体系内的π电子(或p电子)分布发生变化的一种电子效应称为共轭效应。

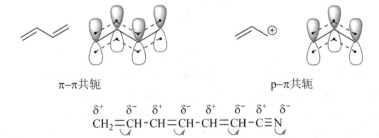

π-π共轭   p-π共轭

$$\overset{\delta^+}{CH_2}=\overset{\delta^-}{CH}-\overset{\delta^+}{CH}=\overset{\delta^-}{CH}-\overset{\delta^+}{CH}=\overset{\delta^-}{CH}-\overset{\delta^+}{C}≡\overset{\delta^-}{N}$$

共轭体系中,能降低体系π电子云密度的基团有吸电子共轭效应,用-C表示。与碳碳双键相连时,硝基、氰基、羧基、醛基、酯基等均有吸电子共轭效应。共轭体系中能增高体系π电子云密度的基团有给电子共轭效应,用+C表示。与碳碳双键相连时,氨基、酰胺基、氰基、烷氧基等均具有给电子共轭效应。

共轭效应的特点是:① 只能在共轭体系中传递。② 共轭效应能够贯穿整个共轭体系中,因此相比于诱导效应具有更强的远程电子密度影响力。

3. 超共轭效应

当C-H的σ轨道与碳碳双键的π键(或其相邻碳的p轨道)接近平行时,C-H σ键与π键(或p轨道)也会产生电子的离域现象,这种C-H键σ电子的离域现象叫超共轭效应,这种体系叫作超共轭体系。

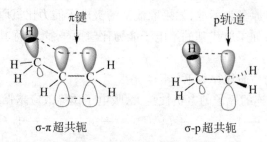

σ-π超共轭　　　　　　　σ-p超共轭

在超共轭体系中,电子转移的趋向可以用弧线箭头表示:

超共轭效应的特点是:① 超共轭效应比共轭效应要弱得多。② 在超共轭效应中,σ键一般是给电子的,且C-H键越多,超共轭效应越大。

10.4.1.2　碳正离子

含有一个只带六个电子的带正电荷的碳氢基团称为碳正离子。根据带正电荷的碳原子所连接的碳原子数目,可以分为一级碳正离子、二级碳正离子、三级碳正离子。

碳正离子和自由基一样,是一种反应过程中短暂存在的活性中间体。碳正离子的带正电荷的碳原子采取sp^2杂化,三个sp^2杂化轨道在同一平面与其他原子或者基团成键,有一个空的p轨道垂直于该平面。

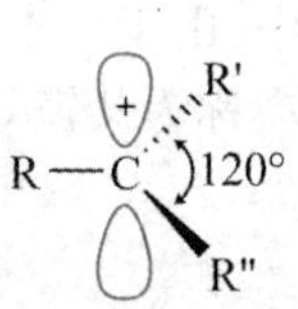

由于碳正离子的带有正电荷的碳原子周围只有6个电子,它是缺电子的,具有亲电性,能够被亲核试剂从平面两边进攻。碳正离子很不稳定,需要电子来完成八隅体构型。任何给电子因素均能使正电荷分散而稳定,任何吸电子因素能使正电荷集中而更加不稳定。

简单烷基碳正离子的稳定性顺序为:$3°C^+$>烯丙基C^+(苄基C^+)>$2°C^+$>$1°C^+$>CH_3^+。这个可以用电子效应进行解释:烷基的碳原子采取sp^3杂化,与采取sp^2杂化的碳原子相连,起到了给电子诱导效应,稳定了碳原子。带正电荷的碳原子上烷基越多,给电子诱导效应就越强,使得正电荷越分散,碳正离子就越稳定。

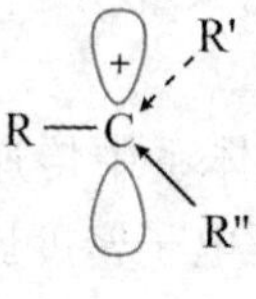

另一个原因是,在1°碳正离子中,最多有三个C-H键与碳正离子的p轨道产生超共轭效应;而在2°碳正离子中,最多能有六个C-H键与碳正离子的p轨道产生超共轭效应;而3°碳正离子中,最多能有九个C-H键与碳正离子的p轨道产生超共轭效应。由于超共轭效应是给电子的,超共轭效应越多,碳正离子上的正电荷就越分散,越稳定。

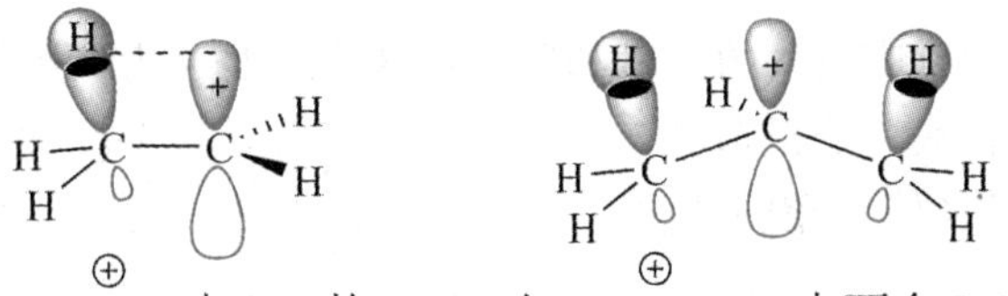

在 $CH_3CH_2^{\oplus}$ 中 CH_3 的
C-H键与p轨道超共轭

在 $CH_3CHCH_3^{\oplus}$ 中两个 CH_3 的
C-H键与p轨道超共轭

空间位阻和几何形状也会对碳正离子的稳定性产生影响。当碳原子与三个大基团相连时,有利于碳正离子形成,因为形成碳正离子可以缓解三个大基团的拥挤程度。而桥头碳由于桥的刚性结构,不易形成具有平面三角形结构的碳正离子。这种不利因素会随着桥环的刚性增加而变得更加显著。

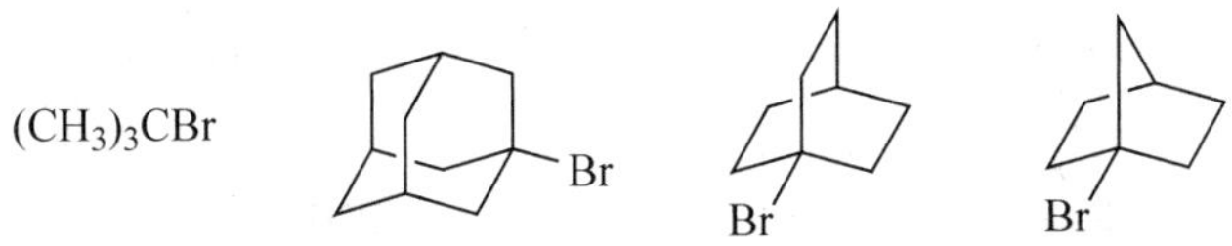

$(CH_3)_3CBr$

| 相对速度 | 1 | 10^{-3} | 10^{-6} | 10^{-11} |

除了碳正离子自身的影响因素,还有其他因素比如溶剂也会影响其稳定性。溶剂的极性越大,溶剂化的力量越强,电离作用也就越快,碳正离子越容易形成。

10.4.1.3　手性碳原子的构型翻转和构型保持

如果一个反应涉及一个不对称碳原子上的一根键的变化,则将新键在旧键断裂方向形成的情况称为构型保持,而将新键在旧键断裂的相反方向形成的情况称为构型翻转。这种构型的翻转也称为Walden转换。

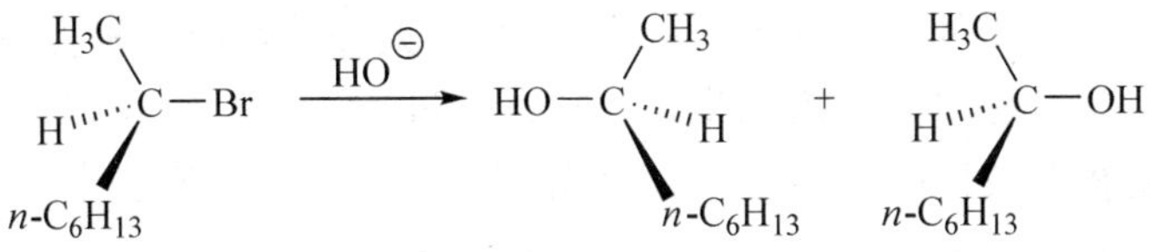

(R)-2-溴辛烷
$[\alpha]_D = -34.6°$

(S)-2-辛醇
$[\alpha]_D = +9.9°$
构型翻转

(R)-2-辛醇
$[\alpha]_D = -9.9°$
构型保持

10.4.1.4　一级反应和二级反应

反应物速率与反应物浓度有着密切关系。在动力学上,将反应速率与反应物浓度的一次方成正比的反应称为一级反应,表示为

$$反应速率= \frac{-d[A]}{dt}=k_1[A]$$

将反应速率与反应物浓度的二次方成正比的反应称为二级反应,表示为

$$反应速率= \frac{-d[A]}{dt}=k_2[A][B]$$

式中,$[A]$,$[B]$分别表示反应物A的浓度和反应物B的浓度,k为在边界条件$c_{t=0}=c_0$时的速率常数,k_1,k_2在这里分别代表一级反应及二级反应的速率常数。一个化合物在一定温度、一定溶剂中进行某一反应时,k值是相同的。

10.4.2 亲核取代反应机理

这种由亲核试剂进攻底物而引起的反应称为亲核取代反应。在下式中,RCH_2X为受到试剂进攻的对象,称为底物;$Nu:$带一对孤对电子,有亲核性,称为亲核试剂;X为反应后离开的基团,称为离去基团;与离去基团相连的碳原子称为中心碳原子。RCH_2Nu为产物。

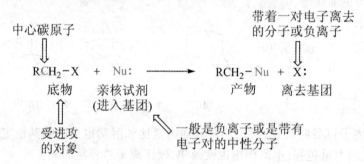

图 10.1 亲核取代反应机理

亲核取代反应主要包括S_N1和S_N2两种机理。

10.4.2.1 S_N1反应

如图10.2所示,S_N1反应的反应历程是分两步进行的:第一步是反应物卤代烃的异裂,生成碳正离子和带有负电荷的离去基团。应当注意,在大部分情况下极性溶剂的存在对这一产生正负电荷的过程是必要的。第二步是亲核试剂进攻碳正离子得到产物。其中,第一步碳正离子的生成是相对较慢的一步,也是S_N1机理的决速步。决速步中并无亲核试剂参与,因此整个反应表现为仅对反应物卤代烃的一级动力学。

$$R_3C-X \underset{}{\overset{慢}{\rightleftharpoons}} R_3C^{\oplus} + X^{\ominus}$$

$$R_3C^{\oplus} + Nu^{\ominus} \overset{快}{\longrightarrow} R_3C-Nu$$

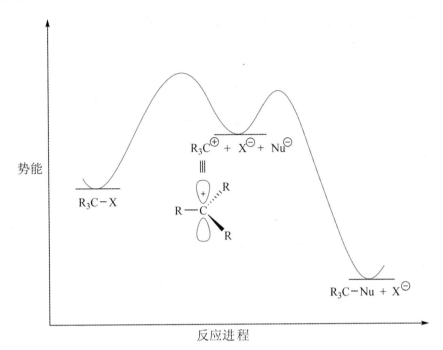

图 10.2 S_N1 反应历程

S_N1 反应在立体化学上的主要特点是：若中心碳原子是手性碳原子，产物往往是外消旋体。因为碳正离子是一个三角形的平面结构，亲核试剂可以从碳正离子两侧进攻，而且机会相等，所以可以得到构型保持和构型翻转两种产物。

S_N1 反应的另一个特征是常会发生碳正离子重排生成重排产物。有时候，重排产物甚至是主要产物。

10.4.2.2 S_N2 反应

S_N2 反应是一步完成的协同反应，其反应机理的一般表达式为

亲核试剂先从反应物的离去基团背面进攻中心碳原子，和中心碳原子部分成键（用虚线表示），与此同时离去基团与中心碳原子的键逐渐伸长并且有一定减弱。达到过渡态时，亲核试剂、中心碳原子、离去基团成一直线。随后，亲核试剂与碳原子之间的键进一步形成，离去基团与碳原子之间的键断裂，碳原子上的其他三根键向另一边翻转，形成产物。见图 10.3。

对于一个理想的对称型过渡态，可以认为底物的中心碳原子在此时转变成为了平面结构。不妨将这样的过渡态想象成一个碳正离子正在同时与亲核试剂/离去基团发生作用——这意味着中心碳原子难以像 S_N1 机理那样独自生成一个稳定的碳正离子（事实确实

如此，S_N2 机理最常见于一级烷基卤化物），而必须在亲核试剂的进攻下才能完成 C–X 的异裂。

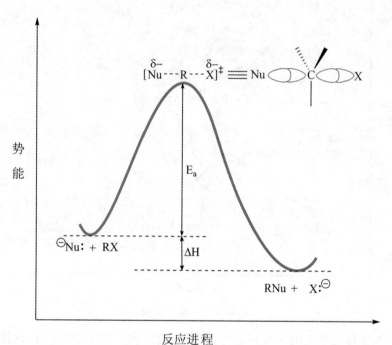

图 10.3 S_N2 反应历程

无论如何，在上述 S_N2 机理中，不难理解若中心碳原子是手性碳原子，那么生成产物的构型会发生翻转。这是 S_N2 反应在立体化学上的重要特征。此外，由于反应一步完成且卤代烃底物和亲核试剂同时参与过渡态，导致 S_N2 机理表现出二级动力学。

最后，我们简单从轨道相互作用的角度解释一下为何在 S_N2 反应中亲核试剂会进攻卤代烃的背面。应当知道，当我们画出一个双箭头的电子转移（或者说推动）导致一个反应的发生时，它的起点是一对电子，包括孤对和 π 键等。而它的终点即是这两个电子的去向，这个箭头的终点一定是可以接受电子对的位置。在卤代烃中，这个位置不可能是 C–X 键的成键轨道（σ_{C-X}），因为它已经被一对 σ 电子填充。亲核试剂的孤对最好的去处是 C–X 键的反键轨道（σ^*_{C-X}），它是卤代烃分子所有空轨道中能量最低的一个。由于 σ_{C-X} 和 σ^*_{C-X} 的空间指向是 180°，所以表现出亲核试剂对卤代烃的背面进攻。

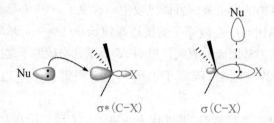

10.4.2.3 离子对机理

前文提到,在S_N1反应中,若中心碳原子是手性碳,则构型翻转和构型保持的产物应该是相等的。但是在实验中,经常可以发现构型翻转产物的比例要略高于构型保持的产物的比例。这一现象可以用离子对机理来解释:RX的异裂发生在一个被大量溶剂围绕的溶剂笼中,从电离开始到生成一个完全游离、溶剂化的碳正离子将会经历如下几个阶段(图10.4):

紧密离子对:RX电离但R^+和X^-紧靠在一起,无溶剂分子间隔;

溶剂分隔离子对:少数溶剂分子介入R^+和X^-之间,将其分开;

自由碳正离子:R^+周围被溶剂分子包围。

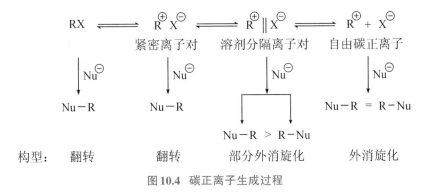

图10.4 碳正离子生成过程

对于一个理想的S_N1反应,可以认为亲核试剂进攻了一个完全溶剂化的自由碳正离子(对应上图最右端)。此时离去基团X^-已经远离碳正离子,亲核试剂进攻碳正离子的两个面时机会均等,产物完全外消旋化;而构型翻转多于构型保持产物的情况,即部分外消旋化,可以被理解成亲核试剂进攻发生在上图的中间阶段。此时溶剂笼中的离去基团可能还来不及充分离开碳正离子,因而在一定程度上阻碍了亲核试剂从离去基团离去的一侧进攻。

甚至,可以将一个纯粹的S_N2机理对应为图10.4的最左端:Nu^-从背面进攻时底物分子是一个非常紧密的离子对,抑或正是由于Nu^-的进攻才导致底物分子开始电离。无论如何,这都将造成产物立体化学上的完全翻转。

所以,离子对机理提供了一种可以把S_N1和S_N2统一起来的思路,可以解释亲核取代反应产物构型从完全翻转到完全消旋的不同实验结果。

10.4.2.4 亲核取代反应机理和活性的影响因素

上面我们讨论了亲核取代反应的S_N1和S_N2两种历程。请注意某个卤代烃底物在某种反应条件下可能非常倾向于S_N1或者S_N2中的一种机理,也可能这两种历程互相竞争、以不同比例发生。影响因素是多方面的,与底物的烃基结构、离去基团的离去能力、亲核试剂的亲核性以及溶剂的极性等有关。以下我们分别予以讨论。注意:相比于记忆以下内容,不断对照S_N1和S_N2的机理特征去理解这些规律更重要。

1. 烃基结构的影响

烃基结构主要通过空间效应和电子效应影响反应活性。

在 S_N1 反应中,决速步为碳正离子的形成,因此反应活性的高低主要取决于碳正离子的稳定性。由于烷基的诱导给电子效应和超共轭效应,一般碳正离子的稳定性:$3°C^+>2°C^+>1°C^+>CH_3^+$。

空间效应方面,以 $3°RX$ 为例,中心碳原子上的三个取代基之间比较拥挤,分子存在张力;当它们解离成平面的 C^+ 后,分子张力得到了释放,更有利于 C^+ 的生成。因此,S_N1 反应活性:$3°RX>2°RX>1°RX>CH_3X$。

例:RBr 在 $HCOOH-H_2O$ 中水解反应的 S_N1 相对反应速率见表10.4。

$$R-Br + H_2O \xrightarrow{HCOOH} R-OH + HBr$$

表10.4 RBr 在 $HCOOH-H_2O$ 中水解反应的 S_N1 相对反应速率

R-Br	$(CH_3)_3CBr$	$(CH_3)_2CHBr$	CH_3CH_2Br	CH_3Br
相对反应速率	10^8	45	1.7	1.0

对 S_N2 机理而言,卤代烃级数的影响与 S_N1 通常正好相反。亲核试剂从碳卤键背后进攻 σ^*_{C-X} 时,遇到的直接障碍就是中心碳原子上的取代基。因此,S_N2 反应活性顺序:$CH_3X>1°RX>2°RX>3°RX$。

$$R-Br + I^{\ominus} \xrightarrow{CH_3COCH_3} R-I + Br^{\ominus}$$

	CH_3Br	CH_3CH_2Br	$(CH_3)_2CHBr$	$(CH_3)_3CBr$
相对速率(S_N2)	150	1	0.01	0.001

一些含有特殊的烃基结构的卤代烃的反应活性需单独讨论。首先是苄基型卤代烃和烯丙基型卤代烃,它们无论是进行 S_N1 反应还是进行 S_N2 反应,反应活性都很高。对于 S_N1 机理,苄基和烯丙基的结构可以有效通过共振来分散正电荷:

而对于 S_N2 机理,只需要将碳正离子的空 p 轨道换成 S_N2 过渡态中的 Nu···C···X 连线。会发现,无论这条连线上正在发生怎样的变化,它始终可以通过与 π 体系的共轭来稳定:

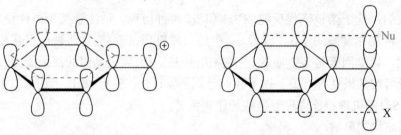

S_N1:稳定碳正离子　　　　　S_N2:过渡态轨道重叠部分参与共轭

苯基型、乙烯基型的卤代烃较难发生亲核取代反应。其中,S_N1 反应中这两种结构卤代烃的 C—X 键由于 p-π 共轭而更加稳定,且芳基和烯基的碳正离子十分不稳定,难以生成;而 S_N2 反应中,由于烯基和苯基的空间位阻影响,亲核试剂无法从背面进攻 $σ*_{C-X}$。

卤原子在桥头碳上的卤代烃也不易发生亲核取代反应。对 S_N1 反应,可以想象笼状结构和碳正离子所需的平面结构之间的冲突,因此这些桥头碳正子一般是难以生成的;而对于 S_N2 反应,笼状结构挡住了亲核试剂应该进攻的方向,这些卤代烃也无法实现 Walden 翻转。

$(CH_3)_3CBr$

相对速度   1 10^{-3} 10^{-6} 10^{-11}

总之,S_N1 反应活性顺序一般为:3°RX>2°RX>1°RX>CH_3X,S_N2 反应则是:CH_3X>1°RX>2°RX>3°RX。各种卤代烃总是选择对自己有利的途径进行反应,这导致通常 2°RX 的亲核取代反应活性低于 1°RX 或 3°RX。由于苄基型卤代烃和烯丙基型卤代烃的结构对 S_N1 和 S_N2 反应都十分有利,所以它们的反应活性都很高。其他烯基和芳基卤化物,以及桥头碳卤化物的亲核取代反应活性很低。

2. 离去基团

离去基团的离去能力强,对 S_N1 反应还是 S_N2 反应都是有利的。请注意这两种亲核取代机制,离去基团的离去都发生在反应的决速步中。

一个判断离去性好坏的简便方法是看离去后生成的离子(或分子)的碱性强弱:碱性越弱,越易离去,卤代烃的亲核取代反应活性越高。一个碱性不易直接辨认的离去基团,可以通过比较它们共轭酸的酸性去判断。

对于卤代烃,由于酸性顺序 HI>HBr>HCl>HF,所以卤原子的离去性顺序是:—I>—Br>—Cl>—F。

这里,我们可以将亲核取代反应从卤代烃扩展到更多带有好的离去基团的底物上。例如,不难理解对甲苯磺酸(HOTs)是较强的酸,因此—OTs 是一个较好的离去基团;对硝基苯磺酸(HONs)酸性比对甲苯磺酸更强,因此—ONs 是比—OTs 更好的离去基团。

相反,以下是常见的一些不好的离去基团:—OR,—OH,—NH_2,—F,—CN 等。你可以想象他们对应的 RO^-,OH^-,NH_2^-,F^-,CN^- 都是很强的碱,或者说 ROH,H_2O,NH_3,HF,HCN 都是很弱的酸。

3. 溶剂

溶剂可分为极性溶剂(质子和非质子偶极溶剂)和非极性溶剂。

考虑溶剂对反应速率的影响,其核心思想是观察反应从原料到达过渡态时的电荷变化——如果是正负电荷发生分离,那么这是一个极性变大的过程,在极性溶剂中非常有利(你可以类比于共价的 $AlCl_3$ 在极性的水中更容易电离成 Al^{3+} 和 Cl^-)。相反,如果电荷没有增加,而是在过渡态时分布更加均匀,则可以视为到达过渡态时极性在变小,这种情况下非极性溶剂是有利的。

在 S_N1 反应中,从反应物到碳正离子中间体的变化过程中,底物由中性逐渐变成正负电荷分离,极性增强。显然,极性溶剂可以促进这个过程,可以降低生成碳正离子的活化能,反应速度加快。

此外,质子性溶剂可以对离去的卤素负离子产生氢键的溶剂化作用,有利于决速步中卤代烃的异裂。这导致很多S_N1反应在质子性溶剂中表现出更高的反应活性。

对于S_N2反应,我们考虑反应开始时,一个带负电荷的亲核试剂正在接近一个电中性的卤代烃的σ^*_{C-X}。在达到过渡态时,负电荷由原来集中于亲核试剂,变成部分分散于卤原子。你会发现,电荷的总量没有变,但是更加分散了。这是一个极性变小的过程,因此溶剂极性增大是不利的。当然,区别于S_N1的正负电荷从无到有,这种极性的变化没有那么大,溶剂极性的影响也没有那么明显。

你可能想到S_N2反应C-X键的异裂也是包含在决速步中的,因而也会受到质子性溶剂的溶剂化促进。然而由于S_N2反应通常使用一些带负电的亲核试剂,它们通常具有碱性,这与质子性溶剂可能产生冲突。我们将在下面的内容中讨论这些问题。

4. 亲核试剂

在S_N1反应中,反应速度决定于RX的解离,故亲核试剂的性质对S_N1反应活性无明显影响。在S_N2反应中,亲核试剂是包含在速率表达式中的,因此亲核试剂的亲核性越强、浓度越大,反应速度就越快。不过请注意,这些讨论是在仅考虑亲核取代反应的前提下进行的,事实上亲核试剂的种类可能导致的并非取代而是消除,我们将在10.7讨论这个问题。

理解亲核性的一个关键问题是亲核性和碱性的关系。简而言之,碱性可以被视为一种特殊的亲核性,即专门针对质子或者带有酸性的氢原子的亲核性。而本章讨论的"核"主要针对卤代烃带有δ^+性质的中心碳原子,更准确地说是S_N2反应中的σ^*_{C-X},以及S_N1反应中的碳正离子空p轨道。如果仅从电性的角度考虑,亲核性和碱性在很多情况下是一致的:

(1)对于具有相同进攻原子的亲核试剂,碱性越强,亲核性越强

$$\text{共轭酸的酸性:} \quad ROH < H_2O < ArOH < RCOOH$$

$$\left.\begin{array}{r}\text{碱性}\\\text{亲核性}\end{array}\right\}: \quad RO^{\ominus} > HO^{\ominus} > ArO^{\ominus} > RCOO^{\ominus}$$

(2)同一周期元素的带有相同电荷的试剂,亲核性从左向右逐渐减小。例如

$$\text{共轭酸的酸性:} \quad R_3CH < R_2NH < ROH < HF$$

$$\left.\begin{array}{r}\text{碱性}\\\text{亲核性}\end{array}\right\}: \quad R_3C^{\ominus} > R_2N^{\ominus} > RO^{\ominus} > F^{\ominus}$$

(3)对于一个碱和它的共轭酸,碱总是具有更强的亲核性。例如

$$\text{亲核性:} \quad RO^{\ominus} > ROH \ ; \quad HO^{\ominus} > H_2O \ ; \quad NH_2^{\ominus} > NH_3$$

然而,下列因素会使得亲核性与碱性产生不一致的情况:

(1)可极化性。根据软硬酸碱理论,质子是一种"硬酸",而具有δ^+性质的中心碳原子则是一种"软酸"。因此,亲核试剂的可极化性越大,其在S_N2反应中能有更有效的轨道重叠,表现出更强的亲核性。这方面很重要的是同一族的元素由上至下,原子核对外界电子的束缚能力降低,孤对电子的弥散度变大,亲核性增加:

$$H_2Se > H_2S > H_2O; PR_3 > NR_3$$

（2）位阻。亲核试剂的空间位阻越大，越难以接近中心碳原子，亲核性降低。而 H^+ 体积很小，碱性不受影响：

烷氧负离子的碱性顺序：$Me_3CO^{\ominus} > Me_2CHO^{\ominus} > CH_3CH_2O^{\ominus} > CH_3O^{\ominus}$

亲核性顺序：$Me_3CO^{\ominus} < Me_2CHO^{\ominus} < CH_3CH_2O^{\ominus} < CH_3O^{\ominus}$

(因为空间位阻越大，进攻越困难)

此外，应当注意以下试剂是典型的强碱性、弱亲核性试剂：

LDA   LiHMDS

（3）阴离子型亲核试剂的溶剂化。在非质子性溶剂中，卤素负离子的亲核性与碱性顺序一致：$F^- > Cl^- > Br^- > I^-$。然而在质子溶剂中，越小的卤素负离子和溶剂酸性 H 的氢键作用越大。以 F^- 为例，你可以预见到 F^- 被质子性溶剂包围，因而其亲核性受到了很大程度的遮蔽。于是在质子性溶剂中它们的亲核性大小顺序为：$I^- > Br^- > Cl^- > F^-$。

综合各种因素对试剂亲核性的影响，在质子性溶剂中亲核性的顺序是：

$$RS^{\ominus} \gg ArS^{\ominus} > CN^{\ominus} > I^- > NH_3(RNH_2) > RO^{\ominus} \gg OH^{\ominus} > Br^- > PhO^{\ominus} > Cl^- \gg H_2O > F^-$$

10.4.2.5 S_N1 和 S_N2 反应的总结和对比

总之，底物更倾向于选择更容易发生的途径进行亲核取代反应，S_N1 和 S_N2 两种历程的总结和对比见表 10.5。

表 10.5 S_N1 和 S_N2 两种历程的总结和对比

	单分子亲核取代反应（S_N1）	双分子亲核取代反应（S_N2）
动力学特征	一级反应	二级反应
立体化学特征	外消旋化	构型翻转
能级图特征	碳正离子中间体	无中间体
是否发生重排	通常会发生	无
卤代烃的类别	叔卤代烃	伯卤代烃
离去基团	离去性尽可能高	离去性尽量高，但影响没有 S_N1 大
亲核试剂	弱亲核试剂	亲核性尽可能地强
溶剂	极性质子类溶剂	非质子偶极溶剂

10.4.2.6 分子内 S_N2 反应

如果某化合物的离去基团和进攻试剂处于分子内合适的位置，易发生分子内的反应。

分子内的亲核取代反应一般都按 S_N2 机制进行,产物是一个环形化合物。请注意, S_N2 指的是二级动力学,因此此处的"按 S_N2 机制进行"准确的表述是"背面进攻的亲核取代反应",只是从习惯上称为 S_N2 机制。

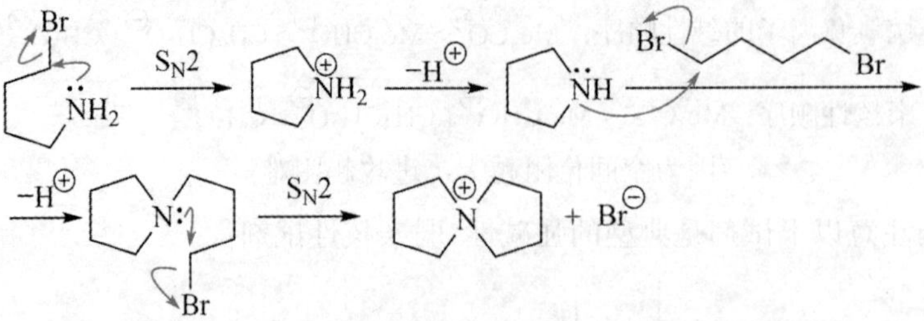

五元环、六元环,成环时环张力小,过渡态势能低、活化能低,成环反应容易进行。

10.4.2.7　邻基参与

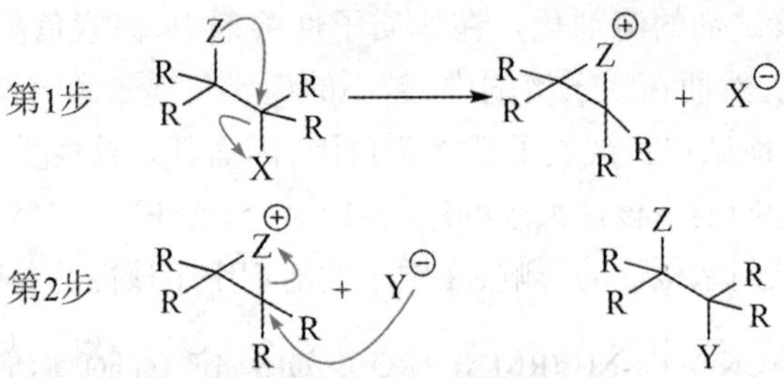

邻基参与的特点是:① 构型保持(反应经过两次 S_N2 取代,发生两次构型转化);② 有时得到一定构型的重排产物;③ 对反应有加速作用。邻基参与的类型有:

1. 带有孤对电子的杂原子的邻近基团

下列反应出现显著速率差异。在适当位置由 O 取代 CH_2,反应速率提升了 654 倍:

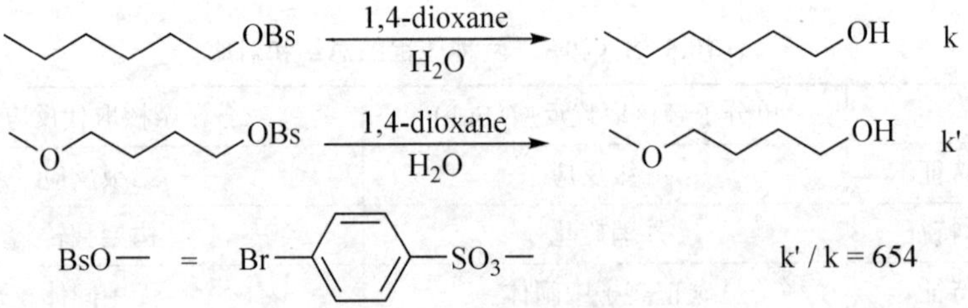

对此的合理解释是发生了邻基参与。反应机理如下:

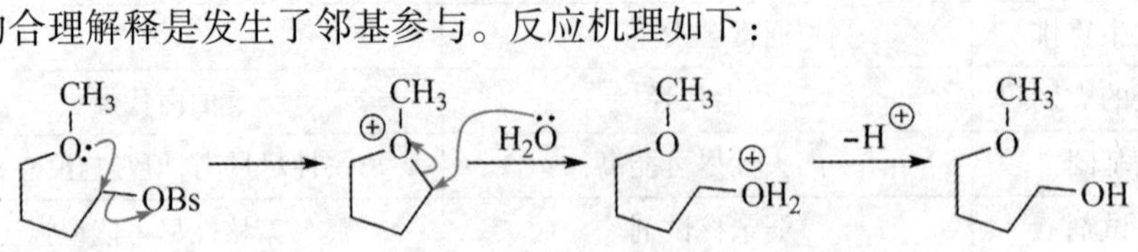

2. 邻近双键参与

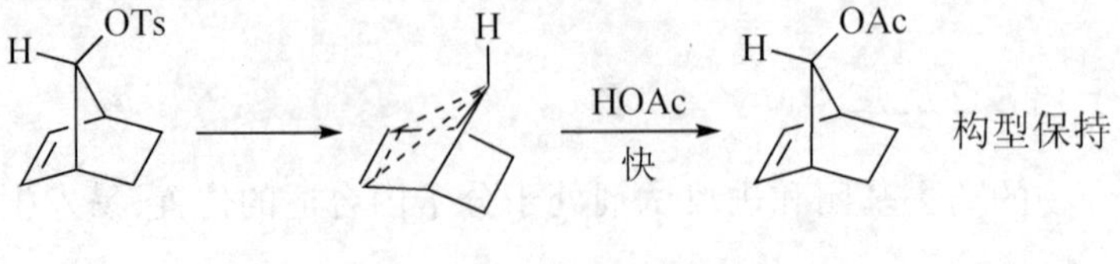

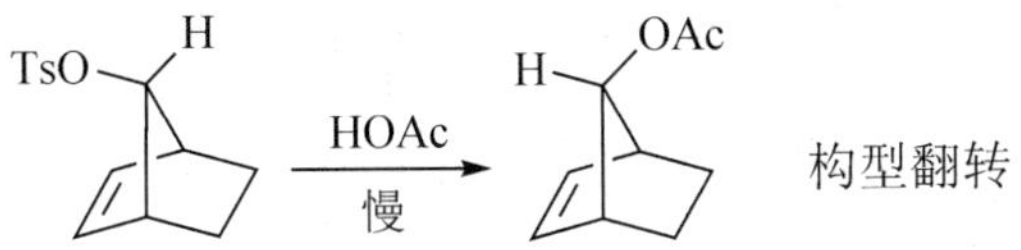

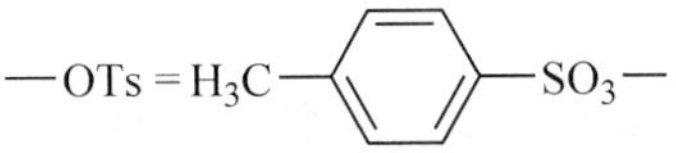

$$-OTs = H_3C-\text{（苯环）}-SO_3-$$

3. 邻近芳基参与

可以发现,上述例子中,邻基以杂原子的孤对电子、双键或芳环的 π 电子作为分子内的一个亲核试剂,优先于外在的亲核试剂发生反应。可以想象,邻基参与的一个必要条件是邻基与亲电试剂处于分子内有利的空间相对位置,这导致邻基的优先进攻。然而,这种亲核取代反应的产物是不稳定的,因此最终在外界亲核试剂的再次进攻后得到了热力学上更稳定的最终产物。若第一步反应非常不利,则邻基参与不会发生;若第一步反应的产物非常稳定,则后续亲核试剂的再次进攻就可能无法进行。这意味着第一步邻基亲核进攻的产物可以被视为整个反应的中间体,而邻基可以被视为整个反应过程中的催化剂,从而加速了反应。

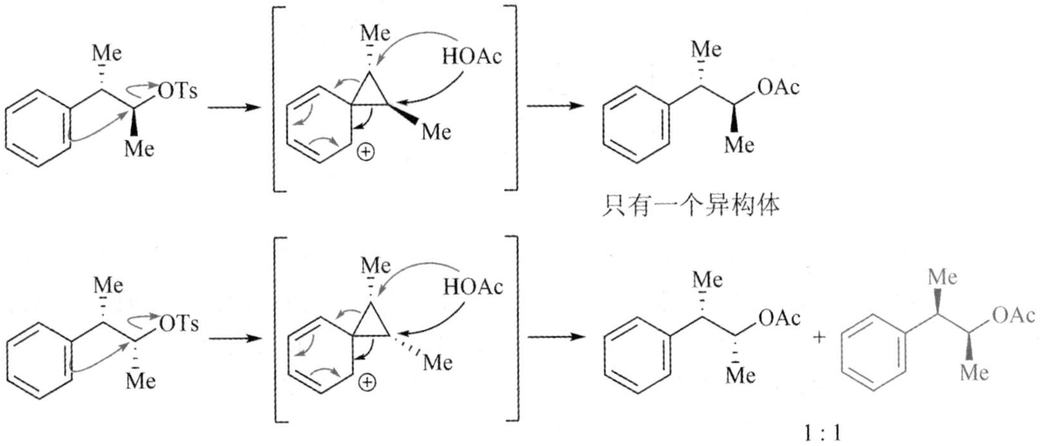

只有一个异构体

1 : 1

10.5　芳环上的亲核取代反应

10.5.1　加成−消除机理

我们在本章开始的时候阐述过,芳基卤代烃由于 p-π 共轭的存在是相对稳定的。然而,下面的反应却是可以发生的:

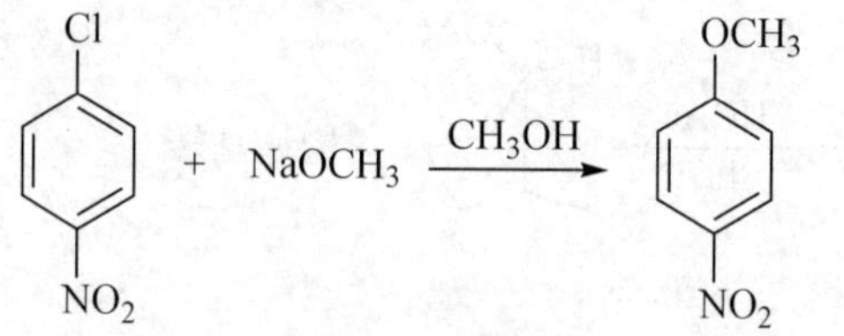

这个芳基卤代物显然并不是易于发生 S_N1 或 S_N2 机理的底物,而且 Cl 也相对于 Br 和 I 而言不算是好的离去基团。事实上,当邻、对位有吸电子基团存在时,芳基的卤代物(甚至包括 Ar—F)可以发生水解、醇解、氰解、氨解等亲核取代。这类反应经历了一种新的机理,即对芳环的加成–消除(S_NAr)。

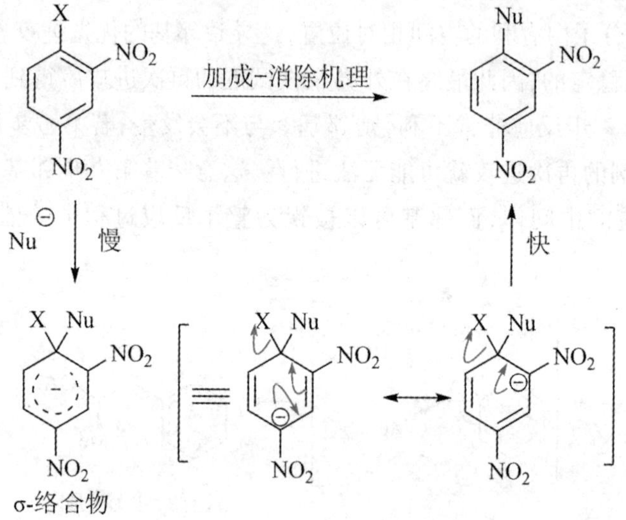

仔细观察上述机理,可以发现第一步的加成对于一般的卤代芳烃可能是不利的:Nu⁻和芳环的 π 电子云从电荷上会存在排斥(回忆、对比一下芳环的亲电取代反应)。因此,S_NAr 机理首先取决于卤素的电负性——电负性大,Nu⁻对与卤原子相连碳的进攻活性高,否则加成步骤难以进行。再者,σ-络合物的负电荷实际上只能共振到芳环的邻位和对位,因此邻、对位上的吸电子基对 σ-络合物的稳定性极其重要。以硝基为例,可以尝试着画出上图中 σ-络合物负电荷进一步向硝基上分散的共振式,很容易发现这种进一步稳定的效果无法发生在间位硝基上。因此,处在吸电子基团间位的卤原子不能被取代。

在得到 σ-络合物后,邻对位的负电荷将推动卤原子离去。离去能力一般的 Cl,甚至离去能力非常差的 F 仍然可以发生反应,对此请注意这一步并非整个反应的决速步! 对比 S_N1 和 S_N2 机制中,离去基团的离去都是包含在决速步当中的,所以这种惯性思维在此并不适用。在得到一个带负电荷的四面体中间体后,该负电荷推动中心碳原子上一个基团或者原子作为阴离子离去的例子还有很多,在 Cannizzaro 反应、羧酸衍生物的转化等后续很多内容都能看到这种过程。

10.5.2 消除–加成机理

当氯苯与强碱(常用 $NaNH_2$)作用时,可以生成苯胺。由于缺乏强有力的邻对位吸电子基团,可以想象氯苯并不是一个好的 S_NAr 底物:

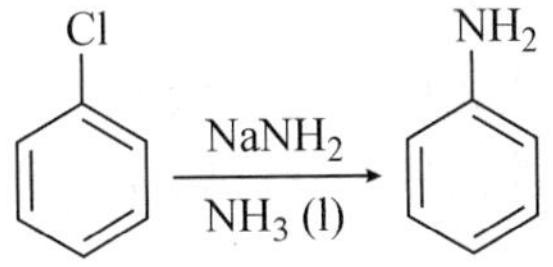

并且,对溴甲苯反应时,实验发现形成两种产物:

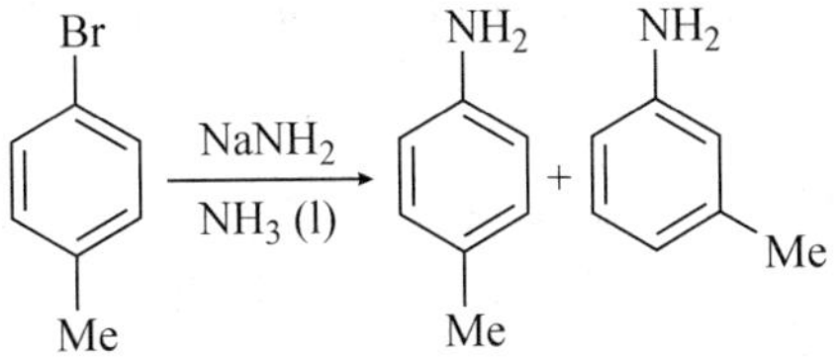

这些现象在有机化学的发展历史中一度让人们非常困惑。现在,研究已经证明此反应按一种消除–加成机理进行。由于经历一种特殊的中间体——苯炔,该反应也被称为苯炔中间体机理:

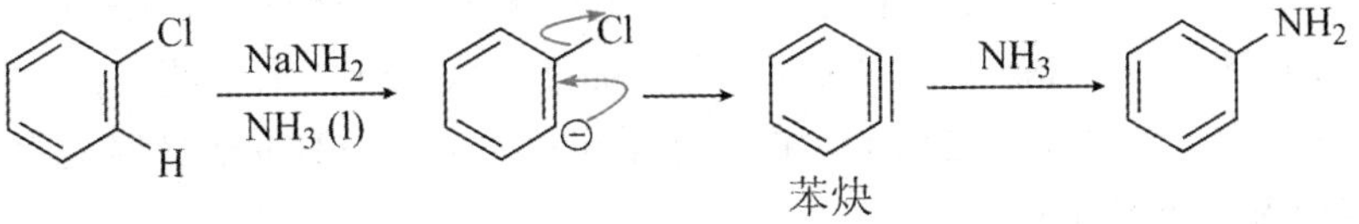

苯炔是一个活泼的中间体。两个三键碳之间,有一个由 sp^2 轨道侧面交盖而形成的 π 键,与苯环的大 π 键垂直。这种轨道重叠程度较小,导致苯炔表现出比一般炔烃的显著更高的反应性。

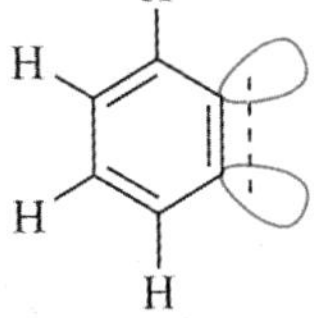

10.5 节讨论重点是为了与脂肪族卤代烃取代反应形成对比,更多详细内容请参见 9.7 节。

10.6 β-消除反应机理

前面在 10.3.2 我们已经简单介绍了 β-消除反应。从反应配平的角度,这个过程很好理解:卤原子和 β-H 从卤代烃分子中离去生成卤化氢,产物是烯烃。由于卤化氢的生成,体系中碱的存在对反应是有利的。然而,β-消除反应的具体过程可以细分为多种不同的机制,主要包括单分子消除反应(E1)、双分子消除反应(E2)和单分子共轭碱消除反应(E1cb)。下面将予以详细的讨论。

10.6.1 单分子消除反应机理

我们已经介绍了 S_N1 反应,因此我们知道三级卤代烃等底物在极性溶剂中能够生成稳定的碳正离子。此时,在较弱的碱性条件下就可以发生消除。以叔丁基溴为例,其在溶液中的消除反应机理为

第一步: $(CH_3)_3C-Br \xrightleftharpoons[\text{慢}]{} [(CH_3)_3C \cdots\cdots Br]^{\delta^+ \quad \delta^-} \rightleftharpoons (CH_3)_3\overset{\oplus}{C} + Br^{\ominus}$
过渡态(I)

第二步: $(CH_3)_2\overset{\oplus}{C} \xrightarrow{\text{快}} [(CH_3)_2C \cdots\cdots]^{\delta^+} \xrightarrow[-HB]{\text{快}} (CH_3)_2C=CH_2$

在反应的第一步,叔丁基溴中碳溴键异裂,产生活性中间体叔丁基碳正离子;类似于 S_N1 机制,你可以理解这是反应中较慢的一步。

接下来,我们有必要思考一下叔丁基碳正离子的性质。在预备知识中,我们已经知道叔丁基碳正离子是比较稳定的,其稳定的一个主要原因是β位C-H与碳正离子的超共轭效应。于是我们应该想到,当C-H键的一对成键σ电子部分离域到碳正离子的空 p 轨道时,也同时意味着原本在C原子和H原子之间共享的电子云密度下降——H原子此时变得有些像一个质子,它的酸性显著增加了!

于是在第二步中,碳正离子的β-H与一个即使很弱的碱(例如溶剂中杂原子的孤对电子)结合而离去,生成异丁烯。

这两个步骤中,第一步速率慢,是整个反应的决速步。因此,这个单分子消除反应的速率仅由叔丁基溴决定,反应速率 $v=k[(CH_3)_3CBr]$,体现为一级动力学。单分子消除反应以E1表示,其中E代表消除,1代表单分子过程。

此时你可能已经发现,E1与 S_N1 均经历了为较稳定的碳正离子,而区别仅仅是亲核试剂进攻碳正离子还是β-H。事实上,这两种反应确实常常同时发生,我们将在后面更加仔细地讨论三级烷基卤代烃的取代/消除选择性。此外,由于中间体相同,S_N1 反应中的碳正立体重排过程也可以在E1机制中被发现:

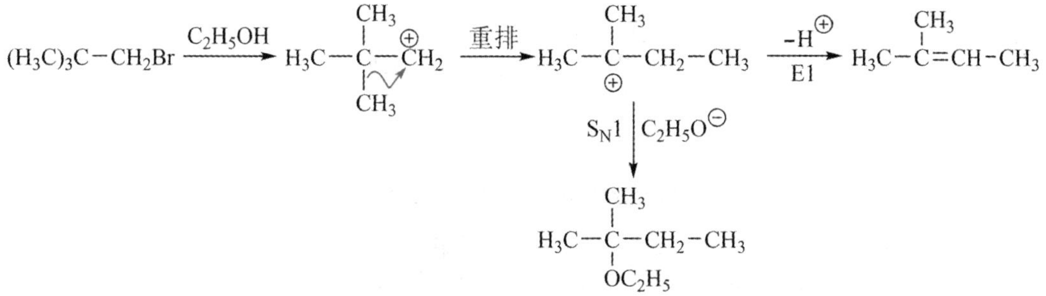

E1反应在立体化学上没有选择性,既可发生反式消除,也可发生顺式消除,二者的比例随反应物有所不同,没有明显规律。

10.6.2 单分子共轭碱消除反应机理

现在,我们再考虑另外一种特殊情况。当卤代烃的β-H的酸性较强(如β-C与吸电子基团相连)或卤原子难以离去(如氟代烃)时,在碱的作用下可能会夺取底物中的质子。此时,所得的碳负离子中间体将推动α-位的卤原子离去(可以对比10.5.1小节的S_NAr机理中发生的类似电子推动过程)。该过程被称为E1cb机理,其中E代表消除,1代表单分子过程,cb代表共轭碱(conjugate base)。

E1cb的机理如下:

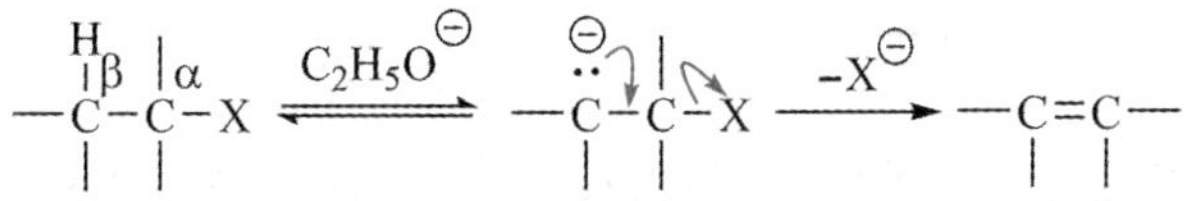

底物的共轭碱

阅读上述E1cb机制的描述,你可能会质疑α-位的卤原子是否会有足够强的诱导效应使β-H的酸性如此之强。没错,一般我们常见的卤代烃很难符合这样的要求。然而,在多卤代烃,特别是氟代烷烃中,E1cb消除是可行的。我们来看一个实例:

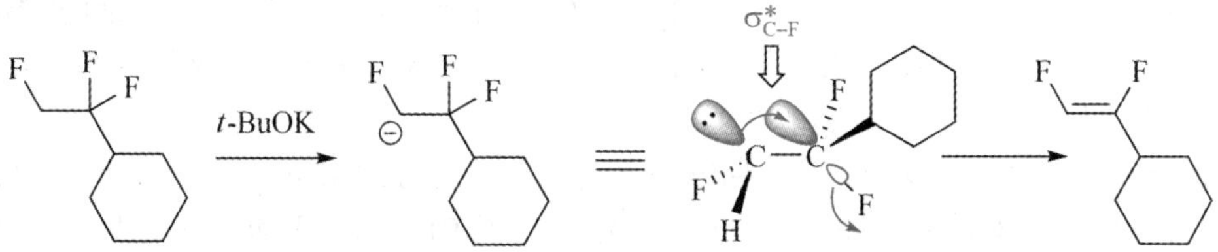

我们不难找出上面底物中酸性最强的H。在强碱性的t-BuOK存在下,这个H可以作为质子被拔除,所得碳负离子因多氟取代强大的-I效应而稳定。随后,碳负离子的孤对会和一个C–F键的反键轨道发生作用,其结果是在推出F的同时生成双键。我们可以看到,β-H的强酸性和离去基团的弱离去性是E1cb机理所需要的,这导致通常E1cb机理的第二步是决速步。此外,从电子推动的轨道角度我们可以发现,E1cb机理倾向去反式消除。

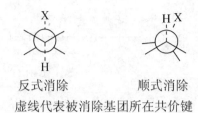

反式消除　　　　　　顺式消除

虚线代表被消除基团所在共价键

值得一提的是,虽然 E1cb 机理在常见卤代烃的 β-消除中较为少见,但是邻二卤代烃在 Zn 或 Mg 作用下脱卤生成烯烃的过程其实是一种 E1cb 过程:

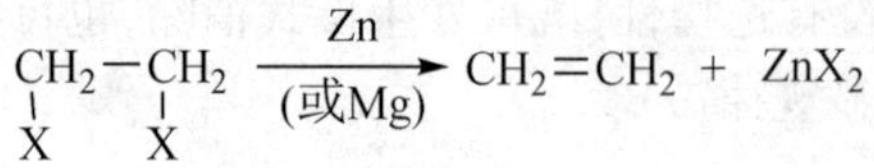

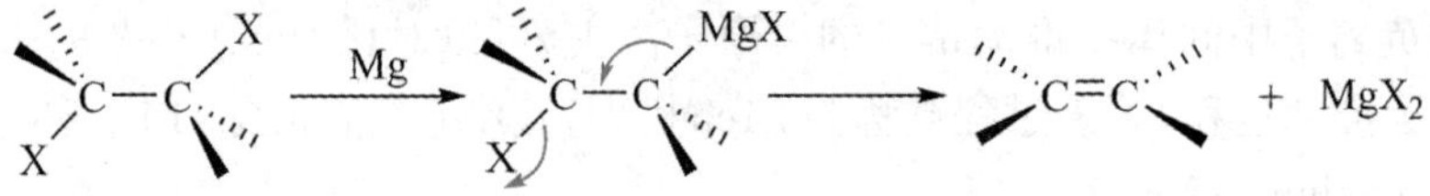

$$CH_2-CH_2 \xrightarrow[\text{(或Mg)}]{Zn} CH_2{=}CH_2 + ZnX_2$$

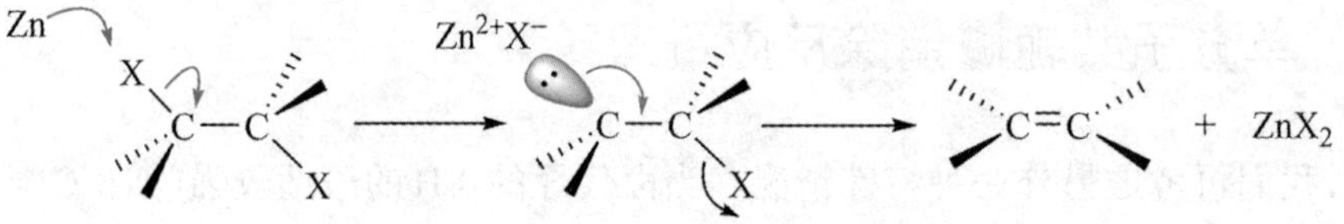

10.6.3　双分子消除反应机理

接下来,我们来看这样一个消除反应:溴乙烷在 NaOH 的无水乙醇溶液中加热下发生消除,产物是乙烯。

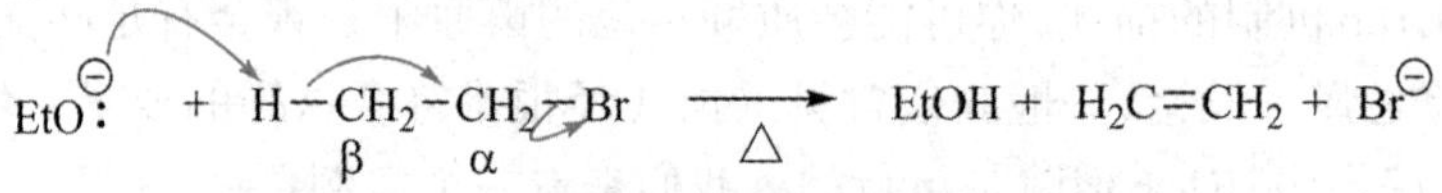

溴乙烷作为一个一级卤代烃,直接异裂生成碳正离子是十分不利的。与此同时,Br 的诱导效应明显也不足以让 β-H 具有足够的酸性,以便被碱直接去质子化变成碳负离子。然而,这样一个消除反应确实十分顺利地发生了。

为了理解这个反应,我们先简单回顾一下刚才学习过的 E1 和 E1cb 机理:E1 机理要求卤代烃非常容易变成碳正离子,即 C-X 键的率先异裂;而 E1cb 机理要求卤代烃非常容易变成碳负离子,即 C-H 键的率先异裂。并且,E1 机理中碳正离子的生成可以增强 β-H 的酸性;而 E1cb 机理中碳负离子的生成则可以推动 X 的离去。

上述分析提供了一个极其重要的结论,即:C-X 键的异裂和 C-H 键的异裂是可以相互促进的!

于是,溴乙烷的消除就变得很容易理解了:该反应一步完成,整个过程中 C-H 键断裂、C-Br 键断裂与 π 键的生成是协同进行的。在一个较强的碱(B:)存在下,卤代烃的 β-H 受到了碱的孤对电子进攻——虽然直接将 H 原子以质子的形式转移到 B:上是困难的,但是可以理解此时 C-H 键的键长开始增加,β-C 原子上已经开始有负电荷积累;这个负电荷(准确说是部分生成的碳负离子的轨道)开始与 C–Br 键的反键轨道产生肩并肩的重叠,于是 C–Br 键开始变长、弱化。而 C–Br 键的弱化又会反过来增强 β-H 的酸性——此时如果可以越过某个临界状态(即反应的过渡态),就将导致最终 β-H 完全以质子的形式离去、卤原子以阴离子的形式离去、双键同时生成。反应的过渡态有碱与卤代烃两种分子参与,因此反应速率 $v= k$ [OH⁻][CH₃CH₂Br],表现为二级动力学,以 E2 表示。

对于一个理想的 E2 机理,反应时离去基团与 β-H 处于反式共平面状态,其立体过程如下:

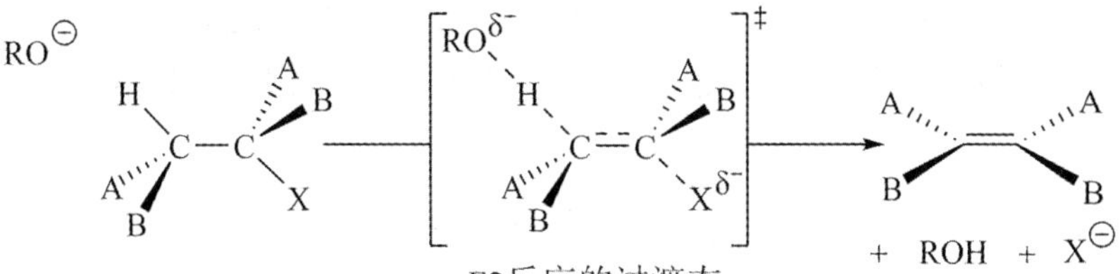

E2反应的过渡态

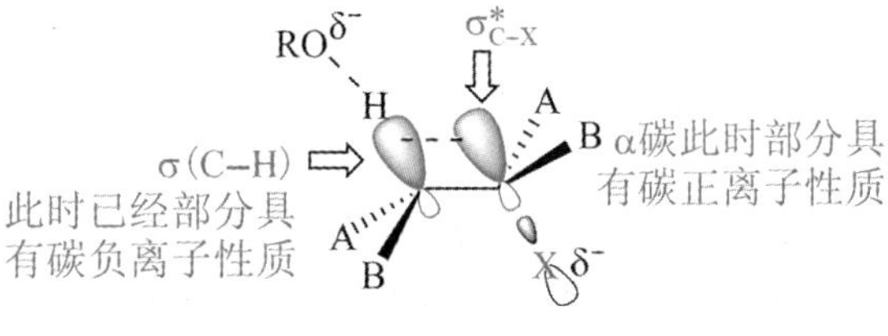

过渡态的轨道重叠示意图

在 E2 反应的过渡态中,反应位点处的两个碳原子杂化状态介于 sp³ 与 sp² 之间。两个碳原子之间的轨道已经部分重叠,具有了部分双键性质——这就是为何当过渡态中碳氢键和碳卤键变成了虚线,与此同时两个碳原子之间也添加了一条虚线,它表示的就是正在生成的新的 π 键。在烯烃的 π 键中,两个 p 轨道存在肩并肩的共平面重叠;在 E2 反应的过渡态中,这种类似的轨道共平面重叠也正在发生——换言之,如果没有"共平面"的轨道重叠,则 C–H 异裂和 C–X 异裂二者无法相互促进!

所以,对于 E2 消除而言,"共平面"比"反式"更加重要。"反式"的一个好处是碱的去质子过程和卤素负离子的离去在空间上互不干扰,而"共平面"则是轨道重叠所必须的。因此,当反式共平面和顺式共平面都可以实现的时候,反式共平面优先:

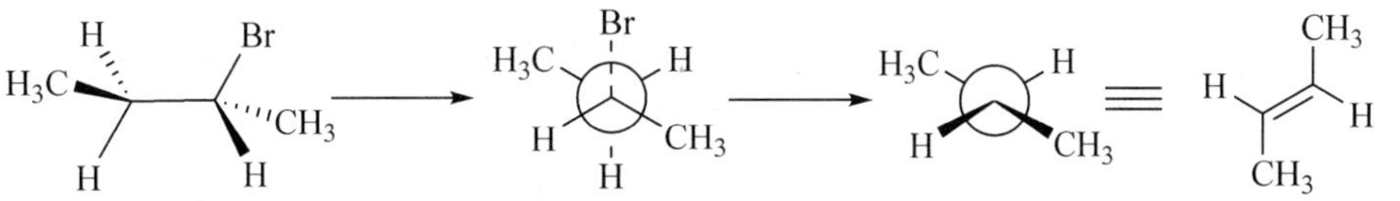

(i) 两个甲基处于对交叉 虚线代表消除基团所在的键   (E)-2-丁烯

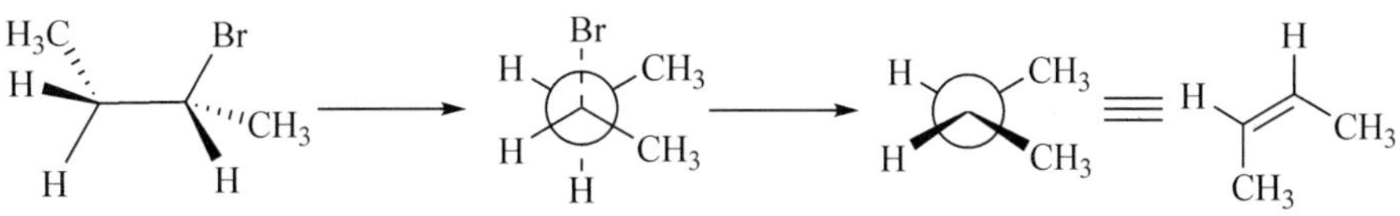

(ii) 两个甲基处于邻交叉 虚线代表消除基团所在的键   (Z)-2-丁烯

一个特殊的情况是,在六元环体系只有双直立键才能达到理想中的共平面,并且此时正好是反式消除。例如,以下反应选择性非常高:

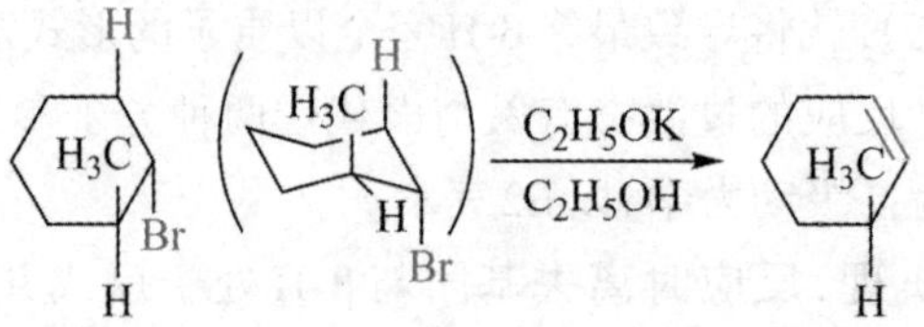

唯一产物

然而,在一些体系中你可以找到共平面的C−X和C−H键,却受限于一些因素(例如刚性环)而无法使C−X和C−H键处于反式。此时共平面的顺式消除也是可以进行的:

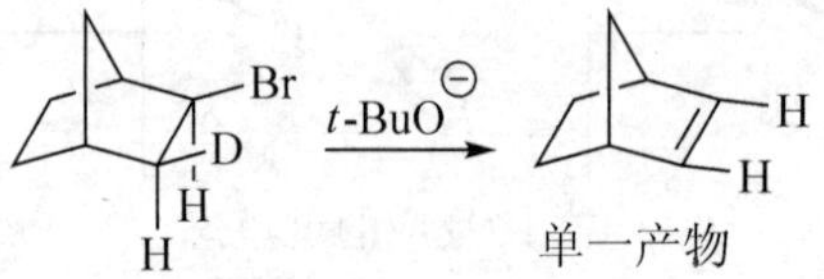

单一产物

10.6.4 E1、E2与E1cb的相互关系与竞争

现在我们可以来梳理一下E1、E2、E1cb三者之间的关系了。你会发现,我们首先介绍的E1和E1cb是两种极端的情况:E1机理发生在特别容易变成碳正离子的卤代烃上,例如三级烷基卤化物;E1cb机理发生在特别容易变成碳负离子的卤代烃上,此外还需要卤原子的离去能力较差。在这两种极端情况之间,大部分卤代烃的消除反应以E2机理进行。

在发生β-消除反应时,具体历经何种机理取决于C−X键与C−H键断裂的相对速率。表10.6列举了一些典型的情况。

表10.6 典型情况

机理	对应条件	对应条件举例
E1	C−X键断裂速率远大于C−H键断裂速率	三级烷基卤代烃在带有孤对电子的溶剂中加热消除
E2	C−X键断裂速率与C−H键断裂速率大致相等	明显的碱性,卤原子离去性较好(大多数情况)
E1cb	C−X键断裂速率远小于C−H键断裂速率	β-H酸性较强或卤原子难以离去

请务必注意:同种底物在不同碱性条件下可能以不同的机制发生消除。一个典型的例子是三级烷基卤化物在中性和碱性条件下的消除:

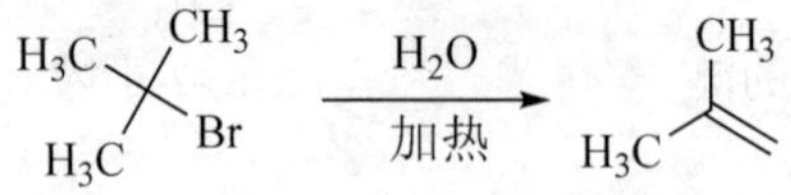

E1消除

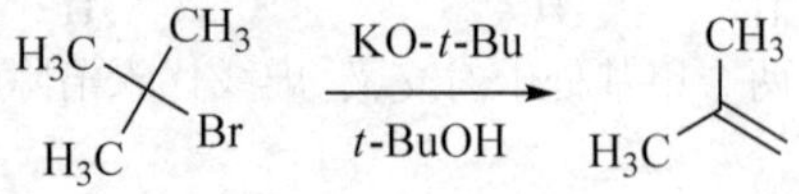

E2消除

10.6.5　β-消除反应的选择性

10.6.5.1　E1

我们首先看一个典型的E1消除反应：

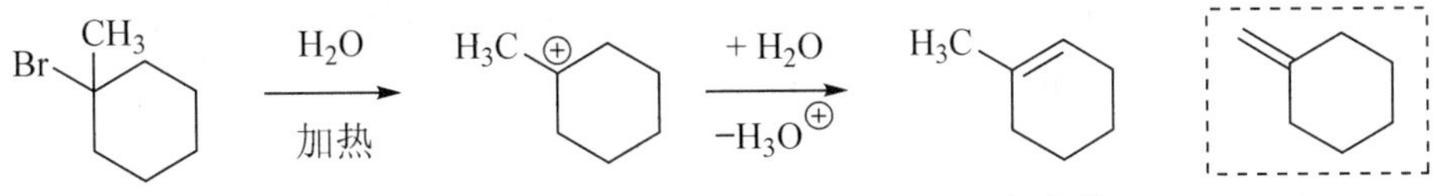

主产物

底物是一个三级烷基溴，在极性的水溶液中加热消除，得到的是环内烯烃，而虚线框中的环外烯烃产率非常低。我们此前已经学习过，取代基较多的烯烃是更稳定的，即该反应生成了热力学上更加稳定的取代基较多的烯烃，而非取代基较少的环外烯烃。

我们可以从E1消除的过程理解这个问题：生成碳正离子是反应的决速步。当底物已经异裂成一个三级烷基碳正离子，由于超共轭效应，β-H的酸性变的很强，因此该反应只需要一个很弱的碱（溶剂H_2O分子上O原子的孤对）即可发生消除。消除质子的过程只需要很小的活化能，这导致产物是热力学选择性的，而非动力学选择性。所以，E1消除总是生成取代基较多的烯烃产物。

我们称这种生成取代基较多烯烃产物的选择性为Zaitsev（扎伊采夫）规则。不难理解，消除反应中α碳原子上的正电荷越明显，Zaitsev选择性越高。

10.6.5.2　E2

接下来我们看E2机制。我们先回顾之前介绍E2消除时的一个问题：如果C−X键不发生异裂，碱可以率先将卤代烃的β-H脱除质子变成碳负离子吗？答案是否定的（如果是肯定的，则是E1cb机理），于是你理解了E2消除时C−X键异裂和C−H键异裂之间存在相互促进。现在，我们来看一组消除反应的选择性对比：

Zaitsev选择性 ⇩

$$\underset{\displaystyle Br}{CH_3CH_2C(CH_3)_2} \xrightarrow[EtOH]{EtOK} \underset{71\%}{CH_3CH{=}C(CH_3)_2} + \underset{29\%}{CH_3CH_2\overset{\displaystyle CH_3}{C}{=}CH_2}$$

$$\underset{\displaystyle Br}{CH_3CH_2C(CH_3)_2} \xrightarrow[t\text{-}BuOH]{t\text{-}BuOK} \underset{28\%}{CH_3CH{=}C(CH_3)_2} + \underset{72\%}{CH_3CH_2\overset{\displaystyle CH_3}{C}{=}CH_2}$$

$$\underset{\displaystyle Br}{CH_3CH_2C(CH_3)_2} \xrightarrow[Et_3COH]{Et_3COK} \underset{11\%}{CH_3CH{=}C(CH_3)_2} + \underset{89\%}{CH_3CH_2\overset{\displaystyle CH_3}{C}{=}CH_2}$$

我们发现，同样的三级烷基溴代物，在不同的碱性条件下出现了消除反应选择性的差异:在 E2 消除常见的 EtO⁻/EtOH 条件下,反应符合 Zaitsev 规则,但是选择性并没有 E1 消除那样高。这是由于 E2 消除达到过渡态时,C–X 键已经有相当明显的异裂,双键也部分生成。你可以预计到 β-H 的酸性也会增加,虽然没有 E1 消除那样明显,于是去质子过程表现出类似 E1 消除的 Zaitsev 规则,但是选择性变差。

而当碱的位阻增大、碱性增强时,我们发现消除反应的选择性出现了逆转,取代基较少的烯烃成为了主要产物。我们称之为反 Zaitsev 规则,或者 Hofmann(霍夫曼)消除规则。显然,碱的位阻增大不利于其接近取代基较多的 β-H,此时反应虽然仍是 E2 机理,但是变的有点接近 E1cb:碱的去质子可能在协同消除过程中变的更加主导。

10.6.5.3　E1cb

延续上面的思路,你可能会想到 E1cb 机理的消除选择性应该是反 Zaitsev 规则,因为它完全是碱的去质子步骤主导的。然而这样的实例可能不经常出现,因为适合 E1cb 机制的卤代烃底物中往往不容易同时存在很多酸性 β-H。从某种程度上说,10.6.2 小节中提到的例子可以被理解为生成了取代基较少的烯烃。

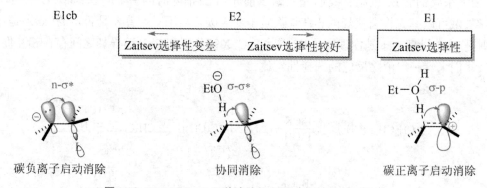

至此,我们概括一下三种消除机制及其选择性的相互关系。请注意,为了表示碱的强度与 E1/E2 机理的密切关系,用一个中性的乙醇分子代表了 E1 消除中的碱,而在 E2 消除中以 EtO⁻ 代之。如图 10.5 所示。

图 10.5　E1cb、E2、E1 三种消除机制及选择性的相互关系

10.7　亲核取代反应与消除反应间的竞争

结合机理不难发现,E1 与 S_N1、E2 与 S_N2 分别具有相似的反应条件与反应历程,因此卤代烃的亲核取代与 β-消除反应通常同时发生。以下将首先从反应物角度对 E1 与 S_N1、E2 与 S_N2 间的竞争关系分别进行讨论。

10.7.1　不同反应物对 S_N2 与 E2 竞争的影响

E2 与 S_N2 的不同之处在于 S_N2 中 α-C 受亲核试剂进攻,而 E2 中则是 β-H 受碱进攻。因此当二者共存时,亲核性强、碱性弱、位阻小的试剂有利于 S_N2 反应,而亲核性弱、碱性强、位阻大的试剂则有利于 E2 反应。

对于一级卤代烃,较小的背面进攻位阻导致亲核试剂发生 S_N2 反应的速率很快,因此如果想避免 E2 反应是相对容易的,通常只会在亲核试剂碱性很强且反应条件剧烈时才会以 E2 为主。在下面的例子中,你可以看到随着 β-位位阻增大,E2 产物的比例上升。特别是 β-H 较为活泼(例如苄位)时,E2 反应速率将会提高(表10.7)。

表10.7　一级卤代烷在 EtONa/EtOH(55 ℃)中取代/消除产物的质量分数

溴代烷	S_N2 产物	E2 产物
CH_3CH_2Br	99%	1%
$CH_3CH_2CH_2Br$	91%	9%
$CH_3(CH_2)_2CH_2Br$	90%	10%
$C_6H_5CH_2CH_2Br$	5%	95%(β-H 活泼)

对于二级卤代烃,由于 α-位上位阻增大,S_N2 速率显著降低,E2 竞争力增强。此时强亲核试剂有利于 S_N2 反应,强碱性试剂则有利于 E2 反应(表10.8)。

表10.8　2-溴代丙烷在有乙醇钠和无乙醇钠时取代产物与消除产物的质量分数

卤代烷	C_2H_5ONa 浓度	取代产物	消除产物
$(CH_3)_2CHBr$	0	97%	3%
$(CH_3)_2CHBr$	0.05 mol/L	29%	71%
$(CH_3)_2CHBr$	0.20 mol/L	21%	79%

10.7.2　不同反应物对 S_N1 与 E1 竞争的影响

对三级卤代烃而言,S_N1 和 E1 机制的第一步都是生成碳正离子,区别在于亲核试剂(或者碱)进攻碳正离子还是β-H。这种机理的区别是在生成碳正离子之后才开始体现的,因此在烷基结构相同的情况下,离去基团只会影响反应速率却几乎不会影响取代/消除的产物比例(表10.9)。此外,请注意加热可以提高消除的比例,因为消除相对于取代是一个熵增的过程,而加热对熵增的过程有利。

表10.9 2-卤代-2-甲基丙烷$(CH_3)_3CX$的水解反应中S_N1与E1产物比

X	T(°C)	$S_N1/E1$
Cl	25	83:17
Br	25	87:13
I	25	87:13
Cl	65	64:36

但是当强碱增强时,三级卤代烃则主要发生E2反应(表10.10)。

表10.10 三级卤代烃发生E2反应

卤代烷	C_2H_5ONa浓度	取代产物	消除产物
$(CH_3)_3CBr$	0	81%	19%
$(CH_3)_3CBr$	0.05 mol/L	34%	66%
$(CH_3)_3CBr$	0.20 mol/L	7%	93%

总而言之,如果你发现一个消除反应的底物可以生成稳定的碳正离子,并且体系内的碱性很弱,那么这个消除反应很可能以E1机制进行。对于卤代烃而言,我们最经常遇到的E1机制往往都是与S_N1并存的。然而,你将会在后续醇的酸性条件下脱水成烯烃反应中大量见到E1机制。

10.7.3 不同底物发生取代和消除反应的综合考虑

在本章中,我们已经分析过卤代烃结构、亲核性/碱性关系、溶剂、温度等分项因素对取代/消除反应选择性的影响。然而,如果你掌握了有机化学的正确思维方式,那么你首先应该意识到这些因素必然是共同影响反应结果的。因此,当你面对一个反应式,可以先看卤代烃的结构,再结合反应条件,从而帮助你判断反应的主要产物和得到该产物的机理。

下面,我们针对不同的卤代烃底物,归纳一下其发生反应的规律。这里的卤代烃主要指含有β-H的烷基Cl,Br,I,并且中心碳原子上不含有一些特殊的取代基结构(例如NO_2,CN取代,或者苄基、烯丙基卤代烃)。

由于在本章中我们先接触了取代反应,所以你对一级卤代烃的第一印象可能是易于发生S_N2的取代。然而实际上,当反应试剂的碱性很强并且亲核性很弱时(例如LDA,NaHMDS),消除才是首选的反应。排除掉这种情况,接下来如果试剂的亲核性不错,此时就会发生取代(图10.6)。而如果试剂即无明显的亲核性,也无明显的碱性,由于普通的一级烷基卤代烃难以生成稳定的碳正离子,于是无论溶剂极性强弱都不会发生显著的反应。

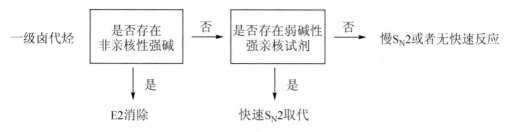

图10.6 卤代烃底物发生反应的规律

三级卤代烃的一个显著特点是在极性溶剂中易于生成碳正离子,但是与上面的讨论一样,事实上当体系内存在明显的碱性试剂时,E2 消除才是最容易发生的。接下来,在具有亲核性的极性溶剂中发生溶剂解反应,一般会发生取代,但是加热会有利于消除(图10.7)。

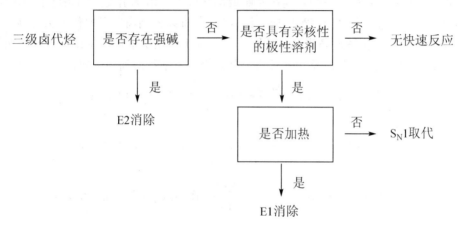

图10.7 三级卤代烃发生反应的规律

我们将二级卤代烃最后讨论,是因为它比前两者都要复杂。这同时有助于你强化一个印象,即一般二级卤代烃的位阻不利于 S_N2 取代,同时碳正离子也不那么容易生成,导致 E1 或者 S_N1 反应活性也不高——唯一受影响较小的是 E2 反应,因此当试剂的碱性较强时,E2 消除是首选;否则,只有当亲核试剂的亲核性极好、同时碱性很弱时(例如有机膦、硫的亲核试剂,以及 N_3^- 等),才会以中等的速率发生 S_N2 取代;除此之外,二级卤代烃只能在极性溶剂中缓慢的生成碳正离子,最后以 S_N1 的方式发生取代。

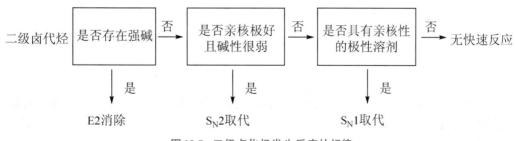

图10.8 二级卤化烃发生反应的规律

10.8　卤代烃的合成及其应用

10.8.1　卤代烃的合成

10.8.1.1　由烃类卤代制备

卤代烃可由烷烃或者芳香烃侧链在光照或加热或者自由基引发剂的条件下与卤素发生自由基取代反应得到。但由于该类反应为链式反应,难以控制卤原子取代个数,产物多为混合物,故很少使用该类方法制备得到卤代烃。只有在少数情况下可以制得较纯的一卤代物。

芳香卤化物可以通过芳香烃与卤素的亲电取代反应制备得到。例如:

$$CH_3CH_2CH_3 + Cl_2 \xrightarrow{300\ ℃} CH_3CH_2CH_2Cl + CH_3CHClCH_3$$
$$\qquad\qquad\qquad\qquad\qquad\qquad 48\% \qquad\qquad 52\%$$

$$CH_3CH_2CH_3 + Br_2 \xrightarrow{200\ ℃} CH_3CHBrCH_3 + CH_3CH_2CH_2Br$$
$$\qquad\qquad\qquad\qquad\qquad\qquad 92\% \qquad\qquad 8\%$$

$$(CH_3)_3CCH_2C(CH_3)_3 + Br_2 \xrightarrow[CCl_4]{光照} (CH_3)_3C\underset{Br}{C}HC(CH_3)_3 \quad 96\%$$

$$CH_3CH_2CH{=}CH_2 + Cl_2 \xrightarrow{500\ ℃} CH_3CHClCH{=}CH_2$$

$$PhCH_2CH_3 + Cl_2 \xrightarrow{光照} PhCHClCH_3$$

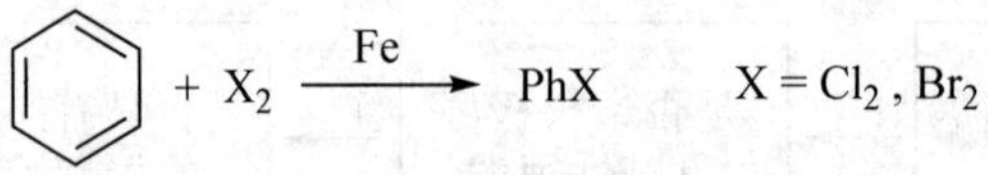

$$PhCH_3 + \underset{O}{\overset{O}{N{-}Br}} \xrightarrow[引发剂]{CCl_4} PhCH_2Br$$

$$\bigcirc + X_2 \xrightarrow{Fe} PhX \qquad X = Cl_2 , Br_2$$

10.8.1.2　由烯、炔加成制备

烯烃和炔烃可以与HX加成反应可以制备得到一卤代烃,与X_2加成可以制备得到邻二卤代烃或多卤代烃。例如:

$$RCH{=}CH_2 \ + \ HX \longrightarrow RCHXCH_3$$

$$RCH{=}CH_2 \ + \ HBr \xrightarrow{R_2O_2} RCH_2CH_2Br$$

$$RCH{=}CH_2 \ + \ X_2 \longrightarrow RCHXCH_2X$$

$$RC{\equiv}CH \ + \ HX \longrightarrow RCX{=}CH_2$$

$$RC{\equiv}CH \ + \ 2\,HX \longrightarrow RCHXCH_3$$

$$RC{\equiv}CH \ + \ Cl_2 \longrightarrow RCCl{=}CHCl$$

10.8.1.3　由醇类制备

醇的羟基用卤原子置换可以得到相应的卤代烃,这是一元卤代烃最常用的合成方法。常用的卤化剂有 HX,PX$_3$,PX$_5$,SOCl$_2$ 等。例如:

$$CH_3OH \ + \ HI\,(57\%) \xrightarrow{回流} CH_3I \ + \ H_2O$$

$$NaBr \ + \ H_2SO_4 \longrightarrow HBr \ + \ Na_2SO_4$$

$$CH_3CH_2CH_2CH_2OH \ + \ HBr \longrightarrow CH_3CH_2CH_2CH_2Br$$

$$ROH \ + \ HCl\,(浓) \xrightarrow{无水ZnCl_2} RCl \ + \ H_2O$$

实验室制备 RBr,RI,常用 PBr$_3$,PI$_3$,PBr$_5$,PI$_5$,而制备 RCl,常用 SOCl$_2$,因为用 PCl$_3$,PCl$_5$ 时,产率较低(<50%)。

10.8.1.4　由卤代烃的卤素交换制备

卤素交换反应是用便宜的 RCl,RBr 制备昂贵的 RI 的好方法。这个反应易于实现的主要原因是 NaI 在丙酮中的溶解性显著高于 NaCl 或 NaBr,沉淀平衡的右移拉动了反应的进行。

$$RCl(Br) \ + \ NaI \xrightarrow{丙酮} RI \ + \ NaCl(Br)\downarrow (卤素交换)$$

10.8.1.5　由氯甲基化反应制备

苯环上含有第二类定位基时,反应难于发生。

10.8.2 卤代烃的应用

10.8.2.1 化工及生活中常见卤代烃的应用

1. 氯乙烷

它是种局部麻醉剂,在常温下为气体,沸点为 12.2 ℃,常装在压缩瓶中保存,使用时将它喷在皮肤上,因其迅速气化而引起骤冷,使人的皮肤局部麻木。

2. 氯仿(CHCl₃)

氯仿沸点为 61 ℃,是无色具有甜味的液体。由于氯仿能溶解脂肪和许多有机物,它在化学工业上被广泛用作溶剂。氯仿也曾用作外科手术的麻醉剂,但由于它的毒性,现在已放弃使用。氯仿在光照下可被空气中的氧氧化成剧毒的光气。

$$CHCl_3 + \frac{1}{2} O_2 \xrightarrow{\text{日光}} COCl_2 + HCl$$

所以氯仿应保存在密封的棕色瓶中。

3. 四氯化碳

四氯化碳(CCl_4)沸点为 76.8 ℃,无色液体,是常用的溶剂,又可作灭火剂。因为四氯化碳不易燃烧,遇热易挥发,它的蒸气比空气重,使火焰与空气隔绝而使火熄灭,对扑灭油类的燃烧更为适宜。CCl_4 曾广泛用作干洗剂。但它的毒性对胙脏有严重的破坏作用,因此应拒绝使用。

4. 氯乙烯

它是无色液体,工业上由 1,2-二氯乙烷脱去 HCl 或乙炔加 HCl 来制备:

$$\underset{\underset{Cl}{|}}{CH_2}-\underset{\underset{Cl}{|}}{CH_2} \xrightarrow[-HCl]{\text{NaOH, 醇}} CH_2{=}CHCl$$

$$CH{\equiv}CH + HCl \xrightarrow{HgCl} CH_2{=}CHCl$$

它的主要用途是制备聚氯乙烯:

$$n\ CH_2{=}CHCl \xrightarrow{\text{过氧化物}} {\left[\!\!\!-CH_2-\underset{\underset{Cl}{|}}{CH}-\!\!\!\right]}_n$$

聚氯乙烯是目前我国产量最大的一种塑料,加入增塑剂可制成耐碱的人造纤素,薄膜制品,它的溶液可做喷漆。

5. 六六六

工业上,六六六(1,2,3,4,5,6-六氯环己烷,$C_6H_6Cl_6$)是由苯和氯气在紫外光照射下合成的:

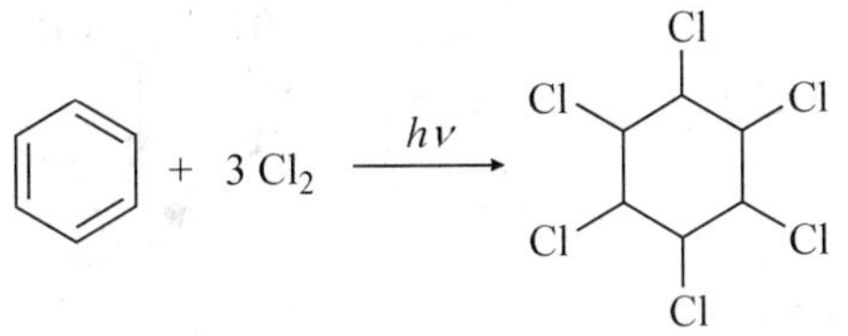

六六六是我国曾经使用的杀虫剂,对昆虫有触杀、熏杀和胃杀作用。六六六属高残留农药,我国已于1983年停止生产使用。合成六六六是多种立体异构的混合物(应有8个可分离的立体异构),而有杀虫效力的只是其中的一个,叫γ-体或丙-体,它的含量占8%~15%,其构象式为

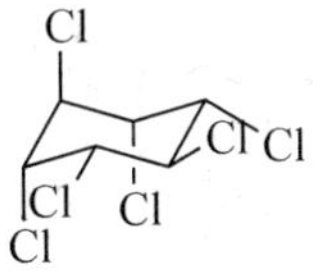

6. DDT

其化学名称为1,1-双(4-氯苯基)-2,2,2-三氯乙烷:

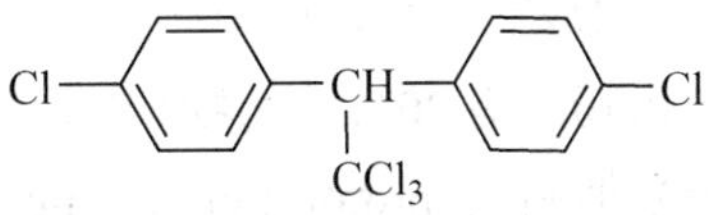

它也是我国曾经广泛使用的杀虫剂,对虱、蚊、蝇、蚤均有杀灭作用。DDT的一个缺点是:它不能很快分解为无毒的物质,因此它的残余物积存于环境中,虽然它对哺乳动物不是特别有毒的(成人致死量为35 g左右),但它可被低等有机物(例如浮游生物)浓缩,当鱼类或鸟类摄取了这些食物后便积存在它们的脂肪组织中,以致带来生态学方面的影响。

7. 含氟化合物

氟利昂(Freon)是一类含氟及氯的烷烃。如CF_2Cl_2,$CFCl_3$,$CF_2ClCFCl_2$等,其中CF_2Cl_2为无毒、不燃烧、无腐蚀的物质,沸点为28 ℃,是常用的冷冻剂。

三氟氯溴乙烷$CF_3CHClBr$是目前广泛用来代替乙醚的吸入性麻醉剂、无毒、效果好。聚四氟乙烯是由四氟乙烯在氧的催化下聚合而成的:

$$n\ CF_2{=}CF_2 \longrightarrow \ {+}CF_2{-}CF_2{+}_n$$

它是一种非常稳定的塑料,耐化学试剂和耐温性极好,故有塑料王之称,用途很广。

二氟二溴甲烷是一个高效灭火剂,适用于扑灭由汽油引起的燃烧。

10.8.2.2 氟代药物

含有C-F键的物质在医药上也有重要的影响。在所有碳-卤键中,C-F键是最短也是最强的,它比C-H键稍微长一点,但是更难断裂。它的极性很强,有孤对电子可以与H形成氢键。因此,在潜在的药物分子中,用C-F键代替C-H键可以显著影响与药物相关的生物化学性质,包括增强药效和产生副作用的倾向。类似的,氟改变了物质的物理特性,如水溶性和通过细胞膜的能力,从而影响了药物被吸入人体内的方式。最后,强的C-F键可以抵抗代谢分解,是药物在体内可以存在更长的时间,从而增强药效。

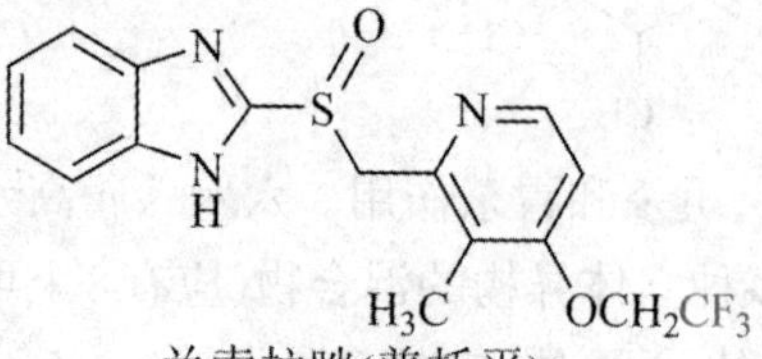

兰索拉唑(普托平)

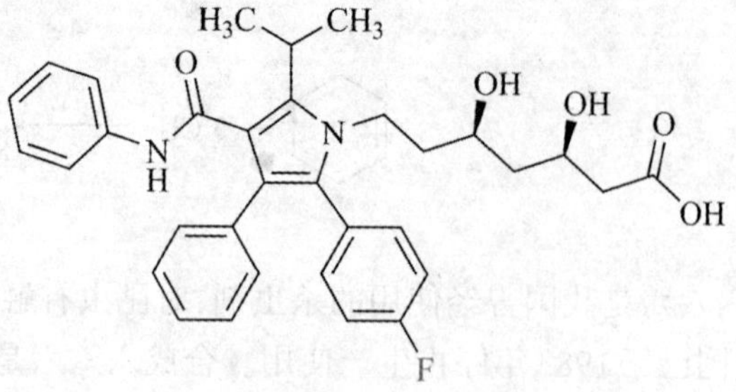

阿拉伐他汀(立普妥)

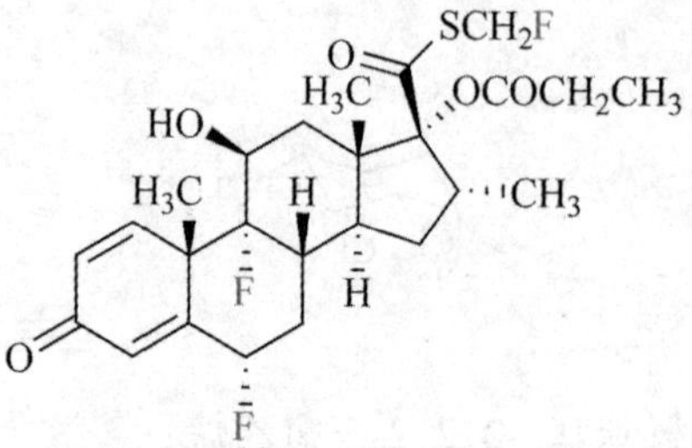

丙酸氟替卡松(flonase)

正是因为这些特点,在当今市场上有20%的药物,包括一些广泛应用的药物,都会有一个或者多个C—F键。例如,离子泵抑制剂(proton-pump inhibitor,PPI)兰索拉唑(普托平)、降胆固醇药物阿托伐他汀(立普妥)、抗哮喘药物丙酸氟替卡松、麻醉剂三氟溴氯乙烷(氟烷)和七氟醚(sojourn)。一般的麻醉机制是通过与蛋白质络合控制离子穿过脑部细胞膜的运动。这种络合作用的本质还不是很清楚,但近期关于七氟醚的研究指出C—F键可能引起了分子中C—H键的极化,然后,极化的F和H原子通过偶极引力分别与离子通道蛋白质中芳香环上的H和π电子作用,改变了神经脉冲的传输,从而产生麻醉作用。

练习题

1. 写出1-溴丁烷与下列试剂反应的主要产物。

(1) NaOH(水溶液)

(2) KOH,乙醇,△

(3) Mg,无水乙醚

(4) 第(3)题的产物+D_2O

(5) NaCN(醇-水)

(6) $NaSC_2H_5$

(7) 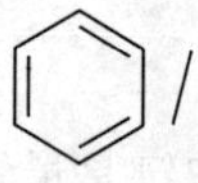 ⬡ / $AlCl_3$

(8) $H_3CC≡C^- Na^+$

(9) $CH_3\overset{O}{\overset{\|}{C}}$-OAg

(10) $AgNO_3$,醇,△

(11) NaI(在丙酮中)

(12) Na,△

(13) CH_3NH_2(1-溴丁烷过量)

(14) CH_3NH_2(过量)

2. 请比较下列各组化合物进行S_N1反应时的反应速率。

（1）

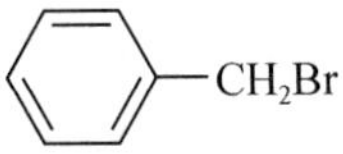

（a）CH$_2$Br （b）CHCH$_3$ (Br) （c）CH$_2$CH$_2$Br

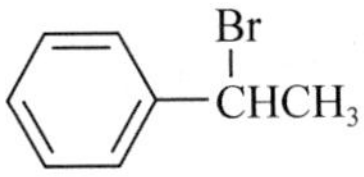

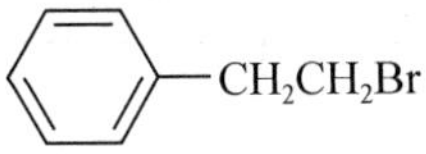

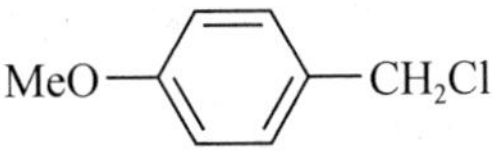

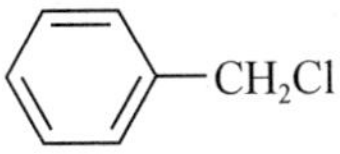

（2）

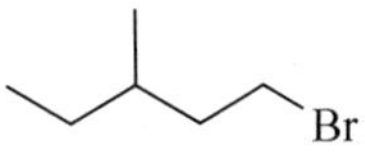

（a） 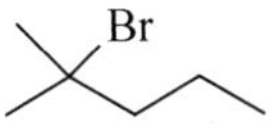 （b） 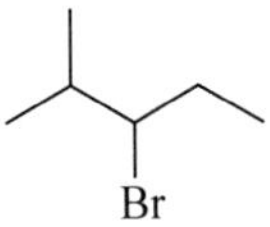 （c）

（3）

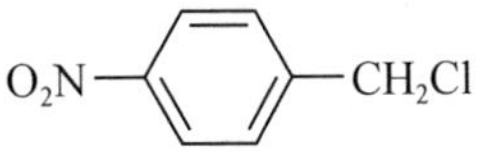

（a）O$_2$N—⟨⟩—CH$_2$Cl （b）MeO—⟨⟩—CH$_2$Cl （c）⟨⟩—CH$_2$Cl

（4）

（a）  （b）

3.请比较下列各组化合物进行 S$_N$2 反应时的反应速率。

（1）

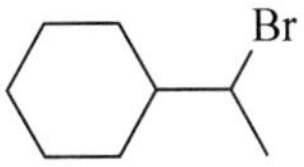

（a） 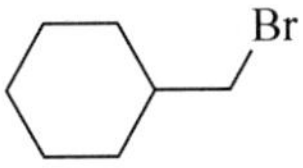 （b） 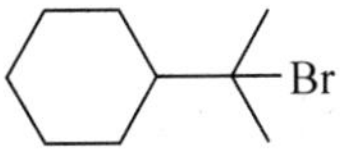 （c）

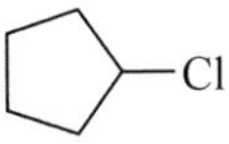

（2）

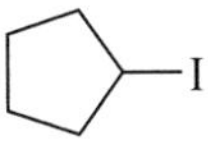

（a）⟨⟩—I （b）⟨⟩—Br （c）⟨⟩—Cl

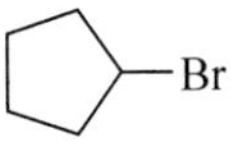

（3）

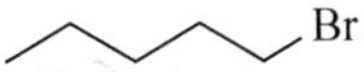

（a） 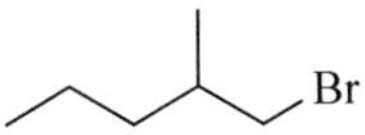 （b）  （c） 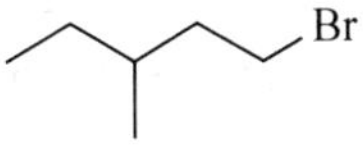 （d）

（4）

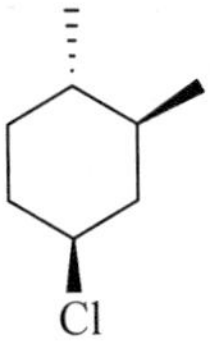

（a） 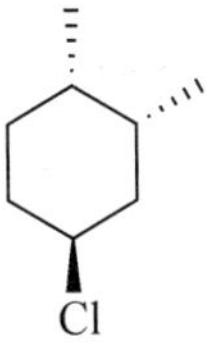 （b）

4.下面所列的每对亲核取代反应中,哪一个反应更快? 请说明原因。

（1）（a）

Br + H$_2$O $\xrightarrow{\triangle}$ OH + HBr

（b）

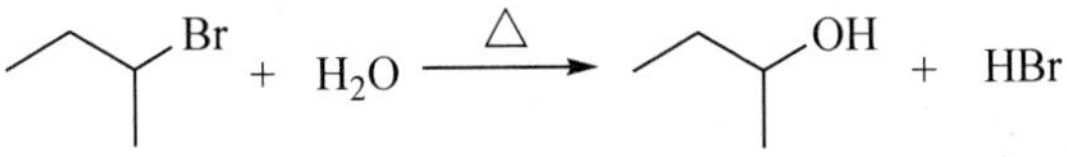

Br + H$_2$O $\xrightarrow{\triangle}$ OH + HBr

（2）(a) $\diagdown\diagup\diagdown$Br + NaOH $\xrightarrow{\text{H}_2\text{O}}$ $\diagdown\diagup\diagdown$OH + NaBr

(b) $\diagup\diagdown$Br + NaOH $\xrightarrow{\text{H}_2\text{O}}$ $\diagup\diagdown$OH + NaBr

（3）(a) $\diagdown\diagup\diagdown$Br + NaSH $\xrightarrow{\text{H}_2\text{O}}$ $\diagdown\diagup\diagdown$SH + NaBr

(b) $\diagdown\diagup\diagdown$Br + NaOH $\xrightarrow{\text{H}_2\text{O}}$ $\diagdown\diagup\diagdown$OH + NaBr

（4）(a) $\diagup\diagdown$Br + $^{\ominus}$SCN $\xrightarrow{\text{C}_2\text{H}_5\text{OH-H}_2\text{O}}$ $\diagup\diagdown$SCN

(b) $\diagup\diagdown$Br + $^{\ominus}$SCN $\xrightarrow{\text{C}_2\text{H}_5\text{OH-H}_2\text{O}}$ $\diagup\diagdown$NCS

（5）(a) $\diagup\diagdown$OSO$_2$CH$_2$CH$_3$ + Cl$^{\ominus}$ $\longrightarrow$ $\diagup\diagdown$Cl + $^{\ominus}$OSO$_2$CH$_2$CH$_3$

(b) $\diagup\diagdown$F + Cl$^{\ominus}$ $\longrightarrow$ $\diagup\diagdown$Cl + F$^{\ominus}$

（6）(a) $\diagup\diagdown$Br + $^{\ominus}$SH $\xrightarrow{\text{CH}_3\text{OH}}$ $\diagup\diagdown$SH + Br$^{\ominus}$

(b) $\diagup\diagdown$Br + $^{\ominus}$SH $\xrightarrow{\quad}$ $\diagup\diagdown$SH + Br$^{\ominus}$

5. 卤代烷与 NaOH 在水与乙醇混合物中反应，请指出哪些属于 S_N1 反应机理，哪些属于 S_N2 反应机理。

（1）产物的绝对构型完全转化　　　　（2）进攻亲核试剂亲核性越强，反应速率越快

（3）有重排反应　　　　　　　　　　（4）产物是一对外消旋体

（5）碱的浓度增加，反应速率加快　　（6）构型翻转的产物多于构型保持的产物

（7）三级卤代烃速率大于二级卤代烃　（8）反应过程只有一种过渡态

（9）增加溶剂含水量，反应速率明显加快　（10）反应过程中有两种过渡态

（11）随着碱浓度的增大和反应温度的升高，产率增加

6. 完成下列反应，并写出主要产物：

（1） ⬡—Br + (CH$_3$)$_2$CuLi $\longrightarrow$

（2） ⬡—Cl + P(C$_2$H$_5$)$_3$ $\longrightarrow$

（3） $\overset{\text{CH(CH}_3)_2}{\underset{\text{Br}}{\text{H}\diagdown\diagup}}$ + CH$_3$NH$_2$ $\longrightarrow$

（4）<chemical structure: p-toluenesulfonate of 2-butanol, with C₂H₅, H> + NaSH ⟶

（5） <CH₃CH₂CH₂CH₂Br> + SbF₃ ⟶

（6） <structure: cyclopentane with Br, CH₃ groups> $\xrightarrow{CH_3OH}$

（7） 4 CH₃MgCl + SiCl₄ ⟶

（8） 2 <CH₃CH(MgCl)CH₂CH₃> + HgCl₂ ⟶

（9） Br—CH₂CH₂CH₂CH₂—Br $\xrightarrow{NaSH\ (1\ mol)}$ $\xrightarrow{NaOH}$

（10） <structure: 2,3,3-trimethylbutane> $\xrightarrow[\text{光}]{Br_2\ (1\ mol)}$ $\xrightarrow[\text{无水乙醚}]{Mg}$ $\xrightarrow{CO_2}$

7. 写出下列反应的反应机理：

（1） <structure: 3-bromophenyl-O-CH₂CH₂-NH-CH₃> $\xrightarrow{PhLi}$ <benzoxazine structure with N-CH₃>

（2） <structure: 4-tert-butylcyclohexyl chloride>

　　　　　$\xrightarrow{C_2H_5OH}$ <structure: 4-tert-butylcyclohexyl ethyl ether, OC₂H₅>

　　　　　$\xrightarrow[C_2H_5OH,\ \triangle]{C_2H_5ONa}$ <structure: tert-butylcyclohexene>

（3） <structure: 3-chloro-1-butene> $\xrightarrow{C_2H_5ONa}$ <structure: OC₂H₅ substituted butene>

　　 <structure: 3-chloro-1-butene> $\xrightarrow{C_2H_5OH}$ <structure: OC₂H₅ butene> + <structure: CH₃CH=CHCH₂OC₂H₅>

（4）* <bicyclic decalone structure with O, CH₃, H, COOH> $\xrightarrow[DMF]{Br_2}$ $\xrightarrow{K_2CO_3}$ <lactone bicyclic product structure>

(5)*

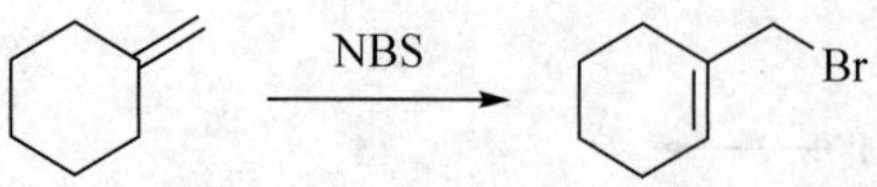

(6)*

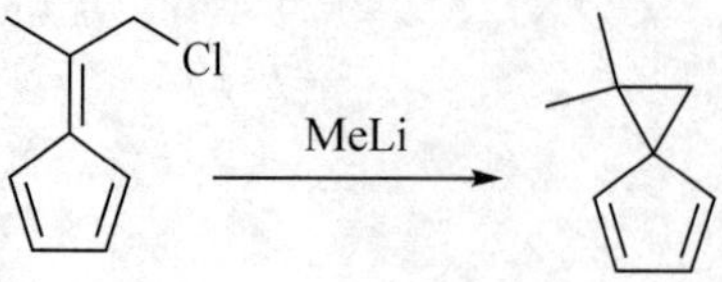

8. 用六个碳及以下的卤代烃合成下列化合物。

(1)

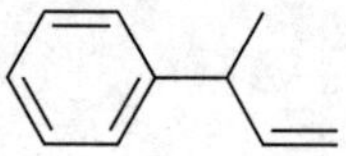

(2)

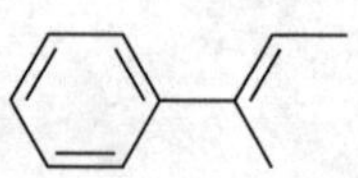

(3)

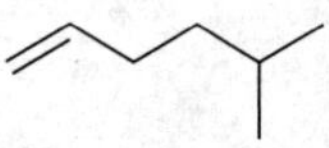

(4)

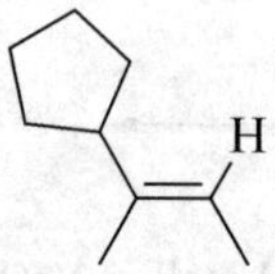

9. 某化合物 A 与溴作用生成含有三个卤原子的化合物 B,A 能使 KMnO₄ 褪色,生成含有一个溴原子的 1,2-二醇。A 很容易与 NaOH 溶液作用生成 C 和 D,C 和 D 氢化后分别给出两种互为异构物的饱和一元醇 E 和 F,F 比 E 更容易脱水。E 脱水后生成两个异构化合物。F 脱水后仅产生一个化合物。这些脱水产物都能被还原成正丁烷。写出 A,B,C,D,E 和 F 的结构式及各步反应式。

10.* 按照要求合成下面的化合物:

(1) 用少于四个碳的原料合成

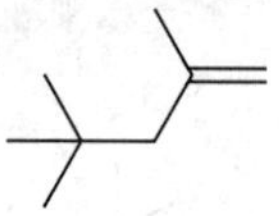

(2) 用环戊烷合成

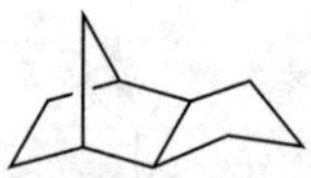

(3) 用异丙醇及其他必要的试剂合成目标化合物

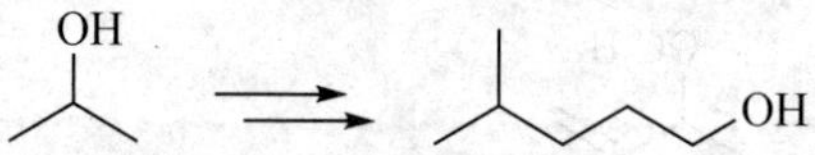

(4) 以不超过三个碳的有机试剂和必要的无机试剂为原料,合成

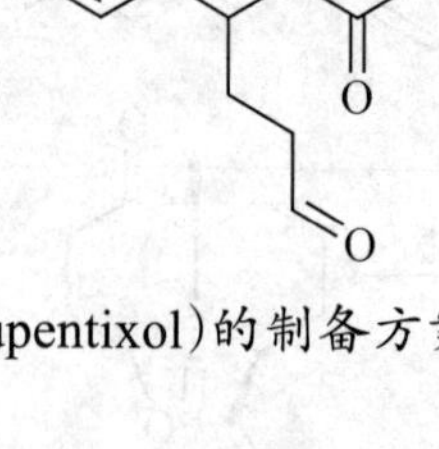

11.* 抗精神病药物氟哌噻吨(flupentixol)的制备方案如下:

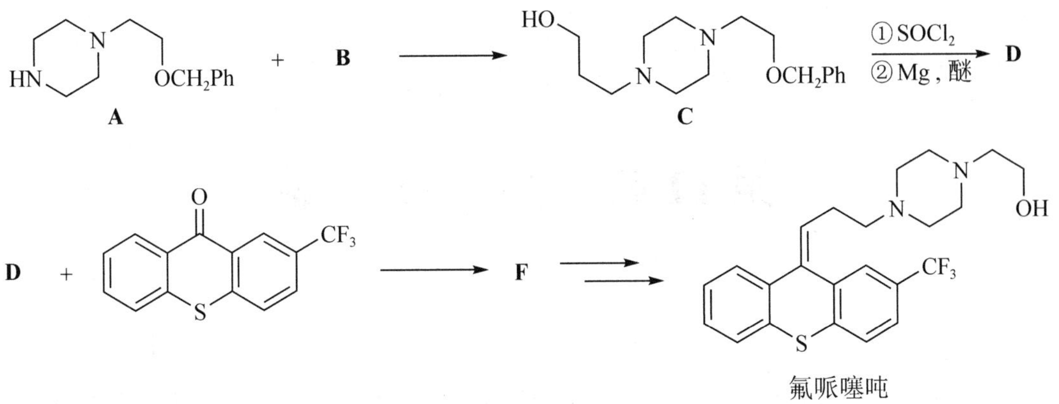

氟哌噻吨

（1）哪种卤代烃 B 可以与 A 反应生成 C？

（2）C 与 $SOCl_2$ 反应后，产物再与 Mg 金属反应可以得到一种格式试剂 D。D 的结构是什么？

（3）格式试剂与酮反应可以生成 3°醇。由于产生了新的手性中心，化合物 F 存在一对立体异构体，请画出它们的结构，并在手性中心标出构型（R，S）。

（4）由 F 可以生成氟哌噻吨的两种异构体，但只显示了一种。请画出另一种异构体，并确定其立体异构类型。

第11章 醇 酚 醚

在结构上,醇、酚和醚可以看作是水分子中的氢被烃基取代的衍生物:水分子中的一个氢原子被脂肪烃取代是醇,被芳香烃取代是酚,而两个氢都被烃基取代则为醚。其中,醇和酚虽然都含有羟基,但是由于连接基团类型不同,性质和制备方法存在明显差异,因此在本章中将分开进行讨论。

11.1 醇

脂肪烃分子中的氢原子或芳香烃侧链上的氢原子被羟基取代后的化合物称为醇。羟基是醇的官能团。

11.1.1 醇的结构、分类和命名

11.1.1.1 醇的结构

羟基(OH)是醇的官能团。与水分子相似,醇分子中的氧为sp^3杂化,两个sp^3杂化轨道分别和碳的sp^3杂化轨道以及氢的1s轨道形成σ键,另两个sp^3杂化轨道被两对孤对电子分别占据。甲醇的键长、键角及其球棍模型如图11.1所示。

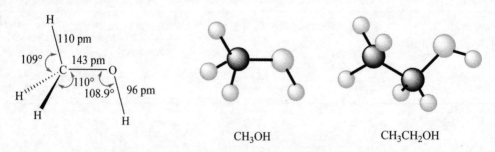

图11.1 甲醇的键长、键角及其球棍模型

由于氧的电负性较强,与之相连的碳和氢上都带有部分正电荷(δ^+),所以醇分子中的

C—O 和 O—H 键均为极性键,醇是一个极性分子。

一般条件下,相邻两个碳原子上最大的两个取代基团处于对交叉构象时最稳定,为优势构象;但是当这两个基团间存在氢键缔合作用时,由于形成氢键可以增加分子的稳定性,邻交叉构象成为优势构象。例如,乙二醇中一个醇羟基的氧与另一个羟基的氢作用形成氢键,而β-氯乙醇醇羟基的氢与邻位碳上的氯原子作用形成氢键,均以邻交叉构象成为优势构象。

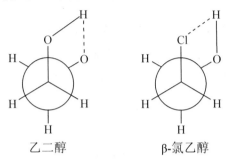

乙二醇   β-氯乙醇

11.1.1.2 醇的分类

根据分子中羟基的数目,醇可以分为一元醇、二元醇和多元醇。含一个羟基的称为一元醇,含两个羟基的称为二元醇,其余类推。三元以上的醇统称为多元醇。例如:

Me⌒OH   HO⌒⌒OH   HO⌒CH(OH)⌒OH

一元醇   二元醇   三元醇

根据羟基所连接碳原子的类型来分类,分为一级(伯)醇、二级(仲)醇、三级(叔)醇。例如:

$$R-CH_2 \qquad R-\overset{H}{\underset{OH}{C}}-R' \qquad R-\overset{R'}{\underset{OH}{C}}-R''$$

一级醇   二级醇   三级醇

根据羟基所连接的烷基不同,可以分为饱和醇、不饱和醇和芳香醇

alkyl⌒OH   ⌒⌒OH   Ph⌒OH

饱和醇   不饱和醇   芳香醇

羟基与双键碳原子相连的醇称为烯醇,烯醇多数很不稳定,容易异构化为醛或酮。羟基与三键碳原子相连的醇称为炔醇,炔醇可异构化为烯酮。

11.1.1.3 醇的命名

1. 普通命名法

根据和羟基相连的烃基来命名,由烃基加醇组成醇的名称。烃基用一级(或伯)、二级(或仲)、三级(或叔)、四级(或季)、正、异、新等习惯名称来区别结构。例如:

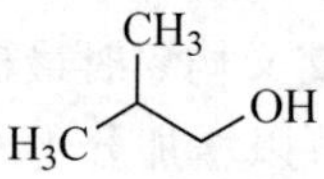

| 异丁醇 | 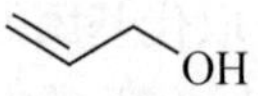 烯丙醇 | 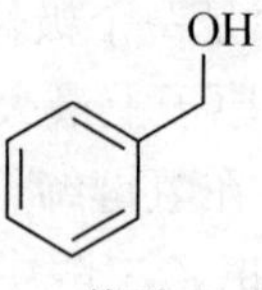 苄醇 | 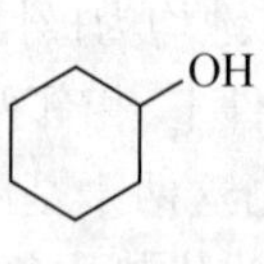 环己醇 |

2. 衍生物命名法

把醇看作甲醇的衍生物,以甲醇为母体来命名。例如:

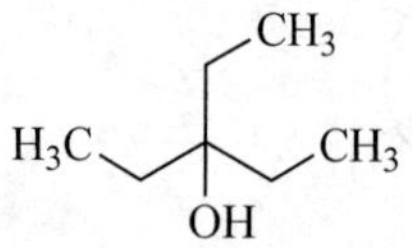

| 三乙基甲醇 | 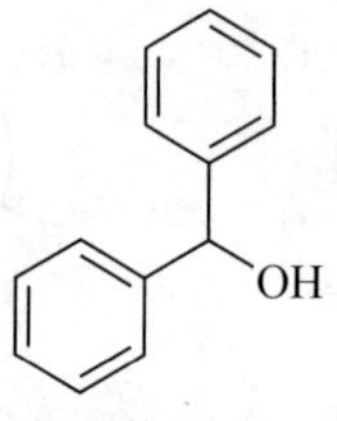 二苯甲醇 | 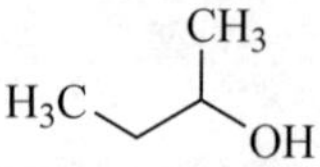 甲基乙基甲醇 |

3. 系统命名法

系统命名法以含有羟基的最长碳链为主链,并以它为母体,其他官能团为取代基;羟基的编号尽可能的小,羟基的编号相同时,第一个分叉处的编号尽可能的小,优先级低的取代基编号尽可能的小;书写中先写优先性小的官能团,醇的位置也要标号。该规则的应用前提是不含有其他比羟基优先级高的官能团。例如:

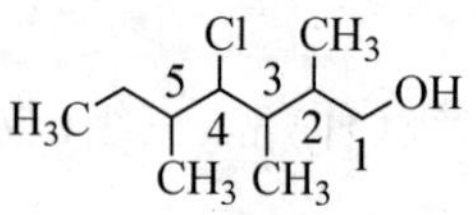

| 2,3,5-三甲基-4-氯-1-庚醇 | 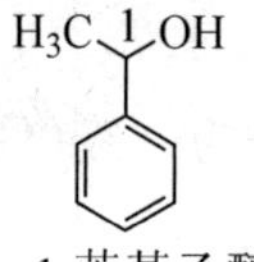 1-苯基乙醇 | 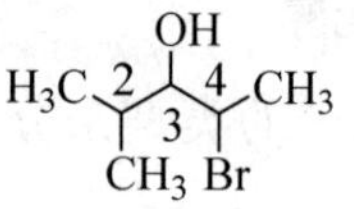 2-甲基-4-溴-3-戊醇 | (E)-3-氯-4-己烯-2-醇 |

| 5-甲基-2,3-己二醇 | (S)-1-苯基-1-丙醇 | (1R,2R)-2-氨基-1-环己醇 |

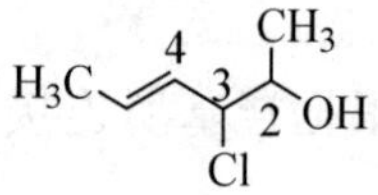

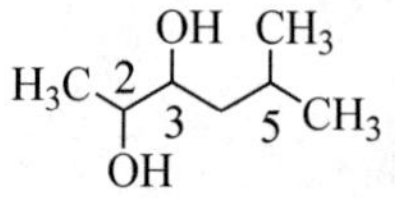

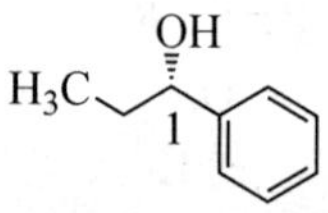

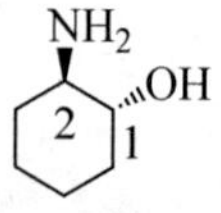

11.1.2 醇的物理性质

较低级的一元饱和醇为无色中性液体,具有特殊的气味和辛辣的味道。低级醇都溶于水,但是从丁醇开始,在水中的溶解度随着分子量的增加而降低,4~11个碳的醇为油状液体,仅可部分溶于水,高级醇则为无臭、无味的固体,不溶于水。这是因为醇与水均含有羟基,相互作用可以形成分子间氢键:根据"相似相溶"原则,甲醇、乙醇和丙醇等低级醇结构与水类似,醇分子间、水分子间以及醇与水分子间吸引力相似,彼此作用形成强的氢键,故能与水以任意比例互溶;随着分子量增大,烷基对整个分子的影响越来越大,醇羟基与水形成氢键的能力越弱,在水中溶解度逐渐降低以致不溶;高级醇表现出与烷烃近似的性质,不溶于水而溶于有机溶剂中,这是因为水分子间能形成强的氢键,而水与高级醇分子间几乎只有微弱的色散力作用,所以不能互溶,各成一相。

低级醇的熔点和沸点比碳原子数相同的烷烃高得多,甚至比有一定极性的化合物还要高,这是醇分子间通过氢键缔合的结果。醇在固态时,缔合较为牢固;液态时,氢键断开后,还会再形成;但在气相或非极性溶剂的稀溶液中,醇分子相聚甚远,可以单独存在。要使醇气化为单分子状态,不仅要破坏分子间的范德瓦耳斯引力,还要破坏氢键(断裂所需能量为 21~30 kJ/mol),因此醇的沸点比相应的烷烃、卤代烃要高得多。随着分子量增大,沸点差距逐渐减小,因为烃基会阻碍氢键缔合,而烃基越大,阻碍越强。

沸点:甲醇 65 °C,甲烷 −162 °C;正戊醇 138 °C,正戊烷 36 °C;正癸醇 233 °C,正癸烷 174 °C。

多元醇分子中含有两个以上的羟基,都可以形成氢键,因此沸点更高,如乙二醇沸点高达 197 °C。多元醇分子可以形成分子内氢键和分子间氢键,分子间氢键随着浓度增高而增加,分子内氢键却不受浓度的影响。

低级醇与水类似,能与一些无机盐类,如 $MgCl_2$,$CaCl_2$,$CuSO_4$ 等,形成分子络合物晶体,成为结晶醇:$CaCl_2 \cdot 4MeOH$,$CaCl_2 \cdot 4EtOH$,$MgCl_2 \cdot 6MeOH$。因此,无水 $CaCl_2$ 不能用来除去醇中所含的水分。结晶醇不溶于有机溶剂而溶于水,工业上利用醇的这一特性来除去乙醚中含有的少量乙醇,而实验室则利用这种方法从反应混合物中除去醇,或者将醇和其他有机溶剂分开。

醇的物理性质见表 10.1。

醇的光谱性质参见第 8 章。

11.1.3 醇的反应

羟基是醇的官能团,也是其反应中心,醇的化学性质与其密切相关。在醇羟基中,氧的电负性比氢大,氧和氢共用电子对偏向氧,氢带有部分正电荷,所以醇具有酸性可以发生金属取代反应;醇羟基的氧上有两对孤对电子,可以与质子结合形成烊盐,所以醇具有碱性;羟基氧上的孤对电子还可以进攻电正性的原子,例如带正电荷的碳,所以羟基也具有亲核性。在醇分子中,由于氧的电负性比碳大,氧和碳共用电子对偏向氧,因此醇的 α-碳带有部分正电荷,可以发生饱和碳原子上的亲核取代反应;通过羟基的吸电子诱导效应,醇的 β-氢也存在一定活性,因此醇还可以发生 β-消除反应。此外,醇的 α-碳存在氢时,还容易发生氧化反应。

11.1.3.1 醇的酸性和碱性

与水相似,醇既可以作为酸又可以作为碱。

1. 醇羟基上氢的反应

醇羟基上的氢具有一定的活性,当醇和较强的碱作用,它能给出一个质子,表现出酸性,例如:

$$\text{Me}\diagup\!\!\diagdown\text{OH} \quad + \quad \text{NaNH}_2 \quad \longrightarrow \quad \text{Me}\diagup\!\!\diagdown\overset{\ominus}{\text{O}}\;\overset{\oplus}{\text{Na}} \quad + \quad \text{NH}_3$$

丙醇钠

醇的酸性也表现在它可以与活泼金属反应。醇可以和金属钠反应,H—O 键断裂,形成醇钠并放出氢气。

$$2\text{RCH}_2\text{OH} \quad + \quad 2\text{Na} \quad \longrightarrow \quad 2\text{RCH}_2\overset{\ominus}{\text{O}}\;\overset{\oplus}{\text{Na}} \quad + \quad \text{H}_2\!\uparrow$$

醇钠

醇与金属钠的反应没有水剧烈,这说明醇羟基中的氢没有水分子中的氢活泼,醇的酸性比水弱。

醇羟基氢的活性与和氧相连的烃基的电子效应和空间位阻因素相关:烃基的吸电子能力越强,醇的酸性越强,而烃基给电子能力越强,醇的酸性越弱;烃基的空间位阻越大,能稳定其共轭碱——烷氧基负离子的离子-偶极相互作用受到阻碍,醇难于释放质子而溶剂化,因此酸性越弱。

醇与金属钠的反应速度,随着醇羟基的增大而减慢,活性顺序为:MeOH>一级醇>二级醇>三级醇,与醇的酸性次序一致。

醇钠是白色固体,能溶于过量的醇中,在水中会全部水解,生成醇和氢氧化钠。醇钠在有机合成中是一类重要的试剂,既是强碱又是亲核试剂:随着烃基的增大,RO^-的离子-偶极相互作用受阻,难于溶剂化而易与质子结合,因此三级醇钠比甲醇钠碱性更强,但亲核性弱。如叔丁醇钠碱性强而亲核性弱,常用于卤代烃脱除氢卤酸的反应。

醇也可以与镁、铝等活泼金属反应,生成醇镁、醇铝等。乙醇镁可用于制备绝对无水乙醇(99.95% 乙醇),而异丙醇铝和叔丁醇铝都是有机合成中的重要化学试剂。

$$2\text{C}_2\text{H}_5\text{OH} \quad + \quad \text{Mg} \quad \xrightarrow{\;\text{I}_2\;} \quad (\text{C}_2\text{H}_5\text{O})_2\text{Mg} \quad + \quad \text{H}_2 \quad (\text{少量碘作催化剂})$$

$$(\text{C}_2\text{H}_5\text{O})_2\text{Mg} \quad + \quad 2\text{H}_2\text{O} \quad \longrightarrow \quad 2\text{C}_2\text{H}_5\text{OH} \quad + \quad \text{Mg(OH)}_2$$

$$6(\text{CH}_3)_2\text{CHOH} \quad + \quad 2\text{Al} \quad \longrightarrow \quad 2[(\text{CH}_3)_2\text{CHO}]_3\text{Al} \quad + \quad 3\text{H}_2$$

2. 醇的碱性

氧原子提供孤对电子与其他原子或基团结合而成的物质称为烊盐。氧与一个烃基相连的烊盐称为一级烊盐,与两个烃基相连的烊盐称为二级烊盐,与三个烃基相连的烊盐为三级烊盐。

$$\overset{\oplus}{\text{ROH}_2} \qquad\qquad \overset{\oplus}{\text{R}_2\text{OH}} \qquad\qquad \overset{\oplus}{\text{R}_3\text{O}}$$

一级烊盐　　　二级烊盐　　　三级烊盐

醇羟基氧的孤对电子可与质子结合形成一级烊盐,因此醇具有碱性。例如

$$\text{Me}\diagup\!\!\diagdown\text{OH} \quad + \quad \overset{\oplus}{\text{H}} \quad \longrightarrow \quad \text{Me}\diagup\!\!\diagdown\overset{\oplus}{\text{OH}_2}$$

醇的碱性强弱与和氧相连的烃基电子效应和位阻因素有关:烃基的给电子能力越强,醇的碱性越强,而烃基的吸电子能力越强,醇的碱性越弱;烃基的空间位阻对醇的碱性也有

影响。

11.1.3.2 醇羟基转化为卤原子的反应(C-O键断裂)

醇分子中的C-O键是极性共价键,氧的电负性大于碳,其共用电子对偏向氧,碳原子带有部分正电荷。当亲核试剂进攻正电性的碳时,C-O键发生异裂,羟基被亲核试剂取代。其中,最重要的反应是醇的卤代反应。

1. 与氢卤酸的反应

醇的羟基可以与氢卤酸HX发生反应,被卤素取代生成卤代烷烃。

$$R\text{-}OH + HX \longrightarrow R\text{-}X + H_2O$$

反应涉及C-O键的断裂,卤原子X取代羟基,属于亲核取代反应,对于不同的醇反应通过不同的机理进行。

对于大多数一级醇,反应按S_N2机理进行:

$$R\text{-}OH \underset{}{\overset{H^{\oplus}}{\rightleftharpoons}} R\text{-}\overset{\oplus}{O}H_2 \underset{慢}{\overset{X^{\ominus}}{\rightleftharpoons}} \left[\overset{\delta-}{X}\text{··}R\text{··}\overset{\delta+}{O}H_2 \right] \longrightarrow R\text{-}X + H_2O$$

由于醇羟基不是一个好的离去基团,与HX反应时,氧首先与质子作用形成一级烊盐,使羟基转化成好的离去基团(H_2O),然后卤负离子作为亲核试剂从背面进攻α-碳原子,质子化的羟基以H_2O的形式离去。

大多数的二级、三级醇和空组特别大的一级醇按照S_N1机理进行反应:

$$\begin{array}{c}
\rangle\!\!-\!OH + HX \overset{快}{\rightleftharpoons} \rangle\!\!-\!\overset{\oplus}{O}H_2 \underset{\underset{慢}{-H_2O}}{\overset{S_N1}{\rightleftharpoons}} \rangle\!\!\overset{\oplus}{} \overset{X^{\ominus}}{\rightleftharpoons} \rangle\!\!-\!X
\end{array}$$

醇羟基中的氧首先与质子作用形成烊盐,然后C-O键异裂脱水生成碳正离子,最后碳正离子和卤负离子结合生成卤代烃产物。烯丙醇和苄醇经过这一途径会生成相对稳定的碳正离子,有利于反应的进行,因此也按照S_N1机理进行反应。

各种醇与氢卤酸反应的活性顺序为烯丙醇,苄醇,叔醇>仲醇>伯醇<甲醇:甲醇按照S_N2机理进行反应,空间位阻较小有利于卤负离子对中心碳原子的亲核进攻,因此S_N2反应活性比伯醇高;从总的反应活性来看,伯醇处于反应活性的最低点。

在氢卤酸中,氢碘酸酸性最强,氢溴酸次之,盐酸相对最弱,而卤离子的亲核能力为$I^- > Br^- > Cl^-$,因此氢卤酸的反应活性顺序为HI>HBr>HCl。如果用一级醇分别与三种氢卤酸反应,氢碘酸可以直接反应,氢溴酸需要加入硫酸来增强酸性,而盐酸需要与无水氯化锌混合使用,才能发生反应。

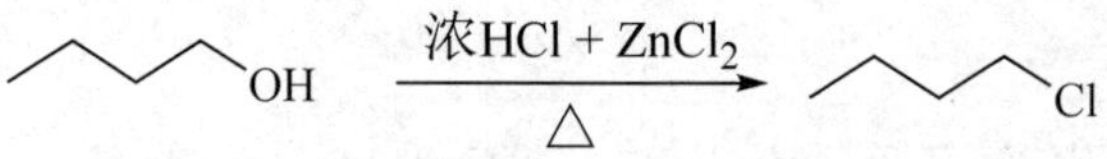

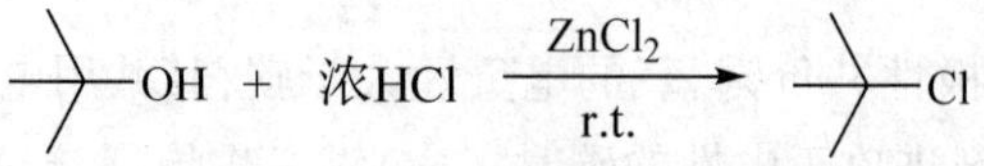

浓盐酸与无水氯化锌的混合物被成为卢卡斯(Lucas)试剂。低级醇可以溶解在 Lucas 试剂中,生成不溶于酸的油状氯代烷,呈现浑浊后分为两层,因此在实验室中常用它来鉴别六碳及六碳以下的一级、二级和三级醇:与三级醇作用时,立即出现浑浊,反应放热;二级醇反应较慢,5 min 左右才变浑浊,放热不明显;一级醇室温下不反应,必须加热才能进行。烯丙醇和苄醇由于反应活性较高,与卢卡斯试剂的反应现象与三级醇相似。因此,Lucas 试剂常用来鉴别各类型醇。

2. 重排反应

需要指出的是,反应按 S_N1 机理进行时,存在碳正离子中间体,就有可能发生氢原子和烷基的 1,2-重排(Wagner-Meerwein 重排),生成重排产物。特别是对于 β-碳上连有支链的仲醇,由于重排可以生成更稳定的碳正离子中间体,反应倾向比较突出。

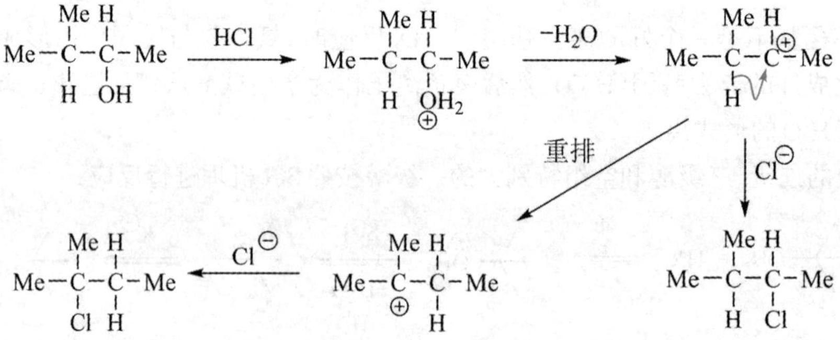

对于含有大张力环的化合物,通过重排可以释放环张力生成小张力环分子,也可以促进反应的进行。

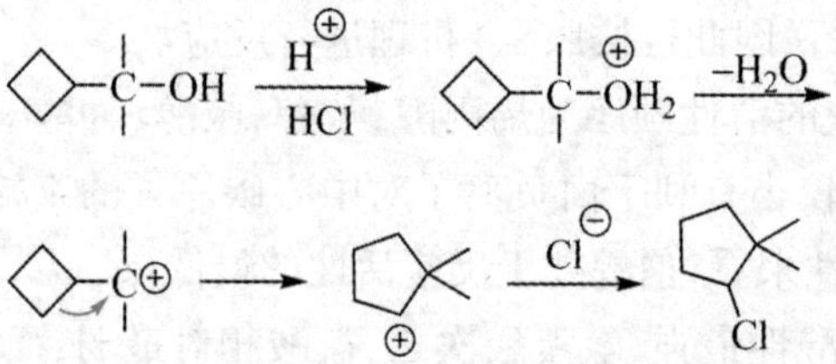

伯醇一般按照 S_N2 机理进行反应,不发生重排;但是如果 β-碳上连有较多的支链,烃基空间位阻较大,不利于亲核试剂对中心碳的进攻,将按 S_N1 机理进行反应,也会发生重排。

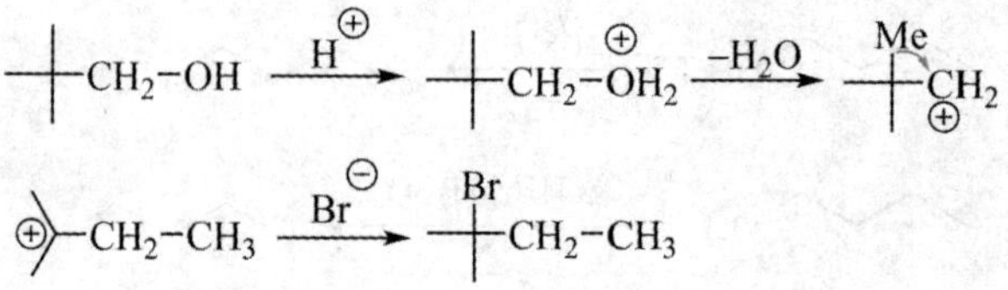

三级醇与氢卤酸反应一般不会发生重排,但是生成的三级碳正离子容易发生消除反应,所以取代反应需要在低温下进行。

3. 邻基参与效应

某些具有一定构型的卤代醇与氢卤酸反应时,常常涉及邻基参与,同时生成构型保持和重排的产物。例如

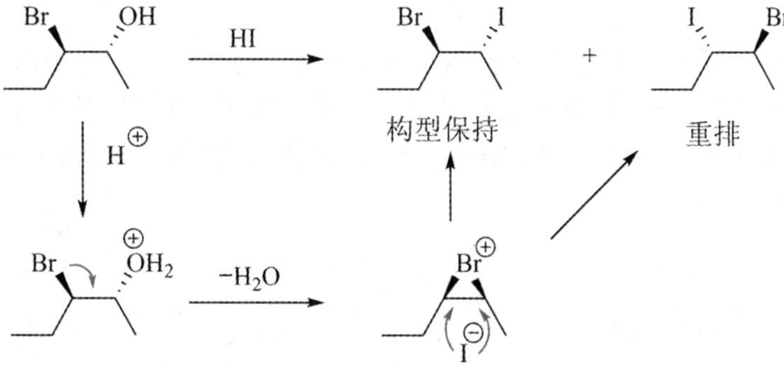

从反应机理可以看出,反应经历了羟基质子化,邻位基团作为分子内亲核试剂进攻中心碳,经由 S_N2 历程使离去基团离去,形成三元环正离子中间体,然后由外部亲核试剂 I^- 进攻,生成产物。由于三元环正离子中间体中存在两个可以被亲核试剂进攻的碳,不同碳被进攻可分别得到构型保持和重排的产物。显然,产物的构型与反应过程中邻位基团的参与相关。这种在反应中,相邻基团在离去基团离去过程中所起的帮助作用被称为邻基参与效应。

当环正离子中间体两个可以被亲核试剂进攻的碳化学环境不同时,两种产物的比例主要取决于两个碳稳定正电荷的能力,亲核试剂有限进攻稳定正电荷能力强的碳,得到主要产物。如(2S,3S)-3-溴-3-苯-2-丙醇,邻位溴参与后生成的三元环环正离子中间体中,带有部分正电荷的苄位碳正离子稳定性好,易于接受外部亲核试剂 I^- 的进攻,生成重排产物为主。

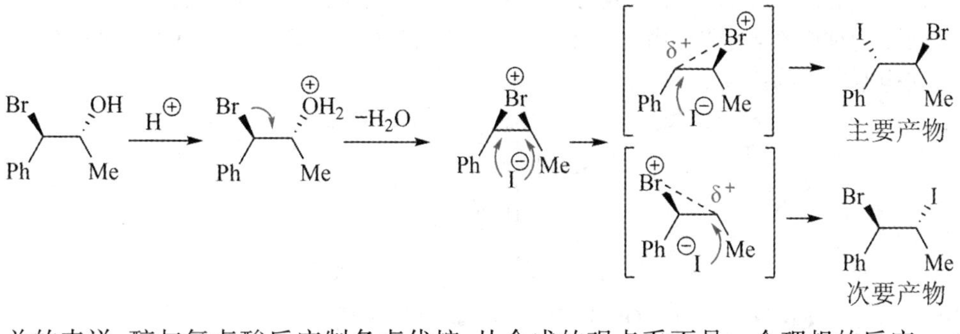

总的来说,醇与氢卤酸反应制备卤代烷,从合成的观点看不是一个理想的反应:一方面是因为在 S_N1 反应中常会发生重排,而且从特定构型的醇制备卤代烷需要涉及碳-氧键的断裂,所得产物为构型保持(S_N2)或外消旋化(S_N1);另一方面,该反应为可逆反应,转化率存在问题。

为了克服以上这些问题,在实际应用中,可以使用其他卤化试剂,如 $SOCl_2$,PX_3,PX_5,PPh_3/CX_4 或 $PPh_3/I_2/$咪唑等,实现醇到卤代烷的高效转化。

4. 与亚硫酰氯反应

作为合成卤代烷的常用试剂,亚硫酰氯($SOCl_2$)和醇的反应不可逆,因为同时生成的氯化氢和二氧化硫都是气体,直接离开反应体系而促进底物的完全转化。该反应产率高,分离提纯方便,不会发生重排。

$$ROH + SOCl_2 \xrightarrow{\triangle} RCl + SO_2\uparrow + HCl\uparrow$$

反应机理如下:反应过程中先生成氯代亚硫酸酯,然后分解为紧密离子对,离去基团(^-OSOCl)原位分解产生的Cl^-作为亲核试剂进攻碳正离子的同侧,得到构型保持的产物。这个取代反应犹如在分子内进行,所以叫它分子内亲核取代反应(intermolecular nucleophilic substitution),以S_Ni表示。

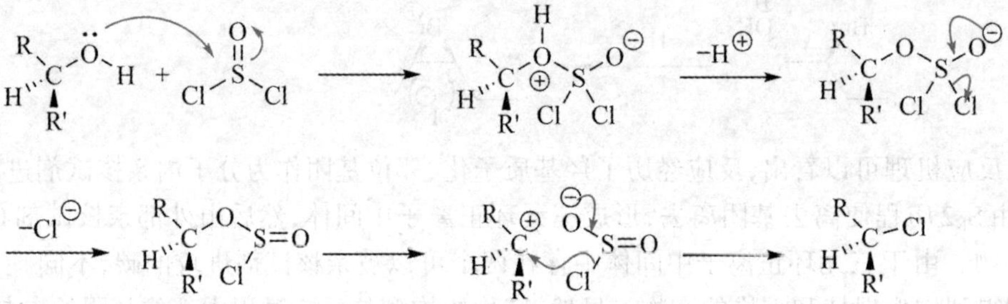

实验表明,氯代亚硫酸酯中间体在低温下可以分离得到,它可以加热分解为氯代烃和二氧化硫;氯代亚硫酸酯分解成产物时,速率随着溶剂极性的增大而增加,也随着碳正离子稳定性的提升而增加,这也进一步证明了紧密离子对的存在。紧密离子对被包围在一个溶剂笼中,这样从^-OSOCl中分解出来的Cl^-正面进攻碳正离子得到构型保持的产物。

如果在醇和亚硫酰氯反应体系中加入吡啶,则可以得到构型反转的产物。这是因为中间产物氯代亚硫酸酯以及原位生成的氯化氢都可以与吡啶反应,得到氯化吡啶盐物种。这两种吡啶盐物种中都含有"自由"的Cl^-,作为高效的亲核体从碳–氧键的背面进行S_N2进攻,从而得到构型翻转的产物。

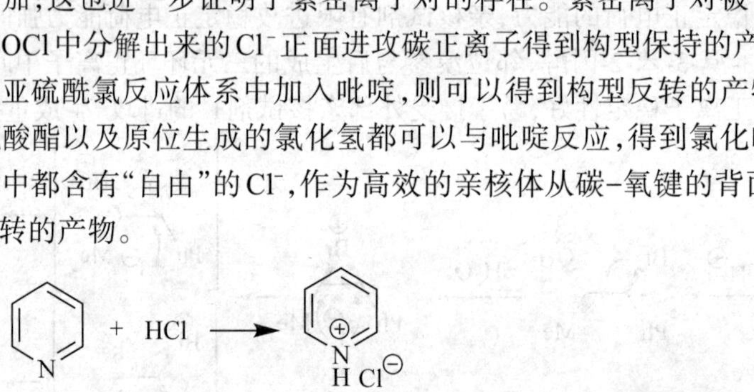

构型反转

这一反应常用于一级醇和二级醇制备氯代烷,亚磺酰溴由于不稳定很难得到,因此不适用于该方法制备溴代烷。

5. 与卤化磷反应

$$3\,ROH + PX_3 \longrightarrow 3\,RX + P(OH)_3 \qquad X = Br, I$$

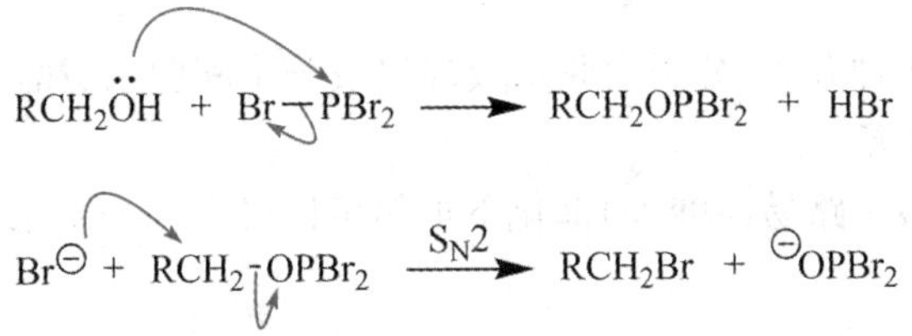

$$RCH_2\overset{..}{O}H + Br\!-\!PBr_2 \longrightarrow RCH_2OPBr_2 + HBr$$

$$Br^{\ominus} + RCH_2\!-\!OPBr_2 \xrightarrow{\ S_N2\ } RCH_2Br + {}^{\ominus}OPBr_2$$

醇与卤化磷反应也是制备卤代烷的好方法。

大多数一级醇按照 S_N2 机理进行反应。由于醇羟基不是一个好的离去基团,三溴化磷与醇羟基作用,通过 P—O 键的构建转化为一个好的离去基团,同时释放亲核试剂 Br^-,然后从 C—O 键的背面进攻生成溴代烷。

二级醇和三级醇主要按照 S_N1 机理进行反应。在三溴化磷与醇羟基作用构建了一个好的离去基团后,由于中心碳原子空间位阻的增大阻碍了亲核试剂 Br^- 的进攻,只能通过 C—O 键异裂产生碳正离子,再与 Br^- 结合生成产物。

常用的卤化试剂有 PCl_3,PCl_5,PBr_3 和 P/I_2 等。其中,最常用的是三溴化磷,被用于与一级醇、带 β-支链的一级醇以及二级醇反应生成溴代烷;对于二级醇和易于发生重排的一级醇,反应温度要低于 0 ℃,以避免重排反应的发生。

6. 与 PPh₃/CX₄ 反应（Appel 反应）

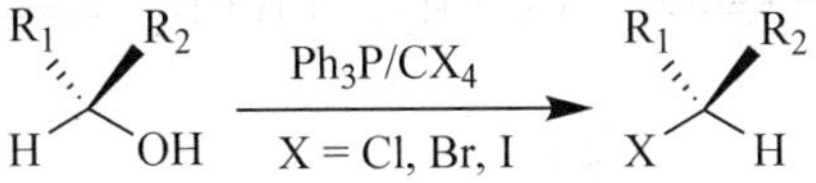

$$\underset{H}{\overset{R_1\quad R_2}{\diagup\!\!\diagdown}}\!\!\text{OH} \xrightarrow[X = Cl, Br, I]{Ph_3P/CX_4} \underset{X}{\overset{R_1\quad R_2}{\diagup\!\!\diagdown}}\!\!H$$

PPh₃ 与 CX₄ 的混合物也是常用的卤化试剂,常用于从醇制备卤代烷,这一转化也被称为 Appel 反应。

一级醇和二级醇按照 S_N2 机理进行反应,反应机理如下图所示:PPh₃ 进攻 CX₄ 得到 Br^+PPh_3 和 $^-CBr_3$,Br^+PPh_3 作为关键活性中间体与脱质子后的醇氧负离子作用,将醇羟基改造为好的离去基团(O^+PPh_3),释放的 Br^- 作为亲核试剂从背面进攻中心碳原子,得到溴代烷产物。对于二级手性醇,反应得到构型翻转的产物。

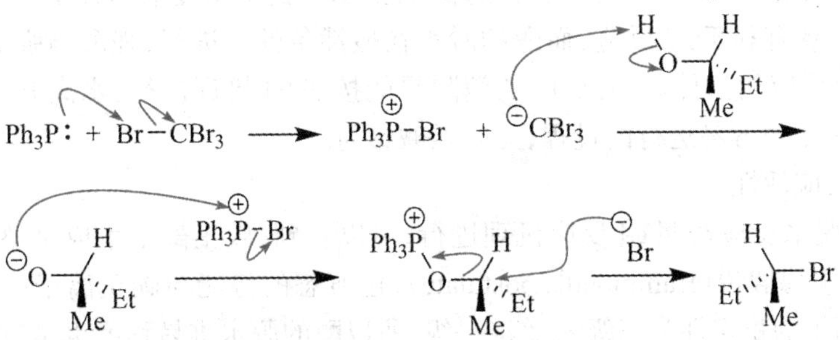

由于三级烷基大的空间位阻阻碍亲核试剂的背面进攻,三级醇的反应主要按照 S_N1 机理进行。

CI_4 稳定性较差,暴露于空气中逐渐分解为二氧化碳和碘,通常用 I_2/咪唑混合物作为替代试剂。

11.1.3.3 醇的脱水反应(C—O键断裂)

醇的脱水反应由两种方式:分子内脱水成烯以及分子间脱水成醚。

1.分子内脱水生成烯

醇在酸(硫酸、磷酸和路易斯酸等)催化下加热可以脱去一分子水生成烯,这是实验室制备烯烃常用的方法。

(1)反应机理

醇在酸催化下的脱水反应属于β-消除反应,反应按照E1反应机理进行:

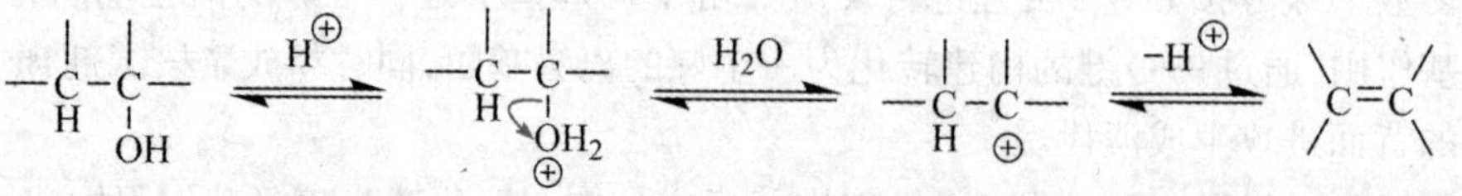

在酸的作用下,不好的离去基团羟基与质子结合转化为好的离去基团水,然后C—O键异裂,水离去形成碳正离子,相邻碳原子上失去一个质子,电子对转移中和正电荷形成π键,得到烯烃产物。

反应机理表明,醇的脱水反应是一个可逆反应,可以通过控制反应条件使反应向某一方向进行。作为一个平衡反应,醇在酸催化下脱水形成的双键在反应中可以发生移位,最后倾向生成较稳定的烯烃。如正丁醇脱水主要生成(E)-2-丁烯。

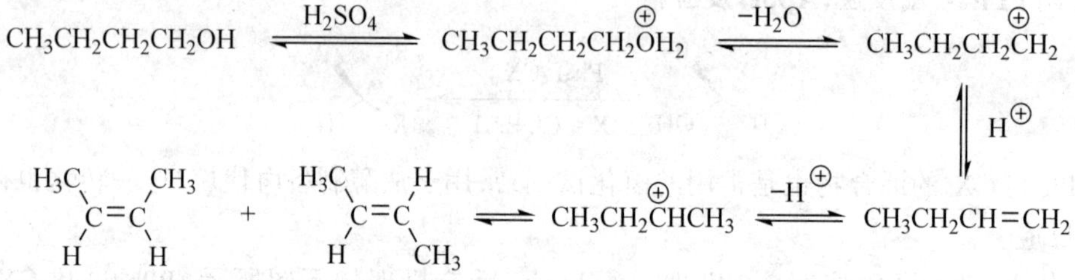

(Z)-2-丁烯(少量)   (E)-2-丁烯(主要产物)

醇无法通过E2机理进行消除,原因如下:① 羟基不是一个好的离去基团,一般情况下,C—O键不易断裂,羟基不易离开中心碳原子;酸的存在可使羟基质子化,产生一个较好的离去基团水;② E2消除是碱主动进攻底物的β-H,推动离去基团逐渐离开中心碳,所以进攻试剂的碱性越强,越有利于E2反应;而醇的脱水在酸性条件下进行,强酸与强碱不能共存,故不具备进行E2反应的条件。因此,醇的消除只能按照E1机理进行:水离开中心碳,碳正离子脱去β-H是一个很容易进行的过程,无须强碱参与。

(2)相对反应活性

由于醇的脱水反应按照E1反应机理进行,可以看到,碳正离子生成是整个反应的决速步骤。根据哈蒙德假说(Hammond's postulate),过渡态的势能与碳正离子中间体的稳定性相关,而碳正离子的稳定性为三级>二级>一级,所以醇的脱水难易程度也是三级醇>二级醇>一级醇。

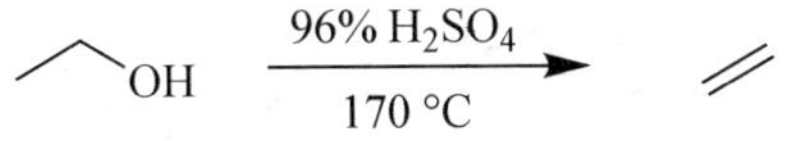

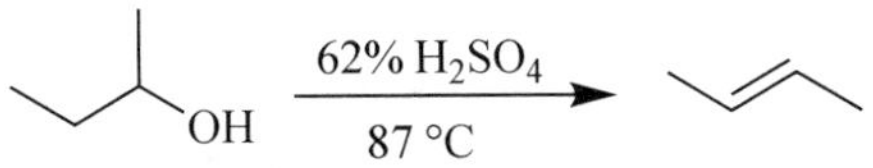

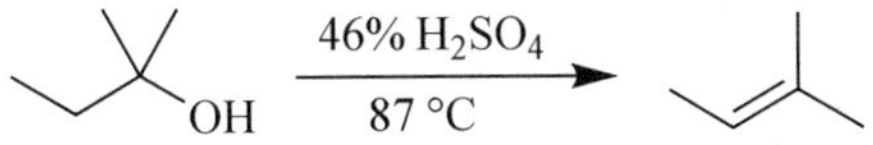

对于能够形成相对稳定碳正离子的烯丙醇和苄醇,脱水往往生成稳定的共轭烯烃,因此反应活性很高。

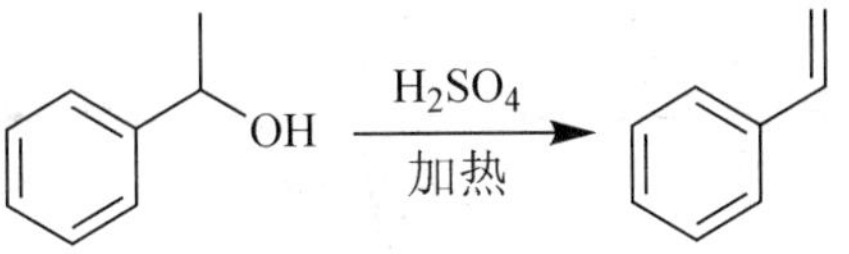

（3）脱水反应

在醇脱水形成烯烃时,如果醇羟基有两个不同的β-碳原子,那么氢的消除就存在区域选择性的问题。和卤代烷脱除卤化氢一样,醇的脱水反应也遵循Zaytzeff规则,即从含氢较少的β-碳上脱氢,生成双键碳上取代基较多的稳定烯烃。

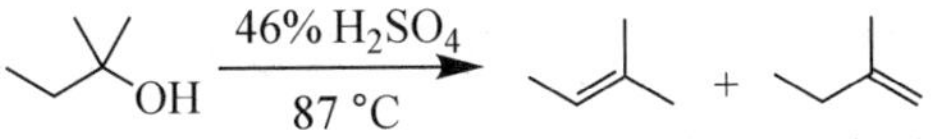

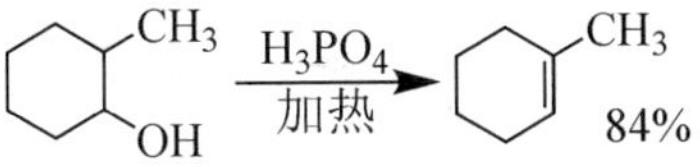

如果醇脱水生成的烯烃有顺反异构体,那么较稳定的E型烯烃为主要产物。

对于不饱和醇和二元醇,酸催化下的脱水反应也按照优先生成稳定产物的方向进行,得到共轭烯烃。

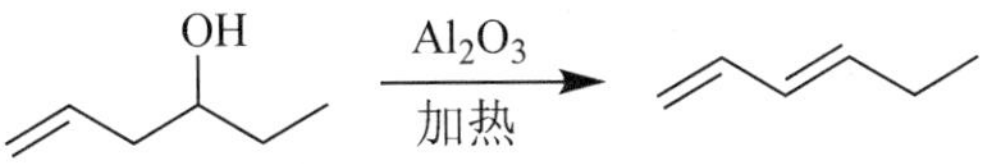

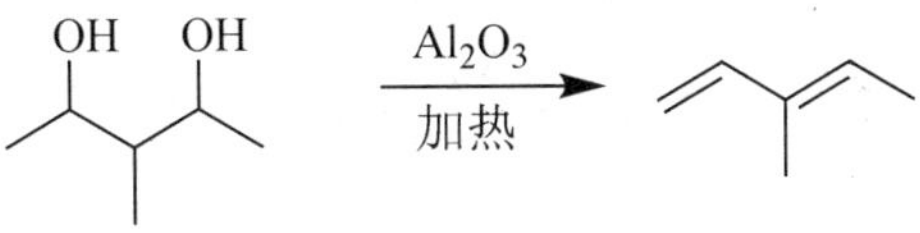

（4）重排反应

由于醇的脱水反应按照E1机理进行,反应过程中会产生碳正离子,因此醇的脱水反应也普遍伴随着重排产物的生成。

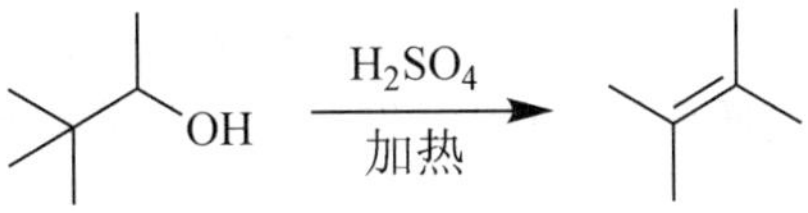

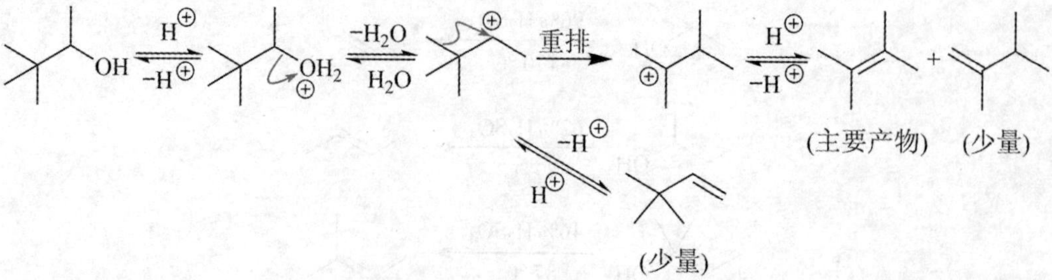

(主要产物) (少量)

(少量)

对于桥连醇类化合物的脱水反应,反应过程中的碳正离子重排往往涉及环的断裂与重构,具有一定的复杂性。

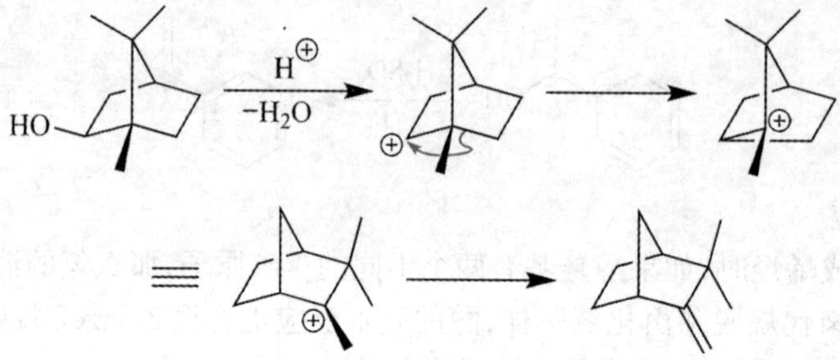

由于醇的脱水反应容易发生重排,当目标产物为不重排的烯烃时,常常需要将醇转化为卤代烷,然后通过 E2 机理脱除卤化氢,可以在一定程度上避免重排。这一策略对于一级醇和二级醇有效。

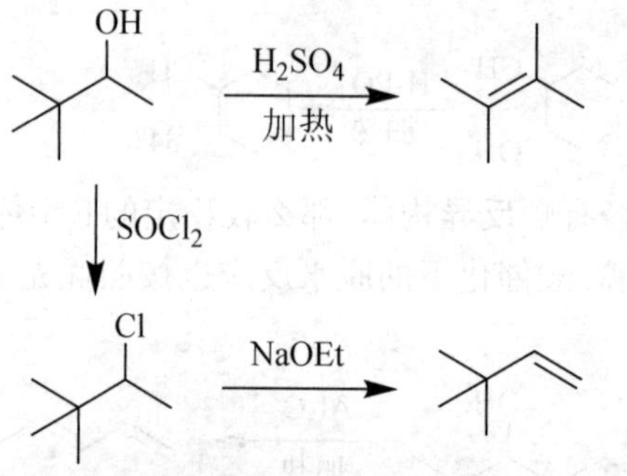

在工业上,常用醇于高温下在氧化铝表面上脱水,这一反应不会发生重排,示例如下:

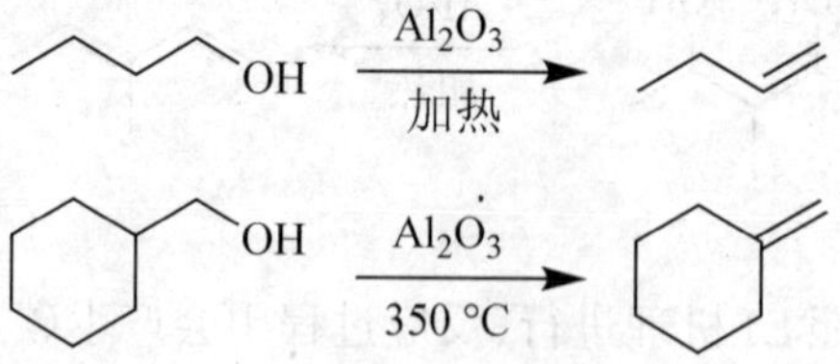

2. 分子间脱水生成醚

醇在酸催化下加热,也可以发生分子间脱水生成醚。如乙醇在 140 °C 时和浓硫酸反应,或者于 140 °C 下在氧化铝的表面反应,都可以发生分子间脱水形成乙醚。

$$2 \quad \diagdown\!\!\diagup\!\!\diagdown\!\text{OH} \quad \xrightarrow[140\ ^{\circ}\text{C}]{\text{H}_2\text{SO}_4} \quad \diagdown\!\!\diagup\!\!\diagup\!\text{O}\!\diagdown\!\!\diagdown \quad + \quad \text{H}_2\text{O}$$

$$2 \quad \diagdown\!\!\diagup\!\!\diagdown\!\text{OH} \quad \xrightarrow[350\ ^{\circ}\text{C}]{\text{Al}_2\text{CO}_3} \quad \diagdown\!\!\diagup\!\!\diagup\!\text{O}\!\diagdown\!\!\diagdown \quad + \quad \text{H}_2\text{O}$$

两分子伯醇之间的脱水反应是一种亲核取代反应,机理如下:一分子醇首先与质子结合生成烊盐,然后另一分子醇中的氧按照 S_N2 机理对中心碳原子进行亲核进攻,脱除质子后生成醚。

$$\diagdown\!\!\diagup\!\text{OH} \xrightarrow{\ \text{H}^{\oplus}\ } \diagdown\!\!\diagup\!\overset{\oplus}{\text{OH}_2} \xrightarrow[S_N2]{\diagdown\!\!\diagup\!\text{OH}} \left[\begin{array}{c} \overset{\text{CH}_3}{|} \\ \delta^- \quad \overset{|}{} \quad \delta^+ \\ \diagdown\!\!\diagup\!\underset{\underset{\text{H}}{|}}{\text{O}} \cdots \underset{\underset{\text{H}}{|}}{\overset{|}{\text{C}}} \cdots \overset{\oplus}{\text{OH}_2} \\ \text{H} \quad \text{H} \end{array}\right]$$

$$\xrightarrow{\ -\text{H}_2\text{O}\ } \diagdown\!\!\diagup\!\underset{\underset{\text{H}}{|}}{\overset{\oplus}{\text{O}}}\!\diagdown\!\!\diagup \xrightarrow{\ -\text{H}^{\oplus}\ } \diagdown\!\!\diagup\!\text{O}\!\diagdown\!\!\diagup$$

对于二级醇和三级醇,反应均可按 S_N1 机理进行。

根据一级醇、二级醇和三级醇反应机理的不同,酸催化下醇的分子间脱水反应可分别实现从两个烃基相同的一级或二级醇制备简单醚,或者三级醇和一级醇反应制备混合醚。

总而言之,醇的分子间脱水和分子内脱水是两种互相竞争的反应,脱水方式和反应温度有关,一般来说,较低温度有利于生成醚,较高温度有利于生成烯,实际上是亲核取代和消除反应竞争的结果。叔醇脱水则只能生成烯烃,因为离去基团水离去后生成的三级碳正离子消除倾向大。

11.1.3.4 醇的酯化反应

醇羟基上的氧有孤对电子,可以进攻带有正电荷的原子或基团,表现出亲核性。醇与含氧无机酸、酰卤和酸酐发生酯化反应,即利用了羟基氧的亲核性。

1. 硝酸酯

醇与含氧无机酸反应,失去一分子水,生成无机酸酯。例如甲醇和硝酸反应:

$$CH_3OH \ + \ HONO_2 \ \xrightarrow{H^{\oplus}} \ CH_3ONO_2 \ + \ H_2O$$

反应过程如下：甲醇作为亲核试剂进攻硝酸带正电荷的中心氮,醇分子氧上的氢以质子形式转移到氮氧双键打开的氧上,硝酸一侧失去一分子水重新形成氮氧双键。

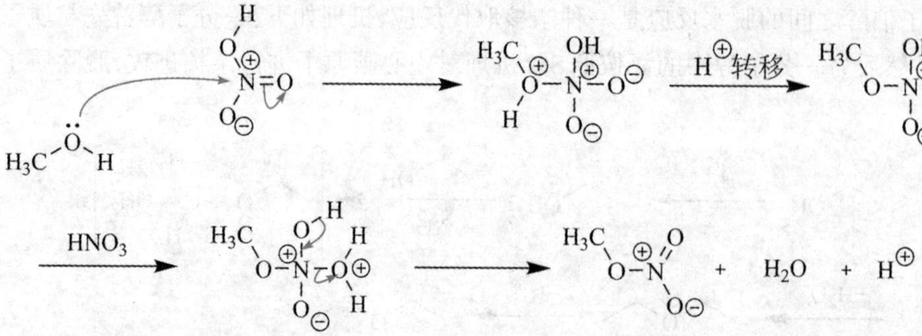

硝酸酯有许多用途。甘油与硝酸反应得到的甘油三硝酸酯,俗称硝化甘油,是一种烈性炸药。硝化甘油也是一种药物,在生理学上可扩张微血管和放松平滑肌,减低高血压和解除心绞痛的剧烈痛苦。科学家发现,硝化甘油能够治疗心脏病的原因是它能释放出信使分子"NO",并阐明了"NO"在生命活动中的作用机制,这一发现荣获了1998年诺贝尔生理学或医学奖。

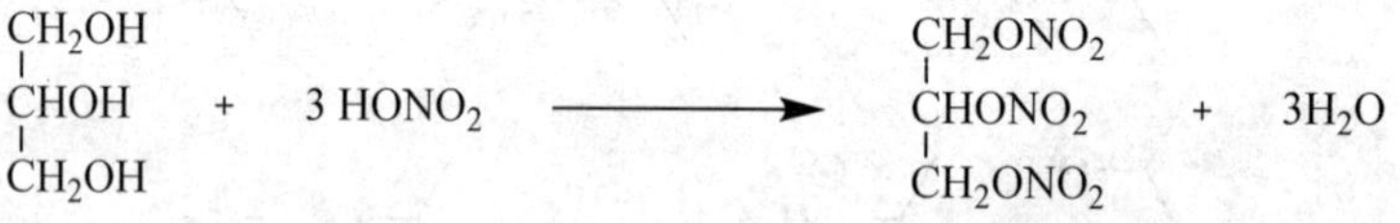

$$\begin{matrix} CH_2OH \\ CHOH \\ CH_2OH \end{matrix} \ + \ 3\,HONO_2 \ \longrightarrow \ \begin{matrix} CH_2ONO_2 \\ CHONO_2 \\ CH_2ONO_2 \end{matrix} \ + \ 3H_2O$$

甘油三硝酸酯

2. 硫酸酯

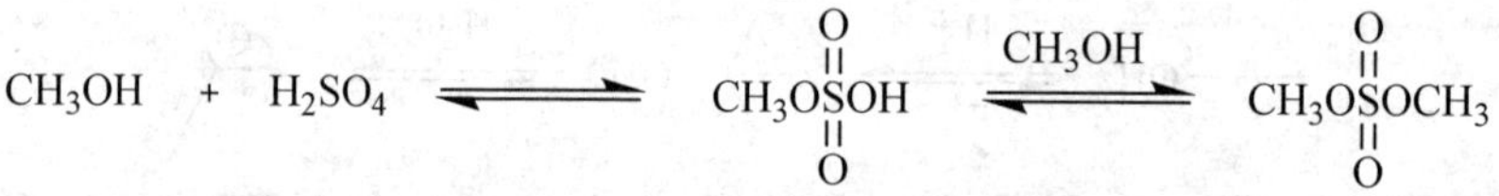

$$CH_3OH \ + \ H_2SO_4 \ \rightleftharpoons \ CH_3OSOH \ \xrightarrow{CH_3OH} \ CH_3OSOCH_3$$

硫酸氢甲酯　　　　　　　硫酸二甲酯

两分子甲醇与硫酸反应,失去两分子水,会生成硫酸二甲酯。硫酸二甲酯为无色或浅黄色透明液体,微溶于水,溶于乙醇、乙醚、丙酮等有机溶剂,是一种非常活泼的甲基化试剂,适用于醇、酚、羧酸、胺和硫醇的甲基化反应,被广泛应用于医药、农药、染料、香料等有机化合物的合成。

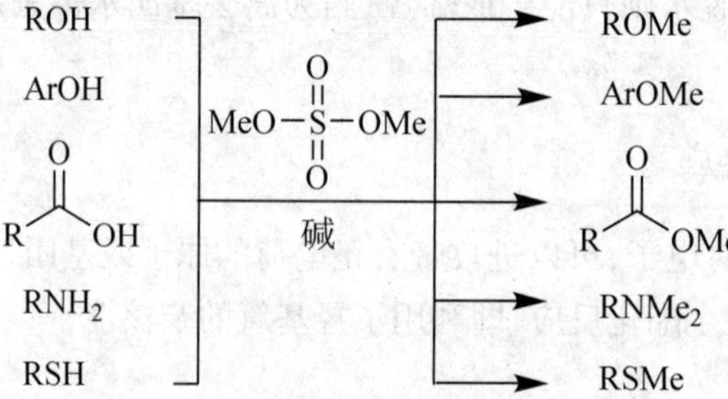

需要注意的是,硫酸二甲酯有剧毒,在使用过程中要特别注意防护。

3. 碳酸酯

两分子甲醇与光气($COCl_2$)反应,脱水可以生成碳酸二甲酯。碳酸二甲酯是一种低毒、环保、用途广泛的化工原料,分子结构中含有羰基、甲基和甲氧基等官能团,具有多种反应性能。

碳酸二甲酯中的甲基碳受到亲核攻击时,其烷基碳-氧键断裂,同样生成甲基化产物,常被用作硫酸二甲酯的替代品。与后者相比,碳酸二甲酯毒性低,可以生物降解,但是相对活性降低,通常需要高温,甚至高压下才能进行反应。

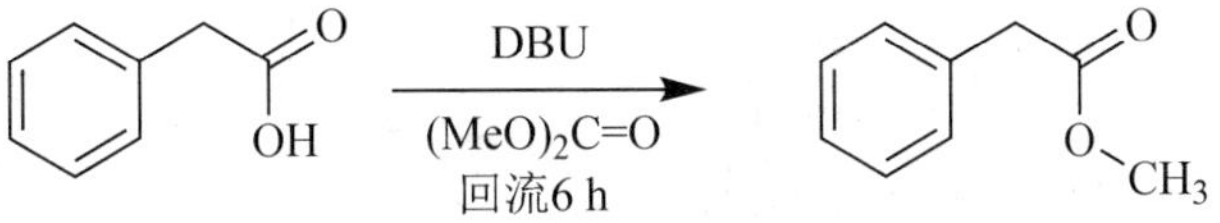

碳酸二甲酯具有与光气类似的亲核反应中心,当羰基被亲核试剂进攻时,酰基碳-氧键断裂会形成羰基化合物,因此可以成为一种安全的光气替代反应试剂合成碳酸衍生物,特别是在聚碳酸酯合成领域有巨大的需求。

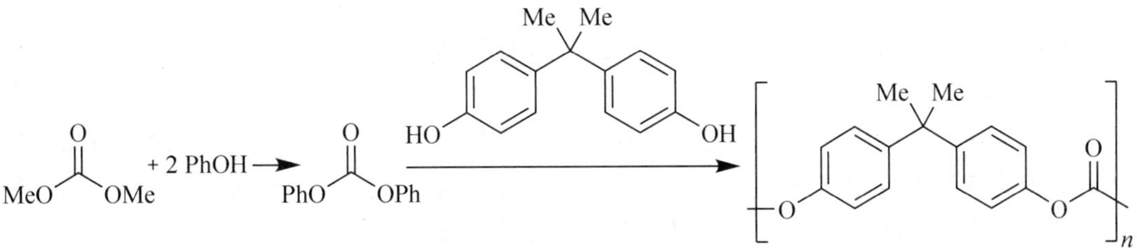

4. 磷酸酯

醇与磷酸可以分步进行反应,脱水可以分别生成烷基、二烷基以及三烷基磷酸酯。

烷基磷酸酯　　二烷基磷酸酯　　三烷基磷酸酯

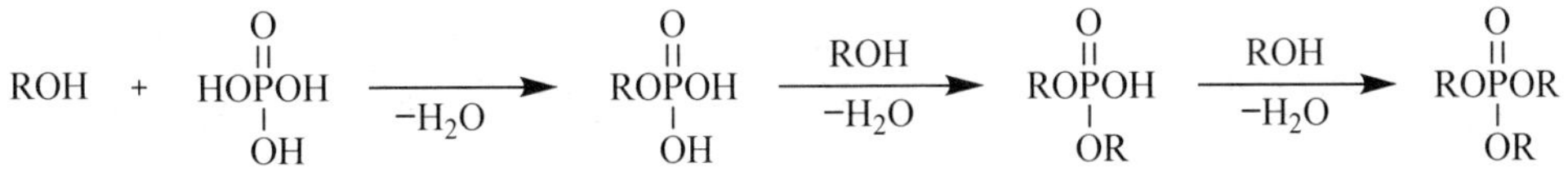

烷基二磷酸酯、烷基三磷酸酯在生物化学中发挥着非常重要的作用,如生命体内的甘油磷酸酯与钙离子反应可以用来控制体内钙离子的浓度,如果这个反应失调则会导致佝偻病。腺苷三磷酸(ATP),又称三磷酸腺苷,是一种不稳定的高能化合物,由腺嘌呤、核糖和三个磷酸基团连接而成,在ATP水解酶的作用下发生高能磷酸键水解释放能量,是生物体内最直接的能量来源。

"～P"高能键

ATP

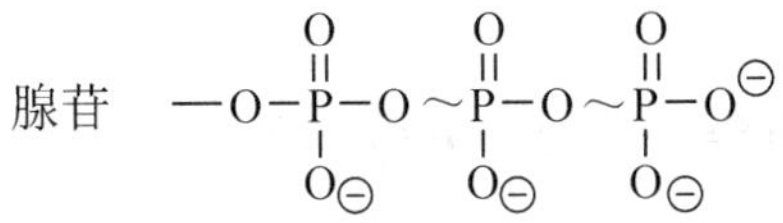

11.1.3.5 醇的氧化反应

一级醇和二级醇与醇羟基相连的C原子上有H,可以发生氧化得到醛、酮或者酸;三级醇与醇羟基相连的C原子上没有H,不能发生脱氢氧化反应,但是在酸性条件下,可以按照

S_N1 机理脱水成烯,然后发生碳碳双键的氧化断裂,分解为小分子化合物。

1. 高锰酸钾氧化

冷、稀、中性的高锰酸钾水溶液一般不能够氧化醇,一级醇和二级醇在比较强烈的条件下,如加热,可以被氧化。一级醇被氧化生成羧酸盐,溶于水,并伴随有二氧化锰沉淀析出。羧酸盐用酸中和后可以得到羧酸:

$$CH_3(CH_2)_3\overset{CH_2CH_3}{\underset{|}{CH}}CH_2OH + KMnO_4 \xrightarrow{H_2O,\ OH^{\ominus}} CH_3(CH_2)_3\overset{CH_2CH_3}{\underset{|}{CH}}COOK + MnO_2\downarrow + KOH$$
$$褐色$$

$$74\%\ \ CH_3(CH_2)_3\overset{CH_2CH_3}{\underset{|}{CH}}COOH \xleftarrow{H^{\oplus}}$$

二级醇被氧化为酮:

$$\overset{R}{\underset{R}{\diagup}}CHOH \xrightarrow{[O]} \overset{R}{\underset{R}{\diagup}}C{=}O$$

碱性的高锰酸钾水溶液具有强氧化性,一级醇被迅速氧化生成羧酸盐,二级醇被氧化为酮。

三级醇在中性和碱性条件下都不易被高锰酸钾氧化;在酸性条件下,三级醇脱水成烯,再发生碳碳双键的氧化断裂,生成酮和醛,醛进一步氧化生成二氧化碳和水,而酮在酸性条件下异构为烯醇,可以被进一步氧化为羧酸和二氧化碳等小分子化合物。

由于高锰酸钾的强氧化性,双键和苄位也会被氧化,因此不适用于不饱和醇和芳香醇的氧化。

$$\text{（苯基-CH=CH-CH}_2\text{-CH=CH-CH}_2\text{OH）} \xrightarrow[\times]{KMnO_4} \text{（苯基-CH=CH-CH}_2\text{-CH=CH-CH}_2\text{CO}_2\text{H）}$$

2. 六价铬氧化剂

铬酸(H_2CrO_4)也是一种常见的高价金属氧化剂,可以氧化很多有机化合物,以其为基础目前已经开发出很多六价铬氧化剂,如琼斯试剂、柯林斯试剂和氯铬酸吡啶盐等。

(1)琼斯试剂

$Na_2Cr_2O_7$或者CrO_3的稀硫酸溶液被称为琼斯(Jones)试剂,通常将一级醇氧化为羧酸,二级醇氧化为酮,而双键不受影响。

$$\overset{O\ \ \ \ O}{\underset{\ominus O}{|}}Cr{-}O{-}\underset{O}{|}Cr{-}O^{\ominus} + H_2O \rightleftharpoons 2\ HO{-}\overset{O}{\underset{O}{|}}Cr{-}O^{\ominus}$$

$$\overset{OH}{\underset{R^2}{R^1{-}CH}} + HO{-}\overset{O}{\underset{O}{|}}Cr{-}O^{\ominus} \xrightarrow[H^{\oplus}]{-H_2O} \overset{O}{\underset{R^2\ H}{R^1{-}C{-}O{-}Cr{-}OH}} \longrightarrow \overset{O}{\underset{R^2}{R^1{-}C{-}}}{=}O + H_2CrO_3$$

反应机理如下:$Na_2Cr_2O_7$或者CrO_3在稀硫酸溶液中转化为铬酸,与醇作用形成铬酸酯,然后通过环状机制将 α-氢以质子形式转移到铬酸的氧上,形成碳氧双键,同时将 Cr(Ⅵ)还原为 Cr(Ⅳ)。

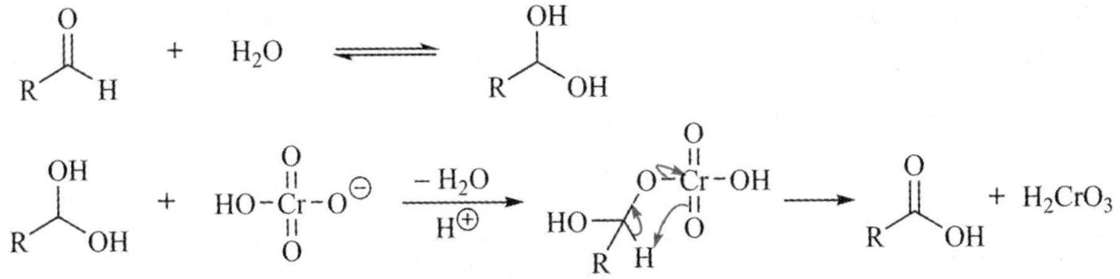

醛在该条件下会与水作用转化为偕二醇,与铬酸作用形成铬酸酯后,按照同样的反应机制构建碳氧双键,得到羧酸。

琼斯试剂通常直接氧化伯醇到羧酸。如果希望将反应停留在醛的阶段,可以通过把醛从反应体系中蒸出来的方法加以解决,这就要求反应温度高于醛的沸点并低于醇的沸点,可用于制备沸点较低的醛(140 ℃)。

(2)科林斯试剂

铬酐(CrO_3)与吡啶反应生成的 $CrO_3 \cdot (C_5H_5N)_2$ 络合物为吸潮性红色晶体,称为沙瑞特(Sarrett)试剂,其二氯甲烷溶液也被称为科林斯(Collins)试剂,可以将一级醇选择性氧化为醛,这是因为无水条件下醛无法转化为偕二醇,从而无法进一步被氧化到羧酸;二级醇在该条件下被氧化为酮。分子中存在双键、三键,氧化时不受影响。

考虑到吡啶是碱性的,科林斯试剂对在酸中不稳定的醇是一种很好的氧化剂,和酸性的琼斯试剂互为补充。沙瑞特试剂进一步改进,还衍生出重铬酸吡啶盐(Cornforth 试剂,简称 PDC),氯铬酸吡啶盐(简称 PCC)等六价铬氧化剂,被广泛应用于有机合成中。

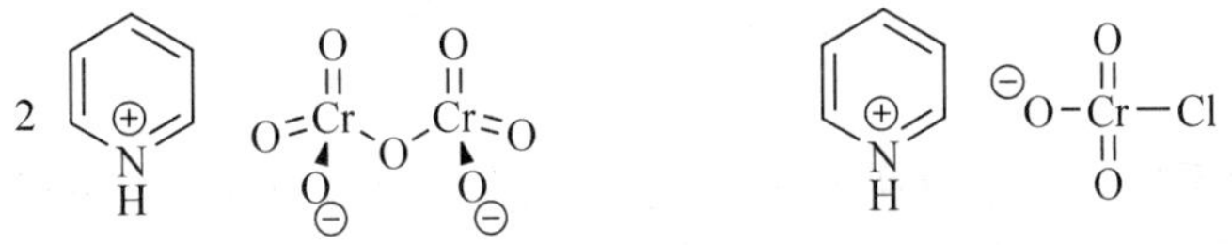

PDC (Pyridinium dichromate)   PCC (Pyridinium chlorochromate)

通常将一级醇氧化为羧酸,二级醇氧化为酮,而双键不受影响。

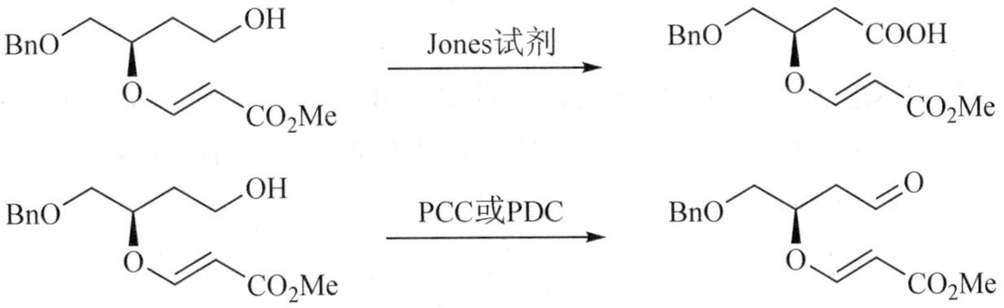

重铬酸钾酸性溶液还可以被用来区分醇的类别:一级醇和二级醇能使清澈的重铬酸钾酸性溶液由橙色变为不透明的蓝绿色,而三级醇则溶液不变色。这是因为一级醇和二级醇与重铬酸钾酸性溶液发生了氧化反应,而三级醇不会反应。

3. 欧芬脑尔氧化

在碱,如三叔丁醇铝或三异丙醇铝的存在下,二级醇和丙酮(或甲乙酮、环己酮等)反应,醇碳氧键上的两个氢原子转移到丙酮上,醇变成酮,酮则被还原为醇,该反应叫作欧芬脑尔(Oppenauer)氧化。该反应是一种高选择性氧化醇的方法,只在醇和酮分子间发生氢原子转移,不涉及分子其他部分的转化,因此对于碳碳双键、苯甲基、胺基、硫醚或者其他对酸不稳定的官能团都适用。除了二级醇,该方法对于烯丙醇和苄醇的氧化也可以适用,但是伯醇由于会发生羟醛缩合副反应而不适用于此方法。

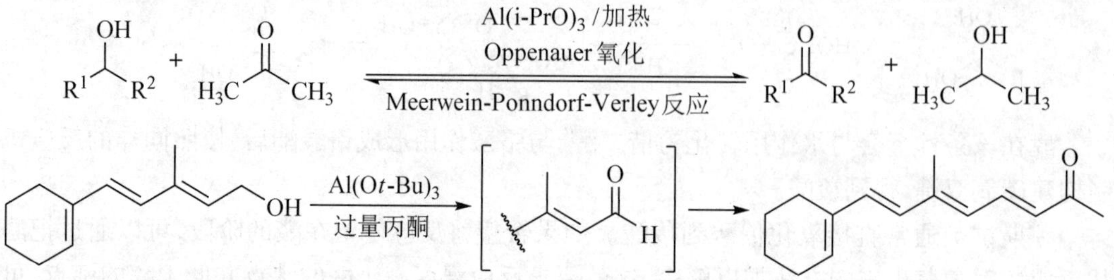

该反应机理如下:三异丙醇铝与羰基和醇上的氧同时作用,通过六元环椅式过渡态完成醇α-氢原子向酮羰基碳的转移:

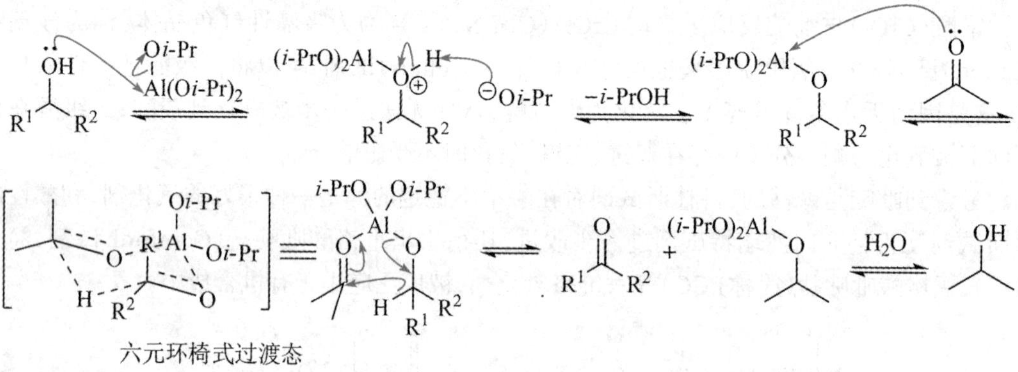

六元环椅式过渡态

Oppenauer氧化反应是一个可逆反应,其逆反应为Meerwein-Ponndorf-Verley还原反应,也可以由醛或酮制备醇。为了实现这一可逆反应向生成酮的方向进行,需要加入大大过量的丙酮;而其还原逆反应则需要加入大大过量的异丙醇,并将反应过程中生成的丙酮从体系中除去。

4. Swern氧化

以二甲基亚砜(DMSO)为氧化剂,在碱性和低温条件下与草酰氯协同作用,一级醇可以选择性氧化为醛,而二级醇则氧化为酮,这一反应被成为斯文(Swern)氧化。该反应条件温和,官能团兼容性好,操作简单,常用于醛的选择性合成。

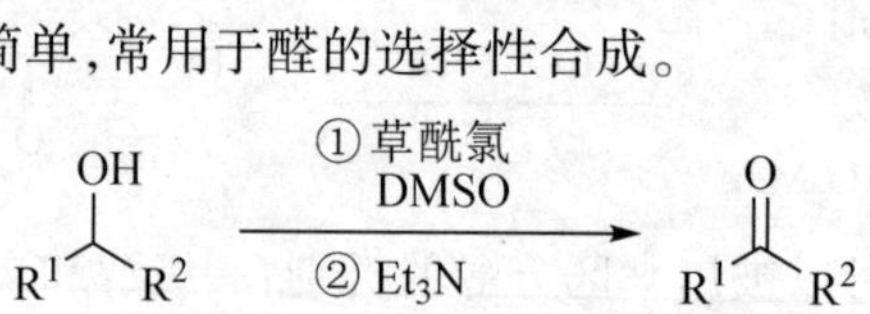

反应机理如下:二甲基亚砜作为氧化剂,首先与草酰氯反应,释放出二氧化碳和一氧化碳,生成氯化二甲基氯代锍盐活性中间体,与醇作用产生烷氧基锍离子关键中间体,然后在碱的作用下脱除醇α-氢形成羰基,并生成副产物二甲硫醚。生成的二甲硫醚有恶臭气味,而副产物一氧化碳有剧毒,需要注意防护。

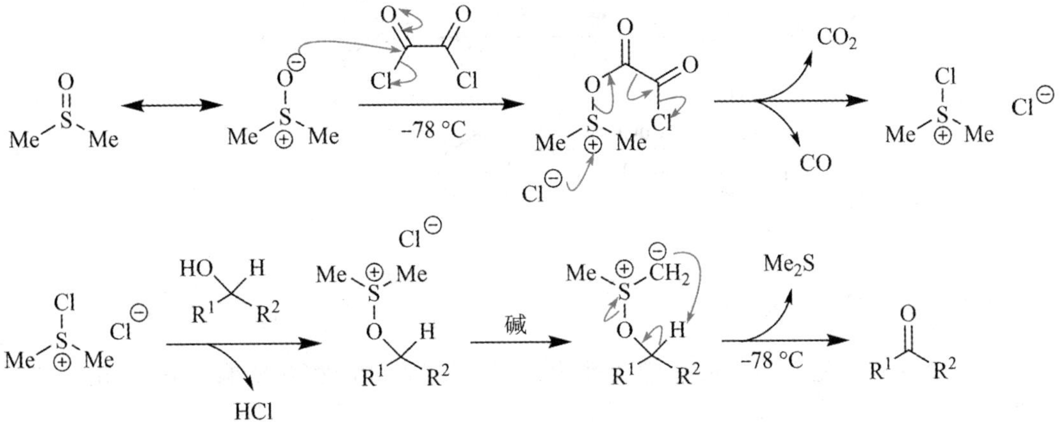

5. 戴斯-马丁氧化

戴斯-马丁(Dess-Martin)氧化反应,是指利用Dess-Martin试剂(DMP)将一级醇氧化成醛、二级醇氧化为酮的反应。该反应通常在室温下完成,具有反应速度快、后处理很简单、氧化剂用量少、官能团兼容性好等优点。

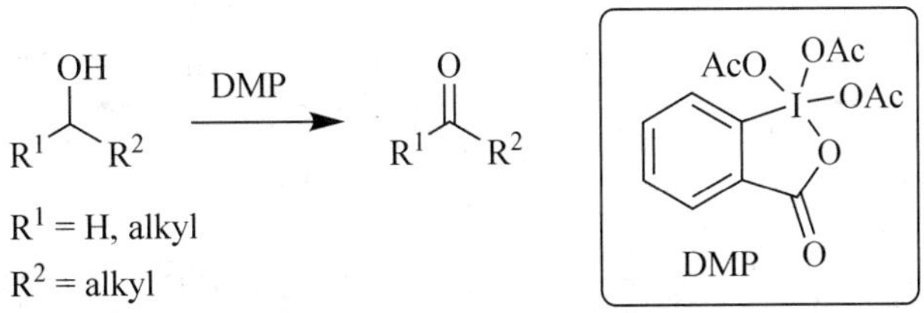

该反应机理中,Dess-Martin试剂中一个乙酰氧基被醇的烷氧基置换,另外一个乙酰氧基攫取醇羟基α-氢以醋酸分子形式离去,醇被氧化成相应的醛和酮,试剂中的碘原子由五价被还原为三价。

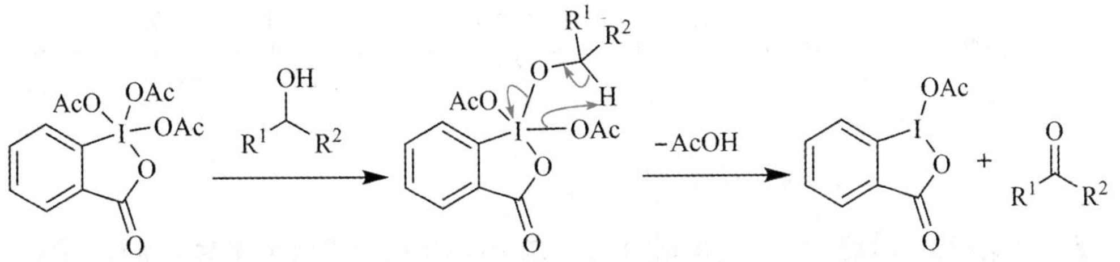

11.1.3.6 醇的脱氢反应

在脱氢试剂的作用下,一级醇和二级醇失去氢得到相应的醛或酮,而三级醇则不发生该反应。醇的脱氢反应主要用于工业生成,常用脱氢试剂包括铜、铜铬氧化物、钯和银等,反应一般在高温下进行,使醇蒸汽通过催化剂即可生成羰基产物。

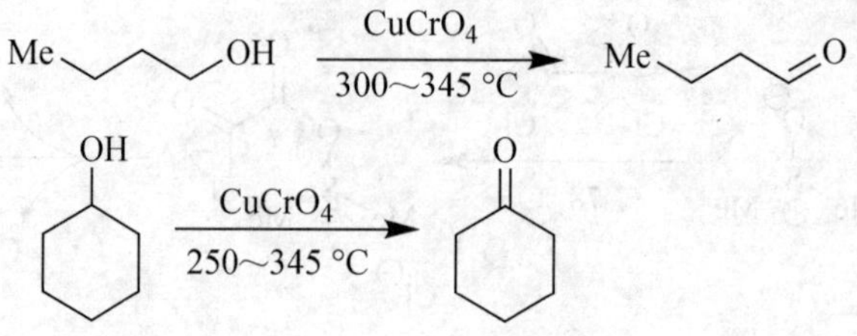

11.1.3.7　多元醇的特有反应

多元醇具有一元醇的一般化学共性化，由于羟基之间的相互影响，还表现出一些特殊性。

1. 邻二醇的氧化裂解反应

（1）高碘酸氧化裂解（Malprade反应）

高碘酸（H_5IO_6）、偏高碘酸钾（KIO_4）和偏高碘酸钠（$NaIO_4$）的水溶液可以氧化断裂 1,2-二醇两个羟基链接的碳原子间的碳碳键，醇羟基转化为相应的醛或酮。

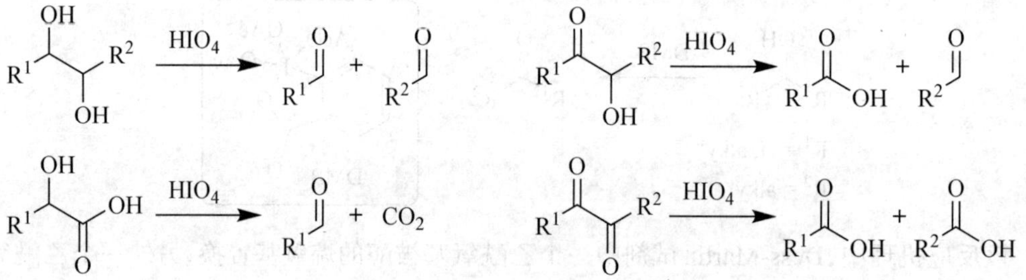

反应通过邻二醇的羟基与高碘酸根离子形成的环状酯中间体进行：

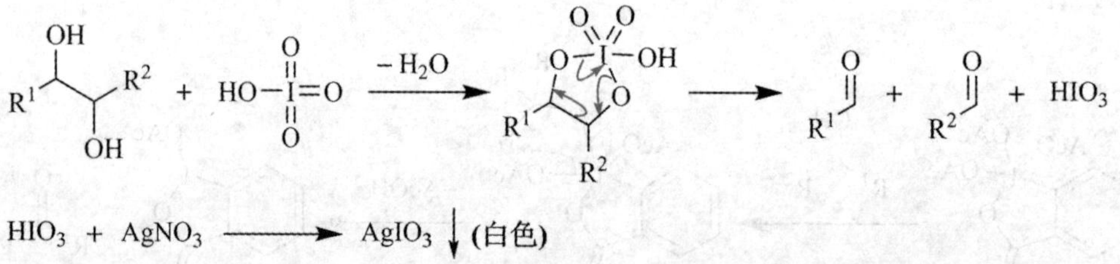

$$HIO_3 + AgNO_3 \longrightarrow AgIO_3 \downarrow \text{（白色）}$$

反应结束后，高碘酸被还原为碘酸，可以与硝酸银作用生成白色碘酸银沉淀，而 1,3-二醇和相隔更远的二醇在该条件下不发生反应，因此该反应常被用于鉴别邻二醇。

酮或醛羰基在该条件下可以形成偕二醇，羧酸则可提供于酰基相连的羟基，都能与高碘酸根离子形成关键环状酯中间体，因此邻二酮或醛、α-羟基酮或醛、α-羟基酸也可以发生这一反应，羰基转化为羧酸，羧基则转化为二氧化碳。反应机理如下：

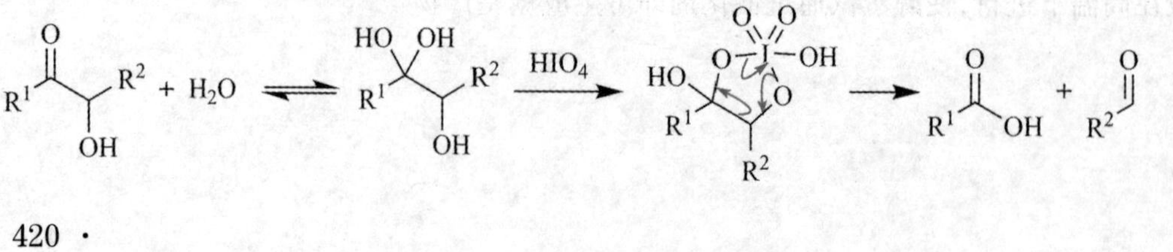

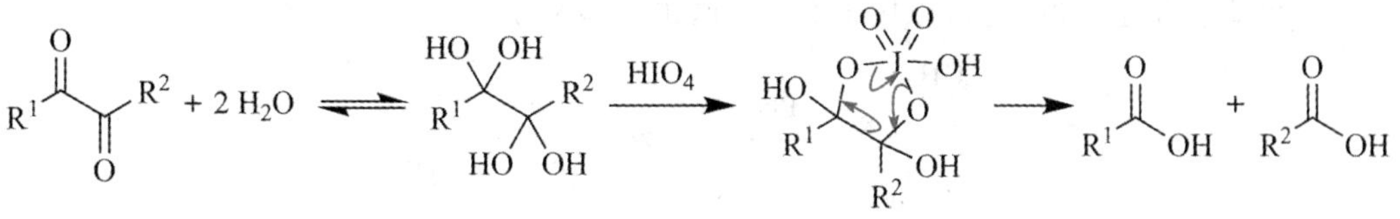

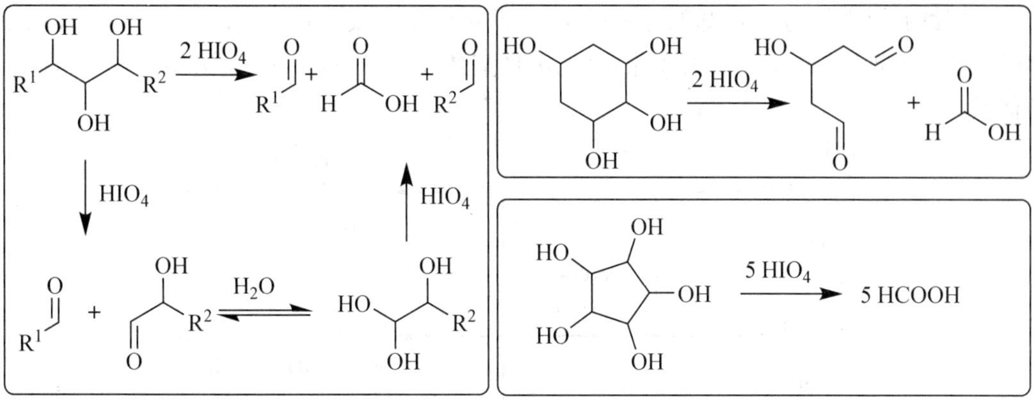

结构类似的 α-氨基酮、1-氨基-2-羟基化合物也能进行类似的反应。

多元醇的羟基处于相邻位置时,与一分子高碘酸反应后得到 α-羟基醛或酮,可以进一步与高碘酸反应,其过程与 1,2-二醇类似,形成环状酯中间体。该转化为定量反应,在水中进行,每断裂一组 C—C 键,消耗一分子 HIO_4,根据 HIO_4 用量可以推知反应物分子中有多少组邻二醇、α-羟基醛(或酮、酸)或 1,2-二酮结构:甲酸对应仲醇或醛;甲醛对应伯醇;二氧化碳对应酮,根据产物可以推导出多元醇的结构。

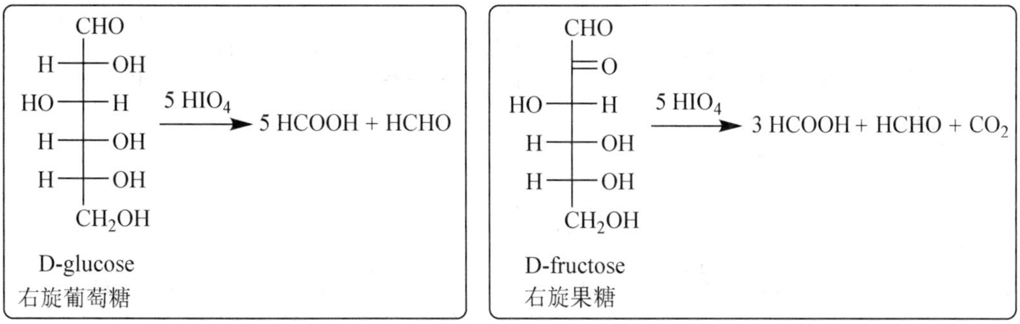

但是,有些二元醇不能被 HIO_4 氧化,如反式 1,2-环己二醇,当两个羟基同时处于直立键时,无法形成关键环状酯中间体,该反应无法进行。

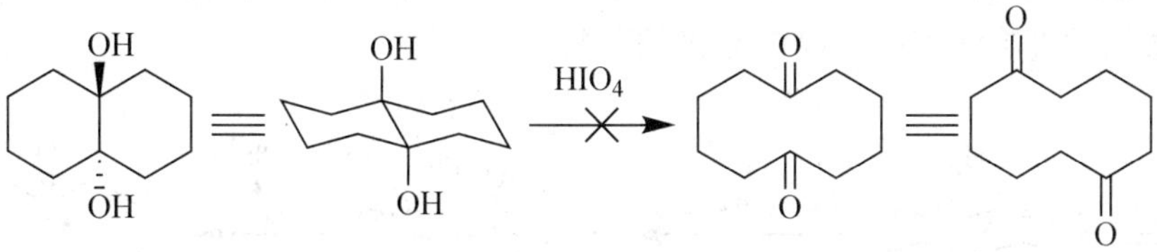

(2) 四醋酸铅氧化裂解(Criegee 反应)

四醋酸铅(Pd(OAc)₄)也可以氧化断裂 1,2-二醇的 C—C 键,通常在醋酸或者苯溶液中进行,这一反应也是定量的,也可以用于1,2-二醇的定量分析。

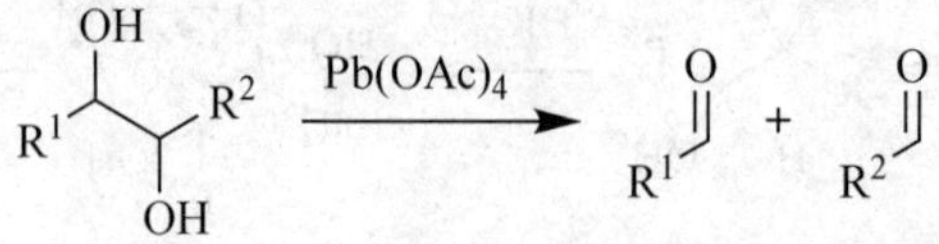

四醋酸铅能与其他含羟基的分子反应,因此不能用水或醇做溶剂,但是少量水,特别是醋酸,对该反应没有影响。当有少量水时,α-羟基醛、α-羟基酮、α-羟基酸、α-二酮 也能发生类似反应。

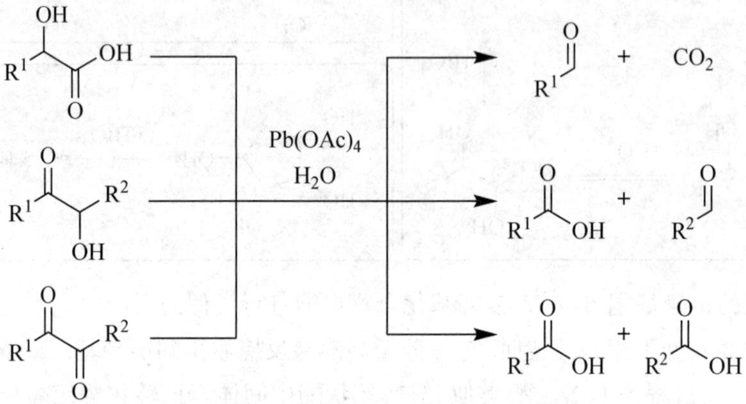

四醋酸铅与顺式1,2-二醇的反应与高碘酸结果类似,也经过关键环状酯中间体;与反式1,2-二醇的反应,由于五元环状酯不易形成,反应可以通过开链结构进行,但是反应速率很慢,需要使用吡啶做溶剂来加快反应速率。反应机理如下:

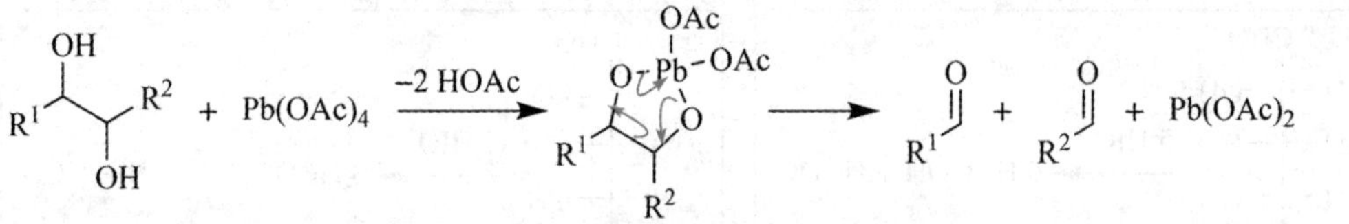

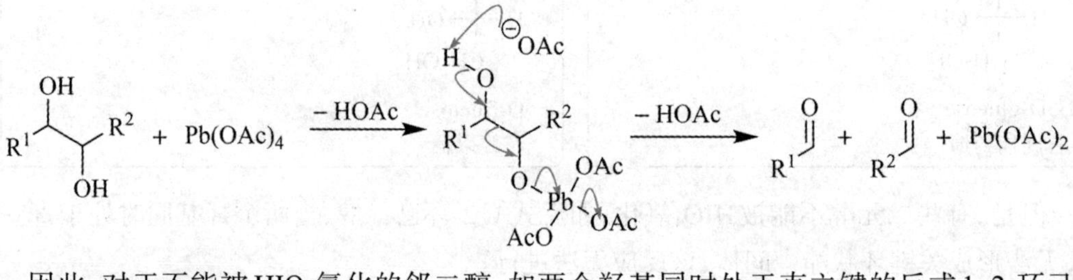

因此,对于不能被 HIO_4 氧化的邻二醇,如两个羟基同时处于直立键的反式1,2-环己二醇,可以在四醋酸铅的吡啶溶液中实现C—C键的断裂。

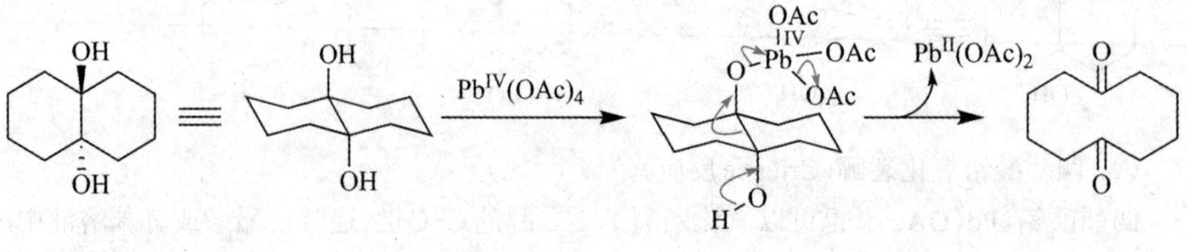

2. 与 Cu(OH)₂反应

多元醇与 Cu(OH)₂也能够发生反应,如 Cu(OH)₂能溶于乙二醇中,生成鲜蓝色的乙二醇铜溶液。实验室中常利用这一反应来鉴别具有两个相邻羟基的多元醇。

$$\begin{array}{c} CH_2OH \\ | \\ CH_2OH \end{array} + Cu(OAc)_2 \longrightarrow \begin{array}{c} CH_2O \\ | \quad\;\; Cu \\ CH_2O \end{array}$$

3. 脱水反应

多元醇的脱水反应与两个羟基的相对位置相关。

两个羟基与同一碳原子相连的二醇,被称为偕二醇。偕二醇很不稳定,容易发生脱水。

$$\begin{array}{c} \diagdown C \diagup^{OH}_{OH} \xrightarrow{-H_2O} \diagdown C=O \end{array}$$

邻二醇在加热条件下脱水,生成的烯醇会异构为更稳定的醛,如乙二醇在酸催化下加热脱水,生成乙醛。

$$\begin{array}{c} CH_2OH \\ | \\ CH_2OH \end{array} \xrightarrow[\triangle]{H^{\oplus}} [\; H_2C=CHOH\;] \xrightarrow{重排} CH_3CHO$$

1,4-二醇和1,5-二醇脱水,会发生分子内的环化反应,生成稳定的五元和六元环醚类化合物。

$$\begin{array}{c} \bigcirc^{OH}_{OH} \xrightarrow{-H_2O} \bigcirc O \end{array}$$

(1) 邻二醇脱水重排反应:频哪醇重排

四甲基乙二醇(频哪醇,pinacol)在酸作用下脱水发生重排,生成频哪酮(pinacolone)的反应称为频哪醇重排,于1860年由 Fittig 首次发现。

$$\begin{array}{c} H_3C \quad CH_3 \\ H_3C-C-C-CH_3 \\ | \quad | \\ HO \quad OH \end{array} \xrightarrow[\triangle]{H_2SO_4} \begin{array}{c} H_3C \\ H_3C-C-C-CH_3 \\ | \quad \| \\ H_3C \quad O \end{array}$$

四甲基乙二醇　　　　　　频哪酮

频哪醇中一个羟基首先质子化形成更好的离去基团水,脱水后生成碳正离子(六电子),然后发生甲基的迁移,正离子中心转移到羟基的氧原子上,形成更为稳定的八隅体结构氧正离子,这也是发生重排反应的驱动力;氧正离子上的质子离去即生成频哪酮产物。

对于不对称的邻二醇,重排如何进行?

① 不对称邻二醇的哪一个羟基先发生质子化后离去?这取决于羟基离去后生成的碳正离子的稳定性,一般能形成更稳定碳正离子的碳上的羟基易于质子化后离去,重排得到酮。

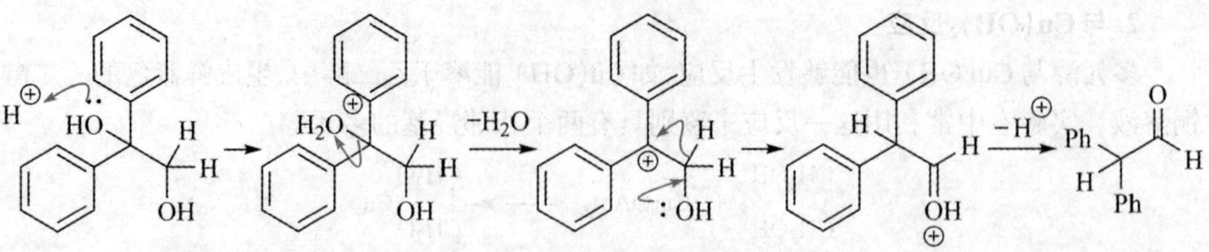

② 当形成的碳正离子相邻碳上的两个基团不同时,哪一个基团优先迁移? 一般能提供更多电子、稳定正电荷较多如的基团优先迁移,如芳基比烷基更容易发生迁移。

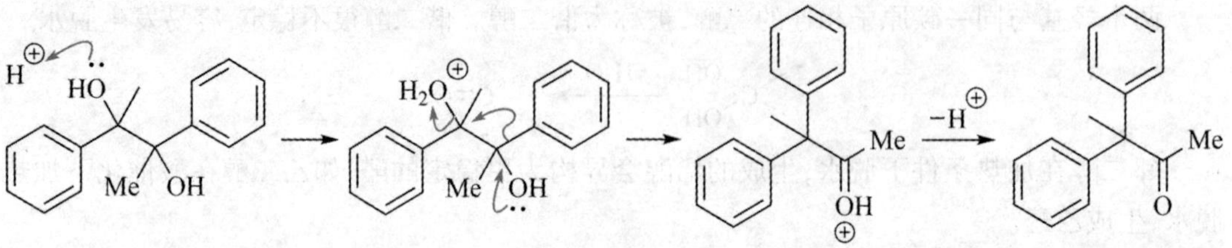

当碳正离子相邻碳原子连有两个不同芳基时,苯环上连有给电子基的优先迁移,其相对速率为:

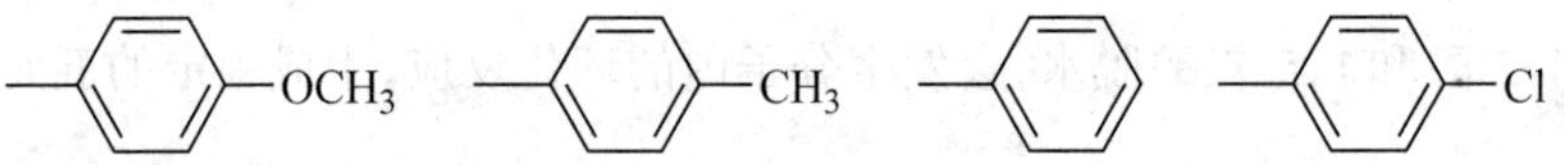

$V_{相对}$	500	16	1	0.7

如果烷基迁移倾向性相差不大,则无明显选择性,会得到两种重排产物。

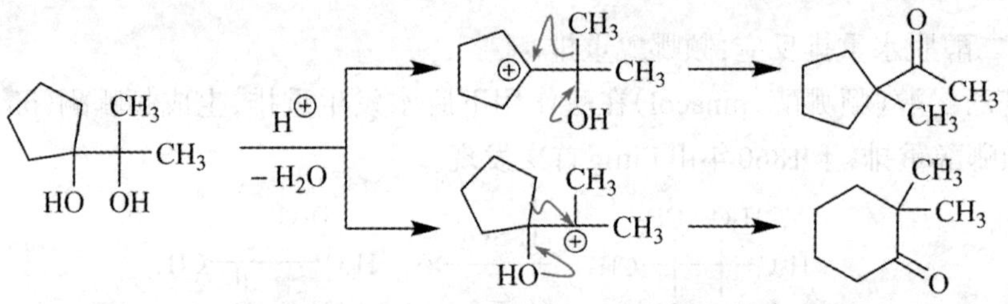

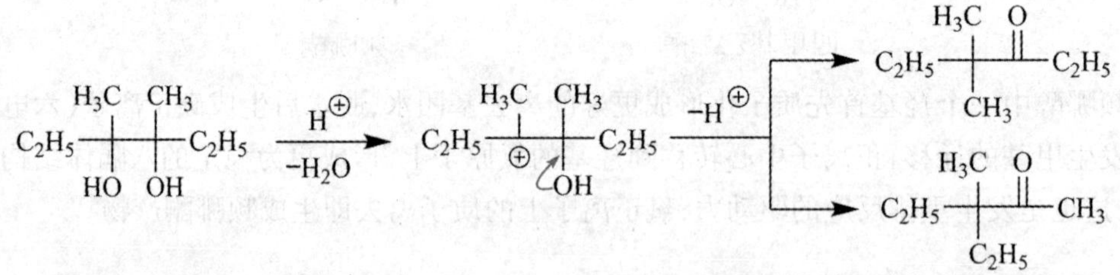

(2) 半频哪醇重排

除了邻二醇脱水外,很多化合物也可以形成类似的邻羟基碳正离子结构,发生重排反应,称为半频哪醇重排。如醇羟基β-碳上的离去基团离去,烯丙醇与亲电试剂作用,以及环氧化合物在路易斯酸作用下开环,都可以形成关键的邻羟基碳正离子结构,进而发生重排反应生成酮。

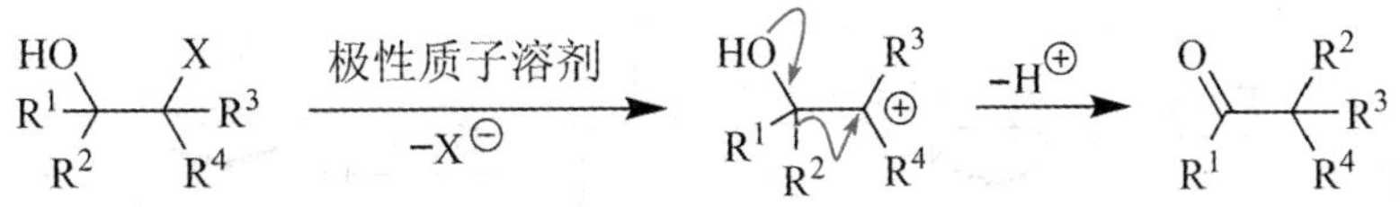

X = I, Br, Cl, OTs, OMs, OTf

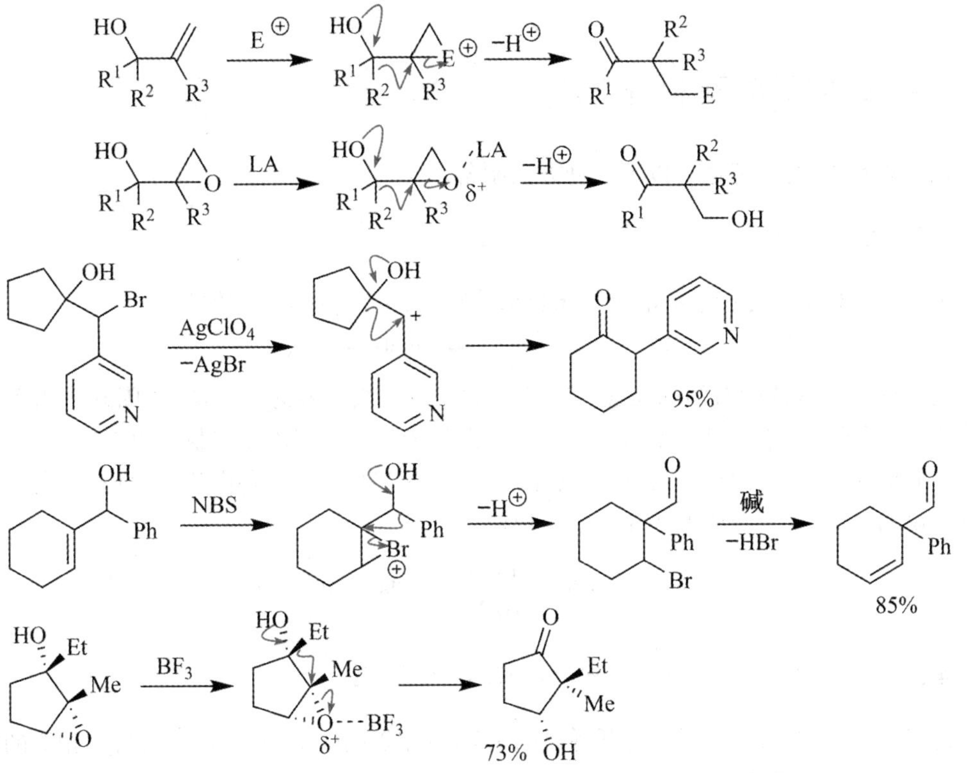

11.1.3.8 热消除反应

卤代烃脱除氢卤酸和醇的脱水消除反应中,卤素或羟基与β-碳上的氢原子一起消除,这类反应称为1,2-消除反应或者β-消除反应。β-消除反应的另一种类型为无需试剂进攻、不存在离子型中间体、由热引发的反应,称为热消除反应。

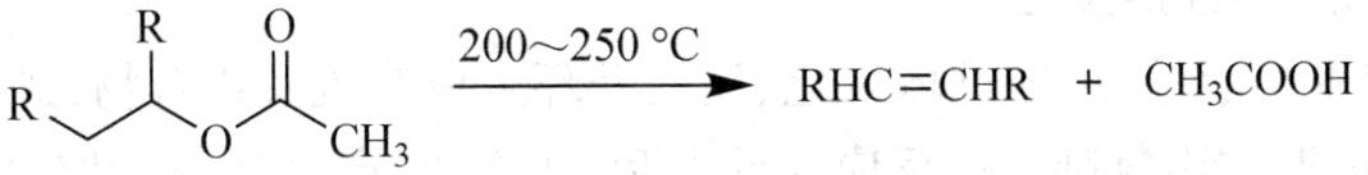

热消除反应为协同反应,通过六元环过渡态进行,消除基团呈顺式,位于同一平面上,断键和成键轨道处于最大重叠状态。

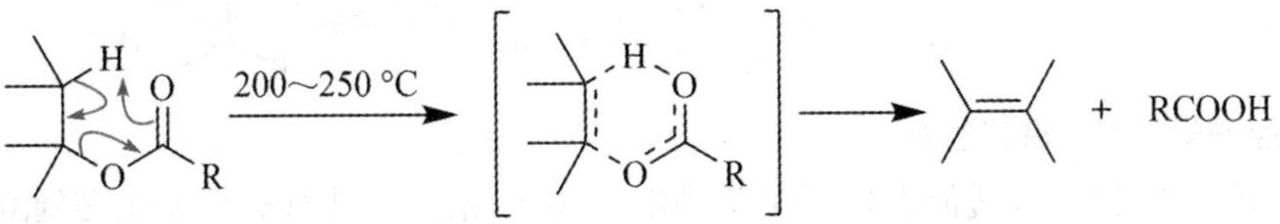

热消除反应很少有重排和其他副反应,产率较好,常用于烯烃的合成。

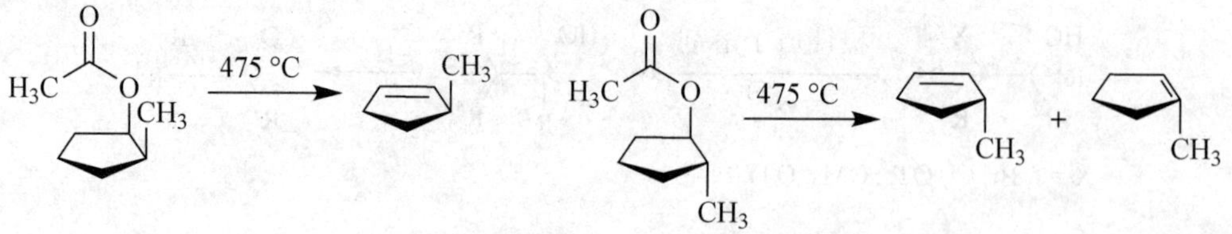

11.1.4 醇的实验室制备方法

在实验室中,醇一般通过以下四种方法制备。

11.1.4.1 卤代烃水解

卤代烃和稀氢氧化钠水溶液进行亲核取代反应,可以制备相应的醇。

$$RX + NaOH \longrightarrow ROH + NaX$$

这一反应通常伴随有消除反应,特别是二级醇、三级醇容易发生消除,因此适用于一级醇的制备,而不会发生重排和不易发生消除的卤代烃都可以用该反应制备相应的醇。

一般情况下,作为原料,醇比卤代烃更易得,通常都是用醇制备卤代烃,只有在卤代烃比醇更易得的时候,这一合成方法才有实用价值。

$$PhCH_2Cl \xrightarrow[H_2O]{Na_2CO_3} PhCH_2OH$$

11.1.4.2 烯烃的水合、羟汞化-还原和硼氢化-氧化

这三种合成方法,都是通过打开烯烃的π键,在相邻的碳上加一份子水,得到相应的醇。

1. 烯烃的水合反应

这一反应在酸催化下进行,加成符合马氏规则,除乙醇外,得到的都是二级醇和三级醇。由于反应通过碳正离子中间体进行,因此其缺点是存在重排产物。

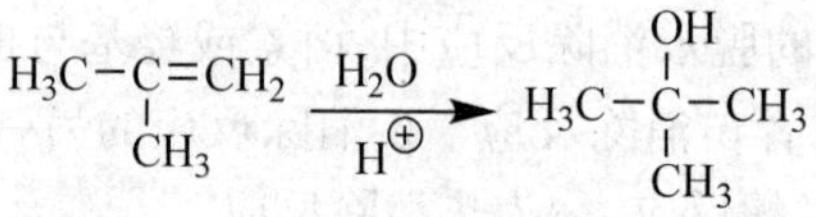

2. 烯烃的羟汞化–还原反应

烯烃和醋酸汞溶液反应,经过环汞化、反式开环生成有机汞化合物,进而在硼氢化钠的作用下还原碳-汞键为碳-氢键。该反应条件温和、速度快、产率高、使用方便,一般不会发生重排,加成方向符合马氏规则。

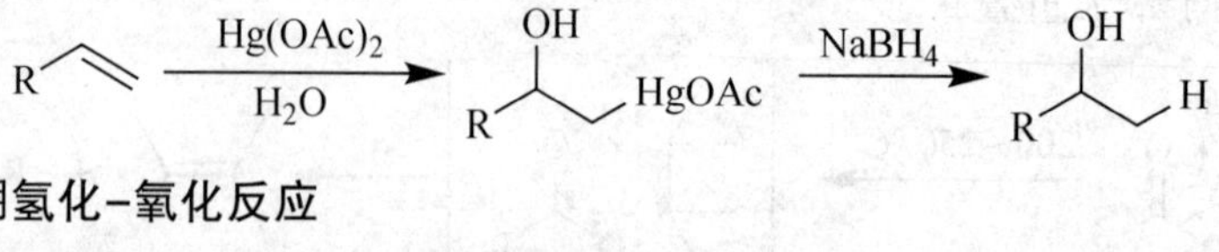

3. 烯烃的硼氢化–氧化反应

烯烃和硼烷经四元环过渡态生成烷基硼烷后,碱性条件下被双氧水氧化得到醇。与前两种合成方法不同,该反应的加成方向符合反马氏规则,反应通过顺式加成进行,不会发生重排。

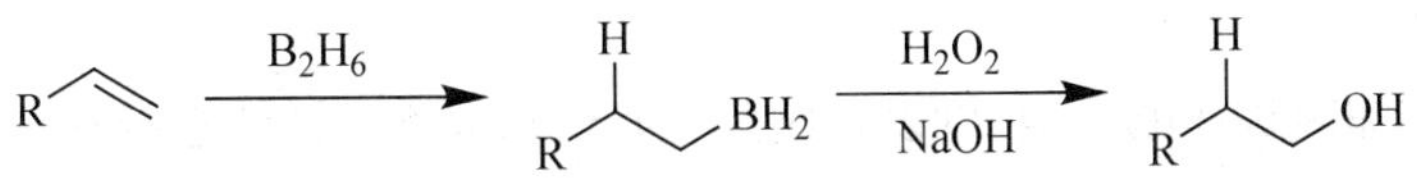

11.1.4.3　羰基化合物还原

醛、酮以及羧酸衍生物通过催化氢化,或者与氢化铝锂、硼氢化钠、硼烷、异丙醇铝和活泼金属等还原剂反应都可以生成醇,详细内容将在醛酮和羧酸衍生物中讲解。

11.1.4.4　格式试剂与羰基化合物和环氧化合物的反应

1. 制备一级醇

格氏试剂与甲醛反应可制备一级醇,在格氏试剂的烃基上引入羟甲基。

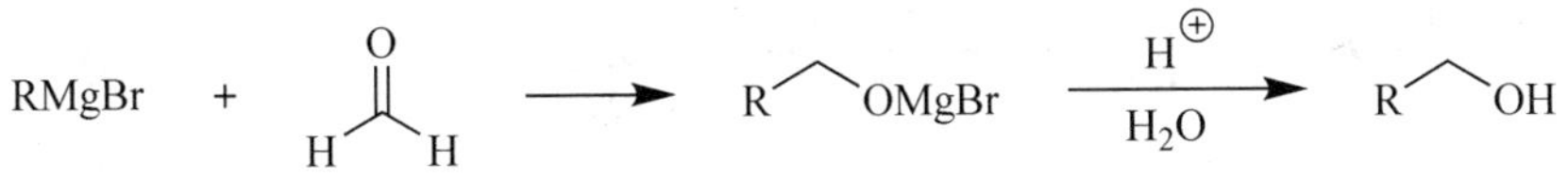

格氏试剂与环氧乙烷反应,在烃基上引入羟乙基,得到碳链延长两个碳的一级醇。

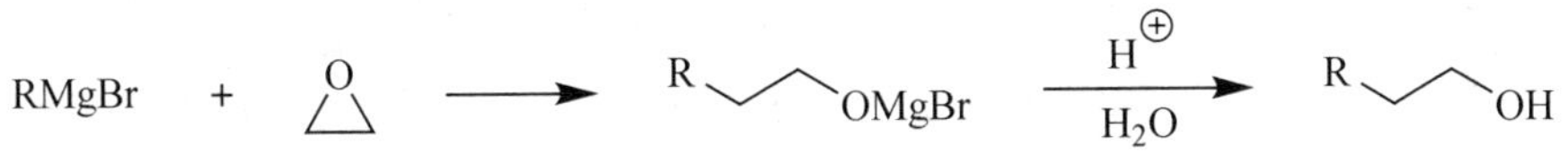

格氏试剂与硫酸丙烯酯反应,可以得到烃基上引入羟丙基的一级醇。

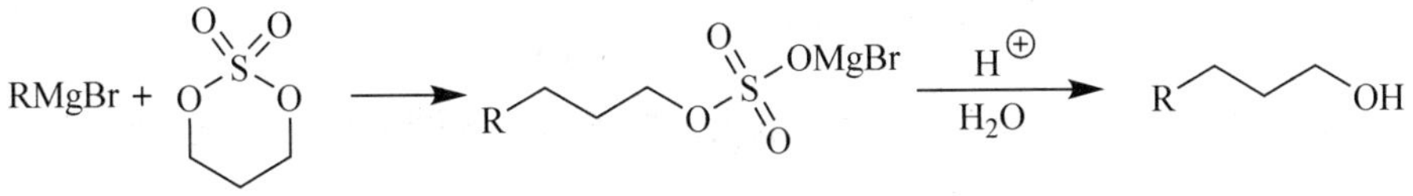

2. 制备二级醇

格氏试剂与醛反应可以合成非对称的二级醇。

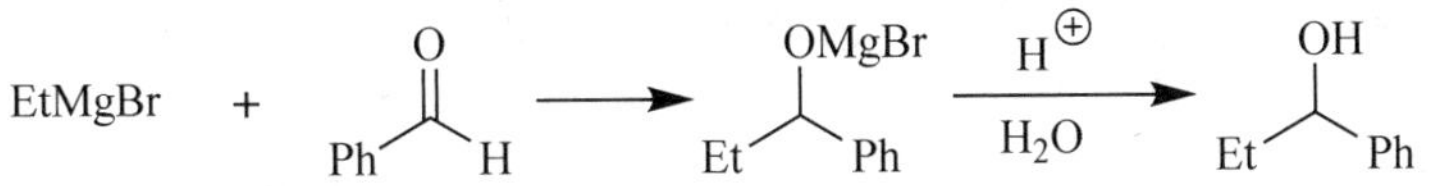

格氏试剂和单取代环氧乙烷反应,具备亲核性的烃基首先进攻空间位阻较小的环碳原子,也可以生成非对称的二级醇。

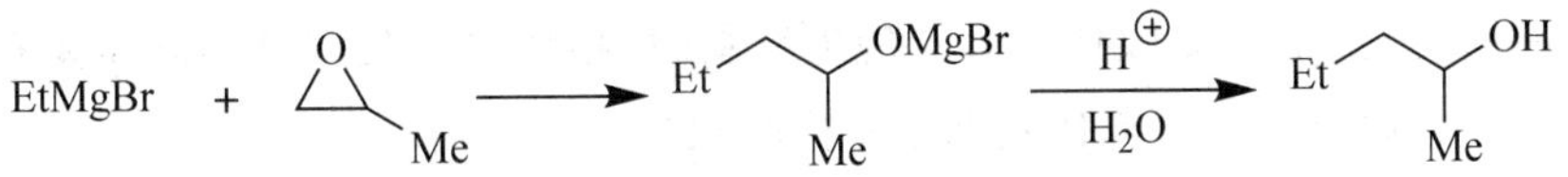

当格氏试剂和甲酸酯反应时,一分子格氏试剂先与甲酸酯反应生成醛,再与第二分子格氏试剂反应,可以制备对称的二级醇。

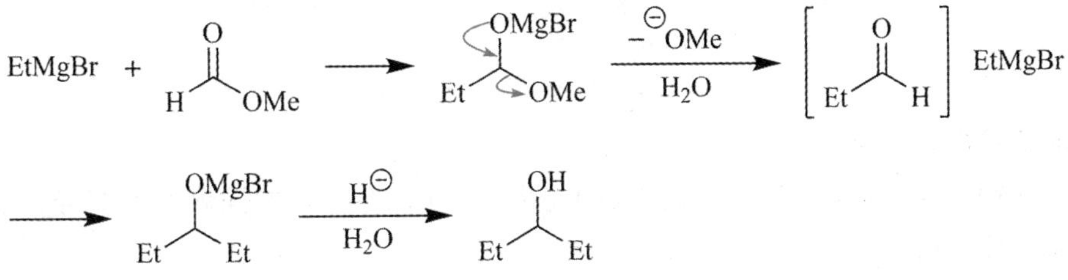

3. 制备三级醇

格氏试剂与非对称的酮反应,可以合成三个取代基都不一样的三级醇。

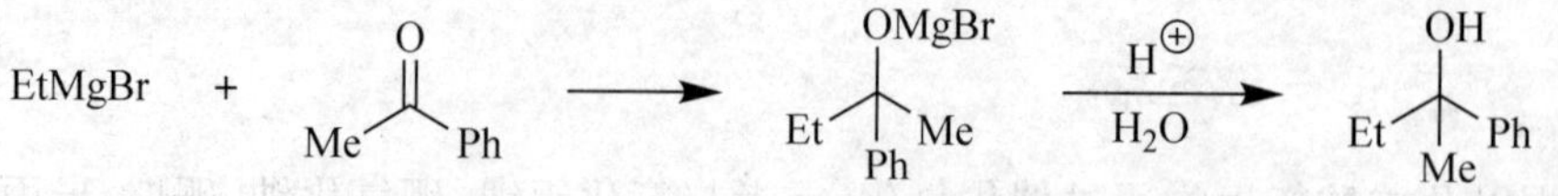

当格氏试剂与羧酸酯或者酰氯反应时,一分子格氏试剂先进攻羧酸酯或者酰氯的酰基生成酮,再与第二分子格氏试剂反应,可以制备有两个取代基一样的三级醇。

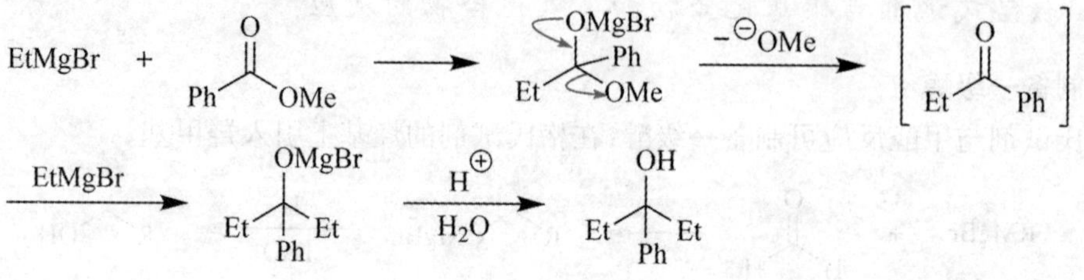

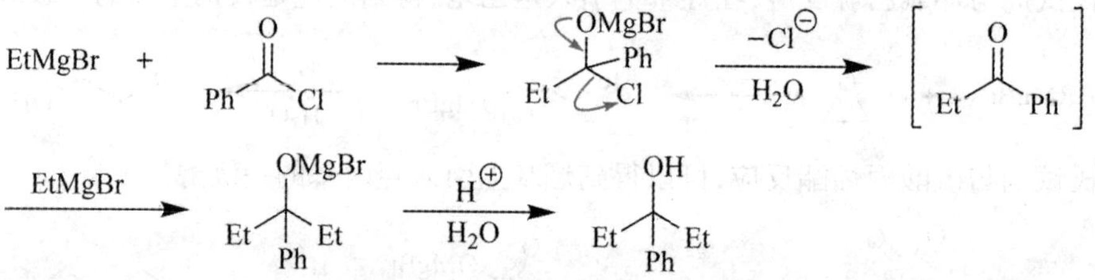

当碳酸酯与格氏试剂反应时,三分子格氏试剂先后与碳酸酯作用,经过酯、酮中间体,最后可以生成三个取代基都一样的三级醇。

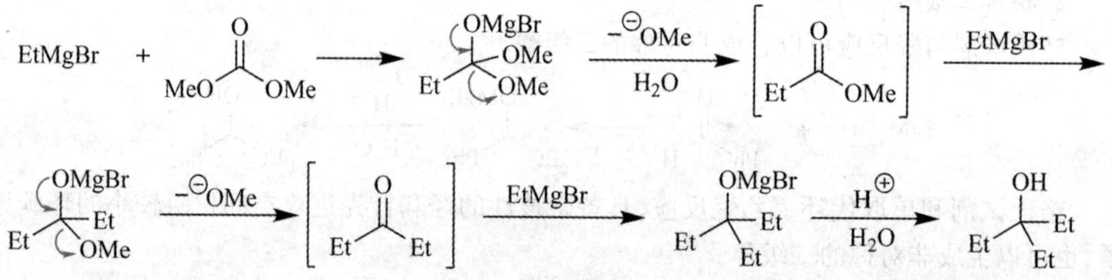

当使用非对称的1,1-双取代环氧乙烷为原料时,格氏试剂反应从空间位阻较小的环碳原子亲核进攻,可以合成三个取代基都不一样的叔醇。

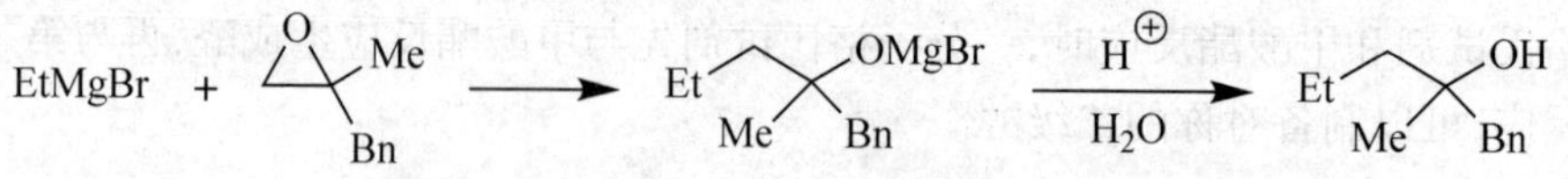

11.1.4.5 邻二醇的制备

1. 烯烃双羟化反应

高锰酸钾($KMnO_4$)和四氧化锇(OsO_4)与烯烃作用,在烯烃的同侧发生双羟化反应,得到顺式邻二醇产物。

如果需要制备反式邻二醇,一般先进行环氧化反应,然后在酸性或者碱性条件下水解,通过亲核取代开环历程,得到羟基处于反式的二醇产物。

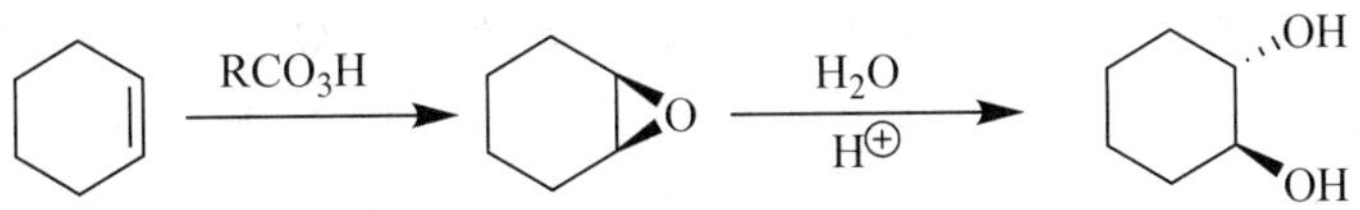

2. 邻卤代醇和邻二卤化合物的水解反应

邻卤代醇和邻二卤化合物在碱性条件下发生水解,卤原子被羟基取代,也可以合成邻二醇。

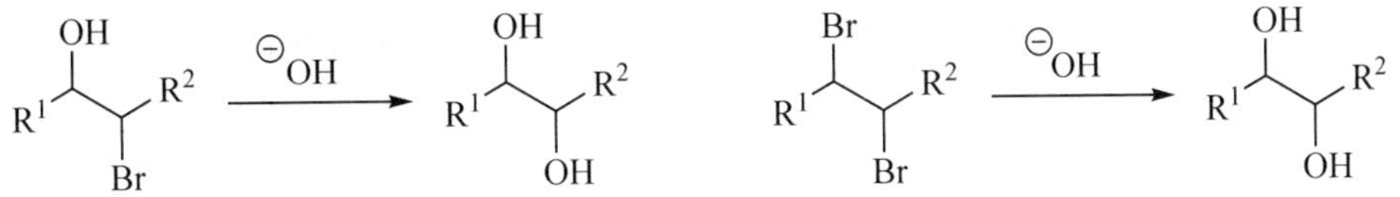

11.1.5　醇的工业制备和应用

在实验室中,醇一般通过以下四种方法制备。

11.1.5.1　甲醇

早期工业上用木材干馏法生产甲醇,因此甲醇也叫木醇,这种方法在1920年以后被逐渐停用。现在,工业上通过合成气(一氧化碳和氢气)的催化转化法来制备甲醇,由于合成气通常由碳和水加热制备,因此这一方法也被称为水煤气法。从合成气制备甲醇是一个放热反应,几乎可以得到定量的甲醇。

$$C + H_2O \longrightarrow CO + H_2 \xrightarrow[\substack{0.2\ \text{MPa}}]{\substack{CuCrO_4 \\ 400\ ^\circ C}} CH_3OH$$

甲醇为无色透明的液体,沸点为64.7 °C,毒性很大,其作用是破坏视神经,进一步中毒会引起死亡。甲醇常用作溶剂,也是重要的化工原料,可以用于氧化制备甲醛。

11.1.5.2　乙醇

乙醇,俗名酒精,为无色透明的液体,沸点为78.3 °C。

生产乙醇的一种方法为发酵法,即通过微生物降解碳水化合物的一种生物化学方法。饮用的酒就是用这种方法生产的,我国两千多年前就掌握了用谷物、野果以及其他含淀粉的物质作为主要原料来发酵制备乙醇的工艺。在酵母作用下把糖变为酒是一个很复杂的过程,是许多专一反应共同作用的结果,而这些反应都是由特殊作用的酶专一催化进行的。

95.5%的乙醇和4.5%的水会形成共沸物,称为工业乙醇,不能用直接蒸馏的方法进一步除水。为了制备无水乙醇,可以将上述共沸物用生石灰除掉少量的水后得到99.5%的无水乙醇,再用镁除去微量水分,得到99.95%的绝对乙醇。

乙醇可用作有机溶剂、制饮料酒以及食品工业,也被用于制造醋酸、饮料、香精、染料、燃料等,医疗上70%的乙醇被用作消毒剂。发酵法虽然已经非常成熟,但是仍然无法满足需求,工业上广泛采用乙烯水合法来大量生产乙醇。

$$H_2C=CH_2 \ + \ H_2O \ \xrightarrow{H^{\oplus}} \ EtOH$$

第一种方法是把乙烯在100 ℃吸收于浓硫酸中,然后水解;优点是产率高,但是需要使用大量硫酸,对设备有强烈腐蚀作用,也存在废酸的回收利用问题。第二种方法是用磷酸作为催化剂,在300 ℃和7 MPa压力下,把水蒸气通入乙烯中反应;该方法步骤简单,没有硫酸腐蚀和废酸回收利用的问题,但是需要使用高浓度乙烯并在高压下操作,对生产设备要求很高,同时一次转化率很低,需要反复循环,消耗能量大。

两种方法,成本差别不大,由于乙烯是大宗石油化工产品,便宜易得,因此其水合法生产乙醇受到各国重视。

11.1.5.3　乙二醇

乙二醇为具有甜味的粘稠液体,俗称甘醇,可与水混溶,不溶于乙醚。60%的乙二醇水溶液凝固点为-49 ℃,是常用的防冻剂。乙二醇沸点为197 ℃,可用作高沸点溶剂,也是合成涤纶的主要原料。

乙二醇一般也是由乙烯制备,由两种主要的方法:乙烯次氯酸化法和乙烯氧化法。

$$H_2C=CH_2 \ + \ H_2O \ \xrightarrow[\triangle]{Cl_2} \ Cl\diagdown\diagup OH \ \xrightarrow[Na_2CO_3]{H_2O} \ HO\diagdown\diagup OH$$

$$H_2C=CH_2 \ \xrightarrow[250\,℃]{O_2,\,Ag} \ \triangle(O) \ \xrightarrow[\triangle]{H_2O} \ HO\diagdown\diagup OH$$

11.1.5.4　丙三醇

丙三醇,俗称甘油,是无色粘稠的液体,沸点为290 ℃。甘油是酯、脂肪和植物油的组成部分,吸湿性很强,被广泛用作"吸湿剂"。

甘油的工业生产方法是丙烯在高温下氯化,得到3-氯丙烯,碱性条件下发生亲核取代反应生成烯丙醇,然后与次氯酸反应得到1-氯-2,3-丙二醇,进一步在碱性条件下水解得到甘油。

$$\diagup CH_3 \ \xrightarrow[\triangle]{Cl_2} \ \diagup Cl \ \xrightarrow{\ominus OH} \ \diagup OH \ \xrightarrow{HOCl} \ Cl\diagdown\diagup^{OH}\diagdown OH \ \xrightarrow{\ominus OH} \ HO\diagdown\diagup^{OH}\diagdown OH$$

甘油与浓硝酸、浓硫酸作用,生成硝酸甘油酯,俗称硝化甘油,是无烟火药中的主要成分。硝酸甘油酯是无色、有毒的油性液体,经加热或撞击立即发生强烈爆炸反应,迅速产生大量气体。

$$\begin{array}{c} CH_2OH \\ | \\ CHOH \\ | \\ CH_2OH \end{array} \ + \ 3HONO_2 \ \xrightarrow{H_2SO_4} \ \begin{array}{c} CH_2ONO_2 \\ | \\ CHONO_2 \\ | \\ CH_2ONO_2 \end{array}$$

硝酸甘油酯

11.2 酚

11.2.1 酚的结构和分类

11.2.1.1 酚的结构

芳环上一个氢原子被羟基取代的化合物称为酚,一元酚通式为 ArOH。羟基(OH)也是酚的官能团,其与醇在结构上的区别在于它含有的羟基直接与苯环相连。

醇中的羟基连接在 sp^3 杂化的碳原子上;而羟基连接在碳=碳双键上的 sp^2 杂化碳原子上时,称为烯醇,通常是不稳定的,容易互变异构化成羰基化合物(碳=氧双键更稳定)。酚

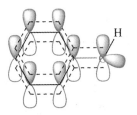

图 11.2 苯酚的共轭结构

羟基则直接与芳环的 sp^3 杂化碳原子相连,与烯醇结构基本一致,也存在酮式异构体;酚羟基的氧原子处于 sp^2 杂化状态,一对孤对电子占据 sp^2 杂化轨道,另一对占据未参与杂环的 p 轨道,与苯环的大 π 键体系发生重叠,形成 p-π 共轭体系,因此酚在与其酮式异构体的互变异构平衡中所占比例几乎为 100%。

因此,酚的性质与醇相比有很大的不同,它们属于两类不同的化合物。

11.2.2 酚的物理性质

1. 沸点

酚的分子中含有羟基(OH),分子间可以形成氢键,因此熔沸点比分子量相近的芳烃和卤代烃高。

沸点:甲苯:110 °C,氯苯:131 °C,溴苯:156 °C,苯酚:181 °C

2. 溶解度

苯酚是最简单的酚,为无色固体,具有特殊气味,显酸性,在空气中易被氧化很快变成粉红色,长时间放置呈深棕色。苯酚可溶于乙醚、乙醇、苯等有机溶剂;苯酚能与水形成氢键,因此在水中有一定溶解度,在冷水中的溶解度为 6.7 g/100 g 水,而与热水(超过临界溶解温度,65~85 °C)可互溶。随着分子中羟基数目增多,多元酚在水中的溶解度增大。邻硝基苯酚能形成分子内氢键,因此分子间不发生缔合,在室温下,其溶解度(0.2 g/100 g 水)比间硝基苯酚(1.4 g/100 g 水)和对硝基苯酚(1.7 g/100 g 水)低很多。

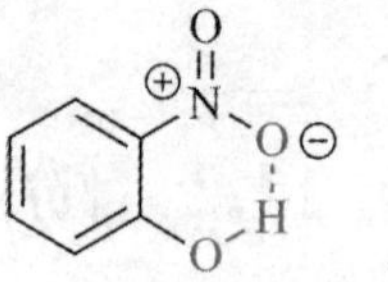

11.2.3　酚羟基的反应

酚含有羟基,可以发生与醇类似的反应,由于酚羟基受苯环的影响,因此在这些反应上表现出了明显的差异;酚的结构中也含有芳环,同样由于酚羟基对苯环的影响,使酚比相应的芳烃更容易发生亲电取代反应。

11.2.3.1　酚的酸性

苯酚的酸性比醇强得多,这是由于酚羟基氧原子上的孤对电子与苯环形成 p-π 共轭体系,氧上的电子云密度向苯环离域而降低,O-H 键之间的成对电子偏向氧,增强了氢原子的解离能力。

苯酚的 pK_a 为 10,小于水(pK_a=14)而大于碳酸(pK_a=14),其酸性强于水而弱于碳酸,因此苯酚溶于氢氧化钠,不溶于碳酸钠和碳酸氢钠。苯酚的共轭碱苯酚钠的碱性强于碳酸钠,因此将二氧化碳通入酚盐的水溶液中,可以析出苯酚。

当苯酚芳环上连有取代基时,取代基的性质、数目、位置都对苯酚的酸性有影响:从电子效应看,吸电子基团使酸性增强,给电子基团使酸性减弱;从空间效应看,由于空间位阻增大会减弱溶剂化作用,而溶剂化作用有利于酚羟基的溶解,因此位阻增大会使酸性减弱。酚苯环上连有的吸电子基越多,酸性越强。

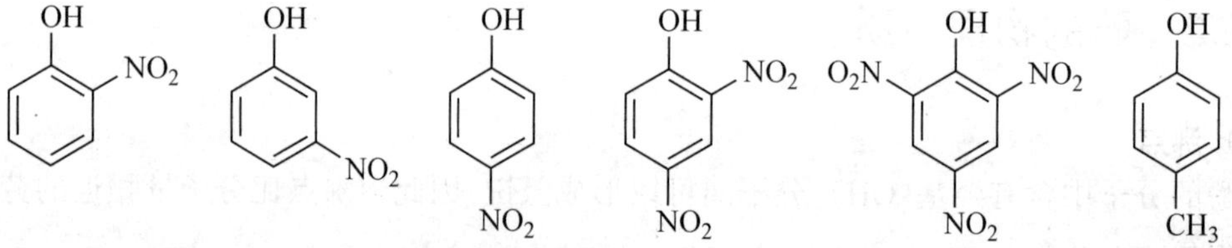

| pK_a=7.22 | pK_a=8.39 | pK_a=7.15 | pK_a=4.09 | pK_a=0.25 | pK_a=10.26 |

此外,弱酚羟基邻位的取代基能与其形成分子内氢键,也会使酚羟基的酸性减弱,如邻硝基苯酚的酸性要比对硝基苯酚弱。

11.2.3.2　酚羟基的醚化反应和酯化反应

酚与醇相似,在碱性条件下,酚羟基与卤代烃或烷基磺酸酯反应,可以转化为酚醚。反应为亲核取代反应,ArO^- 为亲核试剂。

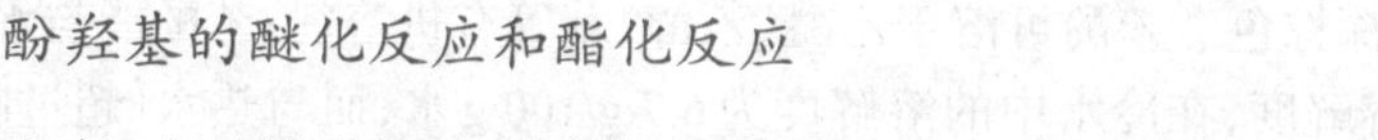

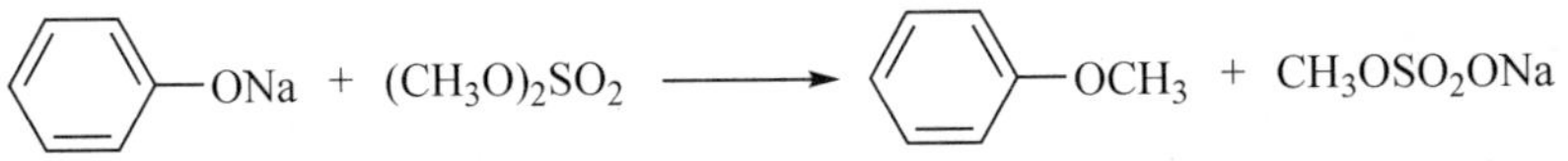

一般选用一级卤代烃，因为ArONa为碱，二级卤代烃和三级卤代烃容易发生消除，而卤代芳烃和卤代烯烃不活泼，不易发生反应。

由于酚羟基氧的孤对电子与苯环形成p-π共轭体系，酚的C−O键比醇更牢固，一般不能通过酚分子间脱水成醚。在高温催化剂作用下，苯酚也可以脱水生成二苯醚。

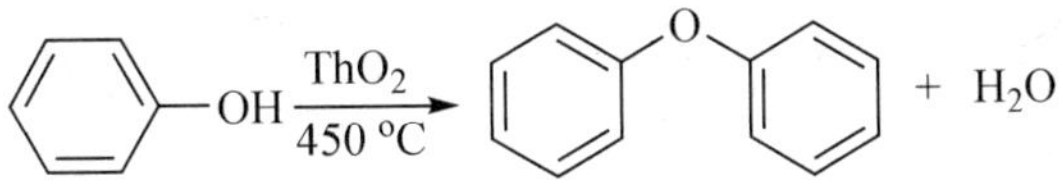

卤代芳烃上如果存在活化基团，也可以和酚钠反应得到二芳基醚。

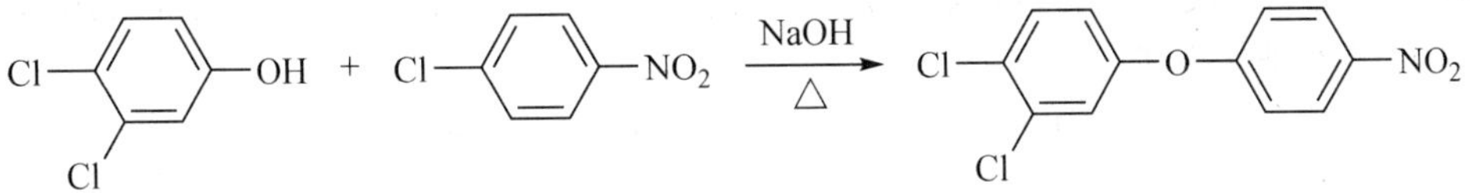

11.2.3.3　酚羟基的酯化反应和Fries重排

与醇不同，酚不能与羧酸直接发生酯化反应，这是因为酚羟基氧的孤对电子与苯环形成p-π共轭，导致其亲核能力降低，因此需要在碱或质子酸的催化作用下，与更活泼的酰氯或酸酐反应才能形成酯。

$$\mathrm{ArOH}\begin{cases}\xrightarrow{\mathrm{RCOCl}} \mathrm{RCOOAr}\\ \xrightarrow{\mathrm{Ar'SO_2Cl}} \mathrm{Ar'SO_2OAr}\\ \xrightarrow{\mathrm{Ac_2O}} \mathrm{ArOCOCH_3}\end{cases}$$

11.2.3.4　与$FeCl_3$的颜色反应

具有烯醇结构的化合物大多能与$FeCl_3$水溶液作用生成带颜色的络离子，因此大多数酚也可以与$FeCl_3$水溶液发生该显色反应。不同的酚产生的颜色也不同，例如，苯酚和间苯二酚与$FeCl_3$作用显蓝紫色，邻苯二酚和对苯二酚显暗绿色，甲苯酚显蓝色，1,2,3-苯三酚显红棕色等。

$$6\mathrm{Ph{-}OH} + \mathrm{FeCl_3} \longrightarrow \underset{\text{蓝紫色}}{\mathrm{H_3[Fe(OPh)_6]}} + 3\mathrm{HCl}$$

醇与$FeCl_3$水溶液混合不显色，因此有机分析中利用此反应来鉴别酚或者烯醇结构的存在。

11.2.4　酚芳环上的反应

酚羟基上氧原子与苯环间的p-π共轭作用使羟基邻、对位的电子云密度增大，亲核能力增强，因此酚比苯容易发生芳香亲电取代反应。

11.2.4.1 卤化反应

酚的卤化反应不需要任何催化剂即可进行,而且常常发生多卤代反应。如苯酚在水(极性溶剂)溶液中与溴反应,室温下即可得到三溴苯酚白色沉淀。该反应是极为灵敏的定量反应,可用于苯酚的定性鉴别和定量测定。

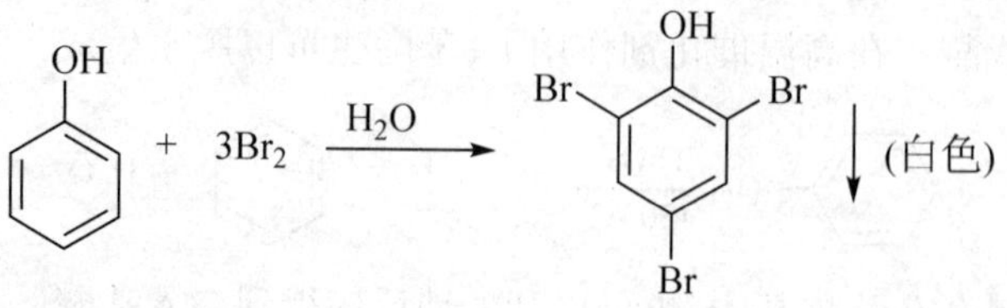

为了得到单卤代的产物,可以通过降低反应温度,使用极性较小或非极性溶剂,如 CS_2,CCl_4,或在酸性条件下进行反应。

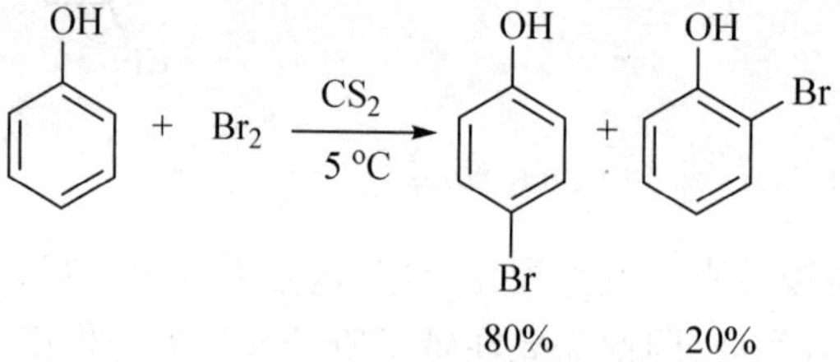

苯酚在碱性溶液中卤化,和烯醇负离子的 α-卤化反应机理一致,可以发生多次卤化。这是因为生成单卤代酚后,由于卤原子的吸电子效应,其酸性比原料酚更强,更容易形成酚盐负离子,因此更容易卤化。

11.2.4.2 硝化反应

由于酚羟基对苯环的活化作用,苯酚在室温下就可以被稀硝酸硝化,生成邻硝基苯酚和对硝基苯酚的混合物。

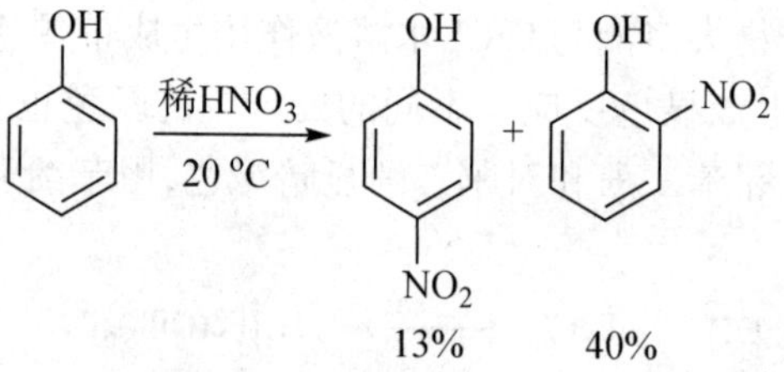

邻硝基苯酚由于存在分子内氢键,其分子间氢键以及与水形成氢键的能力降低,因此沸点比对硝基苯酚低,水溶性差,可用水蒸气蒸馏法蒸出,从而实现反应混合物的分离。

苯酚若使用较浓的硝酸硝化,可得 2,4-二硝基苯酚;若使用浓硝酸直接硝化,可以得到 2,4,6-三硝基苯酚(苦味酸),但大部分苯酚在该剧烈反应条件下未发生硝化前即被氧化;这两种转化产率很低,均无实用价值,相应多硝基苯酚均需通过间接方法制备。

11.2.4.3 磺化反应

苯酚与浓硫酸在室温下很容易发生磺化反应,产物主要为邻-羟基苯磺酸;但在 100 °C 下进行反应,产物则以对-羟基苯磺酸为主。这两种产物进一步磺化,都可以转化为 4-羟基苯-1,3-二磺酸。磺化反应是可逆的,在稀硫酸中回流,即可脱除磺酸基。

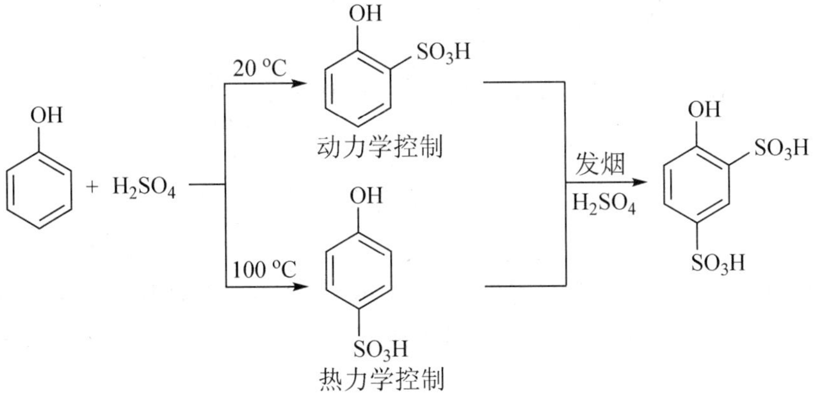

苯酚中引入两个磺酸基后,苯环钝化,与浓硝酸作用时不易被氧化,同时在较高温度下单硝基二磺酸可以进一步硝化,制备苦味酸。该反应产率可达 90%。

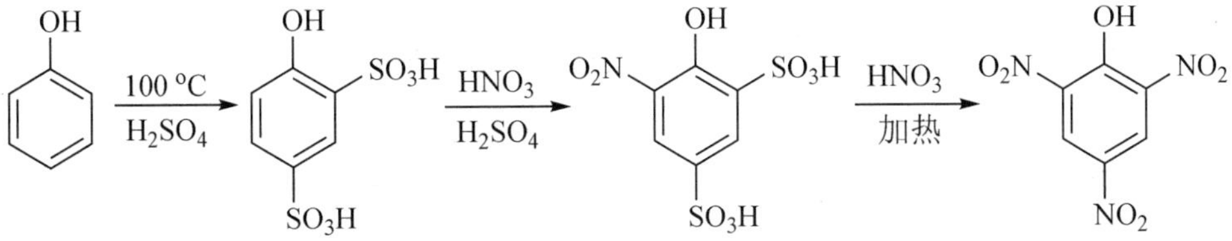

苯酚磺化后的 4-羟基苯-1,3-二磺酸中的钝化苯环溴化,酸性条件下加热脱除磺酸基可以制备 2-溴苯酚。

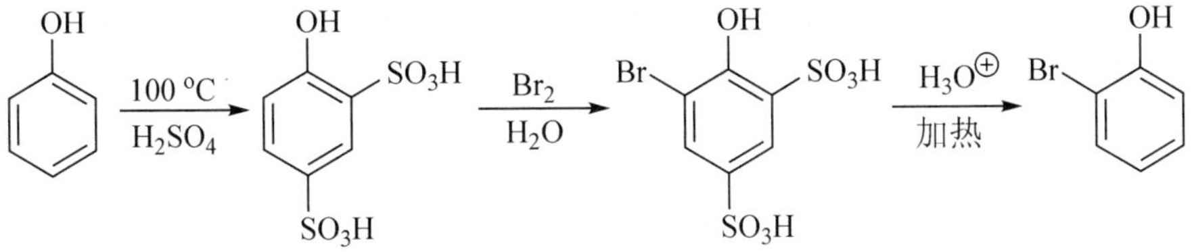

11.2.4.4 亚硝化反应

苯酚在酸性溶液中与亚硝酸作用,能发生亚硝化反应,生成对-亚硝基苯酚和少量的邻-亚硝基苯酚。亚硝基苯酚在稀硝酸作用下可以发生硝基取代反应,得到单硝化产物。

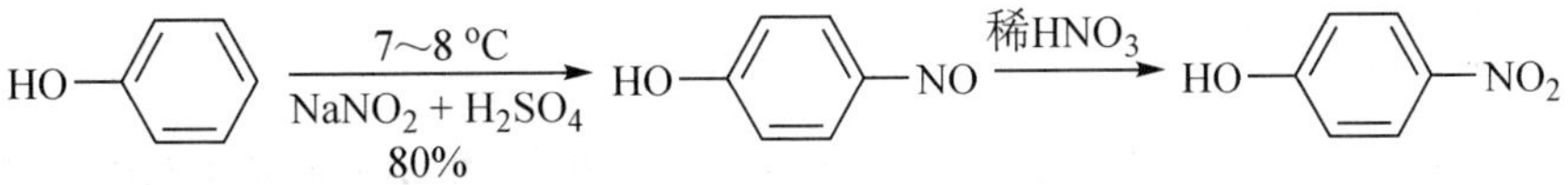

亚硝酸在酸性条件下会产生亚硝基正离子($^{+}$NO),这是一种弱亲电试剂,只能与带有强活化基团的芳香环反应,这也说明苯酚邻、对位的高亲电活性。

11.2.4.5 Friedel-Crafts反应

苯酚还可以进行 Friedel-Crafts(付-克)烷基化和酰基化反应。由于酚芳环上电子云密度较高,因此 Friedel-Crafts 反应也可以在较弱的催化剂,如 HF,BF_3,H_3PO_4 等作用下进行。

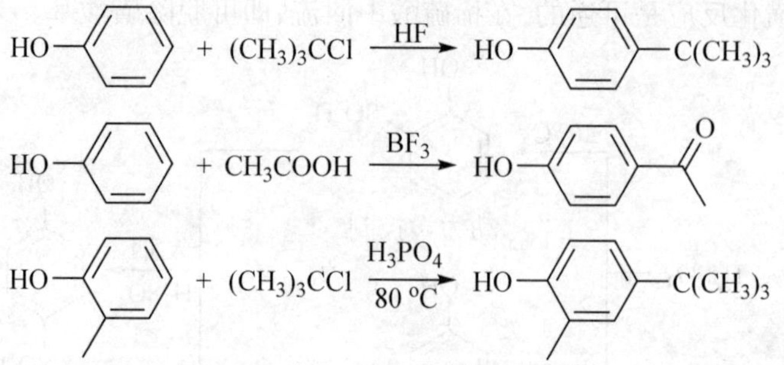

苯酚的羟基和苯环均可发生酰基化反应。Lewis酸能与与酚羟基结合,使羟基进攻羧羰基的能力减弱,同时 Lewis 酸也有利于酰基正离子的形成,均有利于 Friedel-Crafts 酰基化反应的进行。

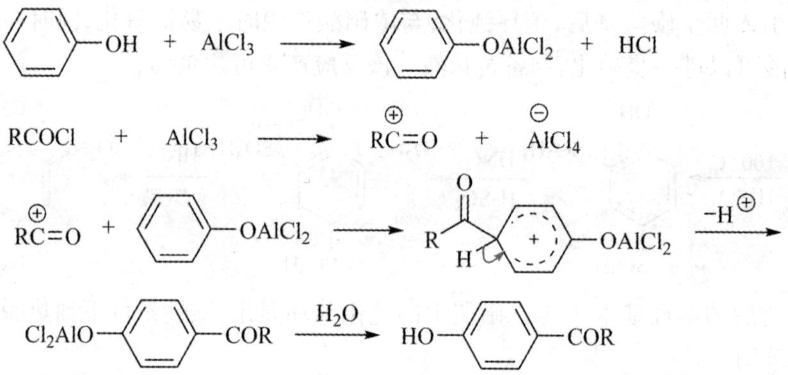

碱作为催化剂有利于酚氧负离子的形成,而质子酸催化则有利于增强羰基活性,这两种情况下都有利于酚羟基的酰基化生成酚酯。

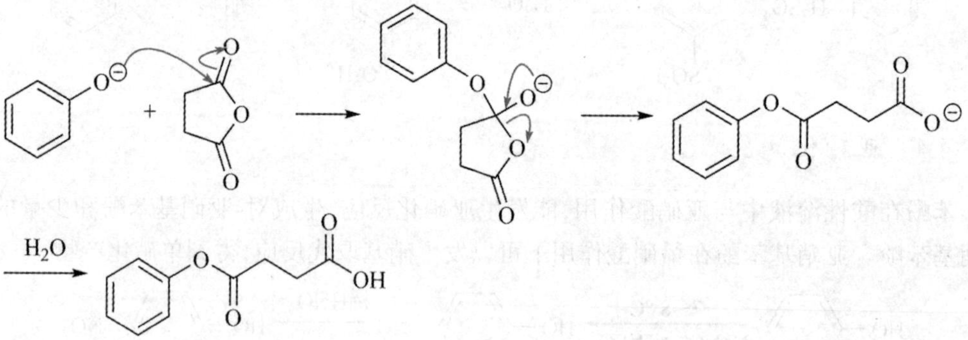

苯酚在浓硫酸或无水氯化锌催化下,与邻苯二甲酸酐发生 Friedel-Crafts 酰基化反应,生成酚酞。酚酞是无色固体,也是常用的酸碱指示剂,当pH值在8~12之间时,生成电子利于范围更大的共轭双负离子,呈现粉红色。

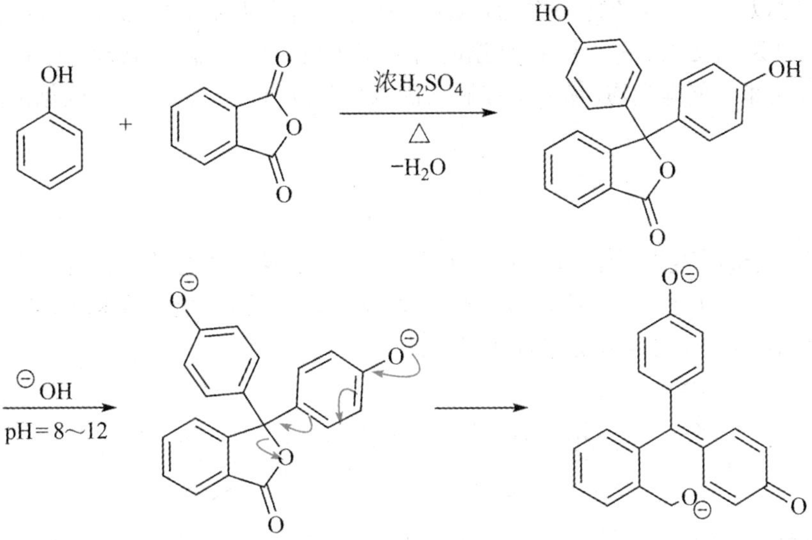

11.2.4.6 Fries 重排

酚酯与 Lewis 酸或 Brønsted 酸一起加热,酰基发生重排生成邻羟基或对羟基芳酮的混合物,这一类反应统称 Fries 重排。

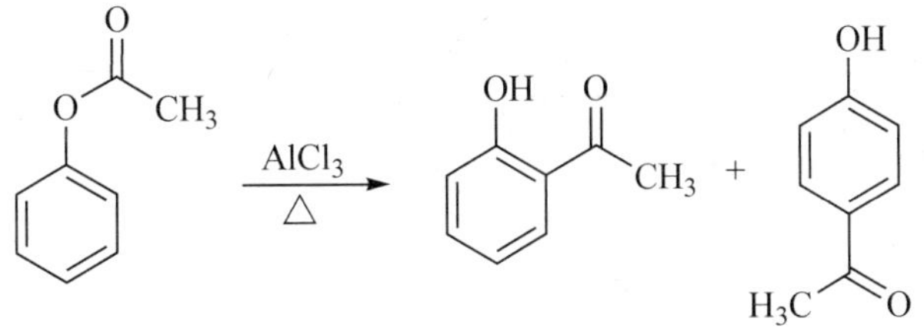

反应机理如下:酚酯在 AlCl₃作用下,酯基 C—O 键发生断裂,生成苯酚铝盐和酰基正离子,然后苯环羟基邻位或者对位碳对酰基正离子进行亲核进攻,分别得到邻位和对位重排产物。这一机理表明,重排反应可能是分子间的,两种不同的酚酯混合进行反应,应该得到交叉产物。

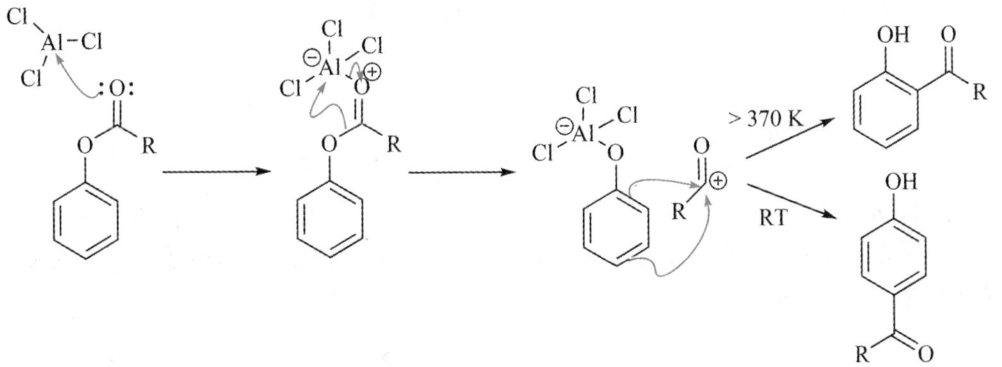

邻、对位产物的比例取决于酚酯的结构、反应条件和催化剂种类等。例如,多聚磷酸

（PPA）催化时以对位重排产物为主，而四氯化钛催化时则主要生成邻位重排产物。反应温度对产物比列影响交大，一般来说，低温时有利于生成对位重排产物（动力学控制），而高温时有利于形成邻位重排产物（热力学控制），因为邻位羰基与羟基氢可形成氢键而稳定邻位产物。

11.2.4.7　Kolbe-Schmidt反应

酚氧负离子的亲电反应活性比苯酚更高，可以与很弱的亲电试剂进行反应。酚在碱性条件下与CO_2反应生成邻、对位羟基取代的芳香羧酸的反应，统称为Kolbe-Schmidt反应。该反应是制备酚酸，特别是水杨酸的重要方法。

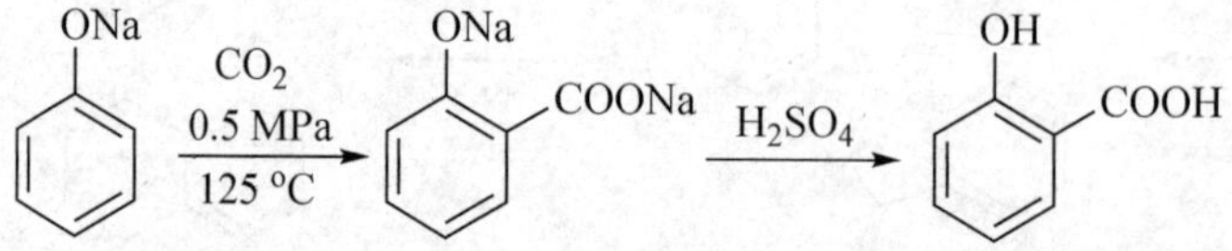

反应过程中，羧基大多进入到酚羟基的邻位，这可能是因为Na^+可以与CO_2的氧原子配位，导向控制反应的结果。虽然也会有部分对位取代产物生成，但是使用水蒸气蒸馏法很容易实现邻、对−异构体的分离。目前大家普遍接受的反应机理如下，为CO_2对苯环亲电进攻的历程。

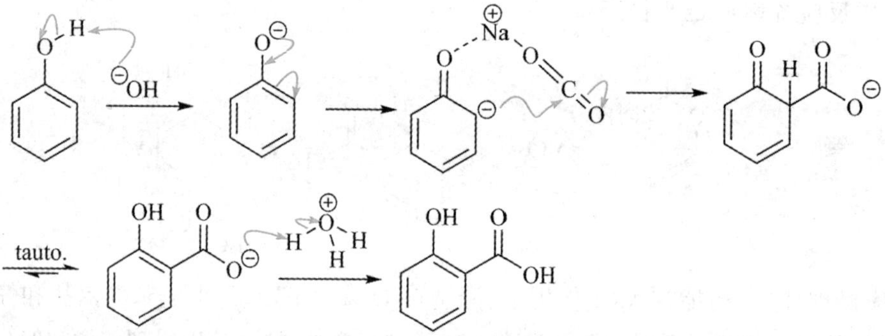

11.2.4.8　Reimer-Tiemann反应

苯酚、羟基取代的喹啉和富电子芳香杂环化合物在碱性溶液中与氯仿加热生成羟基苯甲醛的反应称为Reimer-Tiemann反应，醛基主要进入羟基的邻位。

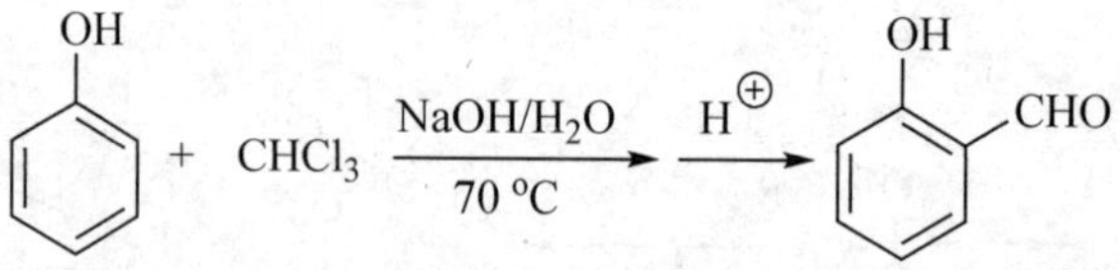

该反应机理如下：首先氯仿在碱作用下生成二氯卡宾，与酚氧负离子作用形成的碳负离子中间体攫取羰基α-氢，重新芳构化生成2-二氯甲基酚氧负离子，经过分子亲核取代和水解生成2-羟基苯甲醛（水杨醛）。

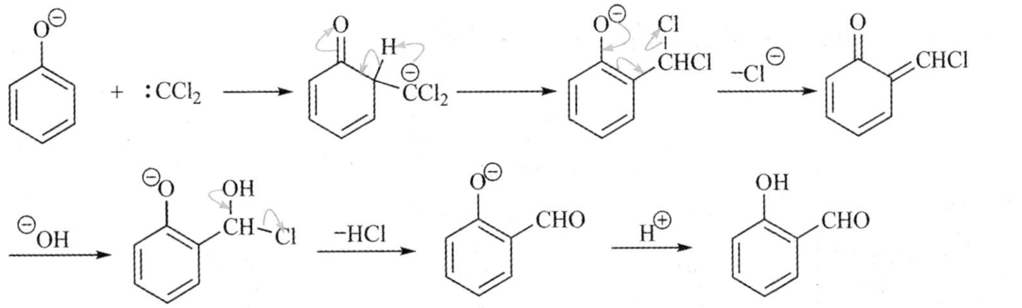

工业上生产水杨醛就是利用这一方法。Reimer-Tiemann反应收率一般不超过50%,当苯环上连有吸电子基团时,对反应不利。

11.2.4.9 苯酚与羰基化合物的缩合反应

酚羟基氧原子的孤对电子与苯环形成p-π共轭体系,氧上的电子云向苯环离域,因此酚芳环中邻位和对位碳原子更富电子,在碱或酸作用下,易与羰基化合物(醛或酮),发生缩合反应,例如苯酚和甲醛作用,生成邻、对-羟基苯甲醇。

在碱性条件下,酚氧负离子的亲电反应活性比苯酚更高,与甲醛的缩合反应更容易进行:

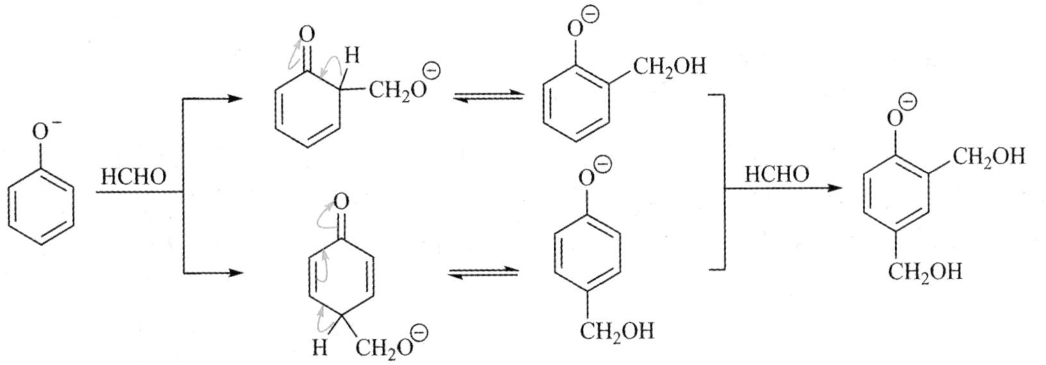

酚盐还能和酮生成的羟甲基酚盐发生进一步反应,生成亚甲基连接的双酚化合物。

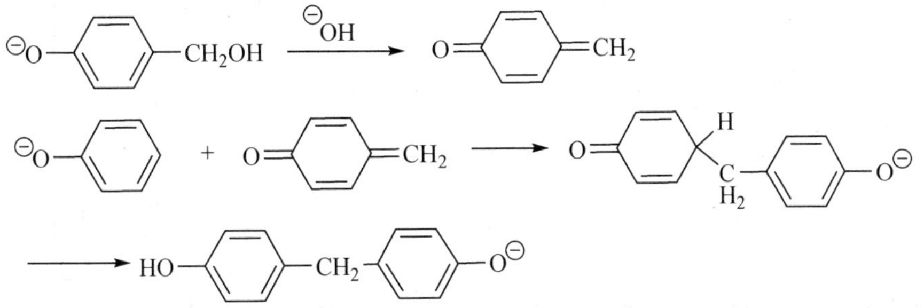

在酸性条件下,虽然苯酚不能形成亲核性更强的酚氧负离子,但是质子与甲醛的结合提升了羰基碳的亲核性,也可以促进缩合反应的进行。其反应历程如下:

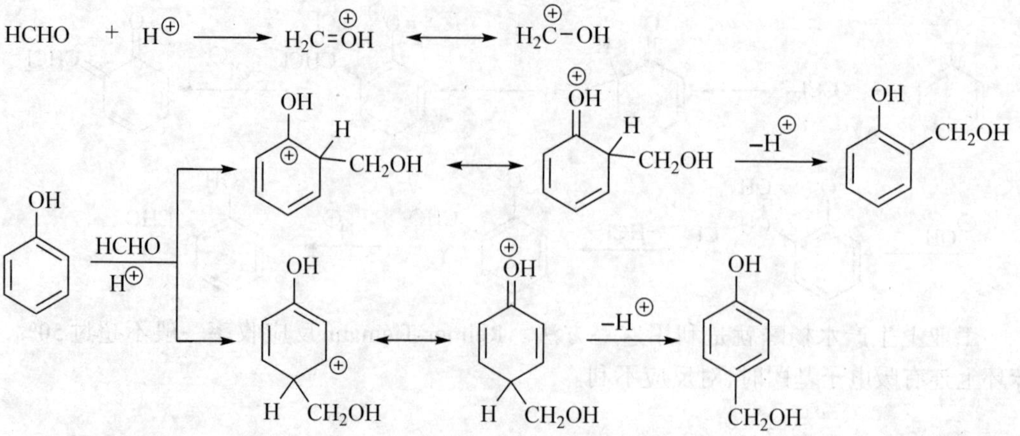

酸性条件下,苯酚也能和羟甲基脱水生成的苄基碳正离子生进一步反应,生成亚甲基连接的双酚化合物。

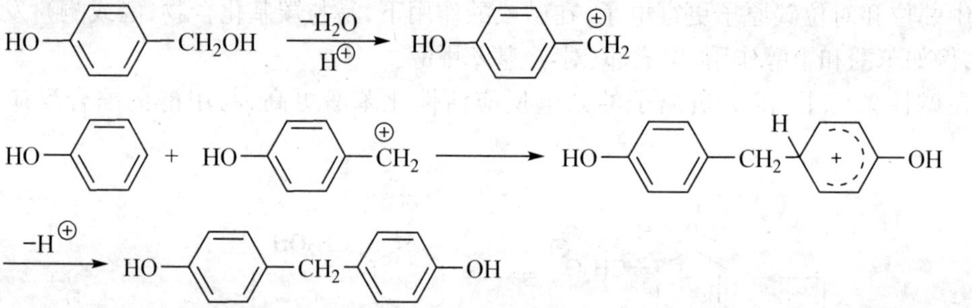

在过量的甲醛与苯酚反应时,在酸或碱作用下,可以进一步不断缩合,生成酚醛树脂。酚醛树脂具有良好的绝缘、耐温、耐老化、耐化学腐蚀等性能,广泛应用于电子、电气、塑料、木材、纤维等工业生产中,由它制成的增强塑料是空间技术中使用的重要高分子材料。

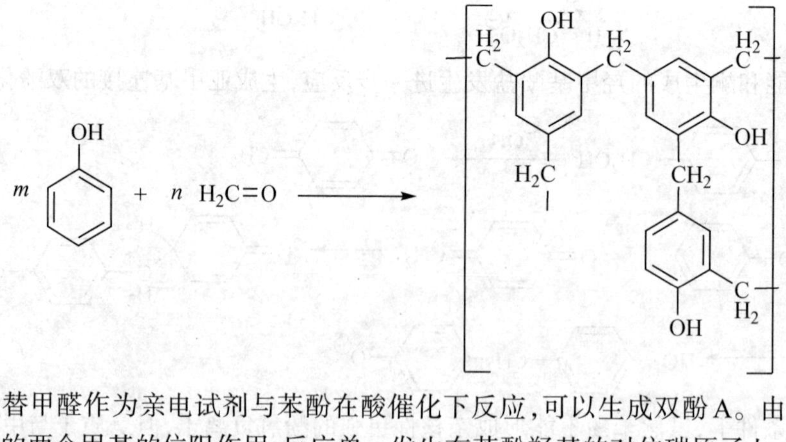

丙酮代替甲醛作为亲电试剂与苯酚在酸催化下反应,可以生成双酚A。由于丙酮羰基碳原子连接的两个甲基的位阻作用,反应单一发生在苯酚羟基的对位碳原子上。

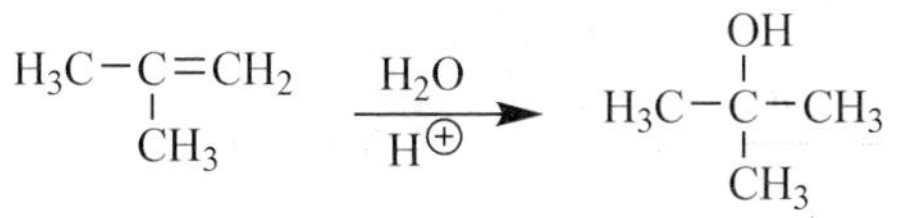

反应历程和上述转化类似,质子与羰基氧结合提高羰基碳原子的亲电性,接受相对位阻较小的酚羟基对位碳原子的进攻,得到的苄醇脱水生成不饱和酮,再与第二分子的苯酚反应,得到双酚A。

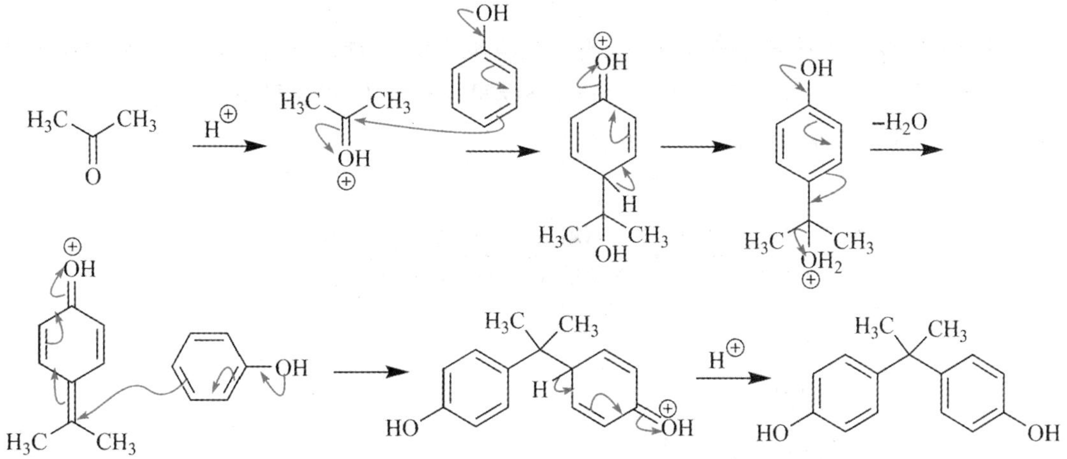

双酚A与光气或二苯基碳酸酯反应,发生聚合生成双酚A聚碳酸酯,具有机械强度好、耐热性能优异、耐冲击强度高等优点,是用途极为广泛的工程塑料之一。

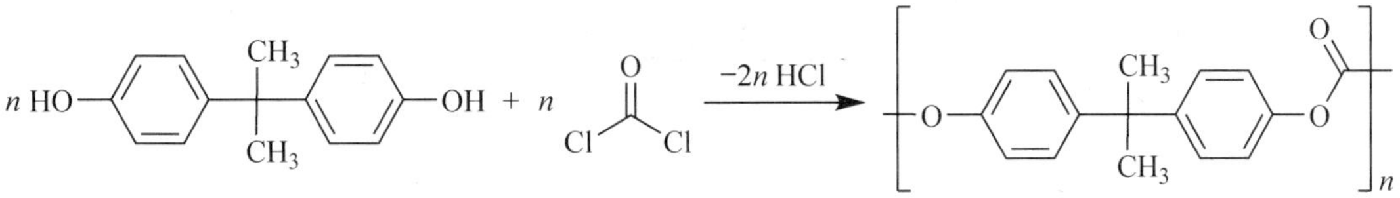

11.2.5　酚的制备

由于亲电性的HO^+极难形成,在芳环上通过亲电反应引入羟基制备苯酚很难实现,因此苯酚的制备方法与其他取代苯完全不同。目前苯酚和苯酚衍生的常用制备方法大致有以下几种。

11.2.5.1　磺酸盐碱熔融法

芳香磺酸盐碱熔融法(Bayer-Monsato方法)是最古老的苯酚工业制备方法,即芳磺酸用亚硫酸钠中和为芳磺酸钠盐,在碱熔融后发生羟基取代,再酸化得到酚,属于芳香取代反应。

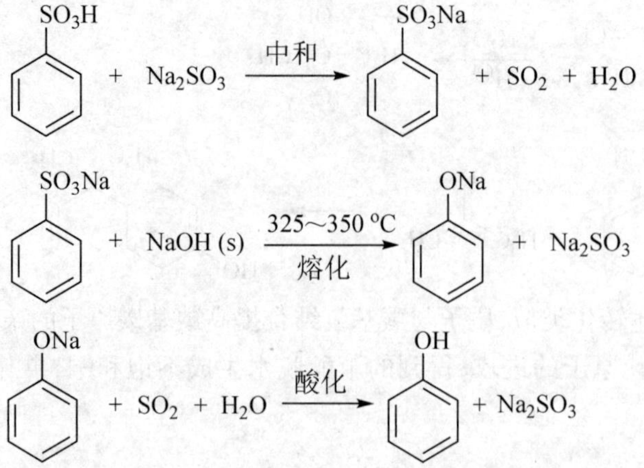

该反应需要使用强酸强碱、污染大,存在反应步骤长,官能团兼容性差等问题,限制了其应用范围。然而,这个反应产率高、Na$_2$SO$_3$和SO$_2$可反复使用、设备简单,是工业上生产间二苯酚、对甲苯酚和苯酚等产品的主要方法。

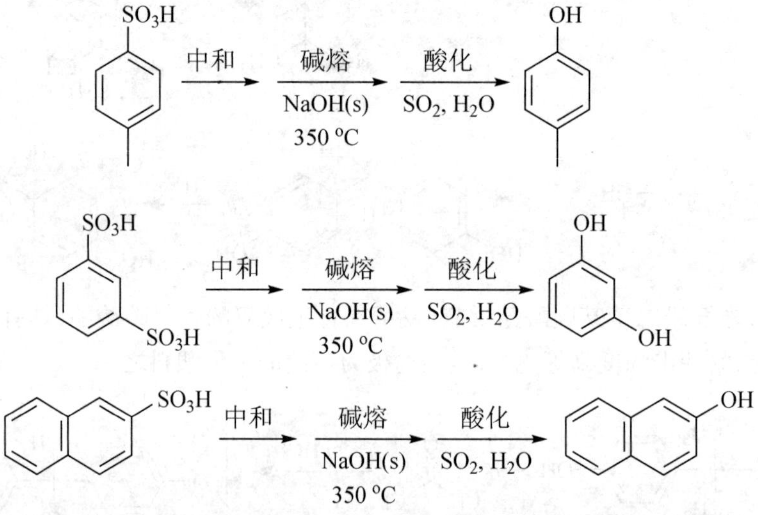

11.2.5.2 氯苯水解法(Dow方法)

经典的芳香亲核取代反应也是制备酚衍生物的常用方法,但是芳香卤代物的水解比脂肪族卤代烃困难,工业生产上一般在高温高压的催化条件下进行,反应经过苯炔中间体历程。

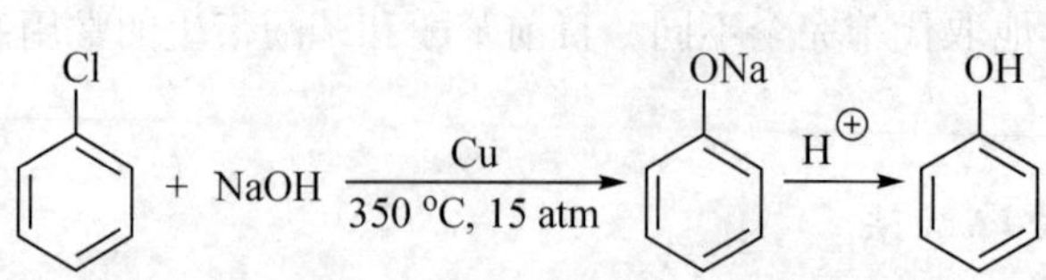

当卤原子的邻、对位连有吸电子基团时,水解反应比较容易进行,无需高压,在弱碱作用下即可进行。

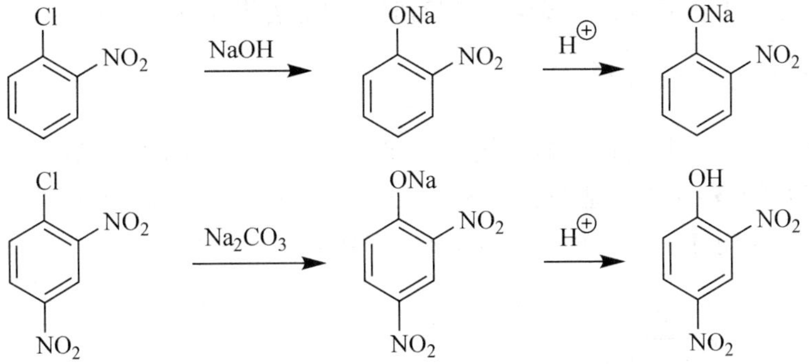

11.2.5.3 异丙苯法

异丙苯的氧化重排法是工业制备苯酚与丙酮的主要方法。工业上一般以廉价的苯和丙烯为原料，在 30 atm 和 250 °C 下，通过 HPO_4 催化来制备异丙苯。因此，异丙苯法(Hock 方法)的优点在于实现了廉价的苯和丙烯到更有价值的苯酚与丙酮的转化。

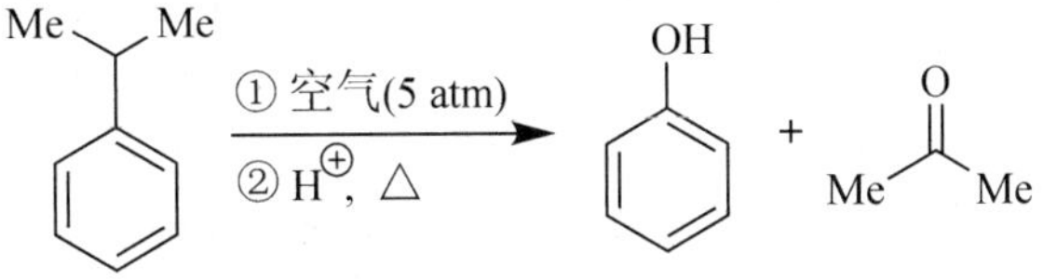

反应过程中，异丙苯首先在氧气作用下，通过自由基历程生成过氧化氢异丙苯，然后在酸作用下失水发生重排，生成的三级碳正离子与水结合后，分解转化为丙酮和苯酚。

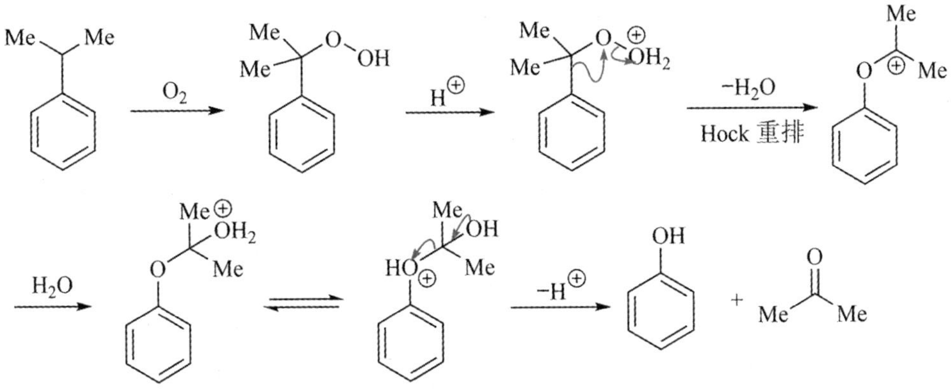

11.2.5.4 重氮盐水解法

重氮盐水解也是制备酚的一种方法。从芳香胺出发，酸催化下与 $NaNO_2$ 作用生成芳香重氮盐，加热条件下水解，即可制备相应的酚。

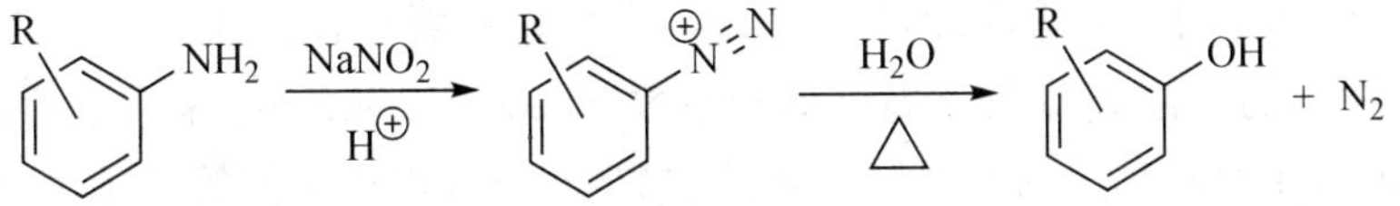

在重氮盐水解时，可以用羧酸代替水作为亲核试剂，反应生成酚酯，再水解转化为酚。

这种方法虽然比直接水解多了一步反应,但有时可以显著提高反应产率。

11.2.5.5 硼酸酯氧化水解法

对于苯环上吸电子基团较少的卤代苯,一般不能通过经典的芳香亲核取代反应直接水解制备酚,可以将其转化为芳基金属试剂,与硼酸三甲酯反应生成芳基硼酸二甲酯后,再在碱性条件下与氧化剂(H_2O_2,TBHP 或 m-CPBA 等)作用发生氧化重排,水解后即可生成酚。

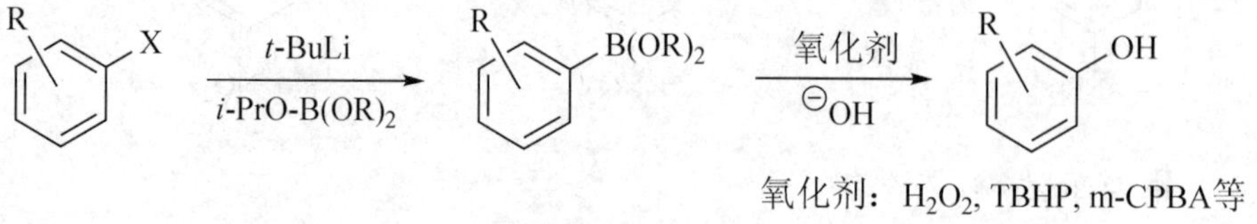

氧化剂:H_2O_2, TBHP, m-CPBA等

11.2.6 酚的应用

苯酚俗称石炭酸,是一个应用广泛的工业原料,可以用来合成树酯,如酚醛树脂、环氧树脂、双酚A聚碳酸酯等,这些树酯具有多种用途,常用作层压塑料、保护涂料、木板粘合剂、电绝缘材料等。以苯酚为原料还可以合成药物(如阿司匹林)、合成纤维(如尼龙6)、炸药(苦味酸)、除莠剂(除草醚)、杀菌剂(如五氯苯酚)、木材防腐剂和激素等。

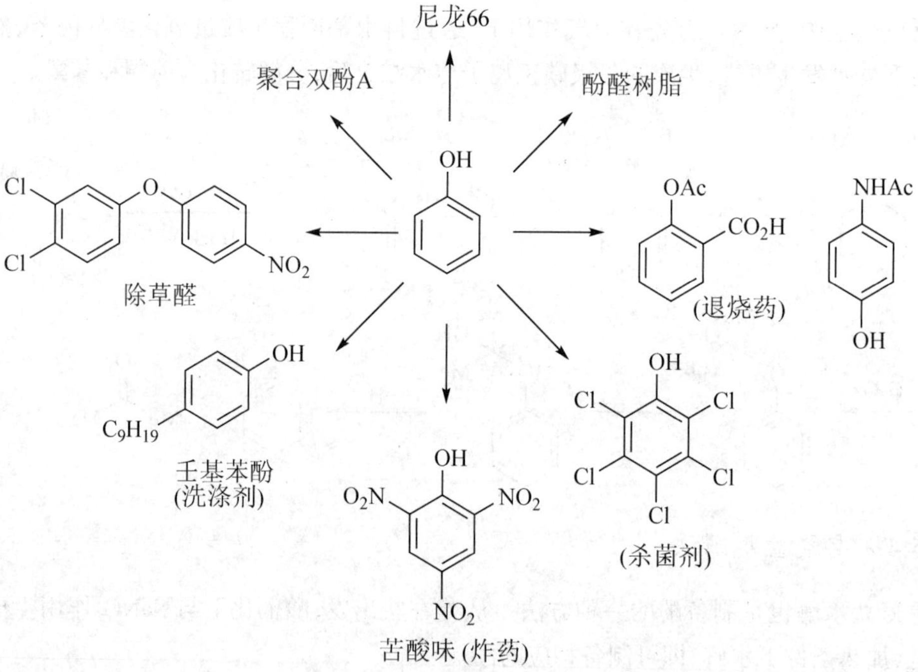

苯酚也是较早使用的杀菌剂,但是由于能凝固蛋白质而具有皮肤毒性,现在已经很少使用。不过,消毒剂的杀菌效力至今仍以苯酚系数(phenol coefficient)来衡量:如消毒剂的苯酚系数为5,表示在相同时间内其浓度为苯酚的1/5时具有与苯酚同等的杀菌效力。许多取代的苯酚都是有效的杀菌剂。

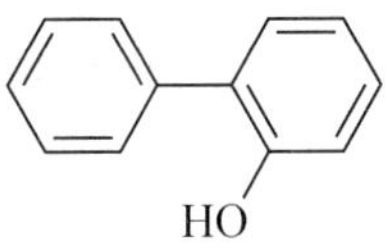

2-苯基苯酚
（在煤酚皂溶液中的消毒剂

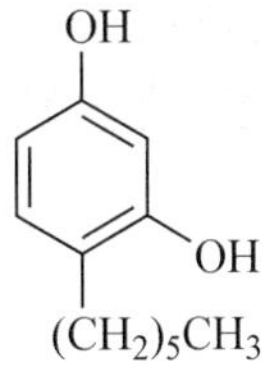

4-正己基间苯二酚(p.c. = 50)
（是最先使用的杀菌剂和驱虫剂

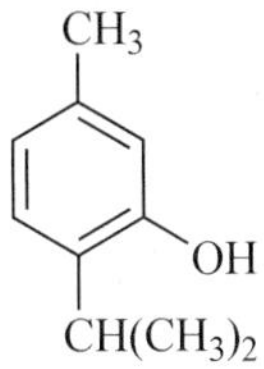

百里酚（麝香草酚）

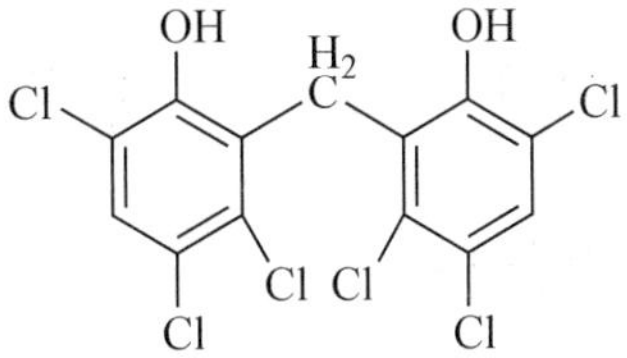

Hexachlorobenzene p.c. = 125
广泛用作制造解臭剂，牙膏和消毒皂，
对婴儿腹泻也很有效

肾上腺素是邻苯二酚的一个重要衍生物，是肾上腺髓质的主要激素，为无色或淡黄色晶体，熔点为 205 ℃。肾上腺素有加速心脏跳动、收缩血管、增高血压、放大瞳孔等功能，也有分解肝糖增加血糖含量以及松弛支气管平滑肌的作用，因此常用于支气管哮喘、过敏性休克以及其他过敏性反应的急救。

11.3 醚

水分子中的两个氢原子被烃基取代的化合物称为醚。醚类化合物都含有醚键(ether bond, C-O-C)，官能团为醚基。

11.3.1 醚的分类

两个烃基相同的醚称为对称醚，也叫简单醚，两个烃基不相同的醚称为不对称醚，也叫混合醚。

简单醚：R-O-R，Et-O-Et；

混合醚：R-O-R'，Ph-O-Me，Alkyl-O-Alkyl'，Ar-O-Alkyl，Ar-O-Ar'。

根据两个烃基的类别，醚还可以分为脂肪醚和芳香醚：不含有芳基的醚被称为脂肪醚；而含有芳基的醚称为芳香醚。

不含有 Ar-的称为脂肪醚：Et-O-Et；

含有 Ar-的称为芳香醚：Ph-O-Ph，Ph-O-Me。

分子中没有环的脂肪醚称为无环醚，可细分为饱和醚以及不饱和醚；烃基成环的醚称为环醚；换上含氧的醚称为内醚或环氧化合物；含有多个氧的大环醚形如皇冠，故称之为冠醚。

$CH_3CH_2OCH(CH_3)_2$
饱和醚（无环醚）

$H_2C{=}CH-O-CH_3$
不饱和醚（无环醚）

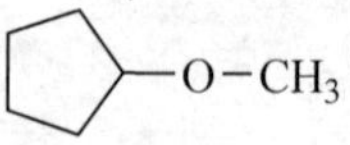
环醚

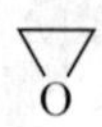
环氧化合物

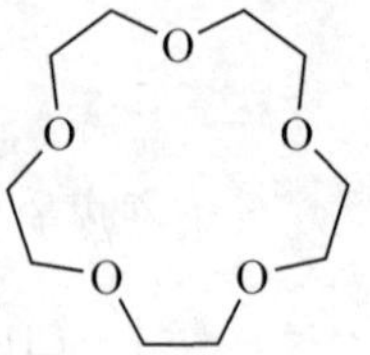
冠醚

11.3.2 醚的命名

11.3.2.1 一般醚的命名

1. 普通命名法

对于简单醚，普通命名法是在与氧原子相同的烃基名称后加上醚即可；混合醚的普通命名法是按照顺序规则由小到大将两个烃基分别列出，然后加上醚字，而英文命名时，烃基的排列顺序与字母顺序一致。

简单醚：

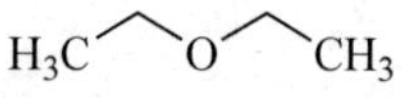
乙醚

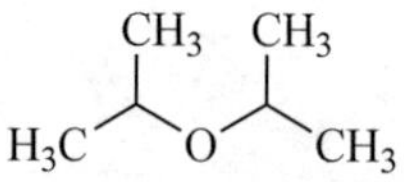
异丙醚

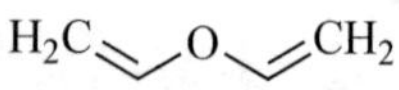
乙烯醚

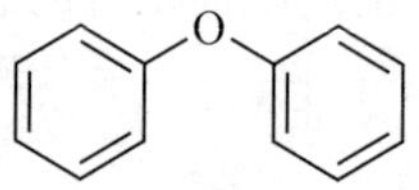
苯醚

混合醚：

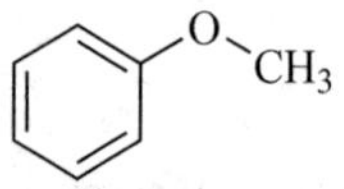
苯甲醚

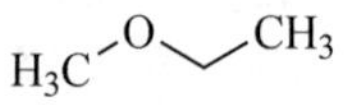
甲乙醚

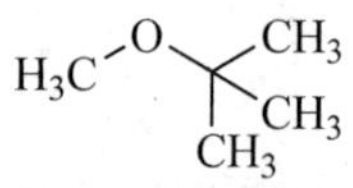
甲基叔丁醚

$H_2C{=}CHCH_2OCCH$
烯丙乙炔醚

2. 系统命名法

醚的系统命名法参见前文，注意醚不能做为主体，只能作为取代基。

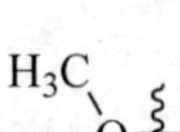
甲氧基

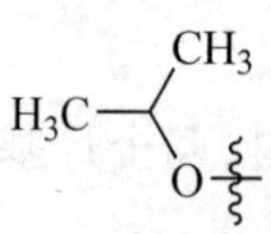
异丙氧基

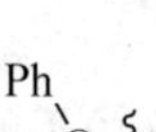
苯氧基

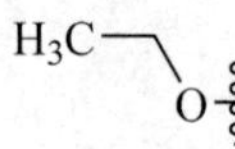
乙氧基

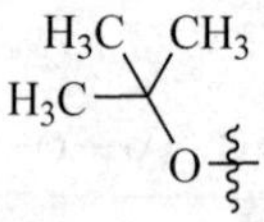
叔丁氧基

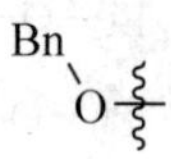
苄氧基

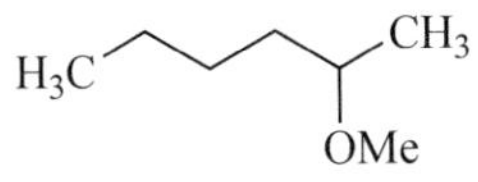

2-甲氧基己烷

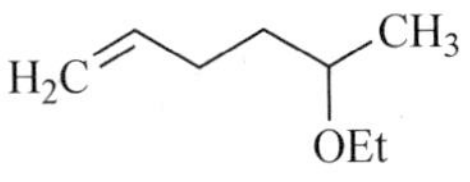

5-乙氧基-1-己烯

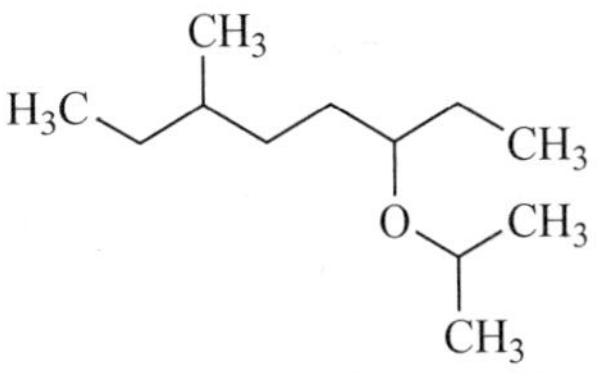

3-甲基-6-异丙氧基-辛烷

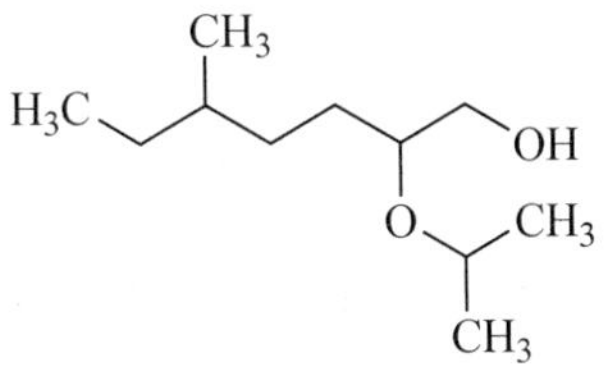

5-甲基-2-异丙氧基-1-庚醇

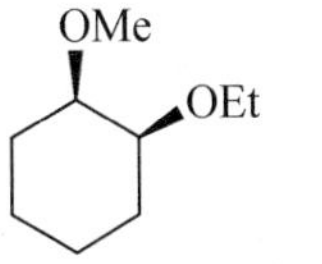

(1R,2S)-1-甲氧基-2-乙氧基-环己烷

11.3.2.2 环氧化合物(内醚)的命名

环氧化合物(内醚)的命名方式是,把氧作为取代基,称为环氧,然后按照系统命名规则命名。

环氧乙烷

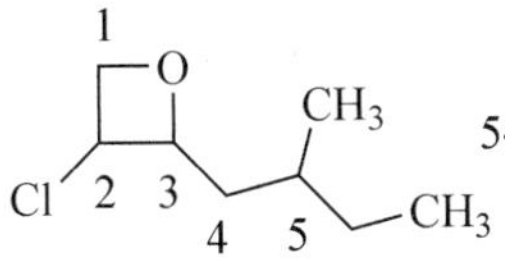

5-甲基-2-氯-1,3-环氧庚烷

环氧化合物也可以按照杂环的系统命名规则命名:把环作为母体,根据成员的原子数称为环某烃,在母体前面写上杂原子位置号、杂原子个数和名称再加上杂字。

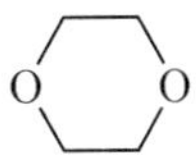

1,4-二氧六环或（二噁烷）

环氧化合物还可以按照杂环的英译名为标准来命名,五元和六元的环氧化合物习惯上都按照此规则命名。

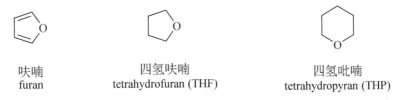

呋喃
furan

四氢呋喃
tetrahydrofuran (THF)

四氢吡喃
tetrahydropyran (THP)

11.3.2.3 冠醚的命名

冠醚的系统命名法参见前文,也可以按照杂环的系统命名法命名。冠名的普通命名法则按照 m-冠-n 来命名,其中 m 为环上碳原子和氧原子总数,n 为其中的氧原子数目。

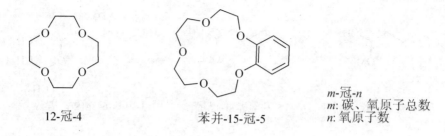

12-冠-4　　　　　　　　　　苯并-15-冠-5

m-冠-*n*
m: 碳、氧原子总数
n: 氧原子数

11.3.3　醚的结构

脂肪醚的醚键中氧原子为sp³杂化状态,两对孤对电子分别占据两个sp³杂化轨道,另外两个sp³杂化轨道分别与两个烷基碳的sp³杂化轨道形成σ键。醚键的键角(∠COC)接近111°。

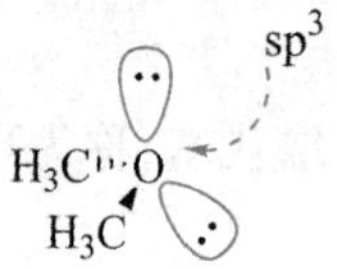

$$sp^3$$

H₃C⌒O
H₃C

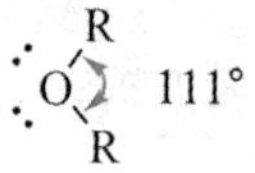

O∠111°
R
R

11.3.4　醚的物理性质

1. 沸点

与醇不同,醚分子间不能形成氢键,因此沸点比相近分子量的醇低很多,和烷烃接近。多数醚是易挥发、易燃的液体。

甲醚	$H_3C-O-CH_3$	分子量	46	b. p. −24.9 ℃
乙醇	C_2H_5OH	分子量	46	b. p. 78 ℃
丙烷	$CH_3CH_2CH_3$	分子量	44	b. p. −42 ℃

2. 溶解度

醚分子中的氧原子可以和水分子形成分子间氢键,因此在水中溶解度比烷烃高,和含碳数相同的醇类似,如乙醚和正丁醇在水中溶解度接近,在每100份水中均可溶解8份。四氢呋喃和1,4-二氧六环能和水完全互溶,这是由于内醚环内氧原子周围空间位阻较小,易于和水形成氢键。随着烃基的增大,醚分子和水分子的分子间氢键逐渐减弱至消失,溶解度也逐渐减小。多数醚不溶于水。

多数有机化合物溶于乙醚,因此乙醚的主要用途是做溶剂和萃取剂。离子型化合物如盐类化合物在乙醚中不溶,因此在其乙醇溶液中加入乙醚,可以从中析出沉淀。

醚分子中∠COC接近111°,与水相似,所以醚分子有一定的偶极矩,也有弱的极性,如乙醚为1.18D。

11.3.5 醚的反应

醚基是醚的官能团,也是醚的反应位点。醚基中的氧原子含有两队孤对电子,具有碱性和亲核性;极性的C-O键在一定条件下可异裂,发生饱和碳原子上的亲核取代反应;受电子效应的影响,醚氧原子的α-碳上有氢时易被氧化。

11.3.5.1 醚的碱性

醚的氧原子上带有孤对电子,作为一种质子碱,与浓硫酸作用可以形成烊盐。醚形成烊盐后溶于冷的浓硫酸,因此此反应可用于分离醚和卤代烃或烷烃的混合物。

$$H_3C-O-CH_3 + H_2SO_4 \longrightarrow H_3C-\overset{\oplus}{\underset{H}{O}}-CH_3 + HSO_4^{\ominus}$$

作为一种Lewis碱,醚也可以和BF_3,$AlCl_3$,B_2H_6等Lewis酸作用,生成络合物。BF_3是有机反应中的一种常用催化剂,常温下为气体(b.p. −101 ℃),直接使用不方便,常将其配成乙醚溶液;B_2H_6为二聚体,与醚配位后分解为单体(BH_3)才具有还原性。

$$H_3C-O-CH_3 + BF_3 \longrightarrow H_3C-CH_2-\overset{\oplus}{\underset{\underset{BF_3}{\ominus}}{O}}-CH_2-CH_3$$

$$H_3C-O-CH_3 + AlCl_3 \longrightarrow H_3C-CH_2-\overset{\oplus}{\underset{\underset{AlCl_3}{\ominus}}{O}}-CH_2-CH_3$$

醚的C-O键相对惰性,难以参与反应,而烊盐的形成使得C-O键变弱,因此醚键断裂的一些反应常通过烊盐来进行。

11.3.5.2 醚的碳-氧键断裂反应

醚与氢卤酸一起加热,质子与醚结合先形成烊盐,然后可以发生S_N1或S_N2反应,活化的碳-氧键断裂生成卤代烷和醇。在过量酸存在下,生成的醇还会发生进一步转化变成卤代烷。

$$R-O-R' \xrightarrow{HX} R-\overset{H}{\underset{\oplus}{O}}-R' \xrightarrow[X^{\ominus}]{\triangle} ROH + R'X \xrightarrow[\text{HX}]{\text{过量}} RX$$

由于卤离子的亲核性顺序为:$I^- > Br^- > Cl^-$,因此反应中断裂醚键的HX活性顺序为:HI>HBr>HCl。氢碘酸的反应活性最高,也是断裂醚键最常用的试剂。氢溴酸和盐酸反应活性较低,需要使用浓酸和较高的反应时间。

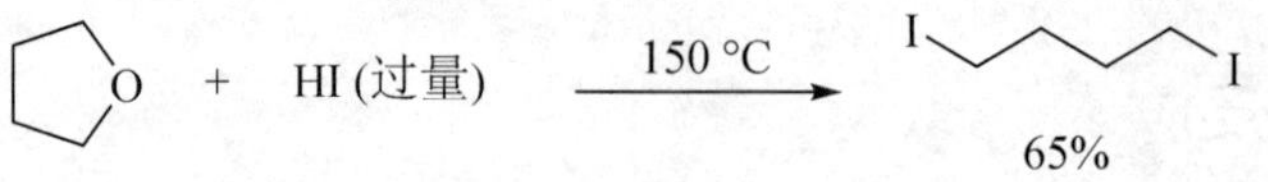

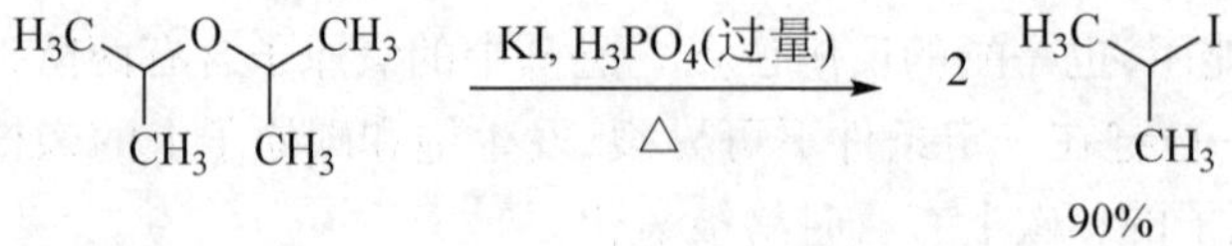

$$\text{（四氢呋喃）} + \text{HI（过量）} \xrightarrow{150\,^\circ\text{C}} \text{I}\frown\text{I} \quad 65\%$$

$$\text{(H}_3\text{C)}_2\text{CH-O-CH(CH}_3\text{)}_2 \xrightarrow[\triangle]{\text{KI, H}_3\text{PO}_4\text{（过量）}} 2 \ \text{H}_3\text{C-CHI-CH}_3 \quad 90\%$$

醚键断裂反应的机理,主要决定于醚分子中烃基的结构。

对于混合醚,碳-氧键断裂的顺序是:三级烷基>二级烷基>一级烷基。一般情况下,断裂的 C-O 中烃基为一级烷基时,反应通过 S_N2 机理进行;烃基为三级烷基时,反应通过 S_N1 机理进行;对于含有二级烷基的混合醚,反应情况比较复杂,可能按照 S_N1 或 S_N2 机理同时进行,往往得到混合产物,但是醚分子中一个烷基为甲基时,都会在甲基一侧优先断裂。

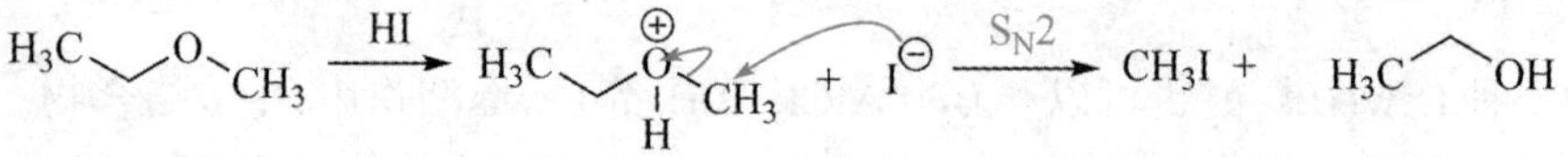

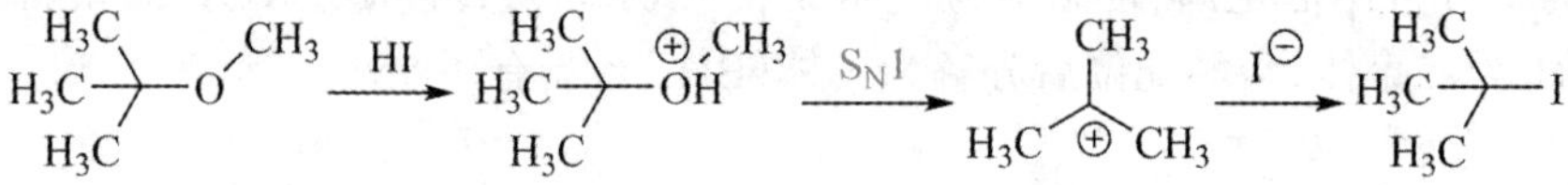

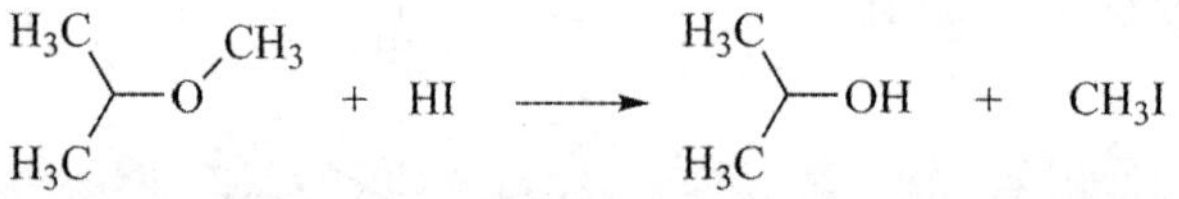

对于芳基烷基醚,醚键总是优先在脂肪烃基一侧断裂,即使加入过量卤化氢也得不到卤代芳烃,这是因为芳基与氧存在 p-π 共轭,具有某些双键的性质,因此难于断裂。

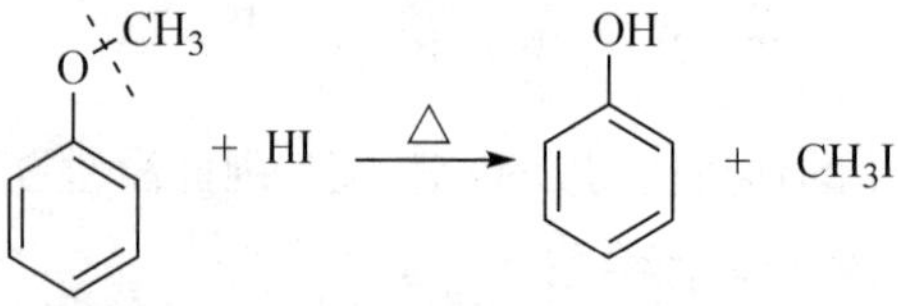

同样由于芳基与氧发生 p-π 共轭导致碳-氧键结合特别牢固,二芳基醚在碘化氢作用下不会发生醚键断裂反应。

Zeisel 甲氧基定量测定法:醚分子中一个烷基为甲基时,与碘化氢作用醚键在甲基一侧优先断裂,生成的碘甲烷与硝酸银的乙醇溶液会发生反应,生成碘化银沉淀;对碘化银进行定量,即可推算分子中甲氧基的含量。这一方法叫蔡塞尔(Zeisel)甲氧基定量测定法,在测定含甲氧基的天然产物结构时很有用。

苄基醚一般通过催化氢解对相对活泼的苄位碳–氧键进行断裂,反应进行完全,产率高,而一般醚不会发生氢解。

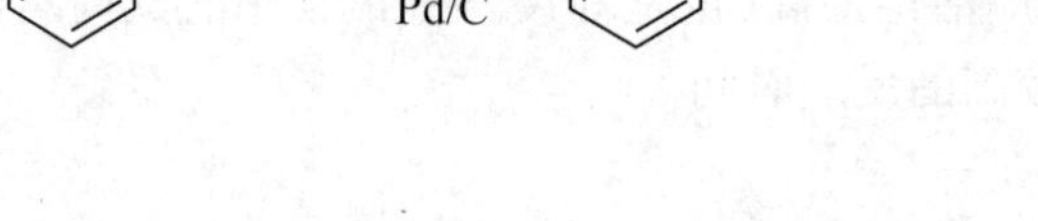

11.3.5.3 醚的自动氧化

醚对一般氧化剂比较稳定,但在空气中久置或经光照,可氧化生成不易挥发的过氧化物。

$$CH_3CH_2OCH_2CH_3 \xrightarrow{O_2} CH_3\underset{\underset{O-O-H}{|}}{CH}OCH_2CH_3$$

醚的自动氧化反应主要发生在 α C—H 键之间,多数是通过自由基机理进行的。与之类似,烯丙位、苄位、三级碳-氢键都容易发生这一自动氧化反应。

氢过氧化醚经过分子内碳-氧键和氧-氢键均裂,脱除一分子乙醇生成双自由基中间体,可以聚合生成过氧化醚。

$$n\,CH_3\underset{\underset{O-O-H}{|}}{CH}-OCH_2CH_3 \xrightarrow{-CH_3CH_2OH} n\,CH_3\overset{\cdot}{\underset{\underset{O-O\cdot}{|}}{CH}} \longrightarrow \left[\underset{\underset{CH_3}{|}}{\overset{\overset{H}{|}}{C}}-O-O\right]_n$$

过氧化醚

过氧化醚沸点比较高,受热易分解爆炸,因此蒸馏乙醚时不能蒸干,对于久置的乙醚必须检查是否含有过氧化物,可以采用碘化钾-淀粉试纸法。醚在蒸馏前必须进行纯化,用硫酸亚铁溶液洗涤除去过氧化物。需要特别注意的是,乙醚具有高度挥发性且蒸气易燃,即使不含过氧化物也存在爆炸和着火的危险,使用时要特别注意并采取预防措施。

11.3.5.4 克莱森重排

苯酚的烯丙基醚加热时,烯丙基可以从氧原子迁移到邻位碳原子上,生成邻-烯丙基苯酚,这个反应称为克莱森(Claisen)重排。如果邻位均含有取代基,烯丙基最终迁移到对位碳原子上,得到对-烯丙基酚。

实验事实表明,克莱森重排为分子内协同反应,通过六元环状过渡态进行,烯丙基迁移到邻位碳原子上得到酮式中间体,然后发生质子迁移,重新芳构化得到邻-烯丙基苯酚。

当邻位取代基均被占据时,烯丙基迁移到邻位碳原子上后,无法通过质子迁移实现芳构化,因此会通过六元环过渡态进行第二次重排(Cope 重排),烯丙基继续迁移到对位,质子迁移重新芳构化得到邻-烯丙基酚。

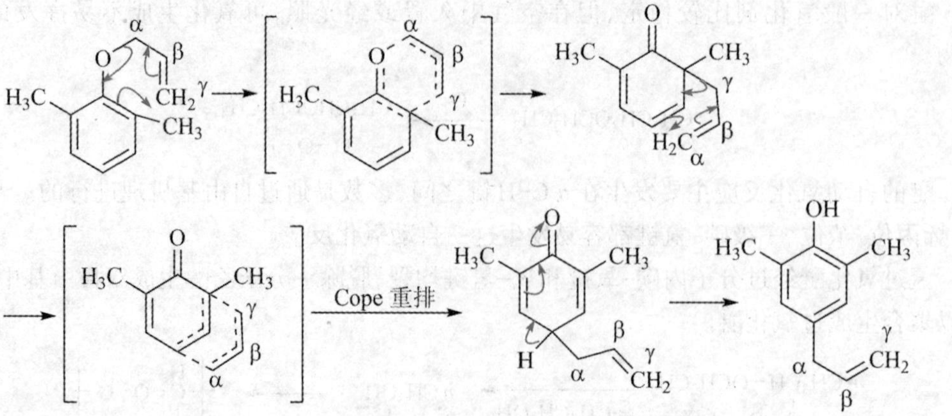

由于酚的烯丙基醚很容易从苯酚钠和烯丙基卤化物制备,因此克莱森重排是在酚芳环上引入烯丙基的好方法,可以方便地制备邻位带有烃基的酚类化合物。

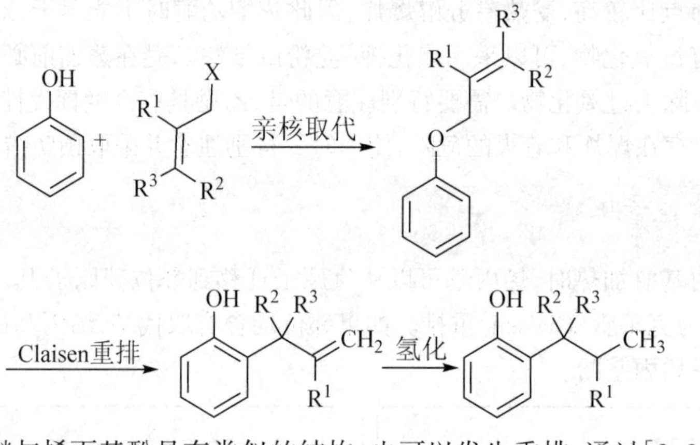

乙烯基烯丙醚与烯丙基酚具有类似的结构,也可以发生重排,通过[3,3]-σ迁移重排生成γ,δ-不饱和羰基化合物。

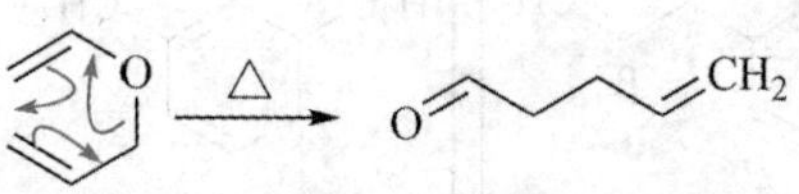

与烯丙基酚不同,乙烯基烯丙醚重排直接生成稳定的γ-烯醛或烯酮,不涉及质子转移重新芳构化的步骤。

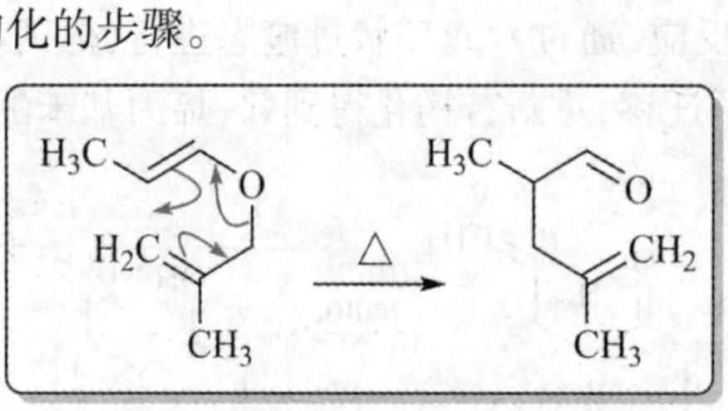

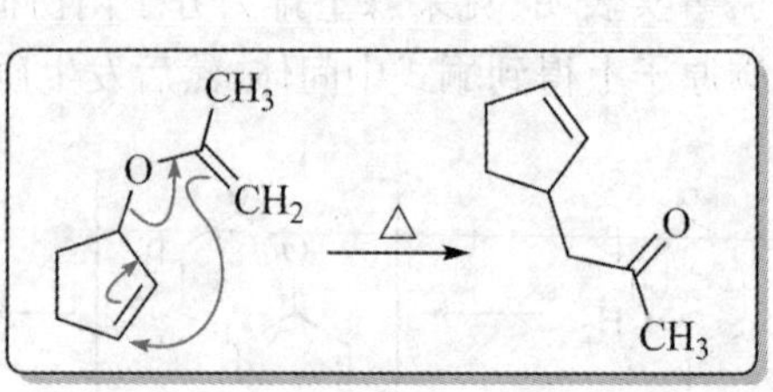

11.3.5.5　1,2-环氧化合物的开环反应

由于分子结构中含有高度张力的三元环,1,2-环氧化合物非常活泼,极易与多种试剂发生开环反应,释放环张力,所以开环是环氧化合物的主要反应。

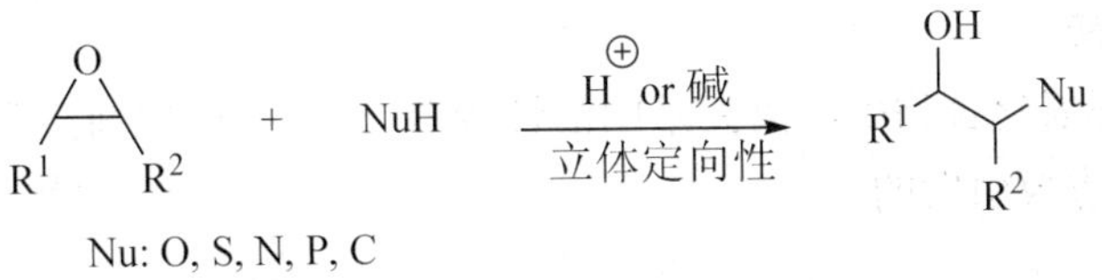

Nu: O, S, N, P, C

1,2-环氧化合物一般以价格低廉的烯烃为原料,通过环氧化反应制备,简单易得;开环反应在酸性和碱性条件下均可进行,不同类型的亲核试剂都可以参与反应;1,2-环氧化合物的开环反应为反式开环,手性中心通常不会发生外消旋化;但是反应的区域选择性控制往往比较困难,只有特殊类型的环氧化合物才能实现高选择性控制。

非对称 1,2-环氧化合物的开环反应可生成两种产物,主要产物取决于开环的方向,这与反应的酸碱性密切相关。

1. 酸性开环反应

当使用的试剂亲核能力较弱时,需要在酸催化剂帮助下开环:质子与环氧化合物的氧原子结合,形成氧鎓离子,进一步降低与氧相连的环碳原子的电子云密度,增加其亲电性并削弱 C—O 键,提升了环碳原子与亲核试剂的结合能力。亲核试剂从 C—O 键的背后进攻,发生 S_N2 反应。

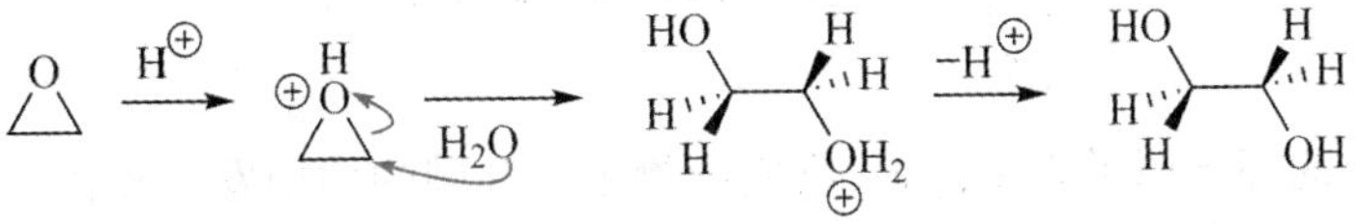

质子化的环氧原子也提供了一个好的离去基团(弱碱性的醇羟基),而酸性或者中性的亲核试剂亲核性弱,因此 C—O 键的断裂速度比亲核试剂与环碳原子间的成键速度要快,因此这个 S_N2 反应具有相当程度的 S_N1 性质。

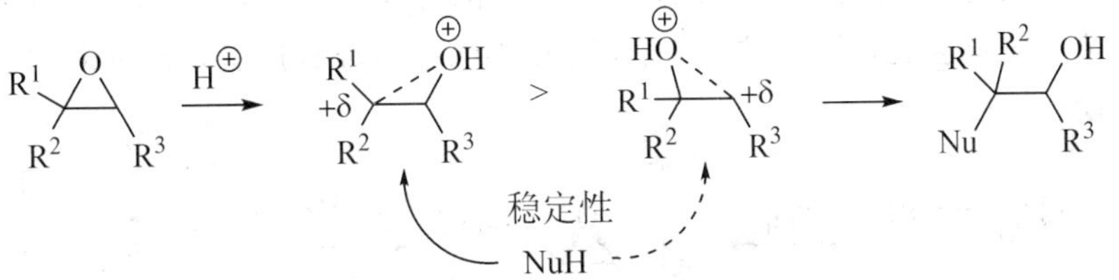

开环方向主要决定于电子效应,与空间因素关系不大:C—O 键优先从最能容纳正电荷的环碳上断裂,正电荷也主要集中在这个碳上,因此亲核试剂优先进攻取代基较多的环碳原子,或者更能稳定正电荷的苄位、烯丙位和炔丙位环 C 原子。

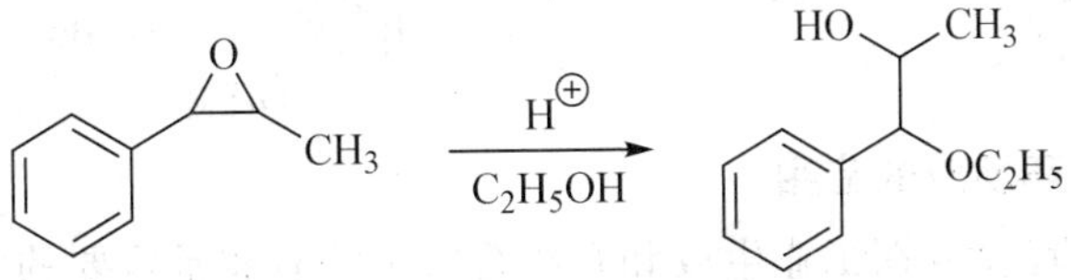

如果受进攻的是手性碳,反应中手性碳的构型发生翻转。

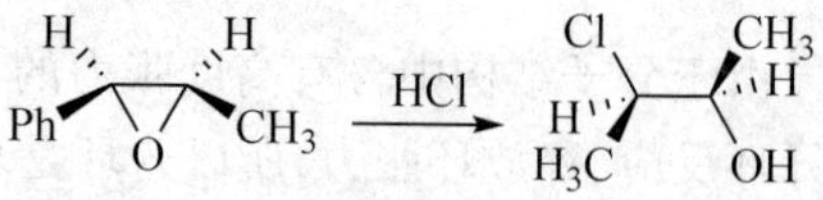

2. 碱性开环反应

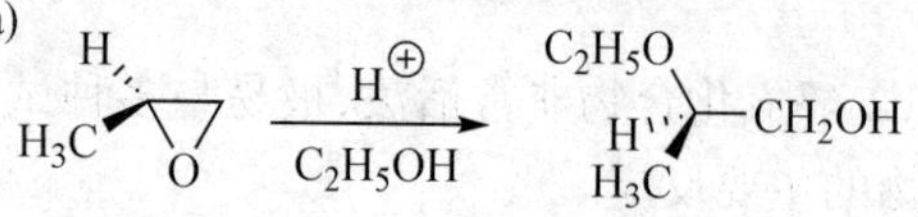

碱性条件下,环氧化合物中的离去基团活性较差,但是亲核试剂活泼,亲核能力强,因此反应是由亲核试剂进攻引发的。

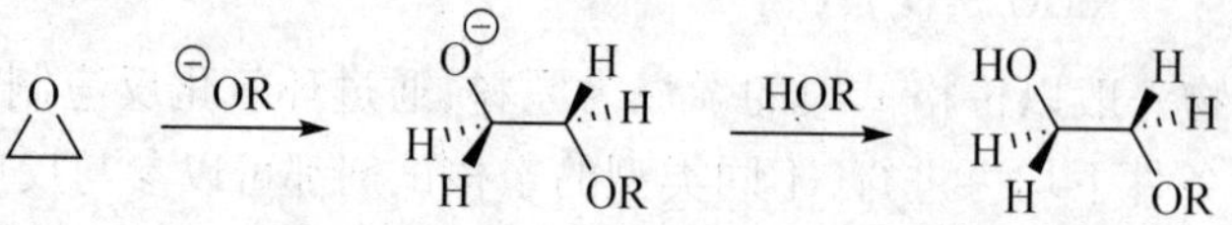

环氧化合物不带正电荷或者负电荷,键的断裂与形成协同进行,这是一个 S_N2 反应,亲核试剂的进攻方向主要决定于空间因素,而与电子效应关系不大,即亲核试剂优先进攻空间位阻较小的环碳原子。

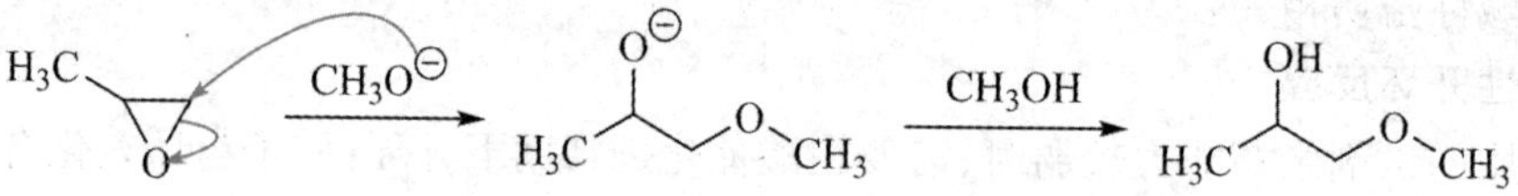

格式试剂与环氧化合物的反应也属于碱性条件下的开环反应。

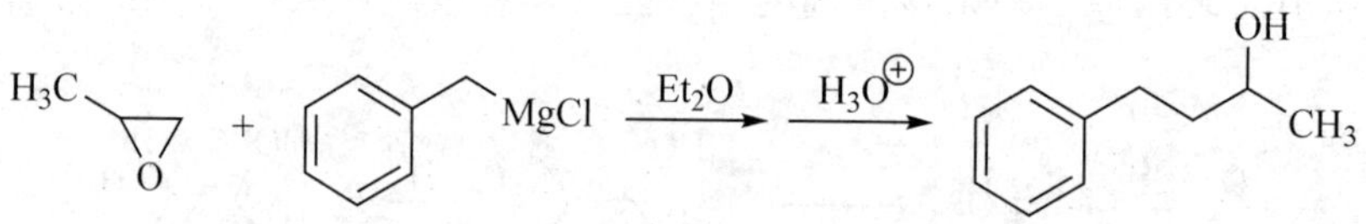

如果受进攻的环碳原子为手性碳,反应产物中手性碳的构型发生翻转。

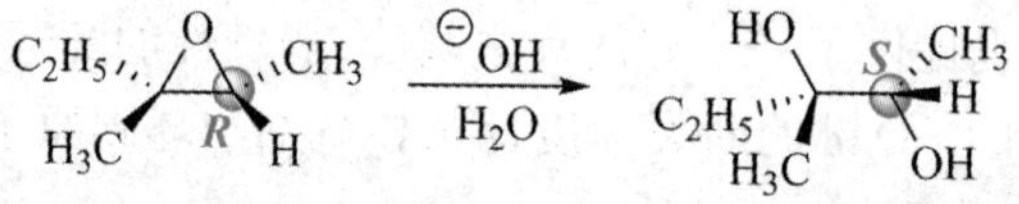

对于环氧烯丙醇,由于空间位阻的影响,大体积的亲核试剂对二级环碳的进攻较慢,碱性条件下氧杂三元环会迁移到端位,然后位阻较小的端位环碳接受亲核试剂的进攻,得到构型翻转的产物。

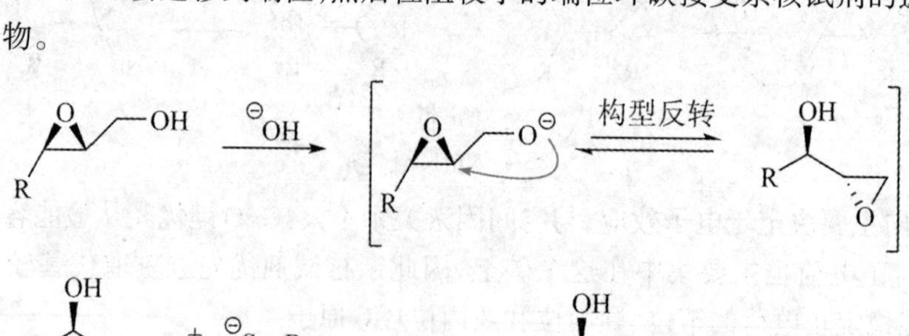

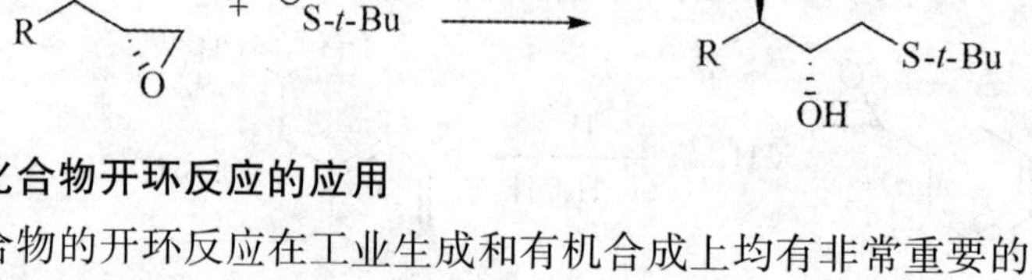

3. 环氧化合物开环反应的应用

环氧化合物的开环反应在工业生成和有机合成上均有非常重要的应用。环氧乙烷水合法是工业上规模化生产乙二醇的成熟方法,包括直接水合法和催化水合法,前者需要在加压 (2.23 MPa)和加热(190~200 ℃)条件下进行,而后者一般以少量无机酸为催化剂,在50~70 ℃下即可进行反应。

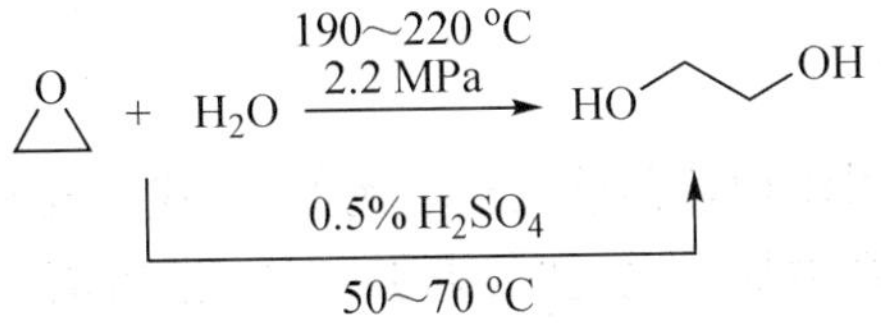

乙二醇是良好的溶剂,是汽车防冻剂的主要成分(60%乙二和/40%水的溶液,在-49 ℃才凝冻)。乙二醇也是制造合成纤维涤纶的原料之一。

乙二醇还可以进一步与环氧乙烷反应,制备二甘醇和三甘醇。

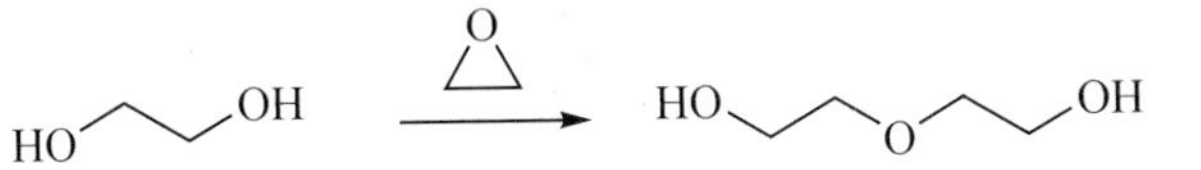

一缩二乙二醇(二甘醇)

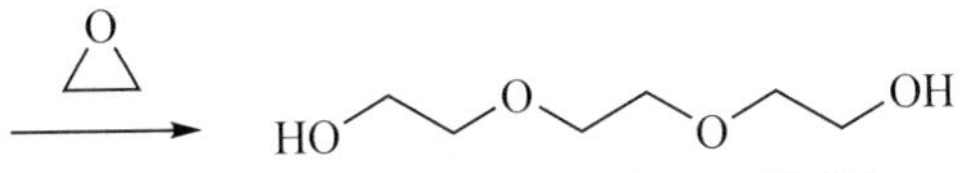

二缩三乙二醇(三甘醇)

11.3.6 冠醚

冠醚,是分子中含有多个-氧-亚甲基-结构单元的大环多醚。冠醚环上氧原子被氮原子部分取代时,也称为氮杂冠醚。冠醚具有独特的环腔结构,分子呈环形,中间有一个空隙,氧原子伸向环内,形成一个能与金属离子络合的亲水内层,而乙撑结构向外,形成一个亲脂的外层。

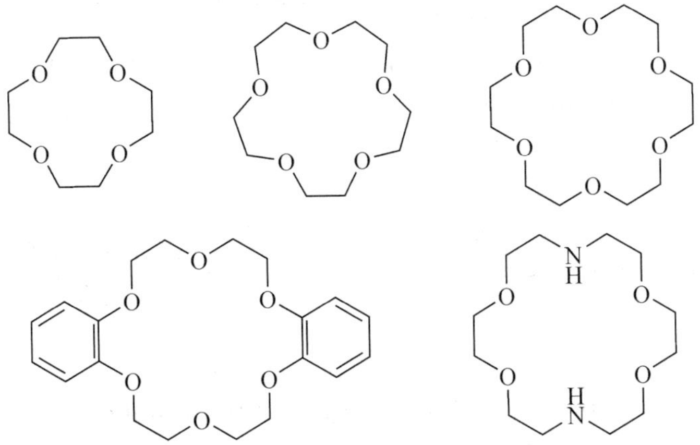

不同冠醚,环腔大小不同,能选择性地络合不同金属离子,特别是碱金属和碱土金属离子,因此可以用来分离各种金属离子的混合物。

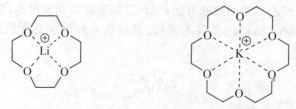

冠醚在有机反应中可用作相转移催化剂。例如,卤代烷与 KCN 水溶液不相溶,为两相体系,反应难于进行;在体系中加入冠醚时,由于 K^+ 与冠醚的络合作用,KCN 由水相被转移到有机相中,同时完全自由的 CN-亲核性增加,与卤代烷迅速反应。

$$\text{(苯)}CH_2Cl + KCN \xrightarrow[25\ ^{\circ}C,\ 72\ h]{CH_3CN} \text{(苯)}CH_2CN \quad 20\%$$

$$\text{(苯)}CH_2Cl + KCN \xrightarrow[25\ ^{\circ}C,\ 72\ h]{\substack{CH_3CN \\ 18\text{-冠-6}}} \text{(苯)}CH_2CN \quad 100\%$$

11.3.7 醚的制备

醚基是醚的官能团,也是醚的反应位点。醚基中的氧原子含有两队孤对电子,具有碱性和亲核性;极性的 C–O 键在一定条件下可异裂,发生饱和碳原子位置的亲核取代反应;受电子效应的影响,醚氧原子的 α-碳上有氢时易被氧化。

11.3.7.1 醇分子间失水

在浓硫酸作用下,醇经分子间失水可制备醚。

$$2\ CH_3CH_2OH \xrightarrow[\text{约130}\ ^{\circ}C]{H_2SO_4} CH_3CH_2OCH_2CH_3 \quad \text{(简单醚)}$$

一级醇的分子间失水通过 S_N2 反应机理进行,即醇羟基质子化形成锌盐,与氧相连的碳原子亲电性增强,同时羟基转化为更好的离去基团(水),因此易于与另一分子的一级醇作用生成醚。

$$CH_3CH_2OH \underset{-H^{\oplus}}{\overset{H^{\oplus}}{\rightleftharpoons}} CH_3CH_2-\overset{\oplus}{O}H_2 \underset{-CH_3CH_2OH}{\overset{CH_3CH_2OH \quad S_N2}{\rightleftharpoons}}$$

(i)

$$H_3CH_2C-\underset{\underset{H}{|}}{\overset{\oplus}{O}}-CH_2CH_3 \underset{H}{\overset{-H^{\oplus}}{\rightleftharpoons}} CH_3CH_2OCH_2CH_3$$

(ii)

二级醇的分子间失水按照 S_N1 反应机理进行,即醇在质子作用下,先失去一分子水形成稳定的碳正离子,然后与另一分子醇迅速反应成醚。

$$(CH_3)_2CHOH \xrightarrow{H^\oplus} (CH_3)_2CH\overset{\oplus}{O}H_2 \rightleftharpoons (CH_3)_2\overset{\oplus}{CH} + H_2O$$

$$(CH_3)_2\overset{\oplus}{CH} + HOCH(CH_3)_2 \rightleftharpoons (CH_3)_2CHO\overset{\oplus}{\underset{H}{C}}H(CH_3)_2$$

$$\rightleftharpoons (CH_3)_2CHOCH(CH_3)_2 + H^\oplus$$

酸作用下,三级醇比二级醇更容易失水生成三级碳正离子,但是与空间位阻较大的三级醇氧结合不利,因此会采取另一途径,失去一个质子生成烯烃。但是,可以利用三级醇在酸作用下形成碳正离子的速率比一级醇快得多的事实,混合三级醇和一级醇,可以较好的产率制备混合醇。

$$(CH_3)_3COH \underset{-H^\oplus}{\overset{H^\oplus}{\rightleftharpoons}} \underset{H_2O}{\overset{-H_2O}{\rightleftharpoons}} (CH_3)_3\overset{\oplus}{C} \underset{-CH_3CH_2OH}{\overset{CH_3CH_2OH}{\rightleftharpoons}} (CH_3)_3CO\overset{\oplus}{\underset{H}{C}}(CH_3)_3$$

$$\underset{H^\oplus}{\overset{-H^\oplus}{\rightleftharpoons}} (CH_3)_3COC(CH_3)_3$$

两种不同的一级醇、不同的二级醇或者一级醇和二级醇的混合物,在酸作用下生成醚的混合物,通常不适于制备混合醚。

11.3.7.2 威廉森合成法

醇钠和卤代烷在无水条件下生成醚的反应称为威廉森(Williamson)合成法。

$$(Ar)RONa + R'X \xrightarrow{S_N2} (Ar)ROR' + NaX \qquad (混合醚)$$

由于醇钠和酚钠都是强碱,反应中卤代烃会发生一定程度的消除而生成烯烃,因此在制备混合醚时,要注意原料的选择以控制消除副反应。例如,合成甲基叔丁基醚时,选择叔丁醇钠和碘甲烷反应:

$$(CH_3)_3CBr + CH_3ONa \xrightarrow{E2} (H_3C)_2C{=}CH_2 + CH_3OH + NaBr$$

$$(CH_3)_3CONa + CH_3I \longrightarrow (CH_3)_3COCH_3 + NaI$$

在此反应中,三级烷氧基负离子虽然空间位阻很大,但是碘甲烷中心碳原子空间位阻很小,所以能顺利发生 S_N2 反应;而使用乙醇钠与三级卤代烷烃反应时,由于三级卤代烃空间很足,不利于 S_N2 反应的进行,有利于 E2 消除反应生成烯烃。

由于卤代芳烃不活泼,制备芳香醚一般用酚钠与卤代烷或硫酸酯作用。当苯环上连有吸电子基团时,卤代芳烃比较活泼,可以和醇钠作用生成芳香醚。

$$\langle\!\!\!\!\!\bigcirc\!\!\!\!\!\rangle{-}OH + CH_3OSO_2OCH_3 \xrightarrow{NaOH, H_2O} \langle\!\!\!\!\!\bigcirc\!\!\!\!\!\rangle{-}OCH_3$$

苯甲醚(茴香醚)

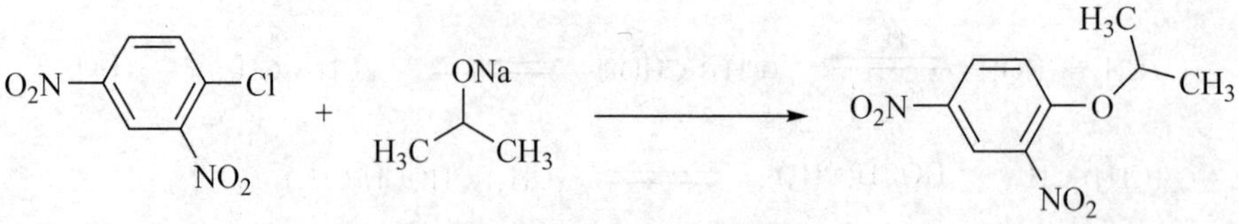

由于卤代芳烃的惰性,二芳基醚的制备一般比较困难,需要使用铜做催化剂,在较高温度下进行。

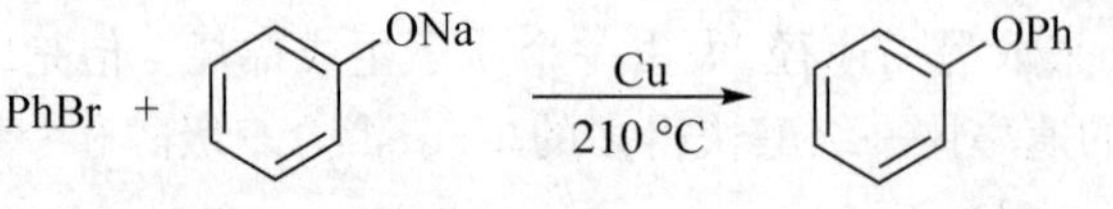

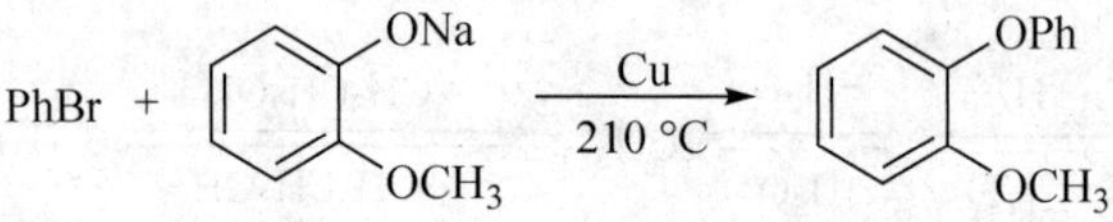

当一个分子相邻两个碳上存在反式的卤原子和烷氧负离子时,可以按照分子内 S_N2 反应途径,通过 Williamson 合成法合成 1,2-环氧化合物。环氧化合物也可以通过烯烃与过氧酸的环氧化反应进行制备。

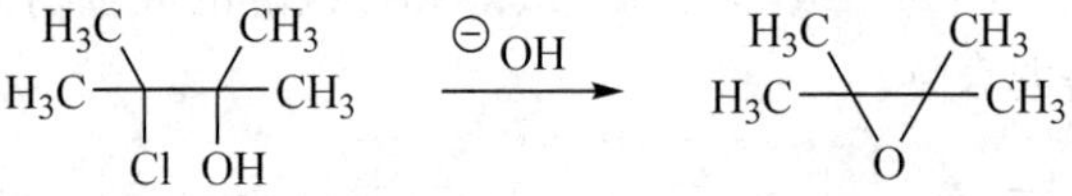

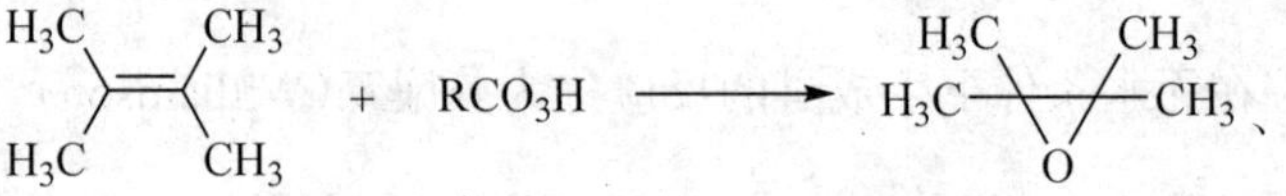

工业上,1,4-二氧六环一般用乙二醇与 H_3PO_4 一起加热制备,而五元和六元环醚则由 1,4-或 1,5-二醇在酸催化下加热来合成。

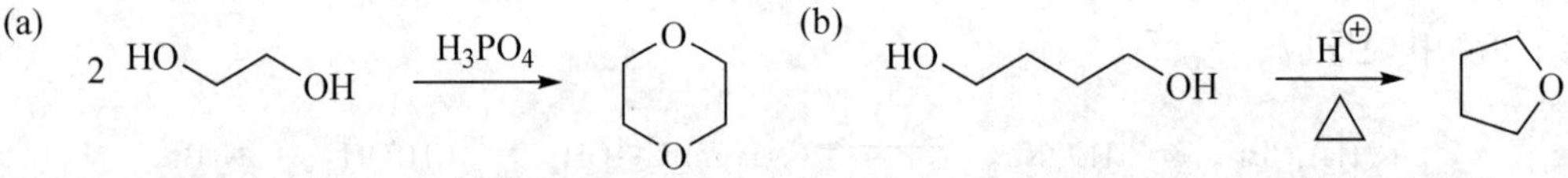

冠醚一般通过 Williamson 合成法来进行制备:以双官能化的有机分子为原料,经过 S_N2 反应构建多个 C—O 键来合成冠醚。

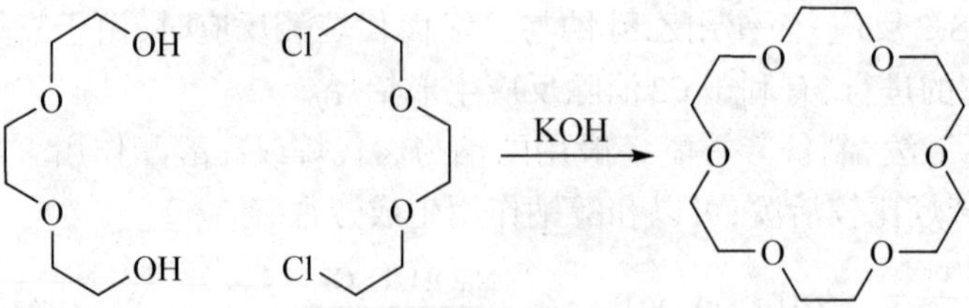

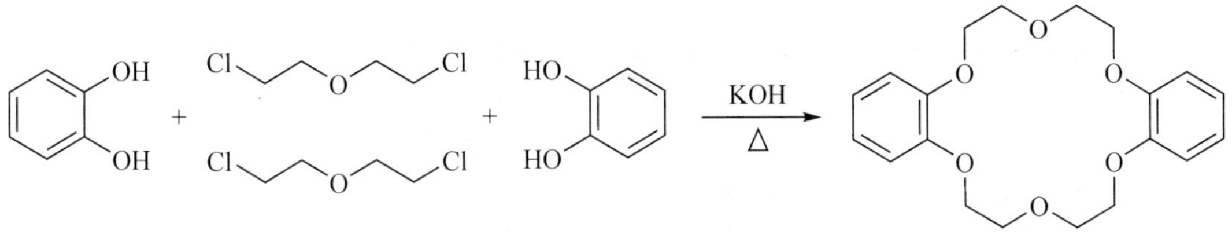

11.3.8 醚的应用

乙醚是常用的溶剂,沸点为34.5 ºC,极易挥发和着火。乙醚气体和空气可形成爆炸性混合气体,使用时必须特别小心。乙醚曾被用作吸入麻醉剂,在生物化学中也被用作类脂化合物的萃取剂,以实现其从碳水化合物和蛋白质中的分离。

乙烯基醚(CH_2=CH−O−CH=CH_2)为31 ºC,也曾被用作快速吸入麻醉剂,其麻醉性能比乙醚强约七倍。目前常用的麻醉剂主要为含氟醚类化合物,包括异氟醚、地氟醚和七氟醚等。

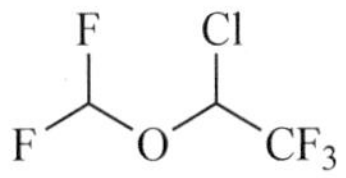

异氟醚

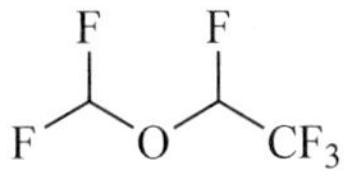

地氟醚

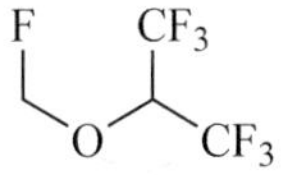

七氟醚

茴香籽、香草豆和丁香树的香味都来自含有苯甲醚母体的化合物。苯甲醚,又称茴香醚,是茴香精油的主要成分,也是制备香料、昆虫信息素、除草剂和药物的重要前体。

二苯醚(Ph_2O)沸点高达257.9 ºC,可用作热传导体。

四氢呋喃和二氧六环也是常用的有机溶剂。四氢呋喃可用于制造聚四氢呋喃,而二氧六环则被用作三氯乙烷的稳定剂。

练习题

1. 选择题

(1) 下列邻二醇中,哪一种不能被HIO_4氧化?(　　)

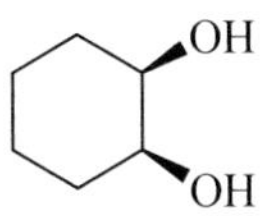

A

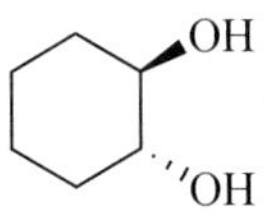

B

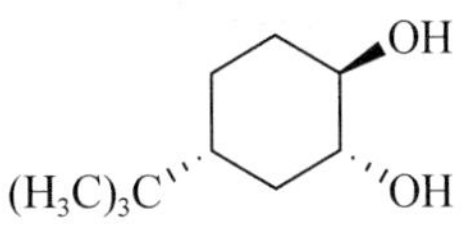

C

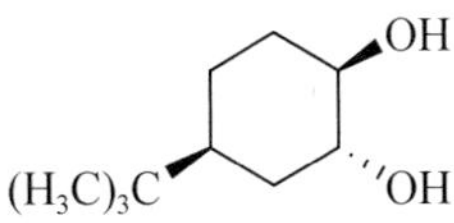

D

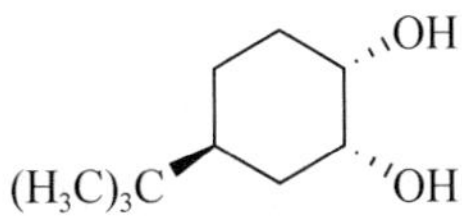

E

(2) 下列两反应都可以在给定的条件下发生消除反应生成2,3-二甲基-1-丁烯,试比较产率的高低。(　　)

① $\underset{\overset{|}{CH_3}}{CH_3CHCHCH_2OH}$ $\xrightarrow{H_2SO_4}$ $\underset{\overset{|}{CH_3}}{CH_3CHC=CH_2}$

② $\underset{\overset{|}{CH_3}}{CH_3CHCHCH_2Br}$ $\xrightarrow[C_2H_5OH]{C_2H_5O^{\ominus}}$ $\underset{\overset{|}{CH_3}}{CH_3CHC=CH_2}$

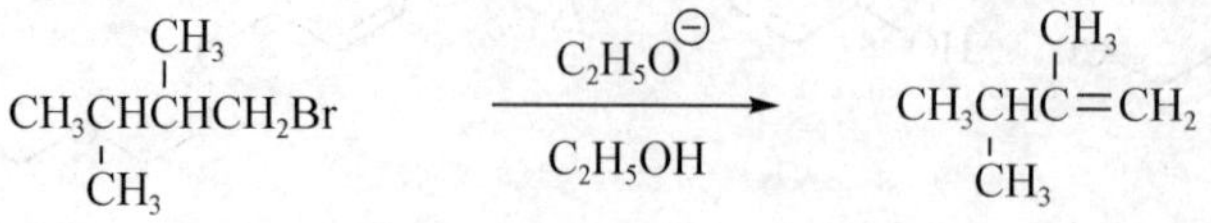

A.①>② B.①<②

(3) 下列醇与 Lucas 试剂反应速率最快的是( )。

A. $CH_3CH_2CH_2CH_2OH$ B. $(CH_3)_3OH$

C. $(CH_3)_2CHCH_2OH$ D. $CH_3CHOHCH_2CH_3$

(4) 与 $FeCl_3$ 发生颜色反应,是检验哪类化合物的主要方法?( )

A. 烷基醇类化合物 B. 酚类化合物

C. 烯醇化合物 D. 酯类化合物

(5) 下列化合物进行脱水反应时按活性大小排列成序( )。

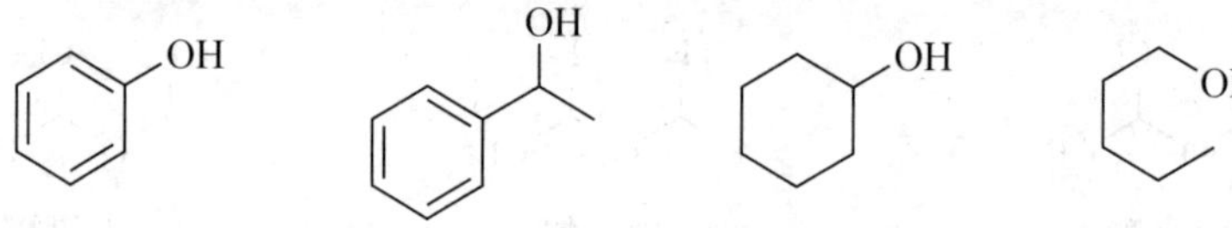

A.②>④>③>① B.②>③>④>①

C.③>②>④>① D.③>④>②>①

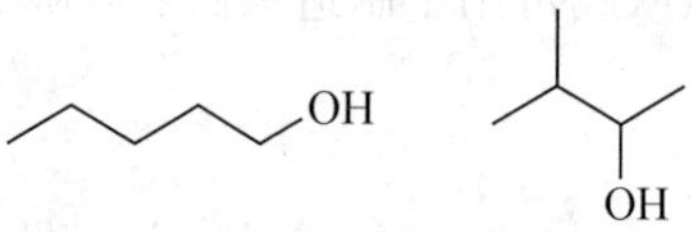

(6) 下列四组醇,用酸处理后两个化合物会生成相同的碳正离子的是( )。

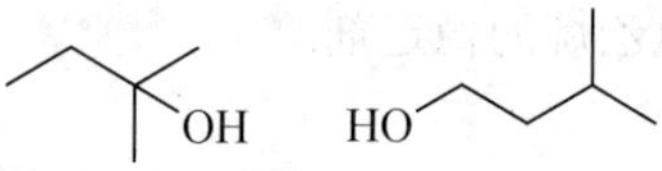

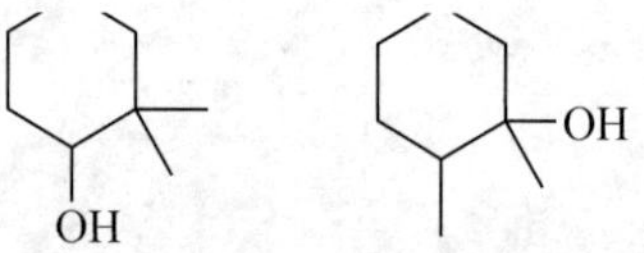

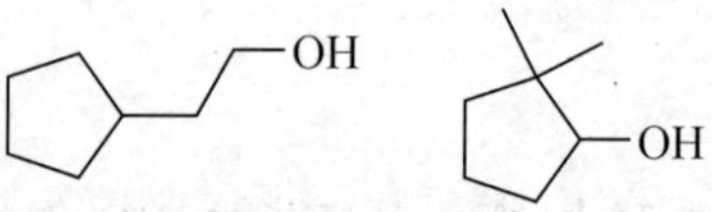

(7) 请选出能够实现以下转变的最佳条件( )。

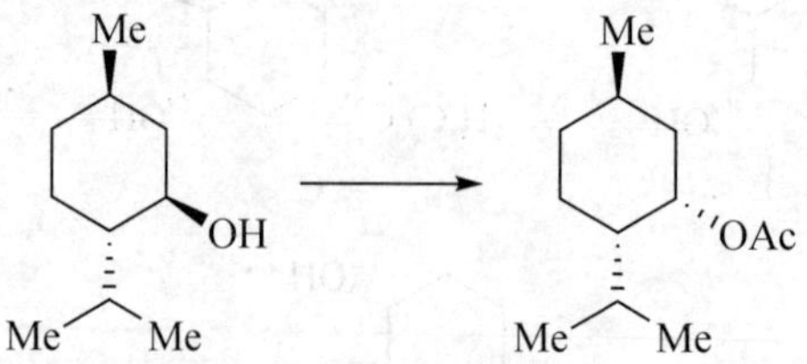

A. CH_3COCl B. ① HBr,② NaOAc

C. ① TsCl,②NaOAc D. ① PBr₃,②NaOAc

(8) 分子式为 C_4H_8O 的化合物,¹³C NMR 显示在 100 ppm 以上没有信号峰,IR 显示在 3400~3600 cm⁻¹有较强的信号,请推测该化合物的同分异构体共有几个(考虑立体化学)。

( )

A. 5   B. 6   C. 7   D. 8

2. 填空题—完成下列反应式。

(1)  $\xrightarrow[\text{吡啶}]{\text{SOCl}_2}$ ( )

(2) $\xrightarrow[\text{吡啶}]{\text{PhSO}_2\text{Cl}}$ ( ) $\xrightarrow[\text{丙酮}]{\text{NaI}}$ ( )

(3) 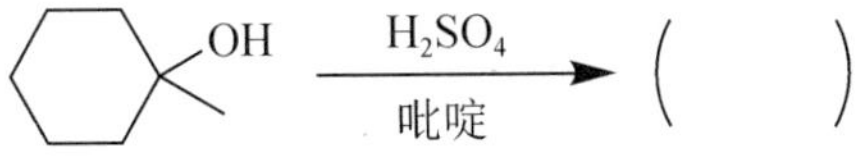 $\xrightarrow[\text{吡啶}]{\text{H}_2\text{SO}_4}$ ( )

(4) $\xrightarrow{\text{H}_2\text{SO}_4}$ 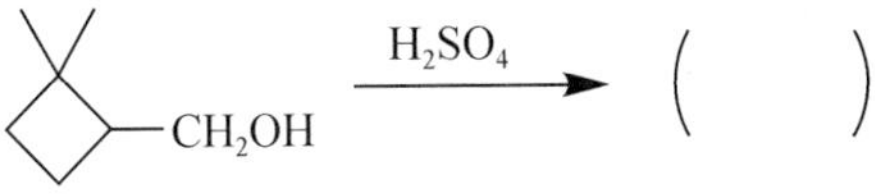 ( )

(5) 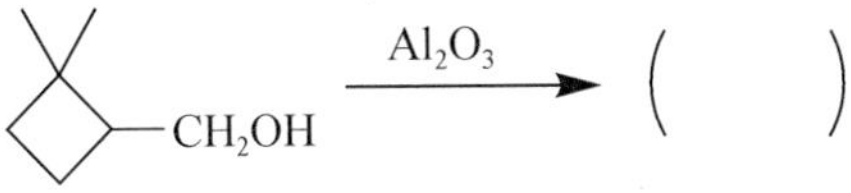 $\xrightarrow{\text{Al}_2\text{O}_3}$ ( )

(6) 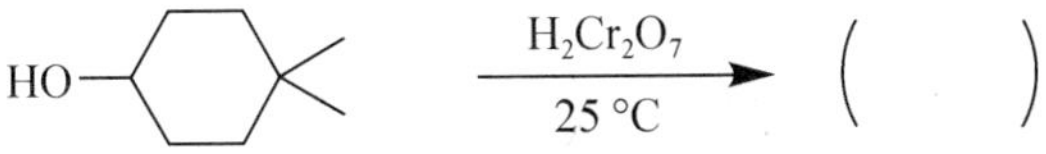 $\xrightarrow[25\ ^\circ\text{C}]{\text{H}_2\text{Cr}_2\text{O}_7}$ ( )

(7) $\xrightarrow{\text{HIO}_4}$ ( )

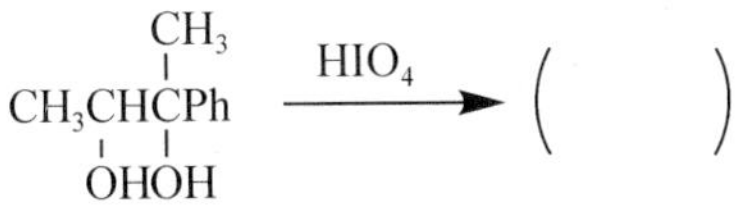

(8) 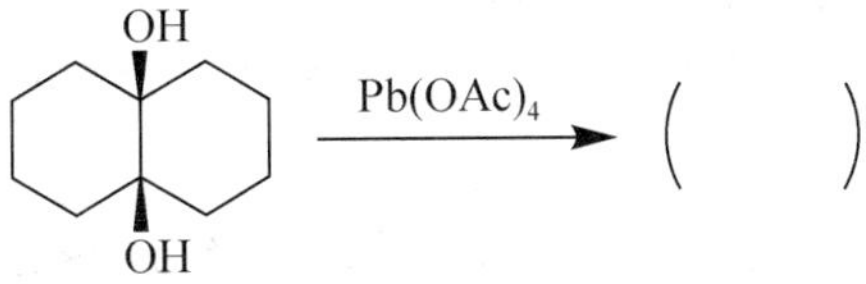 $\xrightarrow{\text{Pb(OAc)}_4}$ ( )

(9) 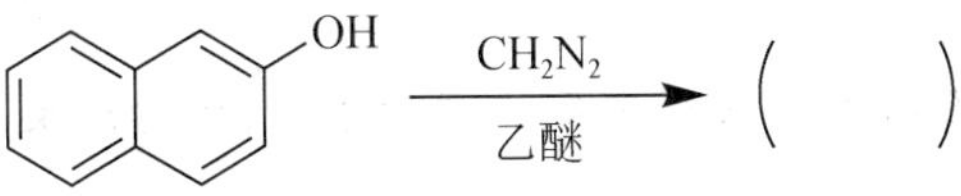 $\xrightarrow[\text{乙醚}]{\text{CH}_2\text{N}_2}$ ( )

(10) 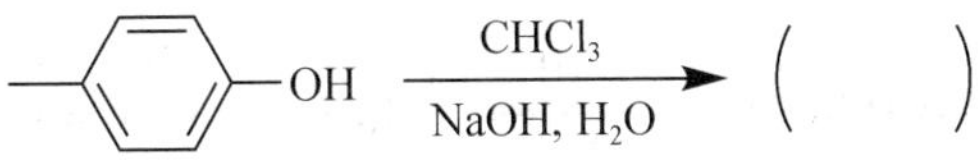 $\xrightarrow[\text{NaOH, H}_2\text{O}]{\text{CHCl}_3}$ ( )

(11) 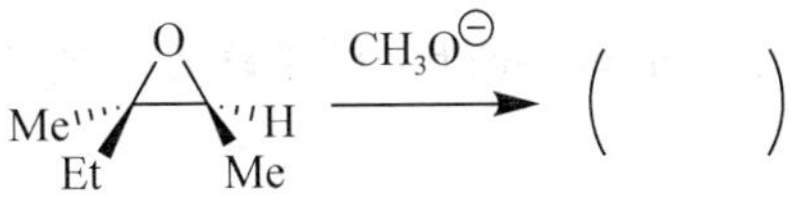 $\xrightarrow{\text{CH}_3\text{O}^\ominus}$ ( )

(12) 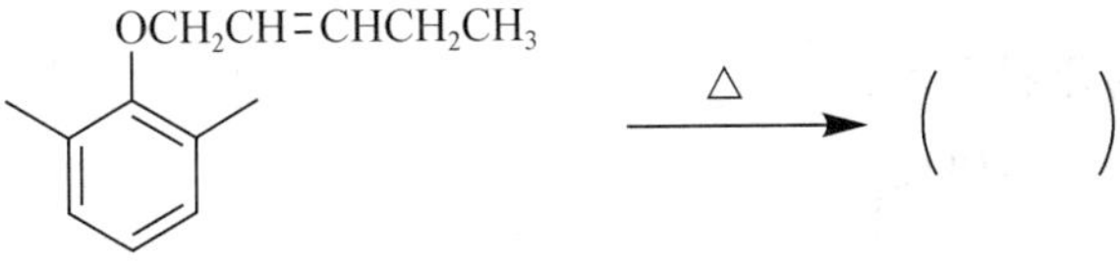 $\xrightarrow{\triangle}$ ( )

(13) Ph—⟨epoxide⟩ $\xrightarrow{\text{HCN}}$ (   )

(14) ⟨bicyclic ketone with CH₂OH⟩ $\xrightarrow{\ominus\text{OH, H}_2\text{O}}$ (   )

(15) Ph—C(HO)(Ph)—C(Ph)(H)(OH) $\xrightarrow{\text{H}^{\oplus}}$ (   )

(16) $(H_3C)_2C-C(CH_3)_2$ (with OH on one carbon and Cl on the other) $\xrightarrow{\text{AgNO}_3}$ (   )

3. 简答题

(1) 比较叔丁醇和 1-丁醇的沸点大小。

(2) 将下列物质的酸性从小到大排序。

① $CH\equiv CH$ $(CF_3)_2CHOH$ $(CH_3)_2CHOH$ CH_3OH

② CF_3CH_2OH CH_2ClCH_2OH $CH_3CH_2CH_2CH_2OH$ ⟨环己醇⟩—OH

$CH_3CH_2C\equiv CH$ $CH_3CH_2CH_2CH_3$ ⟨苯⟩—H

(3) 比较苯酚、对硝基苯酚、3,5-二甲基-4-硝基苯酚的酸性。

(4) 实验室制备芳基酯时,常在碱性条件下与酰氯或酸酐反应。为什么需要碱性条件?

4. 机理题

(1) 将(2S,3R)-3-溴-2-丁醇用浓 HBr 处理,产物为内消旋体;将底物换为(2R,3R)-3-溴-2-丁醇为一对外消旋体。请解释反应过程。

(2) 甲基叔丁基醚与 HI 分别在无水乙醚和水溶剂中反应产物不同,试通过反应机理来解释。

$$CH_3I + (CH_3)_3COH \xleftarrow{\text{HI}}{\text{Et}_2O} (CH_3)_3COCH_3 \xrightarrow{\text{HI}}{\text{H}_2O} CH_3OH + (CH_3)_3CCl$$

(3)* 画出 α-萘酚在 Bucherer 反应条件下转化成 α-萘胺的机理(亚硫酸氢钠参与的加成消除过程)。

5. 合成题

(1)* 由苯和不多于两个碳的原料合成:

（2）以苯为有机原料合成以下物质：

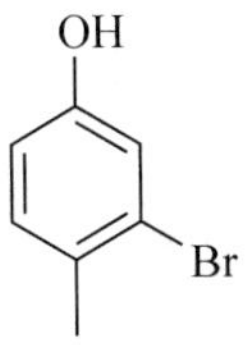

① 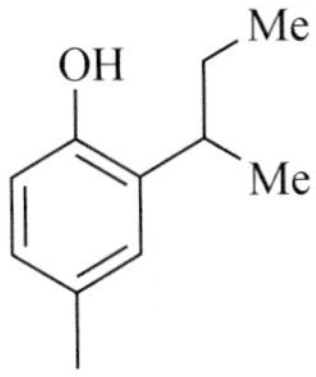   ②

（3）用不超过三个 C 原子的有机物和其他必要试剂合成下列化合物。

① $(ClCH_2CH_2)_2O$

② $CH_3OCH_2CHOCH_2CHOH$
                  | |
                 CH_3 CH_3

③

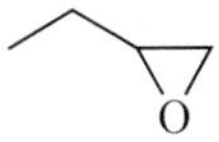

6. 推结构

某化合物的分子式为 $C_8H_{10}O$，IR，波数（cm^{-1}）：3350，3090，3040，3030，2900，2880，1600，1500，1050，750，700 有吸收峰；NMR，δ_H：2.7（三重峰，2H），3.15（单峰，1H），3.7（三重峰，2H），7.2（单峰，5H）有吸收峰，若用 D_2O 处理，$\delta_H=3.15$ 处吸收峰消失。试推测该化合物的构造式。

参 考 文 献

[1] 伍越寰,李伟昶,沈晓明.有机化学[M].2版.合肥:中国科学技术大学出版社,2002.

[2] 邢其毅,裴伟伟,徐瑞秋,等.基础有机化学.上册[M].4版.北京:北京大学出版社,2016.

[3] 邢其毅,裴伟伟,徐瑞秋,等.基础有机化学.下册[M].4版.北京:北京大学出版社,2017.

[4] Peter K,Vollhardt C,Schore N E.有机化学:结构与功能[M].8版.戴立信,席振峰,罗三中,等译.北京:化学工业出版社,2020.

[5] Anslyn E V,Dougherty D A.现代物理有机化学[M].计国桢,佟振合,等译.北京:高等教育出版社,2009.

[6] 中国化学会有机化合物命名审定委员会.有机化合物命名原则[M].合肥:科学出版社,2018.

[7] Clayden J,Greeves N,Warren S,et al. Organic Chemistry [M]. 2nd ed.Oxford:Oxford University Press,2012.

[8] McMurry J E.Organic Chemistry[M].9th ed. Boston :Cengage Learning,2015.

[9] Carey F A,Giuliano R M.Organic Chemistry[M].10th ed.NewYork:McGraw-Hill Education,2017.

[10] 薛松.有机结构分析[M].合肥:中国科学技术大学出版社,2012.

[11] 伍越寰.有机化学习题与解答[M].合肥:中国科学技术大学出版社,2003.

[12] 裴伟伟,裴坚编.基础有机化学习题解析[M].北京:北京大学出版社,2018.

[13] Schore N E.有机化学学习指导与解题攻略[M].席振峰,罗三中,等译,北京:化学工业出版社,2022.